新三导丛书

概率论与数理统计
导教·导学·导考

（高教·浙大·第四版）

唐亚宁　主编

西北工业大学出版社

图书在版编目（CIP）数据

概率论与数理统计导教·导学·导考/唐亚宁主编.—西安：西北工业大学出版社，2014.8
（新三导丛书）
ISBN 978-7-5612-4073-1

Ⅰ.概…　Ⅱ.唐…　Ⅲ.①概率论—高等学校—教学参考资料　②数理统计—高等学校—
教学参考资料　Ⅳ.①O21

中国版本图书馆 CIP 数据核字（2014）第 182777 号

出版发行：西北工业大学出版社
通信地址：西安市友谊西路 127 号　邮编：710072
电　　话：(029)88493844　　88491757
网　　址：www.nwpup.com
印　刷　者：兴平市博闻印务有限公司
开　　本：787 mm×1 092 mm　　1/16
印　　张：17.375
字　　数：551 千字
版　　次：2014 年 8 月第 4 版　　2014 年 8 月第 1 次印刷
定　　价：36.00 元

前　言

概率论与数理统计是高等学校理工科、经济管理学科的一门非常重要的基础课,也是工学、经济学硕士研究生入学考试的一门必考科目.在本课程的学习中,初学者往往深感内容难懂,习题难做.为了满足广大读者课程学习及考研复习准备的需要,笔者根据多年从事概率论与数理统计课程教学以及考研辅导班讲课的经验,编写了本书.

本次修订每章的内容结构延续第 3 版的模块,参考浙江大学编《概率论与数理统计》(第四版)的内容编写.特别是根据近年来的考研大纲要求及考研题型,重点对每章的考研典型题及常考题型进行了全面更新,并对所参考教材的课后习题做了全解.

通过对本书的学习,希望读者能正确理解概率论与数理统计课程的基本概念,掌握解题的技巧和方法,提高综合分析问题和解决问题的能力,能对以后的学习、工作有所帮助.

由于水平有限,书中难免有不足之处,诚请读者批评指正.

编　者

2014 年 7 月于西北工业大学

目　　录

第一章　概率论的基本概念

一、大纲要求及考点提示

(1) 理解随机事件的概念,了解样本空间的概念,掌握事件之间的关系与运算.

(2) 理解事件概率的概念,了解概率的统计定义.

(3) 理解概率的古典定义,会计算简单的古典概率.

(4) 理解概率的公理化定义.

(5) 掌握概率的基本性质及概率的加法定理.

(6) 理解条件概率的概念,掌握概率的乘法公式、全概率公式及贝叶斯(Bayes)公式.

(7) 理解事件独立性概念,会计算相互独立事件的有关概率.

二、主要概念、重要定理与公式

(一)随机事件及其运算

1. 随机试验

在概率论中将以下三个特点的试验称为随机试验:

(1) 可以在相同的条件下重复进行;

(2) 每次试验的可能结果不止一个,并且能事先明确试验的所有可能结果;

(3) 进行一次试验之前不能确定哪一个结果会出现.

2. 样本空间

将随机试验 E 的所有可能结果组成的集合称为 E 的样本空间,记为 S,样本空间的元素,称为样本点.

3. 随机事件

称随机试验 E 的样本空间 S 的子集为 E 的随机事件,简称事件,由一个样本点组成的单点集,称为基本事件.

4. 事件间的关系及运算

(1) 若 $A \subset B$,则称事件 B 包含事件 A,这指的是事件 A 发生必导致事件 B 发生.

若 $A \subset B$ 且 $B \subset A$,即 $A = B$,则称事件 A 与事件 B 相等.

(2) 事件 $A \cup B = \{x \mid x \in A \text{ 或 } x \in B\}$ 称为事件 A 与事件 B 的和事件,$\bigcup\limits_{k=1}^{n} A_k$ 称为 n 个事件 A_1,A_2,$\cdots$,A_n 的和事件;称 $\bigcup\limits_{k=1}^{\infty} A_k$ 为可列个事件 A_1,A_2,$\cdots$ 的和事件.

(3) 事件 $A \cap B = \{x \mid x \in A \text{ 且 } x \in B\}$ 称为事件 A 与 B 的积事件. $\bigcap\limits_{k=1}^{n} A_k$ 称为 n 个事件 A_1,A_2,$\cdots$,A_n 的积事件,$\bigcap\limits_{k=1}^{\infty} A_k$ 称为可列个事件 A_1,A_2,$\cdots$ 的积事件.

(4) 事件 $A - B = \{x \mid x \in A \text{ 且 } x \notin B\}$ 称为事件 A 与事件 B 的差事件.

(5) 若 $A \cap B = \varnothing$,则称事件 A 与 B 是互不相容的或互斥的.

(6) 若 $A \cup B = S$ 且 $A \cap B = \varnothing$,则称事件 A 与事件 B 互为逆事件,又称事件 A 与事件 B 互为对立事件,A 的对立事件记为 $\overline{A}$,$\overline{A} = S - A$.

(7) 事件满足以下运算规律:

(ⅰ) 交换律:$A \cup B = B \cup A$,$A \cap B = B \cap A$.

（ⅱ）结合律：$A \cup (B \cup C) = (A \cup B) \cup C$.

$A \cap (B \cap C) = (A \cap B) \cap C$.

分配律：$A \cap (B \cup C) = (A \cap B) \cup (A \cap C)$.

$A \cup (B \cap C) = (A \cup B) \cap (A \cup C)$.

（ⅲ）对偶律：$\overline{A \cup B} = \overline{A} \cap \overline{B}$；$\overline{A \cap B} = \overline{A} \cup \overline{B}$.

（二）随机事件的概率及其性质

1. 定义

设 E 是随机试验，S 是它的样本空间，对于 E 的每一事件 A 赋于一实数，记为 $P(A)$，称为事件 A 的概率，如果集合函数 $P(\cdot)$ 满足下列条件：

(1) 对于每一个事件 A，有 $P(A) \geqslant 0$；

(2) $P(S) = 1$；

(3) 设 A_1，A_2，$\cdots$ 是两两互不相容的事件，即对 $i \neq j$，$A_i \cap A_j = \varnothing$，$i, j = 1, 2, \cdots$，则有

$$P(\bigcup_{k=1}^{\infty} A_k) = \sum_{k=1}^{\infty} P(A_k)$$

2. 性质

(1) $P(\varnothing) = 0$；

(2) 若 A_1，A_2，$\cdots$，A_n 是两两互不相容的事件，则有

$$P(\bigcup_{i=1}^{n} A_i) = \sum_{i=1}^{n} P(A_i)$$

(3) $P(\overline{A}) = 1 - P(A)$；

(4) 对于任意二事件 A，B 有

$$P(A \cup B) = P(A) + P(B) - P(AB)$$

一般地，对任意 n 个事件 A_1，A_2，$\cdots$，A_n 有

$$P(\bigcup_{i=1}^{n} A_i) = \sum_{i=1}^{n} P(A_i) - \sum_{1 \leqslant i < j \leqslant n} P(A_i A_j) + \sum_{1 \leqslant i < j < k \leqslant n} P(A_i A_j A_k) + \cdots + (-1)^{n-1} P(A_1 A_2 \cdots A_n)$$

(5) 若 $A \subset B$，则 $P(B - A) = P(B) - P(A)$.

3. 古典概型

如果随机试验 E 具有下列特点：

(1) 试验的样本空间的元素只有有限个；

(2) 试验中每个基本事件发生的可能性相同. 则称这种概型为古典概型. 对古典概型，事件 A 的概率为

$$P(A) = \frac{k}{n} = \frac{A \text{ 包含的基本事件数}}{S \text{ 中基本事件的总数}}$$

4. 条件概率

设 A，B 是两个事件，且 $P(A) > 0$，称

$$P(B \mid A) = \frac{P(AB)}{P(A)}$$

为在事件 A 发生的条件下事件 B 发生的条件概率.

5. 乘法定理

设 $P(A) > 0$，$P(B) > 0$，则有

$$P(AB) = P(A)P(B \mid A) = P(B)P(A \mid B)$$

设 A_1，A_2，$\cdots$，A_n 为 n 个事件，$n \geqslant 2$，且 $P(A_1 A_2 \cdots A_{n-1}) > 0$，则有

$$P(A_1 A_2 \cdots A_n) = P(A_1)P(A_2 \mid A_1)P(A_3 \mid A_1 A_2) \cdots P(A_n \mid A_1 \cdots A_{n-1})$$

6. 全概率公式和贝叶斯公式

设试验 E 的样本空间为 S，A 为 E 的事件，B_1，B_2，$\cdots$，B_n 为 S 的一个划分，且 $P(B_i) > 0 (i = 1, 2, \cdots, n)$，则

$$P(A) = \sum_{i=1}^{n} P(B_i) P(A \mid B_i)$$

$$P(B_i \mid A) = \frac{P(B_i) P(A \mid B_i)}{\sum_{i=1}^{n} P(B_i) P(A \mid B_i)}$$

7. 事件的独立性及其概率计算

设 A, B 是两个事件，如果具有等式

$$P(AB) = P(A)P(B)$$

则称 A, B 为相互独立的事件.

一般，设 A_1, A_2, $\cdots$, A_n 是 n 个事件，如果对于任意 $i_k (i_k \leqslant n)$, $1 \leqslant i_1 < i_2 < \cdots < i_k \leqslant n$, 具有等式

$$P(A_{i_1} A_{i_2} \cdots A_{i_k}) = P(A_{i_1}) P(A_{i_2}) \cdots P(A_{i_k})$$

则称 A_1, A_2, $\cdots$, A_n 为相互独立的事件，且有

$$P(A_1 \cup A_2 \cup \cdots \cup A_n) = 1 - \prod_{i=1}^{n}[1 - P(A_i)]$$

三、考研典型题及常考题型范例精解

例 1-1 设 A, B, C 是任意三个随机事件，则以下命题中正确的是( ).

(A) $(A \cup B) - B = A - B$

(B) $(A - B) \cup B = A$

(C) $(A \cup B) - C = A \cup (B - C)$

(D) $A \cup B = A\overline{B} \cup B\overline{A}$

解 由于 $(A \cup B) - B = (A \cup B)\overline{B} = A\overline{B} \cup B\overline{B} = A\overline{B} = A - B$ 故选(A)，其余三个都是不对的，原因在于

$$(A - B) \cup B = (A\overline{B}) \cup B = (A \cup B)(B \cup \overline{B}) = A \cup B$$

$$(A \cup B) - C = (A \cup B)\overline{C} = A\overline{C} \cup B\overline{C} = (A - C) \cup (B - C)$$

$$A \cup B = (A - B) \cup (B - A) \cup AB = A\overline{B} \cup B\overline{A} \cup AB$$

例 1-2 设 A, B 是两个随机事件，若 $P(AB) = 0$，则下列命题中正确的是( ).

(A) A 和 B 互不相容(互斥)

(B) AB 是不可能事件

(C) AB 不一定是不可能事件

(D) $P(A) = 0$ 或 $P(B) = 0$

解 一个事件的概率为 0，这个事件未必是不可能事件，一个事件的概率为 1，该事件也未必是必然事件，因此(C)正确，反例如下：随机地向 $[0, 1]$ 区间内投点，令 ξ 表示点的坐标，设 $A = \{0 \leqslant \xi \leqslant \frac{1}{2}\}$, $B = \{\frac{1}{2} \leqslant \xi < 1\}$，则 $AB = \{\xi = \frac{1}{2}\}$，由几何概率知：$P(AB) = 0$，但 $AB \neq \varnothing$. 此例同时说明 A 与 B 是相容的，且 $AB \neq \varnothing$，所以(A),(B)是不对的.(D)也是错误的，反例如下：掷一枚均匀的硬币，设 A 表示出现正面，B 表示出现反面，则 $P(A) = P(B) = \frac{1}{2}$，但 $AB = \varnothing$，从而 $P(AB) = 0$.

例 1-3 某人向同一目标独立重复射击，每次射击命中目标的概率为 $P(0 < P < 1)$，则此人第 4 次射击恰好第 2 次命中目标的概率为( ).

(A) $3P(1-P)^2$

(B) $6P(1-P)^2$

(C) $3P^2(1-P)^2$

(D) $6P^2(1-P)^2$

解 "第 4 次射击恰好第 2 次命中"表示 4 次射击中第 4 次命中了目标，前 3 次射击中只有 1 次命中目标，由独立重复性知，所求概率为 $C_3^1 P^2 (1-P)^2$. 所以(C)正确.

例 1-4 设当事件 A 与 B 同时发生时，事件 C 必发生，则下列式子正确的是( ).

(A) $P(C) \leqslant P(A) + P(B) - 1$

(B) $P(C) \geqslant P(A) + P(B) - 1$

(C) $P(C) = P(AB)$

(D) $P(C) = P(A \cup B)$

解 由已知，$AB \subset C$，则 $P(C) \geqslant P(AB)$，又 $P(AB) = P(A) + P(B) - P(A \cup B) \geqslant P(A) + P(B) - 1$，所以(B)正确，因此(A)是错的，(C),(D)显然不对.

例 1-5 设 $0 < P(A) < 1$，$0 < P(B) < 1$，$P(A \mid B) + P(\overline{A} \mid \overline{B}) = 1$，则下列结论中正确的是（   ）.

(A) 事件 A 和 B 互不相容   (B) 事件 A 和 B 相互对立

(C) 事件 A 和 B 不相互独立   (D) 事件 A 和 B 相互独立

解 由 $P(A \mid B) + P(\overline{A} \mid \overline{B}) = 1$，得 $P(A \mid B) = P(A \mid \overline{B})$，即

$$\frac{P(AB)}{P(B)} = \frac{P(A\overline{B})}{P(\overline{B})}$$

从而 $P(AB)[1 - P(B)] = [P(A) - P(AB)]P(B)$，即

$$P(AB) = P(A)P(B)$$

故 A 与 B 相互独立，所以 (D) 正确.

例 1-6 将 C，C，E，E，I，N，S 等 7 个字母随机地排成一行，那么恰好排成英文单词 SCIENCE 的概率为＿＿＿＿＿＿.

解 设 $A = \{$恰好排成英文单词 SCIENCE$\}$，这是一古典概型的概率计算问题. 基本事件总数为 7 个不同元素的全排列数，等于 $7!$，A 包含的基本事件总数为 $1 \times 2 \times 1 \times 2 \times 1 = 4$，因此

$$P(A) = \frac{4}{7!} = \frac{1}{1\,260}$$

例 1-7 随机地向半圆 $0 < y < \sqrt{2ax - x^2}$（a 为正常数）内掷一点，点落在半圆内任何区域的概率与区域的面积成正比，则原点和该点的连线与 x 轴的夹角小于 $\frac{\pi}{4}$ 的概率为＿＿＿＿＿＿.

解 这是一几何概型的概率计算问题. $S = \{(x, y): 0 \leqslant y \leqslant \sqrt{2ax - x^2}, 0 \leqslant x \leqslant 2a\}$，如图 1-1 所示. 在极坐标系下写为 $S = \{(r, \theta): r \leqslant 2a\cos\theta, 0 \leqslant \theta \leqslant \frac{\pi}{2}\}$，设事件 $A = \{(r, \theta): r \leqslant 2a\cos\theta, 0 \leqslant \theta < \frac{\pi}{4}\}$，故

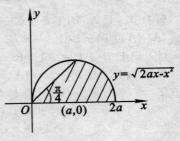

图 1-1

$$P(A) = \frac{A \text{ 的面积}}{S \text{ 的面积}} = \frac{\dfrac{a^2}{2} + \dfrac{\pi a^2}{4}}{\dfrac{1}{2}\pi a^2} = \frac{1}{2} + \frac{1}{\pi}$$

例 1-8 设随机事件 A，B 及和事件 $A \cup B$ 的概率分别是 0.4，0.3 和 0.6，若 $\overline{B}$ 表示 B 的对立事件，那么积事件 $A\overline{B}$ 的概率 $P(A\overline{B}) = $＿＿＿＿＿＿.

解 由 $P(A \cup B) = P(A) + P(B) - P(AB) = 0.6$ 得 $P(AB) = 0.4 + 0.3 - 0.6 = 0.1$，故

$$P(A\overline{B}) = P(A) - P(AB) = 0.4 - 0.1 = 0.3$$

例 1-9 已知 $P(A) = P(B) = P(C) = \dfrac{1}{4}$，$P(AB) = P(AC) = P(BC) = \dfrac{1}{8}$，$P(ABC) = \dfrac{1}{16}$，则 A，B，C 恰有一个发生的概率为＿＿＿＿＿＿.

解
$$P(A\overline{B}\,\overline{C} + \overline{A}B\overline{C} + \overline{A}\,\overline{B}C) = P(A\overline{B}\,\overline{C}) + P(\overline{A}B\overline{C}) + P(\overline{A}\,\overline{B}C) =$$
$$P(A - (B \cup C)) + P(B - (A \cup C)) + P(C - (A \cup B)) =$$
$$P(A) - P(A \cap (B \cup C)) + P(B) - P(B \cap (A \cup C)) + P(C) - P(C \cap (A \cup B)) =$$
$$P(A) + P(B) + P(C) - P(AB) - P(AC) + P(ABC) - P(AB) -$$
$$P(BC) + P(ABC) - P(AC) - P(BC) + P(ABC) =$$
$$P(A) + P(B) + P(C) - 2P(AB) - 2P(AC) - 2P(BC) + 3P(ABC) =$$
$$\frac{3}{4} - 2 \times \frac{3}{8} + 3 \times \frac{1}{16} = \frac{3}{16}$$

例 1-10 甲、乙两人独立地对同一目标射击一次，其命中率分别为 0.6 和 0.5，现已知目标被命中，则它是甲射中的概率为＿＿＿＿＿＿.

解 设 A 表示"甲射击一次命中目标"的事件，B 表示"乙射击一次命中目标"的事件，则要求概率

$$P(A \mid A \bigcup B) = \frac{P(A \bigcap (A \bigcup B))}{P(A \bigcup B)} = \frac{P(A)}{P(A) + P(B) - P(AB)} =$$

$$\frac{0.6}{0.6 + 0.5 - 0.6 \times 0.5} = \frac{6}{8} = 0.75$$

例 1-11 考虑一元二次方程 $x^2 + Bx + C = 0$,其中 B,C 分别是将一枚骰子接连掷两次后先后出现的点数,求该方程有实根的概率和有重根的概率.

解 令 $A_1 = \{$方程有实根$\}$,$A_2 = \{$方程有重根$\}$,一枚骰子掷两次,其基本事件总数为 36,方程组有实根的充分必要条件是 $B^2 - 4C \geqslant 0$ 即 $C \leqslant \frac{B^2}{4}$;方程组有重根的充分必要条件是 $B^2 - 4C = 0$,即 $C = \frac{B^2}{4}$. 易见:

B	1	2	3	4	5	6
使 $C \leqslant \frac{B^2}{4}$ 的基本事件个数	0	1	2	4	6	6
使 $C = \frac{B^2}{4}$ 的基本事件个数	0	1	0	1	0	0

由上表可见,A_1 包含的基本事件总数为

$$1 + 2 + 4 + 6 + 6 = 19$$

A_2 包含的基本事件总数为 $1 + 1 = 2$,故由古典概型概率计算得

$$P(A_1) = \frac{19}{36}, \quad P(A_2) = \frac{2}{36} = \frac{1}{18}.$$

例 1-12 一列火车共有 n 节车厢,有 $k(k \geqslant n)$ 个旅客上火车,并随意地选择车厢,求每一节车厢内至少有一个旅客的概率.

解 令 $A = \{$每一节车厢内至少有一个旅客$\}$,则 $\overline{A} = \{$至少有一个车厢无旅客$\}$,再令 $A_j = \{$第 j 个车厢无旅客$\}$,$j = 1, 2, \cdots, n$,则由古典概型概率的计算知 $P(A_j) = \frac{(n-1)^k}{n^k}$,$P(A_j A_i) = \frac{(n-2)^k}{n^k}$,$\cdots$,$P(A_1 A_2 \cdots A_{n-1}) = \frac{1}{n^k}$,$P(A_1 A_2 \cdots A_n) = P(\varnothing) = 0$,因此由概率的性质及加法公式得

$$P(A) = 1 - P(\overline{A}) = 1 - P(A_1 \bigcup A_2 \bigcup \cdots \bigcup A_n) =$$

$$1 - C_n^1 \left(1 - \frac{1}{n}\right)^k + C_n^2 \left(1 - \frac{2}{n}\right)^k + \cdots + (-1)^{(n-1)} C_n^{n-1} \frac{1}{n^k}$$

例 1-13 假设 n 张体育彩票中只有一张"中奖",n 个人依次排队摸彩,求:

(1) 已知前 $k - 1(k \leqslant n)$ 个人都未"中奖",求第 k 个人"中奖"的概率;

(2) 求第 $k(k \leqslant n)$ 个人摸彩时"中奖"的概率.

解 设 $A_i = \{$第 i 个人摸彩时中奖$\}$,$i = 1, 2, \cdots, n$,则

(1)
$$P(A_k \mid \overline{A_1} \, \overline{A_2} \cdots \overline{A_{k-1}}) = \frac{1}{n - (k-1)} = \frac{1}{n - k + 1}$$

(2) $\quad P(A_k) = P(\overline{A_1} \, \overline{A_2} \cdots \overline{A_{k-1}} A_k) = P(\overline{A_1}) P(\overline{A_2} \mid \overline{A_1}) P(\overline{A_3} \mid \overline{A_1} \overline{A_2}) \cdots P(A_k \mid \overline{A_1} \cdots \overline{A_{k-1}}) =$

$$\frac{n-1}{n} \cdot \frac{n-2}{n-1} \cdots \frac{1}{n-k+1} = \frac{1}{n}$$

说明了抽签与顺序是无关的.

例 1-14 设有来自三个地区的考生的报名表分别是 10 份、15 份和 25 份,其中女生的报名表分别是 3 份、7 份和 5 份. 随机地取一个地区的报名表,从中先后抽出两份:

(1) 求先抽到的一份是女生表的概率;

(2) 已知后抽到的一份是男生表,求先抽到的一份是女生表的概率;

(3) 已知在先抽到的一份是女生表,后抽到的一份是男生表的条件下,他们是来自第 2 个考区的概率.

解 设 $A_i = \{$报名表是第 i 个考区的$\}(i = 1, 2, 3)$,$B_j = \{$第 j 次抽到的报名表是男生表$\}(j = 1, 2)$,则

$$P(A_1) = P(A_2) = P(A_3) = \frac{1}{3}, \quad P(B_1 \mid A_1) = \frac{7}{10}$$

$$P(B_1 \mid A_2) = \frac{8}{15}, \quad P(B_1 \mid A_3) = \frac{20}{25}$$

（1）由全概率公式得

$$P(\overline{B}_1) = \sum_{i=1}^{3} P(A_i) P(\overline{B}_1 \mid A_i) = \frac{1}{3} \times \left(\frac{3}{10} + \frac{7}{15} + \frac{5}{25} \right) = \frac{29}{90}$$

（2）要求概率

$$P(\overline{B}_1 \mid B_2) = \frac{P(\overline{B}_1 B_2)}{P(B_2)}$$

由抽签与顺序无关的原理得

$$P(B_2 \mid A_1) = \frac{7}{10}, \quad P(B_2 \mid A_2) = \frac{8}{15}, \quad P(B_2 \mid A_3) = \frac{20}{25}$$

从而由全概率公式得

$$P(B_2) = \sum_{i=1}^{3} P(A_i) P(B_2 \mid A_i) = \frac{1}{3} \times \left(\frac{7}{10} + \frac{8}{15} + \frac{20}{25} \right) = \frac{61}{90}$$

又 $P(\overline{B}_1 B_2 \mid A_1) = \frac{3}{10} \times \frac{7}{9} = \frac{7}{30}$，$P(\overline{B}_1 B_2 \mid A_2) = \frac{7}{15} \times \frac{8}{14} = \frac{8}{30}$，$P(\overline{B}_1 B_2 \mid A_3) = \frac{5}{25} \times \frac{20}{24} = \frac{5}{30}$，由全概率公式得

$$P(\overline{B}_1 B_2) = \sum_{i=1}^{3} P(A_i) P(\overline{B}_1 B_2 \mid A_i) = \frac{1}{3} \times \left(\frac{7}{30} + \frac{8}{30} + \frac{5}{30} \right) = \frac{2}{9}$$

所以

$$P(\overline{B}_1 \mid B_2) = \frac{P(\overline{B}_1 B_2)}{P(B_2)} = \frac{2/9}{61/90} = \frac{20}{61}$$

（3）由贝叶斯公式得

$$P(A_2 \mid \overline{B}_1 B_2) = \frac{P(A_2) P(\overline{B}_1 B_2 \mid A_2)}{P(\overline{B}_1 B_2)} = \frac{\frac{1}{3} \times \frac{8}{30}}{\frac{2}{9}} = \frac{8}{20} = \frac{2}{5} = 0.4$$

例 1-15 设某型号的高射炮，每一门炮发射一发炮弹击中飞机的概率为 0.6，现在若干门炮同时发射，每门炮发射一发炮弹. 问欲以 99% 的把握击中来犯的一架飞机，至少需配置几门高射炮？

解 设需配置 n 门炮，$A_i = \{$第 i 门炮击 n 敌机$\}$，$i = 1, 2, \cdots, n$，则 $P(A_1) = P(A_2) = \cdots = P(A_n) = 0.6$，且 $A_1, A_2, \cdots, A_n$ 相互独立，欲求 n 使得

$$P(A_1 \bigcup A_2 \bigcup \cdots \bigcup A_n) = 1 - P(\overline{A_1 \bigcup A_2 \bigcup \cdots \bigcup A_n}) = 1 - P(\overline{A}_1 \overline{A}_2 \cdots \overline{A}_n) =$$

$$1 - P(\overline{A}_1) P(\overline{A}_2) \cdots P(\overline{A}_n) = 1 - (0.4)^n \geqslant 0.99$$

即 $(0.4)^n \leqslant 0.01$，所以

$$n \geqslant \frac{\lg 0.01}{\lg 0.4} = \frac{2}{0.397\,9} = 5.026$$

也就是说至少需配置 6 门炮方能以 99% 以上的把握击中来犯的飞机.

例 1-16 对一个元件，它能正常工作的概率 p 叫做该元件的可靠性，由若干个元件组成的系统，它能正常工作的概率叫做该系统的可靠性. 现设有 $2n$ 个元件，每个元件的可靠性均为 $r(0 < r < 1)$，且各元件能否正常工作是相互独立的，试求下列二系统的可靠性（见图 1-2）；并问哪个系统的可靠性大？

解 设 A 表示系统 Ⅰ 可靠这一事件，B 表示系统 Ⅱ 可靠这一事件，则

$$A = (A_1 A_2 \cdots A_n) \bigcup (B_1 B_2 \cdots B_n)$$

$$B = (A_1 \bigcup B_1)(A_2 \bigcup B_2) \cdots (A_n \bigcup B_n)$$

$A_1, A_2, \cdots, A_n; B_1, B_2, \cdots, B_n$ 相互独立，且 $P(A_i) = P(B_i) = r$，$i = 1, 2, \cdots, n$. 因此

$$P(A) = P((A_1 A_2 \cdots A_n) \bigcup (B_1 B_2 \cdots B_n)) =$$

$$P(A_1 A_2 \cdots A_n) + P(B_1 B_2 \cdots B_n) - P(A_1 \cdots A_n B_1 \cdots B_n) = r^n + r^n - r^{2n} = r^n (2 - r^n)$$

$$P(B) = P((A_1 \bigcup B_1)(A_2 \bigcup B_2) \cdots (A_n \bigcup B_n)) =$$

$$\prod_{i=1}^{n} P(A_i \cup B_i) = \prod_{i=1}^{n} (P(A_i) + P(B_i) - P(A_iB_i)) = (2r - r^2)^n = r^n(2-r)^n$$

因为 $(2-r)^n > 2 - r^n$，所以系统 II 比系统 I 具有较大的可靠性. 寻求可靠性达到最大的设计系统，是可靠性设计研究的主要问题.

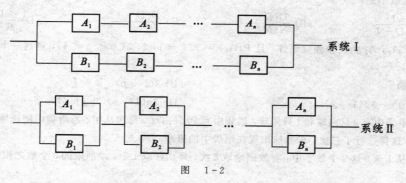

图 1-2

例 1-17 用自动生产线加工机器零件，每个零件为次品的概率为 p，若在生产过程中累计出现 m 个次品，则对生产线停机检修，求停机检修时共生产了 n 个零件的概率.

解 用 A 表示"停机检修时恰好生产了 n 个零件"的事件，B 表示"在前 $n-1$ 个零件中有 $m-1$ 个次品"，C 表示"生产第 n 个零件时出现第 m 个次品"的事件，则 $A = BC$，且 B 与 C 独立，故

$$P(A) = P(BC) = P(B)P(C) = C_{n-1}^{m-1} p^{m-1}(1-p)^{n-m} \cdot p = C_{n-1}^{m-1} p^m (1-p)^{n-m}$$

四、学习效果两级测试题及解答

测试题

1. 填空题(每小题 3 分，满分 15 分)

(1) 设两个相互独立的事件 A 和 B 都不发生的概率为 $\frac{1}{9}$，A 发生 B 不发生的概率与 B 发生 A 不发生的概率相等，则 $P(A) = $ _____.

(2) 设两两相互独立的三事件 A，B 和 C 满足条件：$ABC = \varnothing$，$P(A) = P(B) = P(C) < \frac{1}{2}$，且已知 $P(A \cup B \cup C) = \frac{9}{16}$，则 $P(A) = $ _____.

(3) 已知 $P(A) = 0.5$，$P(B) = 0.6$，$P(B \mid A) = 0.8$，则 $P(A \cup B) = $ _____.

(4) 设 10 件产品中有 4 件不合格品，从中任取两件，已知两件中有一件是不合格品，则另一件也是不合格品的概率为 _____.

(5) 从数 1，2，3，4 中任取一个数，记为 X，再从 $1, 2, \cdots, X$ 中任取一个数，记为 Y，则 $P\{Y = 2\} = $ _____;已知 $Y = 2$，则 X 是 3 的概率为 _____.

2. 选择题(每小题 3 分，满分 15 分)

(1) 设事件 A 与事件 B 互不相容，则( ).

(A) $P(\overline{A}\,\overline{B}) = 0$ (B) $P(AB) = P(A)P(B)$

(C) $P(A) = 1 - P(B)$ (D) $P(\overline{A} \cup \overline{B}) = 1$

(2) 设 A，B 为任意两个事件，且 $A \subset B$，$P(B) > 0$，则下列选项中必然成立的是( ).

(A) $P(A) < P(A \mid B)$ (B) $P(A) \leqslant P(A \mid B)$

(C) $P(A) > P(A \mid B)$ (D) $P(A) \geqslant P(A \mid B)$

(3) 设 A，B，C 是三个相互独立的事件，且 $0 < P(C) < 1$，则在下列给定的四对事件中不相互独立的是

( ).

(A) $\overline{A \cup B}$ 与 C (B) $\overline{AC}$ 与 $\overline{C}$ (C) $\overline{A-B}$ 与 $\overline{C}$ (D) $\overline{AB}$ 与 $\overline{C}$

(4) 设 N 件产品中 D 件是不合格品，从这 N 件产品中任取 2 件，已知其中有 1 件是不合格品，则另一件也是不合格品的概率是( ).

(A) $\dfrac{D-1}{2N-D-1}$ (B) $\dfrac{D(D-1)}{N(N-1)}$ (C) $\dfrac{D(D-1)}{N^2}$ (D) $\dfrac{D-1}{2(N-D)}$

(5) 设 A_1，A_2，A_3 为三个独立事件，且 $P(A_k) = p (k = 1, 2, 3; 0 < p < 1)$，则这三个事件不全发生的概率是( ).

(A) $(1-p)^3$ (B) $3(1-p)$

(C) $(1-p)^3 + 3p(1-p)$ (D) $3p(1-p)^2 + 3p^2(1-p)$

3. (10 分) 甲袋中有 9 只白球和 1 只黑球，乙袋中有 10 只白球，每次从甲、乙两袋中随机地各取一球交换放入另一袋中，这样进行了三次，求黑球出现在甲袋中的概率.

4. (10 分) 从 1 至 9 这 9 个数字中，有放回地取 3 次，每次任取 1 个，求所取的 3 个数之积能被 10 整除的概率.

5. (10 分) 现有两种报警系统 A 与 B，每种系统单独使用时，系统 A 有效的概率为 0.92，系统 B 为 0.93，在 A 失灵的条件下，B 有效的概率为 0.85，求：

(1) 在 B 失灵条件下，A 有效的概率；

(2) 这两个系统至少有一个有效的概率.

6. (10 分) 一袋中装有 $N-1$ 个黑球和 1 个白球，每次从袋中随机地摸出一球，并换入 1 个黑球，这样继续下去，求第 k 次摸球时摸到黑球的概率.

7. (15 分) 设电话用户在 $(t, t + \Delta t)$ 这段时间内对电话交换站呼唤一次的概率为 $\lambda \Delta t + o(\Delta t)$，且与时刻 t 以前的呼唤次数无关，而在这段时间内呼唤两次或两次以上的概率为 $o(\Delta t)$，求在 $(0, t]$ 这段时间内恰好呼唤 k 次的概率.

8. (15 分) 甲、乙、丙三人按下面规则进行比赛，第一局由甲、乙参加而丙轮空，由第一局的优胜者与丙进行第二局比赛，而失败者则轮空，比赛用这种方式一直进行到其中一个人连胜两局为止，连胜两局者成为整场比赛的优胜者，若甲、乙、丙胜每局的概率各为 $\dfrac{1}{2}$，问甲、乙、丙成为整场比赛优胜者的概率各是多少？

测试题解答

1. (1) $P(A) = \dfrac{2}{3}$ (2) $P(A) = \dfrac{1}{4}$ (3) $P(A \cup B) = 0.7$ (4) $\dfrac{1}{5}$ (5) $\dfrac{13}{48}$，$\dfrac{4}{13}$

2. (1) D   (2) B   (3) B   (4) A   (5) C

3. 设 $A_i = \{i$ 次交换后黑球出现在甲袋中$\}$，$\overline{A_i} = \{i$ 次交换后黑球出现在乙袋中$\}$，$(i = 1, 2, 3)$ 则

$$P(A_2) = P(A_1)P(A_2 \mid A_1) + P(\overline{A_1})P(A_2 \mid \overline{A_1}) = \frac{9}{10} \times \frac{9}{10} + \frac{1}{10} \times \frac{1}{10} = 0.82$$

$$P(A_3) = P(A_2)P(A_3 \mid A_2) + P(\overline{A_2})P(A_3 \mid \overline{A_2}) = 0.82 \times \frac{9}{10} + 0.18 \times \frac{1}{10} = 0.756$$

4. 设 $A_1 = \{$所取的 3 个数中含有数字 5$\}$，$A_2 = \{$所取的 3 个数字中含有偶数$\}$，$A = \{$所取的 3 个数之积能被 10 整除$\}$，则 $A = A_1 A_2$，故

$$P(A) = P(A_1 A_2) = 1 - P(\overline{A_1 A_2}) = 1 - P(\overline{A_1} \cup \overline{A_2}) = 1 - P(\overline{A_1}) - P(\overline{A_2}) - P(\overline{A_1 A_2}) =$$

$$1 - \left(\frac{8}{9}\right)^3 - \left(\frac{5}{9}\right)^3 + \left(\frac{4}{9}\right)^3 = 1 - 0.786 = 0.214$$

5. 由

$$P(B \mid \overline{A}) = \frac{P(B\overline{A})}{P(\overline{A})} = \frac{P(B) - P(AB)}{1 - P(A)} = 0.85$$

得 $P(AB) = P(B) - 0.85 \times (1 - P(A)) = 0.93 - 0.85 \times 0.08 = 0.93 - 0.068 = 0.862$

(1)　　　$P(A \mid \overline{B}) = \dfrac{P(A\overline{B})}{P(\overline{B})} = \dfrac{P(A) - P(AB)}{1 - P(B)} = \dfrac{0.92 - 0.862}{0.07} = \dfrac{0.058}{0.07} \approx 0.828\,6$

(2)　　　$P(A \bigcup B) = P(A) + P(B) - P(AB) = 0.92 + 0.93 - 0.862 = 0.988$

6. 设 $A_i = \{$第 i 次摸球时摸到黑球$\}$，$i = 1, 2, \cdots, k$，则要求概率

$$P(A_k) = 1 - P(\overline{A}_k) = 1 - P(A_1 A_2 \cdots A_{k-1} \overline{A}_k) = 1 - \left(1 - \frac{1}{N}\right)^{k-1} \frac{1}{N}$$

7. 设在 $(0, t]$ 这段时间内恰好呼唤 k 次的概率为 $p_k(t)$，$(k = 0, 1, 2, \cdots)$，由于在 $(0, t + \Delta t]$ 内没有呼唤就是在 $(0, t)$ 及 $(t, t + \Delta t)$ 都没有呼唤，因此

$$P_0(t + \Delta t) = P_0(t)(1 - \lambda \Delta t) + o(\Delta t)$$

移项，同除 Δt，有

$$\frac{P_0(t + \Delta t) - P_0(t)}{\Delta t} = -\lambda P_0(t) + \frac{o(\Delta t)}{\Delta t}$$

令 $\Delta t \to 0$，得

$$\frac{\mathrm{d}P_0(t)}{\mathrm{d}t} = -\lambda P_0(t)$$

在初始条件下 $P_0(0) = 1$，解得

$$P_0(t) = \mathrm{e}^{-\lambda t}$$

又由于在 $(0, t + \Delta t]$ 内呼唤 k 次就是在 $(0, t]$ 及 $(t, t + \Delta t]$ 内分别呼唤 k 次及 0 次，或在 $(0, t]$ 内呼唤 $k - 1$ 次，而在 $(t, t + \Delta t]$ 内呼唤 1 次，或 $(0, t]$ 内呼唤 $k - 1$ 次以下，而在 $(t, t + \Delta t]$ 内呼唤 1 次以上，因此

$$P_k(t + \Delta t) = P_k(t)(1 - \lambda \Delta t) + P_{k-1}(t)\lambda \Delta t + o(\Delta t)$$

整理得

$$\frac{P_k(t + \Delta t) - P_k(t)}{\Delta t} = \lambda [P_{k-1}(t) - P_k(t)] + \frac{o(\Delta t)}{\Delta t}$$

令 $\Delta t \to 0$，得

$$\frac{\mathrm{d}P_k(t)}{\mathrm{d}t} = \lambda(P_{k-1}(t) - P_k(t)) \quad k = 1, 2, \cdots$$

初始条件为 $P_k(0) = 0$，$k = 1, 2, \cdots$，求解上述微分方程组，当 $k = 1$ 时，微分方程为

$$\frac{\mathrm{d}P_1(t)}{\mathrm{d}t} + \lambda P_1(t) = \lambda \mathrm{e}^{-\lambda t}$$

通解为

$$P_1(t) = \mathrm{e}^{-\lambda t}\left(\int \lambda \mathrm{e}^{-\lambda t} \mathrm{e}^{\lambda t} \mathrm{d}t + C_1\right) = \mathrm{e}^{-\lambda t}(\lambda t + C_1)$$

由 $P_1(0) = 0$，得出 $C_1 = 0$，则

$$P_1(t) = \lambda t \mathrm{e}^{-\lambda t}$$

当 $k = 2$ 时，微分方程为

$$\frac{\mathrm{d}P_2(t)}{\mathrm{d}t} + \lambda P_2(t) = \lambda^2 t \mathrm{e}^{-\lambda t}$$

通解为

$$P_2(t) = \mathrm{e}^{-\lambda t}\left(\int \lambda^2 t \mathrm{e}^{-\lambda t} \mathrm{e}^{\lambda t} \mathrm{d}t + C_2\right) = \mathrm{e}^{-\lambda t}\left(\frac{\lambda^2 t^2}{2} + C_2\right)$$

由 $P_2(0) = 0$，得 $C_2 = 0$，则

$$P_2(t) = \frac{(\lambda t)^2}{2!} \mathrm{e}^{-\lambda t}$$

一般地，由数学归纳法可知

$$P_k(t) = \frac{(\lambda t)^k}{k!} \mathrm{e}^{-\lambda t} \quad k = 0, 1, 2, \cdots$$

8. 设 A 表示甲胜，B 表示乙胜，C 表示丙胜，则这种比赛的可能结果为

$$AA, \ ACC, \ ACBB, \ ACBAA, \ ACBACC, \ ACBACBB, \cdots$$
$$BB, \ BCC, \ BCAA, \ BCABB, \ BCABCC, \ BCABCAA, \cdots$$

在这些结果中，恰好包含 k 个字母的事件发生的概率应为 $\dfrac{1}{2^k}$，如 $P(AA) = \dfrac{1}{2^2}$，$P(ACBB) = \dfrac{1}{2^4}$，则整场比赛中丙胜的概率为

$$P(C) = [P(ACC) + P(BCC)] + [P(ACBACC) + P(BCABCC)] + \cdots =$$

$$2 \times \frac{1}{2^3} + 2 \times \frac{1}{2^6} + 2 \times \frac{1}{2^9} + \cdots = \frac{1}{2^2} + \frac{1}{2^5} + \frac{1}{2^8} + \cdots = \frac{\dfrac{1}{2^2}}{1 - \dfrac{1}{2^3}} = \frac{2}{7}$$

由于甲、乙两人所处的地位对称，则 $P(A) = P(B)$ 得

$$P(A) = P(B) = \frac{1}{2}\left(1 - \frac{2}{7}\right) = \frac{5}{14}$$

五、课后习题全解

1. 写出下列随机事件的样本空间:

(1) 记录一个小班一次数学考试的平均分数(设以百分制记分).

(2) 生产产品直到有 10 件正品为止,记录生产产品的总件数.

(3) 对某工厂出厂的产品进行检查,合格的记上"正品",不合格的记上"次品",如连续查出 2 个次品就停止检查,或检查 4 个产品,停止检查,记录检查的结果.

(4) 在单位圆内任意取一点,记录它的坐标.

解 (1) $S = \left\{ \frac{i}{n} \,\middle|\, i = 0, 1, \cdots, 100n \right\}$,其中 n 为小班人数.

(2) $S = \{10, 11, \cdots\}$.

(3) $S = \{00, 100, 0100, 0110, 1100, 1010, 1011, 0111, 1101, 1110, 1111\}$,其中 0 表示次品,1 表示正品.

(4) $S = \{(x, y) \mid x^2 + y^2 < 1\}$.

2. 设 A, B, C 为 3 个事件,用 A, B, C 的运算关系表示下列各事件:

(1) A 发生,B 与 C 不发生;

(2) A 与 B 都发生,而 C 不发生;

(3) A, B, C 中至少有一个发生;

(4) A, B, C 都发生;

(5) A, B, C 都不发生;

(6) A, B, C 中不多于一个发生;

(7) A, B, C 中不多于两个发生;

(8) A, B, C 中至少有两个发生.

解 (1) $A\bar{B}\bar{C}$　　(2) $AB\bar{C}$　　(3) $A \cup B \cup C$　　(4) ABC　　(5) $\bar{A}\bar{B}\bar{C}$

(6) $\bar{A}\bar{B}\bar{C} \cup A\bar{B}\bar{C} \cup \bar{A}B\bar{C} \cup \bar{A}\bar{B}C$　　(7) $\overline{ABC}$　　(8) $AB \cup BC \cup AC$

3. (1) 设 A, B, C 是 3 个事件,且 $P(A) = P(B) = P(C) = \frac{1}{4}$,$P(AB) = P(BC) = 0$,$P(AC) = \frac{1}{8}$,求 A, B, C 至少有一个发生的概率.

(2) 已知 $P(A) = 1/2, P(B) = 1/3, P(C) = 1/5, P(AB) = 1/10, P(AC) = 1/15, P(BC) = 1/20, P(ABC) = 1/30$,求 $A \cup B, \bar{A}\bar{B}, A \cup B \cup C, \bar{A}\bar{B}\bar{C}, \bar{A}BC, \bar{A}\bar{B} \cup C$ 的概率.

(3) 已知 $P(A) = 1/2$,(i) 若 A, B 互不相容,求 $P(A\bar{B})$,(ii) 若 $P(AB) = 1/8$,求 $P(A\bar{B})$.

解 (1) 事件 A, B, C 至少发生一个可表示为 $A \cup B \cup C$. 又 $0 \leqslant P(ABC) \leqslant P(BC) = 0$. 由此可知

$$P(A \cup B \cup C) = P(A) + P(B) + P(C) - P(AB) - P(BC) - P(AC) + P(ABC) = \frac{3}{4} - \frac{1}{8} = \frac{5}{8}$$

(2) 　　$P(A \cup B) = P(A) + P(B) - P(AB) = \frac{1}{2} + \frac{1}{3} - \frac{1}{10} = \frac{11}{15}$

$$P(\bar{A}\bar{B}) = P(\overline{A \cup B}) = 1 - P(A \cup B) = 1 - \frac{11}{15} = \frac{4}{15}$$

$$P(A \cup B \cup C) = P(A) + P(B) + P(C) - P(AB) - P(BC) - P(AC) + P(ABC) =$$

$$\frac{1}{2} + \frac{1}{3} + \frac{1}{5} - \frac{1}{10} - \frac{1}{15} - \frac{1}{20} + \frac{1}{30} = \frac{17}{20}$$

$$P(\bar{A}\bar{B}\bar{C}) = P(\overline{A \cup B \cup C}) = 1 - P(A \cup B \cup C) = 1 - \frac{17}{20} = \frac{3}{20}$$

$$P(\bar{A}\bar{B}C) = P(\bar{A}\bar{B}) - P(\bar{A}\bar{B}\bar{C}) = \frac{4}{15} - \frac{3}{20} = \frac{7}{60}$$

$$P(\bar{A}\bar{B} \cup C) = P(\bar{A}\bar{B}) + P(C) - P(\bar{A}\bar{B}C) = \frac{4}{15} + \frac{1}{5} - \frac{7}{60} = \frac{7}{20}$$

(3)（ⅰ）
$$P(A\bar{B}) = P(A) - P(AB) = P(A) = \frac{1}{2}$$

（ⅱ）
$$P(A\bar{B}) = P(A) - P(AB) = \frac{1}{2} - \frac{1}{8} = \frac{3}{8}$$

4. 设 A,B 是两个事件.(1)已知 $A\bar{B} = \bar{A}B$,验证 $A = B$.(2)验证事件 A 和事件 B 恰有一个发生的概率为 $P(A) + P(B) - 2P(AB)$.

解 (1)由于 $A\bar{B} = A(S-B) = A - AB$,$\bar{A}B = B(S-A) = B - AB$,所以由 $A\bar{B} = \bar{A}B$ 得 $A = B$.

(2)由于 $AB \subset A, AB \subset B$,故

$$P(A\bar{B}) + P(\bar{A}B) = P(A) - P(AB) + P(B) - P(AB) = P(A) + P(B) - 2P(AB)$$

5. 10 片药片中有 5 片是安慰剂.

(1)从中任意抽取 5 片,求其中至少有 2 片是安慰剂的概率.

(2)从中每次取 1 片,作不放回抽样,求前 3 次都取到安慰剂的概率.

解 (1)取从 10 片药中任意抽取 5 片药的所有可能为样本空间,其基本事件总数为 C_{10}^5.记 $A =$ "5 片药中至少有两片是安慰剂",则 $\bar{A} =$ "5 片药中至多有 1 片是安慰剂",$\bar{A}$ 含有的基本事件数目为 $C_5^0 C_5^5 + C_5^1 C_5^4$,则

$$P(A) = 1 - \frac{C_5^0 C_5^5 + C_5^1 C_5^4}{C_{10}^5} = \frac{113}{126}$$

(2)记 $A_i =$ "第 i 次取到安慰剂",$i = 1,2,3$,$B =$ "前 3 次都取到安慰剂",则 $B = A_1 A_2 A_3$,故

$$P(B) = P(A_1 A_2 A_3) = P(A_1)P(A_2/A_1)P(A_3/A_1 A_2) = \frac{5}{10} \times \frac{4}{9} \times \frac{3}{8} = \frac{1}{12}$$

6. 在房间里有 10 个人,分别佩戴从 1 号到 10 号的纪念章,任选 3 人记录其纪念章的号码,(1)求最小号码为 5 的概率;(2)求最大的号码为 5 的概率.

解 (1),(2)有同一样本空间且所含基本事件总数为 C_{10}^3.

(1)记 $A =$ "最小号码为 5",A 的有利场合数为 C_5^2,故

$$P(A) = \frac{C_5^2}{C_{10}^3} = \frac{1}{12}$$

(2)记 $B =$ "最大号码为 5",则 B 的有利场合数为 C_4^2,故

$$P(B) = \frac{C_4^2}{C_{10}^3} = \frac{1}{20}$$

7. 某油漆公司发出 17 桶油漆,其中白漆 10 桶,黑漆 4 桶,红漆 3 桶,在搬运中所有标签脱落,交货人随意将这些发给顾客,问一个订货 4 桶白漆,3 桶黑漆和 2 桶红漆的顾客,能按所订颜色如数得到订货的概率是多少?

解 取发给顾客 9 桶油漆的所有可能情况为样本空间,其基本事件总数为 C_{17}^9.记 A 为"正确的发放",则 A 含有的基本事件总数为 $C_{10}^4 C_4^3 C_3^2$,从而

$$P(A) = \frac{C_{10}^4 C_4^3 C_3^2}{C_{17}^9} = \frac{252}{2\ 431}$$

8. 在 1 500 个产品中有 400 个次品,1 100 个正品,任取 200 个,(1)求恰有 90 个次品的概率;(2)求至少有 2 个次品的概率.

解 (1)产品的所有取法构成样本空间,其中所含的基本事件数为 $C_{1\ 500}^{200}$,用 A 表示取出的产品中恰有 90 个次品,则 A 中的基本事件总数为 $C_{400}^{90} C_{1\ 100}^{110}$,因此

$$P(A) = \frac{C_{400}^{90} C_{1\ 100}^{110}}{C_{1\ 500}^{200}}$$

(2)用 B 表示至少有 2 个次品,则 $\bar{B}$ 表示取出的产品中至多有一个次品,$\bar{B}$ 中的样本点数为 $C_{400}^1 C_{1\ 100}^{199} + C_{1\ 100}^{200}$,从而 $P(\bar{B}) = \dfrac{C_{400}^1 C_{1\ 100}^{199} + C_{1\ 100}^{200}}{C_{1\ 500}^{200}}$,因此

$$P(B) = 1 - P(\bar{B}) = 1 - \frac{C_{400}^1 C_{1\ 100}^{199} + C_{1\ 100}^{200}}{C_{1\ 500}^{200}}$$

9. 从 5 双不同的鞋子中任取 4 只，这 4 只鞋子中至少有 2 只配成一双的概率是多少？

解　由题意，样本空间所含的样本点数为 C_{10}^4，用 A 表示"4 只鞋中至少有 2 只配成一双"，则 $\overline{A}$ 表示"4 只鞋中没有 2 只能配成一双"，$\overline{A}$ 包含的样本点数为 $C_5^4 \cdot 2^4$（先从 5 双鞋中任取 4 双，再从每双中任取一只）。则 $P(\overline{A}) = \dfrac{C_5^4 \cdot 2^4}{C_{10}^4} = \dfrac{8}{21}$，从而

$$P(A) = 1 - \frac{8}{21} = \frac{13}{21}$$

10. 在 11 张卡片上分别写上 Probability 这 11 个字母，从中任意连抽 7 张，求其排列结果为 Ability 的概率.

解　所有可能的排列构成样本空间，其中包含的样本点数为 P_{11}^7．用 A 表示"正确的排列"，则 A 包含的样本点数为 $C_1^1 \cdot C_2^1 \cdot C_2^1 \cdot C_1^1 \cdot C_1^1 \cdot C_1^1 \cdot C_1^1 = 4$，则

$$P(A) = \frac{4}{P_{11}^7} = 0.000\,002\,4$$

11. 将 3 个球随机地放入 4 个杯子中去，求杯子中球的最大个数分别为 1，2，3 的概率.

解　把 3 个球放入 4 只杯中共有 4^3 种放法．记 $A =$"杯中球的最大个数为 1"，事件 A 即为从 4 只杯中任选 3 只，然后将 3 个球放到 3 只杯中去，每只杯中一个球，则 A 所含的样本点数为 $C_4^3 \cdot P_3^3 = 24$，则

$$P(A) = \frac{6}{16}$$

记 $B =$"杯中球的最大个数为 2"，事件 B 即为从 4 只杯中任选 1 只，再从 3 个球中选中 2 个放到此杯中，剩余 1 球放到另外 3 个杯中的某一个中，则 B 所含的样本点数为 $C_4^1 \cdot C_3^2 \cdot C_3^1 = 36$

$$P(B) = \frac{36}{4^3} = \frac{9}{16}$$

记 $C =$"杯中球的最大个数为 3"，类似地，C 所含的样本点数 $C_4^1 \cdot C_3^3 = 4$，从而

$$P(C) = \frac{4}{4^3} = \frac{1}{16}$$

12. 将 50 只铆钉随机地取来用在 10 个部件上，其中有 3 个铆钉强度太弱，每个部件用 3 个铆钉，若将 3 个强度太弱的铆钉都装在一个部件上，则这个部件强度就太弱，问发生一个部件强度太弱的概率是多少？

解　记 A 表示"发生一个部件强度太弱"，则 A 所含的样本点数为 $C_{10}^1 C_{47}^{27} \dfrac{27!}{(3!\,)^9}$．

将 50 个铆钉装在 10 个部件上的所有装法的全体看作样本空间，则所包含的样本点数为 $C_{50}^{30} \dfrac{30!}{(3!\,)^{10}}$．

则

$$P(A) = \frac{C_{10}^1 \cdot 1 \cdot C_{47}^{27} \cdot \dfrac{27!}{(3!\,)^9}}{C_{50}^{30} \cdot \dfrac{30!}{(3!\,)^9}} = \frac{1}{1\,960}$$

13. 一俱乐部有 5 名一年级学生，2 名二年级学生，3 名三年级学生，2 名四年级学生.

(1) 在其中任选 4 名学生，求一、二、三、四年级的学生各 1 名的概率.

(2) 在其中任选 5 名学生，求一、二、三、四年级的学生均包含在内的概率.

解　(1) 取从 12 名学生中任选 4 名学生的所有可能为样本空间，其基本事件总数为 C_{12}^4，记 $A =$"一、二、三、四年级的学生各 1 名"，则 A 含有的基本事件数为 $C_5^1 C_2^1 C_3^1 C_2^1$，故

$$P(A) = \frac{C_5^1 C_2^1 C_3^1 C_2^1}{C_{12}^4} = \frac{4}{33}$$

(2) 取从 12 名学生中任选 5 名学生的所有可能为样本空间，其基本事件总数为 C_{12}^5，记 $B =$"一、二、三、四年级的学生均包含在内"，则 B 含有的基本事件数目为 $C_5^2 C_2^1 C_3^1 C_2^1 + C_5^1 C_2^2 C_3^1 C_2^1 + C_5^1 C_2^1 C_3^2 C_2^1 + C_5^1 C_2^1 C_3^1 C_2^2$，故

$$P(B) = \frac{C_5^2 C_2^1 C_3^1 C_2^1 + C_5^1 C_2^2 C_3^1 C_2^1 + C_5^1 C_2^1 C_3^2 C_2^1 + C_5^1 C_2^1 C_3^1 C_2^2}{C_{12}^5} = \frac{10}{33}$$

14. (1) 已知 $P(\overline{A}) = 0.3$，$P(B) = 0.4$，$P(A\overline{B}) = 0.5$，求 $P(B \mid A \cup \overline{B})$.

(2) 已知 $P(A) = \dfrac{1}{4}$，$P(B \mid A) = \dfrac{1}{3}$，$P(A \mid B) = \dfrac{1}{2}$. 求 $P(A \cup B)$.

解 (1) 由于 $A = AB \cup A\overline{B}$，且 $(AB) \cap (A\overline{B}) = \varnothing$

从而 $$P(A) = P(AB) + P(A\overline{B})$$

所以 $$P(AB) = P(A) - P(A\overline{B}) = 0.7 - 0.5 = 0.2$$

又 $$P(A \cup \overline{B}) = P(A) + P(\overline{B}) - P(A\overline{B}) = 0.7 + 0.6 - 0.5 = 0.8$$

故 $$P(B \mid A \cup \overline{B}) = \frac{P(B \cap (A \cup \overline{B}))}{P(A \cup \overline{B})} = \frac{P(AB)}{P(A \cup \overline{B})} = \frac{0.2}{0.8} = 0.25$$

(2) $$P(AB) = P(B \mid A)P(A) = \frac{1}{3} \times \frac{1}{4} = \frac{1}{12}$$

$$P(A \cup B) = P(A) + P(B) - P(AB) = \frac{1}{6} + \frac{1}{4} - \frac{1}{12} = \frac{1}{3}$$

15. 掷两颗骰子，已知两颗骰子点和为 7，求其中有一颗为 1 的概率（用两种方法）.

解法 1 取两颗点数之和为 7 的所有可能情况的全体为样本空间 S，则 $S = \{(1,6),(2,5),(3,4),(4,3),(5,2),(6,1)\}$；用 A 表示"两颗骰子点数之和为 7，其中有一颗为 1 点"的事件，则 $A = \{(1,6),(6,1)\}$，从而

$$P(A) = \frac{2}{6} = \frac{1}{3}$$

解法 2 设 X 为第一颗骰子的点数，Y 为第二颗骰子点数，则

$$P(X + Y = 7) = \frac{6}{36}$$

$$P(X = 1 \mid X + Y = 7) = \frac{P(X = 1)P(X + Y = 7 \mid X = 1)}{\dfrac{6}{36}} = \frac{\dfrac{1}{6} \times \dfrac{1}{6}}{\dfrac{6}{36}} = \frac{1}{6} = P(Y = 1 \mid X + Y = 7)$$

故 $$P(\{X = 1\} \cup \{Y = 1\} \mid X + Y = 7) = \frac{1}{6} + \frac{1}{6} = \frac{1}{3}$$

16. 据以往资料表明，某一 3 口之家，患某种传染病的概率有以下规律：

$P\{孩子得病\} = 0.6$， $P\{母亲得病 \mid 孩子得病\} = 0.5$， $P\{父亲得病 \mid 母亲及孩子得病\} = 0.4$

求母亲及孩子得病但父亲未得病的概率.

解 令 $A = \{孩子得病\}$，$B = \{母亲得病\}$，$C = \{父亲得病\}$，则 $P(A) = 0.6$，$P(B \mid A) = 0.5$，$P(C \mid AB) = 0.4$，所以 $P(\overline{C} \mid AB) = 0.6$.

由乘法定理得

$$P(AB\overline{C}) = P(A) \cdot P(B \mid A) \cdot P(\overline{C} \mid AB) = 0.6 \times 0.5 \times 0.6 = 0.18$$

故母亲及孩子得病，但父亲未得病的概率为 0.18.

17. 已知在 10 件产品中有 2 件次品，在其中取两次，每次任取一件，作不放回抽样，求下列事件的概率：

(1) 两件都是正品；(2) 两件都是次品；(3) 一件是正品，一件是次品；(4) 第二次取出的是次品.

解 设 $A_i = \{第 i 次取出的是正品\}$，$B_i = \{第 i 次取出的是次品\}$，$(i = 1, 2)$，则

(1) $$P(A_1 A_2) = P(A_1)P(A_2 \mid A_1) = \frac{8}{10} \times \frac{7}{9} = \frac{28}{45}$$

(2) $$P(B_1 B_2) = P(B_1)P(B_2 \mid B_1) = \frac{2}{10} \times \frac{1}{9} = \frac{1}{45}$$

(3) $$P(A_1 B_2 \cup B_1 A_2) = P(A_1 B_2) + P(B_1 A_2) = P(A_1)P(B_2 \mid A_1) + P(B_1)P(A_2 \mid B_1) =$$
$$\frac{8}{10} \times \frac{2}{9} + \frac{2}{10} \times \frac{8}{9} = \frac{16}{45}$$

(4) $$P(B_2) = P(A_1 B_2 \cup B_1 B_2) = P(A_1 B_2) + P(B_1 B_2) =$$

$$P(A_1)P(B_2 \mid A_1) + P(B_1)P(\bar{B}_2 \mid B_1) = \frac{8}{10} \times \frac{2}{9} + \frac{2}{10} \times \frac{1}{9} = \frac{9}{45} = \frac{1}{5}$$

18. 某人忘记了电话号码的最后一个数字,因而他随意地拨号,求他拨号不超过三次而接通所需电话的概率.若已知最后一个数字是奇数,那么此概率是多少?

解 设 $A_i = \{$第 i 次拨号拨对$\}$,$i = 1, 2, 3$,$A = \{$拨号不超过 3 次而接通$\}$,则 $A = A_1 + \bar{A}_1 A_2 + \bar{A}_1 \bar{A}_2 A_3$,且三者互斥,故有

$$P(A) = P(A_1) + P(\bar{A}_1)P(A_2 \mid \bar{A}_1) + P(\bar{A}_1)P(\bar{A}_2 \mid \bar{A}_1)P(A_3 \mid \bar{A}_1 \bar{A}_2)$$

于是

$$P(A) = \frac{1}{10} + \frac{9}{10} \times \frac{1}{9} + \frac{9}{10} \times \frac{8}{9} \times \frac{1}{8} = \frac{3}{10}$$

$$P(A) = \frac{1}{5} + \frac{4}{5} \times \frac{1}{4} + \frac{4}{5} \times \frac{3}{4} \times \frac{1}{3} = \frac{3}{5}$$

19. (1) 设甲袋中装有 n 只白球,m 只红球,乙袋中装有 N 只白球,M 只红球,今从甲袋中任取一只球放入乙袋中,再从乙袋中任意取一只球,问取到白球的概率是多少?

(2) 第一只盒子装有 5 只红球,4 只白球;第二只盒子装有 4 只红球,5 只白球,先从第一盒子中任取 2 只球放入第二盒中去,然后从第二盒子中任取一只球,求取到白球的概率.

解 (1) 设由甲袋中任取一球放入乙袋中时,取得是白球的事件记为 B_1,取得红球的事件记为 B_2,而从乙袋中取出白球的事件记为 A,于是

$$P(B_1) = \frac{n}{m+n}, \quad P(B_2) = \frac{m}{m+n}$$

$$P(A \mid B_1) = \frac{N+1}{M+N+1}, \quad P(A \mid B_2) = \frac{N}{M+N+1}$$

故由全概率公式得

$$P(A) = P(B_1)P(A \mid B_1) + P(B_2)P(A \mid B_2) =$$

$$\frac{n}{m+n} \cdot \frac{N+1}{M+N+1} + \frac{m}{m+n} \cdot \frac{N}{M+N+1} = \frac{(n+m)N+n}{(m+n)(M+N+1)}$$

(2) 设 B_1 表示从第一只盒中取得 2 只红球的事件,B_2 表示从第一只盒中取到 2 只白球的事件,B_3 表示从第一只盒中取到一只红球和一只白球的事件,A 表示从第二盒中取到一只白球的事件,则有

$$P(B_1) = \frac{C_5^2}{C_9^2} = \frac{5}{18}, \quad P(B_2) = \frac{C_4^2}{C_9^2} = \frac{1}{6}, \quad P(B_3) = \frac{C_5^1 C_4^1}{C_{29}} = \frac{5}{9}$$

则由全概率公式得

$$P(A) = \sum_{i=1}^{3} P(B_i)P(A \mid B_i) = \frac{5}{18} \times \frac{5}{11} + \frac{1}{6} \times \frac{7}{11} + \frac{5}{9} \times \frac{6}{11} = \frac{53}{99}$$

20. 某种产品的商标为"MAXAM",其中有 2 个字母已经脱落,有人捡起随意放回,求放回后仍为"MAXAM"的概率.

解 设 $A_1, A_2, \cdots, A_{10}$ 分别表示字母 MA,MX,MA,MM,AX,AA,AM,XA,XM,AM 脱落的事件,则 $P(A_i) = \frac{1}{10}$,$i = 1, 2, \cdots, 10$,用 B 表示放回后仍为"MAXAM"的事件,则 $P(B \mid A_i) = \frac{1}{2}$,$i = 1, 2, 3, 5, 7, 8, 9, 10$,$P(B \mid A_4) = P(B \mid A_6) = 1$,所以由全概率公式得

$$P(B) = \sum_{i=1}^{10} P(A_i)P(B \mid A_i) = \frac{1}{10} \times \frac{1}{2} \times 8 + \frac{1}{10} \times 1 + \frac{1}{10} \times 1 = \frac{6}{10} = \frac{3}{5}$$

21. 已知男子有 5% 是色盲患者,女子有 0.25% 是色盲患者,今从男女人数相等的人群中随机地挑选一人,恰好是色盲患者,问此人是男性的概率是多少?

解 令 $A = \{$抽到一名男性$\}$;$B = \{$抽到一名女性$\}$;$C = \{$抽到一名色盲患者$\}$.由全概率公式得

$$P(C) = P(C \mid A)P(A) + P(C \mid B)P(B) = 5\% \times \frac{1}{2} + 0.25\% \times \frac{1}{2} = 2.625\%$$

$$P(AC) = P(A)P(C \mid A) = \frac{1}{2} \times 5\% = 2.5\%$$

由贝叶斯公式得
$$P(A \mid C) = \frac{P(AC)}{P(C)} = \frac{20}{21}$$

22. 一学生接连参加同一课程的两次考试,第一次及格的概率为 p,若第一次及格则第二次及格的概率也是 p,若第一次不及格则第二次及格的概率为 $\frac{p}{2}$.(1)若至少一次及格则他能取得某种资格,求他取得该资格的概率;(2)若已知他第二次已经及格,求他第一次及格的概率.

解 设 A_1 表示该生第一次考试及格的事件,A_2 表示该生第一次考试不及格的事件,B 表示该生第 2 次考试及格的事件,则已知 $P(A_1) = p, P(A_2) = 1 - p, P(B \mid A_1) = p, P(B \mid A_2) = \frac{p}{2}$.

(1)求 $P(A_1 \bigcup B)$.
$$P(A_1 \bigcup B) = P(A_1) + P(B) - P(A_1 B) = P(A_1) + P(A_1 B + \overline{A_1} B) - P(A_1 B) =$$
$$P(A_1) + P(A_1 B) + P(\overline{A_1} B) - P(A_1 B) = P(A_1) + P(\overline{A_1})P(B \mid \overline{A_1}) =$$
$$p + (1 - p) \cdot \frac{p}{2} = p\left(\frac{3}{2} - \frac{p}{2}\right)$$

(2)求 $P(A_1 \mid B)$. 由贝叶斯公式得
$$P(A_1 \mid B) = \frac{P(A_1)P(B \mid A_1)}{P(A_1)P(B \mid A_1) + P(A_2)P(B \mid A_2)} = \frac{p^2}{p^2 + (1 - p) \times \frac{p}{2}} = \frac{2p}{1 + p}$$

23. 将两信息分别编码为 A 和 B 传递出去,接收站收到时,A 被误收作 B 的概率为 0.02,而 B 被误收作 A 的概率为 0.01,信息 A 与信息 B 传送的频繁程度为 2∶1,若接收站收到的信息是 A,问原发信息是 A 的概率是多少?

解 设 B_1,B_2 分别表示发报台发出信号"A"及"B",又以 A_1,A_2 分别表示收报台收到信号"A"及"B".
则有
$$P(B_1) = \frac{2}{3}, \quad P(B_2) = \frac{1}{3}$$
$$P(A_1 \mid B_1) = 0.98, \quad P(A_2 \mid B_1) = 0.02$$
$$P(A_1 \mid B_2) = 0.01, \quad P(A_2 \mid B_2) = 0.99$$

从而由贝叶斯公式得

$$P(B_1 \mid A_1) = \frac{P(B_1)P(A_1 \mid B_1)}{P(B_1)P(A_1 \mid B_1) + P(B_2)P(A_1 \mid B_2)} = \frac{\frac{2}{3} \times 0.98}{\frac{2}{3} \times 0.98 + \frac{1}{3} \times 0.01} = \frac{196}{197}$$

24. 有两箱同种类的零件,第一箱装 50 只,其中 10 只一等品;第二箱装 30 只,其中 18 只一等品,今从两箱中任挑出一箱,然后从该箱中取零件两次,每次任取一只,作不放回抽样. 试求:

(1)第一次取到的零件是一等品的概率;

(2)第一次取到的零件是一等品的条件下,第二次取到的也是一等品的概率.

解 (1)记 $A_i =$ "在第 i 次中取到一等品",$i = 1, 2$;$B_i =$ "挑到第 i 箱".

则有
$$P(A_1) = P(A_1 \mid B_1)P(B_1) + P(A_1 \mid B_2)P(B_2) = \frac{1}{5} \times \frac{1}{2} + \frac{18}{30} \times \frac{1}{2} = 0.4$$

(2)
$$P(A_1 A_2) = P(A_1 A_2 \mid B_1)P(B_1) + P(A_1 A_2 \mid B_2)P(B_2) =$$
$$\frac{1}{2} \times \frac{1}{5} \times \frac{9}{49} + \frac{1}{2} \times \frac{18}{30} \times \frac{17}{29} = 0.194\ 23$$
$$P(A_2 \mid A_1) = \frac{P(A_1 A_2)}{P(A_1)} = \frac{0.194\ 23}{0.4} = 0.485\ 6$$

25. 某人下午 5∶00 下班,他所积累的资料见下表:

到家时间	$5:35 \sim 5:39$	$5:40 \sim 5:44$	$5:45 \sim 5:49$	$5:50 \sim 5:54$	$5:54$ 之后
乘地铁到家的概率	0.10	0.25	0.45	0.15	0.05
乘汽车到家的概率	0.30	0.35	0.20	0.10	0.05

某日他抛一枚硬币决定乘地铁还是汽车,结果他是 5:47 到的,试求他是乘地铁回家的概率.

解 令 $A = \{$乘地铁回家$\}$,$B = \{$乘汽车回家$\}$,$C = \{$在 5:47 回家$\}$.由全概率公式知

$$P(C) = P(C \mid A)P(A) + P(C \mid B)P(B) = 0.45 \times \frac{1}{2} + 0.20 \times \frac{1}{2} = 0.325$$

故由贝叶斯公式得 $\qquad P(A \mid C) = \dfrac{P(AC)}{P(C)} = \dfrac{P(A)P(C \mid A)}{P(C)} = \dfrac{0.45 \times \dfrac{1}{2}}{0.325} = \dfrac{9}{13}$

26.病树的主人外出,委托邻居浇水,设已知如果不浇水,树死去的概率为 0.8.若浇水则树死去的概率为 0.15.有 0.9 的把握确定邻居会记得浇水.(1)求主人回来树还活着的概率.(2)若主人回来树已死去,求邻居忘记浇水的概率.

解 (1)设 $A = $"邻居记得浇水",$\overline{A} = $"邻居不记得浇水";$B = $"主人回来树还活着",则 $P(A) = 0.9$,$P(\overline{A}) = 0.1$,$P(B/A) = 0.85$,$P(B/\overline{A}) = 0.2$.由全概率公式得

$$P(B) = P(A)P(B/A) + P(\overline{A})P(B/\overline{A}) = 0.9 \times 0.85 + 0.1 \times 0.2 = 0.785$$

(2)根据题意,需要求 $P(\overline{A}/\overline{B})$,即

$$P(\overline{A}/\overline{B}) = \frac{P(\overline{A}\,\overline{B})}{P(\overline{B})} = \frac{P(\overline{A})P(\overline{B}/\overline{A})}{1 - P(B)} = \frac{0.1 \times 0.8}{1 - 0.785} = 0.372$$

27.设本题涉及的事件均有意义.设 A,B 都是事件.

(1)已知 $P(A) > 0$,证明 $P(AB \mid A) \geqslant P(AB \mid A \bigcup B)$.

(2)若 $P(A \mid B) = 1$,证明 $P(\overline{B} \mid \overline{A}) = 1$.

(3)若设 C 也是事件,且有 $P(A \mid C) \geqslant P(B \mid C)$,$P(A \mid \overline{C}) \geqslant P(B \mid \overline{C})$,证明 $P(A) \geqslant P(B)$.

证 (1) $\qquad P(AB \mid A) = \dfrac{P(AB)}{P(A)}$, $\quad P(AB \mid A \bigcup B) = \dfrac{P(AB)}{P(A \bigcup B)}$

由于 $A \subset A \bigcup B$,$P(A) \leqslant P(A \bigcup B)$,故 $P(AB \mid A) \geqslant P(AB \mid A \bigcup B)$.

(2)由 $P(A \mid B) = 1$,得 $\dfrac{P(AB)}{P(B)} = 1$,继而 $P(AB) = P(B)$.由于 $P(B) = P(AB) + P(\overline{A}B)$,所以 $P(\overline{A}B) = 0$.

又因为 $P(\overline{A}) = P(\overline{A}B) + P(\overline{A}\,\overline{B})$,所以 $P(\overline{A}) = P(\overline{A}\,\overline{B})$,于是 $P(\overline{B} \mid \overline{A}) = \dfrac{P(\overline{A}\,\overline{B})}{P(\overline{A})} = 1$.

(3)由 $P(A \mid C) \geqslant P(B \mid C)$,得 $P(AC) \geqslant P(BC)$,由 $P(A \mid \overline{C}) \geqslant P(B \mid \overline{C})$,得 $P(A\overline{C}) \geqslant P(B\overline{C})$,于是 $P(A) = P(AC) + P(A\overline{C}) \geqslant P(BC) + P(B\overline{C}) = P(B)$.

28.有两种花籽,发芽率分别为 0.8,0.9,从中各取一颗,设各花籽是否发芽相互独立.求:

(1)这两颗花籽都能发芽的概率.(2)至少有一颗能发芽的概率.(3)恰有一颗能发芽的概率.

解 (1)设 $A = $"其中一颗花籽发芽",$B = $"另一颗花籽发芽",则 A,B 独立,且 $P(A) = 0.8$,$P(B) = 0.9$.再设 $C = $"两颗花籽都能发芽",则 $P(C) = P(AB) = P(A)P(B) = 0.72$.

(2)设 $D = $"至少有一颗能发芽",则

$$P(D) = P(A \bigcup B) = P(A) + P(B) - P(A)P(B) = 0.98$$

(3)$F = $"恰有一颗能发芽",则

$$P(F) = P(A\overline{B}) + P(\overline{A}B) = P(A)P(\overline{B}) + P(\overline{A})P(B) = 0.8 \times 0.1 + 0.2 \times 0.9 = 0.26$$

29.根据报道美国人血型的分布近似地为:A 型为 30%,O 型为 44%,B 型为 13%,AB 型为 6%.夫妻拥有的血型是相互独立的.

(1)B 型的人只有输入 B,O 两种血型才安全.若妻为 B 型,夫为何种血型未知,求夫是妻的安全输血者的概率.

(2) 随机地取一对夫妇,求妻为 B 型夫为 A 型的概率.

(3) 随机地取一对夫妇,求其中一人为 A 型,另一人为 B 型的概率.

(4) 随机地取一对夫妇,求其中至少有一人是 O 型的概率.

解 (1) 设 $A_1 = $ "夫是 A 型", $A_2 = $ "夫是 O 型", $A_3 = $ "夫是 B 型", $A_4 = $ "夫是 AB 型",则 $P(A_1) = 0.37, P(A_2) = 0.44, P(A_3) = 0.13, P(A_4) = 0.06$,再设 $B = $ "夫是妻的安全输血者",则

$$P(B) = P(A_2 \bigcup A_3) = P(A_2) + P(A_3) - P(A_2 A_3) = 0.44 + 0.13 - 0 = 0.57$$

(2) 设 $C_1 = $ "妻为 B 型", $C_2 = $ "夫为 A 型", $C = $ "妻为 B 型夫为 A 型",则

$$P(C) = P(C_1 C_2) = P(C_1) P(C_2) = P(A_3) P(A_1) = 0.13 \times 0.37 = 0.048\ 1$$

(3) 设 $C_3 = $ "妻为 A 型", $C_4 = $ "夫为 B 型", $D = $ "夫妻中一人为 A 型,另一人为 B 型",则

$$P(D) = P(C_1 C_2) + P(C_3 C_4) = P(C_1) P(C_2) + P(C_3) P(C_4) = 2 P(A_3) P(A_1) = 2 \times 0.13 \times 0.37 = 0.096\ 2$$

(4) 设 $C_5 = $ "妻为 O 型", $C_6 = $ "夫为 O 型", $F = $ "夫妻中至少有一人为 O 型",则

$$P(F) = P(C_5 \bigcup C_6) = P(C_5) + P(C_6) - P(C_5 C_6) = P(C_5) + P(C_6) - P(C_5)P(C_6) =$$
$$2 \times 0.44 - 0.44 \times 0.44 = 0.686\ 4$$

30. (1) 给出事件 A, B 的例子,使得

（i）$P(A \mid B) < P(A)$, （ii）$P(A \mid B) = P(A)$, （iii）$P(A \mid B) > P(A)$.

(2) 设事件 A, B, C 相互独立,证明（i）C 与 AB 相互独立.（ii）C 与 $A \bigcup B$ 相互独立.

(3) 设事件 A 的概率 $P(A) = 0$,证明对于任意另一事件 B,有 A, B 相互独立.

(4) 证明事件 A, B 相互独立的充要条件是 $P(A \mid B) = P(A \mid \bar{B})$.

解 （i）当 $A \neq \varnothing, P(B) > 0$ 且 AB 互斥时, $P(A \mid B) = \dfrac{P(AB)}{P(B)} = 0 < P(A)$.

举例:设试验为将骰子掷一次,事件 A 为"出现偶数点", B 为"出现奇数点",则 $P(A \mid B) = 0$, $P(A) = \dfrac{1}{2}$,故 $P(A \mid B) < P(A)$.

（ii）当 A, B 独立,且 $P(B) > 0$ 时, $P(A \mid B) = \dfrac{P(AB)}{P(B)} = \dfrac{P(A)P(B)}{P(B)} = P(A)$.

举例:设试验为将骰子掷一次, A 同上, B 为"掷出点数 $\geqslant 1$",则 $P(A \mid B) = \dfrac{1}{2}$, $P(A) = 0$,故 $P(A \mid B) = P(A)$.

（iii）当 $A \subset B$,且 $0 < P(B) < 1$ 时, $P(A \mid B) = \dfrac{P(AB)}{P(B)} = \dfrac{P(A)}{P(B)} > P(A)$.

举例:设试验为将骰子掷一次, A 同上, B 为"掷出点数 $\geqslant 4$",则 $P(A \mid B) = \dfrac{2}{3}$, $P(A) = \dfrac{1}{2}$,故 $P(A \mid B) > P(A)$.

(2)（i）由于 $P(C(AB)) = P(CAB) = P(C)P(A)P(B) = P(C)P(AB)$,所以 C 与 AB 独立.

（ii）由于 $P(C(A \bigcup B)) = P(CA \bigcup CB) = P(CA) + P(CB) - P(CAB) =$
$$P(C)P(A) + P(C)P(B) - P(C)P(A)P(B) =$$
$$P(C)(P(A) + P(B) - P(A)P(B)) = P(C)P(A \bigcup B)$$

所以 C 与 $A \bigcup B$ 独立.

(3) 对任一事件 $B, AB \subset A$,有 $0 \leqslant P(AB) \leqslant P(A) = 0$,则 $P(AB) = 0$.于是 $P(AB) = P(A)P(B) = 0$,从而 A, B 独立.

(4) 充分性:若 $P(A \mid B) = P(A \mid \bar{B})$,则 $\dfrac{P(AB)}{P(B)} = \dfrac{P(A\bar{B})}{P(\bar{B})} = \dfrac{P(A) - P(AB)}{1 - P(B)}$,化简可得 $P(AB) = P(A)P(B)$,从而 A, B 独立.

必要性:若 A, B 独立,则 $P(AB) = P(A)P(B)$, $P(A\bar{B}) = P(A)P(\bar{B})$, $P(A \mid B) = \dfrac{P(AB)}{P(B)} = \dfrac{P(A)P(B)}{P(B)}$ $= P(A)$, $P(A \mid \bar{B}) = \dfrac{P(A\bar{B})}{P(\bar{B})} = \dfrac{P(A)P(\bar{B})}{P(\bar{B})} = P(A)$,因而 $P(A \mid B) = P(A \mid \bar{B})$.

31. 设事件 A,B 的概率均大于零,说明以下的叙述(1)必然对.(2)必然错.(3)可能对.并说明理由.

(1) 若 A 与 B 互不相容,则它们相互独立.

(2) 若 A 与 B 相互独立,则它们互不相容.

(3) $P(A) = P(B) = 0.6$,且 A,B 互不相容.

(4) $P(A) = P(B) = 0.6$,且 A,B 相互独立.

解 (1) 若 A,B 互不相容,则 $P(AB) = P(\varnothing) = 0 \neq P(A)P(B) > 0$,从而 A,B 一定不独立,所以选(2),即必然错.

(2) 若 A,B 独立,则 $P(AB) = P(A)P(B) > 0$,说明 A,B 不会互不相容,所以选(2),即必然错.

(3) $P(AB) = P(A)P(B) = 0.36$,说明 A,B 不会互不相容,所以选(2),即必然错.

(4) $P(AB) = P(A)P(B) = 0.36$,则 A,B 有可能独立,所以(3)可能对.

32. 有一种检验艾滋病毒的检验法,其结果有概率 0.005 报道为假阳性(即不带艾滋病毒者,经此检验法有 0.005 的概率被认为带艾滋病毒).今有 140 名不带艾滋病毒的正常人全部接受此种检验,被报道至少有 1 人带艾滋病毒的概率为多少?

解 设 $A_i = $"第 i 人带艾滋病毒",$i = 1,2,\cdots,140$,$B = $"至少有 1 人带艾滋病毒",

$$P(B) = P(A_1 \bigcup A_2 \bigcup \cdots \bigcup A_{140}) = 1 - P(\overline{A_1}\overline{A_2}\cdots\overline{A_{140}}) = 1 - P(\overline{A_i})P(\overline{A_2})\cdots P(\overline{A_{140}}) =$$
$$1 - 0.995^{140} = 0.504\ 3$$

33. 盒中有编号为 1,2,3,4 的 4 只球,随机地自盒中取一只球,事件 A 为"取得的是 1 号或 2 号球",事件 B 为"取得的是 1 号或 3 号球",事件 C 为"取得的是 1 号或 4 号球".验证:

$$P(AB) = P(A)P(B), \quad P(AC) = P(A)P(C), \quad P(BC) = P(B)P(C)$$

但 $$P(ABC) \neq P(A)P(B)P(C)$$

即事件 A,B,C 两两独立,但 A,B,C 不是相互独立的.

解 由题意 $P(A) = P(B) = P(C) = \dfrac{1}{2}, \quad P(AB) = P(A)P(B) = \dfrac{1}{4}$

$$P(AC) = P(A)P(C) = \dfrac{1}{4}, \quad P(BC) = P(B)P(C) = \dfrac{1}{4}$$

$$P(ABC) = \dfrac{1}{4} \neq P(A)P(B)P(C) = \dfrac{1}{8}$$

所以 A,B,C 两两独立但不相互独立.

34. 试分别求以下两个系统的可靠性:

(1) 设有 4 个独立工作的元件 1,2,3,4,它们的可靠性分别为 p_1,p_2,p_3,p_4,将它们按图 1-3 的方式联结(称为并串联系统);

(2) 设有 5 个独立工作的元件 1,2,3,4,5,它们的可靠性均为 p,将它们按图 1-4 的方式联结(称为桥式系统).试分别求两个系统的可靠性。

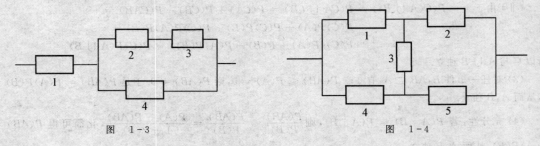

图 1-3 图 1-4

解 (1) 设 A_i 表示第 i 个元件可靠的事件,$i = 1,2,3,4$.B_1 表示系统 Ⅰ 可靠的事件,则

$$P(B_1) = P(A_1A_2A_3 \bigcup A_1A_4) = P(A_1A_2A_3) + P(A_1A_4) - P(A_1A_2A_3A_4) =$$
$$p_1p_2p_3 + p_1p_4 - p_1p_2p_3p_4$$

(2) 设 A_i 表示第 i 个元件可靠的事件，$i = 1,2,3,4,5$，A_1,A_2,A_3,A_4,A_5 相互独立，B_2 表示系统 Ⅱ 可靠的事件，则

$$P(B_2) = (A_1A_2 \bigcup A_1A_3A_5 \bigcup A_4A_5 \bigcup A_4A_3A_2) =$$
$$P(A_1A_2) + P(A_1A_3A_5) + P(A_4A_5) + P(A_4A_3A_2) -$$
$$P(A_1A_2A_3A_5) - P(A_1A_2A_4A_5) - P(A_1A_2A_3A_4) -$$
$$P(A_1A_3A_4A_5) - P(A_1A_2A_3A_4A_5) - P(A_2A_3A_4A_5) +$$
$$4P(A_1A_2A_3A_4A_5) - P(A_1A_2A_3A_4A_5) = 2p^2 + 2p^3 - 5p^4 + 2p^5$$

35. 如果一危险情况 C 发生时，一电路闭合并发出警报，我们可以借用两个或多个开关并联以改善可靠性（参阅图 1-5）。在 C 发生时这些开关每一个都应闭合，且若至少一个开关闭合了，警报就发出，如果两个这样开关并联连接，它们每个具有 0.96 的可靠性（即在情况 C 发生时闭合的概率）。(1) 这时系统的可靠性（即电路闭合的概率）是多少？(2) 如果需要有一个可靠性至少为 0.999 9 的系统，则至少需要用多少只开关并联？ 这里各开关闭合与否都是相互独立的。

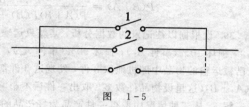

图 1-5

解 (1) 设 A_i 表示第 i 个开关闭合，A 表示电路闭合，于是 $A = A_1 \bigcup A_2$.

由题意，当两个开关并联时 $P(A_i) = 0.96$. 再由 A_1,A_2 的独立性得

$$P(A) = P(A_1 \bigcup A_2) = P(A_1) + P(A_2) - P(A_1A_2) =$$
$$P(A_1) + P(A_2) - P(A_1)P(A_2) = 2 \times 0.96 - (0.96)^2 = 0.998\ 4$$

(2) 设至少需要 n 个开关闭合，则

$$P(A) = P(\bigcup_{i=1}^{n} A_i) = 1 - \prod_{i=1}^{n} [1 - P(A_i)] = 1 - 0.04^n \geqslant 0.9999$$

即

$$0.04^n \leqslant 0.00001$$

所以

$$n \geqslant \frac{\lg 0.00001}{\lg 0.04} = 3.58$$

故至少需要 4 只开关并联.

36. 三人独立地去破译一份密码，已知各人能译出的概率分别为 1/5，1/3，1/4，问三人中至少有一个能将此密码译出的概率是多少？

解 设 A,B,C 分别表示{第一、二、三人独立译出密码}，D 表示{密码被译出}，则

$$P(D) = P(A \bigcup B \bigcup C) = 1 - P(\overline{A \bigcup B \bigcup C}) = 1 - P(\overline{A}\ \overline{B}\ \overline{C}) =$$
$$1 - P(\overline{A})P(\overline{B})P(\overline{C}) = 1 - \frac{4}{5} \times \frac{2}{3} \times \frac{3}{4} = \frac{3}{5}$$

37. 设第一个盒中装有 3 只蓝球，2 只绿球，2 只白球；第二个盒中装有 2 只蓝球，3 只绿球，4 只白球，独立地分别在两个盒子中各取一只球。(1) 求至少有一只蓝球的概率；(2) 求有一只蓝球、一只白球的概率；(3) 已知至少有一只蓝球，求有一只蓝球、一只白球的概率。

解 设 A_1,A_2,A_3 分别表示从第一个盒中取出一只蓝球，一只绿球，一只白球的事件，B_i 表示从第 2 只盒中取出一只蓝球，一只绿球，一只白球的事件，则 A_i 与 B_i 独立，$i = 1,2,3$.

(1)
$$P(A_1 \bigcup B_1) = P(A_1) + P(B_1) - P(A_1B_1) = \frac{3}{7} + \frac{2}{9} - \frac{3}{7} \times \frac{2}{9} = \frac{5}{9}$$

(2)
$$P(A_1B_3 \bigcup A_3B_1) = P(A_1)P(B_3) + P(A_3)P(B_1) = \frac{3}{7} \times \frac{4}{9} + \frac{2}{7} \times \frac{2}{9} = \frac{16}{63}$$

(3)
$$P(A_1B_3 \bigcup A_3B_1 \mid A_1 \bigcup B_1) = P(A_1B_3 \mid A_1 \bigcup B_1) + P(A_3B_1 \mid A_1 \bigcup B_1) =$$
$$\frac{P(A_1B_3(A_1 \bigcup B_1))}{P(A_1 \bigcup B_1)} + \frac{P(A_3B_1(A_1 \bigcup B_1))}{P(A_1 \bigcup B_1)} =$$
$$\frac{P(A_1B_3 \bigcup A_1B_1B_3)}{P(A_1 \bigcup B_1)} + \frac{P(A_1A_3B_1 \bigcup A_3B_1)}{P(A_1 \bigcup B_1)} =$$

$$\frac{P(A_1B_3) + P(A_3B_1)}{P(A_1 \bigcup B_1)} = \frac{16/63}{35/63} = \frac{16}{35}$$

38. 袋中装有 m 只正品硬币，n 只次品硬币(次品硬币的两面均印有国徽)，在袋中任取一只，将它投掷 r 次，已知每次都得到国徽，问这只硬币是正品的概率是多少？

解 设 $A=$"投掷 r 次得到国徽"，$B=$"为正品硬币"，则

$$P(A) = P(A \mid B)P(B) + P(A \mid \overline{B})P(\overline{B}) = \left(\frac{1}{2}\right)^r \frac{m}{m+n} + \frac{n}{m+n}$$

$$P(B \mid A) = \frac{P(A \mid B)P(B)}{P(A \mid B)P(B) + P(A \mid \overline{B})P(\overline{B})} = \frac{m}{m+n \cdot 2^r}$$

39. 设根据以往记录的数据分析，某船只运输的某种物品损坏的情况共有三种：损坏 2%(这一事实记为 A_1)，损坏 10%(事件 A_2)，损坏 90%(事件 A_3)，且知 $P(A_1) = 0.8$，$P(A_2) = 0.15$，$P(A_3) = 0.05$，现在从已被运输的物品中随机地取 3 件，发现这 3 件都是好的(这一事件记为 B)，试求 $P(A_1 \mid B)$，$P(A_2 \mid B)$，$P(A_3 \mid B)$(这里设物品件数多，取出一件后不影响后一件是否是好品的概率).

解 从三种情况中取得一件产品为好产品的概率分别为 98%，90%，10%，于是有

$$P(B \mid A_1) = (0.98)^3, \quad P(B \mid A_2) = (0.90)^3, \quad P(B \mid A_3) = (0.1)^3$$

又因为 A_1，A_2，A_3 是 S 的一个划分，且

$$P(A_1) = 0.8, \quad P(A_2) = 0.15, \quad P(A_3) = 0.05$$

由全概率公式

$$P(B) = P(B \mid A_1)P(A_1) + P(B \mid A_2)P(A_2) + P(B \mid A_3)P(A_3) =$$
$$(0.98)^3 \times 0.8 + (0.90)^3 \times 0.15 + (0.1)^3 \times 0.05 = 0.862\ 336$$

由贝叶斯公式

$$P(A_1 \mid B) = \frac{P(B \mid A_1)P(A_1)}{\sum\limits_{i=0}^{3} P(B \mid A_i)P(A_i)} = \frac{0.752\ 936}{0.862\ 336} = 0.873\ 2$$

$$P(A_2 \mid B) = 0.126\ 8, \quad P(A_3 \mid B) = 0.000\ 1$$

40. 将 A,B,C 三个字母——输入信道，输出为原字母的概率为 α，而输出为其他一字母的概率都是 $(1-\alpha)/2$，今将字母串 AAAA，BBBB，CCCC 之一输入信道，输入 AAAA，BBBB，CCCC 的概率分别为 p_1，p_2，$p_3(p_1 + p_2 + p_3 = 1)$，已知输出为 ABCA，问输入的是 AAAA 的概率是多少？(设信道传输每个字母的工作是相互独立的).

解 用 A 表示输入 AAAA 的事件，用 B 表示输入 BBBB 的事件，用 C 表示输入 CCCC 的事件．用 H 表示输出 ABCA，由于每个字母的输出是相互独立的，于是有

$$P(H \mid A) = \alpha^2[(1-\alpha)/2]^2 = \frac{\alpha^2(1-\alpha)^2}{4}$$

$$P(H \mid B) = \alpha[(1-\alpha)/2]^3 = \frac{\alpha(1-\alpha)^3}{8}$$

$$P(H \mid C) = \alpha[(1-\alpha)/2]^3 = \frac{\alpha(1-\alpha)^3}{8}$$

又 $P(A) = p_1$，$P(B) = p_2$，$P(C) = p_3$，由贝叶斯公式得

$$P(A \mid H) = \frac{P(H \mid A)P(A)}{P(H \mid A)P(A) + P(H \mid B)P(B) + P(H \mid C)P(C)} =$$

$$\frac{\dfrac{\alpha^2(1-\alpha)^2}{4} \cdot p_1}{\dfrac{\alpha^2(1-\alpha)^2}{4} \cdot p_1 + \dfrac{(1-\alpha)^3}{8} \cdot p_2 + \dfrac{\alpha(1-\alpha)^3}{8} \cdot p_3} = \frac{2\alpha p_1}{(3\alpha-1)p_1 + 1 - \alpha}$$

第二章 随机变量及其分布

一、大纲要求及考点提示

(1) 理解随机变量概念、离散型随机变量及概率函数(分布律)的概念和性质、连续型随机变量及概率密度函数的概念及性质.

(2) 理解分布函数的概念和性质,会利用概率分布计算有关事件的概率.

(3) 掌握两点分布,二项分布,泊松(Poisson)分布,超几何分布,几何分布,均匀分布,正态分布和指数分布.

(4) 会根据自变量的概率分布求简单随机变量函数的分布.

二、主要概念、重要定理与公式

1. 随机变量的定义

设 E 是随机试验,它的样本空间 $S=\{e\}$,如果对于每一个 $e \in S$,有一个实数 $X(e)$ 与之对应,这样就得到一个定义在 S 上的单实值函数 $X=X(e)$,称之为随机变量.

2. 离散型随机变量及其分布律

设随机变量 X 只取有限个或可列无限个数值 $x_1, x_2, \cdots, x_n, \cdots$,且 $P(X=x_n)=p_n$, $n=1, 2, \cdots$, $p_n \geqslant 0$, $\sum_{i=1}^{\infty} p_n = 1$,则称 X 是离散型随机变量,上述取值规律称为 X 的分布律或分布列.

3. 连续型随机变量和其概率密度函数及其性质

如果对于随机变量 X 的分布函数 $F(x)$,存在非负函数 $f(x)$,使对于任意实数 x 有

$$F(x) = \int_{\infty}^{x} f(t) \mathrm{d}t$$

则称 X 为连续型随机变量,其中函数 $f(x)$ 称为 X 的概率密度函数,简称为概率密度.

概率密度函数 $f(x)$ 具有以下性质:

(1) $f(x) \geqslant 0$;

(2) $\int_{-\infty}^{+\infty} f(x) \mathrm{d}x = 1$;

(3) 对任意实数 $x_1 < x_2$, $P\{x_1 < X \leqslant x_2\} = F(x_2) - F(x_1) = \int_{x_1}^{x_2} f(x) \mathrm{d}x$;

(4) 若 $f(x)$ 在点 x 处连续,则 $F'(x) = f(x)$.

4. 分布函数及其性质

设 X 是一个随机变量, x 是任意实数,函数

$$F(X) = P(X \leqslant x)$$

称为 X 的分布函数.

分布函数 $F(X)$ 具有下列性质:

(1) $F(x)$ 是一不减函数;

(2) $0 \leqslant F(x) \leqslant 1$,且 $F(-\infty) = \lim_{x \to -\infty} F(x) = 0$, $F(\infty) = \lim_{x \to \infty} F(x) = 1$;

(3) $F(x+0) = F(x)$,即 $F(x)$ 是右连续的.

如果任一函数 $F(X)$ 满足上述性质,则 $F(x)$ 是分布函数.

5. 常用概率分布

(1) 两点分布(0—1分布). 若随机变量 X 只能取 0 与 1 两个值, 且 $P(X=0)=1-p$, $P(X=1)=p$, 则称 X 服从(0—1)分布, 记为 $X \sim b(1, p)$.

(2) 二项分布. 若随机变量 X 的取值为 $0, 1, \cdots, n$, 且

$$P(X=k)=C_n^k p^k (1-p)^{n-k}, \quad k=0, 1, \cdots, n$$

则称 X 服从二项分布, 记为 $X \sim b(n, p)$.

泊松定理 设 $\lambda > 0$ 是一常数, n 是任意正整数, 设 $np_n = \lambda$, 则对于任一固定的非负整数 k, 有

$$\lim_{n \to \infty} C_n^k p_n^k (1-p_n)^{n-k} = \frac{\lambda^k e^{-\lambda}}{k!}$$

(3) 泊松分布. 设随机变量 X 的所有可能取值为 $0, 1, 2, \cdots$, 且

$$P(X=k)=\frac{\lambda^k e^{-\lambda}}{k!}, \quad k=0, 1, 2, \cdots$$

其中 $\lambda > 0$ 是常数, 则称 X 服从参数为 λ 的泊松分布, 记为 $X \sim \pi(\lambda)$.

(4) 超几何分布. 设随机变量 X 的所有可能取值为 $0, 1, \cdots, n$. $M \leqslant N$ 均为正整数, 且

$$P(X=k)=\frac{C_M^k C_{N-M}^{n-k}}{C_N^n}, \quad k=0, 1, \cdots, \min(n, M)$$

则称 X 服从超几何分布, 记为 $X \sim H(n, M, N)$.

(5) 几何分布. 设随机变量 X 的可能取值为 $1, 2, \cdots$, 且

$$P(X=k)=(1-p)^{k-1} p, \quad k=1, 2, \cdots$$

则称 X 服从几何分布.

(6) 均匀分布. 设连续型随机变量 X 具有概率密度

$$f(x)=\begin{cases} \dfrac{1}{b-a}, & a < x < b \\ 0, & \text{其他} \end{cases}$$

则称 X 在区间 (a, b) 上服从均匀分布, 记为 $X \sim U(a, b)$, 分布函数为

$$F(X)=\begin{cases} 0, & x < a \\ \dfrac{x-a}{b-a}, & a \leqslant x < b \\ 1, & x \geqslant b \end{cases}$$

(7) 正态分布. 设连续随机变量 X 的概率密度为

$$f(x)=\frac{1}{\sqrt{2\pi}\,\sigma} e^{-\frac{(x-\mu)^2}{2\sigma^2}}, \quad -\infty < x < \infty$$

其中 $\mu, \sigma > 0$ 为常数, 则称 X 服从正态分布, 记为 $X \sim N(\mu, \sigma^2)$. 当 $\mu=0$, $\sigma^2 \equiv 1$ 时, 称 X 服从标准正态分布, 记为 $X \sim N(0, 1)$, 并用 $\varphi(x)$, $\Phi(x)$ 表示其概率密度和分布函数

$$\varphi(x)=\frac{1}{\sqrt{2\pi}} e^{-\frac{x^2}{2}}, \quad \Phi(x)=\frac{1}{\sqrt{2\pi}} \int_{-\infty}^{x} e^{-\frac{t^2}{2}} dt, \quad \Phi(-x)=1-\Phi(x)$$

(8) 指数分布. 若随机变量 X 的概率密度为

$$f(x)=\begin{cases} \dfrac{1}{\theta} e^{-x/\theta}, & x > 0 \\ 0, & x \leqslant 0 \end{cases}$$

其中 $\theta > 0$ 为常数, 则称 X 服从参数为 θ 的指数分布, 记为 $X \sim e(\theta)$, X 的分布函数为

$$F(x)=\begin{cases} 1-e^{-x/\theta}, & x \geqslant 0 \\ 0, & x < 0 \end{cases}$$

6. 随机变量函数的分布

定理 设随机变量 X 具有概率密度 $f_X(x)$, $-\infty < x < \infty$, 又设函数 $g(x)$ 处处可导且有 $g'(x) > 0$ (或

恒有 $g'(x) < 0$，则 $Y = g(X)$ 是连续型随机变量，其概率密度为

$$f_Y(y) = \begin{cases} f_X[h(y)] \mid h'(y) \mid, & \alpha < y < \beta \\ 0, & \text{其他} \end{cases}$$

其中 $\alpha = \min(g(-\infty), g(\infty))$，$\beta = \max(g(-\infty), g(\infty))$，$h(y)$ 是 $g(x)$ 的反函数.

三、考研典型题及常考题型范例精解

例 2-1　某电子元件的寿命 X 的概率密度为(单位：h)

$$f(x) = \begin{cases} 0, & x \leqslant 1\,000 \\ \dfrac{1\,000}{x^2}, & x > 1\,000 \end{cases}$$

装有 5 个这种电子元件的系统在使用的前 1 500 h 内正好有 2 个元件需要更换的概率是(　　).

(A) $\dfrac{1}{3}$　　　　　　(B) $\dfrac{40}{243}$　　　　　　(C) $\dfrac{80}{243}$　　　　　　(D) $\dfrac{2}{3}$

解　每一个元件在 1 500 h 内损坏的概率为

$$P(X < 1\,500) = \int_{1\,000}^{1\,500} \frac{1\,000}{x^2} \mathrm{d}x = 1 - \frac{2}{3} = \frac{1}{3}$$

设 Y 表示 5 个元件中需要更换的元件个数，则 $Y \sim b(5, \dfrac{1}{3})$，所求概率是

$$P(X = 2) = C_5^2 \left(\frac{1}{3}\right)^2 \left(\frac{2}{3}\right)^3 = 10 \times \frac{1}{9} \times \frac{8}{27} = \frac{80}{243}$$

故(C) 正确.

例 2-2　设 $F_1(x)$ 与 $F_2(x)$ 分别为随机变量 X_1 与 X_2 的分布函数，为了使 $F(x) = aF_1(x) - bF_2(x)$ 是某一随机变量的分布函数，则下列各组值中应取(　　).

(A) $a = \dfrac{3}{5}$，$b = -\dfrac{2}{5}$　　　　　　　　　(B) $a = \dfrac{2}{3}$，$b = \dfrac{2}{3}$

(C) $a = -\dfrac{1}{2}$，$b = \dfrac{3}{2}$　　　　　　　　　(D) $a = \dfrac{1}{2}$，$b = -\dfrac{3}{2}$

解　要使 $F(x)$ 为某一随机变量的分布函数，必须使 $F(\infty) = 1$，又由题设 $F_1(\infty) = 1$，$F_2(\infty) = 1$ 故有 $a - b = 1$，只有(A) 中 a，b 满足要求，故选(A).

例 2-3　设随机变量 $X \sim N(\mu, \sigma^2)$，则随 σ 增大概率 $P(\mid X - \mu \mid < \sigma)$ 应(　　).

(A) 单调增大　　　　(B) 单调减少　　　　(C) 保持不变　　　　(D) 增减不定

解　因为 $P\{\mid X - \mu \mid < \sigma\} = P\left\{\left|\dfrac{X - \mu}{\sigma}\right| < 1\right\} = \Phi(1) - \Phi(-1) = 2\Phi(1) - 1$，此值不随 σ 的变化而变化，故(C) 正确.

例 2-4　设随机变量 X 的密度函数为 $f(x)$，且 $f(-x) = f(x)$，$F(x)$ 是 X 的分布函数，则对任意实数 a，有(　　).

(A) $F(-a) = 1 - \int_0^a f(x)\mathrm{d}x$　　　　　　　(B) $F(-a) = \dfrac{1}{2} - \int_0^a f(x)\mathrm{d}x$

(C) $F(-a) = F(a)$　　　　　　　　　　　(D) $F(-a) = 2F(a) - 1$

解　由于 $f(-x) = f(x)$，即 $f(x)$ 为偶函数，则

$$F(0) = \int_{-\infty}^0 f(x)\mathrm{d}x \xrightarrow{-x = t} -\int_{+\infty}^0 f(-t)\mathrm{d}t = \int_0^\infty f(t)\mathrm{d}t = 1 - \int_{-\infty}^0 f(x)\mathrm{d}x = 1 - F(0)$$

故 $F(0) = \dfrac{1}{2}$.

又

$$F(-a) = \int_{-\infty}^{-a} f(x)\mathrm{d}x = \int_a^\infty f(x)\mathrm{d}x = 1 - \int_{-\infty}^a f(x)\mathrm{d}x =$$

$$1 - \left(\int_{-\infty}^0 f(x)\mathrm{d}x + \int_0^a f(x)\mathrm{d}x\right) = \frac{1}{2} - \int_0^a f(x)\mathrm{d}x$$

故(B)正确.

例 2-5 设随机变量 X 服从指数分布,则对随机变量 $Y = \min\{X, 2\}$ 的分布函数,下列结论正确的是( ).

(A) 是连续函数   (B) 至少有 2 个间断点

(C) 是阶梯函数   (D) 恰有一个间断点

解 先求 Y 的分布函数:

当 $y \geqslant 2$ 时,$F_Y(y) = P\{\min(X, 2) \leqslant y\} = P(S) = 1.$

当 $y < 2$ 时,$F_Y(y) = P\{\min(X, 2) \leqslant y\} = 1 - P\{\min(X, 2) > y\} = 1 - P\{X > y, 2 > y\} = 1 - \int_y^{+\infty} \frac{1}{\theta} e^{-\frac{x}{\theta}} dx = 1 - e^{-y/\theta}.$ 所以

$$F_Y(y) = \begin{cases} 1 - e^{-\frac{y}{\theta}}, & y < 2 \\ 1, & y \geqslant 2 \end{cases}$$

因为 $\lim\limits_{y \to 2+0} F_Y(y) = 1 - e^{-\frac{2}{\theta}} \neq 1 = F_Y(2)$,从而 $F_Y(y)$ 仅在 $y = 2$ 处间断,于是(D)正确.

例 2-6 一实习生用一台机器接连独立地制造 3 个同种零件,第 i 个零件是不合格品的概率 $p_i = \frac{1}{i+1}$($i = 1, 2, 3$),以 X 表示 3 个零件中合格品的个数,则 $P(X = 2) = $ _____.

解 设 $A_i = \{$第 i 个零件是合格品$\}$,$i = 1, 2, 3$,则 $P(\overline{A_i}) = \frac{1}{i+1}$,$P(A_i) = \frac{i}{i+1}$,所求概率为

$$P(X = 2) = P(A_1 A_2 \overline{A_3} + A_1 \overline{A_2} A_3 + \overline{A_1} A_2 A_3) =$$

$$P(A_1)P(A_2)P(\overline{A_3}) + P(A_1)P(\overline{A_2})P(A_3) + P(\overline{A_1})P(A_2)P(A_3) =$$

$$\frac{1}{2} \times \frac{2}{3} \times \frac{1}{4} + \frac{1}{2} \times \frac{1}{3} \times \frac{3}{4} + \frac{1}{2} \times \frac{2}{3} \times \frac{3}{4} = \frac{1}{12} + \frac{1}{8} + \frac{1}{4} = \frac{11}{24}$$

例 2-7 设随机变量 X 的概率密度为

$$f(x) = \begin{cases} \dfrac{1}{3}, & 若 x \in [0, 1] \\ \dfrac{2}{9}, & 若 x \in [3, 6] \\ 0, & 其他 \end{cases}$$

若 k 使得 $P\{X \geqslant k\} = \dfrac{2}{3}$,则 k 的取值范围是 _____.

解 若 $0 \leqslant k < 1$,显然

$$P(X \geqslant k) = \int_k^1 \frac{1}{3} dx + \int_3^6 \frac{2}{9} dx = \frac{1-k}{3} + \frac{2}{3} = 1 - \frac{k}{3} > \frac{2}{3}$$

当 $1 \leqslant k \leqslant 3$ 时 $\qquad P(X \geqslant k) = \int_k^3 0 \cdot dx + \int_3^6 \frac{2}{9} dx = \frac{2}{3}$

当 $k > 3$ 时 $\qquad P(X \geqslant k) = \int_k^6 \frac{2}{9} dx = \frac{2}{9} \times (6 - k) < \frac{2}{3}$

因此 k 的取值范围是 $[1, 3]$.

例 2-8 设随机变量 X 的概率密度是

$$f(x) = \begin{cases} 2x^2, & 0 < x < 1 \\ 0, & 其他 \end{cases}$$

以 Y 表示对 X 的三次独立重复观察中事件 $\left\{X \leqslant \dfrac{1}{2}\right\}$ 出现的次数,则 $P(Y = 2) = $ _____.

解 记 $p = P(X \leqslant \frac{1}{2}) = \int_0^{\frac{1}{2}} 2x dx = \frac{1}{4}$,则 $Y \sim b(3, \frac{1}{4})$,故

$$P(Y = 2) = C_3^2 \left(\frac{1}{4}\right)^2 \left(\frac{3}{4}\right) = 3 \times \frac{1}{16} \times \frac{3}{4} = \frac{9}{64}$$

例 2-9　设随机变量 X 服从参数为 $(2, p)$ 的二项分布，随机变量 Y 服从参数为 $(3, p)$ 的二项分布，若 $P(X \geqslant 1) = \dfrac{5}{9}$，则 $P(Y \geqslant 1) = $ _____.

解　由于
$$P(X = 0) = 1 - P(X \geqslant 1) = 1 - \frac{5}{9} = \frac{4}{9} = (1-p)^2$$

得 $1 - p = \dfrac{2}{3}$，所以 $p = \dfrac{1}{3}$，故

$$P(Y \geqslant 1) = 1 - P(Y = 0) = 1 - (1-p)^3 = 1 - \frac{8}{27} = \frac{19}{27}$$

例 2-10　设随机变量 X 服从正态 $N(2, \sigma^2)$ 分布，且 $P(2 < X < 4) = 0.3$，则 $P(X < 0) = $ _____.

解　由 $P(2 < X < 4) = P\left(\dfrac{2-2}{\sigma} < \dfrac{X-2}{\sigma} < \dfrac{4-2}{\sigma}\right) = \varPhi\left(\dfrac{2}{\sigma}\right) - \varPhi(0) = 0.3$，得 $\varPhi\left(\dfrac{2}{\sigma}\right) = 0.5 + 0.3 = 0.8$，故

$$P(X < 0) = P\left(\frac{X-2}{\sigma} < \frac{-2}{\sigma}\right) = \varPhi\left(-\frac{2}{\sigma}\right) = 1 - \varPhi\left(\frac{2}{\sigma}\right) = 0.2$$

例 2-11　设随机变量 X 的绝对值不大于 1，$P(X = -1) = \dfrac{1}{8}$，$P(X = 1) = \dfrac{1}{4}$，在事件 $\{-1 < X < 1\}$ 出现的条件下，X 在 $(-1, 1)$ 内的任一子区间的长度成正比，试求：

(1) X 的分布函数；

(2) $P(X < 0)$.

解　(1) 当 $x < -1$ 时，$F(x) = 0$；当 $-1 < x < 1$ 时，由于 $1 = P\{|X| \leqslant 1\} = P\{-1 < X < 1\} + P(X = 1) + P(X = -1)$ 得 $P\{-1 < X < 1\} = 1 - \dfrac{1}{8} - \dfrac{1}{4} = \dfrac{5}{8}$，另据条件知

$$P\{-1 < X \leqslant x \mid -1 < X < 1\} = \frac{1}{2}(x+1)$$

于是对于 $-1 < x < 1$，有 $(-1, x] \subset (-1, 1)$，因此
$$P\{-1 < X \leqslant x\} = P\{-1 < X \leqslant x, -1 < X < 1\} =$$
$$P\{-1 < X < 1\}P\{-1 < X \leqslant x \mid -1 < X < 1\} = \frac{5}{8} \times \frac{x+1}{2} = \frac{5(x+1)}{16}$$
$$F(x) = P\{X \leqslant -1\} + P\{-1 < X \leqslant x\} = P\{X = -1\} + P\{-1 < X \leqslant x\} = \frac{1}{8} + \frac{5}{16}(x+1) = \frac{5x+7}{16}$$

当 $x \geqslant 1$ 时，$F(x) = P(X \leqslant x) = 1$，因此，得

$$F(x) = \begin{cases} 0, & x < -1 \\ \dfrac{5x+7}{16}, & -1 \leqslant x < 1 \\ 1, & x \geqslant 1 \end{cases}$$

(2) $P(X < 0) = F(0) = \dfrac{7}{16}$.

例 2-12　假设一电路装有三个同种电子元件，其工作状态相互独立，且无故障时间都服从参数为 $\dfrac{1}{\lambda} > 0$ 的指数分布．当三个元件都无故障工作时，电路正常工作，否则整个电路不能正常工作，试求电路正常工作的时间 T 的概率分布．

解　以 $X_i (i = 1, 2, 3)$ 表示第 i 个元件无故障工作的时间，则 X_1，X_2，X_3 独立同分布，其分布函数为

$$F(x) = \begin{cases} 1 - e^{-\lambda x}, & x > 0 \\ 0, & x \leqslant 0 \end{cases}$$

设 $G(t)$ 是 T 的分布函数，$T = \min(X_1, X_2, X_3)$，当 $t \leqslant 0$ 时，$G(t) = 0$，当 $t > 0$ 时，则
$$G(t) = P(T \leqslant t) = 1 - P(T > t) = 1 - P(X_1 \geqslant t, X_2 \geqslant t, X_3 \geqslant t) =$$
$$1 - P(X_1 \geqslant t)P(X_2 \geqslant t)P(X_3 \geqslant t) = 1 - [1 - F(t)]^3 = 1 - e^{-3\lambda t}$$

所以
$$G(t) = \begin{cases} 1 - e^{-3\lambda t}, & t > 0 \\ 0, & t \leqslant 0 \end{cases}$$

即 T 服从参数为 $\dfrac{1}{3\lambda}$ 的指数分布.

例 2-13 （寿命保险问题）在保险公司里有 2 500 个同一年龄和同社会阶层的人参加了人寿保险. 在一年里每个人死亡的概率为 0.002，每个参加保险的人在 1 月 1 日付 12 元保险费，而在当年死亡时家属可由保险公司领赔偿金 2 000 元. 问：（1）"保险公司亏本"的概率是多少？（2）保险公司获利不少于 10 000 元的概率是多少？

解 （1）设 X 为该保险年中死亡的人数，则 $X \sim b(2\,500, 0.002)$，设 A 表示"保险公司亏本"的事件，则
$$A = \{2\,500 \times 12 - 2\,000X < 0\} = \{X > 15\}$$

因此
$$P(A) = P(X > 15) = \sum_{k=16}^{2\,500} C_{2\,500}^{k} 0.002^k 0.998^{2\,500-k} =$$
$$1 - \sum_{k=0}^{15} C_{2\,500}^{k} 0.002^k \times 0.998^{2\,500-k} \approx 1 - \sum_{k=0}^{15} \frac{e^{-5} 5^k}{k!} = 0.000\,069$$

此处因 n 很大，p 很小，$\lambda = np = 2\,500 \times 0.002 = 5$，故用泊松分布来近似代替二项分布. 由此可见在一年里，保险公司亏本的概率是非常小的.

（2）设 B 表示"保险公司获利不少于 10 000 元"的事件，则
$$B = \{30\,000 - 2\,000X \geqslant 10\,000\} = \{X \leqslant 10\}$$

故
$$P(B) = P\{X \leqslant 10\} = \sum_{k=0}^{10} C_{2\,500}^{k} 0.002^k 0.998^{2\,500-k} \approx \sum_{k=0}^{10} \frac{e^{-5} 5^k}{k!} = 0.983\,05$$

即保险公司获利不少于 10 000 元的概率在 98% 以上. 上面的所有结果都说明了"保险公司为什么那样乐于开展保险业务"的道理.

例 2-14 设随机变量 X 有严格单调上升的连续分布函数 $F(x)$，（1）试求随机变量 $Y = F(X)$ 的概率分布；（2）又若 Y 在 $[0, 1]$ 上均匀分布，由关系式 $Y = F(X)$ 定义的随机变量 X，则 X 的分布函数是什么？

解 （1）由于 $F(x)$ 是严格单调上升且连续的分布函数，故 $F(-\infty) = 0, F(+\infty) = 1, 0 \leqslant F(x) \leqslant 1$，因此 $Y = F(X)$ 取值于 $[0, 1]$. 当 $y < 0$ 时，$F_Y(y) = P(Y \leqslant y) = 0$；当 $y \geqslant 1$ 时，$F_Y(y) = P(Y \leqslant y) = P(S) = 1$；当 $0 \leqslant y < 1$ 时，则 $F_Y(y) = P\{Y \leqslant y\} = P\{F(X) \leqslant y\} = P\{X \leqslant F^{-1}(y)\} = F(F^{-1}(y)) = y$.

由此可见，$Y = F(X)$ 服从 $[0, 1]$ 上的均匀分布.

（2）若 Y 服从 $[0, 1]$ 上的均匀分布，对满足题中条件的任意的分布函数 $F(x)$，令 $X = F^{-1}(Y)$ 则
$$P(X \leqslant x) = P(F^{-1}(Y) \leqslant x) = P\{Y \leqslant F(x)\} = F(x)$$

因此 X 的分布函数是 $F(X)$.

这个结论在随机模拟中起重要作用，只要能产生 $[0, 1]$ 中均匀分布的随机数（样本），就能通过 $X = F^{-1}(Y)$ 产生任意分布函数 $F(x)$ 的随机变量的样本.

例 2-15 设电源电压不超过 200 V，在 200～240 V 和超过 240 V 三种情况下，某种电子元件损坏的概率分别为 0.1，0.001 和 0.2，假设电源电压服从正态分布 $N(220, 25^2)$，试求：

（1）该电子元件损坏的概率 α；

（2）该电子元件损坏时，电源电压在 200～240 V 的概率 β.

解 设 $A_1 = \{X \leqslant 200 \text{ V}\}$，$A_2 = \{200 \text{ V} < X \leqslant 240 \text{ V}\}$，$A_3 = \{X > 240 \text{ V}\}$，$B = \{$电子元件损坏$\}$. 则 A_1, A_2, A_3 两两互不相容，且 $A_1 + A_2 + A_3 = S$.

$$P(A_1) = P\{X \leqslant 200 \text{ V}\} = P\left\{\frac{X-220}{25} \leqslant \frac{200-220}{25}\right\} = \Phi(-0.8) = 0.212$$

$$P(A_2) = P\{200 < X \leqslant 240\} = P\left\{\frac{200-220}{25} < \frac{X-220}{25} \leqslant \frac{240-220}{25}\right\} =$$

$$\Phi(0.8) - \Phi(-0.8) = 2\Phi(0.8) - 1 = 0.576$$

$$P(A_3) = 1 - P(A_1) - P(A_2) = 0.212$$

并由题设知 $P(B \mid A_1) = 0.1, P(B \mid A_2) = 0.01, P(B \mid A_3) = 0.2$.

(1) 由全概率公式得

$$\alpha = P(B) = \sum_{i=1}^{3} P(A_i)P(B \mid A_i) = 0.212 \times 0.1 + 0.576 \times 0.001 + 0.212 \times 0.2 = 0.064\ 2$$

(2) 由贝叶斯公式得 $\qquad \beta = P(A_2 \mid B) = \dfrac{P(A_2)P(B \mid A_2)}{P(B)} = \dfrac{0.576 \times 0.001}{0.0642} \approx 0.009$

例 2 - 16　设随机变量 X 的概率密度为

$$f(x) = \begin{cases} Ax(1-x)^3, & 0 \leqslant x \leqslant 1 \\ 0, & \text{其他} \end{cases}$$

(1) 求常数 A；(2) 求 X 的分布函数；(3) 在 n 次独立观察中，求 X 的值至少有一次小于 0.5 的概率；(4) 求 $Y = X^3$ 的概率密度.

解　(1) 由概率密度的性质得

$$1 = \int_0^1 Ax(1-x)^3 \, dx = -A\int_0^1 (1-x)^4 \, dx + A\int_0^1 (1-x)^3 \, dx = -\frac{A}{5} + \frac{A}{4} = \frac{A}{20}$$

故 $A = 20$.

(2) 当 $0 \leqslant x < 1$ 时，则

$$F(x) = P(X \leqslant x) = \int_0^x 20t(1-t)^3 \, dt = 1 - (1+4x)(1-x)^4$$

当 $x \geqslant 1$ 时，则 $\qquad F(x) = \int_0^1 20x(1-x)^3 \, dx = 1$

所以 $\qquad F(X) = \begin{cases} 0, & x < 0 \\ 1 - (1+4x)(1-x)^4, & 0 \leqslant x < 1 \\ 1, & x \geqslant 1 \end{cases}$

(3) 令 $\qquad p = P\left(X < \dfrac{1}{2}\right) = \int_0^{\frac{1}{2}} 20x(1-x)^3 \, dx = F\left(\dfrac{1}{2}\right) - F(0) = 1 - \dfrac{3}{16} = \dfrac{13}{16}$

令 Z 表示 n 次独立观察中 $\{X < 0.5\}$ 出现的次数，则 $Z \sim b\left(n, \dfrac{13}{16}\right)$，则所求概率为

$$P\{Z \geqslant 1\} = 1 - P(Z = 0) = 1 - \left(1 - \dfrac{13}{16}\right)^n = 1 - \left(\dfrac{3}{16}\right)^n$$

(4) $g(x) = x^3$ 单调递增，其反函数为 $x = y^{\frac{1}{3}}$，$0 < y < 1$，因此 $Y = X^3$ 的密度函数为

$$f_Y(y) = \begin{cases} f_X(y^{\frac{1}{3}})(y^{\frac{1}{3}})', & 0 < y < 1 \\ 0, & \text{其他} \end{cases} = \begin{cases} 20y^{\frac{1}{3}}(1 - \sqrt[3]{y})^3 \dfrac{1}{3}y^{-\frac{2}{3}}, & 0 < y < 1 \\ 0, & \text{其他} \end{cases} =$$

$$\begin{cases} \dfrac{20}{3}y^{-\frac{1}{3}}(1 - \sqrt[3]{y})^3, & 0 < y < 1 \\ 0, & \text{其他} \end{cases}$$

四、学习效果两级测试题及解答

测试题

1. 填空题(每小题 3 分，满分 15 分)

(1) 设随机变量 X 的分布函数为

$$P(x) = P(X \leqslant x) = \begin{cases} 0, & x < -1 \\ 0.4, & -1 \leqslant x < 1 \\ 0.8, & 1 \leqslant x < 3 \\ 1, & x \geqslant 3 \end{cases}$$

三导

则 X 的分布律为_____.

(2) 设随机变量 X 在 $(1,6)$ 上服从均匀分布,则方程 $t^2 + Xt + 1 = 0$ 有实根的概率为_____.

(3) 某仪器装有三只独立工作的同型号电子元件,其寿命(单位:h)都服从同一指数分布,分布密度为

$$f(x) = \begin{cases} \dfrac{1}{600} e^{-\frac{x}{600}}, & x > 0 \\ 0, & x \le 0 \end{cases}$$

则在仪器使用的最初 200 h 内,至少有一只电子元件损坏的概率为_____.

(4) 设随机变量 X 的密度函数为 $f(x) = \dfrac{1}{\pi(1+x^2)}$, $-\infty < x < \infty$,则随机变量 $Y = 1 - \sqrt[3]{X}$ 的密度函数为_____.

(5) 设随机变量 X 的密度函数为 $f(x) = Ce^{-x^2+x}$, $-\infty < x < \infty$,则 $C =$ _____.

2. 选择题(每小题3分,满分15分)

(1) 设随机变量 $X \sim N(0,1)$,则方程 $t^2 + 2Xt + 4 = 0$ 没有实根的概率为( ).

(A) $2\Phi(2) - 1$ (B) $2\Phi(1) - 1$ (C) $\Phi(2)$ (D) $\Phi(2) + \Phi(-2)$

(2) 设 X_1, X_2, X_3 是随机变量,$X_1 \sim N(0,1)$,$X_2 \sim N(0,2^2)$,$X_3 \sim N(5,3^2)$,$p_j = P\{-2 \le X_j \le 2\}$,$(j = 1,2,3)$,则( ).

(A)$p_1 > p_2 > p_3$ (B)$p_2 > p_1 > p_3$ (C)$p_3 > p_1 > p_2$ (D)$p_1 > p_3 > p_2$

(3) 设随机变量 X 与 Y 同分布,X 的密度函数为

$$f(x) = \begin{cases} \dfrac{3}{8} x^2, & 0 < x < 2 \\ 0, & \text{其他} \end{cases}$$

设 $A = \{X > a\}$ 与 $B = \{Y > a\}$ 相互独立,且 $P(A \cup B) = \dfrac{3}{4}$,则 $a = ($).

(A) $\sqrt[3]{4}$ (B) $\sqrt[3]{5}$ (C) $(8 + 4\sqrt{3})^{\frac{1}{3}}$ (D) $(8 - 4\sqrt{3})^{\frac{1}{3}}$

(4) 在下述函数中,可以作为某一随机变量的分布函数的是( ).

(A) $F(x) = \dfrac{1}{1+x^2}$ (B) $F(x) = \dfrac{1}{\pi} \arctan x + \dfrac{1}{2}$

(C) $F(x) = \begin{cases} \dfrac{1}{2}(1 - e^{-x}), & x > 0 \\ 0, & x \le 0 \end{cases}$ (D) $F(x) = \int_{-\infty}^{x} f(t) \mathrm{d}t$,其中 $\int_{-\infty}^{+\infty} f(t) \mathrm{d}t = 1$

(5) 设 $F_1(x)$, $F_2(x)$ 为两个分布函数,其相应的概率密度 $f_1(x)$, $f_2(x)$ 是连续函数,则必为概率密度的是( ).

(A)$f_1(x) f_2(x)$ (B)$2f_2(x) F_1(x)$

(C)$f_1(x) F_2(x)$ (D)$f_1(x) F_2(x) + f_2(x) F_1(x)$

3. (10分) 一台设备由三大部件构成,在设备运转中各部件需要调整的概率分别为 0.10,0.20 和 0.30,假设各部件的状态相互独立,以 X 表示同时需要调整的部件数,试求 X 的分布律和分布函数.

4. (10分) 假设测量随机误差 $X \sim N(0,10^2)$,试求在 100 次独立重复测量中,至少有三次测量误差的绝对值大于 19.6 的概率 α,并利用泊松分布求出 α 的近似值(要求小数点后取两位有效数字).

5. (10分) 假设某科统考的学生成绩 X 近似地服从正态 $N(70, 15^2)$ 分布,第 100 名的成绩为 55 分,问第 20 名的成绩约为多少分?

6. (10分) 设随机变量 X 取值 $[0,1]$,若 $P\{x \le X \le y\}$ 只与长度 $y - x$ 有(对一切 $0 \le x \le y < 1$),试证 X 服从 $[0,1]$ 上的均匀分布.

7. (15分) 设随机变量 X 的密度函数为

$$f(x) = \begin{cases} Ax, & 0 \le x < 1 \\ B - x, & 1 \le x < 2 \\ 0, & \text{其他} \end{cases}$$

连续，试求：(1) 常数 A，B；(2) X 的分布函数 $F_X(X)$；(3) $P\left(\dfrac{1}{2} < X \leqslant \dfrac{3}{2}\right)$；(4) $Y = 1 - \sqrt[3]{X}$ 的密度函数.

8. (15 分) 设随机变量 $X \sim e(\lambda)$，证明：对任意非负实数 t 与 s，有

(1) $P(X > t + s \mid X > s) = P(X > t)$；

(2) 指数分布是唯一具有性质 (1) 的连续型分布.

测试题解答

1. (1)　　　　　　　　　　　(2) 0.8　　　　　(3) $1 - e^{-1}$

X	-1	1	3
P	0.4	0.4	0.2

(4) $f_Y(y) = \dfrac{3(1-y)^2}{\pi[1+(1-y)^6]}$，$-\infty < y < +\infty$　　(5) $C = \dfrac{1}{\sqrt{\pi}} e^{-\frac{1}{4}}$

2. (1) A　　　　(2) A　　　　(3) A　　　　(4) B　　　　(5) D

3. 设 $A_i = \{$部件 i 需要调整$\}$ $(i = 1, 2, 3)$，已知 $P(A_1) = 0.10$，$P(A_2) = 0.20$，$P(A_3) = 0.30$，X 的可能取值为 $0, 1, 2, 3$，注意到 A_1，A_2，A_3 相互独立，则

$$P(X = 0) = P(\overline{A_1}\,\overline{A_2}\,\overline{A_3}) = 0.9 \times 0.8 \times 0.7 = 0.504$$

$$P(X = 1) = P(A_1\overline{A_2}\,\overline{A_3} + \overline{A_1}A_2\overline{A_3} + \overline{A_1}\,\overline{A_2}A_3) =$$
$$0.1 \times 0.8 \times 0.7 + 0.9 \times 0.2 \times 0.7 + 0.9 \times 0.8 \times 0.3 = 0.398$$

$$P(X = 2) = P(A_1 A_2 \overline{A_3} + A_1 \overline{A_2} A_3 + \overline{A_1} A_2 A_3) =$$
$$0.1 \times 0.2 \times 0.7 + 0.1 \times 0.8 \times 0.3 + 0.9 \times 0.2 \times 0.3 = 0.092$$

$$P(X = 3) = P(A_1 A_2 A_3) = 0.1 \times 0.2 \times 0.3 = 0.006$$

于是 X 的分布律为

X	0	1	2	3
P	0.504	0.398	0.092	0.006

X 的分布函数为
$$F(x) = \begin{cases} 0, & x < 0 \\ 0.504, & 0 \leqslant x < 1 \\ 0.902, & 1 \leqslant x < 2 \\ 0.994, & 2 \leqslant x < 3 \\ 1, & 3 \leqslant x \end{cases}$$

4.
$$p = P(|X| > 19.6) = P\left(\left|\frac{X}{10}\right| > 1.96\right) = 0.05$$

令 Y 表示 100 次独立测量中事件 $\{|X| > 19.6\}$ 发生的次数，则 $Y \sim b(100, 0.05)$，所求概率

$$\alpha = P(Y \geqslant 3) = 1 - P(Y < 3) = 1 - P(Y = 0) - P(Y = 1) - P(Y = 2) =$$

$$1 - (0.95)^3 - 100 \times 0.05 \times (0.95)^{99} - \frac{100 \times 99}{2!} \times 0.05^2 \times (0.95)^{98} \approx$$

$$1 - e^{-\lambda} - \lambda e^{-\lambda} - \frac{\lambda^2}{2!} e^{-\lambda} \quad (\lambda = 100 \times 0.05 = 5) =$$

$$1 - e^{-\lambda}\left(1 + \lambda + \frac{\lambda^2}{2}\right) = 1 - 0.007 \times (1 + 5 + 12.5) \approx 0.87$$

5. 设第 20 名的成绩为 y，参加考试的人数为 N，则由 $P(X \geqslant 55) = P\left(\dfrac{X-70}{15} \geqslant \dfrac{55-70}{15}\right) = 1 -$

$\Phi(-1) = \Phi(1) = 0.841\,3$，得 $N = \dfrac{100}{0.841\,3} \approx 119$，因此

$$P(X \leqslant y) = P\left(\frac{X-70}{15} \leqslant \frac{y-70}{15}\right) \approx \frac{100}{119} = 0.841\,3$$

则 $\frac{y-70}{15} \approx 1$，故 $y \approx 85$.

6. 设 $x_i \in [0,1]$，$x_1 + \Delta x \in [0,1]$，$i = 1, 2$，$x_1 \neq x_2$，则由题意知

$$F(x_1 + \Delta x) - F(x_1) = P(x_1 < X \leqslant x_1 + \Delta x) = P(x_2 < X \leqslant x_2 + \Delta x) = F(x_2 + \Delta x) - F(x_2)$$

令 $\Delta x \to 0$，则

$$F'(x_1) = \lim_{\Delta x \to 0} \frac{F(x_1 + \Delta x) - F(x_1)}{\Delta x} = \lim_{\Delta x \to 0} \frac{F(x_2 + \Delta x) - F(x_2)}{\Delta x} = F'(x_2)$$

则 $F'(x) = C$，$0 < x < 1$，故

$$F(x) = \int_0^x F'(x)\mathrm{d}x = \int_0^x C\mathrm{d}x = Cx$$

又由 $F(1) = C = 1$，得

$$F(x) = \begin{cases} 0, & x < 0 \\ x, & 0 \leqslant x < 1 \\ 1, & x \geqslant 1 \end{cases}$$

因此 X 服从 $[0,1]$ 上的均匀分布.

7. 由 $f(x)$ 连续，知 $f(1-0) = f(1)$，即

$$A = B - 1 \tag{1}$$

再由 $\int_{-\infty}^{+\infty} f(x)\mathrm{d}x = 1$，得 $\int_0^1 A\mathrm{d}x + \int_1^2 (B-x)\mathrm{d}x = 1$，即

$$\frac{A}{2} + B - \frac{3}{2} = 1 \tag{2}$$

由式 (1) 和式 (2) 得 $A = 1$，$B = 2$.

(2)
$$F(x) = \begin{cases} 0, & x < 0 \\ \dfrac{x^2}{2}, & 0 \leqslant x < 1 \\ 2x - \dfrac{1}{2}x^2 - 1, & 1 \leqslant x < 2 \\ 1, & x \geqslant 2 \end{cases}$$

(3)
$$P\left(\frac{1}{2} < X \leqslant \frac{3}{2}\right) = F\left(\frac{3}{2}\right) - F\left(\frac{1}{2}\right) = \frac{3}{4}$$

(4)
$$f_Y(y) = \begin{cases} 3(1-y)^5, & 0 \leqslant y < 1 \\ 3[2-(1-y)^3](1-y)^2, & 1 - \sqrt[3]{2} \leqslant y < 0 \\ 0, & \text{其他} \end{cases}$$

8. (1) X 的密度函数为 $f(x) = \begin{cases} \lambda \mathrm{e}^{-\lambda x}, & x \geqslant 0 \\ 0, & x < 0 \end{cases}$，则

$$P(X > t+s \mid X > s) = \frac{P(X > t+s)}{P(X > s)} = \frac{\int_{t+s}^{+\infty} \lambda \mathrm{e}^{-\lambda x}\mathrm{d}x}{\int_s^{+\infty} \lambda \mathrm{e}^{-\lambda x}\mathrm{d}x} = \frac{\mathrm{e}^{-\lambda(t+s)}}{\mathrm{e}^{-\lambda s}} = \mathrm{e}^{-\lambda t} = P(X > t)$$

(2) 设 X 是非负随机变量，其分布函数为 $F(x)$，记

$$G(x) = P(X > x)$$

则由 (1) 得

$$G(s+t) = G(s)G(t)$$

对一切 $s \geqslant 0$，$t \geqslant 0$ 成立，因为 $G(x)$ 关于 x 单调，由高等数学知识知

$$G(x) = a^x, \quad x \geqslant 0$$

又由 $G(x)$ 是概率，故 $0 < a < 1$，可以写成 $a = \mathrm{e}^{-\lambda}$，其中 $\lambda > 0$. 因 $F(x)$ 是连续型分布，故

$$F(x) = 1 - G(x) = 1 - \mathrm{e}^{-\lambda x}, \quad x \geqslant 0$$

故 $X \sim e(\lambda)$.

五、课后习题全解

1.考虑为期一年的一张保险单,若投保人在投保后一年内因意外死亡,则公司赔付 20 万元,若投保人因其他原因死亡,则公司赔付 5 万元,若投保人在投保期末生存,则公司无需付给任何费用.若投保人在一年内因意外死亡的概率为 0.000 2,因其他原因死亡的概率为 0.001 0,求公司赔付金额的分布律.

解 设公司赔付金额为 X(以万元计),则 X 的所有可能取值为 0,5,20,所以 X 的分布律为

X	0	5	20
P	0.998 8	0.001 0	0.000 2

2.(1) 一袋中装有 5 只球,编号为 1,2,3,4,5,在袋中同时取 3 只,以 X 表示取出的 3 只球中的最大号码,写出 X 的分布律.

(2) 将一颗骰子抛掷两次,以 X 表示两次中得到的小的点数,试求 X 的分布律.

解 (1) 从 5 只球中任取 3 只,有 $C_5^3 = 10$ 种取法,每种取法的概率为 $\frac{1}{10}$.

随机变量 X 的可能值为 3,4,5.

当 $X = 3$ 时,相当于取出 3 只球的号码为:$\{1, 2, 3\}$,故 $P(X = 3) = \frac{1}{10}$;类似地,$P(X = 4) = \frac{3}{10}$;

$P(X = 5) = \frac{6}{10}$,所以 X 的分布律为

X	3	4	5
P	$\frac{1}{10}$	$\frac{3}{10}$	$\frac{6}{10}$

(2) 以 Y_1, Y_2 分别记第一次、第二次投掷时骰子出现的点数,样本空间为
$$S = \{(y_1, y_2) \mid y_1 = 1, 2, \cdots, 6; y_2 = 1, 2, \cdots, 6\}$$
共有 $6 \times 6 = 36$ 个样本点.

$X = \min\{Y_1, Y_2\}$ 所有可能取的值为 1,2,3,4,5,6 这 6 个数,当且仅当以下三种情况之一发生时事件$\{X = k\}(k = 1, 2, 3, 4, 5, 6)$ 发生;

(ⅰ)$Y_1 = k$ 且 $Y_2 = k+1, k+2, \cdots, 6$(共有 $6-k$ 个点);

(ⅱ)$Y_2 = k$ 且 $Y_1 = k+1, k+2, \cdots, 6$(共有 $6-k$ 个点);

(ⅲ)$Y_1 = k$ 且 $Y_2 = k$(仅有一个点).

因此事件"$X = k$"共包含 $(6-k) + (6-k) + 1 = 13 - 2k$ 个样本点,于是 X 的分布律为
$$P\{X = k\} = \frac{13 - 2k}{36}, \quad k = 1, 2, 3, 4, 5, 6$$

或写成表格形式:

X	1	2	3	4	5	6
p_k	$\frac{11}{36}$	$\frac{9}{36}$	$\frac{7}{36}$	$\frac{5}{36}$	$\frac{3}{36}$	$\frac{1}{36}$

3. 设在 15 只同类型的零件中有 2 只是次品,在其中取 3 次,每次任取 1 只,作不放回抽样,以 X 表示取出次品的只数.(1) 求 X 的分布律.(2) 画出分布律的图形.

解 X 的可能值为 0,1,2.

当 $X = 0$ 时,即取出的 3 只都是合格品,故
$$P(X = 0) = \frac{13}{15} \cdot \frac{12}{14} \cdot \frac{11}{13} = \frac{22}{35} \approx 0.63$$

当 $X = 1$ 时,即取出的 3 只中有一只次品,该次品可能在第一次,第二次或第三次被取出,故
$$P(X = 1) = P\{次, 正, 正\} + P\{正, 次, 正\} + P\{正, 正, 次\} =$$

$$\frac{2}{15} \times \frac{13}{14} \times \frac{12}{13} + \frac{13}{15} \times \frac{2}{14} \times \frac{13}{13} + \frac{13}{15} \times \frac{12}{14} \times \frac{2}{13} = \frac{12}{35} \approx 0.34$$

类似地可得

$$P(X = 2) \approx 0.03$$

因此, X 的分布律为

X	0	1	2
P	0.63	0.34	0.03

其图形如图 2−1 所示.

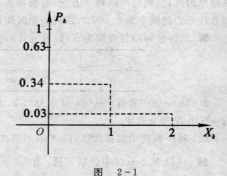

图 2−1

4. 进行重复独立试验,设每次试验成功的概率为 p,失败的概率为 $q = 1 - p(0 < p < 1)$.

(1) 将试验进行到出现一次成功为止,以 X 表示所需的试验次数,求 X 的分布律(此时称 X 服从以 p 为参数的几何分布).

(2) 将试验进行到出现 r 次成功为止,以 Y 表示所需的试验次数,求 Y 的分布律(此时称 Y 服从以 r, p 为参数的巴斯卡分布).

(3) 一篮球运动员的投篮命中率为 45%,以 X 表示他首次投中时累计已投篮的次数,写出 X 的分布律,并计算 X 取偶数的概率.

解 (1) 事件 $\{X = k\}$ 表示前 $k-1$ 次试验失败,第 k 次成功,因此 X 的分布律为

$$P(X = k) = pq^{k-1} = p(1-p)^{k-1}, \quad k = 1, 2, \cdots$$

(2) 事件 $\{Y = k\}$ 表示前 $k-1$ 次中成功 $r-1$ 次,第 k 次成功,则 y 的分布律为

$$P(Y = k) = C_{k-1}^{r-1} p^{r-1} q^{k-r} \cdot p = C_{k-1}^{r-1} p^r q^{k-r}, \quad k = r, r+1, \cdots$$

(3) 事件 $\{X = k\}$ 表示前 $k-1$ 次投篮失败,第 k 次投篮成功,则 X 的分布律 $P(X = k) = pq^{k-1} = p(1-p)^{k-1} = 45\% \times (55\%)^{k-1} = 0.45 \times (0.55)^{k-1}, \quad k = 1, 2, \cdots$,又

$$P = \sum_{k=1}^{\infty} P(X = 2k) = \sum_{k=1}^{\infty} 0.45 \times (0.55)^{2k-1} = \frac{11}{31}$$

故 X 取偶数的概率为 $\frac{11}{31}$.

5. 一房间有 3 扇同样大小的窗子,其中只有一扇是打开的。有一只鸟自开着的窗子飞入了房间,它只能从开着的窗子飞出去. 鸟在房子里飞来飞去,试图飞出房间,假定鸟是没有记忆的,鸟飞向各扇窗子是随机的.

(1) 以 X 表示鸟为了飞出房间试飞的次数,求 X 的分布律.

(2) 户主声称,他养的一只鸟,是有记忆的,它飞向任一窗子的尝试不多于一次,以 Y 表示这只聪明的鸟为了飞出房间试飞的次数. 如户主所说是确实的,试求 Y 的分布律.

(3) 求试飞次数 X 小于 Y 的概率,求试飞次数 Y 小于 X 的概率.

解 (1) 鸟从每一扇窗子飞出是等可能的,它飞出的概率 $P = \frac{1}{3}$,X 表示鸟飞出房间试飞的次数,X 的可能取值为 $X = 1, 2, 3, \cdots$,X 服从几何分布,其分布律为

$$P(X = k) = \left(\frac{2}{3}\right)^{k-1} \frac{1}{3}, \quad k = 1, 2, \cdots$$

其分布律为

X	1	2	3	4	...
P_k	$\frac{1}{3}$	$\left(\frac{2}{3}\right)\frac{1}{3}$	$\left(\frac{2}{3}\right)^2\frac{1}{3}$	$\left(\frac{2}{3}\right)^3\frac{1}{3}$	...

(2) 设 A_k 表示这只聪明的鸟第 k 次试飞时飞出房间,$k = 1, 2, 3$,Y 表示该鸟飞出房间试飞次数,则 Y 的可能取值为 $Y = 1, 2, 3$,则

$$P(Y=1) = P(A_1) = \frac{1}{3}$$

$$P(Y=2) = P(\overline{A}_1 A_2) = P(\overline{A}_1)P(A_2 \mid \overline{A}_1) = \frac{2}{3} \times \frac{1}{2} = \frac{1}{3}$$

$$P(Y=3) = P(\overline{A}_1 \overline{A}_2 A_3) = P(\overline{A}_1)P(\overline{A}_2 \mid \overline{A}_1)P(A_3 \mid \overline{A}_1 \overline{A}_2) = \frac{2}{3} \times \frac{1}{2} \times \frac{1}{1} = \frac{1}{3}$$

故 Y 的分布律为

Y	1	2	3
P_k	$\frac{1}{3}$	$\frac{1}{3}$	$\frac{1}{3}$

(3) $\quad P(X<Y) = P(X=1,Y=2) + P(X=1,Y=3) + P(X=2,Y=3) =$

$$P(X=1)P(Y=2) + P(X=1)P(Y=3) + P(X=2)P(Y=3) =$$

$$\frac{1}{3} \times \frac{1}{3} + \frac{1}{3} \times \frac{1}{3} + \left(\frac{2}{3}\right) \times \frac{1}{3} \times \frac{1}{3} = \frac{8}{27}$$

$$P(Y<X) = P(Y=1,X>1) + P(Y=2,X>2) + P(Y=3,X>3) =$$

$$\frac{1}{3} \times \left[\sum_{k=2}^{\infty} \left(\frac{2}{3}\right)^{k-1} \frac{1}{3} + \sum_{k=3}^{\infty} \left(\frac{2}{3}\right)^{k-1} \frac{1}{3} + \sum_{k=4}^{\infty} \left(\frac{2}{3}\right)^{k-1} \frac{1}{3} \right] =$$

$$\frac{1}{9} \times \left[\frac{\frac{2}{3}}{1-\frac{2}{3}} + \frac{\left(\frac{2}{3}\right)^2}{1-\frac{2}{3}} + \frac{\left(\frac{2}{3}\right)^3}{1-\frac{2}{3}} \right] = \frac{1}{3} \times \left(\frac{2}{3} + \frac{4}{9} + \frac{8}{27} \right) = \frac{38}{81}$$

6. 一大楼装有 5 个不同类型的供水设备,调查表明在任一时刻 t 每个设备被使用的概率为 0.1. 问在同一时刻:

(1) 恰有 2 个设备被使用的概率是多少?

(2) 至少有 3 个设备被使用的概率是多少?

(3) 至多有 3 个设备被使用的概率是多少?

(4) 至少有 1 个设备被使用的概率是多少?

解 设被使用的设备数为 X,则 X 的可能值为 $0,1,2,\cdots,5$,则:

(1) $\qquad P(X=2) = C_5^2 (0.1)^2 (0.9)^3 = 0.072\,9$

(2) $\qquad P(X \geqslant 3) = \sum_{k=3}^{5} C_5^k (0.1)^k (0.9)^{5-k} = 0.008\,56$

(3) $\qquad P(X \leqslant 3) = \sum_{k=0}^{3} C_5^k (0.1)^k (0.9)^{5-k} = 0.999\,54$

(4) $\qquad P(X \geqslant 1) = 1 - C_5^0 (0.1)^k (0.9)^5 = 1 - (0.9)^5 = 0.409\,51$

7. 设事件 A 在每一次试验中发生的概率为 0.3,当 A 发生不少于 3 次时,指示灯发出信号.

(1) 进行了 5 次重复独立试验,求指示灯发生信号的概率.

(2) 进行了 7 次重复独立试验,求指示灯发出信号的概率.

解 记 X 表示事件 A 发生的次数,A 表示指示灯发生信号的事件,则:

(1) $\qquad X \sim b(5, 0.3), P(A) = P(X \geqslant 3) = \sum_{k=3}^{5} C_5^k (0.3)^k (0.7)^{5-k} \approx 0.163$

(2) $\qquad X \sim b(7, 0.3), P(A) = P(X \geqslant 3) = \sum_{k=3}^{7} C_7^k (0.3)^k (0.7)^{5-k} \approx 0.353$

8. 甲、乙两个投篮,投中的概率分别为 0.6,0.7,今各投 3 次,求(1) 两人投中次数相等的概率;(2) 甲比乙投中次数多的概率.

解 设事件 X_i 表示运动员甲在三次投篮中投进的球数 $X \sim b(3, 0.6)$,则有

$$P(X=k) = C_3^k (0.6)^k (0.4)^{3-k}, \quad k = 0,1,2,3$$

$$p_0 = (0.4)^3 = 0.064, \quad p_1 = C_3^1 \times (0.6)^1 \times (0.4)^2 = 0.288$$
$$p_2 = C_3^2 \times (0.6)^2 \times (0.4)^1 = 0.432, \quad p_3 = (0.6)^3 = 0.215$$

设 Y 表示运动员乙在三次投篮中投进的球的个数 $Y \sim b(3, 0.7)$，则有

$$P(Y = k) = C_3^k(0.7)^k(0.3)^{3-k}, \quad k = 0,1,2,3$$
$$q_0 = C_3^0(0.7)^0 \times (0.3)^3 = 0.027, \quad q_1 = C_3^1(0.7)^1 \times (0.3)^2 = 0.189$$
$$q_2 = C_3^2(0.7)^2 \times (0.3)^1 = 0.441, \quad q_3 = C_3^3(0.7)^3 \times (0.3)^0 = 0.343$$

由此可得以下答案：

(1) 二人进球数相等的概率

$$P_1 = \sum_{i=0}^3 P(X = i, Y = i) = \sum_{i=0}^3 P(X = i)P(Y = i) =$$
$$0.027 \times 0.064 + 0.189 \times 0.288 + 0.441 \times 0.432 + 0.343 \times 0.216 = 0.321$$

(2) 甲比乙进球多的概率

$$P_2 = P(X = 1, Y = 0) + P(X = 2, Y = 0) + P(X = 2, Y = 1) +$$
$$P(X = 3, Y = 0) + P(X = 3, Y = 1) + P(X = 3, Y = 2) =$$
$$P(X = 1)P(Y = 0) + P(X = 2)P(Y = 0) + P(X = 2)P(Y = 1) +$$
$$P(X = 3)P(Y = 0) + P(X = 3)P(Y = 1) + P(X = 3)P(Y = 2) =$$
$$0.288 \times 0.027 + 0.432 \times (0.027 + 0.189) +$$
$$0.216 \times (0.027 + 0.189 + 0.441) = 0.243$$

9. 有一大批产品，共验收方案如下，先做第一次检验：从中任取 10 件，经检验无次品接受这批产品，次品大于 2 拒收；否则做第二次检验，其做法是从中任取 5 件，仅当 5 件中无次品时接受这批产品. 若产品的次品率为 10%，求：(1) 这批产品经第一次检验就能接受的概率. (2) 需做第二次检验的概率. (3) 这批产品按第二次检验的标准被接受的概率. (4) 这批产品在第一次检验未能做决定且第二次检验时被通过的概率.(5) 这批产品被接受的概率.

解 设 X 表示抽检的 10 件产品中次品的件数，因产品的批量很大，可以近似认为 $X \sim b(10, 0.1)$.

(1) 设 A_1 表示第一次检验能接受的事件，则

$$P(A_1) = P(X = 0) = (0.9)^{10} \approx 0.348\,7$$

(2) 用 A_2 表示需做第二次检验的事件，则

$$P(A_2) = P(X = 1) + P(X = 2) = C_{10}^1 \times 0.1 \times (0.9)^9 + C_{10}^2 \times (0.1)^2 \times (0.9)^8 =$$
$$(0.9)^9 + 45 \times 0.01 \times (0.9)^8 = (0.9)^8 \times [0.9 + 45 \times 0.01] \approx 0.581\,1$$

(3) 令 Y 表示第二次检查的 5 件产品的次品数 $Y \sim b(5, 0.1)$，A_3 表示第二次检验被接受的事件，则

$$P(A_3) = P(Y = 0) = (0.9)^5 \approx 0.590\,5$$

(4) 求 $P(A_2 A_3) = P(A_2)P(A_3) = 0.581\,1 \times 0.590\,5 = 0.343\,1.$

(5) 设 A_4 表示这批产品被接受，则

$$P(A_4) = P(X = 0) + P(X = 1, Y = 0) + P(X = 2, Y = 0) = 0.348\,7 + 0.343\,1 = 0.691\,8$$

10. 有甲、乙两种味道和颜色都极为相似的名酒各 4 杯，如果从中挑 4 杯，能将甲种酒全部挑出来，算是试验成功一次.

(1) 某人随机地去猜，问他试验成功一次的概率是多少？

(2) 某人声称他通过品尝能区分两种酒，他连续试验 10 次，成功 3 次，试推断他是猜对的，还是他确有区分的能力(设各次试验是相互独立的).

解 (1) 设 A 表示试验成功，$P(A) = \dfrac{4}{8} \times \dfrac{3}{7} \times \dfrac{2}{6} \times \dfrac{1}{5} = \dfrac{1}{70}.$

(2) 假定他是猜的，因为每次试验是独立的，因此可看作伯努利试验，则猜正确的概率是

$$p = C_{10}^3 \left(\frac{1}{70}\right)^3 \cdot \left(1 - \frac{1}{70}\right)^7 \approx \frac{\left(\frac{1}{7}\right)^3}{3!} e^{-\frac{1}{7}} \approx 1 \times 10^{-4}$$

由于 p 非常小,照常理推断,他确有区分能力.

11. 尽管在几何教科书中已经讲过用圆轨和直尺三等分一个任意角是不可能的,但每年总有一些"发明者"撰写关于用圆规和直尺将角三等分的文章,设某地区每年撰写此类文章的篇数 X 服从参数为 6 的泊松分布,求明年没有此类文章的概率.

解 由题意

$$P(X=k) = \frac{\lambda^k}{k!} e^{-\lambda}, \quad \lambda = 6, \; k = 0, 1, 2, \cdots$$

故

$$P(X=0) = e^{-6} \approx 0.002\,5$$

12. 一电话交换台每分钟收到呼唤的次数服从参数为 4 的泊松分布,求:

(1) 某一分钟恰有 8 次呼唤的概率;

(2) 某一分钟的呼唤次数大于 3 的概率.

解 用 X 表示每分钟收到呼唤的次数.

则

$$P(X=k) = \frac{4^k}{k!} e^{-4}, \qquad k = 0, 1, 2, \cdots$$

(1) $P(X=8) = \dfrac{4^8}{8!} e^{-4} = 0.029\,8$

(2) $\quad P(X>3) = 1 - P(X=0) - P(X=1) - P(X=2) - P(X=3) =$

$$1 - \frac{4^0}{0!} e^{-4} - \frac{4^1}{1!} e^{-4} - \frac{4^2}{2!} e^{-4} - \frac{4^3}{3!} e^{-4} = 0.566\,5$$

13. 某一公安局在长度为 t 的时间间隔内收到的紧急呼救的次数 X 服从参数为 $(1/2)t$ 的泊松分布,而与时间间隔的起点无关(时间以小时计).

(1) 求某一天中午 12 时至下午 3 时没有收到紧急呼救的概率.

(2) 求某一天中午 12 时至下午 5 时至少收到 1 次紧急呼救的概率.

解 由题意知

$$P(X=k) = \frac{[(1/2)t]^k}{k!} e^{-\frac{1}{2}t}$$

(1) $\qquad\qquad P(X=0) = e^{-\frac{3}{2}}$

(2) $\qquad\qquad P(X \geqslant 1) = 1 - P(X=0) = 1 - e^{-\frac{5}{2}}$

14. 某人家中在时间间隔 $t(\text{h})$ 内接到电话的次数 X 服从参数为 $2t$ 的泊松分布.

(1) 若他外出计划用时 10 min,问其间有电话铃响一次的概率是多少?

(2) 若他希望外出时没有电话的概率至少为 0.5,问他外出应控制最长时间是多少?

解 以 X 表示此人外出时电话响铃的次数,则 $X \sim \pi(2t)$,其中 t 表示外出的总时间,即 X 的分布律为 $P(X=k) = \dfrac{(2t)^k}{k!} e^{-2t}, k = 0, 1, 2, \cdots,$ 则

(1) $\qquad\qquad P(X=1) = \dfrac{\left(2 \times \dfrac{1}{6}\right)^1}{1!} e^{-\left(2 \times \frac{1}{6}\right)} = 0.238\,8$

(2) 由 $P(X=0) = \dfrac{(2t)^0}{0!} e^{-2t} \geqslant 0.5,$ 解得 $t \leqslant 0.346\,6\,\text{h}$. 经换算,$t \leqslant 20.79\,\text{min}$,即外出控制最长时间为 20.79 min.

15. 保险公司在一天内承保了 5 000 张相同年龄为,为期一年的寿险保单,每人一份. 在合同有效期内投保人死亡,则公司需赔付 3 万元. 设在一年内,该年龄段的死亡率为 0.001 5,且各投保人是否死亡相互独立. 求该公司对于这批投保人的赔付总额不超过 30 万元的概率(利用泊松定理计算).

解 设 5 000 个投保人在这一年中死亡的人数为 $X, X \sim B(5\,000, 0.001\,5)$,则保险公司需要赔付 $3X$ 万元,公司对于这批投保人的赔付总额不超过 30 万元可表示为

$$P(3X \leqslant 30) = P(X \leqslant 10) = \sum_{i=0}^{10} C_{5\,000}^i \cdot 0.001\,5^i \cdot 0.998\,5^{5\,000-i}$$

若用泊松近似可以认为 $X \sim \pi(7.5)$,于是

三导

$$P(X \leqslant 10) \approx \sum_{i=0}^{10} \frac{7.5^i}{i!} e^{-7.5} \approx 0.862\ 2$$

16. 有一繁忙的汽车站,每天有大量汽车通过,设一辆汽车在一天的某段时间内出事故的概率为 0.000 1. 在某天的该时间段内有 1 000 辆汽车通过.问出事故的车辆数不小于 2 的概率是多少?(利用泊松定理计算)

解 设 1 000 辆汽车通过时,出事故的车辆次数为 X,$X \sim B(1\ 000, 0.000\ 1)$,则

$$P(X \geqslant 2) = 1 - P(X = 0) - P(X = 1) =$$
$$1 - C_{1\ 000}^0 \cdot 0.000\ 1^0 \cdot 0.999\ 9^{1\ 000} - C_{1\ 000}^1 \cdot 0.000\ 1^1 \cdot 0.999\ 9^{999}$$

因 $1\ 000 > 100$,且 $np = 0.1 < 10$,故可利用泊松定理计算 $P\{X \geqslant 2\}$,即令 $\lambda = np = 0.1$,则

$$P(X \geqslant 2) \approx 1 - e^{-0.1} - e^{-0.1} \times 0.1 = 0.004\ 7$$

17. (1) 设 X 服从 (0—1) 分布,其分布律为 $P\{X = k\} = p^k(1-p)^{1-k}$,$k = 0, 1$,求 X 的分布函数,并作出其图形.

(2) 求第 2 题 (1) 中的随机变量的分布函数.

解 按分布函数定义,有

$$F(X) = P(X \leqslant x) = \sum_{x_k \leqslant x} P(X = x_k)$$

当 $x < 0$ 时,$F(X) = 0$;当 $0 \leqslant x < 1$ 时,则

$$F(X) = 1 - p$$

当 $x \geqslant 1$ 时,$F(X) = 1$,即

$$F(X) = \begin{cases} 0, & x < 0 \\ 1-p, & 0 \leqslant x < 1 \\ 1, & x \geqslant 1 \end{cases}$$

其图形如图 2-2 所示.

(2) 因 X 的分布律为

X	3	4	5
P_k	$\frac{1}{10}$	$\frac{3}{10}$	$\frac{6}{10}$

故 X 的分布函数为

$$F(X) = \begin{cases} 0, & x < 3 \\ \frac{1}{10}, & 3 \leqslant x < 4 \\ \frac{2}{5}, & 4 \leqslant x < 5 \\ 1, & x \geqslant 5 \end{cases}$$

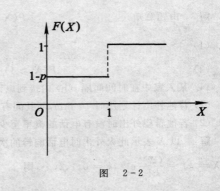

图 2-2

18. 在区间 $[0, a]$ 上任意投掷一个质点,以 X 表示这个质点的坐标,设这个质点落在 $[0, a]$ 中任意小区间内的概率与这个小区间的长度成正比例,试求 X 的分布函数.

解 由分布函数的定义,有 $F_X(x) = P(X \leqslant x)$.

当 $x < 0$ 时,事件 $\{X \leqslant x\}$ 表示点 X 落在区间 $[0, a]$ 之外,它是不可能事件,所以 $P(X \leqslant x) = 0$;当 $0 \leqslant x < a$ 时,事件 $\{X \leqslant x\}$ 的概率等于落在区间 $[0, x]$ 内的概率,它与 $[0, x]$ 的长度 x 成正比,即 $P(X \leqslant x) = kx$,但当 $x = a$ 时,事件 $\{X \leqslant x\}$ 是必然事件,即 $P(X \leqslant a) = 1$,则 $k = \frac{1}{a}$,所以 $P(X \leqslant x) = \frac{x}{a}$;当 $x \geqslant a$ 时,事件 $\{X \leqslant x\}$ 是必然事件,所以 $P(X \leqslant x) = 1$,总之

$$F_X(x) = \begin{cases} 0, & x < 0 \\ \frac{x}{a}, & 0 \leqslant x < a \\ 1, & x \geqslant a \end{cases}$$

19. 以 X 表示某商店从早晨开始营业起直到第一个顾客到达的等待时间(以分钟计),X 的分布函数是

$$F_X(x) = \begin{cases} 1 - e^{-0.4x}, & x > 0 \\ 0, & x < 0 \end{cases}$$

求下述概率:(1)P(至多 3 min);(2)P(至少 4 min);(3)P(3 min 至 4 min 之间);(4)P(至多 3 min 或至少 4 min);(5)P(恰好 2.5 min).

解

(1)$P\{$至多 3 min$\} = P(X \leqslant 3) = F(3) = 1 - e^{-0.4 \times 3} = 1 - e^{-1.2}$.

(2)$P\{$至少 4 min$\} = P(X \geqslant 4) = 1 - P(X < 4) = 1 - F(4) = e^{-1.6}$.

(3)$P(3 < X < 4) = F(4) - F(3) = e^{-1.2} - e^{-1.6}$.

(4)$P(\{X \leqslant 3\} \cup \{X \geqslant 4\}) = P(X \leqslant 3) + P(X \geqslant 4) = 1 - e^{-1.2} + e^{-1.6}$.

(5)$P(X = 2.5) = 0$.

20. 设随机变量 X 的分布函数为

$$F_X(x) = \begin{cases} 0, & x < 1 \\ \ln x, & 1 \leqslant x < e \\ 1, & x \geqslant e \end{cases}$$

(1) 试求 $P[X < 2]$,$P(0 < X \leqslant 3)$,$P(2 < X < \dfrac{5}{2})$;(2) 求概率密度函数 $f_X(x)$.

解 (1) $P(X < 2) = F_X(2) = \ln 2$.

$P(0 < X \leqslant 3) = F_X(3) - F_X(0) = 1 - 0 = 1$.

$P\left(2 < X < \dfrac{5}{2}\right) = F_X\left(\dfrac{5}{2}\right) - F_X(2) = \ln \dfrac{5}{2} - \ln 2 = \ln \dfrac{5}{4}$.

(2) $f_X(x) = F'_X(x) = \begin{cases} \dfrac{1}{x}, & 1 < x < e \\ 0, & \text{其他} \end{cases}$.

21. 设随机变量 X 的概率密度为

$$(1) f(x) = \begin{cases} 2\left(1 - \dfrac{1}{x^2}\right), & 1 \leqslant x \leqslant 2 \\ 0, & \text{其他} \end{cases} ; \quad (2) f(x) = \begin{cases} x, & 0 \leqslant x < 1 \\ 2 - x, & 1 \leqslant x < 2. \\ 0, & \text{其他} \end{cases}$$

求 X 的分布函数 $F(x)$,并画出(2)中的 $f(x)$ 及 $F(x)$ 的图形.

解 (1) 当 $x < 1$ 时,$F(x) = 0$.

当 $1 \leqslant x < 2$ 时 $\qquad F(x) = \displaystyle\int_1^x 2\left(1 - \dfrac{1}{x^2}\right) dx = 2x + \dfrac{2}{x} - 4$

当 $x \geqslant 2$ 时 $\qquad F(x) = \displaystyle\int_1^2 2\left(1 - \dfrac{1}{x^2}\right) dx = 1$

所以 $\qquad F(x) = \begin{cases} 0, & x < 1 \\ 2\left(x + \dfrac{1}{x} - 2\right), & 1 \leqslant x < 2 \\ 1, & x \geqslant 2 \end{cases}$

(2) 当 $x < 0$ 时 $\qquad F(X) = \displaystyle\int_{-\infty}^x f(x) dx = 0$

当 $0 \leqslant x < 1$ 时 $\qquad F(X) = \displaystyle\int_0^x x dx = \dfrac{x^2}{2}$

当 $1 \leqslant x < 2$ 时 $F(X) = \displaystyle\int_{-\infty}^x f(x) dx = \int_0^1 x dx + \int_1^x (2-x) dx = -\dfrac{x^2}{2} + 2x - 1$

当 $x \geqslant 2$ 时 $\qquad F(X) = \displaystyle\int_{-\infty}^x f(x) dx = \int_0^1 x dx + \int_1^2 (2-x) dx = 1$

故得 X 的分布函数为

$$F(x) = \begin{cases} 0, & x < 0 \\ \dfrac{x^2}{2}, & 0 \leqslant x < 1 \\ -\dfrac{x^2}{2} + 2x - 1, & 1 \leqslant x < 2 \\ 1, & x \geqslant 2 \end{cases}$$

$f(x)$ 及 $F(x)$ 的图形如图 2-3 所示.

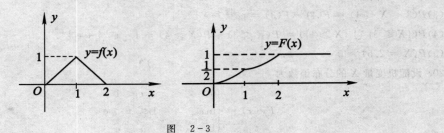

图 2-3

22. (1) 由统计物理学知,分子运动速度的绝对值 X 服从马克斯韦尔(Maxwall)分布,其概率密度为

$$f(x) = \begin{cases} Ax^2 \mathrm{e}^{-x^2/b}, & x > 0 \\ 0, & \text{其他} \end{cases}$$

其中 $b = \dfrac{m}{(2kT)}$,k 为伯尔兹曼(Boltzmann)常数,T 为绝对温度,m 是分子的质量.试确定常数 A.

(2) 研究了英格兰 1875—1951 年期间,在矿山发生导致 10 人或 10 人以上死亡的事故的频繁程度,得知相继两次事故之间的时间 T(以日计)服从指数分布,其概率密度为

$$f_T(t) = \begin{cases} \dfrac{1}{241} \mathrm{e}^{-t/241}, & t > 0 \\ 0, & \text{其他} \end{cases}$$

求分布函数 $F_T(t)$,并求概率 $P\{50 < T < 100\}$.

解 (1) 由于 $\displaystyle\int_{-\infty}^{+\infty} f(x)\mathrm{d}x = 1$,所以有 $\displaystyle\int_0^{+\infty} Ax^2 \mathrm{e}^{-x^2/b}\mathrm{d}x = 1$. 从而解得 $A = \dfrac{4}{b\sqrt{\pi b}}$.

(2) $F_T(t) = \displaystyle\int_{-\infty}^{t} f_T(x)\mathrm{d}x = \int_0^t \dfrac{1}{241}\mathrm{e}^{-x/241}\mathrm{d}x = -\int_0^t \mathrm{e}^{-x/241}\mathrm{d}\left(-\dfrac{x}{241}\right) = -\mathrm{e}^{-x/241}\Big|_0^t = 1 - \mathrm{e}^{-t/241}$,$t \geqslant 0$

故

$$F_T(t) = \begin{cases} 1 - \mathrm{e}^{-t/241}, & t \geqslant 0 \\ 0, & t < 0 \end{cases}$$

$$P\{50 < T < 100\} = F_T(100) - F_T(50) = \mathrm{e}^{-\frac{50}{241}} - \mathrm{e}^{-\frac{100}{241}}$$

23. 某种型号的电子管的寿命 X(以 h 计) 概率密度

$$f(x) = \begin{cases} \dfrac{1\,000}{x^2}, & x > 1\,000 \\ 0, & \text{其他} \end{cases}$$

现有一大批此种管子(设各电子管损坏与否相互独立),任取 5 只,问其中至少有 2 只寿命大于 1 500 h 的概率是多少?

解 由题意 $P(X > 1\,500) = 1 - P(X \leqslant 1\,500) = 1 - \displaystyle\int_{1000}^{1500} \dfrac{1\,000}{x^2}\mathrm{d}x = 1 + \dfrac{1\,000}{x}\Big|_{1000}^{1500} = \dfrac{2}{3}$

记 $A = $ "其中至少有两只寿命大于 1 500 h",则

$$P(A) = 1 - P(\overline{A}) = 1 - \left(\dfrac{1}{3}\right)^5 - C_5^1\left(\dfrac{2}{3}\right)\cdot\left(\dfrac{1}{3}\right)^4 = \dfrac{232}{243}$$

24. 设顾客在某银行的窗口等待服务的时间 X（以 min 计）服从指数分布，其概率密度

$$f_X(x) = \begin{cases} \dfrac{1}{5}e^{-x/5}, & x > 0 \\ 0, & \text{其他} \end{cases}$$

某顾客在窗口等待服务，若超过 10 min，他就离开，他一个月要到银行 5 次，以 Y 表示 1 个月内他未等到服务而离开窗口的次数，写出 Y 的分布律，并求 $P\{Y \geqslant 1\}$.

解 由题意顾客未等到服务的概率为

$$p = P(X > 10) = 1 - P(X \leqslant 10) = 1 - \int_0^{10} \frac{1}{5}e^{-x/5}dx = 1 + e^{-\frac{x}{5}}\big|_0^{10} = e^{-2}$$

由于顾客每次去银行都是独立的，则分布律为

$$P(Y = k) = C_5^k p^k (1-p)^{5-k} = C_5^k e^{-2k}(1-e^{-2})^{5-k}, \quad k = 0, 1, 2, 3, 4, 5$$

$$P(Y \geqslant 1) = 1 - P(Y < 1) = 1 - P(Y = 0) = 1 - (e^{-2})^5 \approx 0.516\,7$$

25. 设 K 在 $(0, 5)$ 服从均匀分布，求方程 $4x^2 + 4Kx + K + 2 = 0$ 有实根的概率.

解 因为 K 在 $(0, 5)$ 服从均匀分布，所以

$$f(k) = \begin{cases} \dfrac{1}{5}, & 0 < k < 5 \\ 0, & \text{其他} \end{cases}$$

又因为 $\Delta = 16K^2 - 16(K+2) = 16K^2 - 16K - 32$

若方程有实根，必须 $\Delta \geqslant 0$，即 $16K^2 - 16K - 32 \geqslant 0$. 解得 $K \geqslant 2$ 或 $K \leqslant -1$，故有实根的概率

$$p = P(K \geqslant 2) + P(K \leqslant -1) = \int_2^5 \frac{1}{5}dk + 0 = \frac{3}{5}$$

26. 设 $X \sim N(3, 2^2)$，(1) 求 $P\{2 < X \leqslant 5\}$，$P\{-4 < X \leqslant 10\}$，$P\{|x| > 2\}$，$P\{X > 3\}$；(2) 确定 C 使得 $P\{X > C\} = P\{X \leqslant C\}$；(3) 设 d 满足 $P\{X > d\} \geqslant 0.9$，问 d 至多为多少？

解 由题意 X 的密度函数为

$$p_X(x) = \frac{1}{\sqrt{2\pi} \cdot 2}e^{-\frac{(X-3)^2}{8}}$$

(1)
$$P(2 < X \leqslant 5) = P\left(\frac{2-3}{2} \leqslant \frac{X-3}{2} \leqslant \frac{5-3}{2}\right) = \Phi(1) - \Phi\left(-\frac{1}{2}\right) =$$

$$\Phi(1) - \left(1 - \Phi\left(\frac{1}{2}\right)\right) = 0.841\,3 - 1 + 0.691\,5 = 0.532\,8$$

$$P(-4 < X \leqslant 10) = P\left(\frac{-4-3}{2} < \frac{X-3}{2} \leqslant \frac{10-3}{2}\right) =$$

$$\Phi\left(\frac{7}{2}\right) - \Phi\left(-\frac{7}{2}\right) = 2\Phi\left(\frac{7}{2}\right) - 1 = 0.999\,6$$

$$P(|X| > 2) = P(X > 2 \text{ 或 } X < -2) = P(X > 2) + P(X < -2) =$$

$$1 - P(X \leqslant 2) + P(X < -2) =$$

$$1 - P\left(\frac{X-3}{2} \leqslant \frac{2-3}{2}\right) + P\left(\frac{X-3}{2} < \frac{-2-3}{2}\right) =$$

$$1 - \Phi\left(-\frac{1}{2}\right) + \Phi\left(-\frac{5}{2}\right) = 0.697\,7$$

$$P(X > 3) = 1 - P(X \leqslant 3) = 1 - P\left(\frac{X-3}{2} \leqslant \frac{3-3}{2}\right) = 1 - \Phi(0) = 1 - 0.5 = 0.5$$

(2) 由 $P(X > C) = P(X \leqslant C)$，则

$$1 - P(X \leqslant C) = P(X \leqslant C)$$

$$P(X \leqslant C) = P\left(\frac{X-3}{2} \leqslant \frac{C-3}{2}\right) = \frac{1}{2}$$

$$\Phi\left(\frac{C-3}{2}\right) = \frac{1}{2}$$

查表得 $\frac{C-3}{2}=0$，故 $C=3$.

(3) 由 $P(X>d)\geqslant 0.9$，得 $P\left(\frac{X-3}{2}>\frac{d-3}{2}\right)\geqslant 0.9$，从而 $\Phi\left(-\frac{d-3}{2}\right)\geqslant 0.9$，查表得 $-\frac{d-3}{2}\geqslant 1.28$，

$d\leqslant 0.44$.

27. 某地区 18 岁的女青年的血压(收缩压，以 $\mathrm{mm-Hg}$ 计)服从 $N(110,12^2)$，在该地区任选一 18 岁的女青年，测量她的血压 X，(1) 求 $P(X\leqslant 105)$，$P(100<X\leqslant 120)$；(2) 确定最小的 x，使 $P(X>x)\leqslant 0.05$.

解 (1) 由 $X\sim N(110,12^2)$，则

$$p_X(x)=\frac{1}{\sqrt{2\pi}\cdot 12}\mathrm{e}^{-\frac{(x-110)^2}{2\times 12^2}}$$

所以

$$P(X\leqslant 105)=P\left(\frac{X-110}{12}\leqslant\frac{105-110}{12}\right)=\Phi\left(-\frac{5}{12}\right)=1-\Phi\left(\frac{5}{12}\right)=1-0.6628=0.3372$$

$$P(100<X\leqslant 120)=P\left(\frac{100-110}{12}<\frac{X-110}{12}\leqslant\frac{120-110}{12}\right)=$$
$$\Phi\left(\frac{5}{6}\right)-\Phi\left(-\frac{5}{6}\right)=2\Phi\left(\frac{5}{6}\right)-1=2\times 0.7967-1=0.5934$$

(2) $P(X>x)=1-P(X\leqslant x)=1-P\left(\frac{X-110}{12}\leqslant\frac{x-110}{12}\right)=1-\Phi\left(\frac{x-110}{12}\right)\leqslant 0.05$

则

$$\Phi\left(\frac{x-110}{12}\right)\geqslant 0.95$$

为确定 x 的最小值，查表得 $\frac{x-110}{12}=1.65$，所以 $x=129.8$，即 x 的最小值为 129.8.

28. 由某机器生产的螺栓的长度(单位：cm)服从参数 $\mu=10.05$，$\sigma=0.06$ 的正态分布，规定长度在范围 10.05 ± 0.12 内为合格品，求一螺栓为不合格品的概率.

解 $P(|X-10.05|>0.12)=2[1-P(X\leqslant 10.05+0.12)]=2\left[1-\Phi\left(\frac{10.17-10.05}{0.06}\right)\right]=$
$$2[1-\Phi(2)]=2[1-0.9772]=0.0456$$

29. 一工厂生产的电子管的寿命 X(以 h 计)服从参数为 $\mu=160$，σ 的正态分布，若要求 $P(120<X\leqslant 200)\geqslant 0.80$，允许 σ 最大为多少？

解 $P(120<X\leqslant 200)=\Phi\left(\frac{200-160}{\sigma}\right)-\Phi\left(\frac{120-160}{\sigma}\right)=$
$$\Phi\left(\frac{40}{\sigma}\right)-\Phi\left(\frac{-40}{\sigma}\right)=2\Phi\left(\frac{40}{\sigma}\right)-1=0.8$$

所以 $\Phi\left(\frac{40}{\sigma}\right)=0.9$，查表得 $\frac{40}{\sigma}\approx 1.28$，所以 $\sigma\approx 31.25$，即 σ 最大可取 31.25.

30. 设在一电路中，电阻两端的电压(V)服从 $N(120,2^2)$，今独立测量了 5 次，试确定有 2 次测定值落在区间 $[118,122]$ 之外的概率.

解 $P(118<V<122)=P\left(\frac{118-120}{2}<\frac{V-120}{2}<\frac{122-120}{2}\right)=$
$$P\left(-1<\frac{V-120}{2}<1\right)=2\Phi(1)-1=$$
$$2\times 0.8413-1=0.6826$$

于是 $1-P(118<V<122)=0.3174$.

设 5 次测量中测量值落在 $[118,122]$ 之外的次数为 X，则 $X\sim B(5,0.3174)$，故
$$P(X=2)=C_5^2\cdot 0.3174^2\cdot 0.6826^3=0.3204$$

31. 某人上班，自家里去办公楼要经过一交通指示灯，这一指示灯有 80% 时间亮红灯，此时他在指示灯旁等待直至绿灯亮.等待时间在区间 $[0,30]$(以秒计)服从均匀分布.以 X 表示他的等待时间，求 X 的分布函数

$F(x)$.画出 $F(x)$ 的图形,并问 X 是否为连续型随机变量,是否为离散型的?(要说明理由)

解 设 $A=$"指示灯亮红灯",$\overline{A}=$"指示灯亮绿灯",则对任意的实数 $x \in R$,有

当 $x < 0$ 时 $F(x) = P(X \leqslant x) = 0$

当 $0 \leqslant x < 30$ 时 $F(x) = P(X \leqslant x) = P(X \leqslant 0) + P(0 < X \leqslant x) = P(0 < X \leqslant x) =$

$\qquad\qquad\qquad P(A) \cdot P(0 < X \leqslant x \mid A) + P(\overline{A}) \cdot P(0 < X \leqslant x \mid \overline{A}) =$

$\qquad\qquad\qquad 0.8 \times \int_0^x \frac{1}{30} dx + 0.2 \times 1 = \frac{0.8x}{30} + 0.2$

当 $x \geqslant 30$ 时 $F(x) = P(X \leqslant x) = P(X \leqslant 0) + P(0 < X \leqslant 30) + P(30 < X < x) = 1$

综上所得,$\forall x \in R, F(x) = \begin{cases} 0, & x < 0 \\ \dfrac{0.8x}{30} + 0.2, & 0 \leqslant x < 30. \\ 1, & x \geqslant 30 \end{cases}$

$F(x)$ 的图形如图 2-4 所示.

由于分布函数 $F(x)$ 有分段点 0,所以 X 不是连续型随机变量,又因为不存在一个可列的点集,使得在这个点集上 X 取值的概率为 1,故随机变量也不是离散型的,X 是混合型随机变量.

32.设 $f(x), g(x)$ 都是概率密度函数,求证

$$h(x) = \alpha f(x) + (1-\alpha)g(x), \quad 0 \leqslant \alpha \leqslant 1$$

也是一个概率密度函数.

证 只要证明 $h(x)$ 满足概率密度函数的两条性质:非负性和规范性即可.

(1) 由于 $f(x) \geqslant 0, g(x) \geqslant 0$,以及 $0 \leqslant \alpha \leqslant 1$,所以 $h(x) \geqslant 0$.

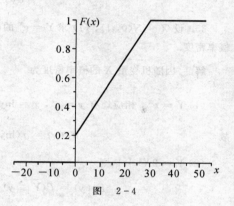

图 2-4

(2) $\quad \displaystyle\int_{-\infty}^{+\infty} h(x) dx = \int_{-\infty}^{+\infty} (\alpha f(x) + (1-\alpha)g(x)) dx = \alpha \int_{-\infty}^{+\infty} f(x) dx + (1-\alpha) \int_{-\infty}^{+\infty} g(x) dx =$

$\qquad\qquad \alpha + (1-\alpha) = 1$

则 $h(x)$ 仍是概率密度函数.

33.设随机变量 X 的分布律为

X	-2	-1	0	1	3
P	$\dfrac{1}{5}$	$\dfrac{1}{6}$	$\dfrac{1}{5}$	$\dfrac{1}{15}$	$\dfrac{11}{30}$

求 $Y = X^2$ 的分布律.

解 因为 $P(Y=k) = P(X=-\sqrt{k}) + P(X=\sqrt{k}), \quad k > 0$

所以 $P(Y=0) = P(X=0) = \dfrac{1}{5}$

$\qquad\qquad P(Y=1) = P(X=-1) + P(X=1) = \dfrac{1}{6} + \dfrac{1}{15} = \dfrac{7}{30}$

$\qquad\qquad P(Y=4) = P(X=-2) + P(X=2) = \dfrac{1}{5} + 0 = \dfrac{1}{5}$

$\qquad\qquad P(Y=9) = P(X=-3) + P(X=3) = 0 + \dfrac{11}{30} = \dfrac{11}{30}$

故 Y 的分布律为

Y	0	1	4	9
P	$\dfrac{1}{5}$	$\dfrac{7}{30}$	$\dfrac{1}{5}$	$\dfrac{11}{30}$

34. 设随机变量 X 在 $(0,1)$ 服从均匀分布.(1)求 $Y=e^X$ 的概率密度;(2)求 $Y=-2\ln X$ 的概率密度.

解
$$f_X(x)=\begin{cases}1, & 0<x<1\\ 0, & 其他\end{cases}$$

(1) $Y=e^X$ 相应地有 $y=e^x$,$x=\ln y$,$x'=\dfrac{1}{y}$,$y>0$.

由公式,则
$$f_Y(y)=f_X(y)\left|\frac{\mathrm{d}x}{\mathrm{d}y}\right|=\frac{1}{y}f_X(y)=\begin{cases}\dfrac{1}{y}, & 1<y<e\\ 0, & 其他\end{cases}$$

(2) $Y=-2\ln X$,相应地有 $y=-2\ln x$,$x=e^{-\frac{y}{2}}$.

$$f_Y(y)=f_X(y)\left|\frac{\mathrm{d}x}{\mathrm{d}y}\right|=\frac{1}{2}e^{-\frac{y}{2}}f_X(e^{-\frac{y}{2}})=\begin{cases}\dfrac{1}{2}e^{-\frac{y}{2}}, & y>0\\ 0, & y\leqslant 0\end{cases}$$

35. 设 $X\sim N(0,1)$,(1)求 $Y=e^X$ 的概率密度;(2)求 $Y=2X^2+1$ 的概率密度;(3)求 $Y=|X|$ 的概率密度.

解 因随机变量 X 的概率密度为 $f(x)=\dfrac{1}{\sqrt{2\pi}}e^{-\frac{x^2}{2}}$, $\quad -\infty<x<+\infty$

(1) $Y=e^X$,相应地有 $y=e^x$,$x=\ln y$,$x'=\dfrac{1}{y}$.

故
$$f_Y(y)=f(\ln y)\cdot\frac{1}{y}=\frac{1}{\sqrt{2\pi}y}e^{-\frac{(\ln y)^2}{2}}, \qquad y>0$$

(2) $Y=2X^2+1$,则
$$F_Y(y)=P(Y\leqslant y)=P(2X^2+1\leqslant y)=P\left(X^2\leqslant\frac{y-1}{2}\right)$$

当 $y\leqslant 1$ 时 $\qquad P\left(X^2\leqslant\dfrac{y-1}{2}\right)=0$

当 $y>1$ 时 $\qquad P\left(X^2\leqslant\dfrac{y-1}{2}\right)=P\left(-\sqrt{\frac{y-1}{2}}\leqslant X\leqslant\sqrt{\frac{y-1}{2}}\right)=$

$$\frac{1}{\sqrt{2\pi}}\int_{-\sqrt{\frac{y-1}{2}}}^{\sqrt{\frac{y-1}{2}}}e^{-\frac{x^2}{2}}\mathrm{d}x=\frac{2}{\sqrt{2\pi}}\int_0^{\sqrt{\frac{y-1}{2}}}e^{-\frac{x^2}{2}}\mathrm{d}x$$

则
$$F_Y(y)=\frac{2}{\sqrt{2\pi}}\int_0^{\sqrt{\frac{y-1}{2}}}e^{-\frac{x^2}{2}}\mathrm{d}x$$

故
$$f_Y(y)=F'_Y(y)=\frac{1}{2\sqrt{\pi(y-1)}}e^{-\frac{y-1}{4}}$$

综上所述得
$$f_Y(y)=\begin{cases}\dfrac{1}{2\sqrt{\pi(y-1)}}e^{-\frac{y-1}{4}}, & y>1\\ 0, & y\leqslant 1\end{cases}$$

(3) $\qquad Y=|X|,\quad F_Y(y)=P(Y\leqslant y)=P(|X|\leqslant y)$

当 $y<0$ 时 $\qquad F_Y(y)=P(|X|\leqslant y)=0$,$f_Y(y)=0$

当 $y\geqslant 0$ 时 $\qquad F_Y(y)=P(|X|\leqslant y)=P(-y\leqslant X\leqslant y)=\dfrac{1}{\sqrt{2\pi}}\int_{-y}^{y}e^{-\frac{x^2}{2}}\mathrm{d}x=\dfrac{2}{\sqrt{2\pi}}\int_0^y e^{-\frac{x^2}{2}}\mathrm{d}x$

$$f_Y(y)=F'_Y(y)=\frac{2}{\sqrt{2\pi}}e^{-\frac{y^2}{2}}$$

综上所述得
$$f_Y(y) = \begin{cases} \dfrac{2}{\sqrt{2\pi}} e^{-\frac{y^2}{2}}, & y \geqslant 0 \\ 0, & y < 0 \end{cases}$$

36. （1）设随机变量 X 的概率密度为 $f(x)$，$-\infty < x < \infty$，求 $Y = X^3$ 的概率密度.

（2）设随机变量 X 的概率密度为 $f(x) = \begin{cases} e^{-x}, & x > 0 \\ 0, & \text{其他} \end{cases}$，求 $Y = X^2$ 的概率密度.

解　（1）因为　$F_Y(y) = P(Y \leqslant y) = P(X^3 \leqslant y) = P(X \leqslant \sqrt[3]{y}) = F_X(\sqrt[3]{y})$

所以　　　　$f_Y(y) = F'_Y(y) = F'_X(\sqrt[3]{y})(\sqrt[3]{y})' = f(\sqrt[3]{y}) \cdot \dfrac{1}{3} y^{-\frac{2}{3}}, \quad y \neq 0$

（2）类似地可得　　　　$f_Y(y) = f(\sqrt{y}) \cdot \dfrac{1}{2\sqrt{y}}, \quad y \neq 0$

故 $Y = X^2$ 的概率密度为　　　　$f_Y(y) = \begin{cases} \dfrac{1}{2\sqrt{y}} e^{-\sqrt{y}}, & y > 0 \\ 0, & \text{其他} \end{cases}$

37. 设随机变量 X 的概率密度为 $f(x) = \begin{cases} \dfrac{2x}{\pi^2}, & 0 < x < \pi \\ 0, & \text{其他} \end{cases}$，求 $Y = \sin X$ 的概率密度.

解　$F_Y(Y < y) = P(\sin X < y) = \displaystyle\int_0^{\arcsin y} \dfrac{2x}{\pi^2}dx + \int_{\pi-\arcsin y}^{\pi} \dfrac{2x}{\pi^2}dx =$

$$\dfrac{1}{\pi^2}(x^2 \Big|_0^{\arcsin y} + x^2 \Big|_{\pi-\arcsin y}^{\pi}) = \dfrac{1}{\pi^2} \cdot 2\arcsin y \cdot \pi = \dfrac{2\arcsin y}{\pi}, \quad 0 < y < 1$$

故　　　　$f_Y(y) = \dfrac{2}{\pi\sqrt{1-y^2}}, \quad 0 < y < 1$

综上所述得　　　　$f_Y(y) = \begin{cases} \dfrac{2}{\pi\sqrt{1-y^2}}, & 0 < y < 1 \\ 0, & \text{其他} \end{cases}$

38. 设电流 I 是一个随机变量，它均匀分布在 $9 \sim 11A$ 之间，若此电流通过 2Ω 的电阻，在其上消耗的功率 $W = 2I^2$，求 W 的概率密度.

解　　　　$f_I(i) = \begin{cases} \dfrac{1}{11-9}, & 9 < i < 11 \\ 0, & \text{其他} \end{cases}$

$$W = 2I^2, \quad F_W(w) = P(W \leqslant w) = P(2I^2 \leqslant w) = P\left(I^2 \leqslant \dfrac{w}{2}\right)$$

当 $w < 0$ 时　　　　$F_W(w) = 0$

当 $w \geqslant 0$ 时　　$F_W(w) = P\left(I^2 \leqslant \dfrac{w}{2}\right) = P\left(-\sqrt{\dfrac{w}{2}} \leqslant I \leqslant \sqrt{\dfrac{w}{2}}\right) =$

$$\int_{-\sqrt{w/2}}^{\sqrt{w/2}} f_I(i)di = \int_{-\sqrt{\frac{w}{2}}}^{9} f_I(i)di + \int_{9}^{\sqrt{\frac{w}{2}}} f_I(i)di = \int_{9}^{\sqrt{\frac{w}{2}}} f_I(i)di$$

当 $9 < i < 11$，即 $162 < w < 242$ 时，有

$$F_W(w) = P\left(9 < I < \sqrt{\dfrac{w}{2}}\right) = \int_{9}^{\sqrt{\frac{w}{2}}} \dfrac{1}{2}di = \dfrac{1}{2}\left(\sqrt{\dfrac{w}{2}} - 9\right)$$

故　　　　$f_W(w) = F_W'(w) = \dfrac{1}{4\sqrt{2w}}$

当 $w \leqslant 162$ 时，$F_W(w) = 0$，$\varphi(w) = 0$；当 $w \geqslant 242$ 时，$F_W(w) = 1$，$\varphi(w) = 0$.

最后得　　　　$f_W(w) = \begin{cases} \dfrac{1}{4\sqrt{2w}}, & 162 < w < 242 \\ 0, & \text{其他} \end{cases}$

39. 某物体的温度 $T(\text{℃})$ 是一个随机变量，且有 $T \sim N(98.6, 2)$，试求 $\theta(\text{℃})$ 的概率密度，已知 $\theta = (5/9)(T-32)$.

解
$$f_T(t) = \frac{1}{2\sqrt{\pi}} e^{-\frac{(t-98.6)^2}{4}}, \quad -\infty < t < +\infty$$

函数 $\theta = \frac{5}{9}(t-32)$ 单调，反函数 $t = \frac{9}{5}\theta + 32$ 单值，$\dfrac{\mathrm{d}t}{\mathrm{d}\theta} = \dfrac{9}{5}$，故所求的概率密度为

$$f_\theta(\theta) = f_T\left(\frac{9}{5}\theta + 32\right) \times \frac{9}{5} = \frac{9}{10\sqrt{\pi}} e^{-\frac{\left[\left(\frac{9}{5}\theta+32\right)-98.6\right]^2}{4}} = \frac{9}{10\sqrt{\pi}} e^{-\frac{81}{100}(\theta-37)^2}, \quad -\infty < \theta < +\infty$$

第三章　多维随机变量及其分布

一、大纲要求及考点提示

(1) 了解多维随机变量的概念,理解二维随机变量的联合分布的概念、性质及两种基本形式:离散型联合概率分布、边缘分布和条件分布;连续型联合概率密度、边缘密度和条件密度,会利用二维概率分布求有关事件的概率.

(2) 理解随机变量的独立性的概念,掌握离散型和连续型随机变量独立性的判别条件.

(3) 掌握二维均匀分布,了解二维正态分布的概率密度,理解其中参数的概率意义.

(4) 会求两个独立随机变量简单函数的分布(和、差、商、极大、极小).

二、主要概念、重要定理与公式

1. 二维随机变量及联合分布

设 X,Y 是一维随机变量,假如对任意一组实数 x,y,使得

$$\{\omega: X \leqslant x, Y \leqslant y\} \in \mathscr{F}_S$$

则称 (X, Y) 为二维随机变量,$F(x, y) = P(X \leqslant x, Y \leqslant y)$ 称为 (X, Y) 的联合分布函数,它具有下述性质:

(1) 对任一变量 x 或 y 是非降的;

(2) 对 x 或 y 是右连续的;

(3) $F(-\infty, y) = F(x, -\infty) = F(-\infty, -\infty) = 0$,$F(\infty, \infty) = 1$;

(4) 对任意 $a < b, c < d$,均有

$$P\{a < X \leqslant b, c < Y \leqslant d\} = F(b, d) - F(a, d) - F(b, c) + F(a, c) \geqslant 0$$

称 $F_X(x) = F(x, \infty)$ 为随机变量 X 的边缘分布函数,$F_Y(y) = F(\infty, y)$ 为随机变量 Y 的边缘分布函数.

对任意的 x, y,若 $F(x, y) = F_X(x) \cdot F_Y(y)$,则称随机变量 X, Y 相互独立.

2. 离散随机变量及概率分布

如果二维随机变量 (X,Y) 的所有可能的取值是有限对或可列无限对,则称 (X,Y) 是离散型的随机变量.

设二维离散型随机变量 (X, Y) 所有可能取的值为 (x_i, y_i),$i, j = 1, 2, \cdots$,记 $P\{X = x_i, Y = y_i\} = p_{ij}$,$i, j = 1, 2, \cdots$,则由概率的定义有

$$p_{ij} \geqslant 0, \quad \sum_{i=1}^{\infty} \sum_{j=1}^{\infty} p_{ij} = 1$$

则称 $P\{X = x_i, Y = y_i\} = p_{ij}$,$i, j = 1, 2, \cdots$ 为二维离散型随机变量 (X,Y) 的联合分布律(或概率分布).

记 X 的分布律为 　　　　$p_{i\cdot} = P(X = x_i) = \sum_{j=1}^{\infty} p_{ij}$,　$i = 1, 2, \cdots$

Y 的分布律为 　　　　$p_{\cdot j} = P(Y = y_j) = \sum_{i=1}^{n} p_{ij}$,　$j = 1, 2, \cdots$

分别称 $p_{i\cdot}(i = 1, 2, \cdots)$ 和 $p_{\cdot j}(j = 1, 2, \cdots)$ 为 (X, Y) 关于 X 和关于 Y 的边缘分布律.

3. 概率密度

对于二维随机变量 (X,Y) 的分布函数 $F(x,y)$,如果存在非负的函数 $f(x,y)$ 使对于任意的实数 x,y 有

$$F(x, y) = \int_{-\infty}^{y} \int_{-\infty}^{x} f(u, v) \mathrm{d}u \mathrm{d}v$$

则称 (X, Y) 是连续的二维随机变量,函数 $f(x, y)$ 称为二维随机变量 (X,Y) 的概率密度或联合概率密度.
$f(x, y)$ 具有以下性质:

(1) $f(x, y) \geqslant 0$.

(2) $\int_{-\infty}^{\infty} \int_{-\infty}^{\infty} f(x, y) \mathrm{d}x \mathrm{d}y = F(\infty, \infty) = 1$.

(3) 若 $f(x, y)$ 在点 (x, y) 连续，则有

$$\frac{\partial^2 F(x, y)}{\partial x \partial y} = f(x, y)$$

(4) 设 G 是 xOy 平面上的一个区域，点 (X, Y) 落在 G 内的概率为

$$P\{(X, Y) \in G\} = \iint\limits_{G} f(x, y) \mathrm{d}x \mathrm{d}y$$

(5) X 和 Y 的边缘密度函数分别为

$$f_X(x) = \int_{-\infty}^{+\infty} f(x, y) \mathrm{d}y, \quad f_Y(y) = \int_{-\infty}^{+\infty} f(x, y) \mathrm{d}x$$

4. 均匀分布与正态分布

常见的二维连续型随机变量是二维均匀分布和二维正态分布.

均匀分布：称 (X, Y) 服从区域 G 上的均匀分布，若 (X, Y) 的密度函数为

$$f(x, y) = \begin{cases} \dfrac{1}{S(G)}, & (x, y) \in G \\ 0, & \text{其他} \end{cases}$$

其中 $S(G)$ 为 G 的面积，$0 < S(G) < \infty$.

二维正态分布：若二维随机变量 (X, Y) 的概率密度为

$$f(x, y) = \frac{1}{2\pi\sigma_1\sigma_2\sqrt{1-\rho^2}} \exp\left\{ -\frac{1}{2(1-\rho^2)} \left[\frac{(x-\mu_1)^2}{\sigma_1^2} - 2\rho\frac{(x-\mu_1)(y-\mu_2)}{\sigma_1\sigma_2} + \frac{(y-\mu_2)^2}{\sigma_2^2} \right] \right\}$$

$$(-\infty < x < \infty, -\infty < y < \infty)$$

其中 μ_1，μ_2，σ_1，σ_2，ρ 都是常数，且 $\sigma_1 > 0$，$\sigma_2 > 0$，$-1 < \rho < 1$，称 (X, Y) 为服从参数为 μ_1，μ_2，σ_1，σ_2，ρ 的二维正态分布，记为 $(X, Y) \sim N(\mu_1, \mu_2, \sigma_1^2, \sigma_2^2, \rho)$，$X$，$Y$ 的边缘分布分别为 $N(\mu_1, \sigma_1^2)$，$N(\mu_2, \sigma_2^2)$，X 与 Y 独立的充要条件为 $\rho = 0$.

5. 条件分布

设 (X, Y) 是二维离散型随机变量，对于固定的 j，若 $P\{Y = y_j\} > 0$，则称

$$P\{X = x_i \mid Y = y_j\} = \frac{P\{X = x_i, Y = y_j\}}{P\{Y = y_j\}} = \frac{p_{ij}}{p_{\cdot j}}, \quad i = 1, 2, \cdots$$

为在 $Y = y_j$ 条件下随机变量 X 的条件分布律.

同样，对固定 i，若 $P\{X = x_i\} > 0$，则称

$$P\{Y = y_j \mid X = x_i\} = \frac{p_{ij}}{p_{i\cdot}}, \quad j = 1, 2, \cdots$$

为在 $X = x_i$ 条件下随机变量 Y 的条件分布律.

若 (X, Y) 的联合概率密度为 $f(x, y)$，则称

$$f_{Y|X}(y \mid x) = \frac{f(x, y)}{f_X(x)}$$

为随机变量 Y 在条件 $X = x$ 下的条件概率密度，称

$$f_{X|Y}(x \mid y) = \frac{f(x, y)}{f_Y(y)}$$

为随机变量 X 在条件 $Y = y$ 下的条件概率密度.

6. 随机变量函数的分布

(1) $Z = X + Y$ 的分布：

$$f_Z(z) = \int_{-\infty}^{\infty} f(z - y, y) \mathrm{d}y = \int_{-\infty}^{\infty} f(x, z - x) \mathrm{d}x$$

特别地，若 X 与 Y 相互独立，则

$$f_Z(z) = \int_{-\infty}^{\infty} f_X(x-y) f_Y(y) \mathrm{d}y = \int_{-\infty}^{\infty} f_X(x) f_Y(z-x) \mathrm{d}x$$

(2) $Z = \dfrac{X}{Y}$ 的分布：

$$f_Z(z) = \int_{-\infty}^{\infty} |y| f(yz, y) \mathrm{d}y$$

特别地，当 X 与 Y 相互独立时，则

$$f_Z(z) = \int_{-\infty}^{\infty} |y| f_X(yz) f_Y(y) \mathrm{d}y$$

(3) $M = \max(X, Y)$ 及 $N = \min(X, Y)$ 的分布：

设 X, Y 是两个相互独立的随机变量，分布函数分别为 $F_X(x)$，$F_Y(y)$，则

$$F_{\max}(z) = F_X(z) F_Y(z), \quad F_{\min}(z) = 1 - [1 - F_X(z)][1 - F_Y(z)]$$

设 $X_1, X_2, \cdots, X_n$ 是 n 个相互独立的随机变量，分布函数分别为 $F_{X_i}(x_i)$ $(i = 1, 2, \cdots, n)$，则 $M = \max(X_1, X_2, \cdots, X_n)$ 及 $N = \min(X_1, X_2, \cdots, X_n)$ 的分布函数

$$F_{\max}(z) = F_{X_1}(z) F_{X_2}(z) \cdots F_{X_n}(z)$$

$$F_{\min}(z) = 1 - [1 - F_{X_1}(z)][1 - F_{X_2}(z)] \cdots [1 - F_{X_n}(z)]$$

特别地，当 $X_1, X_2, \cdots, X_n$ 相互独立且具有相同分布函数 $F(x)$ 时，则

$$F_{\max}(z) = [F(z)]^n, \quad F_{\min}(z) = 1 - [1 - F(z)]^n$$

(4) 设二维随机变量 (X,Y) 的联合密度函数为 $f(x,y)$，若函数 $u = g(x,y)$，$v = \varphi(x,y)$ 满足下列条件：

（ⅰ）存在唯一的反函数 $x = \xi(u, v)$，$y = \eta(u, v)$；

（ⅱ）有一阶连续的偏导数，且

$$J = \begin{vmatrix} \dfrac{\partial x}{\partial u} & \dfrac{\partial x}{\partial v} \\ \dfrac{\partial y}{\partial u} & \dfrac{\partial y}{\partial v} \end{vmatrix} \neq 0$$

则 (U, V) 的联合密度函数为

$$f_{(U,V)}(u, v) = f_{(X,Y)}(\xi(u, v), \eta(u, v)) |J|$$

三、考研典型题及常考题型范例精解

例 3-1　设两个随机变量 X 与 Y 相互独立且同分布：$P\{X = -1\} = P\{Y = -1\} = P\{X = 1\} = P\{Y = 1\} = \dfrac{1}{2}$，则下列各式中成立的是（　　）.

(A) $P\{X = Y\} = \dfrac{1}{2}$ 　　　　　　　　(B) $P\{X = Y\} = 1$

(C) $P\{X + Y = 0\} = \dfrac{1}{4}$ 　　　　　　(D) $P\{XY = 1\} = \dfrac{1}{4}$

解　$P\{X = Y\} = P\{X = -1, Y = -1\} + P\{X = 1, Y = 1\} = \dfrac{1}{2} \times \dfrac{1}{2} + \dfrac{1}{2} \times \dfrac{1}{2} = \dfrac{1}{2}$

$P\{X + Y = 0\} = P\{X = 1, Y = -1\} + P\{X = -1, Y = 1\} = \dfrac{1}{2} \times \dfrac{1}{2} + \dfrac{1}{2} \times \dfrac{1}{2} = \dfrac{1}{2}$

$P\{XY = 1\} = P\{X = 1, Y = 1\} + P\{X = -1, Y = -1\} = \dfrac{1}{4} \times \dfrac{1}{4} = \dfrac{1}{2}$

所以（B），（C），（D）均不对，只有（A）正确.

例 3-2　设随机变量 X 与 Y 独立，$P\{X = 1\} = P\{Y = 1\} = p > 0$，$P\{X = 0\} = P\{Y = 0\} = 1 - p > 0$，令

$$Z = \begin{cases} 1, & X + Y \text{ 为偶数} \\ 0, & X + Y \text{ 为奇数} \end{cases}$$

要使 X 与 Z 独立，则 p 的值为（　　）.

(A) $\dfrac{1}{3}$ (B) $\dfrac{1}{4}$ (C) $\dfrac{1}{2}$ (D) $\dfrac{2}{3}$

解 要使 X 与 Z 独立,则必须

$$P\{X=0,Z=0\} = P\{X=0\}P\{Z=0\} = (1-p)[P\{X=0,Y=1\}+P\{X=1,Y=0\}] =$$
$$(1-p)[(1-p)p+p(1-p)] = 2(1-p)^2p$$

又
$$P\{X=0,Z=0\} = P\{X=0,Y=1\} = p(1-p)$$

所以
$$2(1-p)^2p = p(1-p)$$
$$(1-p)p(2(1-p)-1) = 0$$

因 $1 > p > 0$,所以 $p = \dfrac{1}{2}$,故(C)正确.

例 3 - 3 设 X 和 Y 为两个随机变量,且 $P\{X \geqslant 0, Y \geqslant 0\} = \dfrac{3}{7}$,$P\{X \geqslant 0\} = P\{Y \geqslant 0\} = \dfrac{4}{7}$,则 $P\{\max(X,Y) \geqslant 0\} = $ _____.

解法 1 $P\{\max(X,Y) \geqslant 0\} = P(\{X \geqslant 0\} \bigcup \{Y \geqslant 0\}) =$
$$P\{X \geqslant 0\} + P\{Y \geqslant 0\} - P\{X \geqslant 0, Y \geqslant 0\} = \dfrac{4}{7} + \dfrac{4}{7} - \dfrac{3}{7} = \dfrac{5}{7}$$

解法 2 由 $P\{X \geqslant 0, Y \geqslant 0\} = P\{X \geqslant 0\}P\{Y \geqslant 0 \mid X \geqslant 0\} = \dfrac{4}{7} \times P\{Y \geqslant 0 \mid X \geqslant 0\} = \dfrac{3}{7}$

得 $P\{Y \geqslant 0 \mid X \geqslant 0\} = \dfrac{3}{4}$,同理 $P\{X \geqslant 0 \mid Y \geqslant 0\} = \dfrac{3}{4}$.

而 $P\{\max(X,Y) \geqslant 0\} = P\{X \geqslant 0, Y \geqslant 0\} + P\{X \geqslant 0, Y < 0\} + P\{X < 0, Y \geqslant 0\} =$
$$\dfrac{3}{7} + P\{X \geqslant 0\}P\{Y < 0 \mid X \geqslant 0\} + P\{Y \geqslant 0\}P\{X < 0 \mid Y \geqslant 0\} =$$
$$\dfrac{3}{7} + \dfrac{4}{7} \times \dfrac{1}{4} + \dfrac{4}{7} \times \dfrac{1}{4} = \dfrac{5}{7}$$

例 3 - 4 如图 3-1 所示,平面区域 D 由曲线 $y = \dfrac{1}{x}$ 及直线 $y = 0$,$x = 1$,$x = \mathrm{e}^2$ 所围成,二维随机变量(X,Y) 在区域 D 上服从均匀分布,则(X,Y) 关于 X 的边缘概率密度在 $x = 2$ 处的值为 _____.

解 区域 D 的面积为

$$S(D) = \int_1^{\mathrm{e}^2} \dfrac{\mathrm{d}x}{x} = \ln x \,\big|_1^{\mathrm{e}^2} = 2$$

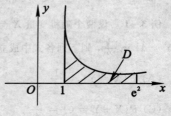

图 3-1

所以(X,Y) 的联合概率密度为

$$f(x,y) = \begin{cases} \dfrac{1}{2}, & (x,y) \in D \\ 0, & \text{其他} \end{cases}$$

(X,Y) 关于 X 的边缘概率密度为

$$f_X(x) = \begin{cases} \displaystyle\int_0^{\frac{1}{x}} \dfrac{1}{2}\mathrm{d}y = \dfrac{1}{2x}, & 1 \leqslant x \leqslant \mathrm{e}^2 \\ 0, & \text{其他} \end{cases}$$

故 $f_X(2) = \dfrac{1}{4}$.

例 3 - 5 二维随机变量(X,Y) 的联合密度函数为

$$f(x,y) = \begin{cases} Ay(1-x), & 0 \leqslant x \leqslant 1, 0 \leqslant y \leqslant x \\ 0, & \text{其他} \end{cases}$$

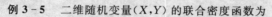

(1)试确定常数 A;(2)求(X,Y) 的联合分布函数;(3)求关于 X 和关于 Y 的边缘密度函数;(4)判断 X 和 Y 是否相互独立? (5)求 $Z = X + Y$ 的密度函数;(6)求 $f(y \mid x)$ 和 $f(x \mid y)$.

解 (1)由联合密度函数的性质得

$$\int_0^1 \mathrm{d}x \int_0^x Ay(1-x)\mathrm{d}x = A\int_0^1 \frac{1}{2}x^2(1-x)\mathrm{d}x = \frac{A}{24} = 1$$

故 $A = 24$.

(2) 当 $x < 0$ 或 $y < 0$ 时, $F(x, y) = P(X \leqslant x, Y \leqslant y) = 0$, 当 $0 \leqslant x < 1$, $0 \leqslant y < x$ 时,则

$$F(x, y) = P(X \leqslant x, Y \leqslant y) = \int_0^y \mathrm{d}v \int_v^x 24v(1-u)\mathrm{d}u = 12\left(x - \frac{1}{2}x^2\right)y^2 - 8y^3 + 3y^4$$

当 $x \geqslant 1$, $0 \leqslant y < 1$ 时,则

$$F(x, y) = \int_0^y \mathrm{d}v \int_v^1 24v(1-u)\mathrm{d}u = 6y^2 + 8y^3 + 3y^4$$

当 $0 \leqslant x < 1$, $y \geqslant x$ 时,则

$$F(x, y) = \int_0^x \mathrm{d}v \int_0^u 24v(1-u)\mathrm{d}v = 4x^3 - 3x^4$$

当 $x \geqslant 1$, $y \geqslant 1$ 时,则

$$F(x, y) = \int_0^1 \mathrm{d}u \int_0^u 24v(1-v)\mathrm{d}v = 1$$

于是 (X, Y) 的联合分布函数为

$$F(x, y) = \begin{cases} 0, & \text{当 } x < 0 \text{ 或 } y < 0 \text{ 时} \\ 12\left(x - \frac{1}{2}x^2\right)y^2 - 8y^3 + 3y^4, & \text{当 } 0 \leqslant x < 1, 0 \leqslant y < x \text{ 时} \\ 6y^2 + 8y^3 + 3y^4, & \text{当 } x \geqslant 1, 0 \leqslant y < 1 \text{ 时} \\ 4x^3 - 3x^4, & \text{当 } 0 \leqslant x < 1, y \geqslant x \text{ 时} \\ 1, & \text{当 } x \geqslant 1, y \geqslant 1 \text{ 时} \end{cases}$$

(3) $\quad f_X(x) = \begin{cases} \int_0^x 24y(1-x)\mathrm{d}y, & 0 \leqslant x \leqslant 1 \\ 0, & \text{其他} \end{cases} = \begin{cases} 12x^2(1-x), & 0 \leqslant x \leqslant 1 \\ 0, & \text{其他} \end{cases}$

$\quad f_Y(y) = \begin{cases} \int_y^1 24y(1-x)\mathrm{d}x, & 0 \leqslant y \leqslant 1 \\ 0, & \text{其他} \end{cases} = \begin{cases} 12y^2(1-y), & 0 \leqslant y \leqslant 1 \\ 0, & \text{其他} \end{cases}$

(4) 由于 $f(x, y) \neq f_X(x)f_Y(y)$, 当 $0 \leqslant x \leqslant 1$, $0 \leqslant y \leqslant x$ 时,所以 X 与 Y 不独立.

(5) 利用两个随机变量和的密度函数公式

$$f_Z(z) = \int_{-\infty}^{+\infty} f(x, z-x)\mathrm{d}x$$

显然, 当 $z < 0$ 时, $f_Z(z) = 0$; 当 $0 \leqslant z < 1$ 时, 由条件 $0 \leqslant x \leqslant 1$, $0 \leqslant z - x < x$ 得当 $\frac{z}{2} \leqslant x < z$ 时,

$f(x, z-x) \neq 0$, 因此

$$f_Z(z) = \int_{\frac{z}{2}}^x 24(1-x)(z-x)\mathrm{d}x = 3z^2 - 2z^3$$

当 $1 \leqslant z < 2$ 时, 由条件 $0 \leqslant x \leqslant 1$ 及 $0 \leqslant z - x \leqslant x$ 得当 $\frac{z}{2} \leqslant x < 1$ 时, $f(x, z-x) \neq 0$, 因此

$$f_Z(z) = \int_{\frac{z}{2}}^1 24(1-x)(z-x)\mathrm{d}x = 2z^3 - 9z^2 + 12z - 4$$

当 $z > 2$ 时, 显见 $f_Z(z) = 0$, 于是有

$$f_Z(z) = \begin{cases} 3z^2 - 2z^3, & 0 \leqslant z < 1 \\ 2z^3 - 9z^2 + 12z - 4, & 1 \leqslant z < 2 \\ 0, & \text{其他} \end{cases}$$

(6) $\quad f(y \mid x) = \frac{f(x, y)}{f_X(x)} = \begin{cases} \dfrac{2y}{x^2}, & 0 < x < 1, 0 < y < x \\ 0, & \text{其他} \end{cases}$

$$f(x \mid y) = \frac{f(x, y)}{f_Y(y)} = \begin{cases} \dfrac{2(1-x)}{y(1-y)^2}, & 0 < x < 1, 0 < y < x \\ 0, & \text{其他} \end{cases}$$

例 3-6 设某班车起点站上客人数 X 服从参数 $\lambda(\lambda > 0)$ 的泊松分布, 每位乘客在中途下车的概率为 $p(0 < p < 1)$, 且中途下车与否相互独立, 以 Y 表示在中途下车的人数, 求: (1) 在发车时有 n 个乘客的条件下, 中途有 m 个下车的概率; (2) 二维随机变量 (X, Y) 的联合分布律; (3) 求关于 Y 的边缘分布律.

解 (1)
$$P(X = n) = \frac{\lambda^n}{n!} e^{-\lambda}, \quad n = 0, 1, 2, \cdots$$

$$P\{Y = m \mid X = n\} = C_n^m p^m (1-p)^{n-m}, \quad 0 \leqslant m \leqslant n, n = 0, 1, 2, \cdots$$

(2) (X, Y) 的联合分布律为

$$P\{X = n, Y = m\} = P\{X = n\} P\{Y = m \mid X = n\} = C_n^m p^m (1-p)^{n-m} \frac{e^{-\lambda}}{n!} \lambda^n,$$

$$0 \leqslant m \leqslant n, n = 0, 1, 2, \cdots$$

(3) $P(Y = m) = \sum_{n=0}^{\infty} P(X = n, Y = m) = \sum_{n=0}^{\infty} C_n^m p^m (1-p)^{n-m} \frac{e^{-\lambda}}{n!} \lambda^n =$

$$\sum_{n=m}^{\infty} \frac{[\lambda(1-p)]^{n-m}}{(n-m)!} \cdot \frac{(\lambda p)^m}{m!} e^{-\lambda} = \frac{(\lambda p)^m}{m!} e^{-\lambda} \cdot e^{\lambda(1-p)} = \frac{(\lambda p)^m}{m!} e^{-\lambda p}, \ m = 0, 1, 2, \cdots$$

例 3-7 设随机变量 (X, Y) 的联合密度函数为

$$f(x, y) = \begin{cases} \dfrac{12}{7} x(x+y), & 0 < x < 1, 0 < y < 1 \\ 0, & \text{其他} \end{cases}$$

令 $U = \min(X, Y)$, $V = \max(X, Y)$, 求 U 和 V 的联合密度函数.

解 如图 3-2 所示, 将矩形 $\{(x, y) : 0 \leqslant x \leqslant 1, 0 \leqslant y \leqslant 1\}$ 分为两部分 A 和 B, 若 (X, Y) 落入 A, 则 $X < Y$, 因此, 此时随机变量的变换为

$$\begin{cases} U = X \\ V = Y \end{cases}$$

变换的雅可比行列式为

$$J = \begin{vmatrix} \dfrac{\partial x}{\partial u} & \dfrac{\partial x}{\partial v} \\ \dfrac{\partial y}{\partial u} & \dfrac{\partial y}{\partial v} \end{vmatrix} = \begin{vmatrix} 1 & 0 \\ 0 & 1 \end{vmatrix} = 1$$

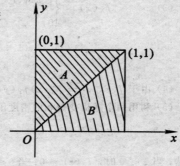

图 3-2

于是在 A 上, (U, V) 的联合密度函数为

$$f_{(U, V)}(u, v) = \frac{12}{7} u(u+v), \quad 0 \leqslant u < v \leqslant 1$$

如果随机变量 (X, Y) 落入 B, 则 $X > Y$, 此时 $\begin{cases} U = Y \\ V = X \end{cases}$, 变换的雅可比行列式为

$$J = \begin{vmatrix} 0 & +1 \\ 1 & 0 \end{vmatrix} = -1, \quad |J| = 1$$

于是在 B 上, (U, V) 的联合密度函数为

$$f_{(U, V)}(u, v) = \frac{12}{7} v(v+u), \quad 0 \leqslant u < v \leqslant 1$$

因此, 得 (U, V) 的联合密度函数为

$$f_{(U, V)}(u, v) = \begin{cases} \dfrac{12}{7}(u+v)^2, & 0 \leqslant u < v \leqslant 1 \\ 0, & \text{其他} \end{cases}$$

例 3-8 设二维随机变量 (X, Y) 服从区域 $G = \{(x, y) : 0 \leqslant x \leqslant 2, 0 \leqslant y \leqslant 2\}$ 上的均匀分布, 求 Z

$=X-Y$ 的概率密度.

解法1 (X, Y) 的联合密度函数为

$$f(x, y) = \begin{cases} \dfrac{1}{4}, & 0 \leqslant x \leqslant 2, 0 \leqslant y \leqslant 2 \\ 0, & \text{其他} \end{cases}$$

$Z = X - Y$ 的分布函数为

$$F_Z(z) = P\{Z \leqslant z\} = P\{X - Y \leqslant z\} = \iint\limits_{x-y \leqslant z} f(x, y)\mathrm{d}x\mathrm{d}y = \iint\limits_{D} f(x, y)\mathrm{d}x\mathrm{d}y$$

当 $z < -2$ 时, 显见 $D = \{(x, y): 0 \leqslant x \leqslant 2, 0 \leqslant y \leqslant 2, x - y \leqslant z\} = \varnothing$, 因此, $F_Z(z) = 0$.

当 $-2 \leqslant z \leqslant 0$ 时, 积分区域 $D = \{(x, y): 0 \leqslant x \leqslant 2, 0 \leqslant y \leqslant 2, x - y \leqslant z\}$, 如图 3-3 所示. 因此

$$F_Z(z) = \int_0^{2+z} \mathrm{d}x \int_{x-z}^2 \frac{1}{4}\mathrm{d}y = \frac{1}{4}\int_0^{2+z}(2 - x + z)\mathrm{d}x = \frac{1}{8}(z+2)^2$$

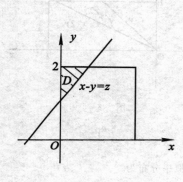

图　3-3

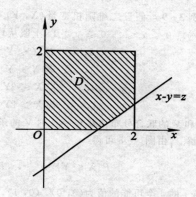

图　3-4

当 $0 \leqslant z < 2$ 时, 积分区域 $D = \{(x, y): 0 \leqslant x \leqslant 2, 0 \leqslant y \leqslant 2, x - y \leqslant z\}$, 如图 3-4 所示. 因此

$$F_Z(z) = \int_0^z \mathrm{d}x \int_0^2 \frac{1}{4}\mathrm{d}y + \int_z^2 \mathrm{d}x \int_{x-z}^2 \frac{1}{4}\mathrm{d}y = \frac{z}{2} + \frac{1}{4}\int_z^2(2 - x + z)\mathrm{d}x = \frac{1}{2} + \frac{z}{2} - \frac{z^2}{8}$$

当 $z \geqslant 2$ 时, $D = \{(x, y): 0 \leqslant x \leqslant 2, 0 \leqslant y \leqslant 2, x - y \leqslant z\} = G$. 因此 $F_Z(z) = 1$.

综上所述得

$$F_Z(z) = \begin{cases} 0, & z < -2 \\ \dfrac{1}{8}(z+2)^2, & -2 \leqslant z < 0 \\ \dfrac{1}{2} + \dfrac{z}{2} - \dfrac{z^2}{8}, & 0 \leqslant z < 2 \\ 1, & z \geqslant 2 \end{cases}$$

从而, $Z = X - Y$ 的密度函数为

$$f_Z(X) = \begin{cases} \dfrac{1}{2} + \dfrac{z}{4}, & -2 \leqslant z < 0 \\ \dfrac{1}{2} - \dfrac{z}{4}, & 0 \leqslant z < 2 \\ 0, & \text{其他} \end{cases}$$

解法2 由已知条件, 可得 X 与 Y 相互独立, 从而 X 与 $-Y$ 也相互独立, 记 $U = -Y$, 则 U 的密度函数为

$$f_U(u) = \begin{cases} \dfrac{1}{2}, & -2 \leqslant u \leqslant 0 \\ 0, & \text{其他} \end{cases}$$

于是 $Z = X - Y = X + U$ 的概率密度为

$$f_Z(z) = \int_{-\infty}^{+\infty} f_X(x) f_U(z-x) \mathrm{d}x$$

由于 $0 \leqslant x \leqslant 2, -2 \leqslant z-x \leqslant 0$, 即 $0 \leqslant x \leqslant 2, z \leqslant x \leqslant 2+z$.

当 $z < -2$ 时, $f_Z(z) = 0$, 当 $-2 \leqslant z < 0$ 时, 则

$$f_Z(z) = \frac{1}{2} \int_{-2}^{-2} 0 \mathrm{d}u + \int_{-2}^{z} \frac{1}{4} \mathrm{d}u = \frac{1}{4}(z+2)$$

当 $0 \leqslant z < 2$ 时, 则

$$f_Z(z) = \frac{1}{2} \int_{-2}^{0} \frac{1}{2} \mathrm{d}u + \frac{1}{2} \int_{0}^{z} 0 \mathrm{d}u = \frac{1}{4}(2-z)$$

当 $z > 2$ 时, $f_Z(z) = 0$, 综合起来, 有

$$f_Z(z) = \begin{cases} \dfrac{1}{2} - \dfrac{1}{4}|z|, & |z| \leqslant 2 \\ 0, & \text{其他} \end{cases}$$

例 3-9 假设二维随机变量 (X, Y) 在矩形区域 $G = \{(x, y): 0 \leqslant x \leqslant 2, 0 \leqslant y \leqslant 1\}$ 上服从均匀分布, 记

$$U = \begin{cases} 0, & \text{若 } X \leqslant Y \\ 1, & \text{若 } X > Y \end{cases}$$

$$V = \begin{cases} 0, & \text{若 } X \leqslant 2Y \\ 1, & \text{若 } X > 2Y \end{cases}$$

求 U 和 V 的联合分布律及 $U = 1$ 时 V 的条件分布律.

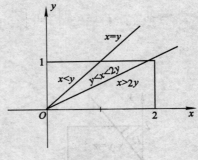

图 3-5

解 由图 3-5 可得

$$P\{X \leqslant Y\} = \frac{1}{4}, \quad P\{X > 2Y\} = \frac{1}{2}, \quad P\{Y < X \leqslant 2Y\} = \frac{1}{4}$$

(U, V) 的 4 个可能的值为 $(0, 0), (0, 1), (1, 0)$ 及 $(1, 1)$, 它们的概率分布为

$$P\{U=0, V=0\} = P\{X \leqslant Y, X \leqslant 2Y\} = P\{X \leqslant Y\} = \frac{1}{4}$$

$$P\{U=0, V=1\} = P\{X \leqslant Y, X > 2Y\} = 0$$

$$P\{U=1, V=0\} = P\{X > Y, X \leqslant 2Y\} = P\{Y < X \leqslant 2Y\} = \frac{1}{4}$$

$$P\{U=1, V=1\} = 1 - \left(\frac{1}{4} + \frac{1}{4}\right) = \frac{1}{2}$$

所以 (U, V) 的联合分布律为

U \ V	0	1
0	$\frac{1}{4}$	0
1	$\frac{1}{4}$	$\frac{1}{2}$

显见 (U, V) 关于 V 的边缘分布律为

$$P\{V=0\} = \frac{1}{4} + \frac{1}{4} = \frac{1}{2}, \quad P\{V=1\} = \frac{1}{2}$$

关于 U 的边缘分布律为

$$P\{U=0\} = \frac{1}{4}, \quad P\{U=1\} = \frac{1}{4} + \frac{1}{2} = \frac{3}{4}$$

因此

$$P\{V=0 \mid U=1\} = \frac{P\{U=1, V=0\}}{P\{U=1\}} = \frac{\frac{1}{4}}{\frac{3}{4}} = \frac{1}{3}$$

$$P\{V = 1 \mid U = 1\} = \frac{P\{U = 1, V = 1\}}{P\{U = 1\}} = \frac{\frac{1}{2}}{\frac{3}{4}} = \frac{2}{3}$$

例 3 - 10 设随机变量 X 与 Y 相互独立，X 的分布律为 $P(X = i) = \frac{1}{3}(i = -1, 0, 1)$，$Y$ 的概率密度为

$f_Y(y) = \begin{cases} 1, & 0 \leqslant y < 1 \\ 0, & \text{其他} \end{cases}$，$Z = X + Y$. 求：(1) $P\left(Z \leqslant \frac{1}{2} \mid X = 0\right)$；(2) Z 的概率密度 $f_Z(Z)$.

解 (1) **解法 1**

$$P\left(Z \leqslant \frac{1}{2} \mid X = 0\right) = P\left(X + Y \leqslant \frac{1}{2} \mid X = 0\right) = P\left(Y \leqslant \frac{1}{2} \mid X = 0\right) = P\left(Y \leqslant \frac{1}{2}\right) = \frac{1}{2}$$

解法 2

$$P\left(Z \leqslant \frac{1}{2} \mid X = 0\right) = \frac{P\left(X + Y \leqslant \frac{1}{2}, X = 0\right)}{P(X = 0)} = \frac{P\left(Y \leqslant \frac{1}{2}, X = 0\right)}{P(X = 0)} = P\left(Y \leqslant \frac{1}{2}\right) = \frac{1}{2}$$

(2) 对任意的实数 $z \in R$，则

$F_Z(z) = P\{Z \leqslant z\} = P\{X + Y \leqslant z\} =$

$P\{X + Y \leqslant z, X = -1\} + P\{X + Y \leqslant z, X = 0\} + P\{X + Y \leqslant z, X = 1\} =$

$P\{Y \leqslant z + 1, X = -1\} + P\{Y \leqslant z, X = 0\} + P\{Y \leqslant z - 1, X = 1\} =$

$P\{Y \leqslant z + 1\}P\{X = -1\} + P\{Y \leqslant z\}P\{X = 0\} + P\{Y \leqslant z - 1\}P\{X = 1\} =$

$\frac{1}{3}[P\{Y \leqslant z + 1\} + P\{Y \leqslant z\} + P\{Y \leqslant z - 1\}] = \frac{1}{3}[F_Y(z + 1) + F_Y(z) + F_Y(z - 1)]$

$$f_Z(z) = F'_Z(z) = \frac{1}{3}[f_Y(z + 1) + f_Y(z) + f_Y(z - 1)] = \begin{cases} \frac{1}{3}, & -1 < z < 2 \\ 0, & \text{其他} \end{cases}$$

四、学习效果两级测试题及解答

测试题

1. 填空题（每小题 3 分，满分 15 分）

(1) 设 $X_1 \sim N(1, 2)$，$X_2 \sim N(0, 3)$，$X_3 \sim N(2, 1)$，且 X_1, X_2, X_3 独立，则 $P\{0 \leqslant 2X_1 + 3X_2 - X_3 \leqslant 6\} = $ _____.

(2) 设随机变量 X 与 Y 独立，且 $X \sim N(\mu, \sigma^2)$，$Y \sim U[-\pi, \pi]$，则 $Z = X + Y$ 的概率密度函数是 _____.

(3) 设随机变量 X 与 Y 同分布，X 的概率密度为 $f(x) = \begin{cases} \frac{3}{8}x^2, & 0 < x < 2 \\ 0, & \text{其他} \end{cases}$，设 $A = \{X > a\}$ 与 $B = \{Y > a\}$ 相互独立，$P\{A \bigcup B\} = \frac{3}{4}$ 则 $a = $ _____.

(4) 设二维随机变量 (X, Y) 服从区域 $G = \{(x, y): 0 \leqslant x \leqslant 1, 0 \leqslant y \leqslant 2\}$ 上的均匀分布，令 $Z = \max\{X, Y\}$，则 $P\{Z > \frac{1}{2}\} = $ _____.

(5) 设连续型随机变量 X 与 Y 相互独立，均服从同一分布，则 $P\{X \leqslant Y\} = $ _____.

2. 选择题（每小题 3 分，满分 15 分）

(1) 设随机变量 X 与 Y 相互独立，且分别服从正态分布 $N(0, 1)$ 和 $N(1, 1)$，则（ ）.

(A) $P\{X + Y \leqslant 0\} = \frac{1}{2}$ (B) $P\{X + Y \leqslant 1\} = \frac{1}{2}$

(C) $P\{X+Y \geqslant 0\} = \dfrac{1}{2}$ 　　　　　　　　(D) $P\{X-Y \leqslant 1\} = \dfrac{1}{2}$

(2) 设随机变量 $X_i \sim \begin{bmatrix} -1 & 0 & 1 \\ \dfrac{1}{4} & \dfrac{1}{2} & \dfrac{1}{4} \end{bmatrix}$ $(i=1, 2)$，且满足 $P\{X_1 X_2 = 0\} = 1$，则 $P\{X_1 = X_2\} = ($　　$)$.

(A) 0 　　　　　(B) $\dfrac{1}{2}$ 　　　　　(C) $\dfrac{1}{4}$ 　　　　　(D) 1

(3) 设随机变量 X 与 Y 相互独立，其概率分布分别为

X	0	1
P	$\dfrac{1}{2}$	$\dfrac{1}{2}$

Y	0	1
P	$\dfrac{1}{2}$	$\dfrac{1}{2}$

则下列结论正确的是(　　).

(A) $X = Y$ 　　　　　　　　　　　　(B) $P\{X = Y\} = 1$

(C) $P\{X = Y\} = \dfrac{1}{2}$ 　　　　　　　　(D) $P\{X = Y\} = \dfrac{1}{4}$

(4) 设二维随机变量 (X, Y) 具有下述联合概率密度，则 X 与 Y 是相互独立的为(　　).

(A) $f(x, y) = \begin{cases} x^2 + \dfrac{xy}{3}, & 0 \leqslant x \leqslant 1, 0 \leqslant y \leqslant 2 \\ 0, & \text{其他} \end{cases}$ 　(B) $f(x, y) = \begin{cases} 6x^2 y, & 0 < x < 1, 0 < y < 2 \\ 0, & \text{其他} \end{cases}$

(C) $f(x, y) = \begin{cases} \dfrac{3}{2}x, & 0 < x < 1, -x < y < x \\ 0, & \text{其他} \end{cases}$ 　(D) $f(x, y) = \begin{cases} \dfrac{1}{2}\mathrm{e}^{-y}, & 0 < x < 2, y > 0 \\ 0, & \text{其他} \end{cases}$

(5) 设随机变量 X 与 Y 均服从正态分布，$X \sim N(\mu, 4^2)$，$Y \sim N(\mu, 5^2)$，记 $p_1 = P\{X \leqslant \mu - 4\}$，$p_2 = P\{Y \geqslant \mu + 5\}$，则(　　).

(A) 对任何实数 μ，都有 $p_1 = p_2$ 　　　　(B) 对任何实数 μ，都有 $p_1 < p_2$

(C) 只对 μ 的个别值，才有 $p_1 = p_2$ 　　　(D) 对任何实数 μ，都有 $p_1 < p_2$

3. (本题满分 10 分) 设随机变量 X_1，X_2，X_3，X_4 相互独立且同分布，$P\{X_i = 0\} = 0.6$，$P\{X_i = 1\} = 0.4 (i = 1, 2, 3, 4)$，求行列式 $X = \begin{vmatrix} X_1 & X_2 \\ X_3 & X_4 \end{vmatrix}$ 的概率分布.

4. (本题满分 15 分) 把 3 个球等可能地放入编号为 1，2，3 的 3 个盒中，记落入第 1 号盒中的球的个数为 X，落入第 2 号盒中的球的个数为 Y. (1) 求二维随机变量 (X, Y) 的联合概率分布. (2) 问 X 与 Y 是否相互独立？为什么？(3) 求 $Y = 1$ 下 X 的条件分布.

5. (本题满分 15 分) 设二维随机 (X, Y) 的联合密度函数为

$$f(x, y) = \begin{cases} A(1 + y + xy), & 0 < x < 1, 0 < y < 1 \\ 0, & \text{其他} \end{cases}$$

(1) 试确定常数 A. (2) 试问 X 与 Y 是否相互独立？为什么？(3) 试求 $Z = X + Y$ 的概率密度函数.

6. (本题满分 15 分) 设 X 与 Y 相互独立且同服从 $N(0, 1)$ 分布，试证 $U = X^2 + Y^2$ 与 $V = \dfrac{X}{Y}$ 相互独立.

7. (本题满分 15 分) 一旅客到达火车站的时间 X 均匀分布在早上 7:55 ~ 8:00，而火车在这段时间开出的时刻为 Y，且 Y 具有密度函数

$$f_Y(y) = \begin{cases} \dfrac{2}{25}(5 - y), & 0 < y \leqslant 2 \\ 0, & \text{其他} \end{cases}$$

(1) 求旅客能乘上火车的概率；(2) 求 $Z = Y - X$ 的概率密度.

测试题解答

1. (1) 0.341 3 　　(2) $f_Z(z) = \dfrac{1}{2\pi}\left[\varPhi\left(\dfrac{x + \pi - \mu}{\sigma}\right) - \varPhi\left(\dfrac{x - \pi - \mu}{\sigma}\right)\right]$ 　　(3) $a = \sqrt[3]{4}$

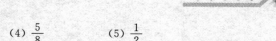

(4) $\dfrac{5}{8}$　　　　(5) $\dfrac{1}{2}$

2. (1) B　　　　(2) A　　　　(3) C　　　　(4) B　　　　(5) A

3. **解** 记 $Y_1 = X_1 X_4$，$Y_2 = X_2 X_3$，则 $X = Y_1 - Y_2$，且 Y_1 和 Y_2 独立同分布，故
$$P\{Y_1 = 1\} = P\{Y_2 = 1\} = P\{X_1 = 1, X_4 = 1\} = 0.4 \times 0.4 = 0.16$$
$$P\{Y_1 = 0\} = P\{Y_2 = 0\} = 1 - 0.16 = 0.84$$

随机变量 $X = Y_1 - Y_2$ 的可能取值为 $-1, 0, 1$，则
$$P\{X = -1\} = P\{Y_1 = 0, Y_2 = 1\} = 0.84 \times 0.16 = 0.134\,4$$
$$P\{X = 1\} = P\{Y_1 = 1, Y_2 = 0\} = 0.16 \times 0.84 = 0.134\,4$$
$$P\{X = 0\} = 1 - 2 \times 0.134\,4 = 0.731\,2$$

于是 X 的概率分布为

X	-1	0	1
P	0.134 4	0.731 2	0.134 4

4. **解** (1) 由已知条件得，X, Y 的可能取值均为 $0, 1, 2, 3$，其联合分布律为
$$p_{ij} = P\{X = i, Y = j\} = P\{X = i\}P\{Y = j \mid X = i\}, \quad i, j = 0, 1, 2, 3$$
而 $X \sim b\left(3, \dfrac{1}{3}\right)$，即
$$P\{X = i\} = C_3^i \left(\dfrac{1}{3}\right)^i \left(\dfrac{2}{3}\right)^{3-i}, \quad i = 0, 1, 2, 3$$

若 $X = i$，则剩下的 $3 - i$ 个球等可能落入第 2，第 3 号盒中，因而在 $X = i$ 的条件下，Y 服从 $b\left(3 - i, \dfrac{1}{2}\right)$，即
$$P\{Y = j \mid X = i\} = C_{3-i}^j \left(\dfrac{1}{2}\right)^j \left(\dfrac{1}{2}\right)^{3-i-j} = C_{3-i}^j \left(\dfrac{1}{2}\right)^{3-i}, \quad j = 0, 1, 2, 3$$

因此
$$p_{ij} = C_3^i \left(\dfrac{1}{3}\right)^i \left(\dfrac{2}{3}\right)^{3-i} \cdot C_{3-i}^j \left(\dfrac{1}{2}\right)^{3-i} = C_3^i C_{3-i}^j \left(\dfrac{1}{3}\right)^i \left(\dfrac{1}{3}\right)^{3-i} = C_3^i C_{3-i}^j \left(\dfrac{1}{3}\right)^3 =$$
$$\dfrac{3!}{i!\,j!\,(3-i-j)!} \left(\dfrac{1}{3}\right)^3, \quad i, j = 0, 1, 2, 3, \ i + j \leqslant 3$$

将 (X, Y) 的联合分布及边缘分布列表如下：

p_{ij} ＼ Y ＼ X	0	1	2	3	$p_{i\cdot}$
0	$\dfrac{1}{27}$	$\dfrac{1}{9}$	$\dfrac{1}{9}$	$\dfrac{1}{27}$	$\dfrac{8}{27}$
1	$\dfrac{1}{9}$	$\dfrac{2}{9}$	$\dfrac{1}{9}$	0	$\dfrac{4}{9}$
2	$\dfrac{1}{9}$	$\dfrac{1}{9}$	0	0	$\dfrac{2}{9}$
3	$\dfrac{1}{27}$	0	0	0	$\dfrac{1}{27}$
$p_{\cdot j}$	$\dfrac{8}{27}$	$\dfrac{4}{9}$	$\dfrac{2}{9}$	$\dfrac{1}{27}$	1

(2) 因为 $P\{X = 0, Y = 0\} = \dfrac{1}{27} \neq P\{X = 0\}P\{Y = 0\} = \left(\dfrac{8}{27}\right)^2$，所以 X 与 Y 不相互独立.

(3)
$$P\{X = 0 \mid Y = 1\} = \dfrac{P\{X = 0, Y = 1\}}{P\{Y = 1\}} = \dfrac{1/9}{4/9} = \dfrac{1}{4}$$
$$P\{X = 1 \mid Y = 1\} = \dfrac{P\{X = 1, Y = 1\}}{P\{Y = 1\}} = \dfrac{2/9}{4/9} = \dfrac{1}{2}$$
$$P\{X = 2 \mid Y = 1\} = \dfrac{P\{X = 2, Y = 1\}}{P\{Y = 1\}} = \dfrac{1/9}{4/9} = \dfrac{1}{4}$$
$$P\{X = 3 \mid Y = 1\} = \dfrac{P\{X = 3, Y = 1\}}{P\{Y = 1\}} = 0$$

5. 解 (1) $A = \dfrac{4}{7}$.

(2) $\quad f_X(x) = \begin{cases} \dfrac{2}{7}(3+x), & 0 < x < 1 \\ 0, & \text{其他} \end{cases}$, $\quad f_Y(y) = \begin{cases} \dfrac{4}{7}\left(1 + \dfrac{3}{2}y\right), & 0 < y < 1 \\ 0, & \text{其他} \end{cases}$

因为 $f(x,y) \neq f_X(x) f_Y(y)$, $0 < x < 1$, $0 < y < 1$, 所以 X 与 Y 不独立.

(3) $$f_Z(z) = \int_{-\infty}^{+\infty} f(x, z-x) \mathrm{d}x$$

当 $z < 0$ 时, $f_Z(z) = 0$, 当 $0 \leqslant z < 1$ 时, 则

$$f_Z(z) = \int_0^z \dfrac{4}{7}[1 + z - x + x(z-x)] \mathrm{d}x = \dfrac{2}{21}(6z + 3z^2 + z^3)$$

当 $1 \leqslant z < 2$ 时, 则

$$f_Z(z) = \int_{z-1}^1 \dfrac{4}{7}[1 + z - x + x(z-x)] \mathrm{d}x =$$
$$\dfrac{4}{7}\left[(1+z)x - \dfrac{1}{2}x^2 + \dfrac{1}{2}zx^2 - \dfrac{1}{3}x^3\right]_{z-1}^1 = \dfrac{2}{21}(8 + 6z - 3z^2 - z^3)$$

因此 $\qquad f_Z(z) = \begin{cases} \dfrac{2}{21}(6z + 3z^2 + z^3), & 0 \leqslant z < 1 \\[2mm] \dfrac{2}{21}(8 + 6z - 3z^2 - z^3), & 1 \leqslant z < 2 \\[2mm] 0, & \text{其他} \end{cases}$

6. 解 (X, Y) 的联合概率密度为

$$f_{(X,Y)}(x, y) = \dfrac{1}{2\pi} e^{-\frac{1}{2}(x^2 + y^2)}, \quad -\infty < x < +\infty, -\infty < y < +\infty$$

令 $\begin{cases} u = x^2 + y^2 \\ v = \dfrac{x}{y} \end{cases}$, 当 $u > 0$ 时, 反变换有两支:

$$\begin{cases} x = v\sqrt{\dfrac{u}{1+v^2}} \\ y = \sqrt{\dfrac{u}{1+v^2}} \end{cases}, \quad \begin{cases} x = -v\sqrt{\dfrac{u}{1+v^2}} \\ y = -\sqrt{\dfrac{u}{1+v^2}} \end{cases}$$

变换的雅可比行列式的绝对值为

$$|J| = \left\| \begin{array}{cc} \dfrac{\partial x}{\partial u} & \dfrac{\partial x}{\partial v} \\[2mm] \dfrac{\partial y}{\partial u} & \dfrac{\partial u}{\partial v} \end{array} \right\| = \dfrac{1}{2(1+v^2)}$$

所以 (U, V) 的联合概率密度为

$$f_{(U,V)}(u, v) = 2\dfrac{1}{2\pi} e^{-\frac{1}{2}u} \cdot \dfrac{1}{2(1+v^2)} = \dfrac{1}{2\pi} e^{-\frac{u}{2}} \cdot \dfrac{1}{1+v^2}, \quad u > 0, -\infty < v < +\infty$$

关于 U 的边缘概率密度为

$$f_U(u) = \int_{-\infty}^{+\infty} f_{(U,V)}(u, v) \mathrm{d}v = \begin{cases} \dfrac{1}{2} e^{-\frac{u}{2}}, & u > 0 \\ 0, & u < 0 \end{cases}$$

关于 V 的边缘概率密度为

$$F_V(v) = \dfrac{1}{\pi(1+v^2)}, \quad -\infty < v < +\infty$$

因为 $\qquad f_{(U,V)}(u, v) = f_U(u) \cdot f_V(v)$

所以 U 与 V 相互独立.

7. 解 (1) 因为 X 均匀分布在区间 $[7{:}55, 8]$ 上, 将 7:55 作为时间轴 (单位: min) 的起点, 则 X 在区间

$[0,5]$上服从均匀分布,其密度函数为

$$f_X(x) = \begin{cases} \dfrac{1}{5}, & 0 \leqslant x \leqslant 5 \\ 0, & \text{其他} \end{cases}$$

由于 X 与 Y 之间互不影响,可认为 X 与 Y 相互独立,于是得(X, Y) 的联合概率密度为

$$f(x, y) = \begin{cases} \dfrac{2}{125}(5-y), & 0 \leqslant x \leqslant 5, 0 \leqslant y \leqslant 5 \\ 0, & \text{其他} \end{cases}$$

设 $A = \{$旅客能乘上火车$\} = \{(X, Y)\colon 0 \leqslant Y - X \leqslant 5\}$,所以

$$P(A) = \iint\limits_{A} f(x, y)\mathrm{d}x\mathrm{d}y = \int_0^5 \mathrm{d}y \int_0^y \frac{2}{125}(5-y)\mathrm{d}x = \int_0^5 \frac{2}{125}(5y - y^2)\mathrm{d}y = \frac{1}{3}$$

(2) 令 $Z = Y - X$,当 $-5 < z < 0$ 时,z 的概率密度为

$$f_Z(z) = \int_{-z}^5 \frac{2}{125}(5 - z - x)\mathrm{d}x = \frac{1}{125}(25 - z^2)$$

当 $0 \leqslant z < 5$ 时,则

$$f_Z(z) = \int_0^{5-z} \frac{2}{125}(5 - z - x)\mathrm{d}x = \frac{1}{125}(5 - z)^2$$

故 Z 的概率密度为

$$f_Z(z) = \begin{cases} \dfrac{1}{125}(25 - z^2), & -5 < z < 0 \\ \dfrac{1}{125}(5 - z)^2, & 0 \leqslant z \leqslant 5 \\ 0, & \text{其他} \end{cases}$$

五、课后习题全解

1. 在一箱子中装有 12 只开关,其中 2 只是次品,在其中取两次,每次任取一只,考虑两种试验:(1) 放回抽样,(2) 不放回抽样.我们定义随机变量 X, Y 如下:

$$X = \begin{cases} 0, & \text{若第一次取出的是正品} \\ 1, & \text{若第一次取出的是次品} \end{cases}$$

$$Y = \begin{cases} 0, & \text{若第二次取出的是正品} \\ 1, & \text{若第二次取出的是次品} \end{cases}$$

试分别就(1),(2) 两种情况,写出 X 和 Y 的联合分布律.

解 (1) (X, Y) 所有可能取的值为$(0, 0)$, $(0, 1)$, $(1, 0)$, $(1, 1)$,按古典概型,显然有

$$P\{X = 0, Y = 1\} = \frac{C_{10}^1}{C_{12}^1} \cdot \frac{C_2^1}{C_{12}^1} = \frac{10}{12} \times \frac{2}{12} = \frac{5}{36}$$

$$P\{X = 0, Y = 0\} = \frac{C_{10}^1}{C_{12}^1} \cdot \frac{C_{10}^1}{C_{12}^1} = \frac{10}{12} \times \frac{10}{12} = \frac{25}{36}$$

$$P\{X = 1, Y = 0\} = \frac{C_2^1}{C_{12}^1} \cdot \frac{C_{10}^1}{C_{12}^1} = \frac{2}{12} \times \frac{10}{12} = \frac{5}{36}$$

$$P\{X = 1, Y = 1\} = \frac{C_2^1}{C_{12}^1} \cdot \frac{C_2^1}{C_{12}^1} = \frac{2}{12} \times \frac{2}{12} = \frac{1}{36}$$

列成表格便得 X 和 Y 的联合分布律:

X＼Y	0	1
0	$\dfrac{25}{36}$	$\dfrac{5}{36}$
1	$\dfrac{5}{36}$	$\dfrac{1}{36}$

(2) (X, Y) 所有可能取的值为$(0, 0)$, $(0, 1)$, $(1, 0)$, $(1, 1)$.按古典概型,有

$$P\{X=0, Y=0\} = \frac{C_{10}^1}{C_{12}^1} \cdot \frac{C_9^1}{C_{11}^1} = \frac{10}{12} \times \frac{9}{11} = \frac{45}{66}$$

$$P\{X=0, Y=1\} = \frac{C_{10}^1}{C_{12}^1} \cdot \frac{C_2^1}{C_{11}^1} = \frac{10}{12} \times \frac{2}{11} = \frac{10}{66}$$

$$P\{X=1, Y=0\} = \frac{C_2^1}{C_{12}^1} \cdot \frac{C_{10}^1}{C_{11}^1} = \frac{2}{12} \times \frac{10}{12} = \frac{10}{66}$$

$$P\{X=1, Y=1\} = \frac{C_2^1}{C_{12}^1} \cdot \frac{C_1^1}{C_{11}^1} = \frac{2}{12} \times \frac{1}{11} = \frac{1}{66}$$

列成表格便得 X 和 Y 的联合分布律为

X \ Y	0	1
0	$\frac{45}{66}$	$\frac{10}{66}$
1	$\frac{10}{66}$	$\frac{1}{66}$

2.(1) 盒子里装有 3 只黑球、2 只红球、2 只白球，在其中任取 4 只球，以 X 表示取到黑球的只数，以 Y 表示取到红球的只数，求 X 和 Y 的联合分布律.

(2) 在(1) 中求 $P\{X>Y\}, P\{Y=2X\}, P\{X+Y=3\}, P\{X<3-Y\}$.

解 (1)(X, Y) 的所有可能取值为$(0, 0)$, $(0, 1)$, $(0, 2)$, $(1, 0)$, $(1, 1)$, $(1, 2)$, $(2, 0)$, $(2, 2)$, $(3, 0)$, $(3, 1)$, $(3, 2)$. 按古典概型，显然有

$$P\{X=0, Y=2\} = \frac{C_3^0 \times C_2^2 \times C_2^2}{C_7^4} = \frac{1}{35}, \quad P\{X=1, Y=1\} = \frac{C_3^1 \times C_2^1 \times C_2^2}{C_7^4} = \frac{6}{35}$$

$$P\{X=1, Y=2\} = \frac{C_3^1 \times C_2^2 \times C_2^1}{C_7^4} = \frac{6}{35}, \quad P\{X=2, Y=1\} = \frac{C_3^2 \times C_2^1 \times C_2^1}{C_7^4} = \frac{12}{35}$$

$$P\{X=2, Y=0\} = \frac{C_3^2 \times C_2^0 \times C_2^2}{C_7^4} = \frac{3}{35}, \quad P\{X=2, Y=2\} = \frac{C_3^2 \times C_2^2 \times C_2^0}{C_7^4} = \frac{3}{35}$$

$$P\{X=3, Y=0\} = \frac{C_3^3 \times C_2^0 \times C_2^1}{C_7^4} = \frac{2}{35}, \quad P\{X=3, Y=1\} = \frac{C_3^3 \times C_2^1 \times C_2^0}{C_7^4} = \frac{2}{35}$$

列成表格便得 X 和 Y 的联合分布律为

Y \ X	0	1	2	3
0	0	0	$\frac{3}{35}$	$\frac{2}{35}$
1	0	$\frac{6}{35}$	$\frac{12}{35}$	$\frac{2}{35}$
2	$\frac{1}{35}$	$\frac{6}{35}$	$\frac{3}{35}$	0

(2)
$$P(X>Y) = P(X=1, Y=0) + P(X=2, Y=0) + P(X=3, Y=0) +$$
$$P(X=2, Y=1) + P(X=3, Y=1) + P(X=3, Y=2) =$$
$$0 + \frac{3}{35} + \frac{2}{35} + \frac{12}{35} + \frac{2}{35} + 0 = \frac{19}{35}$$

$$P(Y=2X) = P(X=0, Y=0) + P(X=1, Y=2) = 0 + \frac{6}{35} = \frac{6}{35}$$

$$P(X+Y=3) = P(X=3, Y=0) + P(X=2, Y=1) + P(X=1, Y=2) =$$
$$\frac{2}{35} + \frac{12}{35} + \frac{6}{35} = \frac{20}{35} = \frac{4}{7}$$

$$P(X<3-Y) = P(X=0, Y=0) + P(X=1, Y=0) + P(X=2, Y=0) +$$
$$P(X=0, Y=1) + P(X=1, Y=1) + P(X=0, Y=2) =$$

$$0 + 0 + \frac{3}{35} + 0 + \frac{6}{35} + \frac{1}{35} = \frac{10}{35} = \frac{2}{7}$$

3. 设随机变量(X, Y)的概率密度为

$$f(X, Y) = \begin{cases} k(6 - x - y), & 0 < x < 2, 2 < y < 4 \\ 0, & \text{其他} \end{cases}$$

(1) 确定常数k；(2) 求$P\{X < 1, Y < 3\}$；(3) 求$P\{X < 1.5\}$；(4) 求$P\{X + Y \leqslant 4\}$.

解 (1) 因为

$$\int_{-\infty}^{+\infty}\int_{-\infty}^{+\infty} f(x, y)\mathrm{d}x\mathrm{d}y = \int_0^2 \mathrm{d}x \int_2^4 k(6 - x - y)\mathrm{d}y = k\int_0^2 (6 - 2x)\mathrm{d}x = k(12 - 4) = 8k = 1$$

所以$k = \frac{1}{8}$.

(2) $P\{X < 1, Y < 3\} = \int_0^1 \mathrm{d}x \int_2^3 \frac{1}{8}(6 - x - y)\mathrm{d}y = \frac{1}{8}\int_0^1 \left[(6 - x) - \frac{5}{2}\right]\mathrm{d}x = \frac{1}{8} \times \left(\frac{7}{2} - \frac{1}{2}\right) = \frac{3}{8}$

(3) $P\{X < 1.5\} = \int_{-\infty}^{1.5} \int_{-\infty}^{+\infty} [f(x, y)\mathrm{d}y]\mathrm{d}x = \int_0^{1.5} \left[\int_2^4 \frac{1}{8}(6 - x - y)\mathrm{d}y\right]\mathrm{d}x =$

$\frac{1}{8}\int_0^{1.5} [2(6 - x) - 6]\mathrm{d}x = \frac{1}{8}\int_0^{1.5}(6 - 2x)\mathrm{d}x =$

$\frac{1}{8}[6 \times 1.5 - (1.5)^2] = \frac{1}{8}\left[9 - \frac{9}{4}\right] = \frac{27}{32}$

(4) 将(X, Y)看作是平面上随机点的坐标，即有$\{X + Y \leqslant 4\} = \{(X, Y) \in G\}$，其中$G$为$XOY$平面上直线$X + Y = 4$下方的部分(参阅图3-6).

$$P\{X + Y \leqslant 4\} = P\{(X, Y) \in G\} = \iint_G f(x, y)\mathrm{d}x\mathrm{d}y =$$

$$\int_0^2 \mathrm{d}x \int_2^{4-x} \frac{1}{8}(6 - x - y)\mathrm{d}y =$$

$$\frac{1}{8}\int_0^2 \left[(6 - x)(2 - x) - \frac{(6 - x)(2 - x)}{2}\right]\mathrm{d}x =$$

$$\frac{1}{16}\int_0^2 (12 - 8x + x^2)\mathrm{d}x = \frac{1}{16}\left[24 - 16 - \frac{8}{3}\right] = \frac{1}{2} \times \frac{4}{3} = \frac{2}{3}$$

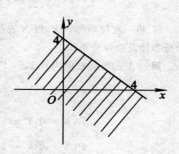

图 3-6

4. 设X, Y都是非负的连续型随机变量，它们相互独立.

(1) 证明$P\{X < Y\} = \int_0^\infty F_X(x)f_Y(x)\mathrm{d}x$，其中$F_X(x)$是$X$的分布函数，$f_Y(y)$是$Y$的概率密度.

(2) 设X, Y相互独立，其概率密度分别为

$$f_X(x) = \begin{cases} \lambda_1 \mathrm{e}^{-\lambda_1 x}, & x > 0 \\ 0, & \text{其他} \end{cases}, \quad f_Y(x) = \begin{cases} \lambda_2 \mathrm{e}^{-\lambda_2 y}, & y > 0 \\ 0, & \text{其他} \end{cases}$$

求$P\{X < Y\}$.

解 (1) 设X的概率密度函数为$f_X(x)$，因为X, Y是非负的相互独立的连续型随机变量，所以其联合概率密度为

$$f(x, y) = \begin{cases} f_X(x)f_Y(y), & x > 0, y > 0 \\ 0, & \text{其他} \end{cases}$$

则

$$P(X < Y) = P(Y - X > 0) = \int_0^\infty \int_0^y f_X(x) \cdot f_Y(y)\mathrm{d}x\mathrm{d}y =$$

$$\int_0^\infty f_Y(y) \int_0^y f_X(x)\mathrm{d}x\mathrm{d}y = \int_0^\infty f_Y(y) \cdot F_X(y)\mathrm{d}y =$$

$$\int_0^\infty f_Y(x) \cdot F_X(x)\mathrm{d}x$$

(2)由题意,对于 $\forall x \in R$,则

$$F_X(x) = P(X \leqslant x) = \begin{cases} 0, & x \leqslant 0 \\ \int_0^x \lambda_1 e^{-\lambda_1 x} dx, & x > 0 \end{cases} = \begin{cases} 0, & x \leqslant 0 \\ 1 - e^{-\lambda_1 x}, & x > 0 \end{cases}$$

$$P(X < Y) = \int_0^\infty f_Y(x) \cdot F_X(x) dx = \int_0^\infty \lambda_2 e^{-\lambda_2 x} \cdot (1 - e^{-\lambda_1 x}) dx = \frac{\lambda_1}{\lambda_1 + \lambda_2}$$

5.设随机变量 (X,Y) 具有分布函数

$$F(x,y) = \begin{cases} 1 - e^{-x} - e^{-y} + e^{-x-y}, & x > 0, y > 0 \\ 0, & \text{其他} \end{cases}$$

求边缘分布函数.

解
$$F_X(x) = \lim_{y \to \infty} F(x,y) = \begin{cases} \lim_{y \to \infty}(1 - e^{-x} - e^{-y} + e^{-x-y}) = 1 - e^{-x}, & x > 0 \\ 0, & \text{其他} \end{cases}$$

$$F_Y(y) = \lim_{x \to \infty} F(x,y) = \begin{cases} \lim_{x \to \infty}(1 - e^{-x} - e^{-y} + e^{-x-y}) = 1 - e^{-y}, & y > 0 \\ 0, & \text{其他} \end{cases}$$

6.将一枚硬币掷 3 次,以 X 表示前 2 次中出现 H 的次数,以 Y 表示 3 次中出现 H 的次数,求 (X,Y) 的联合分布律及边缘分布律.

解 X 的可能取值为 $0,1,2$,Y 的可能取值为 $0,1,2,3$,则

$$P(X=0,Y=0) = P(Y=0) = \left(\frac{1}{2}\right)^3 = \frac{1}{8}$$

$$P(X=0,Y=1) = P(X=0)P(Y=1 \mid X=0) = \left(\frac{1}{2}\right)^2 \times \frac{1}{2} = \frac{1}{8}$$

$$P(X=0,Y=2) = P(X=0,Y=3) = 0$$

$$P(X=1,Y=0) = 0$$

$$P(X=1,Y=1) = C_2^1 \left(\frac{1}{2}\right)^1 \times \frac{1}{2} = \frac{2}{8} = \frac{1}{4}$$

$$P(X=1,Y=2) = P(X=1)P(Y=2 \mid X=1) = C_2^1 \left(\frac{1}{2}\right)^2 \times \frac{1}{2} = \frac{1}{4}$$

$$P(X=1,Y=3) = 0$$

$$P(X=2,Y=0) = P(X=2,Y=1) = 0$$

$$P(X=2,Y=2) = P(X=2)P(Y=2 \mid X=2) = \left(\frac{1}{2}\right)^2 \times \frac{1}{2} = \frac{1}{8}$$

$$P(X=2,Y=3) = P(X=2)P(Y=3 \mid X=2) = \left(\frac{1}{2}\right)^2 \times \frac{1}{2} = \frac{1}{8}$$

故 (X,Y) 的联合分布律为

X \ Y	0	1	2	3	$p_{i\cdot}$
0	$\frac{1}{8}$	$\frac{1}{8}$	0	0	$\frac{1}{4}$
1	0	$\frac{1}{4}$	$\frac{1}{4}$	0	$\frac{1}{2}$
2	0	0	$\frac{1}{8}$	$\frac{1}{8}$	$\frac{1}{4}$
$p_{\cdot j}$	$\frac{1}{8}$	$\frac{3}{8}$	$\frac{3}{8}$	$\frac{1}{8}$	

(X,Y) 关于 X 的边缘分布律为

X	0	1	2
$p_{i.}$	$\frac{1}{4}$	$\frac{1}{2}$	$\frac{1}{4}$

即 $X \sim b\left(2, \frac{1}{2}\right)$.

(X, Y) 关于 Y 的边缘分布律为

Y	0	1	2	3
$p_{.j}$	$\frac{1}{8}$	$\frac{3}{8}$	$\frac{3}{8}$	$\frac{1}{8}$

即 $Y \sim b\left(3, \frac{1}{2}\right)$.

7. 设二维随机变量 (X, Y) 的概率密度为

$$f(x, y) = \begin{cases} 4.8y(2-x), & 0 \leqslant x \leqslant 1, 0 \leqslant y \leqslant x \\ 0, & 其他 \end{cases}$$

求边缘概率密度.

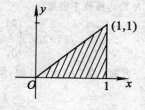

解 因为 (X, Y) 的联合概率密度(参阅图 3-7)为

$$f(x, y) = \begin{cases} 4.8y(2-x), & 0 \leqslant x \leqslant 1, 0 \leqslant y \leqslant x \\ 0, & 其他 \end{cases}$$

于是当 $0 \leqslant x \leqslant 1$ 时,则

$$f_X(x) = \int_{-\infty}^{+\infty} f(x, y)\mathrm{d}y = \int_0^x 4.8y(2-x)\mathrm{d}y = 2.4x^2(2-x)$$

图 3-7

故

$$f_X(x) = \begin{cases} 2.4x^2(2-x), & 0 \leqslant x \leqslant 1 \\ 0, & 其他 \end{cases}$$

同样,当 $0 \leqslant y \leqslant 1$ 时,则

$$f_Y(y) = \int_{-\infty}^{+\infty} f(x, y)\mathrm{d}y = \int_y^1 4.8y(2-x)\mathrm{d}x = 2.4y(3-4y+y^2)$$

故

$$f_Y(y) = \begin{cases} 2.4y(3-4y+y^2), & 0 \leqslant y \leqslant 1 \\ 0, & 其他 \end{cases}$$

8. 设二维随机变量 (X, Y) 的概率密度为

$$f(x, y) = \begin{cases} \mathrm{e}^{-y}, & 0 < x < y \\ 0, & 其他 \end{cases}$$

求边缘概率密度.

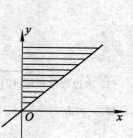

解 因为概率密度 $f(x, y)$ 仅在图 3-8 中阴影部分的区域内才具有非零值. 当 $0 < x$ 时,则

$$f_X(x) = \int_{-\infty}^{+\infty} f(x, y)\mathrm{d}y = \int_x^{+\infty} \mathrm{e}^{-y}\mathrm{d}y = \mathrm{e}^{-x}$$

故 X 的边缘概率密度为

图 3-8

$$f_X(x) = \begin{cases} \mathrm{e}^{-x}, & x > 0 \\ 0, & 其他 \end{cases}$$

另一方面,当 $y > 0$ 时,则

$$f_Y(y) = \int_{-\infty}^{+\infty} f(x, y)\mathrm{d}x = \int_0^y \mathrm{e}^{-y}\mathrm{d}x = y\mathrm{e}^{-y}$$

故 Y 的边缘概率密度为

$$f_Y(y) = \begin{cases} y\mathrm{e}^{-y}, & y > 0 \\ 0, & 其他 \end{cases}$$

9. 设二维随机变量 (X, Y) 的概率密度为

$$f(x, y) = \begin{cases} cx^2 y, & x^2 \leqslant y \leqslant 1 \\ 0, & \text{其他} \end{cases}$$

(1) 试确定常数 c；(2) 求边缘概率密度.

解 (1) 因为

$$\int_{-\infty}^{+\infty} \int_{-\infty}^{+\infty} f(x, y) \mathrm{d}x \mathrm{d}y = \int_{-1}^{1} \mathrm{d}x \int_{x^2}^{1} cx^2 y \mathrm{d}y = \int_{-2}^{1} cx^2 \cdot \frac{1-x^4}{2} \mathrm{d}x = \frac{4}{21}c = 1$$

所以 $c = \dfrac{21}{4}$.

(2) 因为概率密度 $f(x, y)$ 仅在图 3-9 中阴影部分的区域内具有非零值. 当 $-1 \leqslant x \leqslant 1$ 时,则

$$f_X(x) = \int_{-\infty}^{+\infty} f(x, y) \mathrm{d}y = \int_{x^2}^{1} \frac{21}{4} x^2 y \mathrm{d}y = \frac{21}{8} x^2 (1 - x^4)$$

故 X 的边缘概率密度

$$f_X(x) = \begin{cases} \dfrac{21}{8} x^2 (1 - x^4), & -1 \leqslant x \leqslant 1 \\ 0, & \text{其他} \end{cases}$$

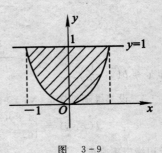

图 3-9

另一方面,当 $0 \leqslant y \leqslant 1$ 时,则

$$f_Y(y) = \int_{-\infty}^{+\infty} f(x, y) \mathrm{d}x = \int_{-\sqrt{y}}^{\sqrt{y}} \frac{21}{4} x^2 y \mathrm{d}x = \frac{7}{2} y^{\frac{5}{2}}$$

故 Y 的边缘概率密度

$$f_Y(y) = \begin{cases} \dfrac{7}{2} y^{\frac{5}{2}}, & 0 \leqslant y \leqslant 1 \\ 0, & \text{其他} \end{cases}$$

10. 将某一医药公司 9 月份和 8 月份收到的青霉素针剂的订货单数分别记为 X 和 Y,据以往积累的资料知 X 和 Y 联合分布律为

X \ Y	51	52	53	54	55
51	0.06	0.05	0.05	0.01	0.01
52	0.07	0.05	0.01	0.01	0.01
53	0.05	0.10	0.10	0.05	0.05
54	0.05	0.02	0.01	0.01	0.03
55	0.05	0.06	0.05	0.01	0.03

(1) 求边缘分布律;(2) 求 8 月份的订单数为 51 时,9 月份订单数的条件分布律.

解 因为
$$p_{i \cdot} = \sum_{j=1}^{\infty} p_{ij} = P\{X = x_i\}, \qquad p_{\cdot j} = \sum_{i=1}^{\infty} p_{ij} = P\{Y = y_i\}$$

$$P\{X = 51\} = 0.06 + 0.05 + 0.05 + 0.01 + 0.01 = 0.18$$
$$P\{X = 52\} = 0.07 + 0.05 + 0.01 + 0.01 + 0.01 = 0.15$$
$$P\{X = 53\} = 0.05 + 0.10 + 0.10 + 0.05 + 0.05 = 0.35$$
$$P\{X = 54\} = 0.05 + 0.02 + 0.01 + 0.01 + 0.03 = 0.12$$
$$P\{X = 55\} = 0.05 + 0.06 + 0.05 + 0.01 + 0.03 = 0.20$$

所以
$$P\{Y = 51\} = 0.06 + 0.07 + 0.05 + 0.05 + 0.05 = 0.28$$
$$P\{Y = 52\} = 0.05 + 0.05 + 0.10 + 0.02 + 0.06 = 0.28$$
$$P\{Y = 53\} = 0.05 + 0.01 + 0.10 + 0.01 + 0.05 = 0.22$$
$$P\{Y = 54\} = 0.01 + 0.01 + 0.05 + 0.01 + 0.01 = 0.09$$
$$P\{Y = 55\} = 0.01 + 0.01 + 0.05 + 0.03 + 0.03 = 0.13$$

则 X 的边缘分布律为

X	51	52	53	54	55
P	0.18	0.15	0.35	0.12	0.20

Y 的边缘分布律为

Y	51	52	53	54	55
P	0.28	0.28	0.22	0.09	0.13

(2) 因为
$$P\{X = x_i \mid Y = y_i\} = \frac{P\{X = x_i, Y = y_j\}}{P\{Y = y_j\}} = \frac{p_{ij}}{p_{\cdot j}}$$

并且
$$P\{Y = 51\} = 0.28 = p_{\cdot 1}$$

所以
$$P\{X = 51 \mid Y = 51\} = \frac{0.06}{0.28} = \frac{6}{28}, \quad P\{X = 52 \mid Y = 51\} = \frac{0.07}{0.28} = \frac{7}{28}$$

$$P\{X = 53 \mid Y = 51\} = \frac{0.05}{0.28} = \frac{5}{28}, \quad P\{X = 54 \mid Y = 51\} = \frac{0.05}{0.28} = \frac{5}{28}$$

$$P\{X = 55 \mid Y = 51\} = \frac{0.05}{0.28} = \frac{5}{28}$$

故当 8 月份的订单数为 51 时，9 月份订单数的条件分布律为

k	51	52	53	54	55
$P\{X = k \mid Y = 51\}$	$\frac{6}{28}$	$\frac{7}{28}$	$\frac{5}{28}$	$\frac{5}{28}$	$\frac{5}{28}$

11. 以 X 记某一医院一天出生的婴儿的个数，Y 记中男婴的个数，记 X 和 Y 的联合分布律为
$$P\{X = n, Y = m\} = \frac{e^{-14}(7.14)^m(6.86)^{n-m}}{m!\,(n-m)!}, \quad m = 0, 1, 2, \cdots, n; n = 0, 1, 2, \cdots$$

(1) 求边缘分布律；(2) 求条件分布律；(3) 特别，写出当 $X = 20$ 时，Y 的条件分布律.

解　(1)　$$P\{X = n\} = \sum_{m=0}^{n} P\{X = n, Y = m\} = \sum_{m=0}^{n} \frac{e^{-14}(7.14)^m(6.86)^{n-m}}{m!\,(n-m)!} =$$

$$\sum_{m=0}^{n} C_n^m \cdot \frac{1}{n!} \cdot e^{-14} \cdot (7.14)^m \cdot (6.86)^{n-m} =$$

$$\frac{e^{-14}}{n!} \cdot \sum_{m=0}^{n} C_n^m \cdot (7.14)^m \cdot (6.86)^{n-m} =$$

$$\frac{e^{-14}}{n!} \cdot (7.14 + 6.86)^n = \frac{14^n \cdot e^{-14}}{n!}, \quad n = 0, 1, 2, \cdots$$

$$P\{Y = m\} = \sum_{n=0}^{\infty} P\{X = n, Y = m\} = \sum_{n=0}^{\infty} \frac{e^{-14}(7.14)^m(6.86)^{n-m}}{m!\,(n-m)!} =$$

$$\frac{e^{-14}(7.14)^m}{m!} \sum_{n=0}^{\infty} \frac{(6.86)^{n-m}}{(n-m)!} = \frac{e^{-14}(7.14)^m}{m!} e^{6.86} =$$

$$\frac{e^{-7.14}}{m!} (7.14)^m, \quad m = 0, 1, 2, \cdots$$

(2) 条件分布律
$$P\{X = n \mid Y = m\} = \frac{P\{X = n, Y = m\}}{P\{Y = m\}} = \frac{\dfrac{e^{-14}(7.14)^m(6.86)^{n-m}}{m!\,(n-m)!}}{\dfrac{e^{-7.14} \cdot (7.14)^m}{m!}} =$$

$$\frac{e^{-6.86} \cdot (6.86)^{n-m}}{(n-m)!}, \quad n = m, m+1, \cdots$$

当 $m = 0, 1, 2, \cdots$ 时，则
$$P\{Y = m \mid X = n\} = \frac{P\{X = n, Y = m\}}{P\{x = n\}} = \frac{\dfrac{e^{-14}(7.14)^m(6.86)^{n-m}}{m!\,(n-m)!}}{\dfrac{14^n}{n!}e^{-14}} =$$

$$\frac{n!}{m!\,(n-m)!} \cdot \left(\frac{7.14}{14}\right)^m \cdot \left(\frac{6.86}{14}\right)^{n-m} =$$

$$C_n^m \cdot (0.51)^m \cdot (0.49)^{n-m}, \quad m = 0, 1, \cdots, n$$

（3）当 $X = 20$ 时，Y 的条件分布律为

$$P\{Y = m \mid X = 20\} = C_{20}^m \cdot (0.51)^m \cdot (0.49)^{20-m}, \quad m = 0, 1, 2, \cdots, 20$$

12. 求 §1 例 1 中的条件分布律：$P\{Y = k \mid X = i\}$.

解 由于

$$P\{Y = k \mid X = i\} = \frac{P\{Y = k,\ X = i\}}{P\{X = i\}}$$

而

$$P\{Y = k,\ X = i\} = \frac{1}{i} \cdot \frac{1}{4}, \quad i = 1, 2, 3, 4;\ k \leqslant i$$

$$P\{X = i\} = \frac{1}{4}$$

所以

$$P\{Y = k \mid X = i\} = \frac{1}{i}, \quad i = 1, 2, 3, 4;\ k \leqslant i$$

即

k	1
$P\{Y = k \mid X = 1\}$	1

k	1	2
$P\{Y = k \mid X = 2\}$	$\frac{1}{2}$	$\frac{1}{2}$

k	1	2	3
$P\{Y = k \mid X = 3\}$	$\frac{1}{3}$	$\frac{1}{3}$	$\frac{1}{3}$

k	1	2	3	4
$P\{Y = k \mid X = 4\}$	$\frac{1}{4}$	$\frac{1}{4}$	$\frac{1}{4}$	$\frac{1}{4}$

13. 在第 9 题中：（1）求条件概率密度 $f_{X|Y}(x \mid y)$，特别，写出当 $Y = \frac{1}{2}$ 时 X 的条件概率密度；（2）求条件概率密度 $f_{Y|X}(y \mid x)$，特别，分别写出当 $X = \frac{1}{3}$，$X = \frac{1}{2}$ 时 Y 的条件概率密度；（3）求条件概率 $P\{Y \geqslant \frac{1}{4} \mid X = \frac{1}{2}\}$，$P\{Y \geqslant \frac{3}{4} \mid X = \frac{1}{2}\}$.

解 （1）当 $0 < y \leqslant 1$ 时，则

$$f_{X|Y}(x \mid y) = \frac{f(x, y)}{f_Y(y)} = \begin{cases} \dfrac{\frac{21}{4}x^2 y}{\frac{7}{2}y^{\frac{5}{2}}} = \frac{3}{2}x^2 y^{-\frac{3}{2}}, & -\sqrt{y} < x < \sqrt{y} \\ 0, & \text{其他} \end{cases}$$

特别地

$$f_{X|Y}\left(x \mid y = \frac{1}{2}\right) = \begin{cases} \frac{3}{2}x^2 \cdot \left(\frac{1}{2}\right)^{-\frac{3}{2}} = 3\sqrt{2}\,x^2, & -\frac{1}{\sqrt{2}} < x < \frac{1}{\sqrt{2}} \\ 0, & \text{其他} \end{cases}$$

（2）当 $-1 < x < 1$ 时，则

$$f_{Y|X}(y \mid x) = \frac{f(x, y)}{f_X(x)} = \begin{cases} \dfrac{\frac{21}{4}x^2 y}{\frac{21}{8}x^2(1 - x^4)}, & x^2 < y < 1 \\ 0, & \text{其他} \end{cases} = \begin{cases} \dfrac{2y}{(1 - x^4)}, & x^2 < y < 1 \\ 0, & \text{其他} \end{cases}$$

特别地

$$f_{Y|X}\left(y \mid x = \frac{1}{3}\right) = \begin{cases} \dfrac{2y}{(1 - (1/3)^4)}, & \frac{1}{9} < y < 1 \\ 0, & \text{其他} \end{cases} = \begin{cases} \frac{81}{40}y, & \frac{1}{9} < y < 1 \\ 0, & \text{其他} \end{cases}$$

$$f_{Y|X}\left(y \mid x = \frac{1}{2}\right) = \begin{cases} \dfrac{2y}{(1 - (1/2)^4)}, & \frac{1}{4} < y < 1 \\ 0, & \text{其他} \end{cases} = \begin{cases} \frac{32}{15}y, & \frac{1}{4} < y < 1 \\ 0, & \text{其他} \end{cases}$$

(3) $\qquad P\left\{Y \geqslant \dfrac{1}{4} \Big| X = \dfrac{1}{2}\right\} = P\left\{Y < 1 \Big| X = \dfrac{1}{2}\right\} - P\left\{Y < \dfrac{1}{4} \Big| X = \dfrac{1}{2}\right\} =$

$$\int_{\frac{1}{4}}^{1} \frac{32}{15} y \mathrm{d}y - \int_{\frac{1}{4}}^{\frac{1}{4}} \frac{32}{15} y \mathrm{d}y = \frac{32}{15} \cdot \frac{1}{2} \cdot \left(1 - \frac{1}{16}\right) - 0 = 1$$

$$P\left\{Y \geqslant \frac{3}{4} \Big| X = \frac{1}{2}\right\} = P\left\{Y < 1 \Big| X = \frac{1}{2}\right\} - P\left\{Y < \frac{3}{4} \Big| X = \frac{1}{2}\right\} =$$

$$1 - \int_{\frac{1}{4}}^{\frac{3}{4}} \frac{32}{15} y \mathrm{d}y = 1 - \frac{32}{15} \times \frac{1}{2} \times \frac{8}{16} = 1 - \frac{8}{15} = \frac{7}{15}$$

14. 设随机变量 (X, Y) 的概率密度为

$$f(x, y) = \begin{cases} 1, & |y| < x, 0 < x < 1 \\ 0, & \text{其他} \end{cases}$$

求条件概率密度 $f_{Y|X}(y \mid x)$, $f_{X|Y}(x \mid y)$.

解　由于概率密度 $f(x, y)$ 仅在图 3−10 中阴影部分为非零值, 故 $f(x, y)$ 的边缘密度为

$$f_X(x) = \begin{cases} \displaystyle\int_{-x}^{x} 1 \mathrm{d}y, & 0 < y < 1 \\ 0, & \text{其他} \end{cases} = \begin{cases} 2x, & 0 < x < 1 \\ 0, & \text{其他} \end{cases}$$

$$f_Y(y) = \begin{cases} \displaystyle\int_{|y|}^{1} 1 \mathrm{d}x, & -1 < y < 1 \\ 0, & \text{其他} \end{cases} = \begin{cases} 1 - |y|, & -1 < y < 1 \\ 0, & \text{其他} \end{cases}$$

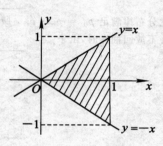

图　3−10

所以当 $0 < x < 1$ 时, 则

$$f_{Y|X}(y \mid x) = \frac{f(x, y)}{f_X(x)} = \begin{cases} \dfrac{1}{2x}, & |y| < x \\ 0, & \text{其他} \end{cases}$$

当 $|y| < 1$ 时, 则

$$f_{X|Y}(x \mid y) = \frac{f(x, y)}{f_Y(y)} = \begin{cases} \dfrac{1}{1 - |y|}, & |y| < x < 1 \\ 0, & \text{其他} \end{cases}$$

15. 设随机变量 $X \sim U(0.1)$, 当给定 $X = x$ 时, 随机变量 Y 的条件概率密度为

$$f_{Y|X}(y \mid x) = \begin{cases} x, & 0 < y < \dfrac{1}{x}. \\ 0, & \text{其他} \end{cases}$$

(1) 求 X 和 Y 的联合概率密度 $f(x, y)$. (2) 求边缘密度 $f_Y(y)$, 并画出它的图形. (3) 求 $P\{X > Y\}$.

解　(1) 由题意, X 的概率密度为

$$f_X(x) = \begin{cases} 1, & 0 \leqslant x \leqslant 1 \\ 0, & \text{其他} \end{cases}$$

于是 $\quad f(x, y) = f_X(x) \cdot f_{Y|X}(y \mid x) = = \begin{cases} x, & 0 \leqslant x \leqslant 1, 0 < y < \dfrac{1}{x} \\ 0, & \text{其他} \end{cases}$

(2) $f_Y(y) = \displaystyle\int_{-\infty}^{+\infty} f(x, y)\mathrm{d}x = \begin{cases} \displaystyle\int_0^1 x \mathrm{d}x = \frac{1}{2}, & 0 < y < 1 \\ \displaystyle\int_0^y x \mathrm{d}x = \frac{1}{2y^2}, & 1 \leqslant y < \infty \\ 0, & \text{其他} \end{cases}$

其图形如图 3−11 所示.

$f_Y(y)$

0.5
0.4
0.3
0.2
0.1

$-4 \quad -2 \quad 0 \quad 2 \quad 4$　y

图　3−11

（3）
$$P(X > Y) = \int_0^1 \int_0^x x\,\mathrm{d}y\mathrm{d}x = \int_0^1 x^2\mathrm{d}x = \frac{1}{3}$$

16. （1）问第 1 题中的随机变量 X 和 Y 是否相互独立？（2）问第 14 题中的随机变量 X 和 Y 是否相互独立？（需说明理由）

解 （1）放回抽样时，由于：

X ＼ Y	0	1	$p_{i\cdot}$
0	$\frac{25}{36}$	$\frac{5}{36}$	$\frac{30}{36}$
1	$\frac{5}{36}$	$\frac{1}{36}$	$\frac{6}{36}$
$p_{\cdot j}$	$\frac{30}{36}$	$\frac{6}{36}$	1

故此分布律满足 $p_{ij} = p_{i\cdot} \cdot p_{\cdot j}$，所以 X 和 Y 独立.

不放回抽样时，由于：

X ＼ Y	0	1	$p_{i\cdot}$
0	$\frac{45}{66}$	$\frac{10}{66}$	$\frac{55}{66}$
1	$\frac{10}{66}$	$\frac{1}{66}$	$\frac{11}{66}$
$p_{\cdot j}$	$\frac{55}{66}$	$\frac{11}{66}$	1

此分布律不满足 $p_{ij} = p_{i\cdot} \cdot p_{\cdot j}$，故 X 和 Y 不独立.

（2）由于当 $|y| < x, 0 < x < 1$ 时，$f_X(x) \cdot f_Y(y) = 2x(1 - |y|) \neq f(x,y) = 1$，故 X 和 Y 不独立.

17.（1）设随机变量 (X,Y) 具有分布函数
$$F(x,y) = \begin{cases} (1 - \mathrm{e}^{-ax})y, & x \geqslant 0, 0 \leqslant y \leqslant 1, \\ 1 - \mathrm{e}^{-ax}, & x \geqslant 0, y > 1, \\ 0, & \text{其他} \end{cases} \quad \alpha > 0,$$

证明 X,Y 相互独立.

（2）设随机变量 (X,Y) 具有分布律
$$P\{X = x, Y = y\} = p^2(1-p)^{x+y-2}, 0 < p < 1, x, y \text{ 均为正整数},$$

问 X,Y 是否相互独立.

解 （1）因为
$$F_X(x) = \lim_{y \to \infty} F(x,y) = \begin{cases} \lim_{y \to \infty}(1 - \mathrm{e}^{-ax}) = 1 - \mathrm{e}^{-ax}, & x \geqslant 0 \\ 0, & \text{其他} \end{cases}$$

$$F_Y(y) = \lim_{x \to \infty} F(x,y) = \begin{cases} \lim_{x \to \infty}(1 - \mathrm{e}^{-ax})y = y, & 0 < y \leqslant 1 \\ \lim_{x \to \infty}(1 - \mathrm{e}^{-ax}) = 1, & y \geqslant 1 \\ 0, & \text{其他} \end{cases}$$

由于
$$F_X(x) \cdot F_Y(y) = \begin{cases} (1 - \mathrm{e}^{-ax})y, & x \geqslant 0, 0 < y \leqslant 1 \\ 1 - \mathrm{e}^{-ax}, & x \geqslant 0, y \geqslant 1 \\ 0, & \text{其他} \end{cases} = F(x,y)$$

所以 X,Y 相互独立.

（2）$P(X = x) = \sum_{y=1}^{\infty} P(X = x, Y = y) = \sum_{y=1}^{\infty} p^2(1-p)^{x+y-2} = p^2(1-p)^{x-2} \sum_{y=1}^{\infty}(1-p)^y = $
$$p^2(1-p)^{x-2} \cdot \frac{1-p}{1-(1-p)} = p(1-p)^{x-1}, \quad x = 1, 2, \cdots, 0 < p < 1$$

同理

$$P(Y=y)=\sum_{x=1}^{\infty}P(X=x,Y=y)=\sum_{x=1}^{\infty}p^2(1-p)^{x+y-2}=p^2(1-p)^{y-2}\sum_{x=1}^{\infty}(1-p)^x=$$

$$p^2(1-p)^{y-2}\cdot\frac{1-p}{1-(1-p)}=p(1-p)^{y-1},\quad y=1,2,\cdots,0<p<1$$

由于对于任意正整数 x,y,则

$$P(X=x)P(Y=y)=p(1-p)^{x-1}\cdot p(1-p)^{y-1}=p^2(1-p)^{x+y-2}=P(X=x,Y=y)$$

故 X,Y 相互独立.

18. 设 X 和 Y 是两个相互独立的随机变量,X 在 $(0,1)$ 上服从均匀分布,Y 的概率密度为

$$f_Y(y)=\begin{cases}\dfrac{1}{2}e^{-\frac{y}{2}}, & y>0\\[2mm]0, & y\leqslant0\end{cases}$$

(1) 求 X 和 Y 的联合概率密度;

(2) 设含有 a 的二次方程为 $a^2+2Xa+Y=0$,试求 a 有实根的概率.

解　(1) 因为 X 在 $(0,1)$ 上服从均匀分布,所以 X 的概率密度为

$$f_X(x)=\begin{cases}1, & 0<x<1\\0, & 其他\end{cases}$$

由于 X 和 Y 相互独立,故 (X,Y) 的概率密度为

$$f(x,y)=f_X(x)\cdot f_Y(y)=\begin{cases}\dfrac{1}{2}e^{-\frac{y}{2}}, & 0<x<1,y>0\\[2mm]0, & 其他\end{cases}$$

(2) 要使 a 有实根,必须有方程 $a^2+2Xa+Y=0$ 的判别式 $\Delta=X^2-Y\geqslant0$,则

$$P\{X^2-Y\geqslant0\}=\int_0^1\mathrm{d}x\int_0^{x^2}\frac{1}{2}e^{-\frac{y}{2}}\mathrm{d}y=\int_0^1(1-e^{-\frac{x^2}{2}})\mathrm{d}x=1-\int_0^1e^{-\frac{x^2}{2}}\mathrm{d}x=$$

$$1-\sqrt{2\pi}\left[\int_{-\infty}^1\frac{1}{\sqrt{2\pi}}e^{-\frac{x^2}{2}}\mathrm{d}x-\int_{-\infty}^0\frac{1}{\sqrt{2\pi}}e^{-\frac{x^2}{2}}\mathrm{d}x\right]=$$

$$1-\sqrt{2\pi}[\Phi(1)-\Phi(0)]=0.144\ 5$$

(由于 $\Phi(x)=\dfrac{1}{\sqrt{2\pi}}\displaystyle\int_{-\infty}^x e^{-\frac{t^2}{2}}\mathrm{d}t$)

19. 进行打靶,设弹着点 $A(X,Y)$ 的坐标 X 和 Y 相互独立,且都服从 $N(0,1)$ 分布,规定点 A 落在区域 $D_1=\{(x,y)\mid x^2+y^2\leqslant1\}$ 得 2 分;点 A 落在 $D_2=\{x,y\mid1\leqslant x^2+y^2\leqslant4\}$ 得 1 分;点落在 $D_3=\{(x,y)\mid x^2+y^2>4\}$ 得 0 分,以 Z 记打靶的得分,写出 X,Y 的联合概率密度,并求 Z 的分布律.

解　(1) 因 $X\sim N(0,1)$,$Y\sim N(0,1)$,X 与 Y 独立,故 (X,Y) 联合概率密度为

$$f(x,y)=\frac{1}{2\pi}e^{-\frac{x^2+y^2}{2}},\quad-\infty<x<+\infty,-\infty<y<+\infty$$

(2) Z 的可能取值为 $0,1,2$.

$$P(Z=0)=P\{A(X,Y)\in D_3\}=\iint\limits_{x^2+y^2>4}\frac{1}{2\pi}e^{-\frac{x^2+y^2}{2}}\mathrm{d}x\mathrm{d}y=$$

$$1-\iint\limits_{x^2+y^2\leqslant4}\frac{1}{2\pi}e^{-\frac{x^2+y^2}{2}}\mathrm{d}x\mathrm{d}y=1-\int_0^2\int_0^{2\pi}\frac{1}{2\pi}e^{-\frac{r^2}{2}}r\mathrm{d}r\mathrm{d}\theta=1-\int_0^2 re^{-\frac{r^2}{2}}\mathrm{d}r=e^{-2}$$

$$P(Z=1)=P\{A(X,Y)\in D_2\}=\iint\limits_{1\leqslant x^2+y^2\leqslant4}\frac{1}{2\pi}e^{-\frac{x^2+y^2}{2}}\mathrm{d}x\mathrm{d}y=\int_0^{2\pi}\mathrm{d}\theta\int_1^2\frac{1}{2\pi}e^{-\frac{r^2}{2}}r\mathrm{d}r=e^{-\frac{1}{2}}-e^{-2}$$

$$P(Z=2)=P\{A(X,Y)\in D_1\}=\iint\limits_{x^2+y^2<1}\frac{1}{2\pi}e^{-\frac{x^2+y^2}{2}}\mathrm{d}x\mathrm{d}y=\int_0^{2\pi}\mathrm{d}\theta\int_0^1\frac{1}{2\pi}e^{-\frac{r^2}{2}}r\mathrm{d}r=1-e^{-\frac{1}{2}}$$

故得 Z 的分布律为

Z	0	1	2
p_i	e^{-2}	$\mathrm{e}^{-\frac{1}{2}}-\mathrm{e}^{-2}$	$1-\mathrm{e}^{-\frac{1}{2}}$

20. 设 X 和 Y 是相互独立的随机变量,其概率密度分别为

$$f_X(x)=\begin{cases}\lambda\mathrm{e}^{-\lambda x}, & x>0,\\ 0, & x\leqslant 0,\end{cases}\qquad f_Y(y)=\begin{cases}\mu\mathrm{e}^{-\mu y}, & y>0,\\ 0, & y\leqslant 0\end{cases}$$

其中 $\lambda>0,\mu>0$ 是常数. 引入随机变量

$$Z=\begin{cases}1, & \text当 X\leqslant Y,\\ 0, & \text当 X>Y.\end{cases}$$

(1) 求条件概率密度 $f_{X|Y}(x\mid y)$;(2) 求 Z 的分布律和分布函数.

解 (1) 由 X 和 Y 相互独立,故

$$f(x,y)=f_X(x)\cdot f_Y(y)=\begin{cases}\lambda\mu\mathrm{e}^{-(\lambda x+\mu y)}, & x>0,y>0\\ 0, & \text其他\end{cases}$$

当 $y>0$ 时,则

$$f_{X|Y}(x\mid y)=\frac{f(x,y)}{f_Y(y)}=f_X(x)=\begin{cases}\lambda\mathrm{e}^{-\lambda x}, & x>0\\ 0, & x\leqslant 0\end{cases}$$

(2) 由于 $Z=\begin{cases}1, & \text当 X\leqslant Y,\\ 0, & \text当 X>Y,\end{cases}$(参阅图 3-12)且

$$P(X\leqslant Y)=\int_0^{+\infty}\int_x^{+\infty}\lambda\mu\mathrm{e}^{-(\lambda x+\mu y)}\mathrm{d}y\mathrm{d}x=\int_0^{+\infty}\lambda\mathrm{e}^{-(\lambda+\mu)x}\mathrm{d}x=-\frac{\lambda}{\lambda+\mu}\mathrm{e}^{-(\lambda+\mu)x}\Big|_0^{+\infty}=\frac{\lambda}{\lambda+\mu}$$

$$P(X>Y)=1-P(X\leqslant Y)=1-\frac{\lambda}{\lambda+\mu}=\frac{\mu}{\lambda+\mu}$$

故 Z 的分布律为

Z	0	1
P	$\dfrac{\mu}{\lambda+\mu}$	$\dfrac{\lambda}{\lambda+\mu}$

Z 的分布函数为

$$F_Z(z)=\begin{cases}0, & x<0\\ \dfrac{\mu}{\lambda+\mu}, & 0\leqslant z<1\\ 1, & z\geqslant 1\end{cases}$$

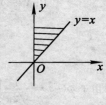

图 3-12

21. 设随机变量 (X,Y) 的概率密度为

$$f(x,y)=\begin{cases}x+y, & 0<x<1,0<y<1,\\ 0, & \text其他.\end{cases}$$

分别求 $(1)Z=X+Y,(2)Z=XY$ 的概率密度.

解 由题意,当 $z\leqslant 0$ 或者 $z\geqslant 2$ 时,$f_Z(z)=0$. 当 $0<z<2$ 时,$f_Z(z)=\int_{-\infty}^{+\infty}f(x,z-x)\mathrm{d}x$.

当条件 $0<x<1,0<z-x<1$ 即 $0<x<1,z-1<x<z$ 满足时,被积函数 $f(x,z-x)$ 不为零,于是

$$f_Z(z)=\int_{-\infty}^{+\infty}f(x,z-x)\mathrm{d}x=\begin{cases}\displaystyle\int_0^z(x+z-x)\mathrm{d}x, & 0<z<1\\ \displaystyle\int_{z-1}^1(x+z-x)\mathrm{d}x, & 1\leqslant z<2\end{cases}=\begin{cases}z^2, & 0<z<1\\ 2z-z^2, & 1\leqslant z<2\end{cases}$$

综上所得

$$f_Z(z)=\begin{cases}z^2, & 0<z<1\\ 2z-z^2, & 1\leqslant z<2\\ 0, & \text其他\end{cases}$$

（2）对任意的 $z \in R$,则

$$F_Z(z) = P(Z \leqslant z) = P(XY \leqslant z) = \begin{cases} 0 & z < 0 \\ P\left(Y \leqslant \dfrac{z}{X}\right) = \int_0^z \int_0^1 (x+y)\mathrm{d}y\mathrm{d}x + \int_z^1 \int_0^{\frac{z}{x}} (x+y)\mathrm{d}y\mathrm{d}x, & 0 \leqslant z < 1 \\ 1 & z \geqslant 1 \end{cases} =$$

$$= \begin{cases} 0, & z < 0 \\ 2z - z^2, & 0 \leqslant z < 1 \\ 1, & z \geqslant 1 \end{cases}$$

于是 Z 的概率密度为

$$f_Z(z) = (F_Z(z))' = \begin{cases} 2 - 2z, & 0 \leqslant z < 1 \\ 0, & \text{其他} \end{cases}$$

22. 设 X 和 Y 是两个相互独立的随机变量,其概率密度分别为

$$f_X(x) = \begin{cases} 1, & 0 \leqslant x \leqslant 1 \\ 0, & \text{其他} \end{cases}, \quad f_Y(y) = \begin{cases} \mathrm{e}^{-y}, & y > 0 \\ 0, & \text{其他} \end{cases}$$

求随机变量 $Z = X + Y$ 的概率密度.

解　由于 X 和 Y 是相互独立的,故

$$f(x, y) = f_X(x) \cdot f_Y(y) = \begin{cases} \mathrm{e}^{-y}, & 0 \leqslant x \leqslant 1, y > 0 \\ 0, & \text{其他} \end{cases}$$

则 $Z = X + Y$ 的概率密度为

$$f_Z(z) = \int_{-\infty}^{+\infty} f_X(x) \cdot f_Y(z-x)\mathrm{d}x$$

易知仅当 $\begin{cases} 0 \leqslant x \leqslant 1 \\ z - x > 0 \end{cases}$ 即 $\begin{cases} 0 \leqslant x \leqslant 1 \\ x < z \end{cases}$ 时,上述积分的被积函数不为

零(参阅图 3 - 13). 所以

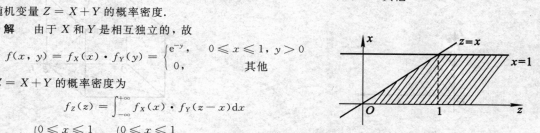

图　3 - 13

$$f_Z(z) = \begin{cases} \displaystyle\int_0^z f(x) \cdot f(z-x)\mathrm{d}x, & 0 \leqslant z \leqslant 1 \\ \displaystyle\int_0^1 f(x) \cdot f(z-x)\mathrm{d}x, & z > 1 \\ 0, & \text{其他} \end{cases} =$$

$$\begin{cases} \displaystyle\int_0^z \mathrm{e}^{-(z-x)}\mathrm{d}x, & 0 \leqslant z \leqslant 1 \\ \displaystyle\int_0^1 \mathrm{e}^{-(z-x)}\mathrm{d}x, & z > 1 \\ 0, & \text{其他} \end{cases} = \begin{cases} 1 - \mathrm{e}^{-z}, & 0 \leqslant z \leqslant 1 \\ (\mathrm{e}-1)\mathrm{e}^{-z}, & z \geqslant 1 \\ 0, & \text{其他} \end{cases}$$

23. 某种商品一周的需要量是一个随机变量,其概率密度为

$$f(t) = \begin{cases} t\mathrm{e}^{-t}, & t > 0 \\ 0, & 0 \leqslant 0 \end{cases}$$

设各周的需要量是相互独立的,试求:(1) 两周需要量的概率密度;(2) 三周需要量的概率密度.

解　假定用 T_i, $i = 1, 2, 3$ 表示第 i 周需要量,$T^{(j)}$, $j = 2, 3$ 表示 j 个周的总需要量,那么

$$T^{(2)} = T_1 + T_2, \qquad T^{(3)} = T_1 + T_2 + T_3$$

T_1, T_2, T_3 是独立同分布的随机变量,即它们的概率密度为

$$f_{T_1}(t) = f_{T_2}(t) = f_{T_3}(t) = \begin{cases} t\mathrm{e}^{-t}, & t > 0 \\ 0, & t \leqslant 0 \end{cases}$$

由 T_1, T_2 的独立性,得 T_1, T_2 的联合概率密度为

$$f_{T_1 T_2}(t_1, t_2) = \begin{cases} t_1 t_2 \mathrm{e}^{-(t_1 + t_2)}, & t_1, t_2 > 0 \\ 0, & \text{其他} \end{cases}$$

同理,T_1, T_2, T_3 的联合概率密度为

$$f_{T_1 T_2 T_3}(t_1, t_2, t_3) = \begin{cases} t_1 t_2 t_3 \, e^{-(t_1 + t_2 + t_3)}, & t_1, t_2, t_3 > 0 \\ 0, & 其他 \end{cases}$$

(1) 两周需要量 $T^{(2)}$ 的分布函数为

$$F_{T^{(2)}}(t) = P\{T^{(2)} < t\} = P\{T_1 + T_2 < t\} = \iint\limits_G f_{T_1 T_2}(t_1, t_2) \, \mathrm{d}t_1 \mathrm{d}t_2 =$$

$$\iint\limits_G t_1 t_2 \, e^{-(t_1 + t_2)} \, \mathrm{d}t_1 \mathrm{d}t_2 = \int_0^t t_1 e^{-t_1} \, \mathrm{d}t_1 \int_0^{t - t_1} t_2 e^{-t_2} \, \mathrm{d}t_2 = 1 - \left(\frac{t^3}{6} + \frac{t^2}{2} + t + 1 \right) e^{-t}, \quad t > 0$$

其中 G 如图 3-14 所示. 故 $T^{(2)}$ 的概率密度为

$$f_{T^{(2)}}(t) = \frac{\mathrm{d}F_{T^{(2)}}(t)}{\mathrm{d}t} = \begin{cases} \dfrac{t^3 e^{-t}}{3!}, & t > 0 \\ 0, & t \leqslant 0 \end{cases}$$

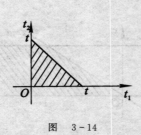

图 3-14

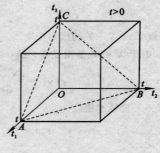

图 3-15

(2) 三周需要量 $T^{(3)}$ 的分布函数为

$$F_{T^{(3)}}(t) = P\{T^{(3)} < t\} = P\{T_1 + T_2 + T_3 < t\} =$$

$$\iiint\limits_V f_{t_1 t_2 t_3}(t_1, t_2, t_3) \, \mathrm{d}t_1 \mathrm{d}t_2 \mathrm{d}t_3 = \iiint\limits_V t_1 t_2 t_3 \, e^{-(t_1 + t_2 + t_3)} \, \mathrm{d}t_1 \mathrm{d}t_2 \mathrm{d}t_3 =$$

$$\int_0^t t_1 e^{-t_1} \, \mathrm{d}t_1 \int_0^{t - t_1} t_2 e^{-t_2} \, \mathrm{d}t_2 \int_0^{t - t_1 - t_2} t_3 e^{-t_3} \, \mathrm{d}t_3 = 1 - \left(\frac{t^5}{120} + \frac{t^4}{24} + \frac{t^3}{6} + \frac{t^2}{2} + t + 1 \right) e^{-t}, \quad t > 0$$

其中 V 如图 3-15 所示, 故

$$f_{T^{(3)}}(t) = \begin{cases} \dfrac{t^5 e^{-t}}{5!}, & t > 0 \\ 0, & t \leqslant 0 \end{cases}$$

24. 设随机变量 (X, Y) 的概率密度为

$$f(x, y) = \begin{cases} \dfrac{1}{2}(x + y) e^{-(x + y)}, & x > 0, y > 0 \\ 0, & 其他 \end{cases}$$

(1) 问 X 和 Y 是否相互独立? (2) 求 $Z = X + Y$ 的概率密度.

解 (1) X 的边缘密度为

$$f_X(x) = \begin{cases} \displaystyle\int_0^{+\infty} \frac{1}{2}(x + y) e^{-(x + y)} \, \mathrm{d}y, & x > 0 \\ 0, & x < 0 \end{cases} = \begin{cases} \dfrac{1}{2}(x + 1) e^{-x}, & x > 0 \\ 0, & x < 0 \end{cases}$$

同理, Y 的边缘概率密度为

$$f_Y(y) = \begin{cases} \dfrac{1}{2}(y + 1) e^{-y}, & y > 0 \\ 0, & y < 0 \end{cases}$$

因为当 $x > 0, y > 0$ 时, 则

$$f(x,y) = \frac{1}{2}(x+y)e^{-(x+y)} \neq \frac{1}{4}(x+1)(y+1)e^{-(x+y)} = f_X(x)f_Y(y)$$

所以 X 与 Y 不独立.

（2）Z 的概率密度为

$$f_Z(z) = \int_{-\infty}^{+\infty} f(x,z-x)dx = \int_0^z \frac{1}{2}(x+z-x)e^{-z}dx = \frac{1}{2}z^2 e^{-z}, \quad z > 0$$

当 $z < 0$ 时，$f_Z(z) = 0$，所以

$$f_Z(z) = \begin{cases} \frac{1}{2}z^2 e^{-z}, & z > 0 \\ 0, & z < 0 \end{cases}$$

25. 设随机变量 X, Y 相互独立，且具有相同的分布，它们的概率密度均为

$$f(x) = \begin{cases} e^{1-x}, & x > 1 \\ 0, & 其他 \end{cases}$$

求 $Z = X + Y$ 的概率密度.

解 因为 X, Y 独立同分布，则 (X, Y) 的联合概率密度为

$$f(x,y) = f_X(x)f_Y(y) = \begin{cases} e^{2-x-y}, & x > 1, y > 1 \\ 0, & 其他 \end{cases}$$

由题意，当 $z \leqslant 2$ 时，$f_Z(z) = 0$；当 $z > 2$ 时，$f_Z(z) = \int_{-\infty}^{+\infty} f(x,z-x)dx$.

当条件 $x > 1, z - x > 1$ 即 $1 < x < z - 1$ 满足时，被积函数 $f(x, z-x)$ 不为零，于是

$$f_Z(z) = \int_{-\infty}^{+\infty} f(x,z-x)dx = \int_1^{z-1} e^{2-x-(z-x)}dx = (z-2)e^{2-z}$$

综上所得

$$f_Z(z) = \begin{cases} (z-2)e^{2-z}, & z > 2 \\ 0, & 其他 \end{cases}$$

26. 设随机变量 X, Y 相互独立，它们的概率密度均为

$$f(x) = \begin{cases} e^{-x}, & x > 0 \\ 0, & 其他 \end{cases}$$

求 $Z = Y/X$ 的概率密度.

解 因为 X, Y 独立同分布，则 (X, Y) 的联合概率密度为

$$f(x,y) = f_X(x)f_Y(y) = \begin{cases} e^{-x-y}, & x > 0, y > 0 \\ 0, & 其他 \end{cases}$$

由题意，当 $z < 0$ 时，$f_Z(z) = 0$；当 $z > 0$ 时，$f_Z(z) = \int_{-\infty}^{+\infty} |x| f(x,xz)dx$.

当条件 $x > 0, xz > 0$ 即 $x > 0$ 满足时，函数 $f(x,xz)$ 不为零，于是

$$f_Z(z) = \int_{-\infty}^{+\infty} |x| f(x,xz)dx = \int_0^{+\infty} xe^{-x-xz}dx = \frac{1}{(z+1)^2}$$

综上所得

$$f_Z(z) = \begin{cases} \frac{1}{(z+1)^2}, & z > 0 \\ 0, & 其他 \end{cases}$$

27. 设随机变量 X, Y 相互独立，它们都在区间 $(0,1)$ 上服从均匀分布. A 是以 X, Y 为边长的矩形的面积，求 A 的概率密度.

解 因为 X, Y 独立同分布，则 (X, Y) 的联合概率密度为

$$f(x,y) = f_X(x)f_Y(y) = \begin{cases} 1, & 0 < x < 1, 0 < y < 1 \\ 0, & 其他 \end{cases}$$

由题意，需要求 $A = XY$ 的概率密度. 对任意的 $z \in R$，则

$$F_A(z) = P(A \leqslant z) = P(XY \leqslant z) = \begin{cases} 0 & z < 0 \\ P\left(Y \leqslant \dfrac{z}{X}\right) = \int_0^z \int_0^1 1 \mathrm{d}y\mathrm{d}x + \int_z^1 \int_0^{\frac{z}{x}} 1 \mathrm{d}y\mathrm{d}x, & 0 \leqslant z < 1 \\ 1 & z \geqslant 1 \end{cases}$$

$$= \begin{cases} 0, & z < 0 \\ z - z\ln z, & 0 \leqslant z < 1 \\ 1, & z \geqslant 1 \end{cases}$$

于是, Z 的概率密度为

$$f_Z(z) = (F_Z(z))' = \begin{cases} -\ln z, & 0 \leqslant z < 1 \\ 0, & \text{其他} \end{cases}$$

28. 设 X,Y 是相互独立的随机变量, 它们都服从正态分布 $N(0, \sigma^2)$, 试验证随机变量 $Z = \sqrt{X^2 + Y^2}$ 具有概率密度

$$f_Z(z) = \begin{cases} \dfrac{z}{\sigma^2} e^{-\frac{z^2}{2\sigma^2}}, & z \geqslant 0, \sigma > 0 \\ 0, & \text{其他} \end{cases}$$

称 Z 服从参数为 $\sigma (\sigma > 0)$ 的瑞利(Rayleigh)分布.

解 由 X,Y 是相互独立的随机变量且均服从正态分布 $N(0, \sigma^2)$, 故它们的概率密度分为

$$f(x) = \frac{1}{\sqrt{2\pi}\sigma} e^{-\frac{x^2}{2\sigma^2}}, \quad f(y) = \frac{1}{\sqrt{2\pi}\sigma} e^{-\frac{y^2}{2\sigma^2}}, \quad \sigma > 0$$

则 X 和 Y 的联合密度

$$f(x, y) = f(x) \cdot f(y) = \frac{1}{2\pi\sigma^2} e^{-\frac{x^2 + y^2}{2\sigma^2}}$$

$Z = \sqrt{X^2 + Y^2}$ 的分布函数

$$F_z(z) = P\{Z \leqslant z\} = P\{\sqrt{X^2 + Y^2} \leqslant z\} = \iint_G f(x, y) \mathrm{d}x\mathrm{d}y$$

其中 $G = \{(x, y): \sqrt{x^2 + y^2} \leqslant z\}$ 为图 3-16 中阴影部分面积.

对 G 作如下变换: 令 $\begin{cases} x = \rho\cos\theta \\ y = \rho\sin\theta \end{cases}$, 则

$$G' = \{(\rho, \theta): 0 < \rho \leqslant z, 0 \leqslant \theta \leqslant 2\pi\}$$

故

$$F_Z(z) = \int_0^z \int_0^{2\pi} \frac{1}{2\pi\sigma^2} e^{-\frac{\rho^2}{2\sigma^2}} |J| \mathrm{d}\rho\mathrm{d}\theta =$$

$$2\pi \int_0^z \frac{\rho}{2\pi\sigma^2} \cdot e^{-\frac{\rho^2}{2\sigma^2}} \mathrm{d}\rho = -e^{-\frac{\rho^2}{2\sigma^2}} \Big|_0^z = 1 - e^{-\frac{z^2}{2\sigma^2}}$$

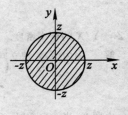

图 3-16

其中

$$|J| = \begin{vmatrix} \cos\theta & \sin\theta \\ \rho\sin\theta & -\rho\cos\theta \end{vmatrix} = \rho, \quad z > 0$$

当 $z \leqslant 0$ 时, $F_z(z) = 0$. 于是随机变量 $Z = \sqrt{X^2 + Y^2}$ 的概率密度为

$$f_Z(z) = \frac{\mathrm{d}F_Z(z)}{\mathrm{d}z} = \begin{cases} \dfrac{z}{\sigma^2} e^{-\frac{z^2}{2\sigma^2}}, & z \geqslant 0, \sigma > 0 \\ 0, & \text{其他} \end{cases}$$

29. 设随机变量 (X, Y) 的概率密度为

$$f(x, y) = \begin{cases} b e^{-(x+y)}, & 0 < x < 1, 0 < y < \infty \\ 0, & \text{其他} \end{cases}$$

(1)试确定常数 b; (2)求边缘概率密度 $f_X(x), f_Y(y)$; (3)求函数 $U = \max(X, Y)$ 的分布函数.

解 (1) 由 $\int_0^1 dx \int_0^{+\infty} b e^{-(x+y)} dy = 1$，即

$$b \int_0^1 e^{-x} dx \int_0^{+\infty} e^{-y} dy = b(1 - e^{-1}) = 1$$

得 $b = \dfrac{1}{1 - e^{-1}} = \dfrac{e}{e - 1}$.

(2) $f_X(x) = \begin{cases} \int_0^{+\infty} \dfrac{e}{e-1} e^{-(x+y)} dy, & 0 < x < 1 \\ 0, & 其他 \end{cases} = \begin{cases} \dfrac{e}{e-1} e^{-x}, & 0 < x < 1 \\ 0, & 其他 \end{cases}$

$$f_Y(y) = \int_{-\infty}^{+\infty} f(x,y) dx = \begin{cases} e^{-y}, & y > 0 \\ 0, & y \leqslant 0 \end{cases}$$

显见 X 与 Y 独立.

(3) $F_X(x) = \begin{cases} 0, & x < 0 \\ \dfrac{e}{e-1}(1 - e^{-x}), & 0 \leqslant x < 1 \\ 1, & x \geqslant 1 \end{cases}$， $F_Y(y) = \begin{cases} 1 - e^{-y}, & y > 0 \\ 0, & y \leqslant 0 \end{cases}$

故 $U = \max(X, Y)$ 的分布函数为

$$F_U(u) = P\{U \leqslant u\} = P\{\max(X,Y) \leqslant u\} = P\{X \leqslant u, Y \leqslant u\} = P\{X \leqslant u\}P\{Y \leqslant u\} =$$

$$F_X(u) F_Y(u) = \begin{cases} 0, & u < 0 \\ \dfrac{e}{e-1}(1 - e^{-u})^2, & 0 \leqslant u < 1 \\ 1 - e^{-u}, & u \geqslant 1 \end{cases}$$

30. 设某种型号的电子管的寿命(以 h 计)近似地服从 $N(160, 20^2)$ 分布，随机地选取 4 只，求其中没有一只寿命小于 180 的概率.

解 以 X 表示某种型号电子管的寿命，则 $X \sim N(160, 20^2)$，故概率密度为

$$f_X(x) = \frac{1}{\sqrt{2\pi} \cdot 20} e^{-\frac{(x-160)^2}{2 \cdot (20)^2}}$$

随机选 4 只，设寿命分为 X_1, X_2, X_3, X_4 相互独立且有相同分布，概率密度为 $f_X(x)$，分布函数为 $F(x)$. 依题即求 $Z = \min\{X_1, X_2, X_3, X_4\} \geqslant 180$ 的概率.

由于 $P\{Z \leqslant z\} = F_{\min}(z) = 1 - [1 - F(z)]^n$

故 $P\{Z \geqslant 180\} = 1 - P\{Z < 180\} = [1 - F(180)]^4$

又因为 $\dfrac{x - 160}{20} \sim N(0, 1)$，所以

$$F(180) = \Phi\left(\frac{180 - 60}{20}\right) = \Phi(1) = 0.841\ 3$$

于是没有一只电子管的寿命小于 180 的概率

$$P\{Z \geqslant 180\} = [1 - 0.841\ 3]^4 = (0.158\ 7)^4 = 0.000\ 63$$

31. 对某种电子装置的输出测量了 5 次，得到观察值 X_1, X_2, X_3, X_4, X_5，设它们是相互独立的随机变量且都服从参数 $\sigma = 2$ 的瑞利分布. (1) 求 $Z = \max(X_1, X_2, X_3, X_4, X_5)$ 的分布函数；(2) 求 $P\{Z > 4\}$.

解 由 29 题知，$X_i, i = 1, 2, \cdots, 5$ 的概率密度均匀

$$f_X(x) = \begin{cases} \dfrac{x}{4} e^{-\frac{x^2}{8}}, & x \geqslant 0 \\ 0, & 其他 \end{cases}$$

分布函数为 $F_X(x) = 1 - e^{-\frac{x^2}{8}}$，$x > 0$.

(1) $Z = \max(X_1, X_2, X_3, X_4, X_5)$ 的分布函数为

$$F_{\max}(z) = (F(z))^5 = (1 - e^{-\frac{z^2}{8}})^5, \quad z \geqslant 0$$

当 $z < 0$ 时为 0.

所以 Z 的分布函数为

$$F_Z(z) = \begin{cases} (1 - e^{-\frac{z^2}{8}})^5, & z \geqslant 0 \\ 0, & z < 0 \end{cases}$$

(2) $P\{Z > 4\} = 1 - P\{Z \leqslant 4\} = 1 - F_Z(4) = 1 - (1 - e^{-\frac{4^2}{8}})^5 = 1 - (1 - e^{-2})^5 = 0.5167$

32. 设随机变量 X, Y 相互独立, 且服从同一分布, 试证明

$$P\{a < \min(X, Y) \leqslant b\} = [P\{X > a\}]^2 - [P\{X > b\}]^2$$

证明 因 X 与 Y 独立同分布, 故

$$\begin{aligned} P\{a < \min(X, Y) \leqslant b\} &= P\{\min(X, Y) \leqslant b\} - P\{\min(X, Y) \leqslant a\} = \\ &\quad 1 - P\{\min(X, Y) > b\} - [1 - P\{\min(X, Y) > a\}] = \\ &\quad P\{\min(X, Y) > a\} - P\{\min(X, Y) > b\} = \\ &\quad P\{X > a, Y > a\} - P\{X > b, Y > b\} = \\ &\quad P\{X > a\}P\{Y > a\} - P\{X > b\}P\{Y > b\} = \\ &\quad [P\{X > a\}]^2 - [P\{Y > b\}]^2 \end{aligned}$$

33. 设 X, Y 是相互独立的随机变量, 其分布律分别为

$$P\{X = k\} = p(k), \quad k = 0, 1, 2, \cdots$$
$$P\{Y = r\} = q(r), \quad r = 0, 1, 2, \cdots$$

证明随机变量 $Z = X + Y$ 的分布律为

$$P\{Z = i\} = \sum_{k=0}^{i} p(k)q(i-k), \quad i = 0, 1, 2, \cdots$$

证明 因 X 与 Y 独立, 且 X 与 Y 的分布律分别为

$$P\{X = k\} = p(k), \quad k = 0, 1, 2, \cdots$$
$$P\{Y = r\} = q(r), \quad r = 0, 1, 2, \cdots$$

故随机变量 $Z = X + Y$ 的分布律为

$$P\{Z = i\} = \sum_{k=0}^{i} P\{X = k, X + Y = i\} = \sum_{k=0}^{i} P\{X = k, Y = i - k\} =$$
$$\sum_{k=0}^{i} P\{X = k\} \cdot P\{Y = i - k\} = \sum_{k=0}^{i} p(k) \cdot q(i-k), i = 0, 1, 2, \cdots$$

34. 设 X, Y 是相互独立的随机变量, $X \sim \pi(\lambda_1), Y \sim \pi(\lambda_2)$, 证明 $Z = X + Y \sim \pi(\lambda_1 + \lambda_2)$.

证明 因为 X, Y 分别服从参数 λ_1, λ_2 的泊松分布, 故 X, Y 的分布律分为

$$P\{X = k\} = \frac{\lambda_1^k}{k!}e^{-\lambda_1}, \quad \lambda_1 > 0, \qquad P\{Y = r\} = \frac{\lambda_2^r}{r!}e^{-\lambda_2}, \quad \lambda_2 > 0$$

由 33 题结论知: $Z = X + Y$ 的分布律为

$$P\{Z = i\} = \sum_{k=0}^{i} P\{X = k\} \cdot P(Y = i - k) = \sum_{k=0}^{i} \frac{\lambda_1^k}{k!}e^{-\lambda_1} \cdot \frac{\lambda_2^{i-k}}{(i-k)!}e^{-\lambda_2} =$$
$$\frac{e^{-(\lambda_1+\lambda_2)}}{i!} \sum_{k=0}^{k} \frac{i!}{k!(i-k)!}\lambda_1^k \cdot \lambda_2^{i-k} = \frac{e^{-(\lambda_1+\lambda_2)}}{i!}(\lambda_1 + \lambda_2)^i, \quad i = 0, 1, 2, \cdots$$

即 $Z = X + Y$ 服从参数为 $\lambda_1 + \lambda_2$ 的泊松分布.

35. 设 X, Y 是相互独立的随机变量, $X \sim b(n_1, p), Y \sim b(n_2, p)$, 证明 $Z = X + Y \sim b(n_1 + n_2, p)$.

证明 Z 的可能取值为 $0, 1, 2, \cdots 2n$, 因为

$$\{Z = i\} = \{X + Y = i\} = \{X = 0, Y = i\} \bigcup \{X = 1, Y = i-1\} \bigcup \cdots \bigcup \{X = i, Y = 0\}$$

由于上述并中各事件互不相容, 且 X, Y 独立, 则

$$P\{Z = i\} = \sum_{k=0}^{i} P\{X = k, Y = i - k\} = \sum_{k=0}^{i} P\{X = k\} \cdot P\{Y = i - k\} =$$

$$\sum_{k=0}^{i} C_{n_1}^k \, p^k (1-p)^{n_1-k} \cdot C_{n_2}^{i-k} p^{i-k} (1-p)^{n_2-i+k} =$$

$$p^i (1-p)^{n_1+n_2-k} \cdot \sum_{k=0}^{i} C_{n_1}^k \cdot C_{n_2}^{i-k} = C_{n_1+n_2}^i \, p^i (1-p)^{2n-i}, \quad i = 0, 1, 2, \cdots n_1 + n_2$$

上述计算过程中用到了公式

$$\sum_{k=0}^{i} C_{n_1}^k \cdot C_{n_2}^{i-k} = C_{n_1+n_2}^i$$

这可由比较恒等式 $(1+x)^{n_1} \cdot (1+x)^{n_2} = (1+x)^{n_1+n_2}$ 两边 x^i 的系数得到,所以

$$Z = X + Y \sim b(n_1 + n_2, p)$$

即 $Z = X + Y$ 服从参数为 $2n, p$ 的二项分布.

36. 设随机变量 (X, Y) 的分布律为

Y \ X	0	1	2	3	4	5
0	0	0.01	0.03	0.05	0.07	0.09
1	0.01	0.02	0.04	0.05	0.06	0.08
2	0.01	0.03	0.05	0.05	0.05	0.06
3	0.01	0.02	0.04	0.06	0.06	0.05

(1) 求 $P\{X = 2 \mid Y = 2\}$, $P\{Y = 3 \mid X = 0\}$;(2) 求 $V = \max(X, Y)$ 的分布律;(3) 求 $U = \min(X, Y)$ 的分布律;(4) 求 $W = X + Y$ 的分布律.

解　因为

$$P\{X = 1 \mid Y = 2\} = \frac{P\{X = 2, Y = 2\}}{P\{Y = 2\}}$$

由上表可得

$$P\{X = 2, Y = 2\} = 0.05$$

$$P\{Y = 2\} = 0.01 + 0.03 + 0.05 + 0.05 + 0.05 + 0.06 = 0.25$$

所以

$$P\{X = 2 \mid Y = 2\} = \frac{0.05}{0.25} = \frac{1}{5} = 0.2$$

同理

$$P\{X = 0, Y = 3\} = 0.01$$

$$P\{X = 0\} = 0.01 + 0.01 + 0.01 = 0.03$$

故

$$P\{Y = 3 \mid X = 0\} = \frac{P\{X = 0, Y = 3\}}{P\{X = 0\}} = \frac{0.01}{0.03} = \frac{1}{3}$$

(2) 由于 $V = \max(X, Y)$ 的可能取值为:0, 1, 2, 3, 4, 5, 故可得:

Y \ X	0	1	2	3	4	5
0	0	1	2	3	4	5
1	1	1	2	3	4	5
2	2	2	2	3	4	5
3	3	3	3	3	4	5

综合可得 $V = \max(X, Y)$ 的分布律为

V	0	1	2	3	4	5
P	0	0.04	0.16	0.28	0.24	0.28

(3) 由于 $U = \min(X, Y)$ 的可能取值为:0, 1, 2, 3. 故可得:

$U\backslash X$	0	1	2	3	4	5
Y						
0	0	0	0	0	0	0
1	0	1	1	1	1	1
2	0	1	2	2	2	2
3	0	1	2	3	3	3

将此表与题设中的表对照,将凡是 0 的地方的数字相加即得 0 时的概率,依此类推可得 $U = \min(X, Y)$ 的分布律为

U	0	1	2	3
P	0.28	0.30	0.25	0.17

(4) 由于 $W = X + Y$ 的可能取值为 $0, 1, 2, 3, 4, 5, 6, 7, 8$. 故可得:

$W\backslash X$	0	1	2	3	4	5
Y						
0	0	1	2	3	4	5
1	1	2	3	4	5	6
2	2	3	4	5	6	7
3	3	4	5	6	7	8

方法同上,将此表与题设中表相对照,可得 $W = X + Y$ 的分布律为

W	0	1	2	3	4	5	6	7	8
P	0	0.02	0.06	0.13	0.19	0.24	0.19	0.12	0.05

第四章　随机变量的数字特征

C一、大纲要求及考点提示

（1）理解随机变量数学期望、方差、标准差、矩、协方差、相关系数的概念，并会计算.

（2）会根据随机变量 X 的概率分布求其函数 $g(X)$ 的数学期望 $E[g(X)]$；会根据随机变量 X 和 Y 的联合概率分布求其函数 $g(X, Y)$ 的数学期望 $E[g(X, Y)]$.

（3）掌握两点分布、二项分布、泊松分布、正态分布、均匀分布和指数分布的数学期望与方差.

C二、主要概念、重要定理与公式

1. 数学期望

（1）设离散型随机变量 X 的分布律为

$$P\{X = x_k\} = p_k, \quad k = 1, 2, \cdots$$

若级数 $\sum\limits_{k=1}^{\infty} x_k p_k$ 绝对收敛，则称级数 $\sum\limits_{k=1}^{\infty} x_k p_k$ 的和为随机变量 X 的数学期望，记为 $E(X)$，即

$$E(X) = \sum_{k=1}^{\infty} x_k p_k$$

（2）设连续型随机变量 X 的概率密度为 $f(x)$，若积分 $\int_{-\infty}^{\infty} x f(x) \mathrm{d}x$ 绝对收敛，则称积分 $\int_{-\infty}^{\infty} x f(x) \mathrm{d}x$ 的值为随机变量 X 的数学期望，记为 $E(X)$. 即

$$E(X) = \int_{-\infty}^{\infty} x f(x) \mathrm{d}x$$

（3）设 Y 是随机变量 X 的函数：$Y = g(X)$（g 是连续函数），

（i）X 是离散型随机变量，它的分布律为 $p_k = P\{X = x_k\}$，$k = 1, 2, \cdots$，若 $\sum\limits_{k=1}^{\infty} g(x_k) p_k$ 绝对收敛，则有

$$E(Y) = E[g(X)] = \sum_{k=1}^{\infty} g(x_k) p_k$$

（ii）X 是连续型随机变量，它的概率密度为 $f(x)$，若 $\int_{-\infty}^{\infty} g(x) f(x) \mathrm{d}x$ 绝对收敛，则有

$$E(Y) = E[g(X)] = \int_{-\infty}^{\infty} g(x) f(x) \mathrm{d}x$$

（4）数学期望的性质：

（i）设 C 是常数，则有 $E(C) = C$.

（ii）设 X_1，X_2，$\cdots$，X_n 是 n 个随机变量，C_1，C_2，$\cdots$，C_n 是常数，则有

$$E\left(\sum_{i=1}^{n} C_i X_i\right) = \sum_{i=1}^{n} C_i E(X_i)$$

（iii）设 X_1，X_2，$\cdots$，X_n 是 n 个相互独立的随机变量，则有

$$E\left(\prod_{i=1}^{n} X_i\right) = \prod_{i=1}^{n} E(X_i)$$

2. 方差

（1）设 X 是一个随机变量，若 $E\{[X - E(X)]^2\}$ 存在，则称 $E\{[X - E(X)]^2\}$ 为 X 的方差，记为 $D(X)$ 或 $\mathrm{Var}(X)$. 即

$$D(X) = \text{Var}(X) = E\{[X - E(X)]^2\} = E(X^2) - [E(X)]^2$$

特别当 X 为离散型随机变量,其分布律为 $P\{X = x_k\} = p_k$, $k = 1, 2, \cdots$,则

$$D(X) = \sum_{k=1}^{\infty} [x_k - E(X)]^2 p_k$$

当 X 是连续型随机变量,其概率密度为 $f(x)$,则

$$D(X) = \int_{-\infty}^{\infty} [X - E(X)]^2 f(x) \mathrm{d}x$$

(2) 方差的性质:

(i) 设 C 是常数,则有 $D(C) = 0$.

(ii) 设 C 是常数,则有

$$D(CX) = C^2 D(X)$$

(iii) 设 X_1, X_2, $\cdots$, X_n 是 n 个相互独立的随机变量,C_1, C_2, $\cdots$, C_n 是常数,则有

$$D\left(\sum_{k=1}^{n} C_k X_k\right) = \sum_{k=1}^{n} C_k^2 D(X_k)$$

(iv) $D(X) = 0$ 的充要条件是 X 以概率 1 取常数 C,即

$$P\{X = C\} = 1$$

(3) 切比雪夫(Chebyshev) 不等式:

设随机变量 X 具有数学期望 $E(X) = \mu$,方差 $D(X) = \sigma^2$,则对任意正数 ε,不等式

$$P\{|X - \mu| \geqslant \varepsilon\} \leqslant \frac{\sigma^2}{\varepsilon^2}$$

成立.

3. 协方差、协方差阵及相关系数

(1) 设 (X, Y) 是二维随机变量,若 $E\{[X - E(X)][Y - E(Y)]\}$ 存在,称其为随机变量 X 与 Y 的协方差,记为 $\text{COV}(X, Y)$,即

$$\text{COV}(X, Y) = E\{[X - E(X)][Y - E(Y)]\} = E(XY) - E(X)E(Y)$$

而

$$\rho_{XY} = \frac{\text{COV}(X, Y)}{\sqrt{D(X)} \sqrt{D(Y)}}$$

称为随机变量 X 与 Y 的相关系数.

(2) 设 $(X_1, X_2, \cdots, X_n)$ 是 n 维随机变量,若

$$\sigma_{ij} = \text{COV}(X_i, X_j) = E\{[X_i - E(X_i)][X_j - E(X_j)]\}, \quad i, j = 1, 2, \cdots, n$$

存在,则称矩阵

$$\Sigma = \begin{pmatrix} \sigma_{11} & \sigma_{12} & \cdots & \sigma_{1n} \\ \sigma_{21} & \sigma_{22} & \cdots & \sigma_{2n} \\ \vdots & \vdots & & \vdots \\ \sigma_{n1} & \sigma_{n2} & \cdots & \sigma_{nn} \end{pmatrix}$$

为 n 维随机变量 $(X_1, X_2, \cdots, X_n)'$ 的协方差矩阵.

(3) 协方差及相关系数的性质:

(i) $\text{COV}(X, Y) = \text{COV}(Y, X)$.

(ii) $\text{COV}(aX, bY) = ab\text{COV}(X, Y)$,$a$, b 是常数.

(iii) $\text{COV}(X_1 + X_2, Y) = \text{COV}(X_1, Y) + \text{COV}(X_2, Y)$.

(iv) $|\rho_{XY}| \leqslant 1$.

(v) $|\rho_{XY}| = 1$ 的充要条件是 $P\{Y = a + bX\} = 1$.

(vi) $D\left(\sum_{k=1}^{n} a_k X_k\right) = \sum_{k=1}^{n} a_k^2 D(X_k) + 2\sum_{k<l} a_k a_l \text{COV}(X_k, X_l)$.

(vii) 若 $\rho_{XY} = 0$,则称 X 与 Y 不相关. 若 X 与 Y 独立,则 X 与 Y 不相关,但反之不真.

如果 (X, Y) 服从二维正态分布 $N(\mu_1, \mu_2, \sigma_1^2, \sigma_2^2, \rho)$,则 X 与 Y 独立的充要条件是 X 与 Y 不相关.

4. 多元正态分布及其性质

设 $\boldsymbol{X} = (X_1, X_2, \cdots, X_n)'$ 是 n 维随机变量，其数学期望向量为 $\boldsymbol{\mu} = (E(X_1), E(X_2), \cdots, E(X_n))'$，协方差矩阵为 $\sum$，且 $\sum^{-1}$ 存在，若 X 的联合概率密度函数是

$$f(x_1, x_2, \cdots, x_n) = \frac{1}{(2\pi)^{\frac{n}{2}} |\boldsymbol{\Sigma}|^{\frac{1}{2}}} \exp\left\{-\frac{1}{2}(\boldsymbol{X} - \boldsymbol{\mu})' \sum^{-1} (\boldsymbol{X} - \boldsymbol{\mu})\right\}$$

则称 $\boldsymbol{X}$ 服从 n 维正态分布，记为 $X \sim N(\boldsymbol{\mu}, \boldsymbol{\Sigma})$.

n 维正态分布具有以下性质：

(1) n 维随机变量 $(X_1, X_2, \cdots, X_n)$ 服从 n 维正态分布的充要条件是 $X_1, X_2, \cdots, X_n$ 的任意线性组合

$$l_1 X_1 + l_2 X_2 + \cdots + l_n X_n$$

服从一维正态分布.

(2) 若 $(X_1, X_2, \cdots, X_n)'$ 服从 n 维正态分布，设 $Y_1, Y_2, \cdots, Y_k$ 是 $X_j(j = 1, 2, \cdots, n)$ 的线性函数，则 $(Y_1, Y_2, \cdots, Y_k)'$ 也服从多维正态分布.

(3) 设 $(X_1, X_2, \cdots, X_n)$ 服从 n 维正态分布，则"$X_1, X_2, \cdots, X_n$ 相互独立"与"$X_1, X_2, \cdots, X_n$ 两两不相关"是等价的.

5. 矩与混合矩

设 X 和 Y 是随机变量，若 $E(X^k)$，$k = 1, 2, \cdots$ 存在，称它为 X 的 k 阶原点矩，若 $E\{[X - E(X)]^k\}$ 存在，称它为 X 的 k 阶中心矩；若 $E(X^k Y^l)$，$k, l = 1, 2, \cdots$ 存在，称它为 X 和 Y 的 $k + l$ 阶混合矩；若 $E\{[E - E(X)]^k [Y - E(Y)]^l\}$ 存在，称它为 X 和 Y 的 $k + l$ 阶混合中心矩.

6. 常用分布的数学期望与方差

名　称	分布律或概率密度	数学期望 $E(X)$	方差 $D(X)$
两点分布	$P(X = k) = p^k (1-p)^{1-k}$, $\quad k = 0, 1$	p	$p(1-p)$
二项分布	$P(X = k) = C_n^k p^k (1-p)^{n-k}$, $\quad k = 0, 1, \cdots, n$	np	$np(1-p)$
泊松分布	$P(X = k) = \frac{\lambda^k}{k!} e^{-\lambda}$, $k = 0, 1, 2, \cdots$	λ	λ
超几何分布	$P(X = k) = \frac{C_M^k C_{N-M}^{n-k}}{C_N^n}$ $\quad k = 0, 1, 2, \cdots, \min(n, M)$	$\frac{nM}{N}$	$\frac{Mn(N-M)(N-n)}{N^2(N-1)}$
几何分布	$P(X = k) = (1-p)^{k-1} p$, $k = 1, 2, \cdots$	$\frac{1}{p}$	$\frac{1-p}{p^2}$
均匀分布	$f(x) = \begin{cases} \dfrac{1}{b-a}, & a < x < b \\ 0, & \text{其他} \end{cases}$	$\frac{a+b}{2}$	$\frac{1}{12}(b-a)^2$
正态分布	$f(x) = \frac{1}{\sqrt{2\pi}\sigma} e^{-\frac{(x-\mu)^2}{2\sigma^2}}$, $-\infty < x < \infty$	μ	σ^2
指数分布	$f(x) = \begin{cases} \lambda e^{-\lambda x}, & x > 0 \\ 0, & x \leqslant 0 \end{cases}$	$\frac{1}{\lambda}$	$\frac{1}{\lambda^2}$
伽玛分布	$f(x) = \begin{cases} \dfrac{\beta^\alpha}{\Gamma(\alpha)} x^{\alpha-1} e^{-\beta x}, & x > 0 \\ 0, & x < 0 \end{cases}$	$\frac{\alpha}{\beta}$	$\frac{\alpha}{\beta^2}$

三、考研典型题及常考题型范例精解

例 4-1 设随机变量 X 和 Y 的方差存在且不等于 0，则 $D(X+Y) = D(X) + D(Y)$ 是 X 和 Y（ ）.

(A) 不相关的充分条件，但不是必要条件 (B) 独立的必要条件，但不是充分条件

(C) 不相关的充分必要条件   (D) 独立的充分必要条件

解 若 X 与 Y 独立，则一定有 $D(X+Y) = D(X) + D(Y)$，但若 $D(X+Y) = D(X) + D(Y)$，则 X 与 Y 不一定独立. 因此 $D(X+Y) = D(X) + D(Y)$ 是 X 和 Y 独立的充分条件，但不是必要条件. 因此(B) 不正确，从而(D) 也不正确. 因 $D(X+Y) = D(X) + D(Y) + 2\text{COV}(X, Y)$，若 $D(X+Y) = D(X) + D(Y)$，则有 $\text{COV}(X, Y) = 0$，即 X 与 Y 不相关，反之若 X 与 Y 不相关，则一定有 $D(X+Y) = D(X) + D(Y)$，因此 $D(X+Y) = D(X) + D(Y)$ 是 X 与 Y 不相关的充分必要条件. 故(C) 正确.

例 4-2 设随机变量 X 和 Y 独立同分布，记 $U = X - Y$，$V = X + Y$，则 U 与 V 之间必有（ ）.

(A) 不独立   (B) $\rho_{UV} \neq 0$ (C) 独立   (D) $\rho_{UV} = 0$

解 由于 X 与 Y 独立同分布，则 $E(X) = E(Y)$，$D(X) = D(Y)$. 从而，$\text{COV}(U, V) = E(UV) - E(U)E(V) = E(X^2 - Y^2) - (E(X) - E(Y))(E(X) + E(Y)) = E(X^2) - [E(X)]^2 - E(Y^2) + [E(Y)]^2 = D(X) - D(Y) = 0$. 于是 $\rho_{UV} = 0$，因此 U 与 V 不相关. 故(D) 正确，(B) 不正确，(A) 与(C) 不一定正确.

例 4-3 设随机变量 $X \sim N(0, 1)$，$Y \sim N(1, 4)$，且 $\rho_{XY} = 1$，则（ ）.

(A) $P\{Y = -2X - 1\} = 1$ (B) $P\{Y = 2X - 1\} = 1$

(C) $P\{Y = -2X + 1\} = 1$ (D) $P\{Y = 2X + 1\} = 1$

解 用排除法. 设 $Y = aX + b$. 由 $\rho_{XY} = 1$，知 X, Y 正相关，得 $a > 0$. 排除(A) 和(C). 由 $X \sim N(0, 1)$，$Y \sim N(1, 4)$，得

$$EX = 0, \quad EY = 1, \quad E(aX + b) = aEX + b$$

又 $1 = a \times 0 + b, b = 1$，从而排除(B)，故 D 正确.

例 4-4 设随机变量 X 在区间 $[-1, 2]$ 上服从均匀分布，随机变量

$$Y = \begin{cases} 1, & X > 0 \\ 0, & X = 0 \\ -1, & X < 0 \end{cases}$$

则方差 $D(Y) = $ _____.

解 X 的密度函数为
$$f(x) = \begin{cases} \dfrac{1}{3}, & -1 \leqslant x \leqslant 2 \\ 0, & \text{其他} \end{cases}$$

$$P\{X > 0\} = \int_0^2 \frac{1}{3} \mathrm{d}x = \frac{2}{3}, \quad P\{X < 0\} = \int_{-1}^0 \frac{1}{3} \mathrm{d}x = \frac{1}{3}, \quad P\{X = 0\} = 0$$

因此
$$E(Y) = 1 \times \frac{2}{3} + 0 \times 0 + (-1) \times \frac{1}{3} = \frac{1}{3}$$

$$E(Y^2) = 1^2 \times \frac{2}{3} + 0^2 \times 0 + (-1)^2 \times \frac{1}{3} = \frac{2}{3} + \frac{1}{3} = 1$$

$$D(Y) = E(Y^2) - [E(Y)]^2 = 1 - \frac{1}{9} = \frac{8}{9}$$

例 4-5 设随机变量 X 和 Y 的数学期望分别为 -2 和 2，方差分别为 1 和 4，相关系数为 -0.5，则根据切比雪夫不等式 $P\{|X + Y| \geqslant 6\} \leqslant$ _____.

解 $E(X + Y) = E(X) + E(Y) = -2 + 2 = 0$

$$D(X + Y) = D(X) + D(Y) + 2\text{COV}(X, Y) = 1 + 4 + 2\rho_{XY}\sqrt{D(X)}\sqrt{D(Y)} =$$
$$1 + 4 + 2 \times (-0.5)\sqrt{1}\sqrt{4} = 3$$

由切比雪夫不等式得

$$P\{|X + Y| \geqslant 6\} = P\{|X + Y - E(X + Y)| \geqslant 6\} \leqslant \frac{D(X + Y)}{6^2} = \frac{3}{36} = \frac{1}{12}$$

例 4 - 6 设随机变量 $X_{ij}(i, j = 1, 2, \cdots, n, n \geqslant 2)$ 独立同分布，$E(X_{ij}) = 2$，则行列式

$$Y = \begin{vmatrix} X_{11} & X_{12} & \cdots & X_{1n} \\ X_{21} & X_{22} & \cdots & X_{2n} \\ \vdots & \vdots & \cdots & \vdots \\ X_{n1} & X_{n2} & \cdots & X_{nn} \end{vmatrix}$$

的数学期望为_____.

解 由于 n 个数 $1, 2, \cdots, n$ 的所有全排列中，奇偶排列各占一半，故

$$E(Y) = E\Big[\sum_{p_1 p_2 \cdots p_n} (-1)^{\tau(p_1, p_2, \cdots, p_n)} X_{1p_1} X_{2p_2} \cdots X_{np_n} \Big] =$$

$$\sum_{p_1 p_2 \cdots p_n} (-1)^{\tau(p_1, p_2, \cdots, p_n)} E(X_{1p_1}) E(X_{2p_2}) \cdots E(X_{np_n}) = 2^n \sum_{p_1 p_2 \cdots p_n} (-1)^{\tau(p_1, p_2, \cdots, p_n)} = 0$$

其中 $p_1, p_2, \cdots, p_n$ 为 $1, 2, \cdots, n$ 的一个排列，$\tau(p_1, p_2, \cdots, p_n)$ 为该排列的逆序数.

例 4 - 7 某流水生产线上每个产品是不合格品的概率为 $p(0 < p < 1)$，各产品合格与否相互独立，当出现一个不合格产品时，即停机检修. 设开机后第一次停机时已生产了的产品个数为 X，求 X 的数学期望 $E(X)$ 和方差 $D(X)$.

解 记 $q = 1 - p$，若把出现次品看作是"成功"，则 X 表示首次"成功"出现时的试验次数，X 服从几何分布，分布律为

$$P\{X = k\} = q^{k-1} p, \quad k = 1, 2, \cdots$$

$$E(X) = \sum_{k=1}^{\infty} k q^{k-1} p = p\Big(\sum_{k=1}^{\infty} q^k \Big)' = p\Big(\frac{q}{1-q} \Big)' = \frac{1}{p}$$

$$E(X^2) = \sum_{k=1}^{\infty} k^2 q^{k-1} p = \sum_{k=1}^{\infty} k(k-1) p q^{k-1} + \sum_{k=1}^{\infty} k q^{k-1} p = pq\Big(\sum_{k=2}^{\infty} q^k \Big)'' + \frac{1}{p} =$$

$$pq\Big(\frac{q^2}{1-q} \Big)'' + \frac{1}{p} = \frac{2-p}{p^2}$$

所以 X 的方差为

$$D(X) = E(X^2) - [E(X)]^2 = \frac{2-p}{p^2} - \frac{1}{p^2} = \frac{1-p}{p^2}$$

例 4 - 8 袋中有 n 张卡片，记号码为 $1, 2, \cdots, n$，从中有放回地抽出 k 张卡片来，求所得号码之和 X 的数学期望与方差.

解 用 X_i 表示第 i 次抽到的卡片的号码，则 $X = \sum_{i=1}^{k} X_i$，由于是有放回地抽取，所以诸 X_i 独立，且

$$P\{X_i = j\} = \frac{1}{n}, \quad i = 1, 2, \cdots, k; \quad j = 1, 2, \cdots, n$$

由此得

$$E(X_i) = \sum_{j=1}^{n} j \cdot \frac{1}{n} = \frac{n+1}{2}$$

$$E(X_i)^2 = \sum_{j=1}^{n} j^2 \cdot \frac{1}{n} = \frac{(n+1)(2n+1)}{6}$$

$$D(X_i) = E(X_i)^2 - [E(X_i)]^2 = \frac{(n+1)(2n+1)}{6} - \frac{(n+1)^2}{4} = \frac{1}{12}(n^2 - 1)$$

因此

$$E(X) = \sum_{i=1}^{k} E(X_i) = \frac{k(n+1)}{2}, \quad D(X) = \sum_{i=1}^{k} D(X_i) = \frac{k(n^2-1)}{12}$$

例 4 - 9 设随机变量 X 的概率密度为 $f(x) = \frac{1}{\pi(1+x^2)}$，$-\infty < x < +\infty$，求 $E[\min(|X|, 1)]$.

解 $E[\min(|X|, 1)] = \int_{-\infty}^{+\infty} \min(|x|, 1) f(x) \mathrm{d}x = \int_{|x|<1} |x| f(x) \mathrm{d}x + \int_{|x| \geqslant 1} f(x) \mathrm{d}x =$

$$\int_{-1}^{1} \frac{|x|}{\pi(1+x^2)} \mathrm{d}x + \frac{1}{\pi} \int_{|x|>1} \frac{\mathrm{d}x}{1+x^2} =$$

$$\frac{2}{\pi}\int_0^1 \frac{x}{1+x^2}\mathrm{d}x + \frac{2}{\pi}\int_1^{+\infty}\frac{\mathrm{d}x}{1+x^2} = \frac{1}{\pi}\ln2 + \frac{1}{2}$$

例 4-10　一辆飞机场的交通车,送 25 名乘客到 9 个站,假设每位乘客都等可能地在任一站下车,且他们下车与否相互独立.又知,交通车只在有人下车时才停车,求该交通车停车次数的数学期望.

解　由题设,每一位乘客在第 i 站下车的概率均为 $\frac{1}{9}(i=1,2,\cdots,9)$,设 $A_k = \{$第 k 位乘客在第 i 站下车$\}$,则有

$$P(A_k) = \frac{1}{9}, \quad P(\overline{A}_k) = \frac{8}{9}, \quad k=1,2,\cdots,25$$

且 $A_1, A_2, \cdots, A_{25}$ 相互独立,所以第 i 站无人下车的概率为

$$P(\bigcap_{k=1}^{25}\overline{A}_k) = \prod_{k=1}^{25}P(\overline{A}_k) = \left(\frac{8}{9}\right)^{25}, \quad i=1,2,\cdots,9$$

设 $X_i = \begin{cases} 1, & \text{第 } i \text{ 站有人下车} \\ 0, & \text{第 } i \text{ 站无人下车} \end{cases}$, $i=1,2,\cdots,9$,则

$$P\{X_i=0\} = \left(\frac{8}{9}\right)^{25}, \quad P(X_i=1) = 1-\left(\frac{8}{9}\right)^{25}, \quad i=1,2,\cdots,9$$

于是交通车停车总次数为

$$X = \sum_{i=1}^9 X_i$$

所以

$$E(X) = \sum_{i=1}^9 E(X_i) = \sum_{i=1}^9 P\{X_i=1\} = 9\left[1-\left(\frac{8}{9}\right)^{25}\right]$$

例 4-11　设 A,B 是二随机事件,随机变量

$$X = \begin{cases} 1, & \text{若 } A \text{ 出现} \\ -1, & \text{若 } A \text{ 不出现} \end{cases}, \quad Y = \begin{cases} 1, & \text{若 } B \text{ 出现} \\ -1, & \text{若 } B \text{ 不出现} \end{cases}$$

试证明随机变量 X 和 Y 不相关的充分必要条件是 A 与 B 相互独立.

证　记 $P(A)=p_1, P(B)=p_2, P(AB)=p_{12}$,由数学期望定义可得

$$E(X) = P(A) - P(\overline{A}) = 2p_1 - 1, \quad E(Y) = 2p_2 - 1$$

现求 $E(XY)$.由于 XY 只取两个可能值 1 和 -1,可见

$$P\{XY=1\} = P(AB) + P(\overline{A}\,\overline{B}) = P(AB) + P(\overline{A\bigcup B}) =$$
$$P(AB) + 1 - P(A) - P(B) + P(AB) = 2p_{12} - p_1 - p_2 + 1$$
$$P\{XY=-1\} = 1 - P\{XY=1\} = p_1 + p_2 - 2p_{12}$$

所以

$$E(XY) = P\{XY=1\} - P\{XY=-1\} = 4p_{12} - 2p_1 - 2p_2 + 1$$

从而

$$\mathrm{COV}(X,Y) = E(XY) - E(X)E(Y) = 4p_{12} - 4p_1 p_2$$

X 与 Y 不相关的充分必要条件为 $\mathrm{COV}(X,Y)=0$,即

$$p_{12} = p_1 p_2$$

亦即 A 与 B 相互独立.

例 4-12　设有 N 个人,每个人将自己的帽子扔进屋子中央,把帽子充分混合后,每个人再从中随机地选取一顶,试求选中自己帽子的人数的数学期望与方差.

解　设 X 表示配对的人数,$X_i = \begin{cases} 1, & \text{若第 } i \text{ 个人选中自己的帽子} \\ 0, & \text{否则} \end{cases}$, $i=1,2,\cdots,N$,则 $X = X_1 + X_2 + \cdots + X_N$,而

$$P(X_i=1) = \frac{1}{N}, \quad P(X_i=0) = 1 - \frac{1}{N}$$

所以

$$E(X) = \sum_{i=1}^N E(X_i) = \sum_{i=1}^N P\{X_i=1\} = N \times \frac{1}{N} = 1$$

即平均来说,他们当中仅有一人能选中自己的帽子.

$$D(X) = \sum_{i=1}^{N} D(X_i) + 2 \sum_{1 \leqslant i < j \leqslant N} \text{COV}(X_i, X_j)$$

而

$$D(X_i) = E(X_i^2) - [E(X_i)]^2 = \frac{1}{N} - \left(\frac{1}{N}\right)^2 = \frac{1}{N}\left(1 - \frac{1}{N}\right)$$

$$\text{COV}(X_i, X_j) = E(X_i X_j) - E(X_i)E(X_j) = P(X_i = 1, X_j = 1) - \left(\frac{1}{N}\right)^2 =$$

$$P(X_i = 1)P(X_j = 1 \mid X_i = 1) - \left(\frac{1}{N}\right)^2 = \frac{1}{N} \cdot \frac{1}{N-1} - \left(\frac{1}{N}\right)^2 =$$

$$\frac{1}{N}\left(\frac{1}{N-1} - \frac{1}{N}\right) = \frac{1}{N^2(N-1)}, \quad i \neq j$$

所以

$$D(X) = \frac{N-1}{N} + 2C_N^2 \frac{1}{N^2(N-1)} = \frac{N-1}{N} + \frac{1}{N} = 1$$

例 4-13 设二维随机变量 (X, Y) 的密度函数为

$$f(x, y) = \frac{1}{2}[\varphi_1(x, y) + \varphi_2(x, y)]$$

其中 $\varphi_1(x, y)$ 和 $\varphi_2(x, y)$ 都是二维正态密度函数，且它们对应的二维随机变量的相关系数分别为 $\frac{1}{3}$ 和 $-\frac{1}{3}$，它们的边缘密度函数对应的数学期望是 0，方差都是 1.

(1) 求随机变量 X 和 Y 的密度函数 $f_1(x)$ 和 $f_2(y)$；

(2) 问 X 与 Y 是否不相关，为什么？

(3) 问 X 与 Y 是否独立，为什么？

解 (1) 因为 $\varphi_1(x, y)$ 和 $\varphi_2(x, y)$ 关于 X 和 Y 的边缘密度函数均为标准正态分布 $N(0, 1)$，所以

$$f_1(x) = \int_{-\infty}^{+\infty} f(x, y)dy = \frac{1}{2}\left[\int_{-\infty}^{+\infty}\varphi_1(x, y)dy + \int_{-\infty}^{+\infty}\varphi_2(x, y)dy\right] =$$

$$\frac{1}{2}\left[\frac{1}{\sqrt{2\pi}}e^{-\frac{x^2}{2}} + \frac{1}{\sqrt{2\pi}}e^{-\frac{x^2}{2}}\right] = \frac{1}{\sqrt{2\pi}}e^{-\frac{x^2}{2}}$$

即 X 的边缘密度为标准正态分布 $N(0, 1)$，同理可得 $Y \sim N(0, 1)$.

(2) X 与 Y 的相关系数为

$$\rho_{XY} = \frac{\text{COV}(X, Y)}{\sqrt{D(X)}\sqrt{D(Y)}} = \frac{E(XY) - E(X)E(Y)}{\sqrt{D(X) \cdot D(Y)}} = E(XY) = \int_{-\infty}^{+\infty}\int_{-\infty}^{+\infty} xyf(x, y)dxdy =$$

$$\frac{1}{2}\left[\int_{-\infty}^{+\infty}\int_{-\infty}^{+\infty} xy\varphi_1(x, y)dxdy + \int_{-\infty}^{+\infty}\int_{-\infty}^{+\infty} xy\varphi_2(x, y)dxdy\right] = \frac{1}{2}\left[\frac{1}{3} - \frac{1}{3}\right] = 0$$

即 X 与 Y 不相关.

(3) 由题设有

$$f(x, y) = \frac{1}{2}\left[\frac{1}{2\pi\sqrt{1 - \frac{1}{9}}}e^{-\frac{9}{16}\left(x^2 - \frac{2}{3}xy + y^2\right)} + \frac{1}{\sqrt{2\pi}\sqrt{1 - \frac{1}{9}}}e^{-\frac{9}{16}\left(x^2 + \frac{2}{3}xy + y^2\right)}\right] =$$

$$\frac{3}{8\pi\sqrt{2}}\left[e^{-\frac{9}{16}\left(x^2 - \frac{2}{3}xy + y^2\right)} + e^{-\frac{9}{16}\left(x^2 + \frac{2}{3}xy + y^2\right)}\right] \neq f_1(x)f_2(y) = \frac{1}{2\pi}e^{-\frac{x^2 + y^2}{2}}$$

所以 X 与 Y 不独立.

例 4-14 设随机变量 X 与 Y 独立同服从正态 $N\left(0, \frac{1}{2}\right)$ 分布，求 (1) $E(|X-Y|)$ 和 $D(|X-Y|)$；

(2) 求 $E(\max(X, Y))$ 和 $E(\min(X, Y))$.

解 (1) $X - Y \sim N(0, 1)$，所以

$$E(|X-Y|) = \int_{-\infty}^{+\infty} \frac{1}{\sqrt{2\pi}}|x|e^{-\frac{x^2}{2}}dx = \sqrt{\frac{2}{\pi}}\int_0^{+\infty} xe^{-\frac{x^2}{2}}dx = \sqrt{\frac{2}{\pi}}$$

$$D(|X-Y|) = E(|X-Y|^2) - (E|X-Y|)^2 = E(X-Y)^2 - \frac{2}{\pi} = 1 - \frac{2}{\pi}$$

(2) 因
$$\max(X, Y) = \frac{1}{2}[X + Y + |X - Y|]$$
$$\min(X, Y) = \frac{1}{2}[X + Y - |X - Y|]$$

所以
$$E[\max(X, Y)] = \frac{1}{2}[EX + EY + E|X - Y|] = \frac{1}{\sqrt{2\pi}}$$
$$E[\min(X, Y)] = \frac{1}{2}[EX + EY - E|X - Y|] = -\frac{1}{\sqrt{2\pi}}$$

例 4-15 假定在国际市场上每年对我国某种出口商品的需求量是随机变量 X（单位：t），已知 X 服从[2 000，4 000]上的均匀分布，设每售出这种商品 1t，可为国家挣得外汇 3 万元，但假如销售不出而囤积于仓库，则每吨需浪费保养费 1 万元，问应组织多少货源，才能使国家的收益最大？

解 用 y 表示预备某年出口的此种商品量（2 000 $\leqslant y \leqslant$ 4 000），Y 表示获得的收益（单位：万元），则
$$Y = H(X) = \begin{cases} 3y, & \text{当 } X \geqslant y \text{ 时} \\ 3X - (y - X), & \text{当 } X < y \text{ 时} \end{cases}$$

从而年平均收益为
$$E(Y) = \int_{-\infty}^{+\infty} H(x) f_X(x) dx = \frac{1}{2\,000}\int_{2\,000}^{y} (4x - y) dx + \frac{1}{2\,000}\int_{y}^{4\,000} 3y dx =$$
$$\frac{1}{1\,000}[-y^2 + 7\,000y - 4 \times 10^6] = \frac{1}{1\,000}[825\,000 - (y - 3\,500)^2]$$

故当 $y_0 = 3\,500\text{t}$ 时，可使平均收益达到最大.

例 4-16 设随机变量 X 的概率密度为
$$f(x) = \frac{1}{2} e^{-|x|}, \quad -\infty < x < +\infty$$

求：(1) X 的数学期望 $E(X)$ 和方差 $D(X)$；(2) X 与 $|X|$ 的协方差，并问 X 与 $|X|$ 是否不相关？(3) X 与 $|X|$ 是否相互独立，为什么？

解 (1)
$$E(X) = \int_{-\infty}^{+\infty} x \cdot \frac{1}{2} e^{-|x|} dx = 0$$
$$D(X) = E(X^2) = \int_{-\infty}^{+\infty} \frac{1}{2} x^2 e^{-|x|} dx = \int_{0}^{+\infty} x^2 e^{-x} dx = 2$$

(2) $\text{COV}(X, |X|) = E(X|X|) - E(X)E(|X|) = E(X|X|) = \frac{1}{2}\int_{-\infty}^{+\infty} x|x|e^{-|x|} dx = 0$

所以 X 与 $|X|$ 不相关.

(3) 对任意正数 $0 < a < +\infty$，$\{|X| \leqslant a\} \subset \{X \leqslant a\}$，且 $P\{X \leqslant a\} < 1$，$P\{|X| < a\} > 0$，故
$$P\{|X| \leqslant a, X \leqslant a\} = P\{|X| \leqslant a\} > P\{X \leqslant a\}P\{|X| \leqslant a\}$$

因此 X 与 $|X|$ 不独立.

例 4-17 设二维随机变量 (X, Y) 的概率密度为
$$f(x, y) = \begin{cases} A\sin(x + y), & 0 \leqslant x \leqslant \frac{\pi}{2}, 0 \leqslant y \leqslant \frac{\pi}{2} \\ 0, & \text{其他} \end{cases}$$

(1) 求系数 A；(2) 求 $E(X)$，$E(Y)$，$D(X)$，$D(Y)$；(3) 求 ρ_{XY}.

解 (1) 由于
$$\int_{-\infty}^{+\infty}\int_{-\infty}^{+\infty} f(x, y) dx dy = \int_{0}^{\frac{\pi}{2}} dy \int_{0}^{\frac{\pi}{2}} A\sin(x + y) dx = \int_{0}^{\frac{\pi}{2}} A(\cos y + \sin y) dy = 2A = 1$$

得 $A = \frac{1}{2}$.

(2) $E(X) = \int_{0}^{\frac{\pi}{2}}\int_{0}^{\frac{\pi}{2}} x \frac{1}{2}\sin(x + y) dx dy = \int_{0}^{\frac{\pi}{2}} x(\cos x + \sin x) dx = \frac{\pi}{4} - \int_{0}^{\frac{\pi}{2}} (\sin x - \cos x) dx = \frac{\pi}{4}$

$$E(X^2) = \int_0^{\frac{\pi}{2}} \int_0^{\frac{\pi}{2}} x^2 \cdot \frac{1}{2}\sin(x+y)\mathrm{d}x\mathrm{d}y = \frac{1}{2}\int_0^{\frac{\pi}{2}} x^2(\cos x + \sin x)\mathrm{d}x = \frac{\pi^2}{8} + \frac{\pi}{2} - 2$$

$$D(X) = E(X^2) - [E(X)]^2 = \frac{\pi^2}{8} + \frac{\pi}{2} - 2 - \frac{\pi^2}{16} = \frac{\pi^2}{16} + \frac{\pi}{2} - 2 = 0.187\,6$$

同理可得
$$E(Y) = \frac{\pi}{4}, \quad D(Y) = \frac{\pi^2}{16} + \frac{\pi}{2} - 2 = 0.187\,6$$

(3) $E(XY) = \int_{-\infty}^{+\infty} \int_{-\infty}^{+\infty} xyf(x, y)\mathrm{d}x\mathrm{d}y = \int_0^{\frac{\pi}{2}} \int_0^{\frac{\pi}{2}} xy \cdot \frac{1}{2}\sin(x+y)\mathrm{d}x\mathrm{d}y =$

$$\frac{1}{2}\int_0^{\frac{\pi}{2}} x\left[\left(\frac{\pi}{2} - 1\right)\sin x + \cos x\right]\mathrm{d}x = \frac{1}{2}\left[\left(\frac{\pi}{2} - 1\right)\int_0^{\frac{\pi}{2}} x\sin x\mathrm{d}x + \int_0^{\frac{\pi}{2}} x\cos x\mathrm{d}x\right] = \frac{\pi}{2} - 1$$

于是，X 与 Y 的协方差为

$$\mathrm{COV}(X, Y) = E(XY) - E(X)E(Y) = \frac{\pi}{2} - 1 - \frac{\pi^2}{16} = -0.046$$

相关系数为
$$\rho_{XY} = \frac{\mathrm{COV}(X, Y)}{\sqrt{D(X)D(Y)}} = \frac{-0.046}{0.187\,6} = -0.245$$

四、学习效果两级测试题及解答

测试题

1. 填空题（每小题 3 分，共 15 分）

(1) 设 X 表示 10 次独立重复射击中命中目标的次数，每次射中目标的概率为 0.4，则 $E(X^2)$ = _____.

(2) 设 $D(X) = 4$，$D(Y) = 9$，$\rho_{XY} = 0.6$，则 $D(3X - 2Y)$ = _____.

(3) 设随机变量 X 服从参数为 λ 的泊松分布，且已知 $E[(X-1)(X-2)] = 1$，则 λ = _____.

(4) 设随机变量 X_1，X_2，X_3 相互独立，其中 X_1 服从 $[0, 6]$ 上的均匀分布，$X_2 \sim N(0, 2^2)$，$X_3 \sim \pi(3)$，记 $Y = X_1 - 2X_2 + 3X_3$，则 $D(Y)$ = _____.

(5) 设随机变量 X 与 Y 相互独立，同服从正态分布 $N(\mu, \sigma^2)$，令 $\xi = \alpha X + \beta Y$，$\eta = \alpha X - \beta Y$，则 $\rho_{\xi\eta}$ = _____.

2. 选择题（每小题 3 分，共 15 分）

(1) 已知随机变量 X 服从二项分布 $b(n, p)$，且 $E(X) = 24$，$D(X) = 1.44$，则 n，p 的值为（　　）.

(A) $n = 4$，$p = 0.6$　　(B) $n = 6$，$p = 0.4$　　(C) $n = 8$，$p = 0.3$　　(D) $n = 24$，$p = 0.1$

(2) 设 X，Y 是任意两个随机变量，$E(XY) = E(X)E(Y)$ 则（　　）.

(A) $D(XY) = D(X)D(Y)$　(B) $D(X+Y) = D(X) + D(Y)$

(C) X 与 Y 相互独立　　(D) X 与 Y 不独立

(3) 设随机变量 X 服从参数为 2 的指数分布，随机变量 $Y = 2X + \mathrm{e}^{-2X}$，则 $E(Y)$ = （　　）.

(A) $\dfrac{3}{2}$ 　　　　　(B) 5 　　　　　(C) $\dfrac{3}{4}$ 　　　　　(D) $\dfrac{4}{3}$

(4) 设随机变量 X 与 Y 独立，且 $X \sim N(\mu, \sigma_1^2)$，$Y \sim N(\mu, \sigma_2^2)$，则 $D(|X - Y|)$ = （　　）.

(A) $(\sigma_1^2 + \sigma_1^2)\left(1 - \dfrac{2}{\pi}\right)$ 　　　　　　(B) $\sigma_1^2 + \sigma_2^2$

(C) $|\sigma_1^2 - \sigma_2^2|$ 　　　　　　　　(D) $(\sigma_1^2 - \sigma_2^2)\left(1 - \dfrac{2}{\pi}\right)$

(5) 设随机变量 X 与 Y 相互独立且同服从 $(0, \theta)(\theta > 0)$ 上的均匀分布，且 $E[\min(X, Y)]$ = （　　）.

(A) $\dfrac{\theta}{2}$ 　　　　　(B) θ 　　　　　(C) $\dfrac{\theta}{3}$ 　　　　　(D) $\dfrac{\theta}{4}$

3. （本题满分 10 分）流水作业线上生产出的每个产品为不合格品的概率为 p，当生产出 k 个不合格品时，即停工检修一次,求在两次检修之间产品总数的数学期望与方差.

4.(本题满分 10 分)某箱装有 100 件产品,其中一、二和三等品分别为 80 件,10 件和 10 件,现从中随机抽取一件,记

$$X_i = \begin{cases} 1, & \text{若抽到 } i \text{ 等品} \\ 0, & \text{其他} \end{cases}, \quad i = 1, 2, 3$$

试求:(1) 随机变量 X_1 与 X_2 的联合分布;(2) X_1 与 X_2 的相关系数 ρ.

5.(本题满分 10 分)一台设备由三大部件构成,在设备运转过程中各部件需要调整的概率相应为 0.10,0.20 和 0.30.假设各部件的状态相互独立,以 X 表示同时需要调整的部件数,求 X 的概率分布、数学期望 $E(X)$ 和方差 $D(X)$.

6.(本题满分 10 分)设某种商品每周的需求量 X 是服从区间 $[10, 30]$ 上均匀分布的随机变量,而经销商店进货数量为区间 $[10, 30]$ 中的某一整数,商店每销售 1 单位商品可获利 500 元,若供大于求则削价处理,每处理 1 单位商品亏损 100 元;若供不应求,则可从外部调剂供应,此时 1 单位商品仅获利 300 元,为使商店所获利润期望值不少于 9 280 元.试确定最小进货量.

7.(本题满分 15 分)从电梯最低层(入口)向上共有 N 层楼(N 个出口),假定每个人要求在哪一层停下离开是彼此独立的且是等可能的,求所有乘客都走出电梯时,该电梯停止次数的数学期望.

(1) 假定一开始时乘客人数为 k;(2) 假定开始时乘电梯的乘客人数服从参数为 λ 的泊松分布.

8.(本题满分 15 分)设二维随机变量 (X, Y) 服从正态 $N(0, 0, 1, 1, \rho)$ 分布,求 $E[\max(X, Y)]$.

测试题解答

1.(1) 18.4   (2) 28.8   (3) $\lambda = 1$ (4) 46   (5) $\dfrac{\alpha^2 - \beta^2}{\alpha^2 + \beta^2}$

2.(1)(B)   (2)(B)   (3)(A)   (4)(A)   (5)(C)

3. **解**　设第 $i-1$ 个不合格品出现后到第 i 个不合格品出现时的产品数为 X_i,$i = 1, 2, \cdots, n$,又设两次检修之间产品总数为 X,则 $X = \sum\limits_{i=1}^{k} X_i$,$X_1, X_2, \cdots, X_k$ 独立同分布,且

$$P\{X_i = j\} = (1-p)^{j-1} p, \quad i = 1, 2, \cdots, k; j = 1, 2, \cdots$$

由此得

$$E(X_i) = \sum_{j=1}^{\infty} j(1-p)^{j-1} p = \frac{1}{p}$$

$$D(X_i) = E(X_i^2) - [E(X_i)]^2 = \frac{2-p}{p^2} - \frac{1}{p^2} = \frac{1-p}{p^2}$$

所以

$$E(X) = \sum_{i=1}^{k} E(X_i) = \frac{k}{p}, \quad D(X) = \sum_{i=1}^{k} D(X_i) = \frac{k(1-p)}{p^2}$$

4. **解**　(1) 设 $A_i = \{$抽到 i 等品$\}$,$i = 1, 2, 3$,由题意知 A_1, A_2, A_3 两两互不相容.

$$P(A_1) = 0.8, \quad P(A_2) = 0.1, \quad P(A_3) = 0.1$$

X_1, X_2 的取值为 0,1,故 (X_1, X_2) 的联合分布律为

$$P\{X_1 = 0, X_2 = 0\} = P(A_3) = 0.1, \quad P\{X_1 = 0, X_2 = 1\} = P(A_2) = 0.1$$

$$P\{X_1 = 1, X_2 = 0\} = P(A_1) = 0.8, \quad P\{X_1 = 1, X_2 = 1\} = P(\varnothing) = 0$$

(2)

$$E(X_1) = 0.8, E(X_2) = 0.1, D(X_1) = 0.8 \times 0.2 = 0.16$$

$$D(X_2) = 0.1 \times 0.9 = 0.09$$

$$E(X_1 X_2) = 0 \times 0 \times 0.1 + 0 \times 1 \times 0.1 + 1 \times 0 \times 0.8 + 0 \times 0 \times 0 = 0$$

$$\text{COV}(X_1, X_2) = E(X_1 X_2) - E(X_1) \cdot E(X_2) = 0 - 0.8 \times 0.1 = -0.08$$

$$\rho = \frac{\text{COV}(X_1, X_2)}{\sqrt{D(X_1)} \sqrt{D(X_2)}} = \frac{-0.08}{\sqrt{0.16 \times 0.09}} = -\frac{2}{3}$$

5. **解**　设 $A_i = \{$部件 i 需要调整$\}$($i = 1, 2, 3$),$P(A_1) = 0.10$,$P(A_2) = 0.20$,$P(A_3) = 0.30$,X 的可能取值为 0,1,2,3,由于 A_1, A_2, A_3 相互独立,所以

$$P(X=0) = P(\bar{A_1}\bar{A_2}\bar{A_3}) = 0.9 \times 0.8 \times 0.7 = 0.504$$

$$P(X=1) = P(A_1\bar{A_2}\bar{A_3} + \bar{A_1}A_2\bar{A_3} + \bar{A_1}\bar{A_2}A_3) =$$

$$0.1 \times 0.8 \times 0.7 + 0.9 \times 0.2 \times 0.7 + 0.9 \times 0.8 \times 0.3 = 0.398$$

$$P(X=2) = P(A_1 A_2 \bar{A_3} + A_1 \bar{A_2} A_3 + \bar{A_1} A_2 A_3) =$$

$$0.1 \times 0.2 \times 0.7 + 0.1 \times 0.8 \times 0.3 + 0.9 \times 0.2 \times 0.3 = 0.092$$

$$P(X=3) = P(A_1 A_2 A_3) = 0.1 \times 0.2 \times 0.3 = 0.006$$

于是 X 的分布律为

X	0	1	2	3
P	0.504	0.398	0.092	0.006

$$E(X) = 0 \times 0.504 + 1 \times 0.398 + 2 \times 0.092 + 3 \times 0.006 = 0.6$$

$$E(X^2) = 0^2 \times 0.504 + 1^2 \times 0.398 + 2^2 \times 0.092 + 3^2 \times 0.006 = 0.820$$

$$D(X) = 0.820 - 0.6^2 = 0.46$$

6. 解　设进货量为 a，则利润为

$$H(X) = \begin{cases} 500a + (X-a)300, & a < X \leqslant 30 \\ 500X - (a-X) \times 100, & 10 \leqslant X \leqslant a \end{cases} = \begin{cases} 300X + 200a, & a < X \leqslant 30 \\ 600X - 100a, & 10 \leqslant X \leqslant a \end{cases}$$

期望利润

$$E[H(X)] = \int_{10}^{a} \frac{1}{20}(600x - 100a)dx + \int_{a}^{30} \frac{1}{20}(300x + 200a)dx = -7.5a^2 + 350a + 5\,250$$

依题意，有

$$-7.5a^2 + 350a + 5\,250 \geqslant 9\,280$$

即

$$7.5a^2 - 350a + 4\,030 \leqslant 0$$

解得 $20\frac{2}{3} \leqslant a \leqslant 26$. 故利润期望值不小于 9 280 元的最小进货量为 21 单位.

7. 解　(1) 令 $X_i = \begin{cases} 1, & \text{在第 } i \text{ 个出口有乘客下} \\ 0, & \text{在第 } i \text{ 个出口无乘客下} \end{cases}$，$i = 1, 2, \cdots, N$，则当所有乘客走出电梯时,停止次

数为 $X = \sum_{i=1}^{N} X_i$，则

$$P(X_i = 0) = \frac{(N-1)^k}{N^k}, \quad P\{X_i = 1\} = 1 - \frac{(N-1)^k}{N^k}$$

故

$$E(X_i) = 1 - \frac{(N-1)^k}{N^k} = 1 - \left(1 - \frac{1}{N}\right)^k, \quad i = 1, 2, \cdots, N$$

于是

$$E(X) = \sum_{i=1}^{N} E(X_i) = N\left[1 - \left(\frac{1}{N}\right)^k\right]$$

(2) 设开始乘电梯的人数为 Y，$Y \sim \pi(\lambda)$，即 $P\{Y = k\} = \frac{\lambda^k}{k!}e^{-\lambda}$，$k = 0, 1, 2, \cdots$，故

$$E(X) = \sum_{k=0}^{\infty} P(Y=k)E(X \mid Y=k) = \sum_{k=0}^{\infty} \frac{\lambda^k}{k!}e^{-\lambda} N\left[1 - \left(1 - \frac{1}{N}\right)^k\right] =$$

$$N\sum_{k=0}^{\infty} \frac{\lambda^k}{k!}e^{-\lambda} - N\sum_{k=0}^{\infty} \frac{\left[\lambda\left(1 - \frac{1}{N}\right)\right]^k}{k!}e^{-\lambda} = N[1 - e^{-\lambda}e^{\lambda(1-\frac{1}{N})}] = N[1 - e^{-\frac{\lambda}{N}}]$$

8. 解　因为 $\max(X, Y) = \frac{1}{2}[X + Y + |X - Y|]$ 而 $E(X) = E(Y) = 0$，$D(X) = D(Y) = 1$，$\rho_{XY} = \rho$，

所以

$$E[\max(X, Y)] = \frac{1}{2}[E(X) + E(Y) + E(|X - Y|)] = \frac{1}{2}E[|X - Y|]$$

又因 $X - Y$ 服从正态分布，且

$$E(X - Y) = E(X) - E(Y) = 0$$

$$D(X-Y) = D(X) + D(Y) - 2\text{COV}(X, Y) = 1 + 1 - 2\rho\sqrt{D(X)D(Y)} = 2(1-\rho)$$

所以 $X - Y \sim N(0, 2(1-\rho))$，故

$$E[|X-Y|] = \frac{1}{\sqrt{2\pi}\sqrt{2(1-\rho)}}\int_{-\infty}^{+\infty}|x|e^{-\frac{x^2}{4(1-\rho)}}dx = \frac{1}{\sqrt{\pi(1-\rho)}}\int_0^{+\infty}xe^{-\frac{x^2}{4(1-\rho)}}dx = 2\sqrt{\frac{1-\rho}{\pi}}$$

于是

$$E[\max(X, Y)] = \frac{1}{2}E[|X-Y|] = \sqrt{\frac{1-\rho}{\pi}}$$

五、课后习题全解

1. (1) 在下列句子中随机地取一单词，以 X 表示取到的单词所包含的字母个数，写出 X 的分布律并求 $E(X)$.

"THE GIRL PUT ON HER BEAUTIFUL RED HAT"

(2) 在上述句子的 30 个字母中随机地取一字母，以 Y 表示取到的字母所在的单词所包含的字母数，写出 Y 的分布律并求 $E(Y)$.

(3) 一人掷骰子，如得 6 点则掷第 2 次，此时得分为 6＋第二次得到的点数；否则得分为他第一次掷得的点数，且不能再掷，求得分 X 的分布律及 $E(X)$.

解 (1) 依题知，X 的可能取值为：2，3，4，9. 句子中含 2 个字母的单词，含 4 个，含 9 个字母的单词都仅有一个，而含 3 个字母的单词有 5 个. 则 X 的分布律为

X	2	3	4	9
P	$\frac{1}{8}$	$\frac{5}{8}$	$\frac{1}{8}$	$\frac{1}{8}$

故

$$E(X) = \frac{1}{8} \times 2 + \frac{5}{8} \times 3 + \frac{1}{8} \times 4 + \frac{1}{8} \times 9 = \frac{15}{4}$$

(2) 依题知，Y 的可能取值也为：2，3，4，9.

当 $Y = 2$ 时，即取"ON"，故 $p_k = \frac{2}{30}$，当 $Y = 3$ 时，可取"THE"，"PUT"，"HER"，"RED"，"HAT"，

故 $p_k = \frac{15}{30}$，当 $Y = 4$ 时，取"GIRL"，故 $p_k = \frac{4}{30}$，当 $Y = 9$ 时，取"BEAUTIFUL"，故 $p_k = \frac{9}{30}$.

于是，Y 的分布律为

Y	2	3	4	9
P	$\frac{2}{30}$	$\frac{15}{30}$	$\frac{4}{30}$	$\frac{9}{30}$

故

$$E(Y) = \frac{2}{30} \times 2 + \frac{15}{30} \times 3 + \frac{4}{30} \times 4 + \frac{9}{30} \times 9 = \frac{73}{15}$$

(3) 得分 X 的所有可能取值为 1，2，…，12. 其分布律为

X	1	2	3	4	5	7	8	9	10	11	12
P	$\frac{1}{6}$	$\frac{1}{6}$	$\frac{1}{6}$	$\frac{1}{6}$	$\frac{1}{6}$	$\frac{1}{36}$	$\frac{1}{36}$	$\frac{1}{36}$	$\frac{1}{36}$	$\frac{1}{36}$	$\frac{1}{36}$

故

$$E(X) = (1+2+3+4+5) \times \frac{1}{6} + (7+8+9+10+11+12) \times \frac{1}{36} = \frac{49}{12}$$

2. 某产品的次品率为 0.1，检验员每天检验 4 次，每次随机地取 10 件产品进行检验，如发现其中的次品数多于 1，就去调整设备. 以 X 表示一天中调整设备的次数，试求 $E(X)$，(设诸产品是否为次品是相互独立的).

解 X 的可能取值为：0，1，2，3，4. 每次对产品检验，不用调整设备的概率为

$$P_1 = (0.9)^{10} + C_{10}^1 \times 0.1 \times (0.9)^9 = 0.736$$

设 $q_1 = 1 - p_1 = 0.264$，则 $X \sim b(4, p_1)$，X 的分布律为

X	0	1	2	3	4
P	p_1^4	$C_4^1 p_1^3 q_1$	$C_4^2 p_1^2 q_1^2$	$C_4^3 p_1 q_1^3$	q_1^4

故
$$E(X) = 0 \times p_1^4 + 1 \times C_4^1 p_1^3 q_1 + 2 \times C_4^2 p_1^2 q_1^2 + 3 \times C_4^3 p_1 q_1^3 + 4 \times q_1^4 =$$
$$0.421 + 0.453 + 0.162 + 0.019 = 1.055$$

3. 有 3 只球，4 只盒子，盒子的编号为 1，2，3，4．将球逐个独立地、随机地放入 4 只盒子中去，以 X 表示其中至少有一只球的盒子的最小号码（例如 $X = 3$ 表示第 1 号，第 2 号盒子是空的，第 3 号盒子至少有一只球），试求 $E(X)$．

解　X 的可能取值为：1，2，3，4．若 $X = 1$，则 1 号盒中至少有一球，而 3 只球放到 4 只盒子中共有 4^3 种放法，故

$$P(X = 1) = \frac{4^3 - 3^3}{4^3}$$

若 $X = 2$，则 2 号盒中至少有一球，1 号盒是空的，故

$$P(X = 2) = \frac{3^3 - 2^3}{4^3}$$

若 $X = 3$，则 3 号盒中至少有一球，1，2 号盒子是空的，故

$$P(X = 3) = \frac{2^3 - 1}{4^3}$$

若 $X = 4$，则 1，2，3 号盒子是空的，4 号盒中有 3 只球，故

$$P(X = 4) = \frac{1}{4^3}$$

$$E(X) = 1 \times P(X = 1) + 2 \times P(X = 2) + 3 \times p(X = 3) + 4 \times P(X = 4) =$$
$$\frac{(4^3 - 3^3) + 2 \times (3^3 - 2^3) + 3 \times (2^3 - 1) + 4}{4^3} = \frac{25}{16}$$

4. (1) 设随机变量 X 的分布律为 $P\left\{X = (-1)^{j+1} \cdot \dfrac{3^j}{j}\right\} = \dfrac{2}{3^j}$，$j = 1, 2, \cdots$，说明 X 的数学期望不存在．

(2) 一盒中装有一只黑球，一只白球，作摸球游戏，规则如下：一次从盒中随机摸一只球，若摸到白球，则游戏结束；若摸到黑球放回再放入一只黑球，然后再从盒中随机地摸一只球．试说明要游戏结束的摸球次数 X 的数学期望不存在．

解　(1) 由于
$$\sum_{j=1}^{\infty} \left| (-1)^{j+1} \cdot \frac{3^j}{j} \right| \cdot \frac{2}{3^j} = \sum_{j=1}^{\infty} \frac{3^j}{j} \cdot \frac{2}{3^j} = 2 \sum_{j=1}^{\infty} \frac{1}{j}$$

而级数 $\displaystyle\sum_{j=1}^{\infty} \frac{1}{j}$ 发散，故级数 $\displaystyle\sum_{j=1}^{\infty} (-1)^{j+1} \cdot \frac{3^j}{j} \cdot \frac{2}{3^j}$ 不绝对收敛，由数学期望的定义知，X 的数学期望不存在．

(2) 以 A_k 记事件"第 k 次摸球摸到黑球"，以 $\overline{A}_k$ 记事件"第 k 次摸球摸到白球"，以 C_k 表示事件"游戏在第 k 次摸球时结束"，$k = 1, 2, \cdots$ 按题意
$$C_k = A_1 A_2 \cdots A_{k-1} \overline{A}_k$$
$$P(C_k) = P(A_1) P(A_2 \mid A_1) \cdots P(A_{k-1} \mid A_1 A_2 \cdots A_{k-2}) P(\overline{A}_k \mid A_1 A_2 \cdots A_{k-1})$$
$X = k$ 时，盒中共有 $k + 1$ 只球，其中只有一只是白球，故
$$P\{X = k\} = P(A_1 \cdots A_{k-1} \overline{A}_k) = P(A_1) P(A_2 \mid A_1) \cdots P(A_{k-1} \mid A_1 A_2 \cdots A_{k-2}) P(\overline{A}_k \mid A_1 A_2 \cdots A_{k-1}) =$$
$$\frac{1}{2} \cdot \frac{2}{3} \cdot \cdots \cdot \frac{k-2}{k-1} \cdot \frac{k-1}{k} \cdot \frac{1}{k+1} = \frac{1}{k} \cdot \frac{1}{k+1}$$

因为
$$\sum_{k=1}^{\infty} k P\{x = k\} = \sum_{k=1}^{\infty} k \cdot \frac{1}{k} \cdot \frac{1}{k+1} = \sum_{k=1}^{\infty} \frac{1}{k+1} = \infty$$

故 X 的数学期望不存在．

5. 设在某一规定的时间间隔里，某电气设备用于最大负荷的时间 X（以 min 计）是一个随机变量，其概率密度为

$$f(x) = \begin{cases} \dfrac{1}{(1\,500)^2}x, & 0 \leqslant x \leqslant 1\,500 \\[2mm] \dfrac{-1}{(1\,500)^2}(x-3\,000), & 1\,500 < x \leqslant 3\,000 \\[2mm] 0, & \text{其他} \end{cases}$$

求 $E(X)$.

解 由数学期望的定义知

$$E(X) = \int_{-\infty}^{+\infty} xf(x)\mathrm{d}x = \int_0^{1\,500} x^2 \cdot \frac{\mathrm{d}x}{(1\,500)^2} + \int_{1\,500}^{3\,000} \frac{-x}{(1\,500)^2}(x-3\,000)\mathrm{d}x =$$

$$500 + \left(-\frac{x^3}{3}\right)\Big|_{1\,500}^{3\,000} \cdot \frac{1}{(1\,500)^2} + \frac{x^2}{2}\Big|_{1\,500}^{3\,000} \cdot \frac{3\,000}{(1\,500)^2} =$$

$$500 + 500 - 4\,000 + 6\,000 - 1\,500 = 1\,500$$

6. 设随机变量 X 的分布律为

X	-2	0	2
P	0.4	0.3	0.3

求 $E(X)$，$E(X^2)$，$E(3X^2+5)$.

解 $E(X) = -2 \times 0.4 + 0 \times 0.3 + 2 \times 0.3 = -0.2$

$E(X^2) = (-2)^2 \times 0.4 + 0^2 \times 0.3 + 2^2 \times 0.3 = 2.8$

$E(3X^2+5) = [3 \times (-2)^2 + 5] \times 0.4 + (3 \times 0^2 + 5) \times 0.3 + (3 \times 2^2 + 5) \times 0.3 = 13.4$

7.（1）设随机变量 X 的概率密度为

$$f(x) = \begin{cases} \mathrm{e}^{-x}, & x > 0 \\ 0, & x \leqslant 0 \end{cases}$$

求（i）$Y = 2X$ 的数学期望；（ii）$Y = \mathrm{e}^{-2X}$ 的数学期望.

（2）设随机变量 $X_1, X_2, \cdots, X_n$ 相互独立，且都服从 $(0,1)$ 上的均匀分布，（i）求 $U = \max\{X_1, X_2, \cdots, X_n\}$ 的数学期望，（ii）求 $V = \min\{X_1, X_2, \cdots, X_n\}$ 的数学期望.

解（1）$\quad E(Y) = E(2X) = 2E(X) = 2 \cdot \int_0^{+\infty} x \cdot \mathrm{e}^{-x}\mathrm{d}x =$

$$2 \cdot \left(-x\mathrm{e}^{-x}\Big|_0^{+\infty} + \int_0^{+\infty} \mathrm{e}^{-x}\mathrm{d}x\right) = 2 \cdot (0 - \mathrm{e}^{-x}\Big|_0^{+\infty}) = 2$$

$$E(Y) = E(\mathrm{e}^{-2X}) = \int_{-\infty}^{+\infty} \mathrm{e}^{-2x} \cdot f(x)\mathrm{d}x = \int_0^{+\infty} \mathrm{e}^{-2x} \cdot \mathrm{e}^{-x}\mathrm{d}x = \int_0^{+\infty} \mathrm{e}^{-3x}\mathrm{d}x = \frac{1}{3}$$

（2）X_i 的概率密度为 $\quad f(x) = \begin{cases} 1, & 0 < x < 1 \\ 0, & \text{其他} \end{cases}$，$\quad i = 1, 2, \cdots, n$

其分布函数为 $\quad F(x) = \begin{cases} 0, & x < 0 \\ x, & 0 \leqslant x < 1 \\ 1, & x \geqslant 1 \end{cases}$

$U = \max\{X_1, X_2, \cdots, X_n\}$ 的概率密度函数为

$$f_U(x) = nF^{n-1}(x)f(x) = \begin{cases} nx^{n-1}, & 0 < x < 1 \\ 0, & \text{其他} \end{cases}$$

$V = \min\{X_1, X_2, \cdots, X_n\}$ 的概率密度函数为

$$f_V(x) = n[1-F(x)]^{n-1}f(x) = \begin{cases} n(1-x)^{n-1}, & 0 < x < 1 \\ 0, & \text{其他} \end{cases}$$

$$E(U) = \int_0^1 xnx^{n-1}\mathrm{d}x = \frac{n}{n+1}, \quad E(V) = \int_0^1 xn(1-x)^{n-1}\mathrm{d}x = \frac{1}{n+1}$$

8. 设 (X, Y) 的分布律为

Y＼X	1	2	3
−1	0.2	0.1	0
0	0.1	0	0.3
1	0.1	0.1	0.1

(1) 求 $E(X)$，$E(Y)$；(2) 设 $Z = Y/X$，求 $E(Z)$；(3) 设 $Z = (X - Y)^2$，求 $E(Z)$.

解　(1) X 的分布律为

X	1	2	3
$p_i.$	0.4	0.2	0.4

Y 的分布律为

Y	−1	0	1
$p_{.j}$	0.3	0.4	0.3

故
$$E(X) = 1 \times 0.4 + 2 \times 0.2 + 3 \times 0.4 = 2$$
$$E(Y) = -1 \times 0.3 + 0 \times 0.4 + 1 \times 0.3 = 0$$

(2) $E(Z) = \dfrac{-1}{1} \times 0.2 + \dfrac{-1}{2} \times 0.1 + \dfrac{-1}{3} \times 0 + \dfrac{0}{1} \times 0.1 + \dfrac{0}{2} \times 0 + \dfrac{0}{3} \times 0.3 +$

$\dfrac{1}{1} \times 0.1 + \dfrac{1}{2} \times 0.1 + \dfrac{1}{3} \times 0.1 = -\dfrac{1}{15}$

(3) $E(Z) = (1-(-1))^2 \times 0.2 + (2-(-1))^2 \times 0.1 + (3-(-1)^2) \times 0 + (1-0)^2 \times 0.1 +$

$(2-0)^2 \times 0 + (3-0)^2 \times 0.3 + (1-1)^2 \times 0.1 + (2-1)^2 \times 0.1 + (3-1)^2 \times 0.1 =$

$0 \times 0.1 + 1 \times 0.2 + 4 \times 0.3 + 9 \times 0.4 + 16 \times 0 = 5$

9. (1) 设 (X, Y) 的概率密度为

$$f(x, y) = \begin{cases} 12y^2, & 0 \leqslant y \leqslant x \leqslant 1 \\ 0, & \text{其他} \end{cases}$$

求 $E(X)$，$E(Y)$，$E(XY)$，$E(X^2 + Y^2)$.

(2) 设随机变量 X, Y 的联合密度为

$$f(x, y) = \begin{cases} \dfrac{1}{y} e^{-(y + x/y)}, & x > 0, y > 0 \\ 0, & \text{其他} \end{cases}$$

求 $E(X)$，$E(Y)$，$E(XY)$.

解　(1) X 的概率密度为

$$f_X(x) = \begin{cases} \displaystyle\int_0^x 12y^2 \,\mathrm{d}y = 4x^3, & 0 \leqslant x \leqslant 1 \\ 0, & \text{其他} \end{cases}$$

Y 的概率密度为

$$f_Y(y) = \begin{cases} \displaystyle\int_y^1 12y^2 \,\mathrm{d}x = 12y^2(1-y), & 0 \leqslant y \leqslant 1 \\ 0, & \text{其他} \end{cases}$$

$$E(X) = \int_{-\infty}^{+\infty} x f_X(x) \,\mathrm{d}x = \int_0^1 x \cdot 4x^3 \,\mathrm{d}x = \int_0^1 4x^4 \,\mathrm{d}x = \frac{4}{5}$$

$$E(Y) = \int_{-\infty}^{+\infty} y f_Y(y) \,\mathrm{d}y = \int_0^1 y \cdot 12y^2(1-y) \,\mathrm{d}y = \int_0^1 12y^3(1-y) \,\mathrm{d}y = \frac{3}{5}$$

$$E(XY) = \int_{-\infty}^{+\infty}\int_{-\infty}^{+\infty} xy f(x, y) \,\mathrm{d}x\mathrm{d}y = \int_0^1\int_0^x xy \cdot 12y^2 \,\mathrm{d}x\mathrm{d}y = \int_0^1 3x^5 \,\mathrm{d}x = \frac{1}{2}$$

$$E(X^2 + Y^2) = \int_{-\infty}^{+\infty}\int_{-\infty}^{+\infty}(x^2 + y^2) f(x, y) \,\mathrm{d}x\mathrm{d}y = \int_0^1\int_0^x (x^2 + y^2) \cdot 12y^2 \,\mathrm{d}x\mathrm{d}y =$$

$$\int_0^1 \frac{32}{5}x^5 \,\mathrm{d}x = \frac{32}{5} \times \frac{1}{6} = \frac{16}{15}$$

(2)
$$E(X) = \int_{-\infty}^{+\infty} \int_{-\infty}^{+\infty} x f(x,y) \mathrm{d}y \mathrm{d}x = \int_{0}^{+\infty} \int_{0}^{+\infty} \frac{x}{y} \mathrm{e}^{-(y+x/y)} \mathrm{d}y \mathrm{d}x =$$

$$\int_{0}^{+\infty} \mathrm{e}^{-y} \int_{0}^{+\infty} \frac{x}{y} \mathrm{e}^{-x/y} \mathrm{d}x \mathrm{d}y = \int_{0}^{+\infty} y \mathrm{e}^{-y} \mathrm{d}y = 1$$

$$E(Y) = \int_{-\infty}^{+\infty} \int_{-\infty}^{+\infty} y f(x,y) \mathrm{d}y \mathrm{d}x = \int_{0}^{+\infty} \int_{0}^{+\infty} \mathrm{e}^{-(y+x/y)} \mathrm{d}x \mathrm{d}y =$$

$$\int_{0}^{+\infty} \mathrm{e}^{-y} \int_{0}^{+\infty} \mathrm{e}^{-x/y} \mathrm{d}x \mathrm{d}y = \int_{0}^{+\infty} y \mathrm{e}^{-y} \mathrm{d}y = 1$$

$$E(XY) = \int_{-\infty}^{+\infty} \int_{-\infty}^{+\infty} xy f(x,y) \mathrm{d}y \mathrm{d}x = \int_{0}^{+\infty} \int_{0}^{+\infty} x \mathrm{e}^{-(y+x/y)} \mathrm{d}x \mathrm{d}y =$$

$$\int_{0}^{+\infty} \mathrm{e}^{-y} \int_{0}^{+\infty} x \mathrm{e}^{-x/y} \mathrm{d}x \mathrm{d}y = \int_{0}^{+\infty} y^2 \mathrm{e}^{-y} \mathrm{d}y = 2$$

10.(1) 设随机变量 $X \sim N(0,1)$，$Y \sim N(0,1)$ 且 X,Y 相互独立. 求 $E[X^2/(X^2+Y^2)]$.

(2) 一飞机进行空投物资作业，设目标点为原点 $O(0,0)$，物资着陆点为 (X,Y)，X,Y 相互独立，且设 $X \sim N(0,\sigma^2)$，$Y \sim N(0,\sigma^2)$，求原点到点 (X,Y) 间距离的数学期望.

解　(1) 由对称性知

$$E\left(\frac{X^2}{X^2+Y^2}\right) = E\left(\frac{Y^2}{X^2+Y^2}\right)$$

而
$$E\left(\frac{X^2}{X^2+Y^2}\right) + E\left(\frac{Y^2}{X^2+Y^2}\right) = E(1) = 1$$

故
$$E\left(\frac{X^2}{X^2+Y^2}\right) = \frac{1}{2}$$

(2) 记原点到点 (X,Y) 的距离为 R，$R = \sqrt{X^2+Y^2}$，由题设 (X,Y) 的密度函数为

$$f(x,y) = \frac{1}{\sqrt{2\pi}\,\sigma} \mathrm{e}^{-x^2/(2\sigma^2)} \cdot \frac{1}{\sqrt{2\pi}\,\sigma} \mathrm{e}^{-y^2/(2\sigma^2)} = \frac{1}{2\pi\sigma^2} \mathrm{e}^{-\frac{x^2+y^2}{2\sigma^2}}, \quad -\infty < x < \infty, -\infty < y < \infty$$

$$E(R) = E(\sqrt{X^2+Y^2}) = \int_{-\infty}^{\infty} \int_{-\infty}^{\infty} \sqrt{x^2+y^2} \cdot \frac{1}{2\pi\sigma^2} \mathrm{e}^{-\frac{x^2+y^2}{2\sigma^2}} \mathrm{d}x \mathrm{d}y = \sigma\sqrt{\frac{\pi}{2}}$$

11. 一工厂生产的某种设备的寿命 X（以年计）服从指数分布，概率密度为

$$f(x) = \begin{cases} \frac{1}{4} \mathrm{e}^{-\frac{x}{4}}, & x > 0 \\ 0, & x \leqslant 0 \end{cases}$$

工厂规定，出售的设备若在售出一年之内损坏可予以调换. 若工厂售出一台设备赢利 100 元，调换一台设备厂方需化费 300 元，试求厂方出售一台设备净赢利的数学期望.

解　售出一台设备的赢利函数

$$\eta(X) = \begin{cases} -200, & 0 < X < 1 \\ 100, & X > 1 \end{cases}$$

则
$$E(\eta) = \int_{-\infty}^{+\infty} \eta(x) \cdot f(x) \mathrm{d}x = \int_{0}^{1} -200 \cdot \frac{1}{4} \mathrm{e}^{-\frac{x}{4}} \mathrm{d}x + \int_{1}^{+\infty} 100 \cdot \frac{1}{4} \mathrm{e}^{-\frac{x}{4}} \mathrm{d}x =$$

$$200 \cdot \mathrm{e}^{-\frac{x}{4}} \Big|_{0}^{1} - 100 \cdot \mathrm{e}^{-\frac{x}{4}} \Big|_{1}^{+\infty} = 200 \cdot \mathrm{e}^{-\frac{1}{4}} - 200 + 100 \cdot \mathrm{e}^{-\frac{1}{4}} = 300\mathrm{e}^{-\frac{1}{4}} - 200$$

12. 某车间生产的圆盘其直径在区间 (a,b) 服从均匀分布，试求圆盘面积的数学期望.

解　设圆的直径为随机变量 ξ，面积为随机变量 η，则 $\eta = f(\xi) = \frac{\pi}{4}\xi^2$，其中 ξ 的概率密度为

$$\varphi(x) = \begin{cases} \frac{1}{b-a}, & \text{当 } a \leqslant x \leqslant b \\ 0, & \text{当 } x < a \text{ 或 } x > b \end{cases}, \quad a > 0, b > 0$$

则
$$E(\eta) = E[f(\xi)] = \int_{-\infty}^{+\infty} f(x)\varphi(x) \mathrm{d}x = \int_{a}^{b} \frac{\pi}{4} x^2 \cdot \frac{1}{b-a} \mathrm{d}x =$$

$$\frac{\pi}{4(b-a)} \cdot \left(\frac{x^3}{3}\right) \Big|_{a}^{b} = \frac{\pi}{12}(b^2+ab+a^2)$$

13. 设电压(以 V 计)$X \sim N(0.9)$,将电压施加于一检波器,其输出电压 $Y = 5X^2$,求输出电压 Y 的均值.

解 X 的概率密度为

$$f_X(x) = \frac{1}{3\sqrt{2}\pi}e^{-\frac{x^2}{18}}, \quad -\infty < x < +\infty$$

$$E(Y) = \int_{-\infty}^{+\infty} 5x^2 \cdot \frac{1}{3\sqrt{2}\pi}e^{-\frac{x^2}{18}}dx = 5 \times 9 = 45$$

14. 设随机变量 X_1,X_2 的概率密度分别为

$$f_1(x) = \begin{cases} 2e^{-2x}, & x > 0 \\ 0, & x \leqslant 0 \end{cases} \qquad f_2(x) = \begin{cases} 4e^{-4x}, & x > 0 \\ 0, & x \leqslant 0 \end{cases}$$

(1) 求 $E(X_1 + X_2)$,$E(2X_1 - 3X_2^2)$. (2) 又设 X_1,X_2 相互独立,求 $E(X_1 X_2)$.

解 (1) $E(X_1) = \int_{-\infty}^{+\infty} x \cdot f_1(x)dx = \int_0^{+\infty} 2xe^{-2x}dx = -xe^{-2x}\big|_0^{+\infty} + \int_0^{+\infty} e^{-2x}dx = \frac{1}{2}$

$E(X_2) = \int_{-\infty}^{+\infty} x \cdot f_2(x)dx = \int_0^{+\infty} 4xe^{-4x}dx = -xe^{-4x}\big|_0^{+\infty} + \int_0^{+\infty} e^{-4x}dx = \frac{1}{4}$

$E(X_2^2) = \int_{-\infty}^{+\infty} x^2 \cdot f_2(x)dx = \int_0^{+\infty} 4x^2 e^{-4x}dx = -x^2 e^{-4x}\big|_0^{+\infty} + \int_0^{+\infty} 2xe^{-4x}dx =$

$-\frac{1}{2}xe^{-4x}\big|_0^{+\infty} + \int_0^{+\infty} \frac{1}{2}e^{-4x}dx = \frac{1}{8}$

所以
$$E(X_1 + X_2) = E(X_1) + E(X_2) = \frac{1}{2} + \frac{1}{4} = \frac{3}{4}$$

$$E(2X_1 - 3X_2^2) = 2E(X_1) - 3E(X_2^2) = 2 \times \frac{1}{2} - 3 \times \frac{1}{8} = \frac{5}{8}$$

(2) 由 X_1,X_2 相互独立,则

$$E(X_1 X_2) = E(X_1) \cdot E(X_2) = \frac{1}{2} \times \frac{1}{4} = \frac{1}{8}$$

15. 将 n 只球(1～n 号)随机地放进 n 只盒子(1～n 号)中去,一只盒子装一只球. 若一只球装入与球同号的盒子中,称为一个配对,记 X 为总的配对数,求 $E(X)$.

解 记
$$X_i = \begin{cases} 1, & \text{第 } i \text{ 个球配对} \\ 0, & \text{第 } i \text{ 个球不配对} \end{cases}, \quad i = 1, 2, \cdots, n$$

则
$$X = X_1 + X_2 + \cdots + X_n$$

$$E(X_i) = P\{X_i = 1\} = \frac{1}{n}, \quad i = 1, 2, \cdots, n$$

故
$$E(X) = E(X_1) + E(X_2) + \cdots + E(X_n) = n \times \frac{1}{n} = 1$$

16. 若有 n 把看上去样子相同的钥匙,其中只有一把能打开门上的锁,用它们去试开门上的锁,设取到每只钥匙是等可能的,若每把钥匙试开一次后除去,试用下面两种方法求试开次数 X 的数学期望,(1) 写出 X 的分布律;(2) 不写出 X 的分布律.

解 记试开的次数为随机变量 ξ,"$\xi = k$"表示第 $1, 2, \cdots, k-1$ 次试开时没有打开门,而在第 k 次试开时打开了门,注意在第 m 次试开时,已除去了 $m-1$ 把钥匙,在剩余的 $n-m+1$ 把钥匙中,只有一把能打开,故第 m 次试开时,打开门的概率是 $\frac{1}{n-m+1}$,打不开门的概率是 $1 - \frac{1}{n-m+1}$,故

$$P(\xi = k) = \left(1 - \frac{1}{n}\right)\left(1 - \frac{1}{n-1}\right)\cdots\left(1 - \frac{1}{n-k+2}\right) \cdot \frac{1}{n-k+1} =$$

$$\frac{n-1}{n} \cdot \frac{n-2}{n} \cdot \frac{n-3}{n} \cdots \frac{n-k+1}{n-k+2} \cdot \frac{1}{n-k+1} = \frac{1}{n}$$

(1) 试开次数 ξ 的分布律为

X_i	1	2	3	$\cdots$	n
$p(x_i)$	$\dfrac{1}{n}$	$\dfrac{1}{n}$	$\dfrac{1}{n}$	$\cdots$	$\dfrac{1}{n}$

则
$$E(\xi) = \sum_i x_i p(x_i) = (1 + 2 + \cdots + n) \cdot \frac{1}{n} = \frac{n(n+1)}{2} \cdot \frac{1}{n} = \frac{n+1}{2}$$

（2）由数学期望的定义：
$$E(\xi) = \sum_{k=1}^{n} k \cdot p(\xi = k) = \sum_{k=1}^{n} k \cdot \frac{1}{n} = \frac{1}{n} \sum_{k=1}^{n} k = \frac{1}{n} \cdot \frac{n(n+1)}{2} = \frac{n+1}{2}$$

17. 设 X 为随机变量，C 是常数，证明 $D(X) < E\{(X-C)^2\}$，对于 $C \neq E(X)$，（由于 $D(X) = E\{E(X) - E(X)]^2\}$），上式表明 $E\{(X-C)^2\}$ 当 $C = E(X)$ 时取到最小值.

证 由于
$$E\{(X-C)^2\} = E(X^2 - 2CX + C^2) = E(X^2) - 2CE(X) + C^2 = (C - E(X))^2 + D(X)$$
所以当 $C \neq E(X)$ 时，有
$$D(X) < E\{(X-C)^2\}$$
故当 $C = E(X)$ 时，$E\{(X-C)^2\}$ 取到最小值 $D(X)$.

18. 设随机变量 X 服从瑞利分布，其概率密度为
$$f(x) = \begin{cases} \dfrac{x}{\sigma^2} e^{-\frac{x^2}{2\sigma^2}}, & x > 0 \\ 0, & x \leqslant 0 \end{cases}$$
其中 $\sigma > 0$ 是常数，求 $E(X)$，$D(X)$.

解 利用 Γ 函数的性质 $\qquad \Gamma(k+1) = k\Gamma(k)$

当 k 为正整数时 $\qquad \Gamma(k+1) = k!, \quad \Gamma\left(\dfrac{1}{2}\right) = \sqrt{\pi}$

$$E(X) = \int_0^{+\infty} x \cdot \frac{x}{\sigma^2} e^{-\frac{x^2}{2\sigma^2}} dx$$

令 $\dfrac{x^2}{2\sigma^2} = t$，$x = \sigma\sqrt{2t}$，$dx = \dfrac{\sigma}{\sqrt{2t}} dt$. 则

$$E(X) = \int_0^{+\infty} 2t e^{-t} \frac{\sigma}{\sqrt{2t}} dt = \sigma\sqrt{2} \int_0^{+\infty} t^{\frac{1}{2}} e^{-t} dt = \sigma\sqrt{2}\, \Gamma\left(\frac{3}{2}\right) = \sigma\frac{\sqrt{2}}{2} \cdot \frac{1}{2} \Gamma\left(\frac{1}{2}\right) = \sigma\sqrt{\frac{\pi}{2}}$$

由于 $E(X^2) = \displaystyle\int_0^{+\infty} x^2 \cdot \frac{x}{\sigma^2} e^{-\frac{x^2}{2\sigma^2}} dt = \int_0^{+\infty} \frac{\sigma^3 (2t)^{\frac{3}{2}}}{\sigma^2} \cdot e^{-t} \frac{\sigma}{\sqrt{2t}} dt = 2\sigma^2 \int_0^{+\infty} t e^{-t} dt = 2\sigma^2 \Gamma(2) = 2\sigma^2$

故 $\qquad D(X) = E(X^2) - [E(X)]^2 = 2\sigma^2 - \left(\sigma\sqrt{\frac{\pi}{2}}\right)^2 = \sigma^2\left(2 - \frac{\pi}{2}\right)$

19. 设随机变量 X 服从 Γ 分布，其概率密度为
$$f(x) = \begin{cases} \dfrac{\beta}{\Gamma(\alpha)} (\beta x)^{\alpha-1} e^{-\beta x}, & x > 0 \\ 0, & x \leqslant 0 \end{cases}$$
其中 $\alpha > 0$，$\beta > 0$ 是常数. 求 $E(X)$，$D(X)$.

解 已知 X 的概率密度 $f(x)$，则有
$$E(X) = \int_{-\infty}^{+\infty} x f(x) dx = \int_0^{+\infty} \frac{x\beta}{\Gamma(\alpha)} (\beta x)^{\alpha-1} e^{-\beta x} dx = \int_0^{+\infty} \frac{1}{\Gamma(\alpha)} \cdot (\beta x)^{\alpha} \cdot e^{-\beta x} dx = \quad (\text{令 } t = \beta x)$$

$$\frac{1}{\beta \Gamma(\alpha)} \int_0^{+\infty} t^{\alpha} e^{-t} dt = \frac{\Gamma(\alpha+1)}{\Gamma(\alpha) \cdot \beta} = \frac{\alpha}{\beta}$$

又 $\quad E(X^2) = \displaystyle\int_{-\infty}^{+\infty} x^2 f(x) dx = \frac{1}{\beta^2 \Gamma(\alpha)} \int_0^{+\infty} (\beta x)^{\alpha+1} e^{-\beta x} d(\beta x) = \quad (\text{令 } t = \beta x)$

$$\frac{1}{\beta^2 \Gamma(\alpha)} \int_0^{+\infty} t^{\alpha+1} \mathrm{e}^{-t} \mathrm{d}x = \frac{\Gamma(\alpha+2)}{\beta^2 \Gamma(\alpha)} = \frac{(\alpha+1)\alpha\Gamma(\alpha)}{\beta^2 \Gamma(\alpha)} = \frac{(\alpha+1)\alpha}{\beta^2}$$

故 X 的方差
$$D(X) = E(X^2) - [E(X)]^2 = \frac{(\alpha+1)\alpha}{\beta^2} - \frac{\alpha^2}{\beta^2} = \frac{\alpha}{\beta^2}$$

20. 设随机变量 X 服从几何分布,其分布律为
$$P\{X = k\} = p(1-p)^{k-1}, \quad k = 1, 2, \cdots,$$
其中 $0 < p < 1$ 是常数. 求 $E(X)$, $D(X)$.

解 已知 X 的分布律,则可求得 X 的期望

$$E(X) = \sum_{k=1}^{\infty} k \cdot P\{X = k\} = \sum_{k=1}^{\infty} k \cdot p(1-p)^{k-1} = -p\Big[\sum_{k=1}^{\infty} (1-p)^k\Big]'_p =$$

$$-p \cdot \Big(\frac{1-p}{p}\Big)'_p = -p \cdot \frac{-p-(1-p)}{p^2} = p \cdot \frac{1}{p^2} = \frac{1}{p}$$

又可以求得

$$E(X^2) = \sum_{k=1}^{\infty} k^2 \cdot P\{X = k\} = \sum_{k=1}^{\infty} k^2 \cdot p(1-p)^{k-1} =$$

$$p \cdot \Big[\sum_{k=1}^{\infty} k(k+1)(1-p)^{k-1} - \sum_{k=1}^{\infty} k(1-p)^{k-1}\Big] =$$

$$p\Big(\sum_{k=1}^{\infty} (1-p)^{k+1}\Big)''_p - \frac{1}{p} = p \cdot \frac{2}{p^3} - \frac{1}{p} = \frac{2-p}{p^2}$$

故 X 的方差
$$D(X) = E(X^2) - [E(X)]^2 = \frac{2-p}{p^2} - \frac{1}{p^2} = \frac{1-p}{p^2}$$

21. 设长方形的高(以 m 计)$X \sim U(0,2)$,已知长方形的周长(以 m 计)为 20,求长方形面积 A 的数学期望与方差.

解 X 的概率密度为
$$f(x) = \begin{cases} \dfrac{1}{2}, & 0 < x < 2 \\ 0, & 其他 \end{cases}$$

长方形面积
$$A = X(10 - X) = 10X - X^2, \quad E(X) = 1, \quad D(X) = \frac{1}{12}(2-0)^2 = \frac{1}{3}$$

因此

$$E(A) = 10E(X) - E(X^2) = 10 \times 1 - (D(X) + [E(X)]^2) = 10 - \Big(\frac{1}{3} + 1^2\Big) = \frac{26}{3} \approx 8.67$$

$$E(A^2) = E[X^2(10-X)^2] = 100E(X^2) - 20E(X^3) + E(X^4) =$$

$$100 \times \Big(\frac{1}{3} + 1\Big) - 20\int_0^2 \frac{x^3}{2}\mathrm{d}x + \frac{1}{2}\int_0^2 x^4\mathrm{d}x = \frac{400}{3} - 40 + \frac{16}{5} = \frac{1448}{15}$$

$$D(A) = E(A^2) - [E(A)]^2 = \frac{1448}{15} - \frac{26^2}{9} = \frac{964}{45} \approx 21.42$$

22. (1) 设随机变量 X_1, X_2, X_3, X_4 相互独立,且有 $E(X_i) = i, D(X_i) = 5-i, i = 1,2,3,4$,设 $Y = 2X_1 - X_2 + 3X_3 - \frac{1}{2}X_4$. 求 $E(Y)$, $D(Y)$.

(2) 设随机变理 X, Y 相互独立,且 $X \sim N(720, 30^2), Y \sim N(640, 25^2)$,求 $Z_1 = 2X + Y, Z_2 = X - Y$ 的分布,并求概率 $P\{X > Y\}$, $P\{X + Y > 1400\}$.

解 (1) $E(Y) = 2E(X_1) - E(X_2) + 3E(X_3) - \frac{1}{2}E(X_4) = 2 \times 1 - 2 + 3 \times 3 - \frac{1}{2} \times 4 = 7$

$$D(Y) = 4D(X_1) + D(X_2) + 9D(X_3) + \frac{1}{4}D(X_4) =$$

$$4 \times 4 + 3 + 9 \times 2 + \frac{1}{4} \times 1 = 37.25$$

(2) $Z_1 = 2X + Y$ 仍服从正态分布,且 $E(Z_1) = 2E(X) + E(Y) = 2 \times 270 + 640 = 2\,080$,$D(Z_1) = 4D(X) + D(Y) = 4 \times 900 + 625 = 4\,225 = 65^2$,即 $Z_1 \sim N(2\,080, 65^2)$

$$E(Z_2) = E(X) - E(Y) = 720 - 640 = 80$$
$$D(Z_2) = D(X) + D(Y) = 900 + 625 = 1\,525$$

所以 $Z_2 \sim N(80, 1\,525)$. 从而 $X - Y \sim N(80, 1\,525)$,故

$$P(X > Y) = P(X - Y > 0) = P\left(\frac{X - Y - 80}{\sqrt{1\,525}} > \frac{-80}{\sqrt{1\,525}}\right) = \Phi\left(\frac{80}{\sqrt{1\,525}}\right) = 0.979\,8$$

又 $X + Y \sim N(1\,360, 1\,525)$,故

$$P(X + Y > 1\,400) = P\left(\frac{X + Y - 1\,360}{\sqrt{1\,525}} > \frac{1\,400 - 1\,360}{\sqrt{1\,525}}\right) =$$
$$1 - \Phi\left(\frac{40}{\sqrt{1\,525}}\right) = 1 - \Phi(1.024) = 1 - 0.846\,1 = 0.153\,9$$

23. 5 家商店联营,它们每两周售出的某农产品的数量(以 kg 计)分别为 X_1, X_2, X_3, X_4, X_5. 已知 $X_1 \sim N(200, 225)$,$X_2 \sim N(240, 240)$,$X_3 \sim N(180, 225)$,$X_4 \sim N(260, 265)$,$X_5 \sim N(320, 270)$,X_1, X_2, X_3, X_4, X_5 相互独立.

(1) 求 5 家商店两周的总销售量的均值和方差;

(2) 商店每隔两周进货一次,为了使新的供货到达前商店不会脱销的概率大于 0.99,问商店的仓库应至少储存多少千克该产品?

解 (1) 设 X 表示 5 家商店的总销售量,则 $X = \sum_{i=1}^{5} X_i$.

故

$$E(X) = \sum_{i=1}^{5} E(X_i) = 200 + 240 + 180 + 260 + 320 = 1\,200$$

$$D(X) = \sum_{i=1}^{5} D(X_i) = 225 + 240 + 225 + 265 + 270 = 1\,225 = 35^2$$

(2) 设商店的仓库应至少储存 y kg 该产品,求使得 $P\{y - X \geqslant 0\} \geqslant 0.99$ 的 y,又 $X \sim N(1\,200, 35^2)$,故

$$P\{X \leqslant y\} = P\left\{\frac{X - 1\,200}{35} \leqslant \frac{y - 1\,200}{35}\right\} = \Phi\left(\frac{y - 1\,200}{35}\right) \geqslant 0.99$$

查表得 $\frac{y - 1\,200}{35} \geqslant 2.33$,即 $y \geqslant 1\,200 + 35 \times 2.33 = 1\,281.55$,故应至少储存 1 282 kg 该产品.

24. 卡车装运水泥,设每袋水泥的重量 X(以 kg 计)服从 $N(50, 2.5^2)$,问最多装多少装水泥使总重量超过 2 000 的概率不大于 0.05.

解 设需要 n 袋水泥才能使总重量超过 2 000 kg 的概率不大于 0.05. 用 X 表示第 i 袋水泥的重量,$i = 1, 2, \cdots, n$,则 $X_1, X_2, \cdots, X_n$ 独立同服从正态 $N(50, 2.5^2)$ 分布,总重量 $\sum_{i=1}^{n} X_i \sim N(50n, 2.5^2 n)$. 要求使

$$P\left\{\sum_{i=1}^{n} X_i > 2\,000\right\} \leqslant 0.05$$

成立的 n. 又

$$P\left\{\sum_{i=1}^{n} X_i > 2\,000\right\} = P\left\{\frac{\sum_{i=1}^{n} X_i - 50n}{2.5\sqrt{n}} \geqslant \frac{2\,000 - 50n}{2.5\sqrt{n}}\right\} = 1 - \Phi\left(\frac{2\,000 - 50n}{2.5\sqrt{n}}\right) \leqslant 0.05$$

所以 $\Phi\left(\frac{2\,000 - 50n}{2.5\sqrt{n}}\right) \geqslant 0.95$,从而 $\frac{2\,000 - 50n}{2.5\sqrt{n}} \geqslant 1.64$,即 $50n + 4.1\sqrt{n} - 2\,000 \geqslant 0$,解之得 $n \leqslant 39.4$. 故最多装 39 袋水泥才能使总重量超过 2 000 的概率不大于 0.05.

25. 设随机变量 X, Y 相互独立,且都服从 $(0, 1)$ 上的均匀分布.

(1) 求 $E(XY)$,$E(X/Y)$,$E[\ln(XY)]$,$E[|Y - X|]$.

(2) 以 X, Y 为边长作一长方形,以 A, C 分别表示长方形的面积和周长,求 A 和 C 的相关系数.

解　(1)因为 X,Y 独立同分布,则 (X,Y) 的联合概率密度为

$$f(x,y) = f_X(x)f_Y(y) = \begin{cases} 1, & 0 < x < 1, 0 < y < 1 \\ 0, & \text{其他} \end{cases}$$

$$E(XY) = EXEY = \frac{1}{2} \times \frac{1}{2} = \frac{1}{4}$$

$$E\left(\frac{X}{Y}\right) = \int_{-\infty}^{+\infty}\int_{-\infty}^{+\infty} \frac{x}{y} f(x,y)\mathrm{d}y\mathrm{d}x = \int_0^1\int_0^1 \frac{x}{y}\mathrm{d}x\mathrm{d}y = \int_0^1 x\mathrm{d}x \int_0^1 \frac{1}{y}\mathrm{d}y = \int_0^1 x\mathrm{d}x \cdot \ln y \Big|_0^1$$

不存在.

$$E(\ln XY) = \int_{-\infty}^{+\infty}\int_{-\infty}^{+\infty} \ln(xy) f(x,y)\mathrm{d}y\mathrm{d}x = \int_0^1\int_0^1 \ln(xy)\mathrm{d}x\mathrm{d}y = \int_0^1\int_0^1 [\ln(x) + \ln(y)]\mathrm{d}x\mathrm{d}y = -2$$

$$E(\mid Y - X \mid) = \int_{-\infty}^{+\infty}\int_{-\infty}^{+\infty} \mid y - x \mid f(x,y)\mathrm{d}y\mathrm{d}x = \int_0^1\int_0^1 \mid y - x \mid \mathrm{d}y\mathrm{d}x =$$

$$\int_0^1\left[\int_0^x -(y-x)\mathrm{d}y + \int_x^1 (y-x)\mathrm{d}y\right]\mathrm{d}x = \int_0^1\left(x^2 + \frac{1}{2} - x\right)\mathrm{d}x = \frac{1}{3}$$

(2) $A = XY, C = 2(X+Y)$,则

$$\mathrm{COV}(A,C) = \mathrm{COV}(XY, 2(X+Y)) = 2\mathrm{COV}(XY, X) + 2\mathrm{COV}(XY, Y) =$$

$$2(EX^2Y - EXYEX) + 2(EXY^2 - EXYEY) =$$

$$2\left(EX^2Y - \frac{1}{8}\right) + 2\left(EXY^2 - \frac{1}{8}\right)$$

因为

$$EX^2Y = EXY^2 = \int_{-\infty}^{+\infty}\int_{-\infty}^{+\infty} x^2 y f(x,y)\mathrm{d}y\mathrm{d}x = \int_0^1\int_0^1 x^2 y\mathrm{d}y\mathrm{d}x = \frac{1}{6}$$

所以

$$\mathrm{COV}(A,C) = 2\left(\frac{1}{6} - \frac{1}{8}\right) + 2\left(\frac{1}{6} - \frac{1}{8}\right) = \frac{1}{6}$$

又因为

$$EX^2Y^2 = \int_{-\infty}^{+\infty}\int_{-\infty}^{+\infty} x^2 y^2 f(x,y)\mathrm{d}y\mathrm{d}x = \int_0^1\int_0^1 x^2 y^2\mathrm{d}y\mathrm{d}x = \frac{1}{9}$$

所以

$$D(A) = D(XY) = EX^2Y^2 - E(XY)^2 = \frac{1}{9} - \left(\frac{1}{4}\right)^2 = \frac{7}{144}$$

$$D(C) = D(2(X+Y)) = 4D(X) + 4D(Y) = \frac{2}{3}$$

$$\rho_{AC} = \frac{\mathrm{COV}(A,C)}{\sqrt{D(A)} \cdot \sqrt{D(C)}} = \sqrt{\frac{6}{7}}$$

26.(1)设随机变量 X_1, X_2, X_3 相互独立,且有 $X_1 \sim b(4,1/2), X_2 \sim b(6,1/3), X_3 \sim b(6,1/3)$,求 $P\{X_1 = 2, X_2 = 2, X_3 = 5\}, E(X_1, X_2, X_3), E(X_1 - X_2), E(X_1 - 2X_2)$.

(2)设 X,Y 是随机变量,且有 $E(X) = 3, E(Y) = 1, D(X) = 4, D(Y) = 9$,令 $Z = 5X - Y + 15$,分别在下列 3 种情况下求 $E(Z)$ 和 $D(Z)$.

(i) X,Y 相互独立,(ii) X,Y 不相关,(iii) X 与 Y 的相关系数为 0.25.

解　(1)因为 X_1, X_2, X_3 独立,所以

$$P(X_1 = 2, X_2 = 2, X_3 = 5) = P(X_1 = 2)P(X_2 = 2)P(X_3 = 5) =$$

$$C_4^2 \cdot \left(\frac{1}{2}\right)^2 \cdot \left(\frac{1}{2}\right)^2 \cdot C_6^2 \cdot \left(\frac{1}{3}\right)^2 \cdot \left(\frac{2}{3}\right)^4 \cdot C_6^5 \cdot \left(\frac{1}{3}\right)^5 \cdot \left(\frac{2}{3}\right)^1 \approx$$

$$0.002\ 03$$

$$EX_1X_2X_3 = EX_1EX_2EX_3 = 4 \times \frac{1}{2} \times 6 \times \frac{1}{3} \times 6 \times \frac{1}{3} = 8$$

$$E(X_1 - X_2) = E(X_1) - E(X_2) = 4 \times \frac{1}{2} - 6 \times \frac{1}{3} = 0$$

$$E(X_1 - 2X_2) = E(X_1) - 2E(X_2) = 4 \times \frac{1}{2} - 2 \times 6 \times \frac{1}{3} = -2$$

(2)在 3 种情况下, Z 的期望都不变.

$$E(Z) = E(5X - Y + 15) = 5EX - EY + 15 = 5 \times 3 - 1 + 15 = 29$$

(i) 当 X, Y 相互独立时,则

$$D(Z) = D(5X - Y + 15) = 25DX + DY = 25 \times 4 + 9 = 109$$

(ii) 当 X, Y 不相关时,则

$$D(Z) = D(5X - Y + 15) = 25DX + DY = 25 \times 4 + 9 = 109$$

(iii) 当 X, Y 的相关系数为 0.25 时,则

$$D(Z) = D(5X - Y + 15) = 25DX + DY - 10COV(X, Y) = 25 \times 4 + 9 - 10 \times 0.25 \times 2 \times 3 = 94$$

27.下列各对随机变量 X 和 Y,问哪几对是相互独立的? 哪几对是不相关的?

(1) $X \sim U(0,1), Y = X^2$.

(2) $X \sim U(-1,1), Y = X^2$.

(3) $X = \cos V, Y = \sin V, V \sim U(0, 2\pi)$.

若 (X, Y) 的概率密度为 $f(x, y)$,

(4) $f(x, y) = \begin{cases} x + y, & 0 < x < 1, 0 < y < 1 \\ 0, & \text{其他} \end{cases}$.

(5) $f(x, y) = \begin{cases} 2y, & 0 < x < 1, 0 < y < 1 \\ 0, & \text{其他} \end{cases}$.

解 (1) $EX = \dfrac{1}{2}, \quad DX = \dfrac{1}{12}, \quad EY = EX^2 = DX + (EX)^2 = \dfrac{1}{12} + \dfrac{1}{4} = \dfrac{1}{3}$

$$EXY = EX^3 = \int_0^1 x^3 dx = \dfrac{1}{4}$$

由于 $EXY - EXEY = \dfrac{1}{4} - \dfrac{1}{2} \times \dfrac{1}{3} = \dfrac{1}{12} \neq 0$,所以 X, Y 相关,X, Y 不独立.

(2) $EX = 0, \quad DX = \dfrac{1}{3}, \quad EY = EX^2 = DX + (EX)^2 = \dfrac{1}{3} + 0 = \dfrac{1}{3}$

$$EXY = EX^3 = \int_{-1}^1 \dfrac{x^3}{2} dx = 0$$

由于 $EXY - EXEY = 0 - 0 \times \dfrac{1}{3} = 0$,所以 X, Y 不相关.

但是由于 $Y = X^2$,所以 X, Y 不独立.

(3) $EX = \int_0^{2\pi} \dfrac{\cos v}{2\pi} dv = 0, \quad EY = \int_0^{2\pi} \dfrac{\sin v}{2\pi} dv = 0, \quad EXY = \int_0^{2\pi} \dfrac{\sin v \cos v}{2\pi} dv = 0$

由于 $EXY - EXEY = 0 - 0 \times 0 = 0$,所以 X, Y 不相关,但是 $X^2 + Y^2 = 1$,所以 X, Y 不独立.

(4) $E(X) = \displaystyle\int_{-\infty}^{+\infty} \int_{-\infty}^{+\infty} x f(x, y) dy dx = \int_0^1 \int_0^1 x(x + y) dx dy = \dfrac{5}{6}$

同理 $E(Y) = \displaystyle\int_{-\infty}^{+\infty} \int_{-\infty}^{+\infty} y f(x, y) dy dx = \int_0^1 \int_0^1 y(x + y) dx dy = \dfrac{5}{6}$

$$E(XY) = \int_{-\infty}^{+\infty} \int_{-\infty}^{+\infty} xy f(x, y) dy dx = \int_0^1 \int_0^1 xy(x + y) dx dy = \dfrac{2}{3}$$

由于 $EXY - EXEY = \dfrac{2}{3} - \dfrac{5}{6} \times \dfrac{5}{6} = -\dfrac{1}{36} \neq 0$,所以 X, Y 相关,X, Y 不独立.

(5) $E(X) = \displaystyle\int_{-\infty}^{+\infty} \int_{-\infty}^{+\infty} x f(x, y) dy dx = \int_0^1 \int_0^1 2xy dx dy = \dfrac{1}{2}$

同理 $E(Y) = \displaystyle\int_{-\infty}^{+\infty} \int_{-\infty}^{+\infty} y f(x, y) dy dx = \int_0^1 \int_0^1 2y^2 dx dy = \dfrac{2}{3}$

$$E(XY) = \int_{-\infty}^{+\infty} \int_{-\infty}^{+\infty} xy f(x, y) dy dx = \int_0^1 \int_0^1 2xy^2 dx dy = \dfrac{1}{3}$$

由于 $EXY - EXEY = \dfrac{1}{3} - \dfrac{1}{2} \times \dfrac{2}{3} = 0$,所以 X, Y 不相关.

又由于 $f_X(x) = \int_{-\infty}^{+\infty} f(x,y)\mathrm{d}y = \begin{cases} \int_0^1 2y\mathrm{d}y = 1, & 0 < x < 1 \\ 0, & \text{其他} \end{cases}$

$$f_Y(y) = \int_{-\infty}^{+\infty} f(x,y)\mathrm{d}x = \begin{cases} \int_0^1 2y\mathrm{d}x = 2y, & 0 < y < 1 \\ 0, & \text{其他} \end{cases}$$

由于 $\quad f_X(x)f_Y(y) = \begin{cases} 2y, & 0<x<1, 0<y<1 \\ 0, & \text{其他} \end{cases} = f(x,y)$

所以 X,Y 独立.

28. 设二维随机变量 (X,Y) 的概率密度为

$$f(X,Y) = \begin{cases} \dfrac{1}{\pi}, & x^2+y^2 \leqslant 1 \\ 0, & \text{其他} \end{cases}$$

试验证 X 和 Y 是不相关的,但 X 和 Y 不是相互独立的.

证　由于

$$f_X(x) = \int_{-\infty}^{+\infty} f(x,y)\mathrm{d}y = \begin{cases} \dfrac{1}{\pi}\int_{-\sqrt{1-x^2}}^{\sqrt{1-x^2}}\mathrm{d}y, & -1 \leqslant x \leqslant 1 \\ 0, & \text{其他} \end{cases} = \begin{cases} \dfrac{\pi}{2}\sqrt{1-x^2}, & -1 \leqslant x \leqslant 1 \\ 0, & \text{其他} \end{cases}$$

由 X 和 Y 的对称性,同理可得

$$f_Y(y) = \begin{cases} \dfrac{2}{\pi}\sqrt{1-y^2}, & -1 \leqslant y \leqslant 1 \\ 0, & \text{其他} \end{cases}$$

因为 $f_X(x), f_Y(y)$ 均为偶函数,故 $E(X) = E(Y) = 0$,而

$$E(XY) = \iint_{x^2+y^2 \leqslant 1} \frac{1}{\pi}xy\mathrm{d}x\mathrm{d}y$$

作变换 $\begin{cases} x = \rho\cos\theta \\ y = \rho\sin\theta \end{cases}$,则有

$$E(XY) = \int_0^{2\pi}\mathrm{d}\theta\int_0^1 \frac{1}{\pi}\rho^3\cos\theta\cdot\sin\theta\mathrm{d}\theta = \frac{1}{2\pi}\int_0^{2\pi}\sin2\theta\mathrm{d}\theta\cdot\int_0^1\rho^3\mathrm{d}\rho = 0$$

故 $\quad \rho_{XY} = \dfrac{\text{COV}(X,Y)}{\sqrt{D(X)}\cdot\sqrt{D(Y)}} = \dfrac{E(XY) - E(X)E(Y)}{\sqrt{D(X)}\cdot\sqrt{D(Y)}} = 0$

即 X,Y 是不相关的.

另一方面,由于 $f(x,y) \neq f_X(x)\cdot f_Y(y)$,故 X,Y 不是相互独立的.

29. 设随机变量 (X,Y) 的分布律为

Y \ X	-1	0	1
-1	$\frac{1}{8}$	$\frac{1}{8}$	$\frac{1}{8}$
0	$\frac{1}{8}$	0	$\frac{1}{8}$
1	$\frac{1}{8}$	$\frac{1}{8}$	$\frac{1}{8}$

验证 X 和 Y 是不相关的,但 X 和 Y 不是相互独立的.

证　由于

Y\X	−1	0	1	$p._j$
−1	$\frac{1}{8}$	$\frac{1}{8}$	$\frac{1}{8}$	$\frac{3}{8}$
0	$\frac{1}{8}$	0	$\frac{1}{8}$	$\frac{2}{8}$
1	$\frac{1}{8}$	$\frac{1}{8}$	$\frac{1}{8}$	$\frac{3}{8}$
$p_i.$	$\frac{3}{8}$	$\frac{2}{8}$	$\frac{3}{8}$	1

故 X 的分布律为

X	−1	0	1
$p_i.$	$\frac{3}{8}$	$\frac{2}{8}$	$\frac{3}{8}$

Y 的分布律为

Y	−1	0	1
$p._j$	$\frac{3}{8}$	$\frac{2}{8}$	$\frac{3}{8}$

故 $$E(X) = -1 \times \frac{3}{8} + 0 \times \frac{2}{8} + 1 \times \frac{3}{8} = 0, \quad E(Y) = -1 \times \frac{3}{8} + 0 \times \frac{2}{8} + 1 \times \frac{3}{8} = 0$$

又因为

XY\X Y	−1	0	1
−1	1	0	−1
0	0	0	0
1	−1	0	1

将此表与题设中的表对照，即得 XY 的分布律

XY	−1	0	1
p	$\frac{2}{8}$	$\frac{4}{8}$	$\frac{2}{8}$

故 $$E(XY) = -1 \times \frac{2}{8} + 0 \times \frac{4}{8} + 1 \times \frac{2}{8} = 0$$

于是 $$\rho_{XY} = \frac{COV(X, Y)}{\sqrt{D(X)} \cdot \sqrt{D(Y)}} = \frac{E(XY) - E(X) \cdot E(Y)}{\sqrt{D(X)} \cdot \sqrt{D(Y)}} = 0$$

即 X 和 Y 是不相关的. 但是 $p_{ij} \neq p_i. \cdot p._j$, 故 X 和 Y 不是相互独立的.

30. 设 A 和 B 是试验 E 的两个事件, 且 $P(A) > 0, P(B) > 0$, 并定义随机变量 x, y 如下:

$$X = \begin{cases} 1, & \text{若 } A \text{ 发生} \\ 0, & \text{若 } A \text{ 不发生} \end{cases}, \qquad Y = \begin{cases} 1, & \text{若 } B \text{ 发生} \\ 0, & \text{若 } B \text{ 不发生} \end{cases}$$

证明若 $\rho_{XY} = 0$, 则 X 和 Y 必定相互独立.

证 设 X, Y 的分布律为

$$X: \begin{pmatrix} 0 & 1 \\ 1 - P(A) & P(A) \end{pmatrix}, \qquad Y: \begin{pmatrix} 0 & 1 \\ 1 - P(B) & P(B) \end{pmatrix}$$

于是 XY 也只能取 0 及 1 这两个值, 从而

$$E(X) = P(A), \quad E(Y) = P(B), \quad E(XY) = P\{X = 1, Y = 1\}$$

由于 $\rho_{XY} = 0$, 即得 $COV(X, Y) = 0$, 这等价于

$$E(XY) = E(X) \cdot E(Y)$$

从而 $P(X = 1, Y = 1) = P(X = 1) \cdot P(Y = 1)$.

又因为

$$P(B) = P(Y = 1) = P(X = 0, Y = 1) + P(X = 1, Y = 1) = P(X = 0, Y = 1) + P(A) \cdot P(B)$$

故
$$P(X = 0, Y = 1) = P(B)(1 - P(A)) = P(Y = 1)P(X = 0)$$

同理可证
$$P(X = 0, Y = 0) = P(X = 0)P(Y = 0)$$
$$P(X = 1, Y = 0) = P(X = 1) \cdot P(Y = 0)$$

所以 X 和 Y 必定相互独立.

31. 设随机变量 (X, Y) 具有概率密度

$$f(x, y) = \begin{cases} 1, & |y| < x, 0 < x < 1 \\ 0, & \text{其他} \end{cases}$$

求 $E(X)$，$E(Y)$，$\mathrm{COV}(X, Y)$.

解 由于
$$f_X(x) = \int_{-x}^{x} 1 \cdot \mathrm{d}y = 2x, \quad 0 < x < 1$$

$$f_Y(y) = \int_{|y|}^{1} 1 \cdot \mathrm{d}x = 1 - |y|, \quad |y| < 1$$

故 X 的概率密度
$$f_X(x) = \begin{cases} 2x, & 0 < x < 1 \\ 0, & \text{其他} \end{cases}$$

Y 的概率密度
$$f_Y(y) = \begin{cases} 1 - |y|, & |y| < 1 \\ 0, & \text{其他} \end{cases}$$

则
$$E(X) = \int_0^1 x f_X(x) \mathrm{d}x = \int_0^1 2x^2 \mathrm{d}x = \frac{2}{3}$$

$$E(Y) = \int_0^1 y \cdot f_Y(y) \mathrm{d}y = \int_{-1}^1 y \cdot (1 - |y|) \mathrm{d}y = -\int_{-1}^1 y \cdot |y| \mathrm{d}y =$$

$$-\int_{-1}^0 y \cdot (-y) \mathrm{d}y - \int_0^1 y \cdot y \mathrm{d}y = \frac{y^3}{3} \Big|_{-1}^0 - \frac{y^3}{3} \Big|_0^1 = 0$$

$$E(XY) = \int_0^1 \int_{-x}^x xy \cdot 1 \mathrm{d}x \mathrm{d}y = 0$$

所以
$$\mathrm{COV}(X, Y) = E(XY) - E(X) \cdot E(Y) = 0$$

32. 设随机变量 (X, Y) 具有概率密度.

$$f(x, y) = \begin{cases} \dfrac{1}{8}(x + y), & 0 \leqslant x \leqslant 2, 0 \leqslant y \leqslant 2 \\ 0, & \text{其他} \end{cases}$$

求 $E(X)$，$E(Y)$，$\mathrm{COV}(X, Y)$，ρ_{XY}，$D(X + Y)$.

解 由于
$$E(X) = \int_{-\infty}^{+\infty} \int_{-\infty}^{+\infty} x f(x, y) \mathrm{d}x \mathrm{d}y = \int_0^2 \mathrm{d}x \int_0^2 \frac{1}{8} x(x + y) \mathrm{d}y = \int_0^2 \left(\frac{1}{8} x^2 y + \frac{1}{16} xy^2 \right) \Big|_0^2 \mathrm{d}x =$$

$$\int_0^2 \left(\frac{1}{4} x^2 + \frac{1}{4} x \right) \mathrm{d}x = \left(\frac{1}{12} x^3 + \frac{1}{8} x^2 \right) \Big|_0^2 = \frac{7}{6}$$

$$E(Y) = \int_{-\infty}^{+\infty} \int_{-\infty}^{+\infty} y f(x, y) \mathrm{d}x \mathrm{d}y = \int_0^2 \mathrm{d}x \int_0^2 \frac{1}{8} y(x + y) \mathrm{d}y = \frac{7}{6}$$

$$E(X^2) = \int_{-\infty}^{+\infty} \int_{-\infty}^{+\infty} x^2 f(x, y) \mathrm{d}x \mathrm{d}y = \int_0^2 \mathrm{d}x \int_0^2 \frac{1}{8} x^2 (x + y) \mathrm{d}y = \int_0^2 \left(\frac{1}{8} x^3 y + \frac{1}{16} x^2 y^2 \right) \Big|_0^2 \mathrm{d}x =$$

$$\int_0^2 \left(\frac{1}{4} x^3 + \frac{1}{4} x^2 \right) \mathrm{d}x = \left(\frac{1}{16} x^4 + \frac{1}{12} x^3 \right) \Big|_0^2 = \frac{10}{6}$$

故
$$D(X) = E(X^2) - [E(X)]^2 = \frac{10}{6} - \frac{49}{36} = \frac{11}{36}$$

又
$$E(Y^2) = \int_{-\infty}^{+\infty} \int_{-\infty}^{+\infty} y^2 f(x, y) \mathrm{d}x \mathrm{d}y = \int_0^2 \mathrm{d}x \int_0^2 \frac{1}{8} y^2 (x + y) \mathrm{d}y = \frac{10}{6}$$

故
$$D(Y) = E(Y^2) - [E(Y)]^2 = \frac{10}{6} - \frac{49}{36} = \frac{11}{36}$$

又 $E(XY) = \int_{-\infty}^{+\infty}\int_{-\infty}^{+\infty} xyf(x, y)\mathrm{d}x\mathrm{d}y = \int_0^2 \mathrm{d}x \int_0^2 \frac{1}{8}xy(x+y)\mathrm{d}y =$

$$\int_0^2 \left(\frac{1}{16}x^2y^2 + \frac{1}{24}xy^3\right)\Big|_0^2 \mathrm{d}x = \int_0^2 \left(\frac{1}{4}x^2 + \frac{1}{3}x\right)\mathrm{d}x = \left(\frac{1}{12}x^3 + \frac{1}{6}x^2\right)\Big|_0^2 = \frac{8}{6}$$

故

$$\mathrm{COV}(X, Y) = E(XY) - E(X) \cdot E(Y) = \frac{8}{6} - \frac{49}{36} = -\frac{1}{36}$$

$$\rho_{XY} = \frac{\mathrm{COV}(X, Y)}{\sqrt{D(X)} \cdot \sqrt{D(Y)}} = \frac{-\frac{1}{36}}{\sqrt{\frac{11}{36}} \cdot \sqrt{\frac{11}{36}}} = -\frac{1}{11}$$

$$D(X+Y) = E[(X+Y) - E(X+Y)]^2 =$$
$$E[(X-E(X))^2 + 2(X-E(X))(Y-E(Y)) + (Y-E(Y))^2] =$$
$$D(X) + D(Y) + 2\mathrm{COV}(X, Y) = \frac{11}{36} + \frac{11}{36} - \frac{2}{36} = \frac{5}{9}$$

33. 设 $X \sim N(\mu, \sigma^2)$，$Y \sim N(\mu, \sigma^2)$，且设 X，Y 相互独立，试求 $Z_1 = \alpha X + \beta Y$ 和 $Z_2 = \alpha X - \beta Y$ 的相关系数（其中 α，β 是不为零的常数）.

解 由于 $X, Y \sim N(\mu, \sigma^2)$，可得

$$E(X) = E(Y) = \mu, \quad D(X) = D(Y) = \sigma^2$$

Z_1 和 Z_2 的相关系数 $\qquad \rho_{Z_1Z_2} = \dfrac{E(Z_1Z_2) - E(Z_1) \cdot E(Z_2)}{\sqrt{D(Z_1)} \cdot \sqrt{D(Z_2)}}$

由 $\qquad E(Z_1) = E(\alpha X + \beta Y) = \alpha E(X) + \beta E(Y) = (\alpha + \beta)\mu$
$\qquad E(Z_2) = E(\alpha X - \beta Y) = \alpha E(X) - \beta E(Y) = (\alpha - \beta)\mu$

又 $\qquad E(Z_1Z_2) = E(\alpha X + \beta Y)(\alpha X - \beta Y) = E(\alpha^2 X^2 - \beta^2 Y^2) = \alpha^2 E(X^2) - \beta^2 E(Y^2)$

由 $\qquad E(X^2) = D(X) + [E(X)]^2 = \sigma^2 + \mu^2$
$\qquad E(Y^2) = D(Y) + [E(Y)]^2 = \sigma^2 + \mu^2$

故得 $\qquad E(Z_1Z_2) = \alpha^2(\sigma^2 + \mu^2) - \beta^2(\sigma^2 + \mu^2) = (\alpha^2 - \beta^2)(\sigma^2 + \mu^2)$
$\qquad D(Z_1) = D(\alpha X + \beta Y) = \alpha^2 D(X) + \beta^2 D(Y) = (\alpha^2 + \beta^2)\sigma^2$
$\qquad D(Z_2) = D(\alpha X - \beta Y) = (\alpha^2 + \beta^2)\sigma^2$

于是 $\qquad \rho_{Z_1Z_2} = \dfrac{(\alpha^2 - \beta^2)(\sigma^2 + \mu^2) - (\alpha + \beta)\mu(\alpha - \beta)\mu}{\sqrt{(\alpha^2 + \beta^2)\sigma^2} \cdot \sqrt{(\alpha^2 + \beta^2\sigma^2)}} = \dfrac{(\alpha^2 - \beta^2)\sigma^2}{(\alpha^2 + \beta^2)\sigma^2} = \dfrac{\alpha^2 - \beta^2}{\alpha^2 + \beta^2}$

34. (1) 设 $W = (\alpha X + 3Y)^2$，$E(X) = E(Y) = 0$，$D(X) = 4$，$D(Y) = 16$，$\rho_{XY} = -0.5$，求常数 α 使 $E(W)$ 为最小，并求 $E(W)$ 的最小值.

(2) 设 (X, Y) 服从二维正态分布，且有 $D(X) = \sigma_X^2$，$D(Y) = \sigma_Y^2$. 证明当 $a^2 = \dfrac{\sigma_X^2}{\sigma_Y^2}$ 时随机变量 $W = X - aY$ 与 $V = X + aY$ 相互独立.

解 (1) $E(W) = E[\alpha^2 X^2 + 9Y^2 + 6\alpha XY] = \alpha^2 E(X^2) + 9E(Y^2) + 6\alpha E(XY) =$
$\qquad \alpha^2[D(X) + [E(X)]^2] + 9[D(Y) + [E(Y)]^2] + 6\alpha[\mathrm{cov}(X,Y) + E(X)E(Y)] =$
$\qquad 4\alpha^2 + 144 + 6\alpha\rho_{XY}\sqrt{D(X)}\sqrt{D(Y)} = 4\alpha^2 + 144 + 6\alpha \times (-0.5) \times 2 \times 4 =$
$\qquad 4\alpha^2 - 24\alpha + 144 = 4(\alpha - 3)^2 + 108$

因此，当 $\alpha = 3$ 时，$E(W)$ 为最小，其最小值为 108.

(2)
$$E(W) = E(X) - aE(Y) \xlongequal{\text{def}} \mu_X - a\mu_Y$$
$$E(V) = E(X) + aE(Y) \xlongequal{\text{def}} \mu_X + a\mu_Y$$
$$D(W) = D(X) + a^2 D(Y) - 2a\mathrm{COV}(X,Y) = \sigma_X^2 + a^2\sigma_Y^2 - 2a\rho_{XY}\sigma_X\sigma_Y$$
$$D(V) = D(X) + a^2 D(Y) + 2a\mathrm{COV}(X,Y) = \sigma_X^2 + a^2\sigma_Y^2 - 2a\rho_{XY}\sigma_X\sigma_Y$$
$$E(WV) = E[X^2 - a^2Y^2] = E(X)^2 - a^2 E(Y^2) =$$

$$D(X) + \mu_X^2 - a^2[D(Y) + \mu_Y^2] = \sigma_X^2 + \mu_X^2 - a^2\sigma_Y^2 - a^2\mu_Y^2$$

$$COV(W,V) = E(WV) - E(W)E(V) =$$

$$\sigma_X^2 + \mu_X^2 - a^2\sigma_Y^2 - a^2\mu_Y^2 - (\mu_X - a\mu_Y)(\mu_X + a\mu_Y) = \sigma_X^2 - a^2\sigma_Y^2$$

由于 (W,V) 服从二维正态分布，W 与 V 相当独立的充要条件是 W 与 V 不相关，即 $COV(W,V) = 0$，也就是 $\sigma_X^2 - a^2\sigma_Y^2 = 0$，故

$$a^2 = \frac{\sigma_X^2}{\sigma_Y^2}$$

35. 设 (X,Y) 服从二维正态分布，且 $X \sim N(0,3)$，$Y \sim N(0,4)$，相关系数 $\rho_{XY} = -\frac{1}{4}$，试写出 X 和 Y 的联合概率密度.

解　(X,Y) 的联合概率密度为

$$f(x,y) = \frac{1}{2\pi \times \sqrt{3} \times 2\sqrt{1 - \frac{1}{16}}}\exp\left\{-\frac{1}{2\left(1 - \frac{1}{16}\right)}\left[\frac{x^2}{3} + \frac{2 \times \frac{1}{4}xy}{2\sqrt{3}} + \frac{y^2}{4}\right]\right\} =$$

$$\frac{1}{3\sqrt{5}\,\pi}\exp\left\{-\frac{8}{15} \times \left(\frac{x^2}{3} + \frac{1}{4\sqrt{3}}xy + \frac{y^2}{4}\right)\right\}$$

36. 已知正常男性成人血液中，每一毫升白细胞数平均是 7 300，均方差是 700，利用切比雪夫不等式估计每毫升含白细胞数在 5 200 ～ 9 400 之间的概率 p.

解　设每毫升所含白细胞数 X，则

$$p = P(5\,200 < X < 9\,400) = P(5\,200 - 7\,300 < X - 7\,300 < 9\,400 - 7\,300) =$$

$$P(-2\,100 < X - 7\,300 < 2\,100) = P(|X - 7\,300| < 2\,100) = 1 - P(|X - 7\,300| \geqslant 2\,100)$$

利用切比雪夫不等式

$$P\{|X - E(X)| \geqslant \varepsilon\} \leqslant \frac{D(X)}{\varepsilon^2}$$

则

$$p = 1 - P(|X - 7\,300| \geqslant 2\,100) \geqslant 1 - \left(\frac{700}{2\,100}\right)^2 = 1 - \frac{1}{9} = \frac{8}{9}$$

即 $p \geqslant \frac{8}{9}$.

37. 对于两个随机变量 V, W，若 $E(V^2), E(W^2)$ 存在，证明

$$[E(VW)]^2 \leqslant E(V^2)E(W^2)$$

这一不等式称为柯西–施瓦兹(Cauchy–Schwarz)不等式.

提示：考虑实变量 t 的函数

$$q(t) = E[(V + tW)^2] = E(V^2) + 2tE(VW) + t^2 E(W^2)]$$

证　对任意实数 t，定义 $q(t) = E[(V + tW)^2]$.

设 V, W 的联合分布函数为 $F(x, y)$，则

$$q(t) = E[(V + tW)^2] = \int_{-\infty}^{+\infty}\int_{-\infty}^{+\infty}(y + tx)^2 \mathrm{d}F(x, y) =$$

$$\int_{-\infty}^{+\infty}\int_{-\infty}^{+\infty}(y^2 + 2txy + t^2 x^2)\mathrm{d}F(x, y) = t^2 E(W^2) + 2tE(WV) + E(V^2)$$

$q(t)$ 是 t 的二次函数，且对任意 t，恒有 $q(t) \geqslant 0$.

故必有 $\quad [2E(WV)]^2 - 4E(W^2)E(V^2) \leqslant 0, \quad [E(WV)]^2 - E(W^2)E(V^2) \leqslant 0$

即 $\qquad\qquad\qquad\qquad [E(WV)]^2 \leqslant E(V^2) \cdot E(W^2)$

38. 分位数(分位点).

定义　设连续型随机变量 X 的分布函数为 $F(x)$，概率密度函数为 $f(x)$，

(1) 对于任意正数 $\alpha(0 < \alpha < 1)$，称满足条件

$$P\{X \leqslant x_{\underline{\alpha}}\} = F(x_{\underline{\alpha}}) = \int_{-\infty}^{x_{\underline{\alpha}}} f(x)\mathrm{d}x = \alpha$$

的数 x_α 为此分布的 α 分位数或下 α 分位数.

(2) 对于任意正数 $\alpha(0 < \alpha < 1)$,称满足条件

$$P(X > x_\alpha) = 1 - F(x_\alpha) = \int_{x_\alpha}^{\infty} f(x)\mathrm{d}x = \alpha$$

的数 x_α 为此分布的上 α 分位数.

特别地,当 $\alpha = 0.5$ 时

$$F(x_{0.5}) = F(x_{0.5}) = \int_{0.5}^{\infty} f(x)\mathrm{d}x = 0.5$$

$x_{0.5}$ 称为此分布的中位数.

下 α 分位数 x_α 将概率密度曲线下的面积分为两部分,左侧的面积恰为 α(见题 38 图(a)).上 α 分位数 x_α 也将概率密度曲线下的面积分为两部分,右侧的面积恰为 α(见题 38 图(b)).

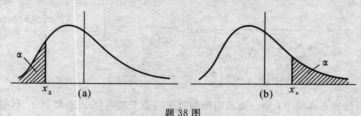

题 38 图

下 α 分位数与上 α 分位数有以下的关系:

$$x_\alpha = x_{1-\alpha}, \quad x_\alpha = x_{1-\alpha}$$

类似地,可定义离散型随机变量 X 的分位数.

定义 对于任意正数 $\alpha(0 < \alpha < 1)$,称满足条件

$$P\{X < x_\alpha\} \leqslant \alpha \quad 且 \quad P\{X \leqslant x_\alpha\} \geqslant \alpha$$

的数 x_α 为此分布的 α 分位数或下 α 分位数.

设 X 的概率密度为

$$f(x) = \begin{cases} 2\mathrm{e}^{-2x}, & x \geqslant 0 \\ 0, & 其他 \end{cases}$$

试求 X 的中位数 M.

解 由中位数的概念,则

$$\int_{x_{0.5}}^{+\infty} f(x)\mathrm{d}x = \int_{-\infty}^{x_{0.5}} f(x)\mathrm{d}x = \frac{1}{2}$$

故

$$\int_{x_{0.5}}^{+\infty} 2\mathrm{e}^{-2x}\mathrm{d}x = \frac{1}{2}$$

积分得

$$-\mathrm{e}^{-2x}\Big|_{x_{0.5}}^{+\infty} = \frac{1}{2}, \quad \mathrm{e}^{-2x_{0.5}} = \frac{1}{2}$$

解之得

$$x_{0.5} = \frac{\ln 2}{2}$$

第五章　　大数定律及中心极限定理

一、大纲要求及考点提示

(1) 了解切比雪夫(Чебыщев)不等式.

(2) 了解切比雪夫大数定律、伯努利大数定律和辛钦大数定律(独立同分布随机变量的大数定律),了解伯努利大数定律与概率的统计定义、参数估计之间的关系.

(3) 了解列维-林德伯格中心极限定理(独立同分布的中心极限定理)和棣莫佛-拉普拉斯中心极限定理(二项分布以正态分布为极限分布).

(4) 了解棣莫佛-拉普拉斯中心极限定理在实际问题中的应用.

二、主要概念、重要定理与公式

1. 依概率收敛

设 Y_1, Y_2, $\cdots$, Y_n, $\cdots$ 是一随机变量序列,a 是一个常数,若对任意正整数 ε,有

$$\lim_{n \to \infty} P\{|Y_n - a| \geqslant \varepsilon\} = 0$$

则称序列 Y_1, Y_2, $\cdots$, Y_n, $\cdots$ 依概率收敛于 a,记为 $Y_n \xrightarrow{P} a$.

依概率收敛的序列具有性质:

设 $X_n \xrightarrow{P} a$,$Y_n \xrightarrow{P} b$,又设 $g(x, y)$ 在点 (a, b) 连续,则

$$g(X_n, Y_n) \xrightarrow{P} g(a, b)$$

2. 大数定律

定理一(切比雪夫大数定律)　设 X_1, X_2, $\cdots$, X_n, $\cdots$ 是两两不相关的随机变量序列,且它们的方差均有限并具有公共上界,即

$$D(X_i) \leqslant C, \quad i = 1, 2, \cdots, n$$

则对任意 $\varepsilon > 0$,有

$$\lim_{n \to \infty} P\left\{ \left| \frac{1}{n} \sum_{i=1}^{n} X_i - \frac{1}{n} \sum_{i=1}^{n} E(X_i) \right| \geqslant \varepsilon \right\} = 0$$

定理二(伯努利大数定律)　设 X 是 n 次独立重复试验中事件 A 发生的次数,$p = P(A)$,则对于任意正数 $\varepsilon > 0$,有

$$\lim_{n \to \infty} P\left\{ \left| \frac{X}{n} - p \right| \geqslant \varepsilon \right\} = 0$$

定理三(辛钦大数定律)　设随机变量 X_1, X_2, $\cdots$, X_n, $\cdots$ 相互独立,服从同一分布,且具有数学期望 $E(X_k) = \mu (k = 1, 2, \cdots)$,则对任意正数 ε,有

$$\lim_{n \to \infty} P\left\{ \left| \frac{1}{n} \sum_{k=1}^{n} X_k - \mu \right| \geqslant \varepsilon \right\} = 0$$

3. 中心极限定理

定理四(列维-林德贝格中心极限定理)　设随机变量 X_1, X_2, $\cdots$, X_n, $\cdots$ 独立同分布,$E(X_k) = \mu < \infty$,$D(X_k) = \sigma^2 < \infty (k = 1, 2, \cdots)$,则随机变量

$$Y_n = \frac{\sum_{k=1}^{n} X_k - n\mu}{\sqrt{n}\sigma}$$

的分布函数 $F_n(x)$ 对任意实数 x 满足

$$\lim_{n \to \infty} F_n(x) = \lim_{n \to \infty} P\{Y_n \leqslant x\} = \int_{-\infty}^{x} \frac{1}{\sqrt{2\pi}} \mathrm{e}^{-\frac{t^2}{2}} \mathrm{d}t = \Phi(x)$$

定理五(李雅普诺夫定理) 设随机变量 $X_1, X_2, \cdots, X_n, \cdots$ 相互独立,且 $E(X_k) = \mu_k$, $D(X_k) = \sigma_k^2 > 0$ 存在,记 $B_n^2 = \sum_{k=1}^{n} \sigma_k^2$,若存在正数 δ,使得当 $n \to \infty$ 时

$$\frac{1}{B_n^{2+\delta}} \sum_{k=1}^{n} E\{|X_k - \mu_k|^{2+\delta}\} \to 0$$

则有

$$\lim_{n \to \infty} P\left\{\frac{\sum_{k=1}^{n} X_k - \sum_{i=1}^{n} \mu_k}{B_n} \leqslant x\right\} = \Phi(x)$$

定理六(棣莫佛-拉普拉斯中心极限定理) 设 $X_1, X_2, \cdots, X_n, \cdots$ 是独立同服从两点分布 $b(1, p)$ 的随机变量序列,$Y_n = \sum_{i=1}^{n} X_i$ 服从 $B(n, p)$ 分布,则对任意实数 x,有

$$\lim_{n \to \infty} P\left\{\frac{Y_n - np}{\sqrt{np(1-p)}} \leqslant x\right\} = \Phi(x)$$

三、考研典型题及常考题型范例精解

例 5-1 用切比雪夫不等式确定当掷一均匀硬币时,需掷多少次,才能保证使得出现正面的频率在 0.4 至 0.6 之间的概率不小于 90%,并用正态逼近计算同一个问题。

解 设需掷 n 次,用 S_n 表示正面出现的次数,则 $S_n \sim B(n, \frac{1}{2})$,由切比雪夫不等式得

$$P\left\{0.4 < \frac{S_n}{n} < 0.6\right\} = P\left\{\left|\frac{S_n}{n} - 0.5\right| < 0.1\right\} \geqslant 1 - \frac{1}{0.1^2} \frac{n \times \frac{1}{2} \times \frac{1}{2}}{n^2} = 1 - \frac{100}{4n} \geqslant 0.90$$

所以 $n \geqslant \frac{1\,000}{4} = 250$.

用棣莫佛-拉普拉斯中心极限定理得

$$P\left\{0.4 < \frac{S_n}{n} < 0.6\right\} = P\left\{\frac{|S_n - \frac{n}{2}|}{\sqrt{n \times \frac{1}{2} \times \frac{1}{2}}} < \frac{0.1\sqrt{n}}{\sqrt{\frac{1}{2} \times \frac{1}{2}}}\right\} = \Phi(0.2\sqrt{n}) - \Phi(-0.2\sqrt{n}) =$$

$$2\Phi(0.2\sqrt{n}) - 1 \geqslant 0.90 = \Phi(0.2\sqrt{n}) \geqslant 0.95, \; 0.2\sqrt{n} > 1.645$$

所以 $n \geqslant 68$.

例 5-2 设 $\{X_n\}$ 是随机变量序列,记 $Y_n = \frac{1}{n} \sum_{i=1}^{n} X_i$,$\mu_n = \frac{1}{n} \sum_{i=1}^{n} E(X_i)$,则 $\{X_n\}$ 服从大数定律的充要条件是

$$\lim_{n \to \infty} E\left\{\frac{(Y_n - \mu_n)^2}{1 + (Y_n - \mu_n)^2}\right\} = 0$$

证 **充分性** 因为函数 $f(t) = \frac{t^2}{1+t^2}$ 是 $t > 0$ 的增函数,所以对任意 $\varepsilon > 0$,有

$$P\{|Y_n - \mu_n| \geqslant \varepsilon\} = \int_{|y - \mu_n| \geqslant \varepsilon} \mathrm{d}F_{y_n}(y) \leqslant \frac{1+\varepsilon^2}{\varepsilon^2} \int_{|y - \mu_n| \geqslant \varepsilon} \frac{(y - \mu_n)^2}{1 + (y - \mu_n)^2} \mathrm{d}F_{Y_n}(y) \leqslant \frac{1+\varepsilon^2}{\varepsilon^2} E\left\{\frac{(Y_n - \mu_n)^2}{1 + (Y_n - \mu_n)^2}\right\}$$

所以当 $E\left\{\frac{(Y_n - \mu_n)^2}{1 + (Y_n - \mu_n)^2}\right\} \to 0$ 时,有 $\lim_{n \to \infty} P\{|Y_n - \mu_n| \geqslant \varepsilon\} = 0$ 所以 $\{X_n\}$ 服从大数定律.

必要性 设 $\{X_n\}$ 服从大数定律,即 $\lim_{n \to \infty} P\{|Y_n - \mu_n| \geqslant \varepsilon\} = 0$,即对上式中的 $\varepsilon > 0$,存在 $N > 0$,当 $n > N$ 时有

$$P\{\mid Y_n - \mu_n \mid \geqslant \varepsilon\} \leqslant \varepsilon$$

由函数 $f(t) = \dfrac{t^2}{1+t^2}$ 的单调性和 $0 < f(t) < 1$ 得

$$0 \leqslant E\left\{\frac{(Y_n - \mu_n)^2}{1+(Y_n - \mu_n)^2}\right\} \leqslant \frac{\varepsilon^2}{1+\varepsilon^2} P\{\mid Y_n - \mu_n \mid < \varepsilon\} + P\{\mid Y_n - \mu_n \mid \geqslant \varepsilon\} \leqslant \varepsilon^2 + \varepsilon < 2\varepsilon, \quad \varepsilon < 1$$

所以

$$\lim_{n \to \infty} E\left\{\frac{(Y_n - \mu_n)^2}{1+(Y_n - \mu_n)^2}\right\} = 0$$

例 5-3 某车间有 200 台机床，它们独立工作着，开工率各为 0.6，开工时耗电各为 $1\,\mathrm{kW}$，问供电所至少要供给这个车间多少电，才能从 99.9% 的概率保证这个车间不会因供电不足而影响生产？

解 用 X 表示工作的机床台数，则 $X \sim b(200, 0.6)$. 设要向该车间供电 m（单位：kW），则

$$P\{0 < X \leqslant m\} = \sum_{k=0}^{m} C_{200}^{k} (0.6)^k \cdot (0.4)^{200-k} \geqslant 0.999$$

由棣莫佛-拉普拉斯中心极限定理得

$$P\{0 < X \leqslant m\} = P\left\{\frac{0-np}{\sqrt{npq}} < \frac{X-np}{\sqrt{npq}} \leqslant \frac{m-np}{\sqrt{npq}}\right\} \approx \Phi\left(\frac{m-np}{\sqrt{npq}}\right) - \Phi\left(-\frac{np}{\sqrt{npq}}\right) =$$

$$\Phi\left(\frac{m-120}{\sqrt{48}}\right) - \Phi\left(-\frac{120}{\sqrt{48}}\right) \approx \Phi\left(\frac{m-120}{\sqrt{48}}\right) \geqslant 0.999$$

即 $\dfrac{m-120}{\sqrt{48}} \geqslant 3.1$，所以 $m \geqslant 120 + 3.1 \times \sqrt{48} = 141(\mathrm{kW})$.

因此，若向该车间供电 $141\,\mathrm{kW}$，那么由于供电不足而影响生产的可能性小于 0.001.

例 5-4 一生产线生产的产品成箱包装，每箱的重量是随机的，假设每箱平均重 $50\,\mathrm{kg}$，标准差 $5\,\mathrm{kg}$，若用最大载重量为 $5\,\mathrm{t}$ 的汽车承运，试用中心极限定理说明每辆车最多可以装多少箱，才能保障不超载的概率大于 $0.977(\Phi(2) = 0.977)$.

解 设 $X_i (i = 1, 2, \cdots, n)$ 是装运的第 i 箱的重量（单位：kg），n 是所求箱数，由条件可以把 X_1，X_2，$\cdots$，X_n 视为独立同分布随机变量，n 箱的总重量 $T_n = \sum_{i=1}^{n} X_i$ 是独立同分布随机变量的和. 由条件知 $E(X_i) = 50$，$\sqrt{D(X_i)} = 5$；$E(T_n) = 50n$，$\sqrt{D(T_n)} = 5\sqrt{n}$（单位：$\mathrm{kg}$），根据列维-林德贝格中心极限定理知 T_n 近似服从正态分布 $N(50n, 25n)$. 箱数 n 由条件：

$$P(T_n \leqslant 5\,000) = P\left(\frac{T_n - 50n}{5\sqrt{n}} \leqslant \frac{5\,000 - 50n}{5\sqrt{n}}\right) \approx \Phi\left(\frac{1\,000 - 10n}{\sqrt{n}}\right) > 0.977 = \Phi(2)$$

所决定. 由此可见

$$\frac{1\,000 - 10n}{\sqrt{n}} > 2 \quad 即 \quad 10n + 2\sqrt{n} - 1\,000 < 0$$

所以

$$\sqrt{n} < \frac{\sqrt{10\,001} - 1}{10} \approx 9.900\,5, \quad n < (9.900\,5)^2 = 98.019\,9$$

故最多可以装 98 箱.

例 5-5 假设 X_1，X_2，$\cdots$，X_n 是独立同分布的随机变量，且 $E(X^k) = \alpha_k (k = 1, 2, 3, 4)$，证明当 n 充分大时，随机变量 $Z_n = \dfrac{1}{n} \sum_{i=1}^{n} X_i^2$ 近似服从正态分布，并指出其分布参数.

证 由 X_1，X_2，$\cdots$，X_n 是独立同分布的随机变量序列，知 X_1^2，X_2^2，$\cdots$，X_n^2 独立同分布，$E(X_i^2) = \alpha_2$，$D(X_i^2) = \alpha_4 - \alpha_2^2$，$E(Z_n) = \dfrac{1}{n} \sum_{i=1}^{n} E(X_i^2) = \alpha_2$，$D(Z_n) = \dfrac{1}{n^2} \sum_{i=1}^{n} D(X_i^2) = \dfrac{\alpha_4 - \alpha_2^2}{n}$，因此由列维-林德贝格中心极限定理知，对任意实数 x 有

$$\lim_{n \to \infty} P\left\{\frac{Z_n - \alpha_2}{\sqrt{\dfrac{\alpha_4 - \alpha_2^2}{n}}} \leqslant x\right\} = \frac{1}{\sqrt{2\pi}} \int_{-\infty}^{x} e^{-\frac{t^2}{2}} \, dt$$

即 Z_n 近似服从正态分布 $N\left(\alpha_2, \dfrac{\alpha_4 - \alpha_2^2}{n}\right)$.

四、学习效果两级测试题及解答

测试题

1. 某保险公司多年的统计资料表明, 在索赔户中被盗索赔户占 20％, 用 X 表示在随意抽查的 100 个索赔户中因被盗向保险公司索赔的户数.

(1) 写出 X 的概率分布;

(2) 利用棣莫佛-拉普拉斯中心极限定理, 求被盗索赔户中不少于 14 户且不多于 30 户的概率的近似值.

2. 设 $X_1, X_2, \cdots, X_n, \cdots$ 是独立同服从 $[0, \theta]$ 上的均匀分布的随机变量序列, 令 $Y_n = \max_{1 \leqslant i \leqslant n}(X_i)$, 证明 $Y_n \xrightarrow{P} \theta$.

3. 某灯泡厂生产的灯泡的平均寿命原为 2 000 h, 标准差为 250 h, 经过技术革新采用新工艺使平均寿命提高到 2 250 h, 标准差不变. 为了确认这一改革的成果, 上级技术部门派人前来检查, 办法如下: 任意挑选若干只灯泡, 如果这些灯泡的平均寿命超过 2 200 h, 就正式承认改革有效, 批准采用新工艺, 如欲使检查通过的概率超过 0.997, 问至少应检查多少只灯泡?

4. 利用中心极限定理证明

$$\lim_{n \to \infty} \left[\sum_{i=1}^{n} \frac{n^i}{i!} e^{-n} \right] = \frac{1}{2}$$

5. 设 $X_1, X_2, \cdots, X_n, \cdots$ 是独立随机变量序列, 对它成立中心极限定理, 试证明对它成立大数定律的充要条件为

$$D(X_1 + \cdots + X_n) = o(n^2)$$

测试题解答

1. **解** (1) $X \sim b(100, 0.2)$, 分布律为

$$P\{X = k\} = C_{100}^k (0.2)^k (0.8)^{100-k}, \quad k = 0, 1, \cdots, 100$$

(2) $E(X) = 100 \times 0.2 = 20$, $D(X) = 100 \times 0.2 \times 0.8 = 16$.

由棣莫佛-拉普拉斯中心极限定理得

$$P\{14 \leqslant X \leqslant 30\} = P\left\{ \frac{14-20}{4} \leqslant \frac{X-20}{4} \leqslant \frac{30-20}{4} \right\} = P\left\{ -1.5 \leqslant \frac{X-20}{4} \leqslant 2.5 \right\} =$$

$$\Phi(2.5) + \Phi(1.5) - 1 = 0.944 + 0.933 - 1 = 0.927$$

2. **证** X_i 的密度函数为

$$f(x) = \begin{cases} \dfrac{1}{\theta}, & 0 \leqslant x \leqslant \theta \\ 0, & \text{其他} \end{cases}$$

分布函数为

$$F(x) = \begin{cases} 0, & x < 0 \\ \dfrac{x}{\theta}, & 0 \leqslant x < \theta \\ 1, & x \geqslant \theta \end{cases}$$

$Y_n = \max_{1 \leqslant i \leqslant n} X_i$ 的密度函数为

$$f_{Y_n}(x) = \begin{cases} \dfrac{n x^{n-1}}{\theta^n}, & 0 \leqslant x \leqslant \theta \\ 0, & \text{其他} \end{cases}$$

对任意给定的 $\varepsilon > 0$, 则

$$0 < P\{|Y_n - \theta| \geqslant \varepsilon\} = \int_{|x-\theta| \geqslant \varepsilon} \frac{nx^{n-1}}{\theta^n} \mathrm{d}x = \int_0^{\theta-\varepsilon} \frac{nx^{n-1}}{\theta^n} \mathrm{d}x = \frac{(\theta-\varepsilon)^n}{\theta^n} = (1 - \frac{\varepsilon}{\theta})^n \xrightarrow[n \to \infty]{} 0$$

所以 $Y_n \xrightarrow{P} \theta$.

3. 解 设至少应检查 n 只灯泡,则要求使

$$P\{\overline{X} - 2\,200 \geqslant 0\} = P\left\{\frac{\overline{X} - 2\,250}{250/\sqrt{n}} > \frac{2\,200 - 2\,250}{250/\sqrt{n}}\right\} \approx 1 - \Phi(-\frac{1}{5}\sqrt{n}) = \Phi(\frac{\sqrt{n}}{5}) \geqslant 0.997$$

的最小 n,即 $\frac{\sqrt{n}}{5} \geqslant 2.8$ 得 $n \geqslant 2.8^2 \times 25 = 196$,即至少要检查 196 只灯泡.

4. 证 设 $\{X_n\}$ 为独立同服从参数为 1 的泊松分布的随机变量序列,则 $\sum_{k=1}^n X_k$ 服从参数为 n 的泊松分布,所以有

$$P\left\{\sum_{k=1}^n X_k \leqslant n\right\} = \sum_{k=0}^n \frac{n^k}{k!} \mathrm{e}^{-n} = \mathrm{e}^{-n} + \sum_{k=1}^n \frac{n^k}{k!} \mathrm{e}^{-n}$$

又根据列维-林德贝格中心极限定理得

$$\lim_{n \to \infty} P\left\{\sum_{k=1}^n X_k \leqslant n\right\} = \lim_{n \to \infty} P\left\{\frac{\sum_{k=1}^n X_k - n}{\sqrt{n}} \leqslant \frac{n-n}{\sqrt{n}}\right\} = \Phi(0) = \frac{1}{2}$$

所以

$$\lim_{n \to \infty} \sum_{k=1}^n \frac{n^k}{k!} \mathrm{e}^{-n} = \lim_{n \to \infty} \left\{P\left\{\sum_{k=1}^n X_k \leqslant n\right\} - \mathrm{e}^{-n}\right\} = \lim_{n \to \infty} P\left\{\sum_{k=1}^n X_k \leqslant n\right\} - \lim \mathrm{e}^{-n} = \frac{1}{2}$$

5. 证 充分性 设 $D\left(\sum_{i=1}^n X_i\right) = 0(n^2)$,则由切比雪夫不等式得

$$P\left\{\left|\frac{1}{n}\sum_{i=1}^n (X_i - EX_i)\right| \geqslant \varepsilon\right\} \leqslant \frac{D\left(\sum_{i=1}^n X_i\right)}{\varepsilon^2 n^2} \xrightarrow[n \to \infty]{} 0$$

所以大数定律成立.

必要性 设对 $\{X_n\}$ 成立中心极限定理,即对任意 $a > 0$,有

$$\lim_{n \to \infty} P\left\{\frac{1}{B_n}\left|\sum_{i=1}^n (X_i - E(X_i))\right| \leqslant a\right\} = \frac{1}{\sqrt{2\pi}}\int_{-a}^a \mathrm{e}^{-\frac{t^2}{2}} \mathrm{d}t \tag{1}$$

又成立大数定律,即对任意 $\varepsilon > 0$,有

$$\lim_{n \to \infty} P\left\{\frac{1}{n}\left|\sum_{i=1}^n (X_i - E(X_i))\right| \leqslant \varepsilon\right\} = 1 \tag{2}$$

而

$$P\left\{\frac{1}{n}\left|\sum_{i=1}^n (X_i - E(X_i))\right| < \varepsilon\right\} = P\left\{\frac{B_n}{n} \cdot \frac{1}{B_n}\left|\sum_{i=1}^n (X_i - E(X_i))\right| < \varepsilon\right\} =$$

$$P\left\{\frac{1}{B_n}\left|\sum_{i=1}^n (X_i - E(X_i))\right| < \varepsilon \cdot \frac{n}{B_n}\right\}$$

此式利用式(1)或式(2)可得,当 $n \to \infty$ 时应有 $\frac{\varepsilon n}{B_n} \to \infty$,即 $\frac{B_n}{n} \to 0$. 从而

$$B_n^2 = D\left(\sum_{i=1}^n X_i\right) = o(n^2)$$

五、课后习题全解

1. 据以往经验,某种电器元件的寿命服从均值为 100 h 的指数分布,现随机地取 16 只,设它们的寿命是相互独立的,求这 16 只元件的寿命的总和大于 1 920 h 的概率.

解 设 X 表示电器元件的寿命,则 $X \sim e(100)$,用 X_i 表示第 i 只元件的寿命;$i = 1, 2, \cdots, 16$,则 X_1,$X_2, \cdots, X_{16}$ 独立同服从 $e(100)$ 分布,要求概率 $P\left(\sum_{i=1}^{16} X_i > 1\,920\right)$.

由指数分布易得 $E(X_i)=100$，$D(X_i)=100^2$，$(i=1,2,\cdots,100)$. 由独立同分布的中心极限定理知随机变量

$$Z=\frac{\sum\limits_{i=1}^{16}X_i-100\times16}{\sqrt{16\times100^2}}=\frac{\sum\limits_{i=1}^{16}X_i-1\,600}{4\times100}$$

近似服从正态分布 $N(0,1)$，于是

$$P\left(\sum\limits_{i=1}^{16}X_i>1\,920\right)=P\left[\frac{\sum\limits_{i=1}^{16}X_i-1\,600}{4\times100}>\frac{1\,920-1\,600}{4\times100}\right]=P\left[\frac{\sum\limits_{i=1}^{16}X_i-1\,600}{400}>0.8\right]\approx$$
$$1-\Phi(0.8)=1-0.788\,1=0.211\,9$$

2.（1）一保险公司有 10 000 个汽车投保人，每个投保人索赔金额的数学期望为 280 美元，标准差为 800 美元，求索赔总金额超过 2 700 000 美元的概率.

（2）一公司有 50 张签约保险单，各张保险单的索赔金额为 X_i，$i=1,2,\cdots,50$（以千美元计）服从韦布尔（Weibull）分布，均值 $E(X_i)=5$，方差 $D(X_i)=6$，求 50 张保险单索赔的合计金额大于 300 的概率（设各保险单索赔金额是相互独立的）.

解（1）设 X_i 表示第 i 个投保人索赔的金额，$i=1,2,\cdots,10\,000$，则 $X_1,X_1,\cdots,X_{10\,000}$ 独立同分布，且 $EX_i=280$，$DX_i=800^2$，需要求概率 $P\left(\sum\limits_{i=1}^{10\,000}X_i>2\,700\,000\right)$.

由独立同分布的中心极限定理知，随机变量

$$Z=\frac{\sum\limits_{i=1}^{10\,000}X_i-10\,000\times280}{\sqrt{10\,000\times800^2}}=\frac{\sum\limits_{i=1}^{10\,000}X_i-2\,800\,000}{80\,000}$$

近似服从正态分布 $N(0,1)$，于是

$$P\left(\sum\limits_{i=1}^{10\,000}X_i>2\,700\,000\right)=P\left[\frac{\sum\limits_{i=1}^{10\,000}X_i-2\,800\,000}{80\,000}>\frac{2\,700\,000-2\,800\,000}{80\,000}\right]=$$
$$P\left[\frac{\sum\limits_{i=1}^{10\,000}X_i-2\,800\,000}{80\,000}>\frac{-5}{4}\right]\approx1-\Phi\left(\frac{-5}{4}\right)=\Phi\left(\frac{5}{4}\right)=0.894\,4$$

（2）根据题意，需要求概率 $P\left(\sum\limits_{i=1}^{50}X_i>300\right)$. 由独立同分布的中心极限定理知，随机变量

$$Z=\frac{\sum\limits_{i=1}^{50}X_i-50\times5}{\sqrt{50\times6}}=\frac{\sum\limits_{i=1}^{10\,000}X_i-250}{\sqrt{300}}$$

近似服从正态分布 $N(0,1)$，于是

$$P\left(\sum\limits_{i=1}^{50}X_i>300\right)=P\left[\frac{\sum\limits_{i=1}^{50}X_i-50\times5}{\sqrt{50\times6}}>\frac{300-50\times5}{\sqrt{50\times6}}\right]=P\left[\frac{\sum\limits_{i=1}^{50}X_i-50\times5}{\sqrt{50\times6}}>\frac{5}{\sqrt{3}}\right]\approx$$
$$1-\Phi\left(\frac{5}{\sqrt{3}}\right)=0.001\,9$$

3. 计算器在进行加法时，将每个加数舍入最靠近它的整数. 设所有舍入误差是独立的且在 $(-0.5,0.5)$ 上服从均匀分布.（1）若将 1 500 个数相加，问误差总和的绝对值超过 15 的概率是多少?（2）最多可有几个数相加使得误差总和的绝对值小于 10 的概率不小于 0.90?

解 设 X_i 表示第 $i(i=1,2,\cdots,n)$ 个加数的舍入误差，则 $X_1,X_2,\cdots,X_n$ 独立同服从 $U(-0.5,0.5)$ 分布，$E(X_i)=0$，$D(X_i)=\dfrac{1}{12}$，$i=1,2,\cdots,n$.

（1）要求概率 $P\left(\left|\sum\limits_{i=1}^{1500}X_i\right|>15\right)$. 由独立同分布的中心极限定理知，随机变量

$$\frac{\sum\limits_{i=1}^{1500}X_i}{\sqrt{1\,500}\times\sqrt{\dfrac{1}{12}}}=\frac{\sqrt{12}\sum\limits_{i=1}^{1500}X_i}{\sqrt{1\,500}}$$

近似服从正态分布 $N(0,1)$，于是

$$P\left(\left|\sum_{i=1}^{1500}X_i\right|>15\right)=P\left(\frac{\sqrt{12}\left|\sum\limits_{i=1}^{1500}X_i\right|}{\sqrt{1\,500}}\geqslant\frac{15\times\sqrt{12}}{\sqrt{1\,500}}\right)=P\left(\frac{\sqrt{12}\left|\sum\limits_{i=1}^{1500}X_i\right|}{\sqrt{1\,500}}\geqslant\frac{1}{10}\times6\times\sqrt{5}\right)\approx$$

$$[1-\Phi(0.6\times\sqrt{5})]\times2=2\times[1-\Phi(1.342)]=2\times(1-0.909\,9)=0.180\,2$$

（2）求使得 $P\left\{\left|\sum\limits_{i=1}^{n}X_i\right|<10\right\}\geqslant0.90$ 成立的 n. 而

$$P\left\{\left|\sum_{i=1}^{10}X_i\right|<10\right\}=P\left\{\frac{\sqrt{12}\left|\sum\limits_{i=1}^{n}X_i\right|}{\sqrt{n}}<\frac{10\times\sqrt{12}}{\sqrt{n}}\right\}\approx2\Phi\left(\frac{10\times\sqrt{12}}{\sqrt{n}}\right)-1\geqslant0.90$$

即

$$\Phi\left(\frac{20\times\sqrt{3}}{\sqrt{n}}\right)\geqslant0.95\quad即\quad\frac{20\times\sqrt{3}}{\sqrt{n}}>1.64$$

故 $n\leqslant\dfrac{400\times3}{1.64^2}\approx446$.

4. 设备零件的重量都是随机变量，它们相互独立，且服从相同的分布，其数学期望为 0.5 kg，均方差为 0.1 kg，问 $5\,000$ 只零件的总重量超过 $2\,510$ kg 的概率是多少？

解　设 $X_i(i=1,2,\cdots,5\,000)$ 表示第 i 个零件的重量，$X_1,X_2,\cdots,X_{5000}$ 独立同分布，且 $E(X_i)=0.5$，$D(X_i)=0.1^2$，由独立同分布的中心极限定理知

$$\frac{\sum\limits_{i=1}^{5600}X_i-5\,000\times0.5}{\sqrt{5\,000\times0.1^2}}=\frac{\sum\limits_{i=1}^{5000}X_i-2\,500}{\sqrt{50}}$$

近似服从正态分布 $N(0,1)$. 于是

$$P\left(\sum_{i=1}^{5\,000}X_i>2\,510\right)=P\left(\frac{\sum\limits_{i=1}^{5\,000}X_i-2\,500}{\sqrt{50}}\geqslant\frac{2\,510-2\,500}{\sqrt{50}}\right)\approx$$

$$1-\Phi\left(\frac{10}{\sqrt{50}}\right)=1-\Phi(\sqrt{2})=1-0.920\,7=0.079\,3$$

5. 有一批建筑房屋用的木柱，其中 80% 的长度不小于 3 m，现从这批木柱中随机地取出 100 根，问其中至少有 30 根短于 3 m 的概率是多少？

解　设 $X_i=\begin{cases}1,若所取的第\,i\,根木柱长度短于\,3\,m\\0,若所取的第\,i\,根木柱长度不小于\,3\,m\end{cases}$，$i=1,2,\cdots,100$. 则 $X_i\sim b(1,0.2)$. 记 $X=\sum\limits_{i=1}^{100}X_i$，则 $X\sim b(100,0.2)$. 由棣莫佛-拉普拉斯中心极限定理知

$$P(X\geqslant30)=1-P(X<30)=1-P\left(\frac{X-100\times0.2}{\sqrt{100\times0.2\times0.8}}\leqslant\frac{30-100\times0.2}{\sqrt{100\times0.2\times0.8}}\right)\approx$$

$$1-\Phi\left(\frac{30-20}{10\times0.4}\right)=1-\Phi(2.5)=1-0.993\,8=0.006\,2$$

6. 一工人修理一台机器需两个阶段，第一阶段所需时间（小时）服从均值为 0.2 的指数分布，第二阶段所需时间服从均值为 0.3 的指数分布，且与第一阶段独立. 现有 20 台机器需要修理，求他在 8 h 内完成的概率.

解　设每台机器第一阶段需要修理的时间为 X_{1i}，第二阶段需要修理的时间为 X_{2i}，总共需要修理的时间

为 $Y_i, i = 12, \cdots, 20$，则

$$X_{1i} \sim e(0.2), \quad X_{2i} \sim e(0.3), \quad EX_{1i} = 0.2, \quad EX_{2i} = 0.3, \quad DX_{1i} = 0.04, \quad EX_{2i} = 0.09$$

由于 X_{1i}, X_{2i} 独立，则 $Y_i = X_{1i} + X_{2i}$，

故 $$EY_i = EX_{1i} + EX_{2i} = 0.5, \quad DY_i = DX_{1i} + DX_{2i} = 0.13$$

需要求概率 $P\left(\sum_{i=1}^{20} Y_i \leqslant 8\right)$．由独立同分布的中心极限定理知，随机变量

$$Z = \frac{\sum_{i=1}^{20} Y_i - 20 \times 0.5}{\sqrt{20 \times 0.13}} = \frac{\sum_{i=1}^{20} Y_i - 10}{\sqrt{2.6}}$$

近似服从正态分布 $N(0,1)$，于是

$$P\left(\sum_{i=1}^{20} Y_i \leqslant 8\right) = P\left\{\frac{\sum_{i=1}^{20} Y_i - 10}{\sqrt{2.6}} \leqslant \frac{8-10}{\sqrt{2.6}}\right\} = P\left\{\frac{\sum_{i=1}^{20} Y_i - 10}{\sqrt{2.6}} \leqslant \frac{-2}{\sqrt{2.6}}\right\} \approx 1 - \Phi\left(\frac{2}{\sqrt{2.6}}\right) = $$
$$1 - 0.8925 = 0.1075$$

7. 一食品厂有三种蛋糕出售，由于售出哪一种蛋糕是随机的，因而售出的一只蛋糕的价格是一个随机变量，它取 1(元)，1.2(元)，1.5(元) 各个值的概率分别为 0.3，0.2，0.5．某天售出 300 只蛋糕：(1) 求这天收入至少 400 元的概率；(2) 求这天售出价格为 1.2 元的蛋糕多于 60 只的概率．

解 (1) 设 X 表示售出一只蛋糕的价格，X 的分布律为

X	1	1.2	1.5
p_i	0.3	0.2	0.5

$$E(X) = 1 \times 0.3 + 1.2 \times 0.2 + 1.5 \times 0.5 = 1.29$$

故 $$D(X) = E(X^2) - (E(X))^2 = 1^2 \times 0.3 + 1.2^2 \times 0.2 + 1.5^2 \times 0.5 - (1.29)^2 = $$
$$1.713 - 1.6641 = 0.0489$$

设 $X_i (i = 1, 2, \cdots, 300)$ 是售出的第 i 只蛋糕的价格，$X_1, X_2, \cdots, X_{300}$ 独立与 X 同分布，求概率 $P\left\{\sum_{i=1}^{300} X_i \geqslant 400\right\}$．由林德贝格-列维中心极限定理得

$$P\left\{\sum_{i=1}^{300} X_i \geqslant 400\right\} = P\left\{\frac{\sum_{i=1}^{300} X_i - 300 \times 1.29}{\sqrt{300 \times 0.0489}} \geqslant \frac{400 - 300 \times 1.29}{\sqrt{300 \times 0.0489}}\right\} \approx 1 - \Phi\left(\frac{400 - 300 \times 1.29}{\sqrt{300 \times 0.0489}}\right) = $$
$$1 - \Phi(3.394) = 1 - 0.9997 \approx 0.0003$$

(2) 设 N_1, N_2, N_3 分别表示售出的蛋糕中 1 元，1.2 元，1.5 元蛋糕的只数，则 $N_1 + N_2 + N_3 = 300$；N_i 服从二项分布 $b(300, p_i), i = 1, 2, 3$，要求概率 $P\{N_2 > 60\}$．由棣莫佛-拉普拉斯中心极限定理得

$$P\{N_2 > 60\} = P\left\{\frac{N_2 - 300 \times p_2}{\sqrt{300 p_2 (1 - p_2)}} > \frac{60 - 300 \times p_2}{\sqrt{300 p_2 (1 - p_2)}}\right\} = $$
$$P\left\{\frac{N_2 - 300 \times p_2}{\sqrt{300 \times 0.2 \times 0.8}} > \frac{60 - 300 \times 0.2}{\sqrt{300 \times 0.2 \times 0.8}}\right\} \approx 1 - \Phi(0) = 1 - \frac{1}{2} = \frac{1}{2}$$

故这天售出价格为 1.2 元的蛋糕多于 60 只的概率近似为 $\frac{1}{2}$．

8. 一复杂的系统由 100 个相互独立起作用的部件所组成，在整个运行期间每个部件损坏的概率为 0.10，为了使整个系统起作用，至少有 85 个部件正常工作，求整个系统起作用的概率．

解 设 $X_i = \begin{cases} 1, & \text{第 } i \text{ 个部件正常工作} \\ 0, & \text{第 } i \text{ 个部件损坏} \end{cases}$，$i = 1, 2, \cdots, 100$，则 $X_1, X_2, \cdots, X_{100}$ 独立同服从 $b(1, 0.9)$．

记 $X = \sum_{i=1}^{100} X_i$，则 X 表示系统中正常工作的部件数，要求概率 $P\left(\frac{X}{100} \geqslant 0.85\right)$．由于 $X \sim b(100, 0.9)$，则由棣莫佛-拉普拉斯中心极限定理得

$$P\left(\frac{X}{100} \geqslant 0.85\right) = P(X \geqslant 85) = 1 - P(X < 85) =$$

$$1 - P\left(\frac{X - 100 \times 0.9}{\sqrt{100 \times 0.1 \times 0.9}} < \frac{85 - 100 \times 0.9}{\sqrt{100 \times 0.1 \times 0.9}}\right) \approx$$

$$1 - \Phi\left(\frac{-5}{10 \times 0.3}\right) = 1 - \Phi\left(-\frac{5}{3}\right) = \Phi\left(\frac{5}{3}\right) = 0.9525$$

9. 已知在某十字路口，一周事故发生数的数学期望为 2.2，标准差为 1.4.

(1) 以 $\overline{X}$ 表示一年（以 52 周计）此十字路口事故发生数的算术平均，试用中心极限定理求 $\overline{X}$ 的近似分布，并求 $P\{\overline{X} < 2\}$.

(2) 求一年事故发生数小于 100 的概率.

解 (1) 设 X_i 表示每周事故发生数，$i = 1, 2, \cdots, 52$，则 $X_1, X_1, \cdots, X_{52}$ 独立同分布，且 $EX_i = 2.2$，$DX_i = 1.4^2$，$\overline{X} = \frac{1}{52} \sum_{i=1}^{52} X_i$.

由独立同分布的中心极限定理知，随机变量 $\sum_{i=1}^{52} X_i$ 近似服从正态分布 $N(52 \times 2.2, 52 \times 1.4^2)$，于是 $\frac{1}{52} \sum_{i=1}^{52} X_i$ 近似服从正态分布 $N\left(2.2, \frac{1}{52} \times 1.4^2\right)$.

故
$$P\{\overline{X} < 2\} = P\left(\frac{1}{52} \sum_{i=1}^{52} X_i < 2\right) = P\left\{\frac{\frac{1}{52}\sum_{i=1}^{52} X_i - 2.2}{\frac{1}{\sqrt{52}} \times 1.4} < \frac{2 - 2.2}{\frac{1}{\sqrt{52}} \times 1.4}\right\} \approx \Phi\left(\frac{2 - 2.2}{\frac{1}{\sqrt{52}} \times 1.4}\right) =$$

$$1 - \Phi\left(\frac{0.2}{\frac{1}{\sqrt{52}} \times 1.4}\right) = 1 - 0.8485 = 0.1515$$

(2)
$$P\left(\sum_{i=1}^{52} X_i < 100\right) = P\left\{\frac{\sum_{i=1}^{52} X_i - 52 \times 2.2}{\sqrt{52} \times 1.4} < \frac{100 - 52 \times 2.2}{\sqrt{52} \times 1.4}\right\} \approx \Phi\left(\frac{-14.4}{\sqrt{52} \times 1.4}\right) =$$

$$1 - \Phi\left(\frac{14.4}{\sqrt{52} \times 1.4}\right) = 1 - 0.9230 = 0.0770$$

10. 某种小汽车氧化氮的排放量的数学期望为 0.9 g/km，标准差为 1.9 g/km，某汽车公司有这种小汽车 100 辆，以 $\overline{X}$ 表示这些车辆氧化氮排放量的算术平均，问当 L 为何值时 $\overline{X} > L$ 的概率不超过 0.01.

解 由独立同分布的中心极限定理知，$\overline{X}$ 近似服从正态分布 $N\left(0.9, \frac{1}{100} \times 1.9^2\right)$，则

$$P(\overline{X} > L) = P\left\{\frac{\overline{X} - 0.9}{\frac{1}{10} \times 1.9} > \frac{L - 0.9}{\frac{1}{10} \times 1.9}\right\} \approx 1 - \Phi\left(\frac{L - 0.9}{\frac{1}{10} \times 1.9}\right) \leqslant 0.01, \quad \Phi\left(\frac{L - 0.9}{\frac{1}{10} \times 1.9}\right) \geqslant 0.99$$

查表求得 $L \geqslant 1.3427$. 故取 $L = 1.3427$ g/km 即可.

11. 随机选取两组学生，每组 80 人，分别在两个实验室里测量某种化合物的 pH 值，各人测量的结果是随机变量，它们相互独立，且服从同一分布，其数学期望为 5，方差为 0.3，以 $\overline{X}, \overline{Y}$ 分别表示第一组和第二组所得结果的算术平均. (1) 求 $P\{4.9 < \overline{X} < 5.1\}$；(2) 求 $P\{-0.1 < \overline{X} - \overline{Y} < 0.1\}$.

解 (1) $\overline{X} = \frac{1}{n} \sum_{i=1}^{n} X_i$，$n = 80$. $X_1, X_2, \cdots, X_n$ 独立且与 X 同分布，$EX_i = 5$，$DX_i = 0.3$，$i = 1, 2, \cdots, n$.

由林德贝格-列维中心极限定理知

$$P\{4.9 < \overline{X} < 5.1\} = P\left\{\frac{4.9 - 5}{\sqrt{\frac{0.3}{80}}} < \frac{\overline{X} - 5}{\sqrt{\frac{0.3}{80}}} < \frac{5.1 - 5}{\sqrt{\frac{0.3}{80}}}\right\} = P\left\{\frac{-0.4}{\sqrt{0.06}} < \frac{\overline{X} - 5}{\sqrt{\frac{0.3}{80}}} < \frac{0.4}{\sqrt{0.06}}\right\} \approx$$

$$\Phi(1.63) - \Phi(-1.63) = 2\Phi(1.63) - 1 = 2 \times 0.9484 - 1 = 0.8968$$

(2) $P\{-0.1 < \overline{X} - \overline{Y} < 0.1\} = P\left\{\dfrac{-0.1}{\sqrt{\dfrac{0.3+0.3}{80}}} < \dfrac{\overline{X}-\overline{Y}}{\sqrt{\dfrac{0.3+0.3}{80}}} < \dfrac{0.1}{\sqrt{\dfrac{0.3+0.3}{80}}}\right\} \approx$

$$\Phi(1.155) - \Phi(-1.155) = 2\Phi(1.155) - 1 = 2 \times 0.8749 - 1 = 0.7498$$

12. 一公寓有 200 户住户，一户住户拥有汽车辆数 X 的分布律为

X	0	1	2
p_k	0.1	0.6	0.3

问需要多少车位，才能使每辆汽车都具有一个车位的概率至少为 0.95.

解 设需要 L 个车位，由于 $X_1, X_1, \cdots, X_{200}$ 独立同分布，且

$$EX_i = 1.2, \quad DX_i = 0.36$$

则

$$P\left(\sum_{i=1}^{200} X_i < L\right) = P\left[\dfrac{\sum_{i=1}^{200} X_i - 200 \times 1.2}{\sqrt{0.36 \times 200}} < \dfrac{L - 200 \times 1.2}{\sqrt{0.36 \times 200}}\right] \approx \Phi\left(\dfrac{L - 200 \times 1.2}{\sqrt{0.36 \times 200}}\right) \geq 0.95$$

查表求得 $L \geq 254$.

13. 某种电子器件的寿命(h)具有数学期望 μ(未知)，方差 $\sigma^2 = 400$. 为了估计 μ，随机地取 n 只这种器件，在时刻 $t = 0$ 投入测试(设测试是相互独立的)直到失效，测得寿命为 $X_1, X_2, \cdots, X_n$，以 $\overline{X} = \dfrac{1}{n}\sum_{i=1}^{n} X_k$ 作为 μ 的估计，为了使 $P\{|\overline{X} - \mu| < 1\} \geq 0.95$，问 n 至少为多少?

解 由于 $X_1, X_2, \cdots, X_n$ 独立与 X 同分布，且 $E(X_i) = \mu$，$D(X_i) = \sigma^2 = 400$. 由林德贝格-列维中心极限得

$$P\{|\overline{X} - \mu| < 1\} = P\left\{\left|\dfrac{\overline{X} - \mu}{\sqrt{\dfrac{\sigma^2}{n}}}\right| < \dfrac{1}{\sqrt{\dfrac{\sigma^2}{n}}}\right\} \approx$$

$$\Phi\left(\dfrac{\sqrt{n}}{\sigma}\right) - \Phi\left(-\dfrac{\sqrt{n}}{\sigma}\right) = 2\Phi\left(\dfrac{\sqrt{n}}{\sigma}\right) - 1 = 2\Phi\left(\dfrac{\sqrt{n}}{20}\right) - 1 \geq 0.95$$

因为 $\Phi\left(\dfrac{\sqrt{n}}{20}\right) \geq 0.975$，所以 $\dfrac{\sqrt{n}}{20} \geq 1.96$，则

$$n > 400 \times 1.96^2 = 1536.64$$

因此 n 至少为 1537.

14. 某药厂断言，该厂生产的某种药品对于医治一种疑难血液病的治愈率为 0.8，医院任意抽查 100 个服用此药品的病人，若其中多于 75 人治愈，就接受此断言，否则就拒绝此断言.

(1) 若实际上此药品对这种疾病的治愈率是 0.8，问接受这一断言的概率是多少?

(2) 若实际上此药品对这种疾病的治愈率是 0.7，问接受这一断言的概率是多少?

解 (1) 设 100 人中治愈的人数为 X，则 $X \sim B(100, 0.8)$.

由莫弗-拉普拉斯中心极限定理，X 近似服从正态分布 $N(100 \times 0.8, 100 \times 0.8 \times 0.2)$.

故

$$P(X > 75) = P\left(\dfrac{X - 100 \times 0.8}{\sqrt{100 \times 0.8 \times 0.2}} > \dfrac{75 - 100 \times 0.8}{\sqrt{100 \times 0.8 \times 0.2}}\right) \approx 1 - \Phi\left(\dfrac{75 - 100 \times 0.8}{\sqrt{100 \times 0.8 \times 0.2}}\right) =$$

$$1 - \Phi\left(\dfrac{-5}{4}\right) = \Phi\left(\dfrac{5}{4}\right) = 0.8944$$

(2) 此时，$X \sim B(100, 0.7)$，则

$$P(X > 75) = P\left(\dfrac{X - 100 \times 0.7}{\sqrt{100 \times 0.7 \times 0.3}} > \dfrac{75 - 100 \times 0.7}{\sqrt{100 \times 0.7 \times 0.3}}\right) \approx 1 - \Phi\left(\dfrac{5}{\sqrt{21}}\right) =$$

$$1 - 0.8621 = 0.1379$$

第六章　样本及抽样分布

一、大纲要求及考点提示

(1) 理解总体、个体、样本和统计量的概念.

(2) 了解直方图和箱线图的作法.

(3) 理解样本均值、样本方差及样本矩的概念,其中样本均值、样本方差、样本 k 阶原占矩、样本 k 阶中心矩分别定义为

$$\bar{\chi} = \frac{1}{n}\sum_{i=1}^{n}X_i, \quad S^2 = \frac{1}{n-1}\sum_{i=1}^{n}(X_i-\bar{X})^2, \quad A_k = \frac{1}{n}\sum_{i=1}^{n}X_i^k, \quad B_k = \frac{1}{n}\sum_{i=1}^{n}(X_i-\bar{X})^k$$

(4) 了解 χ^2 分布、t 分布和 F 分布的概念及性质,了解分位数的概念并会查表计算.

(5) 了解正态总体的某些常用抽样分布,如正态总体样本产生的标准正态分布、χ^2 分布、t 分布、F 分布等.

二、主要概念、重要定理与公式

1. 总体与个体

将研究对象的某项数量指标的值的全体称为总体,总体中的每个元素称为个体. 总体依其包含的个体总数分为有限总体和无限总体.

2. 样本

设 X 是具有分布函数 F 的随机变量,若 $X_1,X_2,\cdots,X_n$ 是具有同一分布函数 F 的、相互独立的随机变量,则称 $X_1,X_2,\cdots,X_n$ 为从分布函数 F(或总体 F、或总体 X)得到的容量为 n 的简单随机样本,简称样本,它们的观察值 $x_1,x_2,\cdots,x_n$ 称为样本值.

若 $X_1,X_2,\cdots,X_n$ 为 F 的一个样本,则 $(X_1,X_2,\cdots,X_n)$ 的联合分布函数为

$$F^*(x_1,x_2,\cdots,x_n) = \prod_{i=1}^{n}F(x_i)$$

又若 X 具有概率密度 f,则 $X_1,X_2,\cdots,X_n$ 的联合密度为

$$f^*(x_1,x_2,\cdots,x_n) = \prod_{i=1}^{n}f(x_i)$$

3. 统计量与常用统计量

(1) 设 $X_1,X_2,\cdots,X_n$ 是来自总体 X 的一个样本,$g(X_1,X_2,\cdots,X_n)$ 是 $X_1,X_2,\cdots,X_n$ 的函数,若 g 是连续函数且 g 中不含任何未知参数,则称 $g(X_1,X_2,\cdots,X_n)$ 是一统计量.

(2) 样本均值:
$$\bar{X} = \frac{1}{n}\sum_{i=1}^{n}X_i$$

(3) 样本方差:
$$S^2 = \frac{1}{n-1}\sum_{i=1}^{n}(X_i-\bar{X})^2 = \frac{1}{n-1}\Big[\sum_{i=1}^{n}X_i^2 - n\bar{X}^2\Big]$$

(4) 样本标准差:
$$S = \sqrt{S^2} = \sqrt{\frac{1}{n-1}\sum_{i=1}^{n}(X_i-\bar{X})^2}$$

(5) 样本 k 阶(原点)矩:
$$A_k = \frac{1}{n}\sum_{i=1}^{n}X_i^k, \; k=1,2,\cdots$$

(6) 样本 k 阶中心矩:
$$B_k = \frac{1}{n}\sum_{i=1}^{n}(X_i-\bar{X})^k, \; k=1,2,\cdots$$

4. χ^2 分布及其性质

(1) 设 X_1，X_2，$\cdots$，X_n 是来自总体 $N(0,1)$ 的样本，则称统计量

$$\chi^2 = X_1^2 + X_2^2 + \cdots + X_n^2$$

服从自由度为 n 的 χ^2 分布，记为 $\chi^2 \sim \chi^2(n)$.

(2) $\chi^2(n)$ 的概率密度为

$$f(y) = \begin{cases} \dfrac{1}{2^{\frac{n}{2}} \Gamma\left(\dfrac{n}{2}\right)} y^{\frac{n}{2}-1} e^{-\frac{y}{2}}, & y > 0 \\ 0, & \text{其他} \end{cases}$$

(3) 性质：

(i) 若 $\chi_1^2 \sim \chi^2(n_1)$，$\chi_2^2 \sim \chi^2(n_2)$，且 χ_1^2，χ_2^2 独立，则有 $\chi_1^2 + \chi_2^2 \sim \chi^2(n_1 + n_2)$.

(ii) 若 $\chi^2 \sim \chi^2(n)$，则有

$$E(\chi^2) = n, \quad D(\chi^2) = 2n$$

(iii) $\lim\limits_{n \to \infty} P\left\{ \dfrac{\chi^2 - n}{\sqrt{2n}} \leqslant \chi \right\} = \Phi(x)$.

(iv) $\chi_\alpha^2(n) \approx \dfrac{1}{2}(Z_\alpha + \sqrt{2n-1})^2$，其中 $\chi_\alpha^2(n)$ 表示 χ^2 分布的上 α 分位点，Z_α 表示标准正态分布的上 α 分位点.

5. t 分布及其性质

(1) 设 $X \sim N(0,1)$，$Y \sim \chi^2(n)$，并且 X 与 Y 独立，则称随机变量

$$t = \frac{X}{\sqrt{\dfrac{Y}{n}}}$$

服从自由度为 n 的 t 分布，记为 $t \sim t(n)$.

(2) $t(n)$ 分布的概率密度函数为

$$h(t) = \frac{\Gamma\left(\dfrac{n+1}{2}\right)}{\sqrt{n\pi}\, \Gamma\left(\dfrac{n}{2}\right)} \left(1 + \frac{t^2}{n}\right)^{-\frac{n+1}{2}}, \quad -\infty < t < +\infty$$

(3) 性质：

(i) $\lim\limits_{n \to \infty} h(t) = \dfrac{1}{\sqrt{2\pi}} e^{-\frac{t^2}{2}}$；(ii) $t_{1-\alpha}(n) = -t_\alpha(n)$.

6. F 分布及其性质

(1) 设 $U \sim \chi^2(n_1)$，$V \sim \chi^2(n_2)$，且 U 与 V 相互独立，则称随机变量

$$F = \frac{U/n_1}{V/n_2}$$

服从自由度为 (n_1, n_2) 的 F 分布，记为 $F \sim F(n_1, n_2)$.

(2) $F(n_1, n_2)$ 的概率密度为

$$\psi(y) = \begin{cases} \dfrac{\Gamma\left(\dfrac{n_1+n_2}{2}\right)}{\Gamma\left(\dfrac{n_1}{2}\right)\Gamma\left(\dfrac{n_2}{2}\right)} \left(\dfrac{n_1}{n_2}\right)^{\frac{n_1}{2}} y^{\frac{n_1}{2}-1} \left(1 + \dfrac{n_1 y}{n_2}\right)^{-\frac{n_1+n_2}{2}}, & y > 0 \\ 0, & y \leqslant 0 \end{cases}$$

(3) 性质：

(i) 若 $F \sim F(n_1, n_2)$，则 $\dfrac{1}{F} \sim F(n_2, n_1)$；(ii) $F_{1-\alpha}(n_1, n_2) = \dfrac{1}{F_\alpha(n_2, n_1)}$.

7. 正态总体样本均值与样本方差的分布

定理一 设 X_1，X_2，$\cdots$，X_n 是来自总体 $N(\mu, \sigma^2)$ 的样本，$\overline{X}$ 和 S^2 分别是样本均值和样本方差，则有

(1) $\overline{X} \sim N\left(\mu, \dfrac{\sigma^2}{n}\right)$;

(2) $\overline{X}$ 与 S^2 独立;

(3) $\dfrac{(n-1)S^2}{\sigma^2} \sim \chi^2(n-1)$;

(4) $T_n = \dfrac{\overline{X}-\mu}{S/\sqrt{n}} \sim t(n-1)$.

定理二 设 $X_1, X_2, \cdots, X_{n_1}$ 与 $Y_1, Y_2, \cdots, Y_{n_2}$ 分别是来自正态总体 $N(\mu_1, \sigma_1^2)$ 和 $N(\mu_2, \sigma_2^2)$ 的样本,

且两样本相互独立. 设 $\overline{X} = \dfrac{1}{n_1}\sum\limits_{i=1}^{n_1} X_i$, $\overline{Y} = \dfrac{1}{n_2}\sum\limits_{i=1}^{n_2} Y_i$ 分别是这两个样本均值, $S_1^2 = \dfrac{1}{n_1-1}\sum\limits_{i=1}^{n_1}(X_i - \overline{X})^2$,

$S_2^2 = \dfrac{1}{n_2-1}\sum\limits_{i=1}^{n_2}(Y_i - \overline{Y})^2$ 分别是这两个样本的方差.

(1) 若 $\sigma_1^2 = \sigma_2^2 = \sigma^2$, 则

$$T_n = \frac{\overline{X}-\overline{Y}-(\mu_1-\mu_2)}{\sqrt{(n_1-1)S_1^2+(n_2-1)S_2^2}}\sqrt{\frac{n_1 n_2(n_1+n_2-2)}{n_1+n_2}} \sim t(n_1+n_2-2)$$

(2)

$$F = \frac{S_1^2\sigma_2^2}{S_2^2\sigma_1^2} \sim F(n_1-1, n_2-1)$$

三、考研典型题及常考题型范例精解

例 6 - 1 设 X_1, X_2, X_3, X_4 是来自正态总体 $N(0, 2^2)$ 的简单随机样本, 统计量 X 为

$$X = a(X_1-2X_2)^2 + b(3X_3-4X_4)^2$$

则当 $a = $ _____, $b = $ _____ 时, 统计量 X 服从 χ^2 分布, 自由度为 _____.

解 因 X_1-2X_2 和 $3X_3-4X_4$ 均服从正态分布, 且

$$E(X_1-2X_2) = E(X_1) - 2E(X_2) = 0$$
$$D(X_1-2X_2) = D(X_1) + 4D(X_2) = 20$$
$$E(3X_3-4X_4) = 3E(X_3) - 4E(X_4) = 0$$
$$D(3X_3-4X_4) = 9D(X_3) + 16D(X_4) = 100$$

因此 $X_1-2X_2 \sim N(0,20)$, $3X_3-4X_4 \sim N(0, 10^2)$. 由 χ^2 的定义有

$$\left(\frac{X_1-2X_2}{\sqrt{20}}\right)^2 + \left(\frac{3X_3-4X_4}{\sqrt{100}}\right)^2 = \frac{1}{20}(X_1-2X_2)^2 + \frac{1}{100}(3X_3-4X_4)^2 \sim \chi^2(2)$$

所以 $a = \dfrac{1}{20}$, $b = \dfrac{1}{100}$.

例 6 - 2 设总体 X 和 Y 相互独立同服从 $N(0, 3^2)$ 分布, 而 $X_1, X_2, \cdots, X_9$ 和 $Y_1, Y_2, \cdots, Y_9$ 分别是来自 X 和 Y 的简单随机样本, 则统计量

$$U = \frac{X_1 + \cdots + X_9}{\sqrt{Y_1^2 + \cdots + Y_9^2}}$$

服从 _____ 分布, 参数为 _____.

解 $\overline{X} = \dfrac{1}{9}\sum\limits_{i=1}^{9} X_i \sim N(0,1)$, $\dfrac{Y_i}{3} \sim N(0,1)$, 且 $\overline{X}$ 与 $\dfrac{Y_i}{3}$ 独立, $Y = \sum\limits_{i=1}^{n}\left(\dfrac{Y_i}{3}\right)^2 = \dfrac{1}{9}\sum\limits_{i=1}^{n} Y_i^2 \sim \chi^2(9)$,

由 t 分布的定义知

$$U = \frac{\overline{X}}{\sqrt{Y/9}} = \frac{\sum\limits_{i=1}^{9} X_i}{\sqrt{\sum\limits_{i=1}^{9} Y_i^2}} \sim t(9)$$

例 6 - 3 设总体 X 服从正态 $N(0, 2^2)$, 而 $X_1, X_2, \cdots, X_{15}$ 是来自 X 的简单随机样本, 则随机变量

$$Y = \frac{X_1^2 + \cdots + X_{10}^2}{2(X_{11}^2 + \cdots + X_{15}^2)}$$

服从_____分布，参数为_____.

解　由 χ^2 分布的定义知 $\dfrac{X_1^2 + X_2^2 + \cdots + X_{10}^2}{2^2} \sim \chi^2(10)$，$\dfrac{X_{11}^2 + \cdots + X_{15}^2}{2^2} \sim \chi^2(5)$，由 F 分布定义知

$$Y = \frac{X_1^2 + X_2^2 + \cdots + X_{10}^2}{2^2 \times 10} \Big/ \frac{X_{11}^2 + \cdots + X_{15}^2}{2^2 \times 5} = \frac{X_1^2 + \cdots + X_{10}^2}{2(X_{11}^2 + \cdots + X_{15}^2)} \sim F(10, 5)$$

例 6-4　设 $X_1, X_2, \cdots, X_m$ 和 $Y_1, Y_2, \cdots, Y_n$ 分别是来自两个独立的正态总体 $N(\mu_1, \sigma^2)$ 和 $N(\mu_2, \sigma^2)$ 的样本，α 和 β 是两个实数，试求随机变量

$$Z = \frac{\alpha(\overline{X} - \mu_1) + \beta(\overline{Y} - \mu_2)}{\sqrt{\dfrac{mS_1^2 + nS_2^2}{m+n-2}} \sqrt{\dfrac{\alpha^2}{m} + \dfrac{\beta^2}{n}}}$$

的概率分布，其中 $\overline{X} = \dfrac{1}{m}\sum\limits_{i=1}^{m} X_i$，$\overline{Y} = \dfrac{1}{n}\sum\limits_{i=1}^{n} Y_i$，$S_1^2 = \dfrac{1}{m}\sum\limits_{i=1}^{m}(X_i - \overline{X})^2$，$S_2^2 = \dfrac{1}{n}\sum\limits_{i=1}^{n}(Y_i - \overline{Y})^2$.

解　由正态总体样本均值与样本方差的抽样分布定理知 $\overline{X} \sim N(\mu_1, \dfrac{\sigma^2}{m})$，$\overline{Y} \sim N(\mu_2, \dfrac{\sigma^2}{n})$，$\dfrac{mS_1^2}{\sigma^2} \sim \chi^2(m-1)$，$\dfrac{nS_2^2}{\sigma^2} \sim \chi^2(n-1)$，得

$$\alpha(\overline{X} - \mu_1) + \beta(\overline{Y} - \mu_2) \sim N\left(0, \frac{\alpha^2}{m} + \frac{\beta^2}{n}\right)$$

$$\frac{mS_1^2 + nS_2^2}{\sigma^2} \sim \chi^2(m+n-2)$$

由 t 分布的定义知 $Z \sim t(m+n-2)$.

例 6-5　设 $X_1, X_2, \cdots, X_{2n}$ 是来自总体 X 的简单随机样本，$\overline{X} = \dfrac{1}{2n}\sum\limits_{i=1}^{2n} X_i$，设总体 X 的均值为 μ 和方差为 σ^2 均存在，求统计量 $Y = \sum\limits_{i=1}^{n}(X_i + X_{n+i} - 2\overline{X})^2$ 的数学期望 $E(Y)$.

解　记 $\overline{X}_1 = \dfrac{1}{n}\sum\limits_{i=1}^{n} X_i$，$\overline{X}_2 = \dfrac{1}{n}\sum\limits_{i=1}^{n} X_{n+i}$，显然有 $2\overline{X} = \overline{X}_1 + \overline{X}_2$，因此

$$E(Y) = E\left[\sum_{i=1}^{n}(X_i + X_{n+i} - 2\overline{X})^2\right] =$$

$$E\left[\sum_{i=1}^{n}(X_i - \overline{X}_1)^2 + \sum_{i=1}^{n}(X_{n+i} - \overline{X}_2)^2 + 2\sum_{i=1}^{n}(X_i - \overline{X}_1)(X_{n+i} - \overline{X}_2)\right] =$$

$$E\left[\sum_{i=1}^{n}(X_i - \overline{X}_1)^2\right] + E\left[\sum_{i=1}^{n}(X_{n+i} - \overline{X}_2)^2\right] + 2\sum_{i=1}^{n} E(X_i - \overline{X}_1)E(X_{n+i} - \overline{X}_2) =$$

$$(n-1)\sigma^2 + (n-1)\sigma^2 + 0 = 2(n-1)\sigma^2$$

例 6-6　设 $\boldsymbol{X} = (X_1, X_2, \cdots, X_n)^{\mathrm{T}}$ 服从 n 元正态分布 $N(\boldsymbol{\mu}, \boldsymbol{\Sigma})$，$E(\boldsymbol{X}) = \mu$，$\mathrm{COV}(\boldsymbol{X}, \boldsymbol{X}) = \boldsymbol{\Sigma}$，且 $\boldsymbol{\Sigma}^{-1}$ 存在，证明 $Z = (\boldsymbol{X} - \boldsymbol{\mu})^{\mathrm{T}} \boldsymbol{\Sigma}^{-1} (\boldsymbol{X} - \boldsymbol{\mu})$ 服从于 $\chi^2(n)$ 分布.

证　因 $\boldsymbol{X} \sim N(\boldsymbol{\mu}, \boldsymbol{\Sigma})$，且 $\boldsymbol{\Sigma}^{-1}$ 存在，所以 $\boldsymbol{\Sigma}^{-1}$ 是正定矩阵，由线性代数的知识知，存在正交矩阵 $\boldsymbol{U}$，使得

$$\boldsymbol{U}^{\mathrm{T}} \boldsymbol{\Sigma}^{-1} \boldsymbol{U} = \begin{pmatrix} \lambda_1 & & & 0 \\ & \lambda_2 & & \\ & & \ddots & \\ 0 & & & \lambda_n \end{pmatrix} = \boldsymbol{\Lambda}, \quad \lambda_i > 0, \quad i = 1, 2, \cdots, n$$

从而

$$\boldsymbol{\Sigma}^{-1} = \boldsymbol{U}\boldsymbol{\Lambda}\boldsymbol{U}^{\mathrm{T}} = \boldsymbol{U}\boldsymbol{\Lambda}^{\frac{1}{2}}\boldsymbol{\Lambda}^{\frac{1}{2}}\boldsymbol{U}^{\mathrm{T}} = \boldsymbol{P}^{\mathrm{T}}\boldsymbol{P}, \quad \boldsymbol{\Sigma} = \boldsymbol{P}^{-1}(\boldsymbol{P}^{\mathrm{T}})^{-1}$$

其中

$$\Lambda^{\frac{1}{2}} = \begin{bmatrix} \sqrt{\lambda_1} & & & 0 \\ & \sqrt{\lambda_2} & & \\ & & \ddots & \\ 0 & & & \sqrt{\lambda_n} \end{bmatrix}, \quad P = \Lambda^{\frac{1}{2}} U^{\mathrm{T}}$$

令 $Y = P(X - \mu)$，则 $Y \sim N(0, P\Sigma P^{\mathrm{T}}) = N(0, I_n)$，因此

$$Z = (X - \mu)^{\mathrm{T}} \Sigma^{-1}(X - \mu) = (X - \mu)^{\mathrm{T}} P^{\mathrm{T}} P(X - \mu) = Y^{\mathrm{T}} Y = \sum_{i=1}^{n} Y_i^2 \sim \chi^2(n)$$

四、学习效果两级测试题及解答

测试题

1. 选择题(每小题 3 分，共 15 分)

(1) 设 $X_1, X_2, \cdots, X_n$ 是来自正态总体 $N(\mu, \sigma^2)$ 的简单随样样本，$\overline{X}$ 是样本均值，记

$$S_1^2 = \frac{1}{n} \sum_{i=1}^{n} (X_i - \mu)^2, \quad S_2^2 = \frac{1}{n} \sum_{i=1}^{n} (X_i - \overline{X})^2$$

$$S_3^2 = \frac{1}{n-1} \sum_{i=1}^{n} (X_i - \mu)^2, \quad S_4^2 = \frac{1}{n-1} \sum_{i=1}^{n} (X_i - \overline{X})^2$$

则服从自由度为 $n-1$ 的 t 分布的随机变量是(　　).

(A) $T = \dfrac{\overline{X} - \mu}{S_1 / \sqrt{n-1}}$ 　　　　　　(B) $T = \dfrac{\overline{X} - \mu}{S_2 / \sqrt{n-1}}$

(C) $T = \dfrac{\overline{X} - \mu}{S_3 / \sqrt{n-1}}$ 　　　　　　(D) $T = \dfrac{\overline{X} - \mu}{S_4 / \sqrt{n-1}}$

(2) 设 $X_1, X_2, \cdots, X_m, \cdots, X_n$ 是来自正态总体 $N(0, \sigma^2)$ 的样本，则使随机变量 $Y = a\left(\sum\limits_{i=1}^{m} X_i\right)^2 + b\left(\sum\limits_{i=m+1}^{n} X_i\right)^2$ 服从自由度为 2 的 χ^2 分布的 a, b 的值为(　　).

(A) $a = \dfrac{1}{m\sigma^2}, b = \dfrac{1}{(n-m)\sigma^2}$ 　　　(B) $a = \dfrac{1}{m}, b = \dfrac{1}{n-m}$

(C) $a = m\sigma^2, b = (n-m)\sigma^2$ 　　　　(D) $a = m, b = (n-m)$

(3) 设 $X_1, X_2, \cdots, X_n, X_{n+1}$ 是来自正态总体 $N(\mu, \sigma^2)$ 的样本，$\overline{X} = \dfrac{1}{n} \sum\limits_{i=1}^{n} X_i$，$S^2 = \dfrac{1}{n-1} \sum\limits_{i=1}^{n} (X_i - \overline{X})^2$，则统计量

$$Y = \frac{X_{n+1} - \overline{X}}{S} \sqrt{\frac{n}{n+1}}$$

服从的分布是(　　).

(A) $N(0, 1)$ 　　　(B) $t(n)$ 　　　(C) $t(n-1)$ 　　　(D) $t(n+1)$

(4) 设 $X_1, X_2, \cdots, X_n, X_{n+1}, \cdots, X_{n+m}$ 是来自正态总体 $N(0, \sigma^2)$ 的容量为 $n+m$ 的样本，则统计量

$$V = \frac{m \sum\limits_{i=1}^{n} X_i^2}{n \sum\limits_{i=n+1}^{n+m} X_i^2}$$

服从的分布是(　　).

(A) $F(m, n)$ 　　(B) $F(n-1, m-1)$ 　(C) $F(n, m)$ 　　　(D) $F(m-1, n-1)$

(5) 设 $X_1, X_2, \cdots, X_n$ 是来自正态总体 $N(\mu, \sigma^2)$ 的样本，$S^2 = \dfrac{1}{n-1} \sum\limits_{i=1}^{n} (X_i - \overline{X})^2$，则 $D(S^2)$

$= ($ $)$.

(A) $\dfrac{\sigma^4}{n}$ (B) $\dfrac{2\sigma^4}{n}$ (C) $\dfrac{\sigma^4}{n-1}$ (D) $\dfrac{2\sigma^4}{n-1}$

2. 填空题(每小题 3 分, 共 15 分)

(1) 设 X_1, X_2, $\cdots$, X_n 是来自总体 $b(1, p)$ 的样本, 则 $P\left\{\overline{X} = \dfrac{k}{n}\right\} = $ _____.

(2) 设 X_1, X_2, $\cdots$, X_n 是来自正态总体 $N(\mu, \sigma^2)$ 的一个样本, $\overline{X} = \dfrac{1}{n}\sum_{i=1}^{n} \overline{X}_i$ 和 $S^2 = \dfrac{1}{n-1}\sum_{i=1}^{n}(X_i - \overline{X})^2$ 分别是样本均值和样本方差, 若 $n = 17$, 则当 $k = $ _____ 时 $P\{\overline{X} \geqslant \mu + kS\} = 0.95$.

(3) 设 X_1, X_2, $\cdots$, X_n, X_{n+1} 是来自正态总体 $N(\mu, \sigma^2)$ 的样本, $U = X_{n+1} - \dfrac{1}{n+1}\sum_{i=1}^{n+1} X_i$, 则 U 服从 _____ 分布.

(4) 设 X_1, X_2, $\cdots$, X_{15} 是来自正态总体 $N(0, 1)$ 的样本, $Y = \left(\sum_{i=1}^{5} X_i\right)^2 + \left(\sum_{i=6}^{10} X_i\right)^2 + \left(\sum_{i=11}^{15} X_i\right)^2$, 为使 $CY \sim \chi^2$ 分布, 则 $C = $ _____.

(5) 假定 $\overline{X}_1$, $\overline{X}_2$ 是来自正态总体 $N(\mu, \sigma^2)$ 的容量为 n 的两样本 $(X_{11}, X_{12}, \cdots, X_{1n})$ 和 $(X_{21}, X_{22}, \cdots, X_{2n})$ 的样本均值, 则 $P\{|\overline{X}_1 - \overline{X}_2| > \sigma\} = 0.01$ 的 $n = $ _____.

3. (本题满分 10 分) 设 X_1, X_2, $\cdots$, X_9 是来自正态总体 X 的简单随机样本.

$$Y_1 = \frac{1}{6}\sum_{i=1}^{6} X_i, \quad Y_2 = \frac{1}{3}(X_7 + X_8 + X_9)$$

$$S^2 = \frac{1}{2}\sum_{i=7}^{9}(X_i - Y_2)^2, \quad Z = \frac{\sqrt{2}(Y_1 - Y_2)}{S}$$

证明统计量 Z 服从 $t(2)$ 分布.

4. (本题满分 15 分) 设总体 X 服从参数为 $\lambda (\lambda > 0)$ 的泊松分布, $(X_1, X_2, \cdots, X_n)$ 是来自 X 的简单随机样本, 求:

(1) 样本 $(X_1, X_2, \cdots, X_n)$ 的联合分布律;

(2) $\overline{X} = \dfrac{1}{n}\sum_{i=1}^{n} X_i$ 的分布律.

5. (本题满分 15 分) 设 (X_1, X_2) 是来自正态总体 $N(0, \sigma^2)$ 的一个样本, (1) 证明 $X_1 + X_2$ 与 $X_1 - X_2$ 相互独立; (2) 求 $U = \dfrac{(X_1 + X_2)^2}{(X_1 - X_2)^2}$ 的概率密度函数; (3) 求 $P\{U \leqslant 4\}$.

6. (本题满分 15 分) 设总体 X 服从 $(0, \theta)(\theta > 0)$ 上的均匀分布, X_1, X_2, $\cdots$, X_n 为其样本, $X_{(1)} = \min\limits_{1 \leqslant k \leqslant n} X_k$, $X_{(n)} = \max\limits_{1 \leqslant k \leqslant n} X_k$, 求极差 $R = X_{(n)} - X_{(1)}$ 的数学期望.

7. (本题满分 15 分) 设 X_1, X_2, $\cdots$, X_{16} 是来自正态总体 $N(\mu, \sigma^2)$ 的样本, $\overline{X} = \dfrac{1}{16}\sum_{i=1}^{16} X_i$, $S^2 = \dfrac{1}{15}\sum_{i=1}^{16}(X_i - \overline{X})^2$, 求: (1) $P\left\{\dfrac{S^2}{\sigma^2} \leqslant 2.041\right\}$; (2) $U = \dfrac{1}{16}\sum_{i=1}^{16} |X_i - \mu|$ 的期望与方差; (3) S^2 的密度函数.

测试题解答

1. (1) (B)   (2) (A)   (3) (C)   (4) (C)   (5) (D)

2. (1) $P\left\{\overline{X} = \dfrac{k}{n}\right\} = C_n^k p^k (1-p)^{n-k}$, $k = 0, 1, 2, \cdots, n$

(2) $k = -\dfrac{t_{0.05}(n-1)}{\sqrt{n}}$ (3) $N\left(0, \dfrac{n}{n+1}\sigma^2\right)$ (4) $C = \dfrac{1}{5}$ (5) $n = 14$

3. **解** 设 $X \sim N(\mu, \sigma^2)$, $E(Y_1) = E(Y_2) = \mu$, $D(Y_1) = \dfrac{\sigma^2}{6}$, $D(Y_2) = \dfrac{\sigma^2}{3}$, $Y_1 - Y_2 \sim N\left(0, \dfrac{\sigma^2}{2}\right)$, 从

而

$$U = \frac{Y_1 - Y_2}{\sigma / \sqrt{2}} \sim N(0, 1)$$

由正态总体样本方差的性质,知

$$\chi^2 = \frac{2S^2}{\sigma^2} \sim \chi^2(2)$$

由于 Y_1 与 Y_2 , Y_1 与 S^2 , Y_2 与 S^2 独立可知 $Y_1 - Y_2$ 与 S^2 独立,由 t 分布的定义知

$$Z = \frac{\sqrt{2}(Y_1 - Y_2)}{S} = \frac{U}{\sqrt{\chi^2/2}} \sim t(2)$$

4. 解　(1) $(X_1, X_2, \cdots, X_n)$ 的联合分布律为

$$P\{X_1 = x_1, X_2 = x_2, \cdots, X_n = x_n\} = \prod_{i=1}^{n} P\{X_i = x_i\} = \prod_{i=1}^{n} \frac{\lambda^{x_i}}{x_i!} e^{-\lambda} =$$

$$\frac{\lambda^{\sum\limits_{i=1}^{n} x_i}}{x_1! \ x_2! \cdots X_n!} e^{-n\lambda}, \quad x_i = 0, 1, \cdots, i = 1, 2, \cdots n$$

(2) 先求 $X_1 + X_2$ 的概率分布

$$P(X_1 + X_2 = m) = \sum_{k=0}^{m} P(X_1 = k) P\{X_1 + X_2 = m \mid X_1 = k\} =$$

$$\sum_{k=0}^{m} P(X_1 = k) P(X_2 = m - k) = \sum_{k=0}^{m} \frac{\lambda^k}{k!} e^{-\lambda} \cdot \frac{\lambda^{m-k}}{(m-k)!} e^{-\lambda} =$$

$$\frac{\lambda^m}{m!} e^{-2\lambda} \sum_{k=0}^{m} C_m^k = \frac{(2\lambda)^m}{m!} e^{-2\lambda}, \quad m = 0, 1, 2, \cdots$$

即 $X_1 + X_2 \sim \pi(2\lambda)$,从而可用归纳法证明 $\sum\limits_{i=1}^{n} X_i \sim \pi(n\lambda)$,因此 $\overline{X}$ 的概率分布为

$$P\{\overline{X} = \frac{k}{n}\} = P\{\sum_{i=1}^{n} X_i = k\} = \frac{(n\lambda)^k}{k!} e^{-n\lambda}, \quad k = 0, 1, 2, \cdots$$

5. 解　(1) 设 $\begin{cases} X = X_1 + X_2 \\ Y = X_1 - X_2 \end{cases}$,则 $\begin{cases} X_1 = \dfrac{X + Y}{2} \\ X_2 = \dfrac{X - Y}{2} \end{cases}$ 变换的雅可比行列式为 $J = \begin{vmatrix} \dfrac{1}{2} & \dfrac{1}{2} \\ \dfrac{1}{2} & -\dfrac{1}{2} \end{vmatrix} = -\dfrac{1}{2}$,而

(X_1, X_2) 的密度函数为

$$f(x_1, x_2) = \frac{1}{2\pi\sigma^2} e^{-\frac{x_1^2 + x_2^2}{2\sigma^2}}$$

所以 (X, Y) 的联合密度函数为

$$f_{(X,Y)}(x, y) = \frac{1}{4\pi\sigma^2} e^{-\frac{x^2 + y^2}{4\sigma^2}} = \frac{1}{2\pi(\sqrt{2}\sigma)^2} e^{-\frac{x^2 + y^2}{4\sigma^2}}$$

又 $X \sim N(0, 2\sigma^2)$, $Y \sim N(0, 2\sigma^2)$,显然

$$f_{(X,Y)}(x, y) = f_X(x) f_Y(y)$$

所以 X 与 Y 独立,即 $X_1 + X_2$ 与 $X_1 - X_2$ 独立.

(2) 因 $X \sim N(0, 2\sigma^2)$, $Y \sim N(0, 2\sigma^2)$,所以

$$\frac{(X_1 + X_2)^2}{2\sigma^2} \sim \chi^2(1), \quad \frac{(X_1 - X_2)^2}{2\sigma^2} \sim \chi^2(1)$$

从而

$$U = \frac{(X_1 + X_2)^2/2\sigma^2}{(X_1 - X_2)^2/2\sigma^2} = \frac{(X_1 + X_2)^2}{(X_1 - X_2)^2} \sim F(1, 1)$$

密度函数为

$$f_U(u) = \begin{cases} \dfrac{1}{\pi} x^{-\frac{1}{2}} (1 + x)^{-1}, & x > 0 \\ 0, & x \leqslant 0 \end{cases}$$

三导

(3) $\quad P\{U \leqslant 4\} = \int_0^4 \dfrac{\mathrm{d}x}{\pi\sqrt{x}(1+x)} = \int_0^2 \dfrac{2u\mathrm{d}u}{\pi u(1+u^2)} = \dfrac{2}{\pi}(\arctan 2 - \arctan 0) = \dfrac{2}{\pi}\arctan 2$

6. 解 $X_{(1)}$ 的密度函数为

$$f_1(x) = \begin{cases} n\left(1 - \dfrac{x}{\theta}\right)^{n-1} \dfrac{1}{\theta}, & 0 < x < \theta \\ 0, & \text{其他} \end{cases}$$

$$E(X_{(1)}) = \int_0^\theta nx\left(1 - \dfrac{x}{\theta}\right)^{n-1}\dfrac{1}{\theta}\mathrm{d}x = n\theta \int_0^1 t(1-t)^{n-1}\mathrm{d}t = n\theta b(2,n) = \dfrac{n\theta\Gamma(2)\Gamma(n)}{\Gamma(n+2)} = \dfrac{\theta}{n+1}$$

$X_{(n)}$ 的密度函数为

$$f_n(x) = \begin{cases} n\left(\dfrac{x}{\theta}\right)^{n-1} \dfrac{1}{\theta}, & 0 < x < \theta \\ 0, & \text{其他} \end{cases}$$

$$E(X_{(n)}) = \int_0^\theta n\left(\dfrac{x}{\theta}\right)^n \mathrm{d}x = \dfrac{n}{n+1}\theta$$

所以 $\quad E(R) = E(X_{(n)} \sim X_{(1)}) = \dfrac{n}{n+1}\theta - \dfrac{\theta}{n+1} = \dfrac{n-1}{n+1}\theta$

7. 解 (1) 因 $\dfrac{(n-1)S^2}{\sigma^2} \sim \chi^2(n-1)$，所以

$$P\left\{\dfrac{S^2}{\sigma^2} \leqslant 2.041\right\} = P\left\{\dfrac{15S^2}{\sigma^2} \leqslant 15 \times 2.041\right\} =$$

$$P\{\chi^2 \leqslant 30.615\} = 1 - P\{\chi^2 > 30.615\} \approx 1 - 0.01 = 0.99$$

(2) $X_i - \mu \sim N(0, \sigma^2)$，$\quad i = 1, 2, \cdots, 16$，则

$$E(|X_i - \mu|) = \dfrac{1}{\sqrt{2n}\sigma}\int_{-\infty}^{+\infty} |y| \mathrm{e}^{-\frac{y^2}{2\sigma^2}}\mathrm{d}y = \sqrt{\dfrac{2}{\pi}}\sigma$$

$$D(|X_i - \mu|) = E[(X_i - \mu)^2] - [E(|X_i - \mu|)]^2 = \sigma^2 - \dfrac{2}{\pi}\sigma^2 = \left(1 - \dfrac{2}{\pi}\right)\sigma^2$$

所以 $\quad E(U) = E\left(\dfrac{1}{16}\sum_{i=1}^{16} |X_i - \mu|\right) = \sqrt{\dfrac{2}{\pi}}\sigma$

$$D(U) = D\left(\dfrac{1}{16}\sum_{i=1}^{16} |X_i - \mu|\right) = \left(1 - \dfrac{2}{\pi}\right)\dfrac{\sigma^2}{16}$$

(3) $V = \dfrac{(16-1)S^2}{\sigma^2} \sim \chi^2(15)$，$V$ 的密度函数

$$f_V(v) = \begin{cases} \dfrac{1}{2^{\frac{15}{2}}\Gamma\left(\dfrac{15}{2}\right)} v^{\frac{15}{2}-1}\mathrm{e}^{-\frac{v}{2}}, & v > 0 \\ 0, & v \leqslant 0 \end{cases}$$

而 $S^2 = \dfrac{\sigma^2}{15}v$，故 S^2 的密度函数为

$$f_{S^2}(x) = \begin{cases} \dfrac{1}{2^{\frac{15}{2}}\Gamma\left(\dfrac{15}{2}\right)} \left(\dfrac{15}{\sigma^2}x\right)^{\frac{13}{2}} \mathrm{e}^{-\frac{15}{2\sigma^2}x} \cdot \dfrac{15}{\sigma^2}, & x > 0 \\ 0, & x < 0 \end{cases} = \begin{cases} \dfrac{15^{\frac{15}{2}}}{2^{\frac{15}{2}}\Gamma\left(\dfrac{15}{2}\right)\sigma^{15}} x^{\frac{13}{2}}\mathrm{e}^{-\frac{15}{2\sigma^2}x}, & x > 0 \\ 0, & x \leqslant 0 \end{cases}$$

五、课后习题全解

1. 在总体 $N(52, 6.3^2)$ 中随机抽一容量为 36 的样本，求样本均值 $\overline{X}$ 落在 50.8 到 53.8 之间的概率.

解 因 $\overline{X} \sim N\left(52, \dfrac{6.3^2}{36}\right)$，所以

$$P(50.8 < \overline{X} < 53.8) = P\left(\frac{50.8-52}{6.3/6} < \frac{\overline{X}-52}{6.3/6} < \frac{53.8-52}{6.3/6}\right) =$$

$$P\left(-\frac{8}{7} < \frac{\overline{X}-52}{6.3/6} < \frac{12}{7}\right) = \Phi\left(\frac{12}{7}\right) - \Phi\left(-\frac{8}{7}\right) =$$

$$\Phi\left(\frac{12}{7}\right) + \Phi\left(\frac{8}{7}\right) - 1 \approx 0.9564 + 0.8729 - 1 = 0.8293$$

2. 在总体 $N(12,4)$ 中随机抽一容量为 5 的样本 X_1, X_2, X_3, X_4, X_5. (1)求样本均值与总体平均值之差的绝对值大于 1 的概率；(2)求概率 $P\{\max(X_1, X_2, X_3, X_4, X_5) > 15\}$；(3)求概率 $P\{\min(X_1, X_2, X_4, X_5) < 10\}$.

解 (1) 因 $\overline{X} \sim N\left(12, \frac{4}{5}\right)$，所以

$$P\{|\overline{X}-12| > 1\} = P\left\{\left|\frac{\overline{X}-12}{\sqrt{4/5}}\right| > \frac{\sqrt{5}}{2}\right\} =$$

$$2 - 2\Phi\left(\frac{\sqrt{5}}{2}\right) = 2 \times [1 - \Phi(1.12)] = 2 \times [1 - 0.8686] = 0.2628$$

(2) $$P\{\max(X_1, X_2, X_3, X_4, X_5) > 15\} = 1 - P\{\max(X_1, X_2, X_3, X_4, X_5) \leqslant 15\} =$$

$$1 - P\{X_1 \leqslant 15, X_2 \leqslant 15, X_3 \leqslant 15, X_4 \leqslant 15, X_5 \leqslant 15\} =$$

$$1 - \prod_{i=1}^{5} P\{X_i \leqslant 15\} = 1 - \prod_{i=1}^{5} P\left\{\frac{X_i-12}{2} \leqslant \frac{15-12}{2}\right\} =$$

$$1 - [\Phi(1.5)]^5 = 1 - (0.9332)^5 = 0.2923$$

(3) $$P\{\min(X_1, X_2, X_3, X_4, X_5) < 10\} = 1 - P\{\min(X_1, X_2, X_3, X_4, X_5) \geqslant 10\} =$$

$$1 - P\{X_1 \geqslant 10, X_2 \geqslant 10, X_3 \geqslant 10, X_4 \geqslant 10, X_5 \geqslant 10\} =$$

$$1 - \prod_{i=1}^{5} P\{X_i \geqslant 10\} = 1 - \prod_{i=1}^{5} P\left\{\frac{X_i-12}{2} \geqslant \frac{10-12}{2}\right\} =$$

$$1 - [1 - \Phi(-1)]^5 = 1 - [\Phi(1)]^5 = 1 - (0.8413)^5 = 0.5785$$

3. 求总体 $N(20,3)$ 的容量分别为 10, 15 的两独立样本均值差的绝对值大于 0.3 的概率.

解 记 $\overline{X} = \frac{1}{10}\sum_{i=1}^{10} X_i$，$\overline{Y} = \frac{1}{15}\sum_{i=1}^{15} Y_i$，$\overline{X}$ 与 $\overline{Y}$ 独立，且 $\overline{X} \sim N\left(20, \frac{3}{10}\right)$，$\overline{Y} \sim N\left(20, \frac{3}{15}\right)$，则 $\overline{X} - \overline{Y} \sim N\left(0, \frac{1}{2}\right)$.

$$P\{|\overline{X} - \overline{Y}| > 0.3\} = P\left\{\left|\frac{\overline{X}-\overline{Y}}{\frac{1}{\sqrt{2}}}\right| > 0.3 \times \sqrt{2}\right\} =$$

$$2 \times [1 - \Phi(0.3 \times \sqrt{2})] \approx 2 \times [1 - \Phi(0.4243)] =$$

$$2 \times (1 - 0.6628) = 0.6744$$

4.(1) 设样本 $X_1, X_2, \cdots, X_6$ 来自总体 $N(0,1)$，$Y = (X_1 + X_2 + X_3)^2 + (X_4 + X_5 + X_6)^2$，试确定常数 C 使 CY 服从 χ^2 分布.

(2) 设样本 $X_1, X_2, \cdots, X_5$ 来自总体 $N(0,1)$，$Y = \frac{C(X_1 + X_2)}{(X_3^2 + X_4^2 + X_5^2)^{1/2}}$，试确定常数 C 使 Y 服从 t 分布.

(3) 已知 $X \sim t(n)$，求证 $X^2 \sim F(1, n)$.

解 (1) 因为 $X_1, X_2, \cdots, X_6$ 独立同分布于 $N(0,1)$，所以 $X_1 + X_2 + X_3 \sim N(0,3)$，$X_4 + X_5 + X_6 \sim N(0,3)$，于是

$$Y_1 = \frac{X_1 + X_2 + X_3}{\sqrt{3}} \sim N(0,1), \quad Y_2 = \frac{X_4 + X_5 + X_6}{\sqrt{3}} \sim N(0,1)$$

且 Y_1, Y_2 独立.

由卡方分布的定义

$$Y_1^2 + Y_2^2 = \left(\frac{X_1 + X_2 + X_3}{\sqrt{3}}\right)^2 + \left(\frac{X_4 + X_5 + X_6}{\sqrt{3}}\right)^2 \sim \chi^2(2)$$

化简得 $c = \dfrac{1}{3}$.

(2) 因为 $X_1, X_1, \cdots, X_5$ 独立同分布于 $N(0,1)$, 所以 $X_1 + X_2 \sim N(0,2)$, 即 $\dfrac{X_1 + X_2}{\sqrt{2}} \sim N(0,1)$. 又 $X_3^2 +$

$X_4^2 + X_5^2 \sim \chi^2(3)$, 且 $\dfrac{X_1 + X_2}{\sqrt{2}}, X_3^2 + X_4^2 + X_5^2$ 相互独立, 所以由 t 分布的定义, 有

$$\frac{\dfrac{X_1 + X_2}{\sqrt{2}}}{\sqrt{\dfrac{X_3^2 + X_4^2 + X_5^2}{3}}} \sim t(3)$$

化简得 $c = \sqrt{3/2}$.

(3) 因为 $X \sim t(n)$, 由 t 分布的定义, $X = \dfrac{Y_1}{\sqrt{\dfrac{Y_2}{n}}}$, 其中 $Y_1 \sim N(0,1)$, $Y_2 \sim \chi^2(n)$, 且 Y_1, Y_2 独立.

由卡方分布的定义, $Y_1^2 \sim \chi^2(1)$. 再由 F 分布的定义, $X^2 = \dfrac{Y_1^2}{\dfrac{Y_2}{n}} \sim F(1,n)$.

5. (1) 已知某种能力测试的得分服从正态分布 $N(\mu, \sigma^2)$, 随机取 10 个人参与这一测试. 求他们得分的联合概率密度, 并求这 10 个人得分的平均值小于 μ 的概率.

(2) 在 (1) 中设 $\mu = 62, \sigma^2 = 25$, 若得分超过 70 就能得奖, 求至少有一人得奖的概率.

解 (1) 因为 $X_1, X_1, \cdots, X_{10}$ 独立同分布于 $N(\mu, \sigma^2)$, 所以

$$f(x_1, x_1, \cdots, x_{10}) = \prod_{i=1}^{10} f(x_i) = \prod_{i=1}^{10} \frac{1}{\sqrt{2\pi\sigma^2}} e^{-(x_i-\mu)^2/2\sigma^2} = \left(\frac{1}{\sqrt{2\pi\sigma^2}}\right)^{10} e^{-\sum\limits_{i=1}^{10}(x_i-\mu)^2/2\sigma^2}$$

又

$$\sum_{i=1}^{10} X_i \sim N(10\mu, 10\sigma^2)$$

从而

$$\frac{1}{10}\sum_{i=1}^{10} X_i = \overline{X} \sim N\left(\mu, \frac{\sigma^2}{10}\right)$$

$$P(\overline{X} < \mu) = P\left[\frac{\overline{X} - \mu}{\sqrt{\dfrac{\sigma^2}{10}}} < \frac{\mu - \mu}{\sqrt{\dfrac{\sigma^2}{10}}}\right] = \Phi(0) = \frac{1}{2}$$

(2) 假设一人得奖的概率为 p, Y 为得奖的人数, 则 $Y \sim b(10, p)$. 由题设, $X \sim N(62, 25)$, 那么, p 实际上是 X 在 70 分以上的概率, 即有

$$p = P\{X > 70\} = 1 - P\{X \leqslant 70\} = 1 - \Phi\left(\frac{70 - 62}{\sqrt{25}}\right) = 1 - \Phi(1.6) \approx 0.054\,8$$

从而, 至少一人得奖的概率应为

$$P\{Y \geqslant 1\} = 1 - P\{Y < 1\} = 1 - 0.945\,2^{10} = 0.431$$

6. 设总体 $X \sim b(1, p)$, $X_1, X_2, \cdots, X_n$ 是来自 X 的样本.

(1) 求 $(X_1, X_2, \cdots, X_n)$ 的分布律; (2) 求 $\sum\limits_{i=1}^{n} X_i$ 的分布律; (3) 求 $E(\overline{X})$, $D(\overline{X})$, $E(S^2)$.

解 (1) $(X_1, X_2, \cdots, X_n)$ 的分布律为

$$p(x_1, x_2, \cdots, x_n) = p^{\sum\limits_{i=1}^{n} x_i}(1-p)^{n-\sum\limits_{i=1}^{n} x_i}, \quad x_i = 0,1; \quad i = 1,2,\cdots,n$$

(2) $X_1, X_2, \cdots, X_n$ 独立同服从 $b(1, p)$ 分布, 则 $\sum\limits_{i=1}^{n} X_i \sim b(n, p)$, 其分布律为

$$P\left\{\sum_{i=1}^{n} X_i = k\right\} = C_n^k p^k (1-p)^{n-k}, \quad k = 1, 2, \cdots, n$$

(3) 因 $E(X) = p, D(X) = p(1-p)$, 故

$$E(\overline{X}) = E\left(\frac{1}{n}\sum_{i=1}^{n} X_i\right) = \frac{1}{n}\sum_{i=1}^{n} E(X_i) = \frac{1}{n}\sum_{i=1}^{n} p = p$$

$$D(\overline{X}) = D\left(\frac{1}{n}\sum_{i=1}^{n} X_i\right) = \frac{1}{n^2}\sum_{i=1}^{n} D(X_i) = \frac{p(1-p)}{n}$$

$$E(S^2) = E\left[\frac{1}{n-1}\sum_{i=1}^{n}(X_i - \overline{X})^2\right] = \frac{1}{n-1}E\left[\sum_{i=1}^{n} X_i^2 - n\overline{X}^2\right] = \frac{1}{n-1}\left[\sum_{i=1}^{n} E(X_i^2) - nE(\overline{X}^2)\right] =$$

$$\frac{1}{n-1}\left[n(D(X) + (E(X))^2) - n(D(\overline{X}) + (E(\overline{X}))^2)\right] =$$

$$\frac{1}{n-1}\left[n(p(1-p) + p^2) - n\left(\frac{p(1-p)}{n} + p^2\right)\right] = p(1-p)$$

7. 设总体 $X \sim \chi^2(n)$, $X_1, X_2, \cdots, X_{10}$ 是来自 X 的样本, 求 $E(\overline{X}), D(\overline{X}), E(S^2)$.

解 $\overline{X} = \frac{1}{10}\sum_{i=1}^{10} X_i$, $X_1, X_2, \cdots, X_{10}$ 独立同服从 $\chi^2(n)$ 分布. 由 χ^2 分布的性质知 $E(X) = n, D(X) = 2n$, 故

$$E(\overline{X}) = E\left(\frac{1}{10}\sum_{i=1}^{10} X_i\right) = E(X) = n$$

$$D(\overline{X}) = D\left(\frac{1}{10}\sum_{i=1}^{10} X_i\right) = \frac{D(X)}{10} = \frac{2n}{10} = \frac{n}{5}$$

$$E(S^2) = E\left[\frac{1}{9}\sum_{i=1}^{10}(X_i - \overline{X})^2\right] = D(X) = 2n$$

8. 设总体 $X \sim N(\mu, \sigma^2)$, $X_1, X_2, \cdots, X_{10}$ 是来自 X 的样本.

(1) 写出 $X_1, X_2, \cdots, X_{10}$ 的联合概率密度; (2) 写出 $\overline{X}$ 的概率密度.

解 (1) $(X_1, X_2, \cdots, X_{10})$ 的联合概率密度为

$$f(x_1, x_2, \cdots, x_{10}) = \prod_{i=1}^{10} \frac{1}{\sqrt{2\pi}\,\sigma} e^{-\frac{(x_i-\mu)^2}{2\sigma^2}} = \left(\frac{1}{\sqrt{2\pi}\,\sigma}\right)^{10} e^{-\frac{1}{2\sigma^2}\sum_{i=1}^{10}(x_i-\mu)^2}, \quad -\infty < x_i < +\infty, \quad i = 1, 2, \cdots, 10$$

(2) $\overline{X} \sim N\left(\mu, \frac{\sigma^2}{n}\right)$, 故 $\overline{X}$ 的密度函数为

$$f_{\overline{X}}(x) = \frac{\sqrt{n}}{\sqrt{2\pi}\,\sigma} e^{-\frac{n}{2\sigma^2}(x-\mu)^2}, \quad -\infty < x < +\infty$$

9. 设在总体 $N(\mu, \sigma^2)$ 中抽取一容量为 16 的样本, 这里 μ, σ^2 均为未知. (1) 求 $P\{S^2/\sigma^2 \leqslant 2.041\}$, 其中 S^2 为样本方差; (2) 求 $D(S^2)$.

解 (1) 因 $\frac{(n-1)S^2}{\sigma^2} \sim \chi^2(n-1)$, 所以

$$P\left\{\frac{S^2}{\sigma^2} \leqslant 2.041\right\} = P\left\{\frac{15S^2}{\sigma^2} \leqslant 2.041 \times 15\right\} = P\left\{\frac{15S^2}{\sigma^2} \leqslant 30.615\right\} = 0.99$$

(2) 由 χ^2 分布的性质知

$$D\left(\frac{(n-1)S^2}{\sigma^2}\right) = \frac{(n-1)^2}{\sigma^4} D(S^2) = 2(n-1)$$

故 $D(S^2) = \frac{2\sigma^4}{n-1}$.

10. 下面列出了 30 个美国 NBA 球员的体重(以磅计, 1 磅 = 0.454 kg)数据. 这些数据是从美国 NBA 球队 1990—1991 赛季的花名册中抽样得到的.

225　232　232　245　235　245　270　225　240　240

三导

217	195	225	185	200	220	200	210	271	240
220	230	215	252	225	220	206	185	227	236

(1)画出这些数据的频率直方图(提示:最大和最小观察值分别为 271 和 185,区间 $[184.5,271.5]$ 包含所有数据,将整个区间分为 5 等份,为计算方便,将区间调整为 $(179.5,279.5)$.

(2)作出这些数据的箱线图.

解 (1)最大和最小观察值分别为 271 和 185.取区间 $I=[184.5,271.5]$,使得所有数据都能包含在 I 内.将区间 I 等分为若干小区间,小区间的个数与数据个数 n 有关,取为 $\sqrt{n}$ 附近即可.具体计算如下表:

组距 $\Delta=(279.5-179.5)/5=20$.

组限	频数 f_i	频率 f_i/n	累积频率	$f_i/n/\Delta=f_i/n/20$
$179.5\sim199.5$	3	0.10	0.10	0.005 0
$199.5\sim219.5$	6	0.20	0.30	0.010 0
$219.5\sim239.5$	13	0.43	0.73	0.021 5
$239.5\sim259.5$	6	0.20	0.93	0.010 0
$259.5\sim279.5$	2	0.07	1	0.003 5

频率直方图如下:

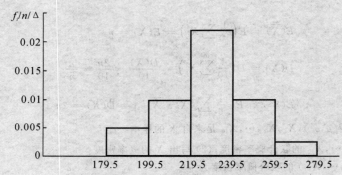

(2)略.

11. 截尾均值 设数据集包含 n 个数据,将这些数据自小到大排序为

$$x_{(1)}\leqslant x_{(2)}\leqslant\cdots\leqslant x_{(n)}$$

删去 $100\alpha\%$ 个数值小的数,同时删去 $100\alpha\%$ 个数值大的数,将留下的数据取算术平均,记为 $\bar{x}_\alpha$,即

$$\bar{x}_\alpha=\frac{x_{([n\alpha]+1)}+\cdots+x_{(n-[n\alpha])}}{n-2[n\alpha]}$$

其中 $[n\alpha]$ 是小于或等于 $n\alpha$ 的最大整数(一般取 α 为 0.1~0.2).$\bar{x}_\alpha$ 称为 $100\alpha\%$ 截尾均值.例如对于第 10 题中的数据,取 $\alpha=0.1$,则有 $[n\alpha]=[30\times0.1]=3$,得 $100\times0.1\%$ 截尾均值

$$\bar{x}_\alpha=\frac{200+200+\cdots+245+245}{30-6}=225.416\ 7$$

若数据来自某一总体的样本,则 $\bar{x}_\alpha$ 是一个统计量.$\bar{x}_\alpha$ 不受样本的极端值的影响.截尾均值在实际应用问题中是常会用到的.

试求第 10 题的 30 个数据的 $\alpha=0.2$ 的截尾均值.

解 $[n\alpha]=[30\times0.2]=6$,去掉 185,185,195,200,200,206,240,245,245,252,270,271 这 12 个数,则

$$\bar{x}_{0.2}=\frac{225+232+232+235+225+\cdots+227+236}{30-12}=\frac{4\ 074}{18}=226.33$$

第七章 参 数 估 计

一、大纲要求及考点提示

(1) 理解参数的点估计、估计量与估计值的概念.

(2) 掌握矩估计法(一阶、二阶矩)和最大似然估计法.

(3) 了解基于截尾样本的最大似然估计.

(4) 了解估计量的无偏性、有效性(最小方差性)和一致性(相合性)等估计量的评判标准.

(5) 理解区间估计的概念,会求单个正态总体的均值和方差的置信区间,会求两个正态总体均值差和方差比的置信区间.

二、主要概念、重要定理与公式

1. 估计量与估计值

设总体 X 的分布函数 $F(x;\theta)$ 形式为已知,θ 是待估参数,X_1, X_2, $\cdots$, X_n 是 X 的一个样本,x_1, x_2, $\cdots$, x_n 是相应的一个样本值. 点估计问题就是要构造一个适当的统计量 $\hat{\theta}(X_1, X_2, \cdots, X_n)$,用其观察值 $\hat{\theta}(x_1, x_2, \cdots, x_n)$ 来估计未知参数 θ,称 $\hat{\theta}(X_1, X_2, \cdots, X_n)$ 为 θ 的估计量,$\hat{\theta}(x_1, x_2, \cdots, x_n)$ 为 θ 的估计值.

2. 矩估计法

用样本的各阶原点矩作为总体的各阶原点矩的估计而求得的未知参数的估计量称为矩估计量.

3. 最大似然估计

设总体 X 具有概率密度函数 $f(x,\theta)$ 或分布律函数 $p(x;\theta)$,$\theta \in \Theta$,$\theta = (\theta_1, \theta_2, \cdots, \theta_m)$ 是 m 维参数向量,样本 $(X_1, X_2, \cdots, X_n)$ 的联合概率密度(或联合分布律函数)

$$L(x_1, x_2, \cdots, x_n; \theta) = \prod_{i=1}^{n} f(x_i; \theta) \left(\text{或} \prod_{i=1}^{n} p(x_i; \theta)\right)$$

称为似然函数. 假定在 $(x_1, x_2, \cdots, x_n)$ 给定的条件下,存在 m 维统计量

$$\hat{\theta}(X_1, \cdots, X_n) = (\hat{\theta}_1(X_1, \cdots, X_n), \cdots, \hat{\theta}_m(X_1, \cdots, X_n))$$

使得
$$L(x_1, x_2, \cdots, x_n; \hat{\theta}) = \max_{\theta \in \Theta} L(x_1, x_2, \cdots, x_n; \theta)$$

则称 $\hat{\theta}$ 是 θ 的最大似然估计量.

如果对数似然函数关于 θ 可微,则使似然函数达到最大的 $\hat{\theta}$ 一定满足下列正则方程组:

$$\frac{\partial}{\partial \theta_i} \ln L(x_1, \cdots, x_n; \theta)\bigg|_{\hat{\theta}_i = \theta_i} = 0, \quad i = 1, 2, \cdots, m$$

4. 基于截尾样本的最大似然估计

(1) 定数截尾样本的最大似然估计:

设产品的寿命分布是指数分布,其概率密度 $f(t) = \begin{cases} \dfrac{1}{\theta} e^{-t/\theta}, & t > 0, \\ 0, & t \leq 0 \end{cases}$,$\theta > 0$ 未知.

设有 n 个产品投入定数截尾试验,截尾数为 m,得定数截尾样本 $0 \leqslant t_1 \leqslant t_2 \leqslant \cdots \leqslant t_m$,即在区间 $[0, t_m]$ 有 m 个产品失效,而 $n-m$ 个产品在 t_m 时未失效. 每个产品在 $(t_i, t_i + \mathrm{d}t_i]$ 失效的概率近似地为 $f(t_i)\mathrm{d}t_i = \dfrac{1}{\theta} e^{-t_i/\theta} \mathrm{d}t_i$,$i = 1, 2, \cdots, m$,其余 $n-m$ 个产品寿命超过 t_m 的概率为

$$\left(\int_{t_m}^{\infty} \frac{1}{\theta} e^{-t/\theta} dt\right)^{n-m} = (e^{-t_m/\theta})^{n-m}$$

取似然函数为 $L(\theta) = \left(\dfrac{1}{\theta}\right)^m e^{-\frac{1}{\theta}[t_1+t_2+\cdots+t_m+(n-m)t_m]}$，令对数似然函数

$$\frac{d}{d\theta}\ln L(\theta) = -\frac{m}{\theta} + \frac{1}{\theta^2}[t_1+t_2+\cdots+t_m+(n-m)t_m] = 0$$

得到 θ 的最大似然估计为 $\hat{\theta} = \dfrac{s(t_m)}{m}$，其中 $s(t_m) = t_1+t_2+\cdots+t_m+(n-m)t_m$.

(2) 定时截尾样本的最大似然估计：

定时截尾样本为 $0 \leqslant t_1 \leqslant t_2 \leqslant \cdots \leqslant t_m \leqslant t_0$，其中 t_0 是截尾时间，似然函数为 $L(\theta) = \left(\dfrac{1}{\theta}\right)^m e^{-\frac{1}{\theta}[t_1+t_2+\cdots+t_m+(n-m)t_0]}$. 类似前面可得到 θ 的最大似然估计为 $\hat{\theta} = \dfrac{s(t_0)}{m}$，其中 $s(t_m) = t_1+t_2+\cdots+t_m+(n-m)t_0$.

5. 估计量的衡量标准

(1) 无偏性：若估计量 $\hat{\theta} = \hat{\theta}(X_1, X_2, \cdots, X_n)$ 的数学期望 $E(\hat{\theta})$ 存在，且对于任意的 $\theta \in \Theta$ 有

$$E(\hat{\theta}) = \theta$$

则称 $\hat{\theta}$ 是 θ 的无偏估计量.

(2) 有效性：设 $\hat{\theta}_1 = \hat{\theta}_1(X_1, X_2, \cdots, X_n)$ 与 $\hat{\theta}_2 = \hat{\theta}_2(X_1, X_2, \cdots, X_n)$ 都是 θ 的无偏估计量，若有

$$D(\hat{\theta}_1) < D(\hat{\theta}_2)$$

则称 $\hat{\theta}_1$ 较 $\hat{\theta}_2$ 有效；设 $\hat{\theta}_0$ 是 θ 的一个无偏估计量，且对一切 $\theta \in \Theta$ 和 θ 的任一无偏估计 $\hat{\theta}$，都有

$$D(\hat{\theta}_0) \leqslant D(\hat{\theta}), \quad \forall \theta \in \Theta$$

则称 $\hat{\theta}_0$ 是 θ 的最小方差无偏估计.

(3) 一致性（相合性）：设 $\hat{\theta}(X_1, X_2, \cdots, X_n)$ 为参数 θ 的估计量，若对于任意 $\theta \in \Theta$，当 $n \to \infty$ 时 $\hat{\theta}(X_1, X_2, \cdots, X_n)$ 依概率收敛于 θ，则称 $\hat{\theta}$ 为 θ 的一致估计量（相合估计量）.

6. 置信区间

设总体 X 的分布函数 $F(x; \theta)$ 含有一个未知参数 θ，对于给定值 $\alpha(0 < \alpha < 1)$，由样本 $X_1, X_2, \cdots, X_n$ 确定的两个统计量 $\underline{\theta} = \underline{\theta}(X_1, X_2, \cdots, X_n)$ 和 $\bar{\theta} = \bar{\theta}(X_1, X_2, \cdots, X_n)$ 满足

$$P\{\underline{\theta}(X_1, X_2, \cdots, X_n) < \theta < \bar{\theta}(X_1, X_2, \cdots, X_n)\} = 1-\alpha$$

则称随机区间 $(\underline{\theta}, \bar{\theta})$ 是 θ 的置信度为 $1-\alpha$ 的置信区间，$\underline{\theta}$ 和 $\bar{\theta}$ 分别称为置信度为 $1-\alpha$ 的双则置信区间的置信下限和置信上限，$1-\alpha$ 称为置信度.

正态总体参数的置信区间见表 7-1.

表 7-1

总体	参数	统计量	双侧置信区间	单侧置信区间	
$X \sim N(\mu, \sigma_0^2)$ σ_0^2 已知	μ	$Z = \dfrac{\bar{X}-\mu}{\sigma_0/\sqrt{n}}$ $\sim N(0,1)$	$\bar{X} \pm z_{\frac{\alpha}{2}} \dfrac{\sigma_0}{\sqrt{n}}$	$\left(-\infty, \bar{X} + z_\alpha \dfrac{\sigma_0}{\sqrt{n}}\right)$	$\left(\bar{X} - z_\alpha \dfrac{\sigma_0}{\sqrt{n}}, +\infty\right)$
$X \sim N(\mu, \sigma^2)$ σ^2 未知	μ	$T = \dfrac{\bar{X}-\mu}{S/\sqrt{n}}$ $\sim t(n-1)$	$\bar{X} \pm t_{\frac{\alpha}{2}}(n) \dfrac{S}{\sqrt{n}}$	$\left(-\infty, \bar{X} + t_\alpha(n-1)\dfrac{S}{\sqrt{n}}\right)$	$\left(\bar{X} - t_\alpha(n-1)\dfrac{S}{\sqrt{n}}, +\infty\right)$
$X \sim N(\mu, \sigma^2)$	σ^2	$\chi^2 = \dfrac{(n-1)S^2}{\sigma^2}$ $\sim \chi^2(n-1)$	$\left(\dfrac{(n-1)S^2}{\chi_{\frac{\alpha}{2}}^2(n-1)}, \dfrac{(n-1)S^2}{\chi_{1-\frac{\alpha}{2}}^2(n-1)}\right)$	$\left(\dfrac{(n-1)S^2}{\chi_\alpha^2(n-1)}, +\infty\right)$	$\left(0, \dfrac{(n-1)S^2}{\chi_{1-\alpha}^2(n-1)}\right)$
$X \sim N(\mu_1, \sigma_1^2)$ $Y \sim N(\mu_2, \sigma_2^2)$ σ_1^2, σ_2^2 已知	$\mu_1-\mu_2$	$Z = \dfrac{\bar{X}-\bar{Y}-(\mu_1-\mu_2)}{\sqrt{\dfrac{\sigma_1^2}{n_1}+\dfrac{\sigma_2^2}{n_2}}}$ $\sim N(0,1)$	$\bar{X}-\bar{Y} \pm z_{\frac{\alpha}{2}}\sqrt{\dfrac{\sigma_1^2}{n_1}+\dfrac{\sigma_2^2}{n_2}}$	$\left(\bar{X}-\bar{Y}-z_\alpha\sqrt{\dfrac{\sigma_1^2}{n_1}+\dfrac{\sigma_2^2}{n_2}}, +\infty\right)$	$\left(-\infty, \bar{X}-\bar{Y}+z_\alpha\sqrt{\dfrac{\sigma_1^2}{n_1}+\dfrac{\sigma_2^2}{n_2}}\right)$

续表

总体	参数	统计量	双侧置信区间	单侧置信区间	
$X \sim N(\mu_1,\sigma^2)$ $Y \sim N(\mu_2,\sigma^2)$ σ^2 未知	$\mu_1-\mu_2$	$T = \dfrac{\overline{X}-\overline{Y}-(\mu_1-\mu_2)}{\sqrt{(n_1-1)S_1^2+(n_2-1)S_2^2}}$ $\times \sqrt{\dfrac{n_1 n_2(n_1+n_2-2)}{n_1+n_2}}$ $\sim t(n_1+n_2-2)$	$\overline{X}-\overline{Y}\pm t_{\frac{a}{2}}(n_1+n_2-2)\delta$ $\delta=$ $\sqrt{\dfrac{(n_1+n_2)[(n_1-1)S_1^2+(n_2-1)S_2^2]}{n_1 n_2(n_1+n_2-2)}}$	$(\overline{X}-\overline{Y}-t_a(n_1+n_2-2)\delta,$ $+\infty)$	$(-\infty,\overline{X}-\overline{Y}+$ $t_a(n_1+n_2-2)\delta)$
$X \sim N(\mu_1,\sigma_1^2)$ $Y \sim N(\mu_2,\sigma_2^2)$	$\dfrac{\sigma_1^2}{\sigma_2^2}$	$F = \dfrac{S_2^2\sigma_1^2}{S_1^2\sigma_2^2}$ $\sim F(n_2-1,\ n_1-1)$	$\left(F_{1-\frac{a}{2}}(n_2-1,\ n_1-1)\dfrac{S_1^2}{S_2^2},\right.$ $\left.F_{\frac{a}{2}}(n_2-1,\ n_1-1)\dfrac{S_1^2}{S_2^2}\right)$	$(F_{1-a}(n_2-1,n_1-1)\dfrac{S_1^2}{S_2^2},$ $+\infty)$	$(0,$ $F_a(n_2-1,n_1-1)\dfrac{S_1^2}{S_2^2})$

三、考研典型题及常考题型范例精解

例 7 - 1　设总体 X 的密度函数是

$$f(x) = \begin{cases} \dfrac{6x}{\theta^3}(\theta-x), & 0 < x < \theta \\ 0, & 其他 \end{cases}$$

$(X_1, X_2, \cdots, X_n)$ 是取自 X 的简单随机样本,求:(1) θ 的矩估计量 $\hat{\theta}$;(2) $\hat{\theta}$ 的方差 $D(\hat{\theta})$.

解　(1) 因为

$$E(X) = \int_{-\infty}^{+\infty} xf(x)\mathrm{d}x = \int_0^{\theta} \frac{6x^2}{\theta^3}(\theta-x)\mathrm{d}x = \frac{\theta}{2}$$

令

$$E(X) = \overline{X} \quad 即 \quad \frac{\theta}{2} = \overline{X}$$

得 θ 的矩估计量为 $\hat{\theta} = 2\overline{X}$.

(2) 由于

$$E(X^2) = \int_{-\infty}^{+\infty} x^2 f(x)\mathrm{d}x = \int_0^{\theta} \frac{6x^3}{\theta^3}(\theta-x)\mathrm{d}x = \frac{3}{10}\theta^2$$

$$D(X) = E(X^2) - [E(X)]^2 = \frac{3}{10}\theta^2 - \frac{\theta^2}{4} = \frac{\theta^2}{20}$$

所以

$$D(\hat{\theta}) = D(2\overline{X}) = 4D(\overline{X}) = 4 \times \frac{1}{n} \times \frac{\theta^2}{20} = \frac{\theta^2}{5n}$$

例 7 - 2　设某种元件的使用寿命 X 的概率密度为

$$f(x,\theta) = \begin{cases} 2\mathrm{e}^{-2(x-\theta)}, & x > \theta \\ 0, & x \leqslant \theta \end{cases}$$

其中 $\theta > 0$ 为未知参数,$X_1, X_2, \cdots, X_n$ 是来自 X 的一组样本,(1) 求 θ 的最大似然估计量 $\hat{\theta}$;(2) $\hat{\theta}$ 是否是 θ 的无偏估计量? 为什么?

解　(1) 似然函数为

$$L(x_1, x_2, \cdots, x_n;\theta) = \begin{cases} 2^n \mathrm{e}^{-2\sum_{i=1}^{n}(x_i-\theta)}, & x_i > \theta, \ i = 1, 2, \cdots, n \\ 0, & 其他 \end{cases}$$

当 $x_i > 0(i = 1, 2, \cdots, n)$ 时,$L(x_1, x_2, \cdots, x_n;\theta) > 0$,取对数得

$$\ln L = n\ln 2 - 2\sum_{i=1}^{n}(x_i-\theta)$$

因为 $\dfrac{\partial \ln L}{\partial \theta} = 2n > 0$,所以 $L(x_1, x_2, \cdots, x_n;\theta)$ 关于 θ 单调增加. 由于 θ 必满足 $\theta < x_i(i = 1, 2, \cdots, n)$,所以至多 θ 取到 $x_1, x_2, \cdots, x_n$ 中的最小值时,$L(x_1, x_2, \cdots, x_n;\theta)$ 取最大值,所以 θ 的最大似然估计量是

$$\hat{\theta} = \min_{1 \leqslant i \leqslant n}\{X_i\}$$

（2）总体 X 的分布函数为

$$F(x;\theta)=\begin{cases}1-e^{-2(x-\theta)}, & x>0\\0, & x\leqslant\theta\end{cases}$$

$\hat{\theta}=\min\limits_{1\leqslant i\leqslant n}\{X_i\}$ 的密度函数为

$$f_{\hat{\theta}}(x;\theta)=n[1-F(x,\theta)]^{n-1}f(x;\theta)=\begin{cases}2ne^{-2n(x-\theta)}, & x>\theta\\0, & \text{其他}\end{cases}$$

$$E(\hat{\theta})=\int_\theta^{+\infty}2nxe^{-2n(x-\theta)}dx=\int_0^{+\infty}(t+2n\theta)e^{-t}\cdot\frac{dt}{2n}=\theta+\frac{1}{2n}\neq\theta$$

所以 $\hat{\theta}$ 不是 θ 的无偏估计量，而 $\hat{\theta}-\dfrac{1}{2n}$ 是 θ 的无偏估计.

例 7-3 设总体 X 服从 $[0,\theta]$ 上的均匀分布，$X_1,X_2,\cdots,X_n$ 是来自 X 的样本.（1）求 θ 的矩估计量 $\hat{\theta}_{矩}$；（2）求 θ 的最大似然估计量 $\hat{\theta}_{MLE}$；（3）证明 $\hat{\theta}_{矩}$，$T_1=\dfrac{n+1}{n}\hat{\theta}_{MLE}$ 和 $T_2=(n+1)\min\limits_{1\leqslant i\leqslant n}X_i$ 均是 θ 的无偏估计量；（4）证明 $\hat{\theta}_{矩}$，$\hat{\theta}_{MLE}$ 都是 θ 的相合估计量；（5）证明 T_1 较 $\hat{\theta}_{矩}$ 和 T_2 有效.

解 （1） $$E(X)=\int_0^\theta\frac{x}{\theta}dx=\frac{\theta}{2}$$

令 $\dfrac{\theta}{2}=\overline{X}$，得 θ 的矩估计量为 $\hat{\theta}_{矩}=2\overline{X}$.

（2）似然函数为

$$L(x_1,x_2,\cdots,x_n;\theta)=\begin{cases}\dfrac{1}{\theta^n}, & 0<x_i<\theta,i=1,2,\cdots,n\\0, & \text{其他}\end{cases}=$$

$$\begin{cases}\dfrac{1}{\theta^n}, & 0\leqslant x_{(1)}\leqslant x_{(2)}\leqslant\cdots\leqslant x_{(n)}<\theta\\0, & \text{其他}\end{cases}$$

$\dfrac{\partial\ln L}{\partial\theta}=-\dfrac{n}{\theta}<0$，所以 $L(x_1,x_2,\cdots,x_n;\theta)$ 关于 θ 单调减，故当 $\theta=X_{(n)}$ 时，$L(x_1,x_2,\cdots,x_n;\theta)$ 取得最大值，因此，θ 的最大似然估计量是

$$\hat{\theta}_{MLE}=X_{(n)}=\max_{1\leqslant i\leqslant n}(X_i)$$

（3） $$E(\hat{\theta}_{矩})=E(2\overline{X})=2E(\overline{X})=2E(X)=2\times\frac{\theta}{2}=\theta$$

所以 $\hat{\theta}_{矩}$ 是 θ 的无偏估计量.

$X_{(n)}$ 的密度函数是 $$f_{X_{(n)}}(x)=\begin{cases}n\dfrac{x^{n-1}}{\theta^n}, & 0<x<\theta\\0, & \text{其他}\end{cases}$$

故 $$E(T_1)=\frac{n+1}{n}E(X_{(n)})=\frac{n+1}{n}\int_0^\theta n\frac{x^n}{\theta^n}dx=\theta$$

所以 T_1 是 θ 的无偏估计量.

$X_{(1)}=\min\limits_{1\leqslant i\leqslant n}(X_i)$ 的密度函数是

$$f_{X_{(1)}}(x)=n[1-F(x;\theta)]^{n-1}f(x;\theta)=\begin{cases}n(1-\dfrac{x}{\theta})^{n-1}\dfrac{1}{\theta}, & 0<x<\theta\\0, & \text{其他}\end{cases}$$

$$E(T_2)=(n+1)E(X_{(1)})=(n+1)\int_0^\theta n(1-\frac{x}{\theta})^{n-1}\frac{x}{\theta}dx=\theta$$

所以 T_2 也是 θ 的无偏估计量.

（4） $$E(X^2)=\int_0^\theta\frac{x^2}{\theta}dx=\frac{\theta^2}{3}$$

$$D(X) = E(X^2) - [E(X)]^2 = \frac{\theta^2}{3} - \frac{\theta^2}{4} = \frac{\theta^2}{12}$$

$$D(\hat{\theta}_{矩}) = D(2\overline{X}) = 4 \frac{D(X)}{n} = \frac{\theta^2}{3n}$$

$$E(T_1^2) = \frac{(n+1)^2}{n^2} \int_0^{\theta} nx^2 \frac{x^{n-1}}{\theta^n} dx = \frac{(n+1)^2}{n(n+2)} \theta^2$$

$$D(T_1) = E(T_1^2) - [E(T_1)]^2 = \frac{(n+1)^2}{n(n+2)} \theta^2 - \theta^2 = \frac{\theta^2}{n(n+2)}$$

$$E(T_2^2) = (n+1)^2 \int_0^{\theta} nx^2 (1-\frac{x}{\theta})^{n-1} \frac{dx}{\theta} = \frac{2(n+1)}{n+2} \theta^2$$

$$D(T_2) = \frac{2(n+1)}{n+2} \theta^2 - \theta^2 = \frac{n}{n+2} \theta^2$$

显见

$$\frac{\theta^2}{n(n+2)} < \frac{\theta^2}{3n} < \frac{n}{n+2} \theta^2 \quad (n > 1)$$

所以 T_1 有效.

(5) 因对任意的 $\varepsilon > 0$，由切比雪夫不等式有

$$0 < P\{|\hat{\theta}_{矩} - \theta| \geqslant \varepsilon\} \leqslant \frac{D(\hat{\theta}_{矩})}{\varepsilon^2} = \frac{\theta^2}{3n\varepsilon^2} \xrightarrow{n \to \infty} 0$$

即 $\hat{\theta}_{矩} \xrightarrow{P} \theta$，所以 $\hat{\theta}_{矩}$ 是 θ 的相合估计量. 而

$$0 < P\{|\hat{\theta}_{MLE} - \theta| \geqslant \varepsilon\} = \int_{|x-\theta| \geqslant \varepsilon} n \frac{n^{n-1}}{\theta^n} dx = \int_0^{\theta-\varepsilon} \frac{nx^{n-1}}{\theta^n} dx = \frac{(\theta-\varepsilon)^n}{\theta^n} \xrightarrow{n \to \infty} 0$$

即 $\hat{\theta}_{MLE} \xrightarrow{P} \theta$，所以 $\hat{\theta}_{MLE}$ 是 θ 的相合估计量.

例 7 - 4 设某产品的寿命 X 的概率密度为

$$f(x; \theta_1, \theta_2) = \begin{cases} \frac{1}{\theta_2} e^{-\frac{x-\theta_1}{\theta_2}}, & 0 < \theta_1 < x < +\infty, \theta_2 > 0 \\ 0, & 其他 \end{cases}$$

$(X_1, X_2, \cdots, X_n)$ 是测得 n 个样品的寿命. 试求(1) θ_1, θ_2 的矩估计量; (2) θ_1, θ_2 的最大似然估计量.

解 (1) $E(X) = \int_{\theta_1}^{+\infty} \frac{x}{\theta_2} e^{-\frac{x-\theta_1}{\theta_2}} dx \xrightarrow{t = \frac{x-\theta_1}{\theta_2}} \int_0^{+\infty} (\theta_1 + \theta_2 t) e^{-t} dt = \theta_1 + \theta_2$

$E(X^2) = \int_{\theta_1}^{+\infty} \frac{x^2}{\theta_2} e^{-\frac{x-\theta_1}{\theta_2}} dx \xrightarrow{t = \frac{x-\theta_1}{\theta_2}} \int_0^{+\infty} (\theta_1 + \theta_2 t)^2 e^{-t} dt = \theta_1^2 + 2\theta_1\theta_2 + 2\theta_2^2 = (\theta_1 + \theta_2)^2 + \theta_2^2$

令

$$\begin{cases} \theta_1 + \theta_2 = \overline{X} \\ (\theta_1 + \theta_2)^2 + \theta_2^2 = \frac{1}{n} \sum_{i=1}^{n} X_i^2 \end{cases}$$

解之得

$$\begin{cases} \hat{\theta}_2 = \sqrt{\frac{1}{n} \sum_{i=1}^{n} X_i^2 - \overline{X}^2} = \sqrt{S_n^2} = S_n \\ \hat{\theta}_1 = \overline{X} - S_n \end{cases}$$

其中 $S_n^2 = \frac{1}{n} \sum_{i=1}^{n} (X_i - \overline{X})^2$.

(2) 似然函数

$$L(\theta_1, \theta_2) = \begin{cases} \frac{1}{\theta_2^n} \exp\left\{-\frac{1}{\theta_2} \sum_{k=1}^{n} (x_k - \theta_1)\right\}, & x_k > \theta_1, k = 1, 2, \cdots, n \\ 0, & 其他 \end{cases}$$

$$\ln L(\theta_1, \theta_2) = -n\ln\theta_2 - \frac{1}{\theta_2} \sum_{k=1}^{n} (x_k - \theta_1)$$

因为 $\dfrac{\partial \ln L}{\partial \theta_1} = \dfrac{n}{\theta_2} > 0$，所以 $L(\theta_1, \theta_2)$ 是 θ_1 的单调增函数，但 $x_k > \theta_1$，$k = 1, 2, \cdots, n$，所以 $\theta_1 < \min\limits_{1 \leqslant i \leqslant n}(X_i)$，

故当 $\theta_1 = \min\limits_{1 \leqslant i \leqslant n}(X_i) = X_{(1)}$ 时，$L(\theta_1, \theta_2)$ 取得最大值，故应取 $\hat{\theta}_1 = \min\limits_{1 \leqslant i \leqslant n}(X_i)$.

又令

$$\frac{\partial \ln L(\theta_1, \theta_2)}{\partial \theta_2} = -\frac{n}{\theta_2} + \frac{n}{\theta_2^2}(\overline{X} - \theta_2) = 0$$

得

$$\hat{\theta}_2 = \overline{X} - \hat{\theta}_1 = \overline{X} - \min_{1 \leqslant i \leqslant n}(X_i)$$

当 $\theta_1 = \hat{\theta}_1$，$\theta_2 = \bar{x} - \hat{\theta}_1$ 时，由

$$\left. \frac{\partial \ln L(\hat{\theta}_1, \theta_2)}{\partial \theta_2} \right|_{\theta_2 = \hat{\theta}_2} = 0, \quad \left. \frac{\partial^2 \ln L(\hat{\theta}_1, \theta_2)}{\partial \theta_2^2} \right|_{\theta_2 = \hat{\theta}_2} < 0$$

知 $L(\hat{\theta}_1, \theta_2)$ 在 $\theta_2 = \hat{\theta}_2$ 处达到最大，故有

$$L(\hat{\theta}_1, \theta_2) \leqslant L(\hat{\theta}_1, \hat{\theta}_2)$$

从而得 θ_1, θ_2 的最大似然估计量为

$$\hat{\theta}_1 = \min_{1 \leqslant i \leqslant n}(X_i), \quad \hat{\theta}_2 = \overline{X} - \min_{1 \leqslant i \leqslant n}(X_i)$$

例 7-5 (1) 设 $X_1, X_2, \cdots, X_n$ 是来自总体 X 的样本，$\alpha_i > 0$，$i = 1, 2, \cdots, n$，$\sum\limits_{i=1}^{n} \alpha_i = 1$. 试证 $\sum\limits_{i=1}^{n} \alpha_i X_i$ 是 $E(X) = \mu$ 的无偏估计量；

(2) 试证在 μ 的一切形为 $\sum\limits_{i=1}^{n} \alpha_i X_i (\alpha_i > 0, \sum\limits_{i=1}^{n} \alpha_i = 1)$ 的估计中，$\overline{X}$ 为最有效.

证 (1) $E\left(\sum\limits_{i=1}^{n} \alpha_i X_i\right) = \sum\limits_{i=1}^{n} \alpha_i E(X_i) = \mu \sum\limits_{i=1}^{n} \alpha_i = \mu$，所以 $\sum\limits_{i=1}^{n} \alpha_i X_i$ 是 μ 的无偏估计. 特别当 $\alpha_1 = \alpha_2 = \cdots = \alpha_n = \dfrac{1}{n}$ 时，$\overline{X}$ 也是 μ 的无偏估计.

(2) $D\left(\sum\limits_{i=1}^{n} \alpha_i X_i\right) = \sum\limits_{i=1}^{n} \alpha_i^2 D(X_i) = \sigma^2 \sum\limits_{i=1}^{n} \alpha_i^2$，求函数 $f(\alpha_1, \alpha_2, \cdots, \alpha_n) = \sum\limits_{i=1}^{n} \alpha_i^2$ 在条件 $\alpha_i > 0$，$i = 1, 2, \cdots, n$，$\sum\limits_{i=1}^{n} \alpha_i = 1$ 下的极小值点. 为此令

$$F(\alpha_1, \alpha_2, \cdots, \alpha_n; \lambda) = \sum_{i=1}^{n} \alpha_i^2 + \lambda\left(\sum_{i=1}^{n} \alpha_i - 1\right)$$

令

$$\begin{cases} \dfrac{\partial F}{\partial \alpha_i} = 2\alpha_i + \lambda = 0, \\ \dfrac{\partial F}{\partial \lambda} = \sum\limits_{i=1}^{n} \alpha_i - 1 = 0, \quad i = 1, 2, \cdots, n \end{cases}$$

解之得 $\alpha_i = -\dfrac{\lambda}{2}$，$\sum\limits_{i=1}^{n} \alpha_i = -\dfrac{n\lambda}{2} = 1$，得 $\lambda = -\dfrac{2}{n}$，从而得 $\alpha_i = \dfrac{1}{n}$，$i = 1, 2, \cdots, n$. 从而证明了 $\overline{X}$ 更有效.

例 7-6 设 $X_1, X_2, \cdots, X_n$ 是来自总体 $N(\mu, \sigma^2)$ 的简单随机样本，记 $\overline{X} = \dfrac{1}{n}\sum\limits_{i=1}^{n} X_i$，$S^2 = \dfrac{1}{n-1}\sum\limits_{i=1}^{n}(X_i - \overline{X})^2$，$T = \overline{X}^2 - \dfrac{1}{n}S^2$.

(1) 证明 T 是 μ^2 的无偏估计量；(2) 当 $\mu = 0, \sigma = 1$ 时，求 DT.

解 (1) **解法 1** 首先 T 是统计量. 其次

$$E(T) = E(\overline{X}^2) - \frac{1}{n}ES^2 = D(\overline{X}) + (E\overline{X})^2 - \frac{1}{n}ES^2 = \frac{1}{n}\sigma^2 + \mu^2 - \frac{1}{n}\sigma^2 = \mu^2$$

对一切 μ, σ 成立. 因此 T 是 μ^2 的无偏估计量.

解法 2 首先 T 是统计量. 其次

$$T = \frac{n}{n-1}\overline{X}^2 - \left(\frac{1}{n(n-1)}\right)\sum_{i=1}^{n} X_i^2 = \frac{1}{n(n-1)}\sum_{j \neq k}^{n} X_j X_k$$

$$ET = \frac{1}{n(n-1)}\sum_{j\neq k}^{n} E(X_j)(EX_k) = \mu^2$$

对一切 μ,σ 成立. 因此 T 是 μ^2 的无偏估计量.

(2) 根据题意, 有 $\sqrt{n}\overline{X} \sim N(0,1)$, $n\overline{X}^2 \sim \chi^2(1)$, $(n-1)S^2 \sim \chi^2(n-1)$. 于是 $D(n\overline{X}^2) = 2$, $D((n-1)S^2) = 2(n-1)$.

所以
$$D(T) = D\left(\overline{X}^2 - \frac{1}{n}S^2\right) = \frac{1}{n^2}D(n\overline{X}^2) + \frac{1}{n^2(n-1)^2}D((n-1)S^2) = \frac{2}{n(n-1)}$$

例 7-7 假设 0.50, 1.25, 0.80, 2.00 是来自总体 X 的简单随机样本值. 已知 $Y = \ln X$ 服从正态分布 $N(\mu,1)$. 求:

(1) X 的数学期望 $E(X)$ (记 $E(X)$ 为 b);

(2) 求 μ 的置信度为 0.95 的置信区间;

(3) 利用上述结果求 b 的置信度为 0.95 的置信区间.

解 (1) Y 的概率密度函数为
$$f(y) = \frac{1}{\sqrt{2\pi}}e^{-\frac{1}{2}(y-\mu)^2}, \quad -\infty < y < +\infty$$

于是, 令 $t = y - \mu$ 得
$$b = E(X) = E(e^Y) = \int_{-\infty}^{+\infty}\frac{1}{\sqrt{2\pi}}e^{-\frac{1}{2}(y-\mu)^2+y}dy = \frac{1}{\sqrt{2\pi}}\int_{-\infty}^{+\infty}e^{t+\mu-\frac{1}{2}t^2}dt =$$
$$e^{\mu+\frac{1}{2}}\int_{-\infty}^{+\infty}\frac{1}{\sqrt{2\pi}}e^{-\frac{1}{2}(t-1)^2}dt = e^{\mu+\frac{1}{2}}$$

(2) 对置信水平 $\alpha = 0.05$, μ 的置信度为 0.95 的置信区间是
$$\left(\overline{Y} - 1.96\times\frac{1}{\sqrt{4}}, \overline{Y} + 1.96\times\frac{1}{\sqrt{4}}\right)$$

且
$$P\left\{\overline{Y} - 1.96\times\frac{1}{\sqrt{4}} < \mu < \overline{Y} + 1.96\frac{1}{\sqrt{4}}\right\} = 0.95$$

其中 $\overline{y} = \frac{1}{4}[\ln 0.5 + \ln 0.8 + \ln 1.25 + \ln 2] = \frac{1}{4}\ln 1 = 0$. 于是 μ 的置信区间为 $(-0.98, 0.98)$.

(3) 由 e^x 的严格递增性, 可见
$$P\left\{\overline{Y} - 1.96\times\frac{1}{\sqrt{4}} + \frac{1}{2} < \mu + \frac{1}{2} < \overline{Y} + 1.96\times\frac{1}{\sqrt{4}} + \frac{1}{2}\right\} =$$
$$P\left\{\exp\left[\overline{Y} - 1.96\times\frac{1}{\sqrt{4}} + \frac{1}{2}\right] < e^{\mu+\frac{1}{2}} < \exp\left[\overline{Y} + 1.96\times\frac{1}{\sqrt{4}} + \frac{1}{2}\right]\right\} = 0.95$$

故得 $b = e^{\mu+\frac{1}{2}}$ 的置信度为 0.95 的置信区间为
$$(e^{\overline{y}-1.96\times\frac{1}{\sqrt{4}}+\frac{1}{2}}, e^{\overline{y}+1.96\times\frac{1}{\sqrt{4}}+\frac{1}{2}}) = (e^{-0.48}, e^{1.48})$$

例 7-8 对某种型号飞机的飞行速度进行 15 次试验, 测得最大飞行速度如下:

422.2, 417.2, 425.6, 420.3, 425.8, 423.1, 418.7

428.2, 438.3, 434.0, 412.3, 431.5, 413.5, 441.3, 423.0

根据长期经验, 最大飞行速度可以认为是服从正态分布的, (1) 对置信水平 $\alpha = 0.05$, 求最大飞行速度期望值的置信区间; (2) 求最大飞行速度方差的置信度为 0.95 的置信区间.

解 (1) 以 X 表示最大飞行速度, 则 $X \sim N(\mu, \sigma^2)$, μ, σ^2 均未知, 先求 μ 的置信区间. 经计算 $\overline{x} = 425.047$, $s^2 = \frac{1}{14}\times 1\,006.34$, 对 $\alpha = 0.05$, 查 t 分布表得 $t_{0.025}(14) = 2.145$, 于是

$$\overline{x} - t_{\frac{\alpha}{2}}(n-1)\sqrt{\frac{s^2}{n}} = 425.047 - 2.145\times\sqrt{\frac{1\,006.34}{14\times 15}} = 420.351$$

$$\overline{x} + t_{\frac{\alpha}{2}}(n-1)\sqrt{\frac{s^2}{n}} = 425.047 + 2.145\times\sqrt{\frac{1\,006.34}{14\times 15}} = 429.743$$

故得 μ 的置信度为 0.95 的置信区间为 $(420.351, 429.743)$.

(2) 对 $\alpha = 0.05$，查 χ^2 分布表得 $\chi^2_{0.025}(14) = 26.1$，$\chi^2_{0.975}(14) = 5.63$，于是

$$\frac{(n-1)s^2}{\chi^2_{0.025}(n-1)} = \frac{1\,006.34}{26.1} = 38.557, \qquad \frac{(n-1)s^2}{\chi^2_{0.975}(n-1)} = \frac{1\,006.34}{5.63} = 178.746$$

故得 σ^2 的置信度为 0.95 的置信区间为 $(38.557, 178.746)$.

例 7-9 为了估计磷肥对某种农作物增产的作用，现选 20 块条件大致相同的土地，10 块不施磷肥，另外 10 块施磷肥，得亩产量(单位：kg)如下：

不施磷肥：560，590，560，570，580，570，600，550，570，550

施磷肥：620，570，650，600，630，580，570，600，600，580

设亩产均服从正态分布：

(1) 设方差相同，求平均亩产之差的置信度为 0.95 的置信区间；

(2) 求方差比置信度为 0.95 的置信区间.

解 (1) 把不施磷肥亩产量看成总体 X，$X \sim N(\mu_1, \sigma_1^2)$，施磷肥亩产量看成总体 Y，$Y \sim N(\mu_2, \sigma_2^2)$，设 $\sigma_1^2 = \sigma_2^2$，求 $\mu_2 - \mu_1$ 的置信区间. 由计算得

$$\bar{x} = 570, \quad s_1^2 = \frac{1}{9} \times 2\,400$$

$$\bar{y} = 600, \quad s_2^2 = \frac{1}{9} \times 6\,400$$

对 $\alpha = 0.95$，查 t 分布表得 $t_{0.025}(18) = 2.100\,9$，于是

$$\bar{y} - \bar{x} - t_{\frac{\alpha}{2}}(n_1 + n_2 - 2)\sqrt{\frac{[(n_1-1)s_1^2 + (n_2-1)s_2^2](n_1+n_2)}{n_1 n_2 (n_1 + n_2 - 2)}} =$$

$$600 - 570 - 2.100\,9 \times \sqrt{\frac{(2\,400 + 6\,400) \times 20}{10 \times 10 \times 18}} = 9$$

$$\bar{y} - \bar{x} + t_{\frac{\alpha}{2}}(n_1 + n_2 - 2)\sqrt{\frac{[(n_1-1)s_1^2 + (n_2-1)s_2^2](n_1+n_2)}{n_1 n_2 (n_1 + n_2 - 2)}} =$$

$$600 - 570 + 2.100\,9 \times \sqrt{\frac{(2\,400 + 6\,400) \times 20}{10 \times 10 \times 18}} = 51$$

故得 $\mu_2 - \mu_1$ 的置信区间为 $(9, 51)$.

(2) 对 $\alpha = 0.05$，求 $\dfrac{\sigma_1^2}{\sigma_2^2}$ 的置信度为 0.95 的置信区间. 由 F 分布表查得 $F_{0.025}(9, 9) = 4.03$，$F_{0.975}(4, 4) = \dfrac{1}{4.03}$. 于是

$$F_{\frac{\alpha}{2}}(n_2 - 1, n_1 - 1)\frac{s_1^2}{s_2^2} = 4.03 \times \frac{2\,400}{6\,400} = 1.511$$

$$F_{1-\frac{\alpha}{2}}(n_2 - 1, n_1 - 1)\frac{s_1^2}{s_2^2} = \frac{2\,400}{4.03 \times 6\,400} = 0.093\,1$$

故得 $\dfrac{\sigma_1^2}{\sigma_2^2}$ 的置信区间为 $(0.093\,1, 1.511)$.

四、学习效果两级测试题及解答

测试题

1. 填空题(每小题 3 分，共 15 分)

(1) 在天平上重复称量一重为 a 的物品，假设各次称量结果相互独立且同服从正态分布 $N(a, 0.2^2)$，若以 $\bar{X}_n$ 表示 n 次称量结果的算术平均值，则为使 $P\{|\bar{X}_n - a| 0.1\} \geqslant 0.95$，$n$ 的最小值应不小于自然数_____.

（2）设由来自正态总体 $X \sim N(\mu, 0.9^2)$，容量为 9 的简单随机样本计算得样本值 $\bar{X} = 5$，则未知参数 μ 的置信度为 0.95 的置信区间是_____.

（3）设总体 X 服从二项分布 $b(N, p)$，N 已知，$(X_1, X_2, \cdots, X_n)$ 是来自 X 的样本，则 p^2 的最大似然估计量为_____.

（4）设总体 $X \sim N(\mu, \sigma^2)$，若 μ 是已知常数，则 σ^2 的置信度为 $1-\alpha$ 的置信区间的长度 L 的数学期望为_____.

（5）设总体 X 服从 $(\theta, \theta+1)$ 上的均匀分布，$(X_1, X_2, \cdots, X_n)$ 是来自 X 的样本，则 θ 的最大似然估计量为_____.

2. 选择题（每小题 3 分，共 15 分）

（1）设总体 X 的方差为 σ^2，$(X_1, X_2, \cdots, X_n)$ 是来自 X 的样本，$\bar{X} = \dfrac{1}{n} \sum_{i=1}^{n} X_i$，$S^2 = \dfrac{1}{n-1} \sum_{i=1}^{n} (X_i - \bar{X})^2$，则（　　）.

(A) S 是 σ 的无偏估计量
(B) S 是 σ 的最大似然估计量
(C) S 是 σ 的相合估计量（即一致估计量）
(D) S 与 $\bar{X}$ 独立

（2）设总体 $X \sim N(\mu, \sigma^2)$，μ 已知，$(X_1, X_2, \cdots, X_n)$ 是来自 X 的样本，则 σ^2 的有效估计量为（　　）.

(A) $\hat{\sigma}^2 = (\bar{X} - \mu)^2$
(B) $\hat{\sigma}^2 = \dfrac{1}{n} \sum_{i=1}^{n} (X_i - \mu)^2$
(C) $\hat{\sigma}^2 = \dfrac{1}{n-1} \sum_{i=1}^{n} (X_i - \bar{X})^2$
(D) $\hat{\sigma}^2 = \dfrac{1}{n} \sum_{i=1}^{n} (X_i - \bar{X})^2$

（3）设总体 $X \sim N(\mu_1, \sigma_1^2)$，$(X_1, X_2, \cdots, X_{n_1})$ 是来自 X 的样本，总体 $Y \sim N(\mu_2, \sigma_2^2)$，$(Y_1, Y_2, \cdots, Y_{n_2})$ 是来自 Y 的样本，μ_1，μ_2 为已知常数. 两个样本相互独立，则 $\dfrac{\sigma_1^2}{\sigma_2^2}$ 的置信度为 $1-\alpha$ 的置信区间为（　　）.

(A) $\left[F_{1-\frac{\alpha}{2}}(n_2 - 1, n_1 - 1) \dfrac{\sum_{i=1}^{n_1}(X_i - \bar{X})^2 (n_2 - 1)}{\sum_{i=1}^{n_2}(Y_i - \bar{Y})^2 (n_1 - 1)}, \; F_{\frac{\alpha}{2}}(n_2 - 1, n_1 - 1) \dfrac{(n_2 - 1)\sum_{i=1}^{n_1}(X_i - \bar{X})^2}{(n_1 - 1)\sum_{i=1}^{n_2}(Y_i - \bar{Y})^2} \right]$

(B) $\left[F_{1-\frac{\alpha}{2}}(n_2, n_1) \dfrac{(n_2 - 1)\sum_{i=1}^{n_1}(X_i - \bar{X})^2}{(n_1 - 1)\sum_{i=1}^{n_2}(Y_i - \bar{Y})^2}, \; F_{\frac{\alpha}{2}}(n_2, n_1) \dfrac{(n_2 - 1)\sum_{i=1}^{n_1}(X_i - \bar{X})^2}{(n_1 - 1)\sum_{i=1}^{n_2}(Y_i - \bar{Y})^2} \right]$

(C) $\left[F_{1-\frac{\alpha}{2}}(n_2, n_1) \dfrac{n_2 \sum_{i=1}^{n_1}(X_i - \mu_1)^2}{n_1 \sum_{i=1}^{n_2}(Y_i - \mu_2)^2}, \; F_{\frac{\alpha}{2}}(n_2, n_1) \dfrac{n_2 \sum_{i=1}^{n_1}(X_i - \mu_1)^2}{n_1 \sum_{i=1}^{n_2}(Y_i - \mu_2)^2} \right]$

(D) $\left[F_{1-\frac{\alpha}{2}}(n_2 - 1, n_1 - 1) \dfrac{n_2 \sum_{i=1}^{n_1}(X_i - \mu_1)^2}{n_1 \sum_{i=1}^{n_2}(Y_i - \mu_2)^2}, \; F_{\frac{\alpha}{2}}(n_2 - 1, n_1 - 1) \dfrac{n_2 \sum_{i=1}^{n_1}(X_i - \mu_1)^2}{n_1 \sum_{i=1}^{n_2}(Y_i - \mu_2)^2} \right]$

（4）设 $\hat{\theta}$ 是参数 θ 的无偏估计量 $0 < D(\hat{\theta}) < \infty$，则下列结论必定成立的是（　　）.
(A) $(\hat{\theta})^2$ 是 θ^2 的无偏估计量
(B) $(\hat{\theta})^2$ 是 θ^2 的矩估计量
(C) $(\hat{\theta})^2$ 是 θ^2 的有偏估计量
(D) $(\hat{\theta})^2$ 是 θ^2 的一致估计量

（5）设总体 X 服从正态 $N(\mu, \sigma^2)$ 分布，$(X_1, X_2, \cdots, X_n)$ 是来自 X 的样本，为使 $\hat{\theta} = A \sum_{i=1}^{n} |X_i - \bar{X}|$ 是 σ 的无偏估计量，则 A 的值为（　　）.

(A) $\dfrac{1}{\sqrt{n}}$ (B) $\dfrac{1}{n}$ (C) $\dfrac{1}{\sqrt{n-1}}$ (D) $\sqrt{\dfrac{\pi}{2n(n-1)}}$

3.(本题满分 10 分) 设总体 X 的概率密度为 $f(x;\theta)=\begin{cases}(\theta+1)x^{\theta}, & 0<x<1\\ 0, & \text{其他}\end{cases}$,其中 $\theta>-1$ 是未知参数,$X_1,X_2,\cdots,X_n$ 是来自 X 的容量为 n 的简单随机样本,(1) 求 θ 的矩估计量;(2) 求 θ 的最大似然估计.

4.(本题满分 15 分) 设总体 X 的密度函数为 $f(x;\theta)=\begin{cases}\dfrac{3x^2}{\theta^3}, & 0<x<\theta,0<\theta\\ 0, & \text{其他}\end{cases}$,$X_1,X_2$ 是来自 X 的样本:

(1) 证明 $T_1=\dfrac{2}{3}(X_1+X_2)$ 和 $T_2=\dfrac{7}{6}\max(X_1,X_2)$ 都是 θ 的无偏估计量;

(2) 计算 T_1 和 T_2 的方差,并问何者有效?

(3) 证明在均方误差意义下,在形为 $T_c=C\max(X_1,X_2)$ 的估计中,$T_{\frac{8}{7}}$ 最有效.

5.(本题满分 15 分) 设 S^2 是来自正态总体 $N(\mu,\sigma^2)$ 的随机样本 $(X_1,X_2,\cdots,X_n)$ 的方差,μ,σ^2 是未知参数,试问 $a,b(0<a<b)$ 满足什么条件,才能使 σ^2 的 95% 的置信区间 $\left(\dfrac{(n-1)S^2}{b},\dfrac{(n-1)S^2}{a}\right)$ 的长度最短?

6.(本题满分 15 分) 设总体 X 在 $(\mu-\rho,\mu+\rho)$ 上服从均匀分布,$(X_1,X_2,\cdots,X_n)$ 是来自 X 的简单随机样本,求:(1) μ 及 ρ 的矩估计量 $\hat{\mu}_矩$ 和 $\hat{\rho}_矩$;(2) $\hat{\mu}_矩,\hat{\rho}_矩$ 是否是 μ 及 ρ 的一致估计量?为什么?

7.(本题满分 15 分) 某厂利用两条自动化流水线灌装蕃茄酱,分别从两条流水线上抽取样本:X_1,$X_2,\cdots,X_{12}$ 及 $Y_1,Y_2,\cdots,Y_{17}$,算出 $\bar{x}=10.6(g)$,$\bar{y}=9.5(g)$,$s_1^2=2.4$,$s_2^2=4.7$. 假设这两条流水线上装的蕃茄酱的质量都服从正态分布,且相互独立,其均值分别为 μ_1,μ_2. (1) 设两总体方差 $\sigma_1^2=\sigma_2^2$,求 $\mu_1-\mu_2$ 置信度为 0.95 的置信区间;(2) 求 $\dfrac{\sigma_1^2}{\sigma_2^2}$ 的置信度为 0.95 的置信区间.

测试题解答

1.(1) $n\geqslant 16$ (2) $(4.412,5.588)$ (3) $\hat{p}^2=\left(\dfrac{\bar{X}}{N}\right)^2$

(4) $n\sigma^2\left(\dfrac{1}{\chi^2_{1-\frac{\alpha}{2}}(n)}-\dfrac{1}{\chi^2_{\frac{\alpha}{2}}(n)}\right)$ (5) $\hat{\theta}\in(X_{(n)}-1,X_{(1)})$

2.(1) (C)   (2) (B)   (3) (C)   (4) (C)   (5) (D)

3. **解** (1)
$$E(X)=\int_{-\infty}^{+\infty}xf(x;\theta)\mathrm{d}x=\int_0^1(\theta+1)x^{\theta+1}\mathrm{d}x=\dfrac{\theta+1}{\theta+2}$$

令 $\dfrac{\theta+1}{\theta+2}=\bar{X}$,则得 θ 的矩估量为

$$\hat{\theta}_矩=\dfrac{2\bar{X}-1}{1-\bar{X}}$$

(2) 似然函数是 $L(\theta)=\begin{cases}(\theta+1)^n\left(\prod\limits_{i=1}^{n}x_i\right)^{\theta}, & 0<x_i<1,i=1,2,\cdots,n\\ 0, & \text{其他}\end{cases}$

当 $0<x_i<1$ 时,恒有 $L(\theta)>0$,故

$$\ln L=n\ln(\theta+1)+\theta\sum_{i=1}^{n}\ln x_i$$

$$\dfrac{\partial\ln L}{\partial\theta}=\dfrac{n}{\theta+1}+\sum_{i=1}^{n}\ln x_i=0$$

令

解之得 θ 的最大似然估计量为

$$\hat{\theta} = -1 - \frac{n}{\sum\limits_{i=1}^{n} \ln x_i}$$

4. **解** (1)

$$E(X) = \int_0^\theta \frac{3x^3}{\theta^3}\,\mathrm{d}x = \frac{3}{4}\theta$$

$$E(X^2) = \int_0^\theta \frac{3x^4}{\theta^3}\,\mathrm{d}x = \frac{3}{5}\theta^2$$

$$D(X) = E(X^2) - [E(X)]^2 = \frac{3}{5}\theta^2 - \frac{9}{16}\theta^2 = \frac{3\theta^2}{80}$$

$$E(T_1) = \frac{2}{3}[E(X_1) + E(X_2)] = \frac{2}{3} \times \left[\frac{3\theta}{4} + \frac{3\theta}{4}\right] = \theta$$

所以，T_1 是 θ 的无偏估计量.

令 $U = \max(X_1, X_2)$，U 的密度函数为

$$f_U(x; \theta) = \begin{cases} \dfrac{6x^5}{\theta^6}, & 0 < x < \theta, \theta > 0 \\[2mm] 0, & \text{其他} \end{cases}$$

$$E(T_2) = \frac{7}{6}E[\max(X_1, X_2)] = \frac{7}{6}\int_0^\theta \frac{6x^6}{\theta^6}\,\mathrm{d}x = \theta$$

故 T_2 是 θ 的无偏估计量.

(2)

$$D(T_1) = \frac{4}{9}[D(X_1) + D(X_2)] = \frac{4}{9} \times \frac{60^2}{80} = \frac{\theta^2}{30}$$

$$E(U^2) = \int_0^\theta \frac{6x^7}{\theta^6}\,\mathrm{d}x = \frac{3}{4}\theta^2$$

$$D(U) = E(U^2) - [E(U)]^2 = \frac{3\theta^2}{4} - \frac{36}{49}\theta^2 = \frac{3\theta^2}{196}$$

$$D(T_2) = \frac{49}{36}, \quad D(U) = \frac{49}{36} \times \frac{3\theta^2}{196} = \frac{\theta^2}{48} < \frac{\theta^2}{30} = D(T_1)$$

故 T_2 较 T_1 有效.

(3)

$$D(T_c) = C^2 D(U) = \frac{3C^2\theta^2}{196}$$

求使得

$$E(T_c - \theta)^2 = E[T_c - E(T_c) + E(T_c) - \theta]^2 = D(T_c) + \left(\theta - \frac{6C\theta}{7}\right)^2 =$$

$$\frac{3}{196}C^2\theta^2 + \left(\theta - \frac{6}{7}C\theta\right)^2 = \min$$

由 $\dfrac{6C}{196}\theta - \left(1 - \dfrac{6}{7}C\right)\dfrac{12\theta}{7} = 0$，得 $C = \dfrac{8}{7}$.

5. **解** $U = \dfrac{(n-1)S^2}{\sigma^2} \sim \chi^2(n-1)$，其概率密度函数为

$$f(x) = \begin{cases} \dfrac{1}{2^{\frac{n-1}{2}}\Gamma\left(\dfrac{n-1}{2}\right)}x^{\frac{n-3}{2}}\mathrm{e}^{-\frac{x}{2}}, & x > 0 \\[3mm] 0, & x \leqslant 0 \end{cases}$$

记 U 的分布函数为 $F(x)$，则

$$P\left\{\frac{(n-1)S^2}{b} < \sigma^2 < \frac{(n-1)S^2}{a}\right\} = P\left\{a < \frac{(n-1)S^2}{\sigma^2} < b\right\} = F(b) - F(a) = 0.95 \tag{1}$$

而 σ^2 的置信区间的长度为

$$L = \left(\frac{1}{a} - \frac{1}{b}\right)(n-1)S^2 \tag{2}$$

由式(1)右端可见，a，b 之间存在隐函数关系，不妨设 b 是 a 的函数，从而由式(2)，L 是 a 的函数，为使 L 达

到最小值，必须

$$\frac{\mathrm{d}L}{\mathrm{d}a} = \left(-\frac{1}{a^2} + \frac{b'}{b^2}\right)(n-1)S^2 = 0$$

即

$$b^2 = a^2 b' \qquad (3)$$

式(1)两边关于 a 求导数，并注意 $F'(x) = f(x) > 0 \, (x > 0)$ 得

$$F'(b)b' - F'(a) = 0 \quad 即 \quad f(b)b' - f(a) = 0$$

所以

$$b' = \frac{f(a)}{f(b)} \qquad (4)$$

将式(4)代入式(3)得

$$b^2 = \frac{a^2 f(a)}{f(b)} \quad 即 \quad b^2 f(b) = a^2 f(a)$$

6. 解 （1）因为

$$E(X) = \frac{\mu - \rho + \mu + \rho}{2} = \mu$$

$$D(X) = \frac{1}{12}\left[(\mu + \rho) - (\mu - \rho)\right]^2 = \frac{\rho^2}{3}$$

$$E(X^2) = D(X) + (E(X))^2 = \frac{\rho^2}{3} + \mu^2$$

令

$$\begin{cases} \mu = \bar{x} \\ \frac{\rho^2}{3} + \mu^2 = \frac{1}{n}\sum_{i=1}^{n} x^2 \end{cases}$$

解之得 μ 和 ρ 的矩估计量分别为

$$\hat{\mu}_{矩} = \bar{X}, \quad \hat{\rho}_{矩} = \sqrt{3}\sqrt{\frac{1}{n}\sum_{i=1}^{n}X_i^2 - \bar{X}^2} = \sqrt{3} S_n$$

其中 $S_n^2 = \frac{1}{n}\sum_{i=1}^{n}(X_i - \bar{X})^2$.

（2）由于

$$\hat{\mu} = \bar{X} = \frac{1}{n}\sum_{i=1}^{n}X_i \xrightarrow{P} E(X) = \mu$$

$$\frac{1}{n}\sum_{i=1}^{n}X_i^2 \xrightarrow{P} E(X^2) = \frac{\rho^2}{3} + \mu^2$$

所以

$$\hat{\rho}_{矩} \xrightarrow{P} \sqrt{3} \times \sqrt{\frac{\rho^2}{3} + \mu^2 - \mu^2} = \rho$$

故 $\hat{\mu}_{矩}$ 及 $\hat{\rho}_{矩} = \sqrt{3} S_n$ 分别是 μ 及 ρ 的一致估计.

7. 解 （1）求 $\mu_1 - \mu_2$ 的置信区间，由于

$$T = \frac{(\bar{X} - \bar{Y}) - (\mu_1 - \mu_2)}{\sqrt{(n_1-1)S_1^2 + (n_2-1)S_2^2}}\sqrt{\frac{n_1 n_2 (n_1 + n_2 - 2)}{n_1 + n_2}} \sim t(n_1 + n_2 - 2)$$

对 $\alpha = 0.05$，查 t 分布表得 $t_{0.025}(12 + 17 - 2) = t_{0.025}(27) = 2.0518$，于是有

$$P\{|T| \leqslant t_{\frac{\alpha}{2}}(n_1 + n_2 - 2)\} = 1 - \alpha$$

因此，$\mu_1 - \mu_2$ 的置信度为 0.95 的置信区间上，下限分别为

$$\bar{x} - \bar{y} - t_{0.025}(n_1 + n_2 - 2)\sqrt{\frac{[(n_1-1)s_1^2 + (n_2-1)s_2^2](n_1 + n_2)}{n_1 n_2 (n_1 + n_2 - 2)}} =$$

$$10.6 - 9.5 - 2.0518 \times \sqrt{\frac{(11 \times 2.4 + 16 \times 4.7) \times 29}{12 \times 17 \times 27}} = -0.401$$

$$\bar{x} - \bar{y} + t_{0.025}(n_1 + n_2 - 2)\sqrt{\frac{[(n_1-1)s_1^2 + (n_2-1)s_2^2](n_1 + n_2)}{n_1 n_2 (n_1 + n_2 - 2)}} =$$

$$10.6 - 9.5 + 2.0518 \times \sqrt{\frac{(11 \times 2.4 + 16 \times 4.7) \times 29}{12 \times 17 \times 27}} = 2.601$$

故 $\mu_1 - \mu_2$ 的置信区间为 $(-0.401, 2.601)$.

(2) 由于

$$F = \frac{S_2^2 \sigma_1^2}{S_1^2 \sigma_2^2} \sim F(n_2 - 1, \ n_1 - 1)$$

对给定的置信水平 α

$$P\{F_{1-\frac{\alpha}{2}}(n_2 - 1, \ n_1 - 1) < F < F_{\frac{\alpha}{2}}(n_2 - 1, \ n_1 - 1)\} = 1 - \alpha$$

即

$$P\left\{F_{1-\frac{\alpha}{2}}(n_2 - 1, \ n_1 - 1) \frac{S_1^2}{S_2^2} < \frac{\sigma_1^2}{\sigma_2^2} < F_{\frac{\alpha}{2}}(n_2 - 1, \ n_1 - 1) \frac{S_1^2}{S_2^2}\right\} = 1 - \alpha$$

$\dfrac{\sigma_1^2}{\sigma_2^2}$ 的置信区间为

$$\left(F_{1-\frac{\alpha}{2}}(n_2 - 1, \ n_1 - 1) \frac{S_1^2}{S_2^2}, \ F_{\frac{\alpha}{2}}(n_2 - 1, \ n_1 - 1) \frac{S_1^2}{S_2^2}\right)$$

由 F 分布表对 $x = 0.05$，查得 $F_{0.025}(16, 11) \approx 3.30$.

$$F_{0.975}(16, 11) = \frac{1}{F_{0.025}(11, 16)} = \frac{1}{2.94}$$

因此 $\dfrac{\sigma_1^2}{\sigma_2^2}$ 置信度为 0.95 的置信区间为 $\left(\dfrac{1}{2.94} \times \dfrac{2.4}{6.4}, \ 3.30 \times \dfrac{2.4}{6.4}\right) = (0.128, \ 1.238)$.

五、课后习题全解

1. 随机地取 8 只活塞环，测得它们的直径为（以 mm 计）

74.001   74.005   74.003   74.001   74.000   73.993   74.006   74.002

试求总体均值 μ 及方差 σ^2 的矩估计值，并求样本方差 S^2.

解 由矩法估计知

$$\begin{cases} \mu_1 = E(X) = \mu \\ \mu_2 = E(X^2) = D(X) + [E(X)]^2 = \sigma^2 + \mu^2 \end{cases}$$

令

$$\begin{cases} \mu = A_1 \\ \sigma^2 + \mu^2 = A_2 \end{cases}$$

解之得

$$\hat{\mu} = A_1 = \bar{X} = \frac{1}{n}\sum_{i=1}^{n} X_i$$

$$\hat{\sigma}^2 = A_2 - A_1 = \frac{1}{n}\sum_{i=1}^{n} X_i^2 - \bar{X}^2 = \frac{1}{n}\sum_{i=1}^{n}(X_i - \bar{X})^2$$

由题中数据得

$$\bar{x} = 74.001, \quad \hat{\sigma}^2 = 1.388 \times 10^{-5}$$

样本方差

$$s^2 = \frac{1}{n-1}\sum_{i=1}^{n}(x_i - \bar{x})^2 = 1.586 \times 10^{-5}$$

2. 设 $X_1, X_2, \cdots, X_n$ 为总体的一个样本，求下列各总体的密度函数或分布律中的未知参数的矩估计量.

(1)

$$f(x) = \begin{cases} \theta C^\theta x^{-(\theta+1)}, & x > C \\ 0, & \text{其他} \end{cases}$$

其中 $C > 0$ 为已知，$\theta > 1$，θ 为未知参数.

(2)

$$f(x) = \begin{cases} \sqrt{\theta} x^{\sqrt{\theta}-1}, & 0 \leqslant x \leqslant 1 \\ 0, & \text{其他} \end{cases}$$

其中 $\theta > 0$，θ 为未知参数.

(3) $P\{X = x\} = \dbinom{m}{x} p^x (1-p)^{m-x}$，$x = 0, 1, 2, \cdots, m$，$0 < p < 1$，$p$ 为未知参数.

解 (1) $E(X) = \displaystyle\int_c^\infty x \theta c^\theta x^{-(\theta+1)} \mathrm{d}x = \int_c^\infty \theta c^\theta x^{-\theta} \mathrm{d}x = \theta C^\theta \int_c^\infty x^{-\theta} \mathrm{d}x = \dfrac{\theta c^\theta}{-\theta + 1} x^{-\theta+1} \Big|_c^\infty = \dfrac{\theta c}{\theta - 1}$

由矩估计的定义知

$$\frac{\hat{\theta} c}{\hat{\theta} - 1} = \bar{X} = \frac{1}{n}\sum_{i=1}^{n} X_i$$

解之得

$$\hat{\theta} = \frac{\bar{X} - c}{\bar{X} - 1}$$

(2) $$E(X) = \int_0^1 x\sqrt{\theta}\,x^{\sqrt{\theta}-1}\,\mathrm{d}x = \int_0^1 \sqrt{\theta}\,x^{\sqrt{\theta}}\,\mathrm{d}x = \frac{\sqrt{\theta}}{\sqrt{\theta}+1}x^{\sqrt{\theta}+1}\Big|_0^1 = \frac{\sqrt{\theta}}{\sqrt{\theta}+1}$$

由矩估计的定义知

$$\frac{\sqrt{\theta}}{\sqrt{\theta}+1} = \overline{X} = \frac{1}{n}\sum_{i=1}^n X_i$$

解之得

$$\hat{\theta} = \left(\frac{\overline{X}}{1-\overline{X}}\right)^2$$

(3)
$$E(X) = \sum_{x=0}^m x\binom{m}{x}p^x(1-p)^{m-x} = \sum_{x=1}^m x\frac{m!}{x!\,(m-x)!}p^x(1-p)^{m-x} =$$

$$\sum_{x=1}^m \frac{m(m-1)!}{(x-1)!\,(m-x)!}pp^{x-1}(1-p)^{m-x} =$$

$$mp\sum_{x-1=0}^m \frac{(m-1)!}{(X-1)!\,(m-X)!}p^{x-1}(1-p)^{m-x} = mp$$

所以

$$m\hat{p} = \overline{X}, \quad \hat{p} = \frac{\overline{X}}{m}$$

3. 求上题中各未知参数的极大似然估计值和估计量.

解 (1) 样本 $X_1, \cdots, X_n$ 的似然函数为

$$L(\theta) = \prod_{i=1}^n \theta c^\theta x_i^{-(\theta+1)} = \theta^n c^{n\theta}\prod_{i=1}^n x_i^{-(\theta+1)}$$

而

$$\ln L(\theta) = n\ln\theta + n\theta\ln c - (\theta+1)\sum_{i=1}^n \ln x_i$$

令

$$\frac{\partial}{\partial\theta}\ln L(\theta) = \frac{n}{\theta} + n\ln c - \sum_{i=1}^n \ln x_i = 0$$

解得 θ 的极大似然估计

$$\hat{\theta} = \frac{n}{\sum_{i=1}^n \ln X_i - n\ln c}$$

(2) 样本 $X_1, \cdots, X_n$ 的似然函数为

$$L(\theta) = \prod_{i=1}^n \sqrt{\theta}\,x_i^{\sqrt{\theta}-1} = \theta^{\frac{n}{2}}\prod_{i=1}^n x_i^{\sqrt{\theta}-1}$$

而

$$\ln L(\theta) = \frac{n}{2}\ln\theta + (\sqrt{\theta}-1)\sum_{i=1}^n \ln x_i$$

令

$$\frac{\partial}{\partial\theta}\ln L(\theta) = \frac{n}{2\theta} + \frac{\sum_{i=1}^n \ln x_i}{2\sqrt{\theta}} = 0$$

解得 θ 的极大似然估计

$$\hat{\theta} = \frac{n^2}{\left(\sum_{i=1}^n \ln X_i\right)^2}$$

(3) 样本 $X_1, \cdots, X_n$ 的似然函数为

$$L(p) = \prod_{i=1}^n \binom{m}{x_i}p^{x_i}(1-p)^{m-x_i} = p^{\sum_{i=1}^n x_i}(1-p)^{nm-\sum_{i=1}^n x_i}\prod_{i=1}^n\binom{m}{x_i}$$

$$\ln L(p) = \sum_{i=1}^n x_i\ln p + \left(nm - \sum_{i=1}^n x_i\right)\ln(1-p) + \sum_{i=1}^n \ln\binom{m}{x_i}$$

令

$$\frac{\partial}{\partial p}\ln L(p) = \frac{\sum_{i=1}^n x_i}{p} + \frac{nm - \sum_{i=1}^n x_i}{1-p}(-1) = 0$$

解得 p 的极大似然估计

$$\hat{p} = \frac{\overline{X}}{m}$$

4. (1) 设总体 X 具有分布律

X	1	2	3
p_k	θ^2	$2\theta(1-\theta)$	$(1-\theta)^2$

其中 $\theta(0<\theta<1)$ 为未知参数.已知取得了样本值 $x_1=1,x_2=2,x_3=1$,试求 θ 的矩估计值和最大似然估计值.

(2) 设 X_1，X_2，$\cdots$，X_n 是来自参数为 λ 的泊松分布总体的一个样本,试求 λ 的极大似然估计量及矩估计量.

(3) 设随机变量 X 服从以 r,p 为参数的负二项分布,其分布律为

$$P\{X=x_k\} = \binom{x_k-1}{r-1} p^r (1-p)^{x_k-r}, \quad x_k=r,r+1,\cdots$$

其中 r 已知,p 未知.设有样本值 $x_1,x_2,\cdots,x_n$,试求 p 的最大似然估计值.

解 (1)　　　　　　　　$E(X)=1\times\theta^2+2\times2\theta(1-\theta)+3\times(1-\theta)^2=3-2\theta$

令 $3-2\hat\theta_\text{矩}=\overline{X}$ 得 θ 的矩估计量为　　　　$\hat\theta_\text{矩}=\dfrac{3-\overline{X}}{2}$

又 $\overline{x}=\dfrac{1}{3}(1+2+1)=\dfrac{4}{3}$,故 $\hat\theta_\text{矩}=\dfrac{5}{6}$,似然函数为

$$L(\theta)=\theta^4\,2\theta(1-\theta)=2\theta^5(1-\theta), \quad \ln L(\theta)=\ln12+5\ln\theta+\ln(1-\theta)$$

令 $\dfrac{\partial\ln L(\theta)}{\partial\theta}=\dfrac{5}{\theta}-\dfrac{1}{1-\theta}=0$ 得 θ 的最大似然估计值为 $\hat\theta_{ML}=\dfrac{5}{6}$.

(2) 总体 X 的分布律为　　　　$P(X=x)=\dfrac{\lambda^x e^{-\lambda}}{x!}, \quad x=0,1,\cdots$

样本 X_1，X_2，$\cdots$，X_n 的似然函数为

$$L(\lambda)=\prod_{i=1}^{n}\dfrac{\lambda^{x_i}e^{-\lambda}}{x_i!}=\dfrac{\lambda^{\sum\limits_{i=1}^{n}x_i}e^{-n\lambda}}{\prod\limits_{i=1}^{n}x_i!}, \quad \ln L(\lambda)=\sum_{i=1}^{n}x_i\ln\lambda-n\lambda-\sum_{i=1}^{n}\ln x_i!$$

令

$$\dfrac{\partial}{\partial\lambda}\ln L(\lambda)=\dfrac{\sum\limits_{i=1}^{n}x_i}{\lambda}-n=0$$

解得 λ 的极大似然估计 $\hat\lambda_{ML}=\dfrac{1}{n}\sum\limits_{i=1}^{n}X_i=\overline{X}$.

又因为　　$E(X)=\sum\limits_{x=0}^{\infty}\dfrac{\lambda^x e^{-\lambda}}{x!}x=\sum\limits_{x=1}^{\infty}\dfrac{\lambda^x e^{-\lambda}}{x!}x=\sum\limits_{x=1}^{\infty}\dfrac{\lambda^x e^{-\lambda}}{(x-1)!}=\lambda e^{-\lambda}\sum\limits_{x=1}^{\infty}\dfrac{\lambda^{x-1}}{(x-1)!}=\lambda$

故　　　　　　　　　　　　　　$\hat\lambda_\text{矩}=\overline{X}$

(3) 似然函数　　$L(p)=\prod_{i=1}^{n}C_{x_i-1}^{r-1}p^r(1-p)^{x_i-r}=\prod_{i=1}^{n}C_{x_i-1}^{r-1}\cdot p^{nr}\cdot(1-p)^{\sum\limits_{i=1}^{n}x_i-nr}$

$$\ln L(p)=\ln\prod_{i=1}^{n}C_{x_i-1}^{r-1}+nr\ln p+\left(\sum_{i=1}^{n}x_i-nr\right)\ln(1-p)$$

$$\dfrac{\mathrm{d}\ln L(p)}{\mathrm{d}p}=\dfrac{nr}{p}-\dfrac{\sum\limits_{i=1}^{n}x_i-nr}{1-p}=0$$

解之得,$p=\dfrac{nr}{\sum\limits_{i=1}^{n}x_i}=\dfrac{r}{\overline{x}}$.则 p 的最大似然估计为 $\hat p=\dfrac{r}{\overline{X}}$.

5.设某种电子器件的寿命(以 h 计)T 服从双参数的指数分布,其概率密度为

$$f(t)=\begin{cases}\dfrac{1}{\theta}\mathrm{e}^{\frac{-(t-c)}{\theta}}, & t\geqslant c\\ 0, & \text{其他}\end{cases}$$

其中 $c,\theta(c,\theta>0)$ 为未知参数,自一批这种器件中随机地取 n 件进行寿命试验. 设它们的失效时间依次为 $x_1\leqslant x_2\leqslant\cdots\leqslant x_n$. (1) 求 θ 与 c 的最大似然估计;(2) 求 θ 与 c 的矩估计.

解 (1) 似然函数为

$$L(\theta,c)=\begin{cases}\dfrac{1}{\theta^n}e^{-\frac{1}{\theta}\sum\limits_{i=1}^n(x_i-c)}, & x_i\geqslant c,i=1,2,\cdots,n\\0, & \text{其他}\end{cases}=\begin{cases}\dfrac{1}{\theta^n}e^{-\frac{1}{\theta}\sum\limits_{i=1}^n(x_i-c)}, & x_n\geqslant x_{n-1}\geqslant\cdots x_2\geqslant x_1\geqslant c\\0, & \text{其他}\end{cases}$$

$$\ln L(\theta,c)=-n\ln\theta-\frac{1}{\theta}\sum_{i=1}^n(x_i-c),\qquad\frac{\partial\ln L(\theta,c)}{\partial c}=\frac{n}{\theta}>0$$

故 $\ln L(\theta,c)$ 关于 c 单调增故 $\hat{c}_{ML}=x_1$.

再令 $\dfrac{\partial\ln L(\theta,c)}{\partial\theta}=-\dfrac{n}{\theta}+\dfrac{1}{\theta^2}\sum\limits_{i=1}^n(x_i-c)=0$ 得 θ 的最大似然估计量为 $\hat{\theta}_{ML}=\bar{x}-x_1$.

(2)
$$E(X)=\int_c^{+\infty}\frac{t}{\theta}e^{-\frac{t-c}{\theta}}dt=\int_0^{+\infty}(u+\frac{c}{\theta})e^{-u}\theta du=\theta+c$$

$$E(X^2)=\int_c^{+\infty}\frac{t^2}{\theta}e^{-\frac{t-c}{\theta}}dt=\theta^2\int_c^{+\infty}(u+\frac{c}{\theta})^2e^{-u}du=\theta^2(2+\frac{2c}{\theta}+\frac{c^2}{\theta^2})=2\theta^2+2c\theta+c^2$$

令
$$\begin{cases}\hat{\theta}+\hat{c}=\bar{X}\\2\hat{\theta}^2+2\hat{c}\hat{\theta}+\hat{c}^2=\dfrac{1}{n}\sum\limits_{i=1}^n X_i^2\end{cases}$$

即
$$\begin{cases}\hat{\theta}+\hat{c}=\bar{X}\\(\hat{\theta}+\hat{c})^2+\hat{\theta}^2=\dfrac{1}{n}\sum\limits_{i=1}^n X_i^2\end{cases}$$

解之得
$$\begin{cases}\hat{\theta}=\sqrt{\dfrac{1}{n}\sum\limits_{i=1}^n X_i^2-\bar{X}^2}=\sqrt{S_n^2}=S_n\\\hat{c}=\bar{X}-S_n\end{cases}$$

6. 一地质学家为研究密歇根湖湖滩地区的岩石成分,随机地自该地区取 100 个样品,每个样品有 10 块石子,记录了每个样品中属石灰石的石子数,假设这 100 次观察相互独立,并且由过去经验知,它们都服从参数为 $n=10,p$ 的二项分布,p 是这地区一块石子是石灰石的概率,求 p 的极大似然估计值,该地质学家所得的数据如下:

样品中属石灰石的石子数	0	1	2	3	4	5	6	7	8	9	10
观察到石灰石的样品个数	0	1	6	7	23	26	21	12	3	1	0

解 二项分布的分布律为

$$P(X=k)=\binom{n}{k}p^kq^{n-k},\quad k=0,1,\cdots,n$$

由第 3 题的(3)知,p 的极大似然估计 $\hat{p}=\dfrac{\bar{X}}{n}$. 这里

$$n=10,\bar{x}=\frac{1}{m}\sum_{i=1}^m x_i=\frac{1}{100}(1\times1+2\times6+3\times7+\cdots+10\times0)=499$$

则
$$\hat{p}=\frac{4.99}{10}=0.499$$

7. (1) 设 $X_1,\cdots,X_n$ 是来自总体 X 的一个样本,且 $X\sim\pi(\lambda)$. 求 $P\{X=0\}$ 的极大似然估计.

(2) 某铁路局证实一个扳道员在五年内所引起的严重事故的次数服从泊松分布. 求一个扳道员在 5 年内未引起严重事故的概率 p 的极大似然估计. 使用下面 122 个观察值. 下表中,r 表示一扳道员某 5 年中引起严重事故的次数;S 表示观察到的扳道员人数.

r	0	1	2	3	4	5
S	44	42	21	9	4	2

解 (1) 由第 4 题知泊松分布的极大似然估计 $\hat{\lambda} = \overline{X}$.

而
$$P\{X = 0\} = \frac{\lambda^0 e^{-\lambda}}{0!} = e^{-\lambda}$$

因而
$$\hat{p} = e^{-\overline{X}}$$

(2) 这里 $\overline{X} = \frac{1}{n}\sum_{i=1}^{n} X_i = \frac{1}{122}(44 \times 0 + 42 \times 1 + \cdots + 2 \times 5) = 1.123$, 则扳道员在五年内未引起严重事故的概率 p 的极大似估计

$$\hat{p} = e^{-1.123} = 0.325\,3$$

8.(1) 设 $X_1, X_2, \cdots, X_n$ 是来自概率密度为

$$f(x;\theta) = \begin{cases} \theta x^{\theta-1}, & 0 < x < 1 \\ 0, & \text{其他} \end{cases}$$

的总体的样本, θ 未知, 求 $U = e^{-1/\theta}$ 的最大似然估计值.

(2) 设 $X_1, X_2, \cdots, X_n$ 是来自正态总体 $N(\mu, 1)$ 的样本. μ 未知, 求 $\theta = P\{X > 2\}$ 的最大似然估计值.

(3) 设 $x_1, x_2, \cdots, x_n$ 是来自总体 $b(m, \theta)$ 的样本值, 又 $\theta = \frac{1}{3}(1 + \beta)$, 求 β 的最大似然估计值.

解 (1) 似然函数
$$L(\theta) = \prod_{i=1}^{n} f(x_i, \theta) = \theta^n \prod_{i=1}^{n} x_i^{\theta-1}$$

$$\ln L(\theta) = n\ln\theta + (\theta - 1)\sum_{i=1}^{n}\ln x_i$$

$$\frac{d}{d\theta}\ln L(\theta) = \frac{n}{\theta} + \sum_{i=1}^{n}\ln x_i = 0$$

解之得
$$\theta = \frac{-n}{\sum_{i=1}^{n}\ln x_i}$$

$U = e^{-1/\theta}$ 是 θ 的单调减函数, 故由最大似然估计的不变性知 U 的最大似然估计值为 $\hat{U} = e^{\frac{\sum_{i=1}^{n}\ln x_i}{n}}$.

(2) 似然函数 $L(\mu) = \prod_{i=1}^{n} f(x_i, \mu) = \prod_{i=1}^{n} \frac{1}{\sqrt{2\pi}} e^{-\frac{(x_i-\mu)^2}{2}} = \left(\frac{1}{\sqrt{2\pi}}\right)^n e^{-\frac{\sum_{i=1}^{n}(x_i-\mu)^2}{2}}$

$$\ln L(\mu) = \ln\left(\frac{1}{\sqrt{2\pi}}\right)^n - \frac{\sum_{i=1}^{n}(x_i-\mu)^2}{2}$$

$$\frac{d}{d\mu}\ln L(\mu) = \sum_{i=1}^{n}(x_i - \mu) = 0$$

解之得
$$\hat{\mu} = \overline{x}$$

$$\theta = P(X > 2) = P(X - \mu > 2 - \mu) = 1 - \Phi(2 - \mu)$$

故由最大似然估计的不变性知 $\hat{\theta} = 1 - \Phi(2 - \overline{x})$.

(3) 似然函数 $L(\theta) = \prod_{i=1}^{n} C_m^{x_i} \theta^{x_i}(1-\theta)^{m-x_i} = \prod_{i=1}^{n} C_m^{x_i} \theta^{\sum_{i=1}^{n}x_i}(1-\theta)^{mn-\sum_{i=1}^{n}x_i}$

$$\ln L(\theta) = \ln\prod_{i=1}^{n} C_m^{x_i} + \sum_{i=1}^{n}x_i\ln\theta + \left(mn - \sum_{i=1}^{n}x_i\right)\ln(1-\theta)$$

$$\frac{d}{d\theta}\ln L(\theta) = \frac{\sum_{i=1}^{n}x_i}{\theta} - \frac{1}{(1-\theta)}\left(mn - \sum_{i=1}^{n}x_i\right) = 0$$

解之得, $\hat{\theta} = \frac{1}{mn} \sum_{i=1}^{n} x_i = \frac{\bar{x}}{m}$. 由最大似然估计的不变性知 $\hat{\beta} = 3\hat{\theta} - 1 = \frac{3\bar{x}}{m} - 1$.

9. (1) 验证第六章 §3 定理四中的统计量

$$S_w^2 = \frac{n_1 - 1}{n_1 + n_2 - 2}S_1^2 + \frac{n_2 - 1}{n_1 + n_2 - 2}S_2^2 = \frac{(n_1 - 1)S_1^2 + (n_2 - 1)S_2^2}{n_1 + n_2 - 2}$$

是两总体公共方差 σ^2 的无偏估计量(S_w^2 称为 σ^2 的合并估计).

(2) 设总体 X 的数学期望为 μ,$X_1, X_2, \cdots, X_n$ 是来自 X 的一个样本. $a_1, a_2, \cdots, a_n$ 是任意常数,验证 $\left(\sum_{i=1}^{n} a_i X_i\right) / \sum_{i=1}^{n} a_i \left(\sum_{i=1}^{n} a_i \neq 0\right)$ 是 μ 的无偏估计量.

证明 (1) 首先 S_1^2, S_2^2 都是 σ^2 的无偏估计量,事实上. 由 $\frac{(n_1 - 1)S_1^2}{\sigma_2} \sim \chi^2(n_1 - 1)$,$\frac{(n_2 - 1)S_2^2}{\sigma_2} \sim \chi^2(n_2 - 1)$ 及 χ^2 分布的性质知 $E\left(\frac{(n_1 - 1)S_1^2}{\sigma_2}\right) = n_1 - 1$,$E\left(\frac{(n_2 - 1)S_2^2}{\sigma^2}\right) = n_2 - 1$,因此 $E(S_1^2) = \sigma^2$,$E(S_2^2) = \sigma^2$,从而可得

$$E(S_w^2) = E\left(\frac{(n_1 - 1)S_1^{12} + (n_2 - 1)S_2^2}{n_1 + n_2 - 2}\right) = \frac{(n_1 - 1)E(S_1^2) + (n_2 - 1)E(S_2^2)}{n_1 + n_2 - 2} = \sigma^2$$

所以 S_w^2 是 σ^2 的无偏估计量.

(2)

$$E\left[\frac{\sum_{i=1}^{n} a_i X_i}{\sum_{i=1}^{n} a_i}\right] = \frac{\sum_{i=1}^{n} a_i E(X_i)}{\sum_{i=1}^{n} a_i} = \frac{\mu \sum_{i=1}^{n} a_i}{\sum_{i=1}^{n} a_i} = \mu$$

因此 $\left(\sum_{i=1}^{n} a_i X_i\right) / \sum_{i=1}^{n} a_i$ 是 μ 的无偏估计量.

10. 设 $X_1, X_2, \cdots, X_n$ 是来自总体 X 的一个样本,设 $E(X) = \mu$,$D(X) = \sigma^2$.

(1) 确定常数 c 使 $c \sum_{i=1}^{n-1} (X_{i+1} - X_i)^2$ 为 σ^2 的无偏估计;

(2) 确定常数 c 使 $(X)^2 - cS^2$ 是 μ^2 的无偏估计($\bar{X}, S^2$ 是样本均值和样本方差).

解 (1) $E\left[c \sum_{i=1}^{n-1} (X_{i+1} - X_i)^2\right] = c \sum_{i=1}^{n-1} E\left[(X_{i+1} - X_i)^2\right] = c \sum_{i=1}^{n-1} D\left[X_{i+1} - X_i\right] =$

$$c \sum_{i=1}^{n-1} 2\sigma^2 = 2(n-1)c\sigma^2 = \sigma^2$$

故当 $c = \frac{1}{2(n-1)}$ 时,$c \sum_{i=1}^{n-1} (X_{i-1} - X_i)^2$ 是无偏估计.

(2) $E\left[(\bar{X})^2 - cS^2\right] = E(\bar{X})^2 - cE(S^2) = D(\bar{X}) + \left[E(\bar{X})\right]^2 - cE(S^2) = \frac{\sigma^2}{n} + \mu^2 - c\sigma^2 \mu^2$

故当 $c = \frac{1}{n}$ 时,$(\bar{X})^2 - cS^2$ 是 μ^2 的无偏估计量.

11. 设总体 X 的概率密度为

$$f(x;\theta) = \begin{cases} \frac{1}{\theta} x^{(1-\theta)/\theta}, & 0 < x < 1 \\ 0, & \text{其他} \end{cases}, \quad 0 < \theta < +\infty$$

$X_1, X_2, \cdots, X_n$ 是来自总体 X 的样本.

(1) 验证 θ 的最大似然估计量是 $\hat{\theta} = \frac{-1}{n} \sum_{i=1}^{n} \ln X_i$.

(2) 证明 $\hat{\theta}$ 是 θ 的无偏估计量.

解 (1) 似然函数 $L(\theta) = \prod_{i=1}^{n} f(x_i, \theta) = \frac{1}{\theta^n} \prod_{i=1}^{n} x_i^{\frac{1-\theta}{\theta}}$

$$\ln L(\theta) = -n\ln\theta + \frac{1-\theta}{\theta}\sum_{i=1}^{n}\ln x_i$$

$$\frac{\mathrm{d}\ln L(\theta)}{\mathrm{d}\theta} = -\frac{n}{\theta} - \frac{1}{\theta^2}\sum_{i=1}^{n}\ln x_i = 0$$

解之得

$$\hat{\theta} = -\frac{1}{n}\sum_{i=1}^{n}\ln x_i$$

于是 θ 的最大似然估计量

$$\hat{\theta} = -\frac{1}{n}\sum_{i=1}^{n}\ln X_i$$

（2）

$$E\hat{\theta} = E\left(-\frac{1}{n}\sum_{i=1}^{n}\ln X_i\right) = -\frac{1}{n}\sum_{i=1}^{n}E(\ln X_i) = -E(\ln X)$$

$$E(\ln X) = \int_0^1 \ln x \cdot \frac{1}{\theta}x^{\frac{1-\theta}{\theta}}\mathrm{d}x \xrightarrow{\text{令 } y=\ln x} \int_{-\infty}^0 y \cdot \frac{1}{\theta}\mathrm{e}^{\frac{y(1-\theta)}{\theta}}\mathrm{e}^y\mathrm{d}y = \int_{-\infty}^0 \frac{y}{\theta}\mathrm{e}^{\frac{y}{\theta}}\mathrm{d}y = -\theta$$

所以 $E\hat{\theta} = -E(\ln X) = \theta$. 即 $\hat{\theta}$ 是 θ 的无偏估计.

12. 设 X_1, X_2, X_3, X_4 是来自均值为 θ 的指数分布总体的样本，其中 θ 未知. 设有估计量

$$T_1 = \frac{1}{6}(X_1 + X_2) + \frac{1}{3}(X_3 + X_4)$$

$$T_2 = (X_1 + 2X_2 + 3X_3 + 4X_4)/5$$

$$T_3 = (X_1 + X_2 + X_3 + X_4)/4$$

（1）指出 T_1, T_2, T_3 中哪几个是 θ 的无偏估计量；（2）在上述 θ 的无偏估计中指出哪一个较为有效.

解 （1）$X \sim e(\theta)$，概率密度为

$$f(x) = \begin{cases} \frac{1}{\theta}\mathrm{e}^{-\frac{x}{\theta}}, & x > 0 \\ 0, & x \leqslant 0 \end{cases}$$

且 $E(X) = \theta, D(X) = \theta^2$，而

$$E(T_1) = \frac{1}{6}(E(X_1) + E(X_2)) + \frac{1}{3}(E(X_3) + E(X_4)) = \frac{\theta}{3} + \frac{2\theta}{3} = \theta$$

即 T_1 是 θ 的无偏估计量

$$E(T_2) = \frac{1}{5}[E(X_1) + 2E(X_2)) + 3E(X_3) + 4E(X_4)] = \frac{1}{5}(\theta + 2\theta + 3\theta + 4\theta) = 2\theta \neq \theta$$

所以 T_2 不是 θ 的无偏估计量

$$E(T_3) = \frac{1}{4}[E(X_1) + E(X_2)) + E(X_3) + E(X_4)] = \frac{1}{4}(\theta + \theta + \theta + \theta) = \theta$$

T_3 是 θ 的无偏估计量.

（2）

$$D(T_1) = \frac{1}{36}[D(X_1) + D(X_2)] + \frac{1}{9}[D(X_3) + D(X_4)] = \frac{2\theta^2}{36} + \frac{2\theta^2}{9} = \frac{5}{18}\theta^2$$

$$D(T_2) = \frac{1}{16}[D(X_1) + D(X_2) + D(X_3) + D(X_4)] = \frac{\theta^2}{4}$$

$D(T_2) < D(T_1)$，因此 T_2 较 T_1 有效.

13. （1）设 $\hat{\theta}$ 是参数 θ 的无偏估计，且有 $D(\hat{\theta}) > 0$，试证 $\hat{\theta}^2 = (\hat{\theta})^2$ 不是 $\hat{\theta}^2$ 的无偏估计.

（2）试证明均匀分布

$$f(x) = \begin{cases} \frac{1}{\theta}, & 0 < x \leqslant \theta \\ 0, & \text{其他} \end{cases}$$

中未知参数 θ 的极大似然估计量不是无偏的。

证 （1）

$$E(\hat{\theta}^2) = D(\hat{\theta}) + E(\hat{\theta})^2 = D(\hat{\theta}) + \theta^2 > \theta^2$$

所以 $\hat{\theta}^2$ 不是 θ^2 的无偏估计量.

（2）似然函数

$$L(\theta) = \begin{cases} \frac{1}{\theta^n}, & 0 < x_{(1)} \leqslant x_{(2)} \leqslant \cdots \leqslant x_{(n)} < \theta \\ 0, & \text{其他} \end{cases}$$

$\dfrac{\partial \ln L(\theta)}{\partial \theta} = -\dfrac{n}{\theta} < 0$，故 $\ln L(\theta)$ 单调减，因此 $\hat{\theta}_{ML} = X_{(n)} = \max\limits_{1 \leqslant i \leqslant n} X_i$.

$\hat{\theta}_{ML}$ 的概率密度为

$$f_{\hat{\theta}_{ML}}(x) = n[F(x)]^n f(x) = \begin{cases} \dfrac{nx^{n-1}}{\theta^n}, & 0 < x < \theta \\ 0, & \text{其他} \end{cases}$$

$$E[\hat{\theta}_{ML}] = \int_0^{\theta} \dfrac{nx^n}{\theta_n} \mathrm{d}x = \dfrac{n}{n+1}\theta \neq \theta$$

故 $\hat{\theta}_{ML} = X(n)$ 不是 θ 的无偏估计量.

14. 设从均值为 μ，方差为 $\sigma^2 > 0$ 的总体中，分别抽取容量为 n_1，n_2 的两独立样本，$\overline{X}$ 和 $\overline{X}_2$ 分别是两样本的均值. 试证：对于任意常数 a，$b(a+b=1)$，$Y = a\overline{X}_1 + b\overline{X}_2$ 都是 μ 的无偏估计，并确定常数 a，b 使 $D(Y)$ 达到最小.

证 因为 $\overline{X}_1$，$\overline{X}_2$ 都是样本均值，则

$$E(\overline{X}_1) = \mu, \quad E(\overline{X}_2) = \mu$$

$$E(Y) = E(a\overline{X}_1 + b\overline{X}_2) = aE(\overline{X}_1) + bE(\overline{X}_2) = a\mu + b\mu = \mu(a+b) = \mu$$

即 $Y = a\overline{X}_1 + b\overline{X}_2$ 是 μ 的无偏估计.

由于

$$D(\overline{X}_1) = \dfrac{\sigma^2}{n_1}, \quad D(\overline{X}_2) = \dfrac{\sigma^2}{n_2}$$

所以

$$E(Y) = a^2 D(\overline{X}_1) + b^2 D(\overline{X}_2) = \dfrac{a^2\sigma^2}{n_1} + \dfrac{b^2\sigma^2}{n_2}$$

求 $f(a,b) = \sigma^2 \left(\dfrac{a^2}{n_1} + \dfrac{b^2}{n_2} \right)$ 在条件 $a+b=1$ 下的极值.

作

$$F(a,b) = \dfrac{a^2}{n_1} + \dfrac{b^2}{n_2} + \lambda(a+b-1)$$

令

$$\dfrac{\partial F}{\partial a} = \dfrac{2a}{n_1} + \lambda = 0, \quad \dfrac{\partial F}{\partial b} = \dfrac{2b}{n_2} + \lambda = 0, \quad \dfrac{\partial F}{\partial \lambda} = a+b-1 = 0$$

解之得

$$\lambda = -\dfrac{2}{n_1+n_2}, \quad a = \dfrac{n_1}{n_1+n_2}, \quad b = \dfrac{n_2}{n_1+n_2}$$

故当 $a = \dfrac{n_1}{n_1+n_2}$，$b = \dfrac{n_2}{n_1+n_2}$ 时，$D(Y)$ 达到最小值，其最小值为 $D(Y) = \dfrac{\sigma^2}{n_1+n_2}$.

15. 设有 k 台仪器，已知用第 i 台仪器测量时，测定值总体的标准差为 $\sigma_i(i=1,\cdots,k)$，用这些仪器独立地对某一物理量 θ 各观察一次，分别得到 X_1，X_2，$\cdots$，X_k，设仪器都没有系统误差，即 $E(X_i) = \theta(i=1, 2,\cdots,k)$，问：$a_1$，$a_2$，$\cdots$，$a_k$ 应取何值，方能使使用 $\hat{\theta} = \sum\limits_{i=1}^{k} a_i X_i$ 估计 θ 时，$\hat{\theta}$ 是无偏解，并且 $D(\hat{\theta})$ 最小？

解

$$E(\hat{\theta}) = E\left(\sum_{i=1}^{k} a_i X_i \right) = \sum_{i=1}^{k} a_i E(X_i) = \sum_{i=1}^{k} a_i \theta = \theta \sum_{i=1}^{k} a_i$$

要使 $\hat{\theta}$ 是 θ 的无偏估计，即 $\theta \sum\limits_{i=1}^{k} a_i = \theta$，则须 $\sum\limits_{i=1}^{k} a_i = 1$.

$$D(\hat{\theta}) = D\left(\sum_{i=1}^{k} a_i X_i \right) = \sum_{i=1}^{k} a_i^2 D(X_i) = \sum_{i=1}^{k} a_i^2 \sigma_i^2$$

要求 $D(\hat{\theta})$ 的最小值，根据拉格朗日乘子法，设

$$F(a_1,\cdots,a_k,\lambda) = \sum_{i=1}^{k} a_i^2 \sigma_i^2 - \lambda \left(\sum_{i=1}^{k} a_i - 1 \right)$$

则

$$\begin{cases} \dfrac{\partial F}{\partial a_1} = 2a_1\sigma_1^2 - \lambda = 0 \\ \vdots \\ \dfrac{\partial F}{\partial a_k} = 2a_k\sigma_k^2 - \lambda = 0 \\ \sum\limits_{i=1}^{k} a_i - 1 = 0 \end{cases}$$

解之得 $\dfrac{\lambda}{2} = \dfrac{1}{\sum\limits_{i=1}^{k}\dfrac{1}{\sigma_i^2}}$，令 $\dfrac{\lambda}{2} = \sigma_0^2$，则 $\dfrac{1}{\sigma_0^2} = \sum\limits_{i=1}^{k}\dfrac{1}{\sigma_i^2}$.

故
$$a_i = \dfrac{\lambda}{2} \cdot \dfrac{1}{\sigma_i^2} = \dfrac{\sigma_0^2}{\sigma_i^2}, \quad i = 1, \cdots, k$$

即当 $a_i = \dfrac{\sigma_0^2}{\sigma_i^2}$，$\dfrac{1}{\sigma_0^2} = \sum\limits_{i=1}^{k}\dfrac{1}{\sigma_i^2}$，$i = 1, \cdots, k$ 时，$D(\hat{\theta})$ 取最小值，最小值为 $D(\hat{\theta}) = 1/\sum\limits_{i=1}^{n}\dfrac{1}{\sigma_i^2}$.

16. 设某种清漆的 9 个样品，其干燥时间（单位：h）分别为

$$6.0 \quad 5.7 \quad 5.8 \quad 6.5 \quad 7.0 \quad 6.3 \quad 5.6 \quad 6.1 \quad 5.0$$

设干燥时间总体服从正态分布 $N(\mu, \sigma^2)$. 求 μ 的置信度为 0.95 的置信区间.（1）若由以往经验知 $\sigma = 0.6(h)$，（2）若 σ 为未知.

解 （1）当方差 σ^2 已知时，μ 的置信度为 0.95 的置信区间为

$$\left[\overline{X} - \dfrac{\sigma}{\sqrt{n}}z_{\alpha/2}, \ \overline{X} + \dfrac{\sigma}{\sqrt{n}}z_{\alpha/2} \right]$$

这里 $1-\alpha = 0.95$，$\alpha = 0.05$，$\alpha/2 = 0.025$，$n = 9$，$\sigma = 0.6$.

$$\overline{x} = \dfrac{1}{9}(6.0 + 5.7 + \cdots + 5.0) = 6$$

查正态分布表得
$$z_{\alpha/2} = 1.96$$
将这些值代入上区间得 $[5.608, 6.392]$.

（2）当方差 σ^2 未知时，μ 的置信度为 0.95 的置信区间为

$$\left[\overline{X} - \dfrac{S}{\sqrt{n}}t_{\alpha/2}(n-1), \ \overline{X} + \dfrac{S}{\sqrt{n}}t_{\alpha/2}(n-1) \right]$$

这里 $1-\alpha = 0.95$，$\alpha = 0.05$，$\alpha/2 = 0.025$，$n-1 = 8$.

查表得
$$t_{\alpha/2}(n-1) = 2.3060$$

$$\overline{x} = \dfrac{1}{9}(6.0 + 5.7 + \cdots + 5.0) = 6, \quad s^2 = \dfrac{1}{n-1}\sum_{i=1}^{n}(x_i - \overline{x})^2 = 0.33$$

将这些值代入上区间得 $[5.558, 6.442]$.

17. 分别使用金球和铂球测定引力常数（单位：$10^{-11}\,\mathrm{m}^3 \cdot \mathrm{kg}^{-1} \cdot \mathrm{s}^{-2}$）.

（1）用金球测定观察值为 $6.683, 6.681, 6.676, 6.678, 6.679, 6.672$；

（2）用铂球测定观察值为 $6.661, 6.661, 6.667, 6.667, 6.664$.

设测定值总体为 $N(\mu, \sigma^2)$，μ, σ^2 均为未知，试就（1），（2）两种情况分别求 μ 的置信度为 0.9 的置信区间，并求 σ^2 置信度为 0.9 的置信区间.

解 （1）μ, σ^2 均未知时，μ 的置信度为 0.9 的置信区间为

$$\left[\overline{X} - \dfrac{S}{\sqrt{n}}t_{\alpha/2}(n-1), \ \overline{X} + \dfrac{S}{\sqrt{n}}t_{\alpha/2}(n-1) \right]$$

这里 $1-\alpha = 0.9$，$\alpha = 0.1$，$\alpha/2 = 0.05$，$n_1 = 6$，$n_2 = 5$，$n_1 - 1 = 5$，$n_2 - 1 = 4$.

$$\overline{x}_1 = \dfrac{1}{6}\sum_{i=1}^{6}x_i = \dfrac{1}{6}(6.683 + \cdots + 6.672) = 6.678$$

$$s_1^2 = \dfrac{1}{5}\sum_{i=1}^{6}(x_i - \overline{x}_1)^2 = 0.15 \times 10^{-4}$$

$$\overline{x}_2 = \dfrac{1}{5}\sum_{i=1}^{5}x_i = \dfrac{1}{5}(6.661 + \cdots + 6.664) = 6.664$$

$$s_2^2 = \dfrac{1}{4}\sum_{i=1}^{5}(x_i - \overline{x}_2)^2 = 0.9 \times 10^{-5}, \quad t_{\alpha/2}(5) = 2.0150, \quad t_{\alpha/2}(4) = 2.1318$$

将这些值代入上区间得，用金球测定时，μ 的置信区间是 $[6.675, 6.681]$. 用铂球测定时，μ 的置信区间

为 $[6.661, 6.667]$.

(2) μ, σ^2 均未知时, σ^2 的置信度为 0.9 的置信区间为

$$\left[\frac{(n-1)S^2}{\chi^2_{\alpha/2}(n-1)}, \frac{(n-1)S^2}{\chi^2_{1-\alpha/2}(n-1)}\right]$$

这里 $n_1-1=5$, $n_2-1=4$, $\alpha/2=0.05$.

查表得: $\chi^2_{\alpha/2}(5)=11.071$, $\chi^2_{\alpha/2}(4)=9.488$, $\chi^2_{1-\alpha/2}(5)=1.145$, $\chi^2_{1-\alpha/2}(4)=0.711$.

将这些值以及上面(1)中算得的 S_1^2, S_2^2 代入上区间得用金球测定时, σ^2 的置信区间是 $[6.774\times10^{-6}$, $6.550\times10^{-5}]$;用铂球测定时, σ^2 的置信区间是 $[3.794\times10^{-6}, 5.063\times10^{-5}]$.

18. 随机地取某种炮弹9发做实验,得炮口速度的样本标准差 $s=11$ (m/s),设炮口速度服从正态分布,求这种炮弹的炮口速度的标准差 σ 的置信度为 0.95 的置信区间.

解 σ 的置信度为 0.95 的置信区间为

$$\left[\frac{\sqrt{n-1}\,S}{\sqrt{\chi^2_{\alpha/2}(n-1)}}, \frac{\sqrt{n-1}\,S}{\sqrt{\chi^2_{1-\alpha/2}(n-1)}}\right]$$

这里 $s=11$, $n-1=8$, $1-\alpha=0.95$, $\alpha=0.05$, $\alpha/2=0.025$.

查表得 $\chi^2_{\alpha/2}(8)=17.535$, $\chi^2_{1-\alpha/2}(8)=2.180$

将这些值代入上区间中得 $[7.43, 21.07]$.

19. 设 $X_1, X_2, \cdots, X_n$ 是来自分布 $N(\mu, \sigma^2)$ 的样本,μ 已知,σ 未知.

(1) 验证 $\sum\limits_{i=1}^{n}(X_i-\mu)^2/\sigma^2 \sim \chi^2(n)$. 利用这一结果构造 σ^2 的置信水平为 $1-\alpha$ 的置信区间.

(2) 设 $\mu=6.5$, 且有样本值 $7.5, 2.0, 12.1, 8.8, 9.4, 7.3, 1.9, 2.8, 7.0, 7.3$. 试求 σ 的置信水平为 0.95 的置信区间.

解 (1) 因为 $X_1, X_1, \cdots, X_n$ 独立同分布于 $N(\mu, \sigma^2)$, 所以 $\dfrac{X_i-\mu}{\sigma} \sim N(0,1)$, $i=1,2,\cdots,n$.

由卡方分布的定义 $\qquad \sum\limits_{i=1}^{n}\left(\dfrac{X_i-\mu}{\sigma}\right)^2 \sim \chi^2(n)$

由 $\qquad \left(\chi^2_{1-\frac{\alpha}{2}}(n) \leqslant \sum\limits_{i=1}^{n}\left(\dfrac{X_i-\mu}{\sigma}\right)^2 \leqslant \chi^2_{\frac{\alpha}{2}}(n)\right)=1-\alpha$

得 $\qquad P\left[\dfrac{\sum\limits_{i=1}^{n}(X_i-\mu)^2}{\chi^2_{\frac{\alpha}{2}}(n)} \leqslant \sigma^2 \leqslant \dfrac{\sum\limits_{i=1}^{n}(X_i-\mu)^2}{\chi^2_{1-\frac{\alpha}{2}}(n)}\right]=1-\alpha$

得 σ^2 的置信水平为 $1-\alpha$ 的置信区间为

$$\left[\frac{\sum\limits_{i=1}^{n}(X_i-\mu)^2}{\chi^2_{\frac{\alpha}{2}}(n)}, \frac{\sum\limits_{i=1}^{n}(X_i-\mu)^2}{\chi^2_{1-\frac{\alpha}{2}}(n)}\right]$$

(2) 这里 $1-\alpha=0.95$, $\alpha=0.05$, $\alpha/2=0.025$, $n=10$, $\mu=6.5$.

$$\sum_{i=1}^{10}(X_i-6.5)^2=102.69, \quad \chi^2_{0.025}(10)=20.483, \quad \chi^2_{0.975}(10)=3.247$$

于是 σ^2 的置信区间为 $[5.013, 31.626]$. σ 的置信区间为 $[2.239, 5.624]$.

20. 在 15 题中, 设用金球和用铂球测定时测定值总体的方差相等, 求两个测定值总体均值差的置信度为 0.90 的置信区间.

解 由题意知:总体均值差的置信度为 0.90 的置信区间为

$$\left(\overline{X}_1-\overline{X}_2-t_{\alpha/2}(n_1+n_2-2)S_w\sqrt{\frac{1}{n_1}+\frac{1}{n_2}},\ \overline{X}_1-\overline{X}_2+t_{\alpha/2}(n_1+n_2-2)S_w\sqrt{\frac{1}{n_1}+\frac{1}{n_2}}\right)$$

这里 $\qquad S_w^2=\dfrac{(n_1-1)S_1^2+(n_2-1)S_2^2}{n_1+n_2-2}$

此题中, $1-\alpha=0.90$, $\alpha=0.10$, $\alpha/2=0.05$; $n_1=6$, $n_2=5$, $n_1+n_2-2=9$.

查表得 $\quad t_{a/2}(9)=1.8331,\quad s_w^2=1.233\times10^{-5},\quad s_w=\sqrt{S_w^2}=3.512\times10^{-3}$

代入上区间得总体均值差的置信度为 0.90 的置信区间为 $(0.010,\ 0.018)$.

21. 随机地从 A 批导线中抽取 4 根，又从 B 批导线中抽取 5 根，测得电阻(单位：Ω)为

$$A\ 批导线：0.143\quad0.142\quad0.143\quad0.137$$
$$B\ 批导线：0.140\quad0.142\quad0.136\quad0.138\quad0.140$$

设测定数据分别来自分布 $N(\mu_1,\sigma^2)$，$N(\mu_2,\sigma^2)$，且两样本相互独立，又 μ_1，μ_2，σ^2 均为未知，试求 $\mu_1-\mu_2$ 的置信度为 0.95 的置信区间.

解 $\left(\overline{X}-\overline{Y}-t_{a/2}(n_1+n_2-2)S_w\sqrt{\dfrac{1}{n_1}+\dfrac{1}{n_2}},\ \overline{X}-\overline{Y}+t_{a/2}(n_1+n_2-2)S_w\sqrt{\dfrac{1}{n_1}+\dfrac{1}{n_2}}\right)$

这里 $\quad\bar{x}=\dfrac{1}{4}\sum_{i=1}^4 X_i=\dfrac{1}{4}(0.143+\cdots+0.137)=0.141\,3$

$$\bar{y}=\dfrac{1}{5}(0.140+\cdots+0.140)=0.139\,2$$

$$n_1=4,\quad n_2=5,\quad n_1+n_2-2=7;\quad1-\alpha=0.95,\quad\alpha=0.05,\quad\alpha/2=0.025$$

查表得 $t_{a/2}(7)=2.3646$.

$$s_w^2=\dfrac{(n_1-1)s_1^2+(n_2-1)s_2^2}{n_1+n_2-2}=6.509\times10^{-6},\quad s_w=\sqrt{6.509\times10^{-6}}=2.551\times10^{-3}$$

将这些值代入上区间得 $\mu_1-\mu_2$ 的置信区间为 $(-0.002,\ 0.006)$.

22. 研究两种固体燃料火箭推进器的燃烧率，设两者都服从正态分布，并且已知燃烧率的标准差均近似地为 0.05 cm/s，取样本容量为 $n_1=n_2=20$，得燃烧率的样本均值分别为 $\bar{x}_1=18$ cm/s，$\bar{x}_2=24$ cm/s，求两燃烧率总体均值差 $\mu_1-\mu_2$ 的置信度为 0.99 的置信区间.

解 在此题中，$\sigma_1=\sigma_2=0.05$，因此，$\mu_1-\mu_2$ 的置信度为 0.99 的置信区间为

$$\left(\overline{X}_1-\overline{X}_2-Z_{\frac{a}{2}}\sigma\sqrt{\dfrac{1}{n_1}+\dfrac{1}{n_2}},\ \overline{X}_1-\overline{X}_2+Z_{\frac{a}{2}}\sigma\sqrt{\dfrac{1}{n_1}+\dfrac{1}{n_2}}\right)$$

这里 $n_1+n_2-2=38$，$\alpha=0.01$，$\alpha/2=0.005$.查表得 $Z_{0.005}=2.58$，代入上区间得 $(-6.04,\ -5.96)$.

23. 设两位化验员 A，B 独立地对某种聚合物含氯量用相同的方法各作 10 次测定，其测定值的样本方差依次为 $S_A^2=0.5419$，$S_B^2=0.6065$. 设 σ_A^2，σ_B^2 分别为 A，B 所测定的测定值总体的方差，设总体均为正态的，求方差比 σ_A^2/σ_B^2 的置信度为 0.95 的置信区间.

解 σ_A^2/σ_B^2 的置信度为 0.95 的置信区间为

$$\left(\dfrac{S_A^2}{S_B^2}\dfrac{1}{F_{a/2}(n_1-1,\ n_2-1)},\ \dfrac{S_A^2}{S_B^2}\dfrac{1}{F_{1-a/2}(n_1-1,\ n_2-1)}\right)$$

这里 $1-\alpha=0.95$，$\alpha=0.05$，$\alpha/2=0.025$. 查表得 $F_{a/2}(9,9)=4.03$，$F_{1-a/2}(9,9)=\dfrac{1}{4.03}$，代入上式得 $(0.222,\ 3.601)$.

24. 在一批货物的容量为 100 的样本中，经检验发现有 16 只次品，试求这批物货次品率的置信度为 0.95 的置信区间.

解 次品率 p 是 $(0-1)$ 分布的参数，p 的近似置信度为 0.95 的置信区间为

$$\left(\dfrac{1}{2a}(-b-\sqrt{b^2-4ac}),\ \dfrac{1}{2a}(-b+\sqrt{b^2-4ac})\right)$$

此处 $n=100$，$\bar{x}=16/100=0.16$，$1-\alpha=0.95$，$\alpha=0.05$，$\alpha/2=0.025$.

查表得 $\quad z_{a/2}=1.96$

$$a=n+z_{a/2}^2=100+1.96^2=103.84$$
$$b=-(2n\bar{x}+z_{a/2}^2)=-(2\times100\times0.16+1.96^2)=-35.84$$
$$c=n\bar{x}^2=100\times0.16^2=2.56,\quad\sqrt{b^2-4ac}=14.89$$

将这些值代入上区间得 p 的置信度为 0.95 的近似置信区间为 $(0.101,\ 0.244)$.

25.(1) 求 16 题中 μ 的置信度为 0.95 的单侧置信上限.

(2) 求 21 题中 $\mu_1 - \mu_2$ 的置信度为 0.95 的单侧置信下限.

(3) 求 23 题中方差比 σ_A^2/σ_B^2 的置信度为 0.95 的置信上限.

解 (1)σ^2 已知, 此时

$$\frac{\overline{X} - \mu}{\sigma/\sqrt{n}} \sim N(0, 1)$$

于是

$$P\left(\frac{\overline{X} - \mu}{\sigma/\sqrt{n}} > z_{1-\alpha}\right) = 1 - \alpha$$

即

$$P\left(\frac{\overline{X} - \mu}{\sigma/\sqrt{n}} > -z_{\alpha}\right) = 1 - \alpha$$

于是, μ 的置信度为 $1-\alpha$ 的单侧置信区间为 $(-\infty, \overline{X} + z_{\alpha} \cdot \sigma/\sqrt{n})$. 则 $\overline{X} + z_{\alpha} \cdot \sigma/\sqrt{n}$ 为其单侧置信上限. 此时 $\alpha = 0.05$, 查表得 $z_{\alpha} = 1.65$.

$\overline{x} = 6$, $\sigma = 0.6$, $n = 9$. 代入上式得 $\overline{x} + z_{\alpha} \cdot \sigma/\sqrt{n} = 6.33$.

方差 σ^2 未知, 此时 $\dfrac{\overline{X} - \mu}{S/\sqrt{n}} \sim t(n-1)$. 于是 $P\left(\dfrac{\overline{X} - \mu}{S/\sqrt{n}} > t_{1-\alpha}(n-1)\right) = 1 - \alpha$, 得

$$\frac{\overline{X} - \mu}{S/\sqrt{n}} > t_{1-\alpha}(n-1)$$

$$\mu < \overline{X} - t_{1-\alpha}(n-1)\frac{S}{\sqrt{n}} = \overline{X} + t_{\alpha}(n-1)\frac{S}{\sqrt{n}}$$

此处 $\overline{x} = 6$, $s^2 = 0.33$, $n = 9$. 查表得 $t_{0.05}(8) = 1.8595$.

代入上式得

$$\overline{x} + t_{\alpha}(n-1) \cdot \frac{s}{\sqrt{n}} = 6.356$$

(2) σ 未知, 此时

$$\frac{(\overline{X} - \overline{Y}) - (\mu_1 - \mu_2)}{S_w\sqrt{\dfrac{1}{n_1} + \dfrac{1}{n_2}}} \sim t(n_1 + n_2 - 2)$$

$$P\left[\frac{(\overline{X} - \overline{Y}) - (\mu_1 - \mu_2)}{S_w\sqrt{\dfrac{1}{n_1} + \dfrac{1}{n_2}}} < t_{\alpha}(n_1 + n_2 - 2)\right] = 1 - \alpha = 0.95$$

由此得 $\mu_1 - \mu_2$ 的置信度为 0.95 的单侧置信下限为

$$\overline{X} - \overline{Y} - S_w\sqrt{\frac{1}{n_1} + \frac{1}{n_2}} \cdot t_{\alpha}(n_1 + n_2 - 2)$$

将 21 题中的 $\overline{X}, \overline{Y}, S_w$ 代入上式得($t_{\alpha}(n_1 + n_2 - 2) = 1.8946$)

$$\overline{X} - \overline{Y} - S_w\sqrt{\frac{1}{n_1} + \frac{1}{n_2}} \cdot t_{\alpha}(n_1 + n_2 - 2) = -0.0012$$

(3) 此时

$$\frac{S_1^2/\sigma_1^2}{S_2^2/\sigma_2^2} \sim F(n_1 - 1, n_2 - 1)$$

于是

$$P\left(\frac{S_1/\sigma_1^2}{S_2/\sigma_2^2} > F_{1-\alpha}(n_1 - 1, n_2 - 1)\right) = 1 - \alpha$$

由此得, σ_1^2/σ_2^2 的置信度为 0.95 的单侧置信上限为

$$S_1^2/S_2^2 \cdot \frac{1}{F_{1-\alpha}(n_1 - 1, n_2 - 1)} = S_1^2/S_2^2 \cdot F_{\alpha}(n_1 - 1, n_2 - 1)$$

查表得

$$F_{\alpha}(n_1 - 1, n_2 - 1) = 3.18$$

将 23 题中的 S_1^2, S_2^2 值及 $F_{\alpha}(n_1 - 1, n_2 - 1)$ 代入上式得, 其值为 2.84.

26. 为研究某种汽车轮胎的磨损特性, 随机地选择 16 只轮胎, 每只轮胎行驶到磨坏为止, 记录所行驶的路径(以 km 计)如下:

41 250	40 187	43 175	41 010	39 265	41 872
42 654	41 287	38 970	40 200	42 550	41 095
40 680	43 500	39 775	40 400		

假设这些数据来自正态总体 $N(\mu, \sigma^2)$，其中 μ, σ^2 未知，试求 μ 的置信度为 0.95 的单侧置信下限.

解 σ 未知，此时

$$\frac{\overline{X} - \mu}{S/\sqrt{n}} \sim t(n-1), \quad P\left(\frac{\overline{X} - \mu}{S/\sqrt{n}} < t_\alpha(n-1)\right) = 1 - \alpha$$

由此得 μ 的置信度为 $1-\alpha$ 的单侧置信下限为 $\overline{X} - t_\alpha(n-1) \cdot S/\sqrt{n}$.

这里
$$\overline{x} = \frac{1}{16}(41\ 250 + \cdots + 40\ 400) = 41\ 117$$

$s = 1347$，查表得 $t_{0.05}(15) = 1.753\ 1$，代入上式得 $\overline{x} - t_\alpha(n-1) \cdot s/\sqrt{n} = 40\ 526$.

27. 科学上的重大发现往往是由年轻人做出的. 下面列出了自 16 世纪中叶至 20 世纪早期的 12 项重大发现的发现者和他们发现时的年龄.

发现内容	发现者	发现时间	年龄
1. 地球绕太阳运转	哥白尼(Copernicus)	1543	40
2. 望远镜，天文学的基本定律	伽利略(Galileo)	1600	34
3. 运动原理、重力、微积分	牛顿(Newton)	1665	23
4. 电的本质	富兰克林(Franklin)	1746	40
5. 燃烧是与氧气联系着的	拉瓦锡(Lavoisier)	1774	31
6. 地球是渐进过程演化成的	莱尔(Lyell)	1830	33
7. 自然选择控制演化的证据	达尔文(Darwin)	1858	49
8. 光的场方程	麦克斯韦尔(Maxwell)	1864	33
9. 放射性	居里(Curie)	1896	34
10. 量子论	普朗克(Plank)	1901	43
11. 狭义相对论，$E = mc^2$	爱因斯坦(Einstein)	1905	26
12. 量子论的数学基础	薛定谔(Schroedinger)	1926	39

设样本来自态总体，试求发现时发现者的平均年龄 μ 的置信度为 0.95 的单侧置信上限.

解 样本服从正态分布，方差 σ^2 未知，因而

$$\frac{\overline{X} - \mu}{S/\sqrt{n}} \sim t(n-1), \quad P\left(\frac{\overline{X} - \mu}{S/\sqrt{n}} > t_{1-\alpha}(n-1)\right) = 1 - \alpha$$

解得 μ 的置信度为 0.95 的单侧置信上限为 $\overline{X} + \frac{S}{\sqrt{n}}t_\alpha(n-1)$.

这里 $\overline{x} = 35.4$，$s = 7.33$. 查表得：$t_{0.05}(n-1) = 1.795\ 9$. 代入上式得

$$\overline{x} + \frac{s}{\sqrt{n}}t_\alpha(n-1) = 39.2$$

第八章 假 设 检 验

一、大纲要求及考点提示

（1）理解"假设"的概念和基本类型；理解假设检验的基本思想，掌握假设检验的基本步骤；了解假设检验可能产生的两类错误．对于较简单情形，会计算两类错误的概率．

（2）了解单个和两个正态总体均值与方差的假设检验．

（3）了解置信区间和假设检验之间的关系，了解样本容量的选取，了解总体分布假设的检验方法，会应用该方法进行分布拟合优度检验，了解偏度、峰度检验及秩和检验法．

（4）理解假设检验问题的 p 值法．

二、主要概念、重要定理与公式

1. 假设检验的基本步骤

（1）根据给定问题提出原假设 H_0 和备选假设 H_1．

（2）构造合适的统计量 V，并在 H_0 为真的条件下推导统计量 V 的分布．

（3）给定显著水平 α，确定检验的拒绝域 W．

（4）作判决　（若 $(X_1, X_2, \cdots, X_n) \in W$，拒绝 H_0，若 $(X_1, X_2, \cdots, X_n) \bar{\in} W$，接受 H_0．

2. 两类错误及其概率

当 H_0 为真时，由样本值作出拒绝 H_0 的错误结论，称为犯第一类错误，其概率记为 α

$$\alpha = P\{(X_1, X_2, \cdots, X_n) \in W \mid H_0 \text{ 为真}\}$$

当 H_0 不真时，由样本值作出接受 H_0 的错误结论，称为犯第二类错误，其概率记为 β

$$\beta = P\{(X_1, X_2, \cdots, X_n) \bar{\in} W \mid H_0 \text{ 不真}\}$$

当样本容量 n 固定，α 增加，β 减小；α 减小，β 增加．当 $n \to \infty$ 时，α, β 可同时减小，α 通常取为 0.05，0.025，0.01，0.10 等．

3. 正态总体参数的假设检验

关于单个正态总体和两个正态总体各种参数的假设检验归纳为表 8-1．

4. χ^2 拟合优度检验

设总体 X 的分布函数为 $F(x)$，$X_1, X_2, \cdots, X_n$ 是来自 X 的样本，检验假设：$H_0: F(x) = F_0(x; \theta_1, \theta_2, \cdots, \theta_m)$，$F_0$ 的形式已知，参数 $\theta_1, \theta_2, \cdots, \theta_m$ 未知．

首先用最大似然估计方法求出参数 $\theta_1, \theta_2, \cdots, \theta_m$ 的最大似然估计 $\hat{\theta}_1, \hat{\theta}_2, \cdots, \hat{\theta}_m$，代入到 F_0 中，再将 $R = (-\infty, +\infty)$ 分成 k 个互不相交的区间 $(-\infty, a_1], (a_1, a_2], \cdots, (a_{k-1}, +\infty)$，使得落入每个区间 $(a_{i-1}, a_i]$ 中样本的个数 $f_i \geqslant 5 (i=1, 2, \cdots, k)$，若 H_0 成立，计算

$$\hat{p}_1 = P\{X \leqslant a_1\} = F_0(a_1, \hat{\theta}_1, \cdots, \hat{\theta}_m)$$
$$\hat{p}_i = P\{a_{i-1} < X \leqslant a_i\} = F_0(a_i, \hat{\theta}_1, \cdots, \hat{\theta}_m) - F_0(a_{i-1}, \hat{\theta}_1, \cdots, \hat{\theta}_m), i=2, \cdots, k-1$$
$$\vdots$$
$$\hat{p}_k = 1 - F_0(a_{k-1}; \hat{\theta}_1, \cdots, \hat{\theta}_m)$$

采用泊松的 χ^2 统计量

$$\chi_n^2 = \sum_{i=1}^{k} \frac{(f_i - n\hat{p}_i)^2}{n\hat{p}_i}$$

当 n 充分大，则 χ_n^2 渐近服从 $\chi^2(k-m-1)$ 分布．若 $\chi_n^2 \geqslant \chi_\alpha^2(k-m-1)$，则拒绝假设 H_0；若 $\chi_n^2 < \chi_\alpha^2(k-m$

—1），则接受假设 M_0. 使用 χ^2 检验法一般要求 $n \geqslant 50$，$np_i \geqslant 5$.

表 8-1

原假设 H_0	备选假设 H_1	检验统计量	H_0 为真时统计量的分布	拒绝域
$\mu = \mu_0$ $\mu \leqslant \mu_0$ $\mu \geqslant \mu_0$	$\mu \neq \mu_0$ $\mu > \mu_0$ $\mu < \mu_0$	$Z = \dfrac{\overline{X} - \mu}{\sigma_0/\sqrt{n}}$ σ_0 已知	$N(0,1)$	$\|z\| \geqslant z_{\frac{\alpha}{2}}$ $z \geqslant z_\alpha$ $z \leqslant -z_\alpha$
$\mu = \mu_0$ $\mu \leqslant \mu_0$ $\mu \geqslant \mu_0$	$\mu \neq \mu_0$ $\mu > \mu_0$ $\mu < \mu_0$	$T = \dfrac{\overline{X} - \mu_0}{S/\sqrt{n}}$	$t(n-1)$	$\|t\| \geqslant t_{\frac{\alpha}{2}}(n-1)$ $t \geqslant t_\alpha(n-1)$ $t \leqslant -t_\alpha(n-1)$
$\mu_1 - \mu_2 = \delta$ $\mu_1 - \mu_2 \leqslant \delta$ $\mu_1 - \mu_2 \geqslant \delta$	$\mu_1 - \mu_2 \neq \delta$ $\mu_1 - \mu_2 > \delta$ $\mu_1 - \mu_2 < \delta$	$Z = \dfrac{\overline{X} - \overline{Y} - \delta}{\sqrt{\dfrac{\sigma_1^2}{n_1} + \dfrac{\sigma_2^2}{n_2}}}$ σ_1^2, σ_2^2 已知	$N(0,1)$	$\|z\| \geqslant z_{\frac{\alpha}{2}}$ $z \geqslant z_\alpha$ $z \leqslant -z_\alpha$
$\mu_1 - \mu_2 = \delta$ $\mu_1 - \mu_2 \leqslant \delta$ $\mu_1 - \mu_2 \geqslant \delta$	$\mu_1 - \mu_2 \neq \delta$ $\mu_1 - \mu_2 > \delta$ $\mu_1 - \mu_2 < \delta$	$T = \dfrac{\overline{X} - \overline{Y} - \delta}{S_W\sqrt{\dfrac{1}{n_1} + \dfrac{1}{n_2}}}$ $S_W^2 = \dfrac{(n_1-1)S_1^2 + (n_2-1)S_2^2}{n_1 + n_2 - 2}$ $(\sigma_1^2 = \sigma_2^2 = \sigma^2 \text{ 未知})$	$t(n_1 + n_2 - 2)$	$\|t\| \geqslant t_{\frac{\alpha}{2}}(n_1+n_2-2)$ $t \geqslant t_\alpha(n_1+n_2-2)$ $t \leqslant -t_\alpha(n_1+n_2-2)$
$\sigma^2 = \sigma_0^2$ $\sigma^2 \leqslant \sigma_0^2$ $\sigma^2 \geqslant \sigma_0^2$	$\sigma^2 \neq \sigma_0^2$ $\sigma^2 > \sigma_0^2$ $\sigma^2 < \sigma_0^2$	$\chi^2 = \dfrac{(n-1)S^2}{\sigma_0^2}$	$\chi^2(n-1)$	$\chi^2 \geqslant \chi^2_{\frac{\alpha}{2}}(n-1)$ 或 $\chi^2 \leqslant \chi^2_{1-\frac{\alpha}{2}}(n-1)$ $\chi^2 \geqslant \chi^2_\alpha(n-1)$ $\chi^2 \leqslant \chi^2_{1-\alpha}(n-1)$
$\sigma_1^2 = \sigma_2^2$ $\sigma_1^2 \leqslant \sigma_2^2$ $\sigma_1^2 \geqslant \sigma_2^2$	$\sigma_1^2 \neq \sigma_2^2$ $\sigma_1^2 > \sigma_2^2$ $\sigma_1^2 < \sigma_2^2$	$F = \dfrac{S_1^2}{S_2^2}$	$F(n_1-1, n_2-1)$	$F \geqslant F_{\frac{\alpha}{2}}(n_1-1, n_2-1)$ 或 $F \leqslant F_{1-\frac{\alpha}{2}}(n_1-1, n_2-1)$ $F \geqslant F_\alpha(n_1-1, n_2-1)$ $F \leqslant F_{1-\alpha}(n_1-1, n_2-1)$

5. 偏度、峰度检验

如果总体 X 的三阶、四阶中心矩存在，则称

$$V_1 = \frac{E[(X - E(X))^3]}{[D(X)]^{3/2}}, \quad V_2 = \frac{E[(X - E(X))^4]}{[D(X)]^2}$$

分别为总体 X 的偏度与峰度. 当 $X \sim N(\mu, \sigma^2)$ 时，$V_1 = 0$，$V_3 = 3$.

设 X_1，X_2，$\cdots$，X_n 是来自 X 的样本，则 V_1，V_2 的矩估计分别是

$$g_1 = \frac{B_3}{B_2^{3/2}}, \quad g_2 = \frac{B_4}{B_2^2}$$

其中 $B_k = \dfrac{1}{n}\sum\limits_{i=1}^{n}(X_i - \overline{X})^k$，$(k = 2, 3, 4)$ 是样本 k 阶中心矩，并称 g_1，g_2 为样本偏度与峰度.

当总体 X 服从正态 $N(\mu, \sigma^2)$，则当 n 充分大时，近似地有

$$g_1 \sim N\left(0, \frac{6(n-2)}{(n+1)(n+3)}\right)$$

$$g_2 \sim N\left(3 - \frac{6}{n+1}, \frac{24n(n-2)(n-3)}{(n+1)^2(n+3)(n+5)}\right)$$

检验假设 $H_0 : X$ 服从正态分布

记

$$\sigma_1 = \sqrt{\frac{6(n-2)}{(n+1)(n+3)}}, \quad \sigma_2 = \sqrt{\frac{24n(n-2)(n-3)}{(n+1)^2(n+3)(n+5)}}$$

$$\mu_2 = 3 - \frac{6}{n+1}, \quad U_1 = \frac{g_1}{\sigma_1}, \quad U_2 = \frac{g_2 - \mu_2}{\sigma_2}$$

则当 H_0 为真时,近似地有

$$U_1 \sim N(0, 1), \quad U_2 \sim N(0, 1)$$

对于给定的检验水平 α,若 $|U_1| \geqslant z_{\frac{\alpha}{2}}$ 或 $|U_2| \geqslant z_{\frac{\alpha}{2}}$ 则拒绝假设 H_0,否则接受 H_0.

6. 秩和检验

(1) 秩:设 X 为一总体,将一容量为 n 的样本观察值按自小到大的顺序编号排列成

$$x_{(1)} < x_{(2)} < \cdots < x_{(n)}$$

称 $x_{(i)}$ 的足标 i 为 $x_{(i)}$ 的秩,$i = 1, 2, \cdots, n$.

(2) 秩和检验:设有两个连续型总体,其概率密度函数分别为 $f_1(x)$,$f_2(x)$ 均未知,但已知 $f_1(x) = f_2(x-a)$,a 为未知常数,检验假设

$$H_{01} : a = 0, \ H_{11} : a \neq 0$$
$$H_{02} : a = 0, \ H_{12} : a < 0$$
$$H_{03} : a = 0, \ H_{13} : a > 0$$

设 $X_1, X_2, \cdots, X_{n_1}$ 是来自 f_1 的样本,$Y_1, Y_2, \cdots, Y_{n_2}$ 是来自 Y 的样本,且两样本相互独立,这里总假定 $n_1 < n_2$. 将 $n_1 + n_2$ 个观察值放在一起,按自小到大顺序排列,求出每个观察值的秩,R_1 表示第 1 样本的秩和,R_2 表示第 2 样本的秩和. 对给定的检验水平 α,若

$$R_1 \leqslant C_U\left(\frac{\alpha}{2}\right) \quad \text{或} \quad R_1 \geqslant C_L\left(\frac{\alpha}{2}\right)$$

则拒绝假设 H_{01},否则接受 H_{01},若

$$R_1 \leqslant C_U(\alpha)$$

则拒绝假设 H_{02},若

$$R_1 \geqslant C_L(\alpha)$$

则拒绝假设 H_{03}.

7. 假设检验问题的 p 值法

(1) p 值的定义:假设检验问题的 p 值是由检验统计量的样本观察值得出的原假设可被拒绝的最小显著性水平.

(2) 检验问题:

$H_0 : \mu \leqslant \mu_0, H_1 : \mu > \mu_0, p$ 值 $= P_{\mu_0}\{t \geqslant t_0\} = t_0$ 右侧尾部面积.

$H_0 : \mu \geqslant \mu_0, H_1 : \mu < \mu_0, p$ 值 $= P_{\mu_0}\{t \leqslant t_0\} = t_0$ 左侧尾部面积.

$H_0 : \mu = \mu_0, H_1 : \mu \neq \mu_0,$

当 $t_0 > 0$ 时,p 值 $= P_{\mu_0}\{|t| \geqslant t_0\} = 2 \times (t_0$ 右侧尾部面积).

当 $t_0 < 0$ 时,p 值 $= P_{\mu_0}\{|t| \geqslant -t_0\} = 2 \times (t_0$ 左侧尾部面积).

对于任意给定的显著性水平 α,若 p 值 $\leqslant \alpha$,则拒绝 H_0;若 p 值 $> \alpha$,则接受 H_0.

三、考研典型题及常考题型范例精解

例 8-1 对正态总体的数学期望 μ 进行假设检验,如果在显著水平 0.05 下接受 $H_0 : \mu = \mu_0$,那么在显著水平 0.01 下,下列结论中正确的是( ).

(A) 必接受 H_0 (B) 可能接受,也可能拒绝 H_0

(C) 必拒绝 H_0 (D) 不接受,也不拒绝 H_0

解 检验水平 α 越小,接受域的范围越大,也就是在检验水平 $\alpha = 0.01$ 下的接受域,包含了 $\alpha = 0.05$ 下的接受域. 如果在 $\alpha = 0.05$ 时,接受 H_0,即样本值落在接受域内,则此样本值也一定落在 $\alpha = 0.01$ 的接

受域,因此接受 H_0,即(A)正确.

例 8-2 自动包装机装出的每袋质量服从正态分布,规定每袋质量的方差不超过 a,为了检查自动包装机的工作是否正常,对它生产的产品进行抽样检验,检验假设为 $H_0 : \sigma^2 \leqslant a$,$H_1 : \sigma^2 > a$,$\alpha = 0.05$,则下列命题中正确的是( ).

(A) 如果生产正常,则检验结果也认为生产正常的概率为 0.95.

(B) 如果生产不正常,则检验结果也认为生产不正常的概率为 0.95.

(C) 如果检验的结果认为生产正常,则生产确实正常的概率等于 0.95.

(D) 如果检验的结果认为生产不正常,则生产确实不正常的概率为 0.95.

解 因为 $\alpha = P\{$拒绝 $H_0 \mid H_0$ 为真$\}$,从而 $1 - \alpha = P\{$接受 $H_0 \mid H_0$ 为真$\}$,因而(A)正确. 而(B),(C),(D)分别反映的是条件概率 $P\{$拒绝 $H_0 \mid H_0$ 不真$\}$,$P\{H_0$ 为真 $\mid$ 接受 $H_0\}$ 及 $P\{H_0$ 不真 $\mid$ 拒绝 $H_0\}$,由假设检验中犯两类错误的概率之间的关系知,这些概率一般不能由 α 所唯一确定,故(B),(C),(D)一般是不正确的.

例 8-3 设某次考试的学生成绩服从正态分布,从中随机地抽取 36 位考生的成绩,算得平均成绩为 66.5,标准差为 15 分. (1)问在显著水平 $\alpha = 0.05$ 下,是否可以认为这次考试全体考生的平均成绩为 70 分? (2)在显著水平 $\alpha = 0.05$ 下,是否可以认为这次考试考生的成绩的方差为 16^2?

解 设该次考试考生的成绩为 X,则 X 服从正态 $N(\mu, \sigma^2)$ 分布,μ, σ^2 均为未知参数:

(1)对 $\alpha = 0.05$,$n = 36$,检验假设

$$H_{01} : \mu = 70, \quad H_{11} : \mu \neq 70$$

这是 t-检验,在 H_{01} 成立的条件下,统计量

$$T = \frac{\overline{X} - 70}{S / \sqrt{n}} \sim t(n-1)$$

拒绝域

$$W = \{(x_1, \cdots, x_n) : |t| \geqslant t_{\frac{\alpha}{2}(n-1)}\}$$

由 $n = 36$,$\bar{x} = 66.5$,$S^2 = 15^2$,计算得

$$t = \frac{66.5 - 70}{15} \times \sqrt{36} = -1.4$$

对 $\alpha = 0.05$,由 t-分布表查得 $t_{0.025}(35) = 2.0301$,因为 $|t| = 1.4 < 2.0301 = t_{0.025}(35)$,故接受假设 $H_{01} : \mu = 70$,即认为这次考试考生的平均成绩为 70 分.

(2)在 $\alpha = 0.05$ 下,检验假设 $\quad H_{02} : \sigma^2 = 16^2$,$\quad H_{12} : \sigma^2 \neq 16^2$

这是 χ^2-检验,在 H_{02} 成立的条件下,统计量

$$\chi_n^2 = \frac{(n-1)S^2}{\sigma_0^2} \sim \chi^2(n-1)$$

拒绝域 $\quad W = \{(x_1, \cdots, x_n) : \chi^2 \geqslant \chi_{\frac{\alpha}{2}}^2(n-1) \quad$ 或 $\quad \chi_n^2 \leqslant \chi_{1-\frac{\alpha}{2}}^2(n-1)\}$

经计算得 $\quad \chi_n^2 = \frac{35 \times 15^2}{16^2} = 30.7617$

查 χ^2-分布表得 $\chi_{0.025}^2(35) = 53.15$,$\chi_{0.975}^2(35) = 20.06$. 因 $20.06 < \chi_n^2 < 53.15$,故接受假设 $H_{02} : \sigma^2 = 16^2$,即认为这次考试考生考试成绩的方差为 16^2.

例 8-4 从某锌矿的东西两支矿脉中,各抽取容量分别为 9 和 8 的样本分析后,计算其样本含锌量(%)的平均值与方差分别为

东支: $\quad \bar{x} = 0.230$,$\quad S_1^2 = 0.1337$,$\quad n_1 = 9$

西支: $\quad \bar{y} = 0.269$,$\quad S_2^2 = 0.1736$,$\quad n_2 = 8$

假定东、西两支矿脉的含锌量都服从正态分布,对 $\alpha = 0.05$,问能否认为两支矿脉的含锌量相同?

解 设东支矿脉的含锌量为 X,$X \sim N(\mu_1, \sigma_1^2)$,西支矿脉的含锌量为 Y,$Y \sim N(\mu_2, \sigma_2^2)$,$\mu_1, \mu_2, \sigma_1^2, \sigma_2^2$ 均为未知参数.

(1)首先需检验假设

$$H_{01} : \sigma_1^2 = \sigma_2^2, \quad H_{11} : \sigma_1^2 \neq \sigma_2^2$$

三导

当 H_{01} 成立时,统计量

$$F = \frac{S_1^2}{S_2^2} \sim F(n_1-1, n_2-1)$$

拒绝域

$$W = \{(x_1, \cdots, x_{n_1}, y_1, \cdots, y_{n_2}): F \geqslant F_{\frac{\alpha}{2}}(n_1-1, n_2-1) \quad \text{或} \quad F \leqslant F_{1-\frac{\alpha}{2}}(n_1-1, n_2-1)\}$$

对 $n_1 = 9$, $s_1^2 = 0.133\,7$, $n_2 = 8$, $s_2^2 = 0.173\,6$. 计算得

$$F = \frac{0.1337}{0.1736} = 0.770\,2$$

由 F-分布表得 $F_{0.025}(8, 7) = 4.90$, $F_{0.975}(8, 7) = \frac{1}{F_{0.025}(7, 8)} = \frac{1}{4.53}$. 因为 $\frac{1}{4.53} < F < 4.90$,故接受假设 H_{01},即认为 $\sigma_1^2 = \sigma_2^2$.

(2)检验假设

$$H_{02}: \mu_1 = \mu_2, \quad H_{12}: \mu_1 \neq \mu_2$$

这是 t-检验,统计量

$$T = \frac{\overline{X} - \overline{Y}}{\sqrt{(n_1-1)S_1^2 + (n_2-1)S_2^2}} \sqrt{\frac{n_1 n_2 (n_1 + n_2 - 2)}{n_1 + n_2}} \sim t(n_1 + n_2 - 2)$$

拒绝域

$$W = \{(x_1, \cdots, x_{n_1}, y_1, \cdots, y_{n_2}): |t| \geqslant t_{\frac{\alpha}{2}}(n_1 + n_2 - 2)\}$$

计算得

$$t = \frac{0.230 - 0.269}{\sqrt{8 \times 0.133\,7 + 7 \times 0.173\,6}} \sqrt{\frac{9 \times 8 \times 15}{17}} = -0.218\,0$$

查 t-分布表得 $t_{0.025}(15) = 2.131\,5$. 因 $|t| < 2.131\,5$,故接受假设 H_0,即认为两支矿脉的含锌量相同.

例 8-5 某飞机对地面目标进行了 500 次瞄准测量,测得结果(单位:千分之一弧度)见表 8-2.现算得样本均值 $\bar{x} = 0.168$,样本标准差 $s = 1.448$,问瞄准误差是否服从正态分布 $N(0.168, 1.448^2)$($\alpha = 0.05$)?

表 8-2

区间	f_i	$\hat{p}_i$	$n\hat{p}_i$	$f_i - n\hat{p}_i$	$(f_i - n\hat{p}_i)^2$	$\dfrac{(f_i - n\hat{p}_i)^2}{n\hat{p}_i}$
$-4 \sim -3$	6	0.012 4	6.2	-0.2	0.04	0.006 45
$-3 \sim -2$	25	0.052 4	26.2	-1.2	1.44	0.054 96
$-2 \sim -1$	72	0.142 4	71.2	0.8	0.64	0.008 99
$-1 \sim 0$	133	0.244 4	122.2	10.8	116.64	0.952 54
$0 \sim 1$	120	0.263 6	131.8	-11.8	139.24	1.056 45
$1 \sim 2$	88	0.181 0	90.5	-2.5	6.25	0.069 06
$2 \sim 3$	46	0.076 4	38.2	7.8	60.84	1.592 67
$3 \sim 4$	10	0.021 0	10.5	-0.5	0.25	0.023 81
$\sum$	500					3.84

解 检验假设 $H_0: X \sim N(0.168, 1.448^2)$. 由表 8-2 计算得

$$\chi_n^2 = \sum_{i=1}^{k} \frac{(f_i - n\hat{p}_i)^2}{n\hat{p}_i} = 3.84$$

对 $\alpha = 0.05$,查 χ^2-分布表得 $\chi_{0.05}^2(8-2-1) = \chi_{0.05}^2(5) = 11.07$. 因 $\chi_n^2 < 11.07$,故接受假设,即认为瞄准误差服从正态 $N(0.168, 1.448^2)$ 分布.

例 8-6 某厂在织某种布过程中,所使用的浆料成分中含有硼砂,原配方 A 中硼砂量竟高达 1.7%. 为了充分发挥浆料主要成分的作用,新配方 B 将硼砂用量减少到 0.5%,两种配方浆纱增强率分别为

配方 A: 34, 36, 38, 39, 40, 41, 43, 44, 48, 55, 60

配方 B: 35, 37, 42, 45, 45, 47, 49, 51, 54, 56, 58.61

给定检验水平 $\alpha = 0.05$,试用秩和法检验,硼砂含量降低后,对强力增长率有无显著影响?

解 分别以 μ_A, μ_B 记配方 A,B 浆纱增强率总体的均值,检验假设

$$H_0 : \mu_A = \mu_B, \quad H_1 : \mu_A \neq \mu_B$$

先将数据按由小到大次序排列,得对应于 $n_1 = 11$ 的样本的秩和为

$$r_1 = 1 + 3 + 5 + 6 + 7 + 8 + 10 + 11 + 15 + 19 + 22 = 107$$

又当 H_0 为真时,有

$$E(R_1) = \frac{1}{2} n_1 (n_1 + n_2 + 1) = \frac{1}{2} \times 11 \times (11 + 12 + 1) = 132$$

$$D(R_1) = \frac{1}{12} n_1 n_2 (n_1 + n_2 + 1) = \frac{1}{12} \times 11 \times 12 \times 24 = 264$$

故知当 H_0 为真时近似地有 $R_1 \sim N(132, 264)$.

拒绝域
$$W = \left\{ \frac{|R_1 - 132|}{\sqrt{264}} \geqslant z_{0.025} = 1.96 \right\}$$

现在 $r_1 = 107$,得

$$z = \frac{|r_1 - 132|}{\sqrt{264}} = \frac{|107 - 132|}{\sqrt{264}} = 1.539 < 1.96$$

故接受 H_0,即认为硼砂含量降低后,对强力增长率无显著影响.

四、学习效果两级测试题及解答

测试题

1. 选择(每小题 3 分,满分 15 分)

(1) 设某种药品中有效成分的含量服从正态分布 $N(\mu, \sigma^2)$,原工艺生产的产品中有效成分的平均含量为 a,现在用新工艺试制了一批产品,测其有效成分含量,以检验新工艺是否真的提高了有效成分的含量. 要求当新工艺没有提高有效成分含量时,误认为新工艺提高了有效成分的含量的概率不超过 5%,那么应取原假设 H_0 及检验水平 α 是(　　).

(A) $H_0 : \mu \leqslant a$, $\alpha = 0.01$　　　　(B) $H_0 : \mu \geqslant a$, $\alpha = 0.05$

(C) $H_0 : \mu \leqslant a$, $\alpha = 0.05$　　　　(D) $H_0 : \mu \geqslant a$, $\alpha = 0.01$

(2) 设总体 $X \sim N(\mu, \sigma^2)$,μ 是已知常数,$\sigma^2 > 0$ 为未知参数,$(X_1, X_2, \cdots, X_n)$ 为来自 X 的简单随机样本,则检验假设 $H_0 : \sigma^2 = \sigma_0^2$, $H_1 : \sigma^2 > \sigma_0^2$ 的拒绝域为(　　).

(A) $W = \{(x_1, \cdots, x_n) : \dfrac{\overline{x} - \mu}{\sigma_0^2} \sqrt{n} > z_\alpha \}$

(B) $W = \{(x_1, \cdots, x_n) : \dfrac{\sum\limits_{i=1}^{n}(x_i - \overline{x})^2}{\sigma_0^2} \geqslant \chi_\alpha^2(n-1) \}$

(C) $W = \{(x_1, \cdots, x_n) : \dfrac{\sum\limits_{i=1}^{n}(x_i - \overline{x})^2}{\sigma_0^2} \geqslant \chi_\alpha^2(n) \}$

(D) $W = \{(x_1, \cdots, x_n) : \dfrac{\sum\limits_{i=1}^{n}(x_i - \mu)^2}{\sigma_0^2} \geqslant \chi_\alpha^2(n) \}$

(3) 设总体 $X \sim N(\mu_1, \sigma_1^2)$,$X_1, X_2, \cdots, X_{n_1}$ 是来自 X 的样本,总体 $Y \sim N(\mu_2, \sigma_2^2)$,$Y_1, Y_2, \cdots, Y_{n_2}$ 是来自 Y 的样本,且两样本独立,μ_1, μ_2 是已知常数,σ_1^2, σ_2^2 为未知参数,则检验假设 $H_0 : \sigma_1^2 = \sigma_2^2$, $H_1 : \sigma_1^2 < \sigma_2^2$ 的拒绝域是(　　).

(A) $W = \{(x_1, \cdots, x_{n_1}, y_1, \cdots, y_{n_2}) : \dfrac{s_1^2}{s_2^2} \leqslant F_{1-\alpha}(n_1 - 1, n_2 - 1) \}$

(B) $W = \{(x_1, \cdots, x_{n_1}, y_1, \cdots, y_{n_2}) : \dfrac{s_1^2}{s_2^2} \leqslant F_{1-\alpha}(n_1, n_2) \}$

(C) $W = \{(x_1, \cdots, x_{n_1}, y_1, \cdots, y_{n_2}): \dfrac{\dfrac{1}{n_1}\sum\limits_{i=1}^{n_1}(x_i - \mu_1)^2}{\dfrac{1}{n_2}\sum\limits_{i=1}^{n_2}(y_i - \mu_2)^2} \leqslant F_{1-\alpha}(n_1, n_2)\}$

(D) $W = \{(x_1, \cdots, x_{n_1}, y_1, \cdots, y_{n_2}): \dfrac{\dfrac{1}{n_1}\sum\limits_{i=1}^{n_1}(x_i - \mu_1)^2}{\dfrac{1}{n_2}\sum\limits_{i=1}^{n_2}(y_i - \mu_2)^2} \leqslant F_{1-\alpha}(n_1 - 1, n_2 - 1)\}$

(4) 设总体 X 服从二项分布 $b(n, p)$，则检验假设

$$H_0: p = 0.6, \quad H_1: p > 0.6$$

的拒绝域的形式为（　　）.

(A) $W = \{X \leqslant C_1\} \bigcup \{X \geqslant C_2\}$ 　　(B) $W = \{X > C_2\}$

(C) $W = \{X < C_1\}$ 　　(D) $W = \{C_1 < X < C_2\}$

(5) 设总体 $X \sim N(\mu, \sigma_0^2)$，$\sigma_0^2$ 已知，$X_1, X_2, \cdots, X_n$ 是来自 X 的样本，则检验假设 $H_0: \mu = \mu_0$，$H_1: \mu = \mu_1 > \mu_0$ 当检验水平为 α 时犯第二类错误的概率为（　　）.

(A) $\beta = \Phi\left(\dfrac{\mu_0 - \mu_1}{\sigma_0 / \sqrt{n}} + z_\alpha\right)$ 　　(B) $\beta = \Phi\left(\dfrac{\mu_0 - \mu_1}{\sigma_0 / \sqrt{n}} + z_{\frac{\alpha}{2}}\right)$

(C) $\beta = 1 - \Phi\left(\dfrac{\mu_0 - \mu_1}{\sigma_0 / \sqrt{n}} + z_\alpha\right)$ 　　(D) $\beta = \Phi\left(\dfrac{\mu_1 - \mu_0}{\sigma_0 / \sqrt{n}} + z_\alpha\right)$

2. 填空题（每题 3 分，共 15 分）

(1) 设 $X_1, X_2, \cdots, X_n$ 是来自正态总体 $N(\mu, \sigma^2)$ 的简单随机样本，其中 μ 和 σ^2 未知，记 $\overline{X} = \dfrac{1}{n}\sum\limits_{i=1}^{n} X_i$，$Q^2 = \sum\limits_{i=1}^{n}(X_i - \overline{X})^2$，则检验假设 $H_0: \mu = 0$，$H_1: \mu \neq 0$ 的 t 检验使用统计量_____.

(2) 设总体 $X \sim b(n, p)$. 设检验假设 $H_0: p = p_0$，$H_1: p \neq p_0$ 的拒绝域为 $W = \{X \leqslant C_1\} \bigcup \{X \geqslant C_2\}(C_1 < C_2)$，则犯第一类错误的概率为_____；犯第二类错误的概率是_____.

(3) 设总体 $X \sim N(\mu_0, \sigma^2)$，$\mu_0$ 为已知常数，$(X_1, X_2, \cdots, X_n)$ 是来自 X 的样本，则检验假设 $H_0: \sigma^2 = \sigma_0^2$，$H_1: \sigma^2 \neq \sigma_0^2$ 的统计量是_____；当 H_0 成立时，服从_____分布.

3.（本题满分 10 分）　一种元件，要求其使用寿命不得低于 $1\,000$ h. 现在从一批这种元件中随机地抽取 25 件，测得其寿命平均值为 950 h，已知该元件寿命服从标准差 $\sigma = 100$ h 的正态分布，试在显著水平 $\alpha = 0.05$ 下，确定该批元件是否合格？

4.（本题满分 15 分）　某台机器加工某种零件，规定零件长度为 100 cm，标准差不得超过 2 cm. 每天定时检查机器的运行情况，某日抽取 10 个零件，则得平均长度 $\overline{x} = 101$ cm，样本标准差 $s = 2$ cm，设加工的零件长度服从正态分布，问该日机器工作状态是否正常（$\alpha = 0.05$）？

5.（本题满分 15 分）　某化工厂为了提高某种化学药品的得率，提出了两种工艺方案. 为了研究哪一种方案好，分别用两种工艺各进行了 10 次试验，数据如下：

方案甲得率（%）：68.1，62.4，64.3，64.7，68.4，66.0，65.5，66.7，67.3，66.2

方案乙得率（%）：69.1，71.0，69.1，70.0，69.1，69.1，67.3，70.2，72.1，67.3

假设得率服从正态分布，问方案乙是否能比方案甲显著提高得率（$\alpha = 0.01$）？

6.（本题满分 15 分）　研究混凝土抗压强度的分布，200 件混凝土制件的抗压强度以分组形式列表如下：

区间	$190 \sim 200$	$200 \sim 210$	$210 \sim 220$	$220 \sim 230$	$230 \sim 240$	$240 \sim 250$
频数	10	26	56	64	30	14

问混凝土制件的抗压强度是否服从正态 $N(\mu, \sigma^2)$ 分布（$\alpha = 0.05$）？

7.（本题满分 15 分）　某城市有 A，B 两个乐队，A 乐队中都是职业演奏员，而 B 乐队则是业余性团体. A，

B 两乐队学习演奏一组新乐曲所需时间(min)如下：

乐队 A： 35，39，51，63，48，31，29，41，55

乐队 B： 85，28，42，37，61，54，36，57

试问 A，B 两乐队的平均水平是否有显著差异($\alpha = 0.05$)？

测试题解答

1. (1) (C)　　　(2) (D)　　　(3) (C)　　　(4) (B)　　　(5) (A)

2. (1) $T = \dfrac{\overline{X}\sqrt{n(n-1)}}{Q}$

(2) $\alpha = \sum\limits_{i=1}^{C_1} C_n^i p_0^i (1-p_0)^{n-i} + \sum\limits_{i=C_2}^{n} C_n^i p_0^i (1-p_0)^{m-i}$, $\quad \beta = \sum\limits_{i=C_1+1}^{C_2-1} C_n^i p_1^i (1-p_1)^{n-i}$

(3) $\chi_n^2 = \dfrac{\sum\limits_{i=1}^{n}(X_i \sim \mu_0)^2}{\sigma_0^2} \sim \chi^2(n)$

3. **解**　此题是要在 $\alpha = 0.05$ 下，检验假设

$$H_0 : \mu = \mu_0 = 1\,000, \quad H_1 : \mu < \mu_0 = 1\,000$$

由于 σ_0^2 已知，故为 Z 检验，拒绝域

$$W = \left\{(x_1, x_2, \cdots x_n) : Z = \frac{\overline{X} - 1\,000}{\sigma_0}\sqrt{n} < -z_{0.05}\right\}$$

又 $n = 25$，$\bar{x} = 950$，$\sigma_0 = 100$，$z_{0.05} = 1.65$，计算得

$$z = \frac{950 - 1\,000}{100} \times \sqrt{25} = -2.5 < -1.65$$

所以拒绝 H_0，即认为这批元件不合格.

4. **解**　设加工的零件长度为 X，$X \sim N(\mu, \sigma^2)$，μ, σ^2 均未知.

(1) 检验假设 $H_{01} : \mu = \mu_0 = 100$，$H_{11} : \mu \neq \mu_0 = 100$，这是 t-检验. 当 H_{01} 成立时，统计量

$$T = \frac{\overline{X} - \mu_0}{S}\sqrt{n} \sim t(n-1)$$

拒绝域　$\qquad W = \left\{(x_1, \cdots, x_n) : |t| \geqslant t_{\frac{\alpha}{2}}(n-1)\right\}$

对 $\bar{x} = 101$，$n = 10$，$s^2 = 2^2$，计算得

$$t = \frac{101 - 100}{2}\sqrt{10} = 1.581\,1$$

对 $\alpha = 0.05$，查 t-分布表得 $t_{0.025}(9) = 2.262\,2$. 因为 $|t| = 1.581\,1 < 2.262\,2$，接受假设 H_{01}，即认为 $\mu = 100$.

(2) 检验假设 $H_{02} : \sigma^2 = \sigma_0^2 = 2^2$，$H_{12} : \sigma^2 > \sigma_0^2 = 2^2$，这是 χ^2 检验. 当 H_{02} 成立时，统计量

$$\chi_n^2 = \frac{\sum\limits_{i=1}^{n}(\overline{X}_i - \overline{X})^2}{\sigma_0^2} \sim \chi^2(n-1)$$

拒绝域　$\qquad W = \left\{(x_1, \cdots, x_n) : \chi_n^2 \geqslant \chi_a^2(n-1)\right\}$

计算得　$\qquad \chi_n^2 = \dfrac{(n-1)s^2}{\sigma_0^2} = \dfrac{9 \times 2^2}{2^2} = 9$

由 $\alpha = 0.05$，查得 $\chi_{0.05}^2(9) = 16.9$. 因为 $\chi_n^2 = 9 < 16.9$，故接受假设 H_{02}，即认为 $\sigma^2 < 2^2$.

综合(1)，(2)可以认为该日机器工作状态正常.

5. **解**　设方案甲的得率为 X，$X \sim N(\mu_1, \sigma_1^2)$，方案乙的得率为 Y，$Y \sim N(\mu_2, \sigma_2^2)$.

(1) 检验假设 $H_{01} : \sigma_1^2 = \sigma_2^2$，$H_{11} : \sigma_1^2 \neq \sigma_2^2$，这是 F-检验. 当 H_{01} 成立时，统计量

$$F = \frac{s_1^2}{s_2^2} \sim F(n_1 - 1, n_2 - 1)$$

拒绝域 $W = \{(x_1, \cdots, x_{n_1}, y_1, \cdots, y_{n_2}) : F \geqslant F_{\frac{\alpha}{2}}(n_1-1, n_2-1)$ 或 $F \leqslant F_{1-\frac{\alpha}{2}}(n_1-1, n_2-1)\}$. 计算得

$$\bar{x}_1 = 65.96, \quad \bar{x}_2 = 69.43, \quad s_1^2 = 3.3516, \quad s_2^2 = 2.2246$$

$$F = \frac{s_1^2}{s_2^2} = \frac{3.3516}{2.2246} \approx 1.51$$

对 $\alpha = 0.01$, 查 F-分布表得 $F_{0.005}(9, 9) = 6.54$, $F_{0.995}(9,9) = \frac{1}{6.54}$, 因为 $\frac{1}{6.54} < F < 6.54$, 所以接受假设 $H_{01} : \sigma_1^2 = \sigma_2^2$.

(2) 检验假设 $H_{02} : \mu_1 = \mu_2$, $H_{12} : \mu_1 < \mu_2$, 这是 t-检验, 当 H_{02} 为真时, 统计量

$$T = \frac{\bar{X}_1 - \bar{X}_2}{\sqrt{(n_1-1)S_1^2 + (n_2-1)S_2^2}} \sqrt{\frac{n_1 n_2 (n_1 + n_2 - 2)}{n_1 + n_2}} \sim t(n_1 + n_2 - 2)$$

拒绝域 $\qquad W = \{(x_1, \cdots, x_{n_1}, y_1, \cdots, y_{n_2}) : t \leqslant -t_\alpha(n_1 + n_2 - 2)\}$

现在 $\qquad t = \dfrac{65.96 - 69.43}{\sqrt{9 \times (3.3516 + 2.2246)}} \sqrt{\dfrac{10 \times 10 \times 18}{20}} = -4.6469$

对 $\alpha = 0.01$, 查 t-分布表得 $t_{0.01}(18) = 2.5524$. 因为 $t = -4.6469 < -2.5524$, 所以拒绝假设 H_{02}, 即认为采用乙种方案比甲种方案提高得率.

6. 解 检验假设 H_0 : 总体 X 服从正态 $N(\mu, \sigma^2)$ 分布 μ, σ^2 均未知, 首先求出 μ, σ^2 的最大似然估计.

$$\hat{\mu} = \frac{1}{n} \sum_{i=1}^{6} x_i^* n_i =$$

$$(195 \times 10 + 205 \times 26 + 215 \times 56 + 225 \times 64 + 235 \times 30 + 245 \times 14)/200 = 221$$

$$\hat{\sigma}^2 = \frac{1}{n} \sum_{i=1}^{6} (x_i^* - \bar{x})^2 n_i =$$

$$\frac{1}{200} \times [(-26)^2 \times 10 + (-16)^2 \times 26 + (-6)^2 \times 56 + 4^2 \times 64 + 14^2 \times 30 + 24^2 \times 14] = 152$$

$$\hat{\sigma} = 12.33$$

在 H_0 成立条件下计算

$$\hat{p}_i = P\{a_{i-1} \leqslant X \leqslant a_i\} = P\left\{\frac{a_{i-1} - 221}{12.33} < \frac{X - 221}{12.33} \leqslant \frac{a_i - 221}{12.33}\right\} =$$

$$\Phi\left(\frac{a_i - 221}{12.33}\right) - \Phi\left(\frac{a_{i-1} - 221}{12.33}\right), \quad i = 1, 2, \cdots, 6$$

计算结果见表 8-3.

表 8-3

压强区间	频数	标准化区间	$\hat{p}_i$	$n\hat{p}_i$	$f_i - n\hat{p}_i$	$(f_i - n\hat{p}_i)^2$	$\dfrac{(f_i - n\hat{p}_i)^2}{n\hat{p}_i}$
(190,200)	10	$(-\infty, -1.70)$	0.045	9	1	1	0.11
[200, 210)	26	$[-1.70, -0.89)$	0.142	28.4	-2.4	5.76	0.20
(210, 220)	56	$[-0.89, -0.08)$	0.281	56.2	-0.2	0.04	0.00
[220, 230)	64	$[-0.08, 0.73)$	0.299	59.8	4.2	17.64	0.29
[230, 240)	30	$[0.73, 1.54)$	0.171	34.2	-4.2	17.64	0.52
[240, 250)	14	$[1.54, \infty)$	0.062	12.4	1.6	2.56	0.23
$\sum$	200		1.00				1.35

当 H_0 成立时, 则

$$\chi_n^2 = \sum_{i=1}^{6} \frac{(f_i - n\hat{p}_i)^2}{n\hat{p}_i} \sim \chi^2(6-2-1) = \chi^2(3)$$

对 $\alpha = 0.05$, $\chi_{0.05}^2(3) = 7.815$. 因为 $\chi_n^2 = 1.35 < 7.815$, 所以接受假设 H_0, 即认为混凝土制件的受压强度服从正态 $N(221, 152)$ 分布.

7. 解 分别以 μ_B，μ_A 表示乐队 B 与 A 演奏一组新乐曲所需时间的均值. 检验假设

$$H_0 : \mu_B = \mu_A, \quad H_1 : \mu_B \neq \mu_A$$

先将数据按由小到大次序排列，得对应于 $n_B = 8$ 的样本秩和为

$$R_B = 1 + 5 + 6 + 9 + 12 + 14 + 15 + 17 = 79$$

对 $n_B = 8$，$\alpha = 0.05$，查秩和检验表得 $C_L(0.025) = 51$，$C_U(0.025) = 93$. 因为 $51 < R_B < 93$，所以接受假设 $H_0 : \mu_B = \mu_A$，即认为 A，B 两乐队的平均水平无显著差异.

五、课后习题全解

1. 某批矿砂的 5 个样品中的镍含量，经测定为(%)

$$3.24 \quad 3.27 \quad 3.24 \quad 3.26 \quad 3.24$$

设测定值总体服从正态分布，问在 $\alpha = 0.01$ 下能否接受假设? 这批矿砂的镍含量的均值为 3.25.

解 按题意需检验

$$H_0 : \mu = 3.25, \quad H_1 : \mu \neq 3.25$$

设测定值总体服从正态分布 $N(\mu, \sigma^2)$，此处 σ^2 未知，由表 8-1 知，此检验问题的拒绝域为

$$W = \left\{ |t| = \left| \frac{\bar{x} - 3.25}{s/\sqrt{n}} \right| \geqslant t_{\frac{\alpha}{2}}(n-1) \right\}$$

这里 $n = 5$，$\alpha = 0.01$，$\alpha/2 = 0.005$，查表得 $t_{\alpha/2}(n-1) = 4.604\,1$.

又计算得 $\bar{x} = 3.252$，$s^2 = 170 \times 10^{-6}$，$s = 13.04 \times 10^{-3}$，则

$$|t| = \left| \frac{3.252 - 3.25}{13.04 \times 10^{-3}/\sqrt{5}} \right| = 0.343 < 4.604\,1$$

t 未落在拒绝域中，故接受 H_0，即认为这批矿砂的镍含量的均值为 3.25.

2. 如果一矩形的宽度 w 与长度 l 的比 $w/l = \frac{1}{2}(\sqrt{5}-1) \approx 0.618$，这样的矩形称为黄金矩形，这种尺寸的矩形使人们看上去有良好的感觉. 现代的建筑构件(如窗架)，工艺品(如图片镜框)，甚至司机的执照，商业的信用卡等常常都是采用黄金矩形. 下面列出某工艺品厂随机取的 20 个矩形的宽度与长度的比值. 设这一工厂生产矩形的宽度与长度的比值总体服从正态分布，其均值为 μ. 试检验假设(取 $\alpha = 0.05$):

$$H_0 : \mu = 0.618, \quad H_1 : \mu \neq 0.618$$

0.693	0.749	0.654	0.670	0.662	0.672	0.615
0.606	0.690	0.628	0.668	0.611	0.606	0.609
0.601	0.553	0.570	0.844	0.576	0.933	

解 在上题中，方差 σ^2 未知，因此由表 8-1 知此检验问题的拒绝域

$$W = \left\{ |t| = \left| \frac{\bar{x} - \mu_0}{s/\sqrt{n}} \right| \geqslant t_{\alpha/2}(n-1) \right\}$$

这里 $n = 20$，$\alpha = 0.05$，$\alpha/2 = 0.025$，查表得 $t_{\alpha/2}(n-1) = 2.093\,0$.

又计算得 $\bar{x} = 0.660\,5$，$s^2 = 85.58 \times 10^{-4}$，$s = 9.25 \times 10^{-2}$，则

$$|t| = \left| \frac{0.660\,5 - 0.618}{10^{-2} \times 9.25/\sqrt{20}} \right| = 2.054\,8 < 2.093\,0$$

t 不落在否定域之内，故接受 H_0.

3. 要求一种元件使用寿命不得低于 $1\,000\text{h}$，今从一批这种元件中随机抽取 25 件测得其寿命的平均值为 950h，已知该种元件寿命服从标准差为 $\sigma = 100\text{h}$ 的正态分布，试在显著性水平 $\alpha = 0.05$ 下确定这批元件是否合格? 设总体均值为 μ，即需检验假设 $H_0 : \mu \geqslant 1\,000$，$H_1 : \mu < 1\,000$.

解 在此题中，$\sigma^2 = 1\,000$ 为已知，因此由表 8-1 知此检验问题的拒绝域

$$W = \left\{ z = \frac{\bar{x} - \mu_0}{\sigma/\sqrt{n}} \leqslant -z_\alpha \right\}$$

这里 $n = 25$，$\alpha = 0.05$，查表得 $z_\alpha = 1.65$.

将 $\bar{x} = 950, \sigma = 100$ 代入上式得

$$z = \frac{950 - 1\,000}{100/\sqrt{25}} = -2.5 < -1.65$$

z 落在否定域之内，故应拒绝 H_0.

4. 下面列出的是某厂随机选取的 20 只部件的装配时间（min）：

9.8, 10.4, 10.6, 9.6, 9.7, 9.9, 10.9, 11.1, 9.6, 10.2, 10.3, 9.6, 9.9, 11.2, 10.6, 9.8, 10.5, 10.1, 10.5, 9.7

设装配时间的总体服从正态分布，是否可以认为装配时间的均值显著大于 $10(\alpha = 0.05)$？

解 设总体服从正态分布 $N(\mu, \sigma^2)$，需要检验的假设为

$$H_0 : \mu > 10, \quad H_1 : \mu \leqslant 10$$

σ^2 未知，因此由表 8-1 知，拒绝域

$$W = \left\{ t = \frac{\bar{x} - \mu_0}{s/\sqrt{n}} \leqslant -t_\alpha(n-1) \right\}$$

现在 $n = 20, \alpha = 0.05$，查表得 $t_\alpha(n-1) = 1.729\,1$.

计算得 $\bar{x} = 10.2, s^2 = 0.26, s = 0.51$，则

$$t = \frac{10.2 - 10}{0.51/\sqrt{20}} = 1.753\,7 > -1.729\,1$$

因此 t 不落在否定域之内，故应接受 H_0 即认为装配时间的均值显著大于 10.

5. 按规定，100 g 罐头番茄汁中的平均维生素 C 含量不得少于 21 mg/g. 现从工厂的产品中抽取 17 个罐头，其 100 g 番茄汁中，测得维生系 C 含量（mg/g）记录如下：

16   25   21   20   23   21   19   15   13   23   17   20   29   18   22   16   22

设维生素含量服从正态分布 $N(\mu, \sigma^2)$，μ, σ^2 均未知，问这批罐头是否符合要求（取显著性水平 $\alpha = 0.05$）.

解 σ^2 未知，应采用 t-检验法. 根据题意，在显著性水平 $\alpha = 0.05$ 下需检验的假设

$$H_0 : \mu \geqslant 21, \quad H_1 : \mu < 21$$

拒绝域

$$t = \frac{\bar{x} - \mu_0}{s/\sqrt{n}} < -t_{0.05}(16) = -1.745\,9$$

计算得观测值

$$t = \frac{20 - 21}{3.984/\sqrt{17}} = -1.035 > -1.745\,9$$

可见，在显著性水平 $\alpha = 0.05$ 下，应接受原假设 $H_0 : \mu \geqslant 21$，认为这批罐头是符合要求的.

6. 下表分别给出两个文学家马克·吐温（Mark Twsin）的 8 篇小品文以及斯诺特格拉斯（Snodgrass）的 10 篇小品文中由 3 个字母组成的词的比例.

马克·吐温	0.225	0.262	0.217	0.240	0.230	0.229	0.235	0.217		
斯诺特格拉斯	0.209	0.205	0.196	0.210	0.202	0.207	0.224	0.223	0.220	0.201

设两组数据分别来自正态总体，且两总体方差相等，两样本相互独立，问两个作家所写的小品文中包含由 3 个字母组成的词的比例是否有显著的差异（取 $\alpha = 0.05$）？

解 这是一个两总体的正态分布的检验，$\sigma_1^2 = \sigma_2^2$.

由题意，需要检验的假设为

$$H_0 : \mu_1 - \mu_2 = 0, \quad H_1 : \mu_1 - \mu_2 \neq 0$$

由表 8-1 知，该检验的拒绝域

$$W = \left\{ |t| = \left| \frac{\bar{x} - \bar{y} - 0}{s_w \sqrt{\dfrac{1}{n_1} + \dfrac{1}{n_2}}} \right| \geqslant t_{\alpha/2}(n_1 + n_2 - 2) \right\}$$

这里 $n_1 = 8, n_2 = 10, \alpha = 0.05, \alpha/2 = 0.025$，查表知 $t_{\alpha/2}(n_1 + n_2 - 2) = 2.119\,9$. 计算得

$$\bar{x} = 0.232, \quad \bar{y} = 0.2097$$

$$s_w^2 = \frac{(n_1-1)s_1^2 + (n_2-1)s_2^2}{n_1+n_2-2} = 145.32 \times 10^{-6}, \quad s_w = 12.1 \times 10^{-3}$$

则

$$|t| = \left| \frac{0.232 - 0.2097}{12.1 \times 10^{-3} \times \sqrt{\frac{1}{8} + \frac{1}{10}}} \right| = 3.918 > 2.1199$$

t 在拒绝域中,因而拒绝 H_0,即有显著差异.

7. 在 20 世纪 70 年代后期人们发现,酿啤酒时,在麦芽干燥过程中形成致癌物质亚硝基二甲胺(NDMA),到了 20 世纪 80 年代初期研究了一种新的麦芽干燥过程. 下面给出分别在新老两种过程中形成的 NDMA 含量(以 10 亿份中的份数计).

老过程	6	4	5	5	6	5	5	6	4	6	7	4
新过程	2	1	2	2	1	0	3	2	1	0	1	3

设两样本分别来自正态总体,两总体方差相等,两样本独立,分别以 μ_1,μ_2 记对应于老、新过程的总体的均值,试检验假设(取 $\alpha = 0.05$)

$$H_0 : \mu_1 - \mu_2 = 2, \quad H_1 : \mu_1 - \mu_2 > 2$$

解 由表 8-1 知,该检验的拒绝域

$$W = \left\{ t = \frac{\bar{x} - \bar{y} - 2}{S_w \sqrt{\frac{1}{n_1} + \frac{1}{n_2}}} \geqslant t_\alpha(n_1 + n_2 - 2) \right\}$$

对 $n_1 = 12$,$n_2 = 12$,$\alpha = 0.05$,查表知 $t_\alpha(n_1 + n_2 - 2) = 1.7171$.

计算得 $\bar{x} = 5.25$,$\bar{y} = 1.5$,$s_w^2 = \frac{(n_1-1)s_1^2 + (n_2-1)s_2^2}{n_1+n_2-1} = \frac{10.25 + 6.5}{23} = 0.7283$,则

$$t = \frac{5.25 - 1.5 - 2}{0.8845 \cdot \sqrt{\frac{1}{12} + \frac{1}{12}}} = 11.87 > 1.7171$$

t 在拒绝域中,故应拒绝 H_0.

8. 随机地选 8 个人,分别测量了他们在早晨起床时和晚上就寝时的身高(cm),得到以下的数据.

序号	1	2	3	4	5	6	7	8
早上(x_i)	172	168	180	181	160	163	165	177
晚上(y_i)	172	167	177	179	159	161	166	175

设各对数据的差 D_i 是来自正态总体 $N(\mu_D, \sigma_D^2)$ 的样本,μ_D,σ_D^2 均未知,问是否可以认为早晨的身高比晚上的身高要高(取 $\alpha = 0.05$)?

解 设 $D_i = X_i - Y_i$,$i = 1,2,\cdots,10$,$D_1,D_2,\cdots,D_{10}$ 独立同服从 $N(\mu_D, \sigma_D^2)$ 分布. 需检验假设

$$H_0 : \mu_D \geqslant 0, \quad H_1 : \mu_D < 0$$

总体 D 的样本值为:0,1,3,2,1,2,-1,2,计算得

$$\bar{d} = \frac{1}{10}(0 + 1 + 3 + 2 + 1 + 2 - 1 + 2) = 1$$

$$s^2 = \frac{1}{9} \sum_{i=1}^{10} (d_i - \bar{d})^2 = \frac{1}{9} \times [(1-1)^2 + 0^2 + 2^2 + 1^2 + 0^2 + 1^2 + (-2)^2 + 1^2] = \frac{4}{3}$$

检验的拒绝域

$$W = \left\{ t = \frac{\bar{d}}{s/\sqrt{n}} \leqslant -t_\alpha(9) \right\}$$

而

$$t = \frac{1}{\frac{4}{3} / \sqrt{10}} = \frac{3\sqrt{10}}{4} = 2.3714$$

对 $\alpha = 0.05$,$t_{0.05}(9) = 1.8331$. 因 $t = 2.3714 > -1.8331$,故接受假设 H_0,即认为早晨的身高比晚上的身高要高.

9. 为了比较用来做鞋子后跟的两种材料的质量,选取了 15 个男子(他们的生活条件各不相同),每人穿着一双新鞋,其中一只是以材料 A 做后跟,另一只以材料 B 做后跟,其厚度均为 10 mm,过了一个月再测量厚度,得到数据如下:

男　子	1	2	3	4	5	6	7	8	9	10	11	12	13	14	15
材料 A (x_i)	6.6	7.0	8.3	8.2	5.2	9.3	7.9	8.5	7.8	7.5	6.1	8.9	6.1	9.4	9.1
材料 B (y_i)	7.4	5.4	8.8	8.0	6.8	9.1	6.3	7.5	7.0	6.5	4.4	7.7	4.2	9.4	9.1

设 $d_i = x_i - y_i (i = 1, 2, \cdots, 15)$ 来自正态总体,问是否可以认为以材料 A 制成后跟比材料 B 的耐穿 $(\alpha = 0.05)$?

解 设 $d_1, \cdots, d_n$ 服从正态分布 $N(\mu_d, \sigma^2)$. 由题意需检验的假设

$$H_0 : \mu_d = 0, \quad H_1 : \mu_d > 0$$

由表 8-1 知,该检验的拒绝域

$$W = \left\{ t = \frac{\bar{d} - 0}{S/\sqrt{n}} \geqslant t_\alpha(n-1) \right\}$$

这里 $\alpha = 0.05$,$n = 15$,查表知 $t_\alpha(n-1) = 1.761\ 3$. 计算得

$$\bar{d} = 0.55, \quad s^2 = 1.002\ 3, \quad s = 1.001\ 2$$

于是

$$t = \frac{0.55 - 0}{1.001\ 2 / \sqrt{15}} = 2.127\ 6 > 1.761\ 3$$

t 落在拒绝域中,故应拒绝 H_0,即认为以材料 A 制成的后跟比材料 B 的耐穿.

10. 为了试验两种不同的谷物的种子的优劣,选取了 10 块土质不同的土地,并将每块土地分为面积相同的两部分,分别种植这两种种子,设在每块土地的两部分人工管理等条件完全一样,下面给出各块土地上的产量.

土　　地	1	2	3	4	5	6	7	8	9	10
种子 A (x_i)	23	35	29	42	39	29	37	34	35	28
种子 B (y_i)	26	39	35	40	38	24	36	27	41	27

设 $d_i = X_i - Y_i (i = 1, 2, \cdots, 10)$ 来自正态总体,问以这两种种子种植的谷物的产量是否有显著的差异(取 $\alpha = 0.05$)?

解 设 $d_1, \cdots, d_n$ 服从正态分布 $N(\mu_d, \sigma^2)$,由题意,需检验的假设

$$H_0 : \mu_d = 0, \quad H_1 : \mu_d \neq 0$$

由表 8-1 知该检验的拒绝域

$$W = \left\{ |t| = \left| \frac{\bar{d} - 0}{s/\sqrt{n}} \right| \geqslant t_{\alpha/2}(n-1) \right\}$$

这里 $\alpha = 0.05$,$\alpha/2 = 0.025$,$n = 10$,查表知 $t_{\alpha/2}(n-1) = 2.262\ 2$. 计算得

$$\bar{d} = -3, \quad s^2 = 28.44, \quad s = 5.33$$

于是

$$|t| = \left| \frac{-3 - 0}{5.33 / \sqrt{10}} \right| = 1.779\ 9 < 2.262\ 2$$

t 不在拒绝域中,故应接受 H_0,即认为两种种子种植的谷物的产量没有显著差异.

11. 一种混杂的小麦品种,株高的标准差为 $\sigma_0 = 14$ cm,经提纯后随机抽取 10 株,它们的株高(以 cm 计)为

$$90 \quad 105 \quad 101 \quad 95 \quad 100 \quad 100 \quad 101 \quad 105 \quad 93 \quad 97$$

考察提纯后群体是否比原群体整齐?取显著水平 $\alpha = 0.01$,并设小麦株高服从 $N(\mu, \sigma^2)$.

解 本题涉及正态总体方差的假设检验,采用 χ^2-检验法.

根据题意,在显著性水平 $\alpha = 0.01$ 下需检验假设

$$H_0 : \sigma \geqslant \sigma_0, \quad H_01 : \sigma < \sigma_0$$

取检验统计量 $\chi^2 = \dfrac{(n-1)S^2}{\sigma_0^2}$. 拒绝域

$$\chi^2 = \frac{(n-1)s^2}{\sigma_0^2} \leqslant \chi_{0.99}^2(9) = 2.088$$

计算得观测值为 $\chi^2 = \dfrac{(10-1) \times 24.233}{14^2} = 1.11 < 2.088$ 落入拒绝域,因此,拒绝原假设,认为提纯后群体比原群体整齐.

12. 某种导线,要求其电阻的标准差不得超过 0.005 Ω. 今在生产的一批导线中取样品 9 根,测得 $s = 0.007$. 设总体为正态分布,问在水平 $\alpha = 0.05$ 下能否认为这批导线的标准差显著地偏大?

解　由题意,需检验的假设
$$H_0: \sigma \leqslant 0.005, \quad H_1: \sigma > 0.005$$

由表 8-1 知,该检验的拒绝域

$$W = \left\{ \chi^2 = \frac{(n-1)s^2}{\sigma_0^2} \geqslant \chi_\alpha^2(n-1) \right\}$$

这里 $\alpha = 0.05$, $n = 9$,查表得 $\chi_\alpha^2(n-1) = 15.507$,则

$$\chi^2 = \frac{8 \times 0.007^2}{0.005^2} = 15.68 > 15.507$$

χ^2 落在拒绝域内,故应拒绝 H_0. 即认为在水平 $\alpha = 0.05$ 下这批导线的标准差显著偏大.

13. 在第 2 题中记总体的标准差为 σ,试检验假设(取 $\alpha = 0.05$)
$$H_0: \sigma^2 = 0.11^2, \quad H_1: \sigma^2 \neq 0.11^2$$

解　由表 8-1 知,该检验的拒绝域

$$W = \left\{ \chi^2 = \frac{(n-1)s^2}{\sigma^2} \geqslant \chi_{\alpha/2}^2(n-1) \quad \text{或} \quad \chi^2 \leqslant \chi_{1-\alpha/2}^2(n-1) \right\}$$

这里 $\alpha = 0.05$, $\alpha/2 = 0.025$,查表得 $\chi_{\alpha/2}^2(n-1) = 32.852$, $\chi_{1-\alpha/2}^2(n-1) = 8.907$.

计算得 $s^2 = 85.58 \times 10^{-4}$, $s = 9.25 \times 10^{-2}$,则

$$\chi^2 = \frac{19 \times 85.58 \times 10^{-4}}{0.11^2} = 13.438\ 2$$

显然, $\chi^2 < 32.852$,且 $\chi^2 > 8.907$,所以 χ^2 不落在拒绝域中,故应接受 H_0.

14. 测定某种溶液中的水分,它的 10 个测定值给出 $s = 0.037\%$,设测定值总体为正态分布, σ^2 为总体方差,试在水平 $\alpha = 0.05$ 下检验假设:
$$H_0: \sigma \geqslant 0.04\%, \quad H_1: \sigma < 0.04\%$$

解　由表 8-1 知,该检验的拒绝域

$$W = \left\{ \chi^2 = \frac{(n-1)s^2}{\sigma_0^2} \leqslant \chi_{1-\alpha}^2(n-1) \right\}$$

这里 $\alpha = 0.05$, $n = 10$,查表知 $\chi_{1-\alpha}^2(n-1) = 3.325$,则

$$\chi^2 = \frac{9 \times 0.037^2 \times 10^{-4}}{0.04^2 \times 10^{-4}} = 7.701 > 3.325$$

χ^2 未落在拒绝域中,故应接受 H_0.

15. 在第 6 题中分别记两个总体的方差为 σ_1^2 和 σ_2^2,试检验假设(取 $\alpha = 0.05$):
$$H_0: \sigma_1^2 = \sigma_2^2, \quad H_1: \sigma_1^2 \neq \sigma_2^2$$
以说明在第 6 题中我们假设 $\sigma_1^2 = \sigma_2^2$ 是合理的.

解　由表 8-1 知该检验的拒绝域

$$W = \left\{ F = \frac{s_1^2}{s_2^2} \geqslant F_{\alpha/2}(n_1-1, n_2-1) \quad \text{或} \quad F \leqslant F_{1-\alpha/2}(n_1-1, n_2-1) \right\}$$

这里 $n_1 = 8$, $n_2 = 10$, $n_1 - 1 = 7$, $n_2 - 1 = 9$, $\alpha = 0.05$, $\alpha/2 = 0.025$.

查表知　　　　$F_{\alpha/2}(n_1-1, n_2-1) = 4.82$

三导

$$F_{1-\alpha/2}(n_1-1,\ n_2-1) = \frac{1}{F_{\alpha/2}(n_2-1,\ n_1-1)} = \frac{1}{4.20} = 0.238\ 1$$

计算得 $s_1^2 = 0.000\ 212$，$s_2^2 = 0.000\ 093\ 3$，则

$$F = \frac{0.000\ 212}{0.000\ 093\ 3} = 2.27$$

$F < F_{\alpha/2}$，且 $F > F_{1-\alpha}$，因此 F 不落在拒绝域中，故应接受 H_0.

16. 在第 7 题中分别记两个总体的方差为 σ_1^2 和 σ_2^2，试验假设（取 $\alpha = 0.05$）

$$H_0: \sigma_1^2 = \sigma_2^2, \quad H_1: \sigma_1^2 \neq \sigma_2^2$$

以说明在第 7 题中我们假设 $\sigma_1^2 = \sigma_2^2$ 是合理的.

解 由表 8-1 知，该检验的拒绝域为

$$W = \left\{ F = \frac{s_1^2}{s_2^2} \geqslant F_{\alpha/2}(n_1-1,\ n_2-1) \quad \text{或} \quad F \leqslant F_{1-\alpha/2}(n_1-1,\ n_2-1) \right\}$$

这里 $n_1 = 12$，$n_2 = 12$，$n_1 - 1 = n_2 - 1 = 11$，$\alpha = 0.05$，$\alpha/2 = 0.025$.

查表知 $\qquad F_{\alpha/2}(n_1-1,\ n_2-1) = 3.48$，

$$F_{1-\alpha/2}(n_1-1,\ n_2-1) = \frac{1}{F_{\alpha/2}(n_2-1,\ n_1-1)} = \frac{1}{3.48}$$

计算得 $s_1^2 = 0.931\ 8$，$s_2^2 = 0.590\ 9$，则

$$F = \frac{0.931\ 8}{0.590\ 9} = 1.576\ 9$$

此 $F < F_{\alpha/2}$，且 $F > F_{1-\alpha/2}$，因此 F 不在拒绝域中，故应接受 H_0.

17. 两种小麦品种从播种到抽穗所需的天数如下：

x	101	100	99	99	98	100	98	99	99	99
y	100	98	100	99	98	99	98	98	99	100

设两种样本依次来自正态总体 $N(\mu_1,\sigma_1^2),N(\mu_2,\sigma_2^2),\mu_i,\sigma_i(i=1,2)$ 均未知，两样本相互独立.

(1) 试检验假设 $H_0:\sigma_1^2 = \sigma_2^2,H_1:\sigma_1^2 \neq \sigma_2^2$（取 $\alpha = 0.05$）.

(2) 若能接受 H_0，接着检验假设 $H'_0:\mu_1 = \mu_2,H'_1:\mu_1 \neq \mu_2$（取 $\alpha = 0.05$）.

解 (1) 同 15 题，采用 F-检验法. 拒绝域

$$F \geqslant F_{0.025}(9,9) = 4.03 \quad \text{或} \quad F \leqslant 1/F_{0.025}(9,9) = 0.248$$

而观测值为 $f = 0.84/0.77 = 1.09$ 未落入拒绝域，因此，接受原假设，认为两总体方差相等.

(2) 由 (1) 知，两总体方差相等但未知，因此解法同 6 题，采用 t-检验法. 检验假设

$$H'_0:\mu_1 = \mu_2, \quad H'_1:\mu_1 \neq \mu_2$$

拒绝域 $\qquad |t| = \left| \dfrac{\bar{x} - \bar{y}}{s_w\sqrt{1/n_1 + 1/n_2}} \right| \geqslant t_{\alpha/2}(n_1 + n_2 - 2) = 2.100\ 9$

计算得观测值 $|t| = \left| \dfrac{99.2 - 98.9}{\sqrt{0.805/10 + 0.805/10}} \right| = 0.748 < 2.100\ 9$ 未落入拒绝域，因此接受原假设 $H'_0:\mu_1 = \mu_2$.

18. 用一种叫"混乱指标"的尺度去衡量工程师的英语文章的可理解性，对混乱指标的打分越低表示可理解性越高. 分别随机选取 13 篇刊载在工程杂志上的论文，以及 10 篇未出版的学术报告，对它们的打分列于下表：

工程杂志上的论文（数据 I）				未出版的学术报告（数据 II）		
1.79	1.75	1.67	1.65	2.39	2.51	2.86
1.87	1.74	1.94		2.56	2.29	2.49
1.62	2.06	1.33		2.36	2.58	
1.96	1.69	1.70		2.62	2.41	

设数据 I，II 分别来自正态总体 $N(\mu_1,\sigma_1^2),N(\mu_2,\sigma_2^2),\mu_1,\mu_2,\sigma_1^2,\sigma_2^2$ 均未知，两样本独立.

(1) 试检验假设 $H_0 : \sigma_1^2 = \sigma_2^2, H_1 : \sigma_1^2 \neq \sigma_2^2$ (取 $\alpha = 0.1$).

(2) 若能接受 H_0, 接着检验假设 $H'_0 : \mu_1 = \mu_2, H'_1 : \mu_1 \neq \mu_2$ (取 $\alpha = 0.1$).

解 本题解法同 17 题 (1) 拒绝域 $F \geqslant F_{0.05}(12, 9) = 3.07$ 或 $F \leqslant 1/F_{0.05}(9, 12) = 0.357$, 而观测值为 $f = 0.034/0.026\ 4 = 1.288$ 未落入拒绝域, 因此, 接受原假设, 认为两总体方差相等.

(2) 由 (1) 知, 两总体方差相等但未知, 因此解法同 6 题, 采用 t-检验法. 检验假设

$$H'_0 : \mu_1 = \mu_2, \quad H'_1 : \mu_1 \neq \mu_2$$

拒绝域
$$|t| = \left| \frac{\bar{x} - \bar{y}}{s_2 \sqrt{1/n_1 + 1/n_2}} \right| \geqslant t_{\alpha/2}(n_1 + n_2 - 2) = 1.720\ 7$$

计算得观测值为 $|t| = \left| \dfrac{1.752 - 2.507}{\sqrt{0.030\ 7/13 + 0.030\ 7/10}} \right| = 10.244 > 1.720\ 7$ 落入拒绝域, 因此拒绝原假设 $H'_0 : \mu_1 = \mu_2$.

19. 有两台机器生产金属部件, 分别在两台机器所生产的部件中各取一容量 $n_1 = 60$, $n_2 = 40$ 的样本, 测得部件重量的样本方差分别为 $s_1^2 = 15.46$, $s_2^2 = 9.66$. 设两样本相互独立. 两总体分别服从 $N(\mu_1, \sigma_1^2)$, $N(\mu_2, \sigma_2^2)$ 分布, 试在水平 $\alpha = 0.05$ 下检验假设:

$$H_0 : \sigma_1^2 \leqslant \sigma_2^2, \quad H_2 : \sigma_1^2 > \sigma_2^2$$

解 由表 8-1 知, 该检验的拒绝域为

$$W = \left\{ F = \frac{s_1^2}{s_2^2} > F_\alpha(n_1 - 1, n_2 - 1) \right\}$$

这里 $\alpha = 0.05$, $n_1 = 60$, $n_2 = 40$, 查表知 $F_\alpha(n_1 - 1, n_2 - 1) = 1.59$, 则

$$F = \frac{15.46}{9.66} = 1.600\ 4 > 1.59$$

因此 F 在拒绝域中, 故应拒绝 H_0.

20. 设需要对某一正态总体的均值进行假设检验: $H_0 : \mu \geqslant 15$, $H_1 : \mu < 15$. 已知 $\sigma^2 = 2.5$, 取 $\alpha = 0.05$. 若要求当 H_1 中的 $\mu \leqslant B$ 时犯第 II 类错误的概率不超过 $\beta = 0.05$, 求所需的样本容量.

解 由表 8-1 知, 该检验的拒绝域

$$W = \left\{ \frac{\bar{x} - \mu_0}{\sigma/\sqrt{n}} \leqslant -z_\alpha \right\}$$

OC 函数

$$\beta(\mu) = P_\mu \left\{ \frac{\overline{X} - \mu_0}{\sigma/\sqrt{n}} \geqslant -z_\alpha \right\} = P_\mu \left\{ \frac{\overline{X} - \mu}{\sigma/\sqrt{n}} \geqslant -z_\alpha - \frac{\mu - \mu_0}{\sigma/\sqrt{n}} \right\} = \Phi \left(z_\alpha + \frac{\mu - \mu_0}{\sigma/\sqrt{n}} \right)$$

现要求当 $\mu \leqslant 13$ 时, $\beta(\mu) \leqslant \beta$, 因 $\beta(\mu)$ 是 μ 的增函数, 故只需 $\beta(13) = \beta$ 即可. 此时由

$$\Phi \left(z_\alpha + \frac{\mu - \mu_0}{\sigma/\sqrt{n}} \right) \leqslant \beta$$

解得
$$\sqrt{n} \geqslant \frac{(z_\alpha + z_\beta)\sigma}{|\mu - \mu_0|}$$

按给定的数据算得 $n \geqslant 6.8$, 则所需的样本容量为 $n \geqslant 7$.

21. 电池在货架上滞留的时间不能太长, 下面给出某商店随机选取的 8 只电池的货架滞留时间 (以天计):

$$108 \qquad 124 \qquad 124 \qquad 106 \qquad 138 \qquad 163 \qquad 159 \qquad 134$$

设数据来自正态总体 $N(\mu, \sigma^2)$, μ, σ^2 未知. (1) 试检验假设 $H_0 : \mu \leqslant 125$, $H_1 : \mu \leqslant 125$, 取 $\alpha = 0.05$. (2) 若要求在上述 H_1 中 $(\mu - 125)/\sigma \geqslant 1.4$ 时, 犯第 II 类错误的概率不超过 $\beta = 0.1$. 求所需的样本容量.

解 (1) 由表 8-1 知, 该检验的拒绝域为

$$W = \left\{ t = \frac{\bar{x} - \mu_0}{S/\sqrt{n}} \geqslant t_\alpha(n - 1) \right\}$$

这里 $\alpha = 0.05$, 查表知 $t_\alpha(n - 1) = 1.859\ 5$. 计算得

$$\bar{x} = 132 , \quad s^2 = 444.286 , \quad s = 21.08$$

$$t = \frac{132 - 125}{21.08/\sqrt{8}} = 0.939 < t_a(n-1) = 1.8595$$

因此 t 没落在否定域之内,故应接受 H_0.

(2) 此处 $\alpha = 0.05, \beta = 0.1, \mu_0 = 125, \delta = \frac{\mu_1 - \mu_2}{\sigma} = 1.4$. 查表得 $n = 7$,则所需样本容量 $n \geqslant 7$.

22. 一药厂生产一种新的止痛片,厂方希望验证服用新药片后至开始起作用的时间间隔较原有止痛片至少缩短一半,因此厂方提出需检验假设

$$H_0 : \mu_1 \leqslant 2\mu_2 , \quad H_1 : \mu_1 > 2\mu_2$$

此处 μ_1 , μ_2 分别是服用原有止痛片和服用新止痛片后至起作用的时间间隔的总体的均值. 设两总体均为正态且方差分别为已知值 σ_1^2 , σ_2^2,现分别在两总体中取一样本 $X_1 , X_2 , \cdots , X_{n_1}$ 和 $Y_1 , Y_2 , \cdots , Y_{n_2}$,设两个样本独立,试给出上述假设 H_0 的拒绝域. 取显著性水平 α.

解 样本 $X_1 , \cdots , X_n$ 服从 $N(\mu_1 , \sigma_1^2)$,则 $\frac{X_1}{2} , \cdots , \frac{X_n}{2}$ 服从 $N\left(\frac{\mu_1}{2} , \frac{\sigma_1^2}{2}\right)$.

设 $\frac{\mu_1}{2} = \mu'$,则检验的假设转换为

$$H_0 : \mu' = \mu_2 , \quad H_1 : \mu' > \mu_2$$

由表 8 - 1 知,该检验的拒绝域

$$W = \left\{ z = \frac{\frac{\bar{x}}{2} - \bar{y} - 0}{\sqrt{\frac{\sigma_1^2}{2} + \frac{\sigma_2^2}{n_2}}} = \frac{\frac{\bar{x}}{2} - \bar{y} - 0}{\sqrt{\frac{\sigma_1^2}{2n_1} + \frac{\sigma_2^2}{n_2}}} \geqslant z_a \right\}$$

23. 检查了一本书的 100 页,记录各页中的印刷错误的个数,其结果如下:

错误个数 f_i	0	1	2	3	4	5	6	$\geqslant 7$
含 f_i 错误的页数	36	40	19	2	0	2	1	0

问能否认为一页的印刷错误个数服从泊松分布(取 $\alpha = 0.05$).

解 由题意,需检验假设 H_0:总体 f 服从泊松分布 $P\{X = i\} = \frac{e^{-\lambda}\lambda^i}{i!}$.

因在 H_0 中参数 λ 未具体给出,所以先估计 λ 值,由极大似然估计法得 $\hat{\lambda} = \bar{X} = 1$. 则 $P\{X = i\}$ 有估计

$$\hat{p}_i = \hat{p}\{X = i\} = \frac{e^{-1}1^i}{i!} = \frac{e^{-1}}{i!} , \quad i = 0, 1, \cdots$$

该检验的拒绝域

$$W = \left\{ \chi^2 = \sum_{i=1}^{k} \frac{(f_i - n\hat{p}_i)^2}{n\hat{p}_i} \geqslant \chi_a^2(k - r - 1) \right\}$$

计算得

$$\hat{p}_0 = \hat{P}\{X = 0\} = \frac{1}{e} = 0.368$$

$$\hat{p}_1 = \hat{P}\{X = 1\} = \frac{1}{e} = 0.368$$

$$\hat{p}_2 = \hat{P}\{X = 2\} = \frac{1}{2! \, e} = 0.184, \cdots$$

$$\hat{p}_7 = \hat{P}\{X \geqslant 7\} = 1 - \sum_{i=0}^{6} \hat{p}_i = 0.0005$$

列 χ^2 -检验计算表如下:

A_i	f_i	$\hat{p}_i$	$n\hat{p}_i$	$f_i - n\hat{p}_i$	$(f_i - n\hat{p}_i)^2/n\hat{p}_i$
A_0	36	0.368	36.8	-0.8	0.0174
A_1	40	0.368	36.8	3.2	0.278
A_2	19	0.184	18.4	0.6	0.0196
A_3	2	0.061	6.1	-4.1	2.756
A_4	0	0.015	1.5	-1.5 $\Big\}$	
A_5	2	0.003	0.3	1.7 $\Big\}$ $= 1.1$	0.637
A_6	1	0.0005	0.05	0.95 $\Big\}$	
A_7	0	0.0005	0.05	-0.05	
$\sum$					3.708

由于 A_4，A_5，A_6，A_7 合并，所以 $k = 5$，χ^2 的自由度为 $k - r - 1 = 5 - 1 - 1 = 3$.

查表得

$$\chi_\alpha^2(k - r - 1) = \chi_{0.05}^2(3) = 7.815 > 3.708$$

χ^2 不落在拒绝域中，故应接受 H_0，即认为一页的印刷错误个数服从泊松分布.

24. 在一批灯泡中抽取 300 只作寿命试验，其结果如下：

寿命 t/h	$t < 100$	$100 \leqslant t < 200$	$200 \leqslant t < 300$	$t \geqslant 300$
灯泡数	121	78	43	58

取 $\alpha = 0.05$，试检验假设 H_0：灯泡寿命服从指数分布

$$f(t) = \begin{cases} 0.005\mathrm{e}^{-0.005t}, & t \geqslant 0 \\ 0, & t < 0 \end{cases}$$

解　在这里 t 为连续型随机变量，将 t 可能取值的区间 $[0, \infty)$ 分为 $k = 4$ 个互不重叠的子区间 $[a_i, a_{i+1})$，$i = 1, 2, 3, 4$. 取 $A_i = \{a_i \leqslant t < a_{i+1}\}$，$i = 1, \cdots, 4$，在 H_0 下，可计算得 $p_i = P(A_i) = P\{a_i \leqslant t < a_{i+1}\} = F(a_{i+1}) - F(a_i)$，则

$$p_4 = P(A_4) = 1 - \sum_{i=1}^{3} P(A_i)$$

将计算结果列表如下：

A_i	f_i	p_i	np_i	$f_i - np_i$	$(np_i - f_i)^2/np_i$
$0 \leqslant t < 100$	121	0.3935	118.05	2.95	0.0737
$100 \leqslant t < 200$	78	0.2387	71.61	6.39	0.5702
$200 \leqslant t < 300$	43	0.1447	43.41	-0.41	0.0039
$t \geqslant 300$	58	0.2231	66.93	-8.93	1.1915
$\sum$					1.8393

因为 $\chi_{0.05}^2(k - 1) = \chi_{0.05}^2(3) = 7.815 > 1.839\ 3$.，所以在水平 0.05 下接受 H_0，认为 X 服从指数分布.

25. 下面给出了随机选取的某大学一年级学生（200 个）一次数学考试的成绩：

分数 x	$20 \leqslant x \leqslant 30$	$30 < x \leqslant 40$	$40 < x \leqslant 50$	$50 < x \leqslant 60$	$60 < x \leqslant 70$	$70 < x \leqslant 80$
学生数	5	15	30	51	60	23
	$80 < x \leqslant 90$	$90 < x \leqslant 100$				
	10	6				

（1）画出数据的直方图；（2）试取 $\alpha = 0.1$，检验数据来自正态总体 $N(60, 15^2)$.

解 (1) 计算频率 $\frac{f_i}{n}, i=1,2,\cdots,8$ 如下表：

组 限	频数 f_2	频率 f_i/n	累积频率
20—30	5	0.025	0.025
30—40	15	0.075	0.100
40—50	30	0.15	0.25
50—60	51	0.255	0.505
60—70	60	0.30	0.805
70—80	23	0.115	0.92
80—90	10	0.05	0.97
90—100	6	0.03	1.00

自左至右依次在各个小区间上作 $\frac{f_i}{n}/\Delta(\Delta=10)$ 为高的小矩形，得直方图如图 8-1.

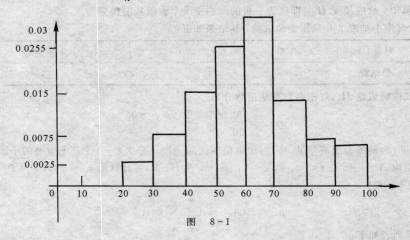

图 8-1

(2) 检假假设 $H_0: X \sim N(60,15^2), H_1: X$ 不服从正态 $N(60,15^2)$ 分布.

当 H_0 为真, X 的密度函数为

$$f(x) = \frac{1}{\sqrt{2n}\times 15}e^{\frac{(x-60)^2}{2\times 15^2}}$$

按下表计算得

区 间	f_i	p_i	np_i	f_i-np_i	$(f_i-np_i)^2$	$(f_i-np_i)^2/np_i$
$(-\infty,-2)$	5	0.022 8	4.56	0.44	0.193 6	0.042 46
$(-2,-1.33)$	15	0.069	13.8	1-2	1.44	0.104 3
$(-1-33,-0.67)$	30	0.159 6	31.92	-1.92	3.686 4	0.115 5
$(-0.67,0)$	51	0.248 6	49.72	1.28	1.638 4	0.033 0
$(0,0.67)$	60	0.248 6	49.72	10.28	105.678 4	2.125 5
$(0.67,1.33)$	23	0.159 6	31.92	-8.92	79.566 4	2.492 7
$(1.33,2)$	10	0.069	13.8	-3.8	14.44	1.046 4
$(2,+\infty)$	6	0.022 8	4.56	1.44	2.073 6	0.454 7
$\sum$						6.414 7

由上表知 $\chi_n^2 = 6.414\ 7$, 对 $\alpha=0.05$, 查表得 $\chi_{0.05}^2(8-1)=\chi_{0.05}^2(7)=14.067$. 因为 $\chi_n^2=6.414\ 7<$
14.067, 所以接受假设 H_0, 即可以认为数据服从正态分布 $N(60,15^2)$.

26. 袋中装有8只球,其中红球数未知,在其中任取3只,记录红球的只数 x,然后放回,再任取3只,记录红球的只数,然后放回,如此重复进行112次,其结果如下:

X	0	1	2	3
次数	1	31	55	25

试取 $\alpha = 0.05$ 检验假设 $H_0 : x$ 服从超几何分布: $P\{X = k\} = \binom{5}{k}\binom{3}{3-k} \Big/ \binom{8}{3}$, $k = 0, 1, 2, 3$. 即检验假设 H_0:红球只数为5.

解 这里 $p_i = P\{X = i\}$. 有

$$p_0 = P\{X = 0\} = \binom{5}{0}\binom{3}{3-0} \Big/ \binom{8}{3}$$

将计算结果列表如下:

A_i	f_i	p_i	np_i	$np_i - f_i$	$(np_i - f_i)^2 / np_i$
0	1	$\frac{1}{56}$	2	1	1/2
1	31	$\frac{15}{56}$	30	-1	1/30
2	55	$\frac{30}{56}$	60	5	25/60
3	25	$\frac{10}{56}$	20	-5	25/20
$\sum$					2.2

因为 $\chi_\alpha^2(k-1) = \chi_{0.05}^2(3) = 7.815 > 2.2$,所以在水平 0.05 下接受 H_0.

27. 一农场10年前在一鱼塘中按比例 $20:15:40:25$ 投放了四种鱼:鲑鱼、鲈鱼、竹夹鱼和鲇鱼的鱼苗,现在在鱼塘里获得一样本如下:

序号	1	2	3	4	
种类	鲑鱼	鲈鱼	竹夹鱼	鲇鱼	
数量(条)	132	100	200	168	$\sum = 600$

试取 $\alpha = 0.05$,检验各类鱼数量的比例较10年前是否有显著的改变.

解 采用 χ^2 -检验法.根据题意,在显著性水平 $\alpha = 0.05$ 下要检验假设 $H_0 : X$ 的分布律为

X	1	2	3	4
p_k	0.20	0.15	0.40	0.25

在 H_0 成立的情况下,可以分别计算 X 取 i 的概率 p_i,np_i,$n = 600$,$i = 1, 2, 3, 4$,列表如下:

$\{X = i\}$	f_i	p_i	np_i	$f_i^2 / (np_i)$
$\{X = 1\}$	132	0.20	120	145.20
$\{X = 2\}$	100	0.15	90	111.11
$\{X = 3\}$	200	0.40	240	166.67
$\{X = 4\}$	168	0.25	150	188.16

此时, $\chi^2 = 611.14 - 600 = 11.14$.由于 $k = 4$,$r = 0$,$\alpha = 0.05$,因此,该统计量的自由度为 $k - r - 1 = 3$, $\chi_{0.05}^2(3) = 7.815$.从而 $\chi^2 = 11.14 > \chi_{0.05}^2(3) = 7.815$ 落入拒绝域,应拒绝原假设,认为各类鱼数量的比例较前10年有显著的改变.

28. 某种鸟在起飞前,双足齐跳的次数 X 服从几何分布,其分布律为

$$P\{X = x\} = p^{x-1}(1 - p), \quad x = 1, 2, \cdots$$

今获得一样本如下：

x	1	2	3	4	5	6	7	8	9	10	11	12	$\geqslant 13$
观察到 x 的次数	48	31	20	9	6	5	4	2	1	1	2	1	0

(1) 求 p 的最大似然估计值.

(2) 取 $\alpha = 0.05$，检验假设：H_0：数据来自总体 $P\{X = x\} = p^{x-1}(1-p)$，$x = 1, 2, \cdots$.

解　(1) 设 $x_1, x_2, \cdots, x_n$ 是样本观测值，似然函数为

$$L(x_1, x_2, \cdots, x_n; p) = \prod_{i=1}^{n} \left[p^{x_i - 1}(1-p) \right] = (1-p)^n p^{\sum_{i=1}^{n} x_i - n}$$

对数似然函数　　　　　$\ln L = n\ln(1-p) + \left(\sum_{i=1}^{n} x_i - n \right) \ln p$

由 $\dfrac{\mathrm{d}\ln L}{\mathrm{d}p} = \dfrac{-n}{1-p} + \left(\sum_{i=1}^{n} x_i - n \right) \Big/ p = 0$，解得最大似然估计值 $\hat{p} = \left(\sum_{i=1}^{n} x_i - n \right) \Big/ \sum_{i=1}^{n} x_i = 1 - 1/\bar{x}$. 这里，$n = 130$，$\sum_{i=1}^{n} x_i = 363$，因此，$\bar{x} = 363/130$，$\hat{p} = 1 - 130/363 = 233/363$.

(2) 在显著水平 $\alpha = 0.05$ 下，要检验 H_0：数据来自总体 $P\{X = x\} = p^{x-1}(1-p)$，$x = 1, 2, \cdots$.

首先，在 H_0 成立的情况下，可以分别计算 X 取 i 的概率 p_i，np_i，$n = 130$，$i = 1, 2, 3, \cdots$，列表如下：

$\{X = i\}$	f_i	p_i	np_i	$f_i^2/(np_i)$
$\{X = 1\}$	48	0.3581	46.553	49.492
$\{X = 2\}$	31	0.2299	29.887	32.154
$\{X = 3\}$	20	0.1475	19.175	20.860
$\{X = 4\}$	9	0.0947	12.311	6.579
$\{X = 5\}$	6	0.0608	7.904	4.555
$\{X = 6\}$	5	0.0390	5.07	4.931
$\{X \geqslant 7\}$	11	0.0700	9.1	13.297

此时，$\chi^2 = 131.868 - 130 = 1.868$. 由于 $k = 7$，$r = 1$，$\alpha = 0.05$，所以，该统计量的自由度为 $k - r - 1 = 5$，$\chi_{0.05}^2(5) = 11.071$. 从而 $\chi^2 = 1.868 < \chi_{0.05}^2(5) = 11.071$ 未落入拒绝域，应接受原假设，认为数据来自总体 $P\{X = x\} = p^{x-1}(1-p)$，$x = 1, 2, \cdots$.

29. 分别抽查了两球队部分队员行李的重量（kg）为：

1队	34	39	41	28	33	
2队	36	40	35	31	39	36

设两样本独立且 1，2 两队队员行李重量总体的概率密度至多差一个平移，记两总体的均值分别为 μ_1，μ_2，且 μ_1，μ_2 均未知. 试检验假设 $H_0: \mu_1 = \mu_2$，$H_1: \mu_1 < \mu_2$（取 $\alpha = 0.05$）.

解　在这里，$n_1 = 5$，$n_2 = 6$，$\alpha = 0.05$. 先计算对应于 $n_1 = 5$ 的一组观察值的秩和.

将两组数据放在一起按自小到大的次序排列，对来自第 1 个总体的数据下面加横线表示.

数据	28	31	33	34	35	36	36	39	39	40	41
秩	1	2	3	4	5	6	7	8	9	10	11

由此可看出，R_1 的观察值 $r_1 = 1 + 3 + 4 + 8.5 + 11 = 27.5$.

查表知 $C_U(0.05) = 19$，即拒绝域为 $R_1 \leqslant 19$. 而现在 $r_1 = 27.5 > 19$，故接受 H_0.

30. 下面给出两种型号的计算器充电以后所能使用的时间（h）

型号 A	5.5	5.6	5.3	4.6	5.3	5.0	6.2	5.8	5.1	5.2	5.9
型号 B	3.8	4.3	4.2	4.0	4.9	4.5	5.2	4.8	4.5	3.9	3.7	4.6

设两样本独立且数据所属的总体的概率密度至多差一个平移,试问能否认为型号 A 的计算器平均使用时间比型号 B 来得长($\alpha = 0.01$)?

解 由题意,设两总体的平均值分别为 μ_1,μ_2,则所需检验的假设

$$H_0 : \mu_1 = \mu_2, \quad H_1 : \mu_1 > \mu_2$$

先将数据按次序从小到大排列,得到对应于 $n_1 = 11$ 的样本的秩和为

$$r_1 = 9.5 + 13 + 14 + 15.5 + 17 + 18 + 19 + 20 + 21 + 22 + 23 = 192$$

又当 H_0 为真时,有

$$E(R_1) = \frac{n_1(n_1 + n_2 + 1)}{2} = \frac{11 \times (11 + 12 + 1)}{2} = 132$$

$$D(R_1) = \frac{1}{12} \times \frac{n_1 n_2 \left[n(n^2 - 1) - \sum_{i=1}^{k} t_i (t_i^2 - 1) \right]}{n(n-1)} = 263.6$$

故知当 H_0 为真时近似地有 $R_1 \sim N(132, 263.6)$.

拒绝域
$$\frac{r_1 - 132}{\sqrt{263.6}} \geqslant z_\alpha$$

查表知
$$z_\alpha = z_{0.01} = 2.33$$

$$\frac{r_1 - 132}{\sqrt{263.6}} = \frac{191 - 132}{\sqrt{263.6}} = 3.696 > 2.33$$

故落在拒绝域中,应拒绝 H_0. 即认为型号 A 的计算器平均使用时间大于型号 B.

31. 下面给出两个工人 5 天生产同一种产品每天生产的件数:

工人 A	49	52	53	47	50
工人 B	56	48	58	46	55

设两样本独立且数据所属的两总体的概率密度至多差一个平移,问能否认为工人 A、工人 B 平均每天完成的件数没有显著差异(取 $\alpha = 0.1$)?

解 设两总体的均值分别为 μ_A,μ_B,则所需检验的假设是

$$H_0 : \mu_A = \mu_B, \quad H_1 : \mu_A \neq \mu_B$$

这是一双边检验,其拒绝域为 $R_1 \leqslant C_U\left(\dfrac{\alpha}{2}\right)$ 或 $R_1 \geqslant C_L(\alpha/2)$.

将两样按从小到大次序排列,得到对应于 $n_1 = 5$ 的样本的秩和为

$$r_1 = 2 + 4 + 5 + 6 + 7 = 24$$

查表得

$$C_U\left(\frac{0.1}{2}\right) = C_U(0.05) = 18, \quad C_L\left(\frac{0.1}{2}\right) = C_L(0.05) = 37$$

$18 < r_1 < 37$,故不在拒绝域内,应接受 H_0,即认为差异不显著.

32.(1)设总体服从 $N(\mu, 100)$,μ 未知,现有样本:$n = 16$,$\bar{x} = 13.5$,试检验假设 $H_0 : \mu \leqslant 10$,$H_1 : \mu > 10$,(i) 取 $\alpha = 0.05$,(ii) 取 $\alpha = 0.10$,(iii) H_0 可被拒绝的最小显著性水平.

(2)考察生长在老鼠身上的肿块的大小. 以 X 表示在老鼠身上生长了 15 天的肿块的直径(以 mm 计),设 $X \sim N(\mu, \sigma^2)$,μ, σ^2 均未知. 今随机地取 9 只老鼠(在它们身上的肿块都长了 15 天),测得 $\bar{x} = 4.3$,$s = 1.2$,试取 $\alpha = 0.05$,用 p 值法检验假设 $H_0 : \mu = 4.0$,$H_1 : \mu \neq 4.0$,求出 p 值.

(3)用 p 值法检验 §2 例 4 的检验问题.

(4)用 p 值法检验第 27 题中的检验问题.

解 (1)采用 Z 检验法. 拒绝域

$$Z = \frac{\overline{X} - \mu_0}{\sigma / \sqrt{n}} \geqslant z_\alpha$$

计算得观测值
$$z = \frac{\bar{x} - \mu_0}{\sigma / \sqrt{n}} = 1.4$$

(i) 取 $\alpha = 0.05$ 时,$z < z_\alpha = 1.645$,观测值 z 未落入拒绝域,接受原假设.

(ii) 取 $\alpha = 0.1$ 时,$z > z_\alpha = 1.28$,观测值 z 落入拒绝域,拒绝原假设.

(iii)p 值 $= P\{Z \geqslant 1.4\} = 1 - \Phi(1.4) = 0.080\ 8$,所以拒绝原假设的最小显著性水平为 $0.080\ 8$.

(2) 采用 t-检验法. 取检验统计量 $T = \dfrac{\overline{X} - \mu_0}{S/\sqrt{n}}$,当 H_0 成立时,$T \sim t(n-1)$. 计算得观测值 $t = \dfrac{\overline{x} - \mu_0}{s/\sqrt{n}} = 0.75$. 双边检验的值 $p = 2 \times P\{T \geqslant 0.75\} = 0.474\ 7 > \alpha = 0.05$,所以接受原假设.

(3) 采用 t-检验法. 取检验统计量 $T = \dfrac{\overline{D} - 0}{S_D/\sqrt{n}}$,当 H_0 成立时,$T \sim t(n-1)$. 计算得观测值 $t = -2.311$. 单边检验的值 $p = P\{T < -2.311\} = P\{T > 2.311\} = 0.027\ 1 < \alpha = 0.05$,所以拒绝原假设.

(4) 采用 χ^2-检验法. 取检验统计量 $\chi^2 = \sum\limits_{i=1}^{n} f_i^2/(np_i) - n$. 当 H_0 成立时,$\chi^2 \sim \chi^2(3)$. 计算得其观测值为 $\chi^2 = 11.14$. 右边检验的值 $p = P\{\chi^2 \geqslant 11.14\} = 0.011\ 0 < \alpha = 0.05$,所以拒绝原假设.

第九章 方差分析及回归分析

一、大纲要求及考点提示

（1）了解单因素试验的方差分析.

（2）了解双因素无重复试验的方差分析及双因素等重复试验的方差分析.

（3）理解回归分析的基本概念，会建立一元线性回归方程，会进行线性假设的显著性检验，并会利用线性回归方程进行预测.

（4）了解多元线性回归分析.

二、主要概念、重要定理与公式

1. 单因素试验的方差分析

（1）**数学模型**：设因素 A 有 s 个不同的水平 $A_1, A_2, \cdots, A_s$，在水平 $A_j(j=1,2,\cdots,s)$ 下进行 $n_j(n_j \geqslant 2)$ 次独立试验，试验数据记为 $X_{ij}, i=1,2,n_j, j=1,2,\cdots,s$. 设 $X_{ij} \sim N(\mu_j, \sigma^2)$，则试验数据的数学模型为

$$X_{ij} = \mu + \delta_j + \varepsilon_{ij}, \quad i=1,2,\cdots n_j, \ j=1,2,\cdots,s$$

$\varepsilon_{ij} \sim N(0, \sigma^2)$ 各 ε_{ij} 独立. 其中 $\mu = \dfrac{1}{n}\sum\limits_{j=1}^{s} n_j \mu_j, \delta_j = \mu_j - \mu, \delta_j$ 称为水平 A_j 的效应，$\sum\limits_{j=1}^{s} n_j \delta_j = 0$.

方差分析的问题是检验假设

$$H_0: \mu_1 = \mu_2 = \cdots = \mu_s, H_1: \mu_1, \mu_2, \cdots, \mu_s \text{ 不全相等，或等价于假设}$$

$$H_0: \delta_1 = \delta_2 = \cdots = \delta_s = 0, H_1: \delta_1, \delta_2, \cdots, \delta_s \text{ 不全为零}$$

是否成立.

（2）**离差平方和分解公式及显著性检验**：

$$S_T = \sum_{j=1}^{s} \sum_{i=1}^{n_j} (X_{ij} - \overline{X})^2 = S_E + S_A$$

其中 $S_E = \sum\limits_{j=1}^{s} \sum\limits_{i=1}^{n_j} (X_{ij} - \overline{X}._j)^2$ 称为误差平方和；

$S_A = \sum\limits_{j=1}^{s} n_j (\overline{X}._j - \overline{X})^2$ 称为因素 A 的效应平方和

$$\overline{X} = \frac{1}{n}\sum_{j=1}^{s}\sum_{i=1}^{n_j} X_{ij}, n = \sum_{j=1}^{s} n_j, \quad \overline{X}._j = \frac{1}{n_j}\sum_{i=1}^{n_j} X_{ij}$$

当 H_0 成立时，$\dfrac{S_E}{\sigma^2} \sim \chi^2(n-s), \dfrac{S_E}{\sigma^2} \sim \chi^2(s-1)$，且 S_E 与 S_A 相互独立. 从而

$$F = \frac{S_A/(s-1)}{S_E/(n-s)} \sim F(s-1, n-s)$$

对给定的检验水平 α，若 $F \geqslant F_\alpha(s-1, n-s)$，则拒绝假设 H_0，即认为因素 A 影响显著. 若 $F < F_\alpha(s-1, n-s)$ 则接受 H_0，即认为因素 A 影响不显著.

（3）**参数估计**：

$$\hat{\mu} = \overline{X}, \quad \hat{\mu}_j = \overline{X}._j, \quad \hat{\delta}_j = \hat{\mu}_j - \hat{\mu} = \overline{X}._j - \overline{X}, \quad \hat{\sigma}^2 = \frac{S_E}{n-s}$$

$\mu_j - \mu_k = \delta_j - \delta_k$ 的置信区间为

$$\left(\overline{X}._{j} - \overline{X}._{k} \pm t_{\frac{a}{2}}(n-s)\sqrt{\overline{S_E}\left(\frac{1}{n_j} + \frac{1}{n_k}\right)}\right)$$

其中$\overline{S_E} = \dfrac{S_E}{n-s}$.

2. 两因素无重复试验的方差分析

(1) 数学模型. 设有两个因素 A, B, 因素 A 有 r 个水平 $A_1, A_2, \cdots, A_r$, 因素 B 有 s 个水平 $B_1, B_2, \cdots, B_s$, 对因素 A,B 的每对组合 (A_i, B_j), $i = 1, 2, \cdots, r$, $j = 1, 2, \cdots, s$, 作一次试验, 试验数据记为 X_{ij}, X_{ij} 服从正态分布 $N(\mu_{ij}, \sigma^2)$, X_{ij} 的数学模型为

$$\begin{cases} X_{ij} = \mu + \alpha_i + \beta_j + \varepsilon_{ij}, & \varepsilon_{ij} \sim N(0, \sigma^2) \text{ 独立} \\ i = 1, 2, \cdots, r, & j = 1, 2, \cdots, s \\ \sum\limits_{i=1}^{r} \alpha_i = 0, \sum\limits_{j=1}^{s} \beta_j = 0 \end{cases}$$

方差分析的问题就是要检验假设

$$\begin{cases} H_{01}: \alpha_1 = \alpha_2 = \cdots = \alpha_r = 0 \\ H_{11}: \alpha_1, \alpha_2, \cdots, \alpha_r \text{ 不全为零} \end{cases}, \quad \begin{cases} H_{02}: \beta_1 = \beta_2 = \cdots = \beta_s = 0 \\ H_{12}: \beta_1, \beta_2, \cdots, \beta_s \text{ 不全为零} \end{cases}$$

是否成立.

(2) 离差平方和分解公式及显著性检验:

$$S_T = \sum_{i=1}^{r}\sum_{j=1}^{s}(X_{ij} - \overline{X})^2 = \sum_{i=1}^{r}\sum_{j=1}^{s}X_{ij}^2 - \frac{T^2..}{rs}$$

$$S_A = S\sum_{i=1}^{r}(\overline{X_i}. - \overline{X})^2 = \frac{1}{S}\sum_{i=1}^{r}T_i^2. - \frac{T^2..}{rs}$$

$$S_B = r\sum_{j=1}^{s}(\overline{X}._j - \overline{X})^2 = \frac{1}{r}\sum_{j=1}^{s}T^2._j - \frac{T^2..}{rs}$$

$$S_E = \sum_{i=1}^{r}\sum_{j=1}^{s}(X_{ij} - \overline{X_i}. - \overline{X}._j + \overline{X})^2 = S_r - S_A - S_B$$

其中 $T.. = \sum\limits_{i=1}^{r}\sum\limits_{j=1}^{s}X_{ij}$, 则

$$T_i. = \sum_{j=1}^{s}X_{ij}, \quad j = 1, 2, \cdots, r$$

$$T._j = \sum_{i=1}^{r}X_{ij}, \quad j = 1, 2, \cdots, s$$

$$\overline{X} = \frac{T..}{rs}, \quad \overline{X_i}. = \frac{1}{s}\sum_{j=1}^{s}X_{ij}, \quad \overline{X}._j = \frac{1}{r}\sum_{i=1}^{r}X_{ij}$$

对给定显著水平 α, 若 $F_A = \dfrac{\overline{S_A}}{\overline{S_E}} \geqslant F_\alpha(r-1)(s-1)$, 则拒绝假设 H_{01}, 即认为因素 A 影响显著, 若 $F_B = \dfrac{\overline{S_B}}{\overline{S_E}} \geqslant F_\alpha(s-1, (r-1)(s-1))$, 则拒绝假设 H_{02}, 即认为因素 B 影响显著.

(3) 参数估计:

$$\begin{cases} \hat{\mu} = \overline{X} \\ \hat{\mu}_i. = \overline{X_i} \\ \hat{\mu}._j = \overline{X}._j \\ \hat{\alpha}_i = \overline{X_i}. - \overline{X} \\ \hat{\beta}_j = \overline{X}._j - \overline{X} \\ \hat{\sigma}^2 = \dfrac{1}{(r-1)(s-1)}S_E \end{cases}$$

3. 两因素等重复试验的方差分析

(1) 数学模型:设有两个因素 A, B 作用于试验的指标,因素 A 有 r 水平个 $A_1, A_2, \cdots, A_r$,因素 B 有 s 个水平 $B_1, B_2, \cdots, B_s$,对因素 A, B 的水平的每对组合(A_i, B_j),$i = 1, 2, \cdots, r; j = 1, 2, \cdots, s$ 都作 t ($t \geqslant 2$)次试验,试验数据记为 X_{ijk},设 $X_{ijk} \sim N(\mu_{ij}, \sigma^2)$,$i = 1, 2, \cdots, r; j = 1, 2, \cdots, s; k = 1, 2, \cdots, t$. 则

$$\begin{cases} X_{ijk} = \mu + \alpha_i + \beta_j + \delta_{ij} + \varepsilon_{ijk} \\ \varepsilon_{ijk} \sim N(0, \sigma^2),\ \text{各}\ \varepsilon_{ijk}\ \text{独立} \end{cases}$$

其中 $\mu = \dfrac{1}{rs} \sum\limits_{i=1}^{r} \sum\limits_{j=1}^{s} \mu_{ij}$, $\mu_{i.} = \dfrac{1}{s} \sum\limits_{j=1}^{s} \mu_{ij}$, $i = 1, 2, \cdots, r$, $\mu_{.j} = \dfrac{1}{r} \sum\limits_{i=1}^{r} \mu_{ij}$, $j = 1, 2, \cdots, s$

$$\alpha_i = \mu_{i.} - \mu, \quad i = 1, 2, \cdots, r, \quad \beta_j = \mu_{.j} - \mu, \quad j = 1, 2, \cdots, s$$

$$\delta_{ij} = \mu_{ij} - \mu_{i.} - \mu_{.j} + \mu, \quad i = 1, 2, \cdots, r, j = 1, 2, \cdots, s$$

$$\sum_{i=1}^{r} \alpha_i = 0, \quad \sum_{j=1}^{s} \beta_j = 0, \quad \sum_{i=1}^{r} \delta_{ij} = 0, \quad \sum_{j=1}^{s} \delta_{ij} = 0$$

两因素方差分析的问题就是检验以下 3 个假设:

$$\begin{cases} H_{01}: \alpha_1 = \alpha_2 = \cdots = \alpha_r = 0 \\ H_{11}: \alpha_1, \alpha_2, \cdots, \alpha_r\ \text{不全为零} \end{cases}, \begin{cases} H_{02}: \beta_1 = \beta_2 = \cdots = \beta_s = 0 \\ H_{12}: \beta_1, \beta_2, \cdots, \beta_s\ \text{不全为零} \end{cases}, \begin{cases} H_{03}: \delta_{11} = \delta_{12} = \cdots = \delta_{rs} = 0 \\ H_{13}: \delta_{11}, \delta_{12}, \cdots, \delta_{rs}\ \text{不全为零} \end{cases}$$

是否成立.

(2) 离差平方和分解公式及显著性检验:

$$S_T = \sum_{i=1}^{r} \sum_{j=1}^{s} \sum_{k=1}^{t} (X_{ijk} - \overline{X})^2 = S_A + S_B + S_{A \times B} + S_E$$

$$S_A = st \sum_{i=1}^{r} (\overline{X}_{i..} + \overline{X})^2, \quad S_B = rt \sum_{j=1}^{s} (\overline{X}_{.j.} - \overline{X})^2$$

$$S_{A \times B} = t \sum_{i=1}^{r} \sum_{j=1}^{s} (\overline{X}_{ij.} - \overline{X}_{i..} - \overline{X}_{.j.} + \overline{X})^2$$

$$S_E = \sum_{i=1}^{r} \sum_{j=1}^{s} \sum_{k=1}^{t} (X_{ijk} - \overline{X}_{ij.})^2$$

其中 $$X = \frac{1}{rst} \sum_{i=1}^{r} \sum_{j=1}^{t} X_{ijk}$$

$$\overline{X}_{ij.} = \frac{1}{t} \sum_{k=1}^{s} X_{ijk}, \quad i = 1, 2, \cdots, r, j = 1, 2, \cdots, s$$

$$\overline{X}_{i..} = \frac{1}{st} \sum_{j=1}^{s} \sum_{k=1}^{t} X_{ijk}, \quad i = 1, 2, \cdots, r$$

$$\overline{X}_{.j.} = \frac{1}{rt} \sum_{i=1}^{r} \sum_{k=1}^{t} X_{ijk}, \quad j = 1, 2, \cdots, s$$

对检验水平 α,若

$$F_A = \frac{S_A / (r-1)}{S_E / (rs(t-1))} \geqslant F_\alpha(r-1, rs(t-1))$$

则拒绝假设 H_{01},即因素 A 影响显著;

若 $$F_B = \frac{S_B / (s-1)}{S_E / (rs(t-1))} \geqslant F_\alpha(s-1, rs(t-1))$$

则拒绝假设 H_{02},即因素 B 影响显著;

若 $$F_{A \times B} = \frac{S_{A \times B} / ((r-1)(s-1))}{S_E / (rs(t-1))} \geqslant F_\alpha((r-1)(s-1), rs(t-1))$$

则拒绝假设 H_{03},即交互作用 $A \times B$ 影响显著.

4. 一元线性回归分析

(1) 设 $(x_1, y_1), (x_2, y_2), \cdots, (x_n, y_n)$ 满足一元线性模型

$$\begin{cases} Y_i = a + b x_i + \varepsilon_i \\ \varepsilon_i \sim N(0, \sigma^2) \end{cases}, \quad i = 1, 2, \cdots, n$$

a, b, σ^2 为模型参数.

（2）线性回归方程：

$$\hat{y} = \hat{a} + \hat{b} x$$

其中

$$\hat{a} = \bar{y} - \hat{b}\bar{x}, \quad \hat{b} = \frac{S_{xy}}{S_{xx}}$$

$$S_{xy} = \sum_{i=1}^{n}(x_i - \bar{x})(y_i - \bar{y})$$

$$S_{yy} = \sum_{i=1}^{n}(y_i - \bar{y})^2, \quad S_{xx} = \sum_{i=1}^{n}(x_i - \bar{x})^2$$

$$\hat{\sigma}^2 = \frac{1}{n-2} Q_E, \quad Q_E = S_{yy} - \hat{b} S_{xy}$$

（3）线性假设的显著性检验. 检验假设 $H_0 : b = 0, H_1 : b \neq 0$，对给定检验水平 α，若

$$|t| = \frac{|\hat{b}|}{\hat{\sigma}} \sqrt{S_{xx}} \geqslant t_{\frac{\alpha}{2}}(n-2)$$

则拒绝假设 H_0，即认为回归方程是显著的, 反之认为回归方程效果不显著.

（4）系数 b 的置信区间：

$$\left(\hat{b} \pm t_{\frac{\alpha}{2}}(n-2) \times \frac{\hat{\sigma}}{\sqrt{S_{xx}}} \right)$$

（5）$y_0 = a + b x_0 + \varepsilon_0, \varepsilon_0 \sim N(0, \sigma^2)$ 的置信区间：

$$\left(\hat{y}_0 \pm t_{\frac{\alpha}{2}}(n-2)\hat{\sigma}\sqrt{1 + \frac{1}{n} + \frac{(x_0 - \bar{x})^2}{S_{xx}}} \right)$$

5. 多元线性回归分析

（1）数学模型 $Y_i = b_0 + b_1 x_{i1} + b_2 x_{i2} + \cdots + b_p x_{ip} + \varepsilon_i, \varepsilon_i \sim N(0, \sigma^2), i = 1, 2, \cdots, n$ 且相互独立

$$\boldsymbol{\beta} = \begin{pmatrix} b_0 \\ b_1 \\ \vdots \\ b_p \end{pmatrix}, \quad \sigma^2 \text{ 为模型参数}$$

（2）模型参数的估计：记

$$\boldsymbol{X} = \begin{pmatrix} 1 & x_{11} & x_{12} & \cdots & x_{1p} \\ 1 & x_{21} & x_{22} & \cdots & x_{2p} \\ \vdots & \vdots & \vdots & & \vdots \\ 1 & x_{n1} & x_{n2} & \cdots & x_{np} \end{pmatrix}, \quad \boldsymbol{Y} = \begin{pmatrix} y_1 \\ y_2 \\ \vdots \\ y_n \end{pmatrix}, \quad \boldsymbol{\varepsilon} = \begin{pmatrix} \varepsilon_1 \\ \varepsilon_2 \\ \vdots \\ \varepsilon_n \end{pmatrix}$$

则 $\boldsymbol{\varepsilon} \sim N(0, \sigma^2 I_n)$，且设 $rk(\boldsymbol{X}) = p+1$，则

$$\hat{\boldsymbol{\beta}} = (\boldsymbol{X}'\boldsymbol{X})^{-1}\boldsymbol{X}'\boldsymbol{Y}, \quad \hat{\sigma}^2 = \frac{\sum\limits_{i=1}^{n}(y_i - \hat{y}_i)^2}{n-p-1}$$

回归方程为 $\hat{\boldsymbol{Y}} = \hat{b}_0 + \hat{b}_1 x_1 + \cdots + \hat{b}_p x_p$.

（3）显著性检验：

（i）回归系数的显著性检验. 检验的假设为

$$H_0 : b_j = 0, \quad j = 1, 2, \cdots, p, \quad H_1 : b_j \neq 0, \quad j = 1, 2, \cdots, p$$

对给定检验水平 α，若

$$|T| = |b_i| / \sqrt{C_{ij} Q/(n-p-1)} \geqslant t_{\frac{\alpha}{2}}(n-p-1)$$

则拒绝假设 H_0，即认为 b_j 显著地不为零.

若 $\qquad$ $|T| < t_{a/2}(n-p-1)$

则接受 H_0，即认为 b_j 显著地等于零.

(ii) 回归方程的显著检验. 检验假设

$$H_0 : b_1 = b_2 = \cdots = b_p = 0, \quad H_1 : b_1, b_2, \cdots, b_p \text{ 不全为零}$$

对检验水平 α，若

$$F = \frac{Q_{B/p}}{Q_E/(n-p-1)} \geqslant F_a(p, n-p-1)$$

则拒绝 H_0，即认为回归方程显著，否则接受 H_0，即认为线性回归方程不显著. 其中

$$Q_B = \sum_{i=1}^{n} (\hat{Y}_i - \bar{Y})^2, \quad Q_E = \sum_{i=1}^{n} (Y_i - \hat{Y}_i)^2$$

三、常考题型范例精解

例 9-1　抽查某地区 3 所小学五年级学生的身高数据(单位:cm)见下表. 问这 3 所小学五年级男学生的平均身高是否有显著差异($\alpha = 0.05$)?

学校	身　高　数　据					
1	128.1	134.1	133.1	138.1	140.8	127.4
2	150.3	147.9	136.8	126.0	150.7	155.8
3	140.6	143.1	144.5	143.7	148.5	146.4

解　这是一单因素试验的方差分析问题。设各小学五年级男学生的身高分别为 Y_1, Y_2, Y_3，且相互独立, 服从正态分布 $N(\mu_i, \sigma^2)$，$i = 1, 2, 3$，检验假设 $H_0 : \mu_1 = \mu_2 = \mu_3$，$H_1 : \mu_1, \mu_2, \mu_3$ 不全相等. 计算得

$$\sum_{i=1}^{3} \sum_{j=1}^{6} y_{ij}^2 = 358\,756.63, \quad \sum_{i=1}^{3} \left(\sum_{j=1}^{6} y_{ij}^2 \right)^2 = 2\,147\,744.25, \quad \sum_{i=1}^{3} \sum_{j=1}^{6} y_{ij} = 2\,536.7$$

$$S_A = \frac{1}{6} \sum_{i=1}^{3} \left(\sum_{j=1}^{6} y_{ij} \right)^2 - \frac{1}{3 \times 6} \left(\sum_{i=1}^{3} \sum_{j=1}^{6} y_{ij} \right)^2 =$$

$$\frac{1}{6} \times 2\,147\,744.25 - \frac{1}{18} \times (2\,536.7)^2 = 465.881\,2$$

$$S_E^2 = \sum_{i=1}^{3} \sum_{j=1}^{6} y_{ij}^2 - \frac{1}{6} \sum_{i=1}^{3} \left(\sum_{j=1}^{6} y_{ij} \right)^2 = 358\,756.63 - \frac{1}{6} \times 2\,147\,744.25 = 799.255\,0$$

$$F = \frac{465.881\,2/(3-1)}{799.255\,0/3 \times (6-1)} = 4.371\,7$$

对给定 $\alpha = 0.05$，查 F-分布表得 $F_{0.05}(2,15) = 3.68$. 因为 $F = 4.371 > 3.68$，所以拒绝假设 H_0，即认为 3 所学校 5 年级男生的身高有显著差别.

例 9-2　在橡胶配方中，考虑了 3 种不同的促进剂，4 种不同分量的氧化锌，每种配方各做一次试验，测得 300% 定强见下表. 试问促进剂、氧化锌对定强有无显著影响?

因素 B	因　素　A			$\sum\limits_{j=1}^{3} X_{ij}$	$\left(\sum\limits_{j=1}^{3} X_{ij}\right)^2$
	A_1	A_2	A_3		
B_1	31	33	35	99	9 801
B_2	34	36	37	107	11 449
B_3	35	37	39	111	12 321
B_4	39	38	42	119	14 161
$\sum\limits_{i=1}^{4} x_{ij}$	139	144	153	436	47 732
$\left(\sum\limits_{i=1}^{4} x_{ij}\right)^2$	19 321	20 736	23 409	63 466	
$\sum\limits_{i=1}^{4} x_{ij}^2$	4 863	5 198	5 879	15 940	

解 这是一两因素不重复试验的方差分析问题,其数学模型为

$$X_{ij} = \mu + \alpha_i + \beta_j + \varepsilon_{ij}, \quad i = 1,2,3,4, \ j = 1,2,3$$

检验假设 $H_{01} : \alpha_1 = \alpha_2 = \alpha_3 = \alpha_4 = 0, \quad H_{11} : \alpha_1, \alpha_2, \alpha_3, \alpha_4$ 不全为零

$$H_{02} : \beta_1 = \beta_2 = \beta_3 = 0, \quad H_{12} : \beta_1, \beta_2, \beta_3 \ \text{不全为零}$$

由表计算得

$$S_A = \frac{1}{4} \sum_{j=1}^{3} \left(\sum_{i=1}^{4} x_{ij} \right)^2 - \frac{1}{3 \times 4} \left(\sum_{i=1}^{4} \sum_{j=1}^{3} x_{ij} \right)^2 = \frac{1}{4} \times 63\,466 - \frac{1}{12} (436)^2 = 15\,841.33$$

$$S_B = \frac{1}{3} \sum_{i=1}^{4} \left(\sum_{j=1}^{3} x_{ij} \right)^2 \times \frac{1}{3 \times 4} \left(\sum_{i=1}^{4} \sum_{j=1}^{3} x_{ij} \right)^2 = \frac{1}{3} \times 47732 - \frac{1}{12} \times (436)^2 = 69.34$$

$$S_T = \sum_{i=1}^{4} \sum_{j=1}^{3} x_{ij}^2 - \frac{1}{12} \left(\sum_{i=1}^{4} \sum_{j=1}^{3} x_{ij} \right)^2 = 15\,940 - \frac{1}{12} \times (436)^2 = 98.67$$

$$S_E = S_T - S_A - S_B = 98.67 - 25.17 - 69.34 = 4.16$$

对检验水平 $\alpha = 0.01, F_{0.01}(2,6) = 10.92, F_{0.01}(3,6) = 9.78$,则

$$F_A = \frac{25.17/2}{4.16/6} = 18.16 > 10.92$$

因此因素 A 高度显著. 而

$$F_B = \frac{69.43/3}{4.16/6} = 33.35 > F_{0.01}(3,6) = 9.78$$

因此,因素 B 高度显著.

例 9-3 设由三种同型号的造纸机 A_1, A_2, A_3 使用四种不同涂料 B_1, B_2, B_3, B_4 制造同版纸,对每种不同搭配进行二次重复测量,结果见下表.

涂料 B 机器 A	B_1	B_2	B_3	B_4
A_1	42.5 42.6	42.0 42.2	43.9 43.6	42.2 42.5
A_2	42.1 42.3	41.7 41.5	43.1 43.0	42.5 41.6
A_3	43.6 43.8	43.6 43.2	44.1 44.2	42.9 43.0

试检验不同的机器,不同的涂料以及它们之间的交互作用的影响是否显著($\alpha = 0.05$)?

解 这是两因素重复试验的方差分析问题,为了计算方便,将测量结果的数据都减去 42,所得方差分析结果不变,现列表计算下表.

A ＼ B	B_1	B_2	B_3	B_4	$T_{i..}$	$T_{i..}^2$	$\sum\limits_{j=1}^{4} \left(\sum\limits_{k=1}^{2} x_{ijk} \right)^2$
A_1	0.5 0.6 (1.1)	0,0.2 (0.2)	1.9 1.6 (3.5)	0.2,0.5 (0.7)	5.5	30.25	13.99
A_2	0.1 0.3 (0.4)	−0.3, −0.5 (−0.8)	1.1 1.0 (2.1)	−0.5, −0.4 (−0.9)	0.8 (−0.9)	0.64	6.02
A_3	1.6 1.8 (3.4)	1.6,1.2 (2.8)	2.1 0.2 (4.3)	0.9,1.0 (1.9)	12.4	153.76	41.5
$T_{.j.}$	4.9	2.2	9.9	1.7	18.7	184.65	61.51
$T_{.j.}^2$	24.01	4.84	98.01	2.89	129.75		
$\sum\limits_{i} \sum\limits_{k} x_{ijk}^2$	6.51	4.38	17.63	2.51	31.03		

这里 $r = 3, s = 4, t = 2, n = 24$. 由表计算得

$$S_T = \sum_{i=1}^{r} \sum_{j=1}^{s} \sum_{k=1}^{t} X_{ijk}^2 - \frac{T^2}{n} = 31.03 - \frac{18.7^2}{24} = 16.4596$$

$$S_A = \frac{1}{st} \sum_{i=1}^{r} T_{i..}^2 - \frac{T^2}{n} = \frac{1}{8} \times 184.65 - \frac{18.7^2}{24} = 8.5109$$

$$S_B = \frac{1}{rt} \sum_{j=1}^{s} T_{.j.}^2 - \frac{T^2}{n} = \frac{1}{6} \times 129.75 - \frac{18.7^2}{24} = 7.0546$$

$$S_{A \times B} = \frac{1}{t} \sum_{i=1}^{r} \sum_{j=1}^{s} \left(\sum_{k=1}^{t} X_{ijk} \right)^2 - \frac{T^2}{n} - S_A - S_B = \frac{1}{2} \times 61.51 - \frac{18.7^2}{24} - 8.5109 - 7.0546 = 0.6191$$

$S_E = S_T - S_A - S_B - S_{A \times B} = 16.4596 - 8.5109 - 7.0546 - 0.6191 = 0.275$. 于是得方差分析见下表.

方差来源	平方和 S	自由度 f	均方 $\bar{S}$	F 值	显著性
S_A	8.5109	2	4.2555	185.83	* *
S_B	7.0546	3	3.5273	154.03	* *
$S_{A \times B}$	0.6191	6	0.1032	4.51	*
S_E	0.275	12	0.0229		
S_T	16.4596	23			

由于 $F_{0.01}(2,12) = 6.93, F_{0.01}(3,12) = 5.95, F_{0.01}(6,12) = 4.82, F_{0.05} = (6,12) = 3.89$, 因 $F_A > F_{0.01}(2,12), F_B > F_{0.01}(3,12), F_{A \times B} \geqslant F_{0.05}(6,12)$, 所以机器、涂料影响高度显著, $A \times B$ 影响显著.

例 9-4 某工厂在分析产量与成本关系时, 选取 10 个生产小组作样本, 收集得数据如下表.

产量 x/千件	40	42	48	55	65	79	88	100	120	140
成本 y/千元	150	140	152	160	150	162	175	165	190	185

(1) 试求 y 对 x 的线性回归方程; (2) 检验回归方程的显著性 ($\alpha = 0.05$); (3) 求回归系数 a 和 b 的 95% 置信区间; (4) 取 $x_0 = 90$, 求 y_0 的预测值及 95% 的预测区间.

解 (1) 经计算得

$$\sum_{i=1}^{10} x_i = 777, \quad \sum_{i=1}^{10} x_i^2 = 70903, \quad \sum_{i=1}^{10} y_i = 1629$$

$$\sum_{i=1}^{10} y_i^2 = 267723, \quad \sum_{i=1}^{10} x_i y_i = 131124, \quad n = 10, \quad \bar{x} = 77.7, \quad \bar{y} = 162.9$$

$$S_{xx} = \sum_{i=1}^{10} x_i^2 - \frac{1}{10} \left(\sum_{i=1}^{10} x_i \right)^2 = 70903 - \frac{1}{10} \times 777^2 = 10530.1$$

$$S_{xy} = \sum_{i=1}^{10} x_i y_i - \frac{1}{10} \left(\sum_{i=1}^{10} x_i \right) \left(\sum_{i=1}^{10} y_i \right) = 131124 - \frac{1}{10} \times 777 \times 1629 = 4550.7$$

$$S_{yy} = \sum_{i=1}^{10} y_i^2 - \frac{1}{10} \left(\sum_{i=1}^{10} y_i \right)^2 = 267723 - \frac{1}{10} \times 1629^2 = 2358.9$$

$$\hat{b} = \frac{S_{xy}}{S_{xx}} = \frac{4550.7}{10530.1} = 0.4322$$

$$\hat{a} = \bar{y} - \hat{b}\bar{x} = 162.9 - 0.4322 \times 77.7 = 129.3181$$

故所求回归方程为 $\hat{y} = 129.3181 + 0.4322x$

(2) 检验假设 $H_0: b = 0, H_1: b \neq 0$, 则

$$Q_E = S_{xy} - \hat{b}^2 S_{xx} = 2\ 358.9 - 0.432\ 2^2 \times 10\ 530.1 = 391.910\ 6$$

$$t = \frac{\hat{b}\sqrt{S_{xx}}}{\sqrt{\dfrac{Q_E}{n-2}}} = \frac{0.433\ 2 \times \sqrt{10\ 530.1}}{\sqrt{\dfrac{391.910\ 6}{8}}} = 6.336\ 5$$

对 $\alpha = 005, t_{0.025}(8) = 2.306\ 0 < 6.336\ 5 = t$,故拒绝假设 H_0,即回归方程显著.

(3) a 的置信度为 0.95 的置信区间为

$$\left(a \pm t_{\frac{\alpha}{2}}(n-2)\sqrt{\frac{Q_E}{n-2}}\sqrt{\frac{1}{n} + \frac{\overline{x^2}}{S_{xx}}}\right) = \left(129.318 \pm 2.306\ 0 \times \sqrt{\frac{391.910\ 6}{8}}\sqrt{\frac{1}{10} + \frac{77.7^2}{10\ 530.1}}\right) =$$

$$(116.074\ 0, 142.562\ 2)$$

b 的置信度为 0.95 的置信区间为

$$\left(b \pm t_{\frac{\alpha}{2}}(n-2)\sqrt{\frac{Q_E}{(n-2)S_{xx}}}\right) = \left(0.432\ 2 \pm 2.306\ 0 \times \sqrt{\frac{391.910\ 6}{8 \times 10\ 530.1}}\right) =$$

$$(0.274\ 9, 0.589\ 3)$$

(4) 由 $y = a + bx = 129.318\ 1 + 0.432\ 2x$,当 $x_0 = 90$ 时,y_0 的预测值为 y_0 的 0.95 预测区间为

$$\left(y_0 \pm t_{\frac{\alpha}{2}}(n-2)\sqrt{\frac{Q_E}{n-2}}\sqrt{1 + \frac{1}{n} + \frac{(x_0 - \overline{x})^2}{S_{xx}}}\right) =$$

$$\left(168.216\ 1 \pm 2.306\ 0 \times \sqrt{\frac{391.910\ 6}{8}}\sqrt{1 + \frac{1}{10} + \frac{(90 - 77.7)^2}{10\ 530.1}}\right) =$$

$$(151.178\ 0, 185.254\ 2)$$

例 9-5 设 Y 服从多元线性模型 $\boldsymbol{Y} = \boldsymbol{X}\boldsymbol{\beta} + \boldsymbol{\varepsilon}, E(\boldsymbol{\varepsilon}) = 0, \mathrm{Var}(\boldsymbol{\varepsilon}) = \sigma^2 \boldsymbol{V}, \boldsymbol{X}$ 是 $n \times m(n > m)$ 满列秩阵,$\boldsymbol{V}$ 是 $n \times n$ 满秩常数阵,试求 $\boldsymbol{\beta}$ 的最小二乘估计 $\boldsymbol{\beta}_L$ 及 σ^2 的无偏估计,并证明 $\boldsymbol{\beta}_L$ 是 $\boldsymbol{\beta}$ 的最小方差线性无偏估计.

解 由于 $\boldsymbol{V}$ 是满秩阵,所以 $\boldsymbol{V}$ 必为正定阵,存在正交降阵 $\boldsymbol{\Gamma}$,使得

$$\boldsymbol{V} = \boldsymbol{\Gamma}' \begin{pmatrix} \lambda_1 & & & 0 \\ & \lambda_2 & & \\ & & \ddots & \\ 0 & & & \lambda_n \end{pmatrix} \boldsymbol{\Gamma}, \quad \lambda_i > 0, \ i = 1, 2, \cdots, n$$

或

$$\boldsymbol{V} = \boldsymbol{\Gamma}' \begin{pmatrix} \sqrt{\lambda_1} & & & 0 \\ & \sqrt{\lambda_2} & & \\ & & \ddots & \\ 0 & & & \sqrt{\lambda_n} \end{pmatrix} \boldsymbol{\Gamma}\boldsymbol{\Gamma}' \begin{pmatrix} \sqrt{\lambda_1} & & & 0 \\ & \sqrt{\lambda_2} & & \\ & & \ddots & \\ 0 & & & \sqrt{\lambda_n} \end{pmatrix} \boldsymbol{\Gamma} = \boldsymbol{V}^{\frac{1}{2}}\boldsymbol{V}^{\frac{1}{2}}$$

其中 $\boldsymbol{V}^{\frac{1}{2}} = \boldsymbol{\Gamma}' \begin{pmatrix} \sqrt{\lambda_1} & & & 0 \\ & \sqrt{\lambda_2} & & \\ & & \ddots & \\ 0 & & & \sqrt{\lambda_n} \end{pmatrix} \boldsymbol{\Gamma}$ 仍是正定阵,且 $|\boldsymbol{V}^{\frac{1}{2}}| \neq 0$,记 $\boldsymbol{V}^{\frac{1}{2}}$ 的逆矩阵为 $\boldsymbol{V}^{-\frac{1}{2}}$. 令 $\boldsymbol{Z} = \boldsymbol{V}^{-\frac{1}{2}}\boldsymbol{Y}$,

则

$$E(\boldsymbol{Z}) = \boldsymbol{V}^{-\frac{1}{2}}E(\boldsymbol{Y}) = \boldsymbol{V}^{-\frac{1}{2}}\boldsymbol{X}\boldsymbol{\beta} = \boldsymbol{U}\boldsymbol{\beta}$$

其中

$$\boldsymbol{U} = \boldsymbol{V}^{-\frac{1}{2}}\boldsymbol{X}$$

$$\mathrm{Var}(\boldsymbol{Z}) = \mathrm{Var}(\boldsymbol{V}^{-\frac{1}{2}}\boldsymbol{Y}) = \boldsymbol{V}^{-\frac{1}{2}}\mathrm{Var}(\boldsymbol{Y})\boldsymbol{V}^{-\frac{1}{2}} = \sigma^2\boldsymbol{V}^{-\frac{1}{2}}\boldsymbol{V}\boldsymbol{V}^{-\frac{1}{2}} = \sigma^2\boldsymbol{I}_n$$

即 $\boldsymbol{Z}$ 服从线性模型

$$\boldsymbol{Z} = \boldsymbol{U}\boldsymbol{\beta} + \boldsymbol{e}, \quad E\boldsymbol{e} = 0, \quad \mathrm{Var}(\boldsymbol{e}) = \sigma^2\boldsymbol{I}_n$$

故 $\boldsymbol{\beta}$ 的最小二乘估计为

$$\hat{\boldsymbol{\beta}}_L = (\boldsymbol{U}'\boldsymbol{U})^{-1}\boldsymbol{U}'\boldsymbol{Z} = (\boldsymbol{X}'\boldsymbol{V}^{-\frac{1}{2}}\boldsymbol{V}^{-\frac{1}{2}}\boldsymbol{X})^{-1}\boldsymbol{X}'\boldsymbol{V}^{-\frac{1}{2}}\boldsymbol{V}^{-\frac{1}{2}}\boldsymbol{Y} = (\boldsymbol{X}'\boldsymbol{V}^{-1}\boldsymbol{X})^{-1}\boldsymbol{X}'\boldsymbol{V}^{-1}\boldsymbol{Y}$$

残差平方和为

$$\boldsymbol{R}^2 = \boldsymbol{Z}^{\mathrm{T}}\boldsymbol{Z} - \hat{\boldsymbol{\beta}}'_L(\boldsymbol{U}'\boldsymbol{Z}) = \boldsymbol{Y}\boldsymbol{V}^{-\frac{1}{2}}\boldsymbol{V}^{-\frac{1}{2}}\boldsymbol{Y} - \hat{\boldsymbol{\beta}}'_L(\boldsymbol{X}'\boldsymbol{V}^{-\frac{1}{2}}\boldsymbol{V}^{-\frac{1}{2}}\boldsymbol{Y}) = \boldsymbol{Y}^{\mathrm{T}}\boldsymbol{V}^{-1}\boldsymbol{Y} - \hat{\boldsymbol{\beta}}'_L(\boldsymbol{X}'\boldsymbol{V}^{-1}\boldsymbol{Y})$$

所以 σ^2 的无偏估计为

$$\hat{\sigma}^2 = \frac{1}{n-m}R^2 = \frac{1}{n-m}[Y'V^{-1}Y - \hat{\beta}_L(X'V^{-1}Y)]$$

下面证明 β_L 是 β 的最小方差线性无偏估计.

设 T 是 β 的任一线性无偏估计,$T = CY$,其中 C 是 $m \times n$ 矩阵

$$E(T) = E(CY) = CE(Y) = CX\beta = \beta$$

所以 $CX = I_n$.

又 $Var(T) = COV(T,T) = \sigma^2 CVC'$,则

$$\sum_{\hat{\beta}_L} = COV(\hat{\beta}_L, \hat{\beta}_L) = \sigma^2(X'V^{-1}X)^{-1}$$

因为 $\quad 0 \leqslant [CV^{\frac{1}{2}} - (X'V^{-1}X)^{-1}X'V^{-\frac{1}{2}}] \cdot [CV^{\frac{1}{2}} - (X'V^{-1}X)^{-1}X'V^{\frac{1}{2}}]' = CVC' - (X'V^{-1}X)^{-1}$

所以 $\quad\quad\quad\quad \sum_{\hat{\beta}_L} = \sigma^2(X'V^{-1}X)^{-1} \leqslant \sigma^2 CVC' = \sum_T$

由于 T 是任意选取的一个线性无偏估计,故证得 $\hat{\beta}_L$ 是 β 的最小方差线性无偏估计.

例 9-6 下表给出了大约同样高度的 13 名男子的收缩压(y)和重量(x_1),年龄(x_2)的数据,试配合一个 y 关于 x_1, x_2 的回归平面,并求复相关系数和对精度估计.

x_1	152	183	171	165	158	161	149	158	170	153	164	190	185
x_2	50	20	20	20	30	50	60	50	40	55	40	40	20
y	120	141	124	126	117	125	123	125	132	123	132	155	147

解 计算得 $\quad\quad\quad\quad\quad\quad\quad\quad n = 13$

$$\sum_{i=1}^n x_{1i} = 2\ 159, \quad \overline{x_1} = 166.077, \quad \sum_{i=1}^n x_{2i} = 505, \quad \overline{x_2} = 38.846$$

$$\sum_{i=1}^n y_i = 1\ 694, \quad \overline{y} = 130.308, \quad \sum_{i=1}^n x_{1i}^2 = 360.639$$

$$\sum_{i=1}^n x_{1i}^2 = 21\ 925, \quad \sum_{i=1}^n x_{1i}x_{2i} = 82\ 335$$

$$S_{11} = \sum_{i=1}^n x_{1i}^2 - n\overline{x_1^2} = 21\ 925 - 19\ 617.31 = 2\ 307.69$$

$$S_{22} = \sum_{i=1}^n x_{2i}^2 - n\overline{x_2^2} = 21\ 925 - 19\ 617.31 = 2\ 307.69$$

$$S_{12} - S_{21} = \sum_{i=1}^n x_{1i}x_{2i} - n\overline{x_1}\ \overline{x_2} = 82\ 335 - 83\ 868.85 = -1\ 533.85$$

$$\sum_{i=1}^n y_i x_{1i} = 282\ 921, \quad \sum_{i=1}^{13} y_i x_{2i} = 65\ 135$$

$$S_{x_1 y} = \sum_{i=1}^n y_i x_{1i} - n\overline{x_1}\overline{y} = 282\ 921 - 281\ 334.31 = 1\ 586.69$$

$$S_{x_2 y} = \sum_{i=1}^n y_i x_{2i} - n\overline{x_2}\overline{y} = 65\ 135 - 65\ 805.39 = -670.39$$

由此得正规方程组 $\quad\quad \begin{cases} 2\ 078.92\hat{b}_1 - 1\ 533.85\hat{b}_2 = 1\ 586.69 \\ -1\ 533.85\hat{b}_2 + 2\ 307.69\hat{b}_2 = -670.39 \end{cases}$

解得 $\quad\quad \hat{b}_1 = 1.077, \quad \hat{b}_2 = 0.425, \quad b_0 = \overline{y} - \hat{b}_1\overline{x_1} - \hat{b}_2\overline{x_2}$

$$130.308 - 1.077 \times 166.077 - 0.425 \times 38.846 = -65.066$$

故得 y 关于 x_1, x_2 的线性回归方程为

$$y = -65.066 + 1.077x_1 + 0.425x_2$$

下面求复相关系数.因

$$Q_四 = \hat{b}_1 S_{x_1 y} + \hat{b}_2 S_{x_2 y} = 1.077 \times 1\,586.7 - 0.425 \times 670.4 = 1\,423.96$$

$$Q_T = \sum_{i=1}^{n} y_i^2 - n\overline{y}^2 = 222\,228 - 220\,741.23 = 1\,486.77$$

故复相关系数

$$R = \sqrt{\frac{Q_四}{Q_T}} = \sqrt{\frac{1\,423.96}{1\,486.77}} = 0.958$$

这表明 13 个点和所配回归平面是很接近的.

最后求关于回归方程的精度估计:

$$\sigma^2 = \frac{1}{n-(m+1)}(Q_T - Q_四) = \frac{1}{10} \times (1486.77 - 1423.96) = 6.281$$

$$\sigma = 2.506$$

例 9 - 7 设 $Y = (Y_1, Y_2, Y_3)'$ 服从回归模型

$$Y_i = \beta_0 + \beta_1 x_i + \beta_2 (3x_i^2 - 2) + \varepsilon_i, \quad i = 1, 2, 3$$

$\varepsilon_1, \varepsilon_2, \varepsilon_3$ 独立同服从正态 $N(0, \sigma^2)$ 分布,$x_1 = -1, x_2 = 0, x_3 = 1, \beta_0, \beta_1, \beta_2, \sigma^2$ 均为未知参数:

(1) 试求参数 $\beta_0, \beta_1, \beta_2$ 的最小二乘估计;

(2) 设 $x_0 \neq -1, 0, 1$,求 $Y_0 = \hat{\beta}_0 + \hat{\beta}_1 x_0 + \hat{\beta}_2 (3x_0^2 - 2)$ 的概率分布.

解

$$X = \begin{pmatrix} 1 & x_1 & 3x_1^2 - 2 \\ 1 & x_2 & 3x_2^2 - 2 \\ 1 & x_3 & 3x_3^2 - 2 \end{pmatrix} = \begin{pmatrix} 1 & -1 & 1 \\ 1 & 0 & -2 \\ 1 & 1 & 1 \end{pmatrix}, \quad X'X = \begin{pmatrix} 3 & 0 & 0 \\ 0 & 2 & 0 \\ 0 & 0 & 6 \end{pmatrix}$$

$$(X'X)^{-1} = \begin{pmatrix} \frac{1}{3} & 0 & 0 \\ 0 & \frac{1}{2} & 0 \\ 0 & 0 & \frac{1}{6} \end{pmatrix}, \quad X'Y = \begin{pmatrix} y_1 + y_2 + y_3 \\ -y_1 + y_3 \\ y_1 - 2y_2 + y_3 \end{pmatrix}$$

故 $(\beta_0, \beta_1, \beta_0)$ 的最小二乘估计为

$$\begin{pmatrix} \hat{\beta}_0 \\ \hat{\beta}_1 \\ \hat{\beta}_2 \end{pmatrix} = (X'X)^{-1} X'Y = \begin{pmatrix} \frac{1}{3}(y_1 + y_2 + y_3) \\ \frac{1}{2}(-y_1 + y_2) \\ \frac{1}{6}(y_1 - 2y_2 + y_3) \end{pmatrix}$$

(2)

$$E(Y_0) = \beta_0 + \beta_1 x_1 + \beta_2 (3x_0^2 - 2)$$

$$D(Y_0) = D\left[(\hat{\beta}_0, \hat{\beta}_1, \hat{\beta}_2) \begin{pmatrix} 1 \\ x_0 \\ 3x_0^2 - 2 \end{pmatrix} \right] = (1, x_0, 3x_0^2 - 2) \text{COV}(\hat{\beta}, \hat{\beta}) \begin{pmatrix} 1 \\ x_0 \\ 3x_0^2 - 2 \end{pmatrix} =$$

$$\sigma^2 \left(\frac{1}{3} + \frac{1}{2} x_0^2 + \frac{1}{6}(3x_0^2 - 2)^2 \right)$$

故 $Y_0 \sim N\left(\beta_0 + \beta_1 x_1 + \beta_2 (3x_0^2 - 2), \sigma^2 \left(\frac{1}{3} + \frac{1}{2} x_0^2 + \frac{1}{6}(3x_0^2 - 2)^2 \right) \right)$.

四、课后习题全解

1. 今有某种型号的电池三批,它们分别是 A, B, C 3 个工厂所生产的.为评比其质量,各随机抽取 5 只电池为样品,经试验得其寿命(h) 如下:

A					B					C				
40	42	48	45	38	26	28	34	32	30	39	50	40	50	43

试在显著水平 0.05 下检验电池的平均寿命有无显著的差异. 若差异是显著的,试求均值差 $\mu_A - \mu_B$,$\mu_A - \mu_C$ 和 $\mu_B - \mu_C$ 的置信水平为 95% 的置信区间.

解 现在 $s = 3, n_1 = n_2 = n_3 = 5, n = 15$,将有关计算结果列成下表.

水平数 \ 重复次数	1	2	3	4	5	$T_{\cdot j} = \sum_{i=1}^{n_j} x_{ij}$	$T_{\cdot j}^2$	$\sum_{i=1}^{n_j} x_{ij}^2$
A	40	48	38	42	45	213	45 369	9 137
B	26	34	30	28	32	150	22 500	4 540
C	39	40	43	50	50	222	49 284	9 970
$\sum$					585		117 153	23 647

$$S_T = \sum_{j=1}^{3} \sum_{i=1}^{5} x_{ij}^2 - \frac{T_{\cdot\cdot}^2}{15} = 23\ 647 - \frac{585^2}{15} = 832$$

$$S_E = \sum_{j=1}^{3} \sum_{i=1}^{5} x_{ij}^2 - \sum_{j=1}^{3} \frac{T_{\cdot j}^2}{5} = 23\ 647 - \frac{117\ 153}{5} = 216.4$$

$$S_A = S_T - S_E = 832 - 216.4 = 615.6$$

S_T, S_E, S_A 的自由度分别为 $n - 1 = 14, n - s = 12, s - 1 = 2$,得方差分析如下:

方差来源	平方和	自由度	均方和	F 比	显著性
因素	615.6	2	205.2	11.38	* *
误差	216.4	12	18.03		
总和	832	14			

因 $F_{0.05}(2,12) = 3.89, F_{0.01}(2,12) = 6.93$ 均小于 11.38,故在水平 $\alpha = 0.01$ 下拒绝假设 $H_0: \mu_A = \mu_B = \mu_C$,即认为各厂生产的电池的平均寿命有显著差异.

$\mu_A - \mu_B$ 置信度为 0.95 的置信区间为

$$\left(\frac{213}{5} - \frac{150}{5} - 2.178\ 8 \times \sqrt{\frac{216.4}{12}\left(\frac{1}{5} + \frac{1}{5}\right)}, \frac{213}{5} - \frac{150}{5} + 2.178\ 8 \times \sqrt{\frac{216.4}{12}\left(\frac{1}{5} + \frac{1}{5}\right)} \right) =$$
$$(6.748\ 3, 18.451\ 7)$$

$\mu_B - \mu_C$ 的置信度为 0.95 的置信区间为

$$\left(\frac{150}{5} - \frac{222}{5} - 2.178\ 8 \times \sqrt{\frac{216.4}{12}\left(\frac{1}{5} + \frac{1}{5}\right)}, \frac{150}{5} - \frac{222}{5} + 2.178\ 8 \times \sqrt{\frac{216.4}{12}\left(\frac{1}{5} + \frac{1}{5}\right)} \right) =$$
$$(-20.251\ 7, -8.548.3)$$

$\mu_A - \mu_C$ 的置信度为 0.95 的置信区间为

$$\left(\frac{213}{5} - \frac{222}{5} - 2.178\ 8 \times \sqrt{\frac{216.4}{12} \times \left(\frac{1}{5} + \frac{1}{5}\right)}, \frac{213}{5} - \frac{222}{5} + 2.178\ 8 \times \sqrt{\frac{216.4}{12} \times \left(\frac{1}{5} + \frac{1}{5}\right)} \right) =$$
$$(-7.651\ 7, 4.051\ 7)$$

2. 为了寻找飞机控制板上仪器表的最佳布置,试验了 3 个方案,观察领航员在紧急情况的反应时间(以 1/10s 计),随机地选择 28 名领航员,得到他们对于不同的布置方案的反应时间如下:

方案 Ⅰ	14	13	9	15	11	13	14	11		
方案 Ⅱ	10	12	7	11	8	12	9	10	13	10	9
方案 Ⅲ	11	5	9	10	6	8	7			

三导

试在显著性水平 0.05 下检查各个方案的反应时间有无显著差异.若有差异,试求 $\mu_1-\mu_2,\mu_1-\mu_3,\mu_2-\mu_3$ 的置信水平为 0.95 的置信区间.

解 在显著性水平 $\alpha=0.05$ 下,检验假设

$$H_0:\mu_1=\mu_2=\mu_3, \quad H_1:\mu_1,\mu_2,\mu_3 \text{ 不全相等.}$$

这里 $n_1=8,n_2=12,n_3=8,n=28,s=3,T_{.1}=100,T_{.2}=120,T_{.3}=64,T_{..}=284$,则

$$S_T=\sum_{j=1}^{3}\sum_{i=1}^{n_j}x_{ij}^2-T_{..}^2/n=3052-284^2/28=171.43$$

$$S_A=\sum_{j=1}^{3}T_{.j}^2/n_j-T_{..}^2/n=2962-2880.57=81.43$$

$$S_E=S_T-S_A=90$$

S_T,S_A,S_E 的自由度分别为 $n-1=28-1=27,s-1=2,n-s=28-3=25$,从而得方差分析表如下:

方差来源	平方和	自由度	均方	F比$(\alpha=0.05)$
因素 A	81.43	2	40.715	$\bar{S}_A/\bar{S}_E=11.3$
误差 E	90	25	3.6	
总和 T	171.43	27		

因为 $F_{0.05}(2,25)=3.39,F_{比}=11.3>3.39$,所以在显著性水平 $\alpha=0.05$ 下拒绝 H_0,认为差异是显著的.

下面求置信水平为 $1-\alpha=0.95$ 的置信区间.

$$t_{0.025}(25)=2.0595$$

$$t_{0.025}(25)\times\sqrt{\bar{S}_E\left(\frac{1}{n_1}+\frac{1}{n_2}\right)}=2.0595\times\sqrt{3.6\times\left(\frac{1}{8}+\frac{1}{12}\right)}=1.78$$

$$t_{0.025}(25)\times\sqrt{\bar{S}_E\left(\frac{1}{n_1}+\frac{1}{n_3}\right)}=2.0595\times\sqrt{3.6\times\left(\frac{1}{8}+\frac{1}{8}\right)}=1.95$$

$$\hat{\mu}_1=\bar{x}_{.1}=T_{.1}/8=12.5, \quad \hat{\mu}_2=\bar{x}_{.2}=T_{.2}/12=10, \quad \hat{\mu}_3=\bar{x}_{.3}=T_{.3}/8=8$$

从而分别得 $\mu_1-\mu_2,\mu_1-\mu_3,\mu_2-\mu_3$ 的置信水平为 0.95 的置信区间为

$$(\hat{\mu}_1-\hat{\mu}_2-1.78, \quad \hat{\mu}_1-\hat{\mu}_2+1.78)=(0.72,\quad 4.28)$$

$$(\hat{\mu}_1-\hat{\mu}_3-1.95, \quad \hat{\mu}_1-\hat{\mu}_3+1.95)=(2.55,\quad 6.45)$$

$$(\hat{\mu}_2-\hat{\mu}_3-1.78, \quad \hat{\mu}_2-\hat{\mu}_3+1.78)=(0.22,\quad 3.78)$$

3.某防治站对 4 个林场的松毛虫密度进行调查,每个林场调查 5 块地得资料如下表:

地点	松毛虫密度 /(头·标准地$^{-1}$)				
A_1	192	189	176	185	190
A_2	190	201	187	196	200
A_3	188	179	191	183	194
A_4	187	180	188	175	182

判断 4 个林场松毛虫密度有无显著差异,取显著性水平 $\alpha=0.05$.

解 记 A_i 林场的平均松毛虫密度为 $\mu_i,i=1,2,3,4$.则所述问题为在显著性水平 $\alpha=0.05$ 下检验假设

$$H_0:\mu_1=\mu_2=\mu_3=\mu_4, \quad H_1:\mu_1,\mu_2,\mu_3,\mu_4 \text{ 不全相等}$$

令 $n_1=n_2=n_3=n_4=5,n=20,s=4,T_{.1}=932,T_{.2}=974,T_{.3}=935,T_{.4}=912,T_{..}=3753$,则

$$S_T=\sum_{j=1}^{4}\sum_{i=1}^{5}x_{ij}^2-T_{..}^2/n=705225-3753^2/20=974.55$$

$$S_A=\sum_{j=1}^{4}T_{.j}^2/5-T_{..}^2/n=704653.8-704250.35=403.45$$

$$S_E=S_T-S_A=571.2$$

S_T,S_A,S_E 的自由度分别为 $n-1=19,s-1=3,n-s=16$,从而得方差分析表如下:

方差来源	平方和	自由度	均方	F比
因素 A	403.35	3	134.45	$\bar{S}_A/\bar{S}_E = 3.766$
误差 E	571.2	16	35.7	
总和 T	974.55	19		

因为 $F_{0.05}(3,16) = 3.24, F_比 = 3.733 > 3.24$,所以在显著性水平 $\alpha = 0.05$ 下拒绝 H_0,认为差异是显著的.

4. 一试验用来比较 4 种不同药品解除外科手术后疼痛的延续时间(h),结果如下表:

药品			时间长度 /h		
A	8	6	4	2	
B	6	6	4	4	
C	8	10	10	10	12
D	4	4	2		

试在显著性水平 $\alpha = 0.05$ 下检验各种药品对解除疼痛的延续时间有无显著差异.

解 用 μ_1,μ_2,μ_3,μ_4 分别表示药品 A,B,C,D 的平均缓解疼痛的延续时间,则该问题为在显著性水平 $\alpha = 0.05$ 下检验假设

$$H_0:\mu_1 = \mu_2 = \mu_3 = \mu_4, \quad H_1:\mu_1,\mu_2,\mu_3,\mu_4 \text{ 不全相等}$$

本题中 $n_1 = n_2 = 4, n_3 = 5, n_4 = 3, n = 16, s = 4, T_{\cdot 1} = 20, T_{\cdot 2} = 20, T_{\cdot 3} = 50, T_{\cdot 4} = 10, T_{\cdot\cdot} = 100$,则

$$S_T = \sum_{j=1}^{4} \sum_{i=1}^{n_j} x_{ij}^2 - T_{\cdot\cdot}^2/n = 768 - 625 = 143$$

$$S_A = \sum_{j=1}^{4} T_{\cdot j}^2/n_j - T_{\cdot\cdot}^2/n = 733.33 - 625 = 108.33$$

$$S_E = S_T - S_A = 34.67$$

S_T, S_A, S_E 的自由度分别为 $n-1 = 15, s-1 = 3, n-s = 12$,从而得方差分析表如下:

方差来源	平方和	自由度	均方	F比
因素 A	108.33	3	36.11	$\bar{S}_A/\bar{S}_E = 12.49$
误差 E	34.67	12	2.89	
总和 T	143	15		

因 $F_{0.05}(3,12) = 3.49, F_比 = 12.49 > 3.49$,所以在显著性水平 $\alpha = 0.05$ 下拒绝 H_0,认为药品效果差异是显著的.

5. 将抗生素注入人体会产生抗生素与血浆蛋白质结合的现象,以致减少了药效下. 表列出 5 种常用的抗生素注入到牛的体内时,抗生素与血浆蛋白质结合的百分比. 试在水平 $\alpha = 0.05$ 下检验这些百分比的均值有无显著的差异.

青霉素	四环素	链霉素	红霉素	氧霉素
29.6	27.3	5.8	21.6	29.2
24.3	32.6	6.2	17.4	32.8
28.5	30.8	11.0	18.3	25.0
32.0	34.8	8.3	19.0	24.2

解 这是一单因素等重复试验的方差分析问题,$s = 5, n_1 = n_2 = n_3 = n_4 = n_5 = 4, n = 20$,将有关计算结果列如下表.

水平	1	2	3	4	$T_{\cdot j} = \sum\limits_{i=1}^{4} x_{ij}$	$T_{\cdot j}^2$	$\sum\limits_{i=1}^{4} x_{ij}^2$
青霉素	29.6	24.3	28.5	32.0	114.4	13 087.36	3 302.9
四环素	27.3	32.6	30.8	34.8	125.5	15 750.25	3 967.73
链霉素	5.8	6.2	11.0	8.3	31.3	979.69	261.97
红霉素	21.6	17.4	18.3	19.0	76.3	5 821.69	1 465.21
氯霉素	29.2	32.8	25.0	24.2	111.2	12 365.44	3 139.12
$\sum$					468.7	48 004.43	12 136.93

$$S_T = \sum_{j=1}^{5} \sum_{i=1}^{4} x_{ij}^2 - \frac{T_{\cdot\cdot}^2}{20} = 12\ 136.93 - \frac{458.7^2}{20} = 1\ 616.65$$

$$S_E = \sum_{j=1}^{5} \sum_{i=1}^{4} x_{ij}^2 - \frac{1}{4} \sum_{j=1}^{5} T_{\cdot j}^2 = 12\ 136.93 - \frac{48\ 004.3}{4} = 135.82$$

$$S_A = S_T - S_E = 1\ 616.65 - 135.82 = 1\ 480.83$$

S_T, S_E, S_A 的自由度分别为 $n-1 = 29 - 1 = 19, n - S = 15, s - 1 = 5 - 1 = 4$ 得方差分析如下:

方差来源	平方和	自由度	均方和	F 比	显著性
因素	1 480.83	4	370.21	40.89	* *
误差	135.82	15	9.05		
总和	1 616.65	19			

因为 $F_{0.05}(4,15) = 3.06 < 40.89, F_{0.01}(4,15) = 4.89 < 40.89$, 所以在水平 $\alpha = 0.01$ 下拒绝假设 H_0, 即认为抗生素与血浆蛋白质结合的百分比的均值有显著差异.

6. 下表给出某种化工过程在 3 种浓度、4 种温度水平下得率的数据:

		温度(因素 B)			
		10℃	24℃	38℃	52℃
浓度(因素 A)	2%	14　10	11　11	13　9	10　12
	4%	9　7	10　8	7　11	6　10
	6%	5　11	13　14	12　13	14　10

试在水平 $\alpha = 0.05$ 下检验:在不同浓度下得率有无显著差异,在不同温度下得率是否是显著差异,交互作用的效应是否显著.

解 依题意,需检验假设

$$H_{01}: \alpha_1 = \alpha_2 = \alpha_3 = 0, H_{11}: \alpha_1, \alpha_2, \alpha_3 \text{ 不全为零}$$

$$H_{02}: \beta_1 = \beta_2 = \beta_3 = \beta_4 = 0, H_{12}: \beta_1, \beta_2, \beta_3, \beta_4 \text{ 不全为零}$$

$$H_{03}: \delta_{11} = \delta_{12} = \cdots = \delta_{34} = 0, H_{13}: \delta_{11}, \delta_{12}, \cdots, \delta_{34} \text{ 不全为零}$$

有关计算结果如下表.

A ＼ B	B_1	B_2	B_3	B_4	$T_{i\cdot}$
A_1	14 10 (24)	11 11 (22)	13 9 (22)	1 12 (22)	90
A_2	9 7 (16)	10 8 (18)	7 11 (18)	6 10 (16)	68
A_3	5 11 (16)	13 14 (27)	12 13 (25)	14 10 (24)	92
$T_{j\cdot}$	56	67	65	62	250

$$S_T = (14^2 + 10^2 + \cdots + 14^2 + 10^2) - \frac{250^2}{24} = 2\ 752 - 2\ 604.17 = 147.83$$

$$S_A = \frac{1}{8} \times (90^2 + 68^2 + 92^2) - \frac{250^2}{24} = 2\ 648.5 - 2\ 604.17 = 44.33$$

$$S_B = \frac{1}{6}(56^2 + 67^2 + 65^2 + 62^2) - \frac{250^2}{24} = 11.50$$

$$S_{A \times B} = \frac{1}{2} \times (24^2 + 16^2 + 16^2 + \cdots + 16^2 + 24^2) - \frac{250^2}{24} = 82.83$$

$$S_E = S_T - S_A - S_B - S_{A \times B} = 9.17$$

得方差分析如下表:

方差来源	平方和	自由度	均方和	F 比	显著性
A(浓度)	44.33	2	22.17	29.01	＊　＊
B(浓度)	11.50	3	3.83	5.01	＊
$A \times B$	82.83	6	13.81	18.07	＊　＊
误差	9.17	12	0.7642		
总和	147.83	23			

由于 $F_{0.05}(2,12) = 3.89 < F_A$, $F_{0.05}(3,12) = 3.49 < F_B$, $F_{0.05}(6,12) < F_{A \times B}$, $F_{0.01}(2,12) = 6.93 < F_A$, $F_{0.01}(3,12) = 5.95 < F_B$, $F_{0.01}(6,12) = 4.82 < F_{A \times B}$, 所以因素 A(浓度)影响高度显著,交互作用 $A \times B$ 高度显著,因素 B(温度)影响显著.

7. 为了研究金属管的防腐蚀的功能,考虑了 4 种不同的涂料涂层,将金属管埋设在 3 种不同性质的土壤中,经历了一定时间,测得金属管腐蚀的最大深度如下表所示(以 mm 计).

	土壤类型(因素 B)		
	1	2	3
涂层(因素 A)	1.63	1.35	1.27
	1.34	1.30	1.22
	1.19	1.14	1.27
	1.30	1.09	1.32

试取水平 $\alpha = 0.05$ 检验在不同涂层下腐蚀的最大深度的平均值有无显著差异,在不同土壤下腐蚀的最大深度的平均值有无显著差异. 设两因素间没有交互作用效应.

解　依题意,需检验假设

$$H_{01} : \alpha_1 = \alpha_2 = \alpha_3 = \alpha_4 = 0, \quad H_{11} : \alpha_1, \alpha_2, \alpha_3, \alpha_4 \text{ 不全为零}$$
$$H_{02} : \beta_1 = \beta_2 = \beta_3 = 0, \quad H_{12} : \beta_1, \beta_2, \beta_3 \text{ 不全为零}$$

有关计算如下:

$$T = 1.63 + 1.35 + \cdots + 1.32 = 15.42$$

$$S_T = (1.63^2 + 1.35^2 + \cdots + 1.32^2) - \frac{T^2}{12} = 20.015\ 4 - \frac{237.776\ 4}{12} = 0.200\ 7$$

$$S_A = \frac{1}{3} \times (4.25^2 + 3.86^2 + 3.6^2 + 3.71^2) - \frac{15.42^2}{12} =$$
$$\frac{1}{3} \times [18.062\ 5 + 14.899\ 6 + 12.96 + 13.764\ 1] - \frac{15.42^2}{12} = 19.895\ 4 - 19.814\ 7 = 0.080\ 7$$

$$S_B = \frac{1}{4} \times [5.46^2 + 4.88^2 + 5.08^2] - \frac{15.42^2}{12} =$$
$$\frac{1}{4} \times [29.811\ 6 + 23.814\ 4 + 25.806\ 4] - 19.814\ 7 = 0.043\ 4$$

$$S_E = S_T - S_A - S_B = 0.200\ 7 - 0.080\ 7 - 0.043\ 4 = 0.076\ 6$$

方差分析如下表：

方差来源	平方和	自由度	均方和	F 值	显著性
A	0.080 7	3	0.026 9	2.106 5	
B	0.043 4	2	0.021 7	1.699 3	
C	0.076 6	6	0.012 77		
总和	0.200 7	11			

对 $\alpha = 0.05$，查表得 $F_{0.05}(3.6) = 4.76$，$F_{0.05}(2,6) = 5.14$．因 $F_A = 2.106\ 5 < 4.76$，$F_B = 1.699\ 3 <$ 5.14，所以在不同涂层下腐蚀的最大深度的平均值无显著差异，在不同土壤 F 腐蚀的最大深度的平均值无显著差异．

8. 下表数据是退火温度 $x(℃)$ 对黄铜延性 Y 效应的试验结果，Y 是以延长度计算的．

$x/℃$	300	400	500	600	700	800
$y/(\%)$	40	50	55	60	67	70

画出散点图并求 Y 对于 x 的线性回归方程．

解 作散点图如图 9-1 所示．

为求回归方程，将所需计算列表如下：

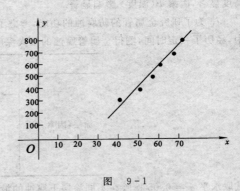

x	y	x^2	y^2	xy
300	40	90 000	16 000	12 000
400	50	160 000	2 500	20 000
500	55	250 000	3 025	27 500
600	60	360 000	3 600	36 000
700	67	490 000	4 489	469 000
800	70	640 000	4 900	56 000
$\sum$ 3 300	342	1 990 000	20 114	198 400

图 9-1

由表得

$$S_{xx} = \sum_{i=1}^{n} x_i^2 - \frac{1}{n}\left(\sum_{i=1}^{n} x_i\right)^2 = 1\ 990\ 000 - \frac{1}{6} \times (3\ 300)^2 = 175\ 000$$

$$S_{yy} = \sum_{i=1}^{n} y_i^2 - \frac{1}{n}\left(\sum_{i=1}^{n} y_i\right)^2 = 20\ 114 - \frac{1}{6} \times (342)^2 = 620$$

$$S_{xy} = \sum_{i=1}^{n} x_i y_i - \frac{1}{n}\left(\sum_{i=1}^{n} x_i\right)\left(\sum_{i=1}^{n} y_i\right) = 198\ 400 - \frac{1}{6} \times 3\ 300 \times 342 = 10\ 300$$

$$\hat{b} = \frac{S_{xy}}{S_{xx}} = \frac{10\ 300}{175\ 000} = 0.058\ 9$$

$$\hat{a} = \bar{y} - \hat{b}\bar{x} = \frac{1}{6} \times 342 + 0.058\ 9 \times \frac{1}{6} \times 3\ 300 = 24.605$$

故得回归方程

$$\hat{y} = 24.606 + 0.058\ 9x$$

由于

$$Q_e = S_{yy} - \hat{b}S_{xy} = 620 - 0.058\ 9 \times 10\ 300 = 13.33$$

$$\hat{\sigma}^2 = \frac{Q_e}{n-2} = \frac{13.33}{4} = 3.332\ 5$$

查 t 分布表得 $t_{0.025}(4) = 3.182\ 4$．因为

$$|t| = \frac{|\hat{b}|}{\hat{\sigma}}\sqrt{S_{xx}} = 0.058\,9 \times \sqrt{\frac{175\,000}{3.332\,5}} = 13.497\,4 > 3.182\,4$$

所以拒绝假设 $H_0: b = 0$,即认为回归方程显著.

9. 在钢线碳含量对于电阻的效应的研究中,得到以下的数据:

碳含量 $x/(\%)$	0.10	0.30	0.40	0.55	0.70	0.80	0.95
20℃ 时电阻 $y/(\mu\Omega)$	15	18	19	21	22.6	23.8	26

(1)画出散点图;(2)求线性回归方程 $\hat{y} = \hat{a} + \hat{b}x$;(3)求 ε 的方差 σ^2 的无偏估计;(4)检验假设 $H_0: b = 0, H_1:$ $b \neq 0$;(5)若回归效果显著,求 b 的置信度为 0.95 的置信区间;(6)求 $x = 0.50$ 处 $\mu(x)$ 的置信度为 0.95 的置信区间;(7)求 $x = 0.50$ 处观察值 Y 的置信水平为 0.95 的预测区间.

解　(1)作散点图如图 9-2 所示.

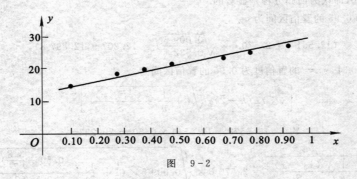

图　9-2

(2)为求线性回归方程,所需计算列表如下:

x	y	x^2	y^2	xy
0.10	15	0.01	225	1.5
0.30	18	0.09	324	5.4
0.40	19	0.16	361	7.6
0.55	21	0.302 5	441	11.55
0.70	22.6	0.49	510.76	15.82
0.80	23.8	0.64	566.44	19.04
0.95	26	0.902 5	676	24.7
$\sum$ 3.8	145.4	2.595	1 104.04	85.61

$$S_{xx} = \sum_{i=1}^n x_i^2 - \frac{1}{n}\left(\sum_{i=1}^n x_i\right)^2 = 2.595 - \frac{1}{7} \times (3.8)^2 = 0.532\,1$$

$$S_{xy} = \sum_{i=1}^n y_i^2 - \frac{1}{n}\left(\sum_{i=1}^n y_i\right)^2 = 3\,104\,04 - \frac{1}{7} \times (145.4)^2 = 83.874\,3$$

$$S_{xy} = \sum_{i=1}^n x_i y_i - \frac{1}{n}\left(\sum_{i=1}^n x_i\right)\left(\sum_{i=1}^n y_i\right) = 85.61 - \frac{1}{7} \times 3.8 \times 145.4 = 6.678\,6$$

故得

$$\hat{b} = \frac{S_{xy}}{S_{xx}} = \frac{6.678\,6}{0.532\,1} = 12.551\,4$$

$$\hat{a} = \bar{y} - \hat{b}\bar{x} = \frac{1}{7} \times 145.5 - 12.551\,4 \times \frac{1}{7} \times 3.8 = 13.957\,8$$

于是得回归直线方程　　　　　　　　$\hat{y} = 13.957\,8 + 12.551\,4x$

三导

(3) $$\hat{\sigma}^2 = Q_e/(n-2) = \frac{S_{yy} - \hat{b}S_{xy}}{5} = 0.04319463$$

(4) 检验假设 $\qquad H_0 : b = 0, \quad H_1 : b \neq 0$

$$Q_x = S_{yy} - bS_{xy} = 83.8743 - 12.5514 \times 6.6787 = 0.0473$$

$$\hat{\sigma}^2 = \frac{Q_e}{n-2} = \frac{0.0473}{5} = 0.0095$$

查 t 分布表得 $t_{0.025}(5) = 2.5706$,检验假设 $H_0 : b = 0$ 的拒绝域

$$|t| = \frac{|\hat{b}|}{\hat{\sigma}} \sqrt{S_{xx}} \geqslant 2.5706$$

现在 $\qquad |t| = \frac{12.5514}{\sqrt{0.0095}} \sqrt{0.5321} = 93.9349 > 2.5706$

故拒绝假设 $H_0 : b = 0$,即认为回归方程是显著的.

(5) b 的置信度为 0.95 的置信区间为

$$\left(12.5514 \pm 2.5706 \times \sqrt{\frac{0.0095}{0.5321}} \right) = 12.2079, 12.8978)$$

(6) 当 $x_0 = 0.50$ 时,$y_0 =$ 的置信度为 0.95 的置信区间为

$$\left[\hat{y} \pm t_{\frac{\alpha}{2}}(n-2)\hat{\sigma} \sqrt{1 + \frac{1}{n} + \frac{(x_0 - \overline{x})^2}{S_{xx}}} \right]$$

而 $\qquad \hat{Y}_0 = 13.9578 + 12.5514 \times 0.50 = 20.2335$

$$t_{\frac{\alpha}{2}}(n-2)\hat{\sigma} \sqrt{1 + \frac{1}{n} + \frac{(x_0 - \overline{x})^2}{S_{xx}}} = 2.5706 \times \sqrt{0.0095 \times (1 + \frac{1}{7} + \frac{(0.50 - \frac{3.8}{7})^2}{0.5321})} = 0.2683$$

得预测区间为 $\qquad (20.2335 \pm 0.2683) = (19.9652, 20.5018)$

(7) 以上已求得 $\hat{y}_0 = \hat{a} + \hat{b}x_0 = 20.23355$,$t_{\alpha/2}(n-2)$ 同上,可得

$$t_{\alpha/2}(n-2)\hat{\sigma} \sqrt{1 + \frac{1}{n} + (x_0 - \overline{x})^2/S_{xx}} = 0.2044$$

于是得 $x = 0.50$ 处,观察值 Y 的一个置信水平为 0.95 的预测区间为 $(\hat{y}_0 \pm 0.5720) = (19.66, 20.81)$.

10. 下表列出了 18 个 5～8 岁儿童的体重(这是容易测得的)和体积(这是难以测量的):

体重 x/kg	17.1	10.5	13.8	15.7	11.9	10.4	15.0	16.0	17.8	15.8	15.1	12.1	18.4	17.1	16.7	16.5	15.1	15.1
体积 y/cm³	16.7	10.4	13.5	15.7	11.6	10.2	14.5	15.8	17.6	15.2	14.8	11.9	18.3	16.7	16.6	15.9	15.1	14.5

(1) 画出散点图;(2) 求 Y 关于 x 的线性回归方程 $\hat{y} = \hat{a} + \hat{b}x$;(3) 求 $x = 14.0$ 时 Y 的置信度为 0.95 的预测区间.

解 (1) 作散点图(见图 9-3).

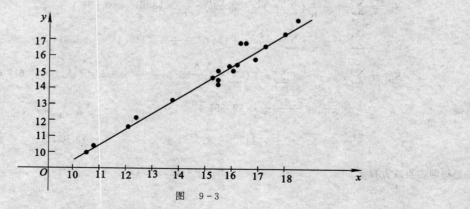

图 9-3

（2）为求回归方程，将有关计算结果列表如下：

x	y	x^2	y^2	xy
17.1	16.7	292.41	278.89	285.57
10.5	10.4	110.25	108.16	109.2
13.8	13.5	190.44	182.25	186.3
15.7	15.7	246.49	246.49	246.49
11.9	11.6	141.61	134.56	138.04
10.4	10.2	108.16	104.04	106.08
15.0	14.5	225	210.25	217.5
16.0	15.8	256	249.64	252.8
17.8	17.6	316.84	309.76	313.28
15.8	15.2	249.64	231.04	240.16
15.1	14.8	228.01	219.04	223.48
12.1	11.9	146.41	141.61	143.99
18.4	18.3	338.56	334.89	336.72
17.1	16.7	292.41	278.89	285.57
16.7	16.6	278.89	275.56	277.22
16.5	15.9	272.25	252.81	262.35
15.1	15.1	228.01	228.01	228.01
15.1	14.5	228.01	216)25	218.95
$\sum$ 270.1	265	4 149.39	3 996.14	4 071.71

得

$$S_{xx} = \sum_{i=1}^{n} x_i^2 - \frac{1}{n}\left(\sum_{i=1}^{n} x_i\right)^2 = 4\ 149.39 - \frac{1}{18}\times(270.1)^2 = 96.389\ 4$$

$$S_{yy} = \sum_{i=1}^{n} y_i^2 - \frac{1}{n}\left(\sum_{i=1}^{n} y_i\right)^2 = 3\ 996.14 - \frac{1}{18}\times(265)^2 = 94.751\ 1$$

$$S_{xy} = \sum_{i=1}^{n} x_i y_i - \frac{1}{n}\left(\sum_{i=1}^{n} x_i\right)\left(\sum_{i=1}^{n} y_i\right) = 4\ 071.71 - \frac{1}{18}\times 270.1\times 2\ 65 = 95.237\ 8$$

$$\hat{b} = \frac{S_{xy}}{S_{xy}} = \frac{95.237\ 8}{96.398\ 4} = 0.988\ 1$$

$$\hat{a} = \bar{y} - \hat{b}\bar{x} = \frac{1}{18}\times 265 - 0.988\ 1\times\frac{1}{18}\times 270.1 = -0.104\ 8$$

故得回归方程 $\qquad\qquad \hat{y} = -0.014\ 8 + 0.988\ 1x$

又因 $\qquad\qquad Q_e = S_{yy} - \hat{b}S_{xy} = 94.751\ 1 - 0.988\ 1\times 95.237\ 8 = 0.646\ 6$

$$\hat{\sigma}^2 = \frac{Q_e}{n-2} = \frac{0.646\ 6}{16} = 0.040\ 414$$

对 $\alpha = 0.05$，查 t 分布表得 $t_{0.025}(16) = 2.119\ 9$，则

$$|t| = \frac{|\hat{b}|}{\hat{\sigma}}\sqrt{S_{xx}} = 0.988\ 1\times\sqrt{\frac{96.389\ 4}{0.040\ 414}} = 48.255\ 8 > 2.119\ 9$$

所以拒绝假设 $H_0: b = 0$，即认为回归方程显著.

（3）当 $x_0 = 14.0$ 时，$y_0 = -0.104\ 8 + 0.988\ 1\times 14.0 = 13.728\ 6$，$y_0$ 的置信度为 0.95 的预测区间为

$$\left(y \pm t_{0.025}(n-2)\sigma\sqrt{1+\frac{1}{n}+\frac{(x_0-\bar{x})^2}{S_{xx}}}\right) = (13.288\ 5, 14.168\ 7)$$

11.蟋蟀用一个翅膀在另一翅膀上快速地滑动，从而发出吱吱喳喳的叫声.生物学家知道叫声的频率 x 与气温 Y 具有线性关系.下表列出了 15 对频率与气温间的对应关系的观察结果：

| 频率 x_i/(叫声数·s^{-1}) | 20.0　16.0　19.8　18.4　17.1　15.5　14.7　17.1　15.4　16.2　15.0　17.2　16.0　17.0　14.4 |
| 气温 y_i/(℃) | 31.4　22.0　34.1　29.1　27.0　24.0　20.9　27.8　20.8　28.5　26.4　28.1　27.0　28.6　24.6 |

试求 Y 关于 x 的线性回归方程.

解　需求出 Y 关于 x 的线性回归函数 $a+bx$. 为此, 计算得 $\sum x_i = 249.8$, $\sum y_i = 400.3$, $\sum x_i^2 = 4$ 200.56, $\sum x_i y_i = 6\ 740.71$, 则

$$S_{xx} = \sum x_i^2 - \frac{1}{n}\left(\sum x_i\right)^2 = 40.557\ 333$$

$$S_{xy} = \sum x_i y_i - \frac{1}{n}\left(\sum x_i\right)\left(\sum y_i\right) = 74.380\ 667$$

$$\hat{b} = \frac{S_{xy}}{S_{xx}} = 1.833\ 963, \quad \hat{a} = \frac{1}{n}\sum y_i - \frac{\hat{b}}{n}\sum x_i = -3.854\ 930$$

所以回归方程为　　　　　　　　$\hat{y} = -3.854\ 93 + 1.833\ 96x$

12. 下面列出了自 1952—2004 年各届奥林匹克运动会男子 10 000 m 赛跑的冠军的成绩(时间以 min 计):

年份(x)	1952	1956	1960	1964	1968	1972	1976
成绩(y)	29.3	28.8	28.5	28.4	29.4	27.6	27.7
年份(x)	1980	1984	1988	1992	1996	2000	2004
成绩(y)	27.7	27.8	27.4	27.8	27.1	27.3	27.1

(1) 求 Y 关于 x 的线性回归方程 $\hat{y} = \hat{a} + \hat{b}x$.

(2) 检验假设 $H_0:b=0$, $H_1:b\neq 0$(显著性水平 $\alpha = 0.05$).

(3) 求 2008 年冠军成绩的预测值.

解　(1) 这里 $n=14$, $\sum x_i = 27\ 692$, $\sum y_i = 391.9$, $\sum x_i^2 = 54\ 778\ 416$, $\sum x_i y_i = 775\ 040$, $\sum y_i^2 = 10\ 978$, 则

$$S_{xx} = \sum x_i^2 - \frac{1}{n}\left(\sum x_i\right)^2 = 3\ 640$$

$$S_{xy} = \sum x_i y_i - \frac{1}{n}\left(\sum x_i\right)\left(\sum y_i\right) = -142.6$$

$$S_{yy} = \sum y_i^2 - \frac{1}{n}\left(\sum y_i\right)^2 = 7.589\ 3$$

$$\hat{b} = \frac{S_{xy}}{S_{xx}} = -0.039\ 2, \quad \hat{a} = \frac{1}{n}\sum y_i - \frac{\hat{b}}{n}\sum x_i = 105.482\ 6$$

所以回归方程为　　　　　　　　$\hat{y} = 105.482\ 6 - 0.039\ 2x$

(2) 需在显著性水平 0.05 下检验假设

$$H_0:b=0, \quad H_1:b\neq 0$$

先计算　　　$Q_e = S_{yy} - \hat{b}S_{xy} = 2.002\ 8$, $\hat{\sigma}^2 = \frac{Q_e}{n-2} = 0.166\ 9$

查表得 $t_{0.025}(12) = 2.178\ 8$. 观察值

$$|t| = \frac{|\hat{b}|}{\hat{\sigma}}\sqrt{S_{xx}} = 5.785\ 5 > 2.178\ 8$$

故在显著性水平 $\alpha = 0.05$ 下拒绝 H_0, 认为回归效果是显著的.

(3) 预测值. 在式(1)中令 $x = 2\ 008$ 得

$$\hat{y}\big|_{x=2008} = 105.482\ 6 - 0.039\ 2 \times 2\ 008 = 26.817\ 6$$

13. 以 x 与 Y 分别表示人的脚长(英寸①)与手长(英寸), 下面列出了15名女子的脚的长度 x 与手的长度

---

① 1英寸＝2.54厘米.

Y 的样本值：

x	9.00	8.50	9.25	9.75	9.00	10.00	9.50	9.00	9.25	9.50	9.25	10.00	10.00	9.75	9.50
y	6.50	6.25	7.25	7.00	6.75	7.00	6.50	7.00	7.00	7.00	7.00	7.50	7.25	7.25	7.25

试求(1)Y 关于 x 的线性回归方程 $\hat{y} = \hat{a} + \hat{b}x$. (2) 求 b 的置信水平为 0.95 的置信区间.

解 (1) 这里 $n = 15$，$\sum x_i = 141.25$，$\sum y_i = 104.5$，$\sum x_i^2 = 1\,332.812\,5$，$\sum x_i y_i = 985.5$，$\sum y_i^2 = 729.625$，则

$$S_{xx} = \sum x_i^2 - \frac{1}{n}\left(\sum x_i\right)^2 = 2.708\,333$$

$$S_{yy} = \sum y_i^2 - \frac{1}{n}\left(\sum y_i\right)^2 = 1.608\,333$$

$$S_{xy} = \sum x_i y_i - \frac{1}{n}\left(\sum x_i\right)\left(\sum y_i\right) = 1.458\,333$$

从而
$$\hat{b} = \frac{S_{xy}}{S_{xx}} = 0.538\,46, \quad \hat{a} = \frac{1}{n}\sum y_i - \frac{\hat{b}}{n}\sum x_i = 1.896$$

所以回归方程
$$\hat{y} = 1.896 + 0.538\,46x$$

(2) 计算 $Q_e = S_{yy} - \hat{b}S_{xy} = 0.823\,079$. 因 $n = 15$，所以 $\hat{\sigma}^2 = \dfrac{Q_e}{n-2} = 0.063\,31$.

因 $t_{0.025}(13) = 2.1604$，所以 b 的置信水平为 0.95 的置信区间为

$$\left(\hat{b} \pm t_{a/2}(n-2)\,\frac{\hat{\sigma}}{\sqrt{S_{xx}}}\right) = \left(0.538\,46 \pm 2.160\,4 \times \frac{\sqrt{0.063\,31}}{\sqrt{2.708\,333}}\right) = (0.208, \quad 0.869)$$

14. 槲寄生是一种寄生在大树上部树枝上的寄生植物. 它喜欢寄生在年轻的大树上. 下表给出在一定条件下完成的试验中采集的数据.

大树的年龄 x / 年	3	4	9	15	40
每株大树上槲寄生的株数 y	28	10	15	6	1
	33	36	22	14	1
	22	24	10	9	

(1) 作出 (x_i, y_i) 的散点图；(2) 令 $z_i = \ln y_i$，作出 (x_i, z_i) 的散点图；(3) 以模型 $y = ae^{bx}$，$\ln\varepsilon \sim N(0, \sigma^2)$ 拟合数据，其中 a, b, σ^2 与 x 无关，试求曲线方程 $y = ae^{bx}$.

解 $y = ae^{bx}\varepsilon$，则 $\ln y = \ln a + bx + \ln\varepsilon$

令 $z = \ln y$，$a_1 = \ln a$，$e = \ln\varepsilon$，则上述模型为 $z = a_1 + bx + e$. a_1, b 的最小二乘估计量为

$$\hat{b}\frac{S_{xz}}{S_{xx}}, \quad \hat{a}_1 = \bar{z} - b\bar{x}$$

$$S_{xz} = \sum_{i=1}^{14} x_i z_i - \frac{1}{14}\sum_{i=1}^{14}x_i \sum_{i=1}^{14}z_i, \quad S_{xx} = \sum_{i=1}^{14} x_i^2 - \frac{1}{14}\left(\sum_{i=1}^{14}x_i\right)^2$$

$$\sum_{i=1}^{14}x_i z_i = 3 \times (\ln 28 + \ln 33 + \ln 22) + 4 \times (\ln 10 + \ln 36 + \ln 24) + 9 \times (\ln 15 + \ln 22 + \ln 10) +$$
$$15 \times (\ln 6 + \ln 14 + \ln 9) + 40 \times (\ln 1 + \ln 1) \doteq 238$$

$$\sum_{i=1}^{14}x_i = 3 \times (3 + 4 + 9 + 15) + 2 \times 40 = 173$$

$$\sum_{i=1}^{14}z_i = \sum_{i=1}^{14}\ln y_i = (\ln 28 + \ln 33 + \cdots + \ln 1) = 33.7$$

$$\sum_{i=1}^{14}x_i^2 = 3 \times (3^2 + 4^2 + 9^2 \times 15^2) + 2 \times 40^2 = 4\,166$$

$$S_{xz} = \sum_{i=1}^{14} x_i z_i - \frac{1}{14} \sum_{i=1}^{14} x_i \sum_{i=1}^{14} z_i = 238 - \frac{1}{14} \times 173 \times 33.7 = -178.4$$

$$S_{xx} = \sum_{i=1}^{14} x_i^2 - \frac{1}{14} \left(\sum_{i=1}^{14} x_i \right)^2 = 4\,166 - \frac{1}{14} \times 173^2 = 2\,028.2$$

$$\hat{b} = \frac{-178.4}{2\,028.2} \doteq -0.087\,96$$

$$\hat{a}_1 = \bar{z} - \hat{b}\bar{x} = \frac{1}{14} \times 33.7 - \frac{1}{14} \times 173 \times (-0.087\,96) \approx 3.494\,1$$

则
$$\hat{a} = e^{\hat{a}_1} = e^{3.494\,1} = 32.920\,6$$

故
$$\hat{y} = 32.920\,6 \cdot e^{-0.087\,96x}$$

15. 一种合金在某种添加剂的不同浓度下,各做 3 次试验,得数据如下:

浓度 x	10.0	15.0	20.0	25.0	30.0
	25.2	29.8	31.2	31.7	29.4
抗压强度 y	27.3	31.1	32.6	30.1	30.8
	28.7	27.8	29.7	32.2	32.8

(1) 作散点图;(2) 以模型 $y = b_0 + b_1 x + b_2 x^2 + \varepsilon, \varepsilon \sim N(0, \sigma^2)$ 拟合数据,其中 b_0, b_1, b_2, σ^2 与 x 无关,求回归方程 $y = b_0 + b_1 x + b_2 x^2$.

解
$$y = b_0 + b_1 x + b_2 x^2 + \varepsilon = b_0 + b_1 x + b_2 x^2 + \varepsilon$$

其最小二乘估计

$$\begin{pmatrix} \hat{b}_1 \\ \hat{b}_2 \end{pmatrix} = L^{-1} S_{xy}, \quad \hat{b}_0 = \bar{y} - \sum_{i=1}^{2} \hat{b}_i \bar{x}_{\cdot i}$$

$$L = (l_{ij})_{2 \times 2}, \quad l_{ij} = \sum_{k=1}^{15} (x_{ki} - \bar{x}_{\cdot i})(x_{kj} - \bar{x}_{\cdot j}), \quad i, j = 1, 2$$

$$\bar{x}_{\cdot i} = \frac{1}{15} \sum_{k=1}^{15} x_{ki}, \quad i = 1, 2$$

所以
$$L = \begin{pmatrix} l_{11} & l_{12} \\ l_{21} & l_{22} \end{pmatrix}$$

$$l_{11} = \sum_{k=1}^{15} (x_{k1} - \bar{x}_{\cdot 1})^2 =$$
$$3\left[(10-20)^2 + (15-20)^2 + (20-20)^2 + (25-20)^2 + (30-20)^2\right] = 750$$

$$l_{11} \doteq \sum_{k=1}^{15} (x_{k1} - \bar{x}_{\cdot 1})(x_{k2} - \bar{x}_{\cdot 2}) = 3\left[(10-20)(100-450) + (15-20)(225-450) + \right.$$
$$\left. (20-20)(400-450) + 25\,020(625-450) + (30-20)(900-450)\right] = 30\,000$$

$$l_{21} = l_{12} = 30\,000$$

$$l_{22} = \sum_{k=1}^{15} (x_{k2} - \bar{x}_{\cdot 2})^2 = 3\left[(100-450)^2 + (225-450)^2 + (400-450)^2 + \right.$$
$$\left. (625-450)^2 + (900-450)^2\right] = 1\,226\,250$$

即
$$L = \begin{pmatrix} 750 & 30\,000 \\ 30\,000 & 1\,226\,250 \end{pmatrix} = 750 \begin{pmatrix} 1 & 40 \\ 40 & 1\,635 \end{pmatrix}$$

$$L^{-1} = \frac{1}{750} \times \frac{1}{35} \begin{pmatrix} 1\,635 & -40 \\ -40 & 1 \end{pmatrix}, \quad S_{xy} = \begin{pmatrix} S_{xy} \\ S_{xy} \end{pmatrix} = \begin{bmatrix} \sum_{k=1}^{15} (x_{k1} - \bar{x}_{\cdot 1}(y_k - \bar{y}) \\ \sum_{k=1}^{15} (x_{k2} - \bar{x}_{\cdot 2}(y_k - \bar{y}) \end{bmatrix}$$

$$S_{xy} = [(-10) \times (-4.8 - 2.7 - 1.3) + (-5) \times (-0.2 + 1.1 - 2.2) +$$
$$0 \times (1.2 + 2.6 - 0.3) + 5 \times (1.7 + 0.1 + 2.3) + 10 \times (-0.6 + 0.8 + 2.8)] =$$
$$8.8 + 6.5 + 20.5 + 30 = 145$$

$$S_{x_2 y} = [(-350) \times (-4.8 - 2.7 - 1.3) + (-225) \times (-0.2 + 1.1 - 2.2) +$$
$$(-50) \times (1.2 + 2.0 - 0.3) + 175 \times (1.7 + 0.1 + 2.3) + (450) \times (-0.6 + 0.8 + 2.8)] =$$
$$3\,080 + 292.5 - 175 + 717.5 + 1\,350 = 5\,265$$

则
$$S_{xy} = \binom{145}{5\,265}$$

因而
$$\begin{bmatrix} \hat{b}_1 \\ \hat{b}_2 \end{bmatrix} = L^{-1} l_{xy} = \frac{1}{750} \times \frac{1}{35} \begin{pmatrix} 1\,635 & -40 \\ -40 & 1 \end{pmatrix} \begin{pmatrix} 145 \\ 5\,265 \end{pmatrix} =$$

$$\frac{1}{750 \times 35} \begin{pmatrix} 1635 \times 145 - 40 \times 5\,265 \\ -40 \times 145 + 1 \times 5\,265 \end{pmatrix} \doteq \begin{pmatrix} 1.008\,6 \\ -0.020\,38 \end{pmatrix}$$

即 $\hat{b}_1 = 1.008\,6$，$\hat{b}_2 - 0.020\,38$.

$$\hat{b}_0 = \bar{y} - \hat{b}_1 \bar{x}_{.1} - \hat{b}_2 \bar{x}_{.2} \approx 30 - 1.008\,6 \times 20 - (-0.020\,38) \times 450 \approx 30 - 20.17 + 9.17 = 19.033$$

从而得回归方程为
$$\hat{y} = 19.033 + 1.008\,6x - 0.020\,38x^2$$

16. 某化工产品的得率 y 与反应温度 x_1，反应时间 x_2 及其反应浓度 x_3 有关，对于给定的 x_1，x_2，x_3 得率 y 服从正态分布且方差与 x_1，x_2，x_3 无关．今得试验结果如下表所示，其中 x_1，x_2，x_3 均为二水平且均以编码形式表达．

x_1	-1	-1	-1	-1	1	1	1	1
x_2	-1	-1	1	1	-1	-1	1	1
x_3	-1	1	-1	1	-1	1	-1	1
得率	7.6	10.3	9.2	10.2	8.4	11.1	9.8	12.6

(1) 设 $\mu(x_1, x_2, x_3) = b_0 + b_1 x_1 + b_2 x_2 + b_3 x_3$，求 Y 的多元线性回归方程；

(2) 若认为反应时间不影响得率，即认为 $\mu(x_1, x_2, x_3) = \beta_0 + \beta_1 x_1 + \beta_3 x_3$，求 Y 的多元线性回归方程.

解 (1) 设计矩阵

$$\boldsymbol{X} = \begin{pmatrix} 1 & -1 & -1 & -1 \\ 1 & -1 & -1 & 1 \\ 1 & -1 & 1 & -1 \\ 1 & -1 & 1 & 1 \\ 1 & 1 & -1 & -1 \\ 1 & 1 & -1 & 1 \\ 1 & 1 & 1 & -1 \\ 1 & 1 & 1 & 1 \end{pmatrix}, \quad \boldsymbol{X}'\boldsymbol{X} = \begin{pmatrix} 8 & 0 & 0 & 0 \\ 0 & 8 & 0 & 0 \\ 0 & 0 & 8 & 0 \\ 0 & 0 & 0 & 8 \end{pmatrix}$$

$$(\boldsymbol{X}'\boldsymbol{X})^{-1} = \begin{pmatrix} \dfrac{1}{8} & 0 & 0 & 0 \\ 0 & \dfrac{1}{8} & 0 & 0 \\ 0 & 0 & \dfrac{1}{8} & 0 \\ 0 & 0 & 0 & \dfrac{1}{8} \end{pmatrix}, \quad \boldsymbol{Y} = \begin{pmatrix} 7.6 \\ 10.3 \\ 9.2 \\ 10.2 \\ 8.4 \\ 11.1 \\ 9.8 \\ 12.6 \end{pmatrix}$$

求得回归系数

$$\hat{b} = \begin{pmatrix} \hat{b}_0 \\ \hat{b}_1 \\ \hat{b}_2 \\ \hat{b}_3 \end{pmatrix} = (XX)^{-1}X'Y = \begin{pmatrix} \frac{1}{8} & 0 & 0 & 0 \\ 0 & \frac{1}{8} & 0 & 0 \\ 0 & 0 & \frac{1}{8} & 0 \\ 0 & 0 & 0 & \frac{1}{8} \end{pmatrix} \begin{pmatrix} 79.2 \\ 4.6 \\ 4.2 \\ 9.2 \end{pmatrix} = \begin{pmatrix} 9.9 \\ 0.575 \\ 0.525 \\ 1.15 \end{pmatrix}$$

故得回归方程

$$\hat{Y} = 9.9 + 0.575x_1 + 0.525x_2 + 1.15x_3$$

（2）若 $\mu(x_1, x_2, x_3) = \beta_0 + \beta_1 x_1 + \beta_3 x_3$，这时设计矩阵为

$$X = \begin{pmatrix} 1 & -1 & -1 \\ 1 & -1 & 1 \\ 1 & -1 & -1 \\ 1 & -1 & 1 \\ 1 & 1 & -1 \\ 1 & 1 & 1 \\ 1 & 1 & -1 \\ 1 & 1 & 1 \end{pmatrix}, \quad X'Y = \begin{pmatrix} 79.2 \\ 4.6 \\ 9.2 \end{pmatrix}, \quad (X'X)^{-1} = \begin{pmatrix} 8 & 0 & 0 \\ 0 & 8 & 0 \\ 0 & 0 & 8 \end{pmatrix}^{-1} = \begin{pmatrix} \frac{1}{8} & 0 & 0 \\ 0 & \frac{1}{8} & 0 \\ 0 & 0 & \frac{1}{8} \end{pmatrix}$$

故求得回归系数

$$\hat{\beta} = \begin{pmatrix} \hat{\beta}_0 \\ \hat{\beta}_1 \\ \hat{\beta}_2 \end{pmatrix} = \begin{pmatrix} \frac{1}{8} & 0 & 0 \\ 0 & \frac{1}{8} & 0 \\ 0 & 0 & \frac{1}{8} \end{pmatrix} \begin{pmatrix} 79.2 \\ 4.6 \\ 9.2 \end{pmatrix} = \begin{pmatrix} 9.9 \\ 0.575 \\ 1.15 \end{pmatrix}$$

所求回归方程

$$\hat{Y} = 9.9 + 0.575x_1 + 1.15x_3$$

第十章①   随机过程及其统计描述

一、大纲要求及考点提示

一、大纲要求及考点提示

（1）理解随机过程、随机过程的样本函数. 以及随机过程的有限维分布函数的概念.

（2）会求随机过程的均值函数，均方值函数，方差函数，自相关函数和自协方差函数.

（3）了解二维随机过程的 $n+m$ 维分布函数，互相关函数和互协方差函数.

（4）理解泊松过程和维纳过程.

二、主要概念、重要定理与公式

1. 随机过程的概念

设 E 是随机试验，$S = \{e\}$ 是它的样本空间，如果对于每一个 $e \in S$，我们总可以依某种规则确定一参数为 t 的实值函数

$$X(e,t), \quad t \in T$$

与之对应，于是，当 e 取遍 S 时，就得到定义在 T 上的一族普通的时间函数，我们称此族参数 t 的函数为随机过程，而族中每一个函数称为这个随机过程的样本函数，T 称为参数集. 对于一切 $e \in S, t \in T, X(e,t)$ 所能取的一切值的集合，称为过程时，称 $\{X(t), t \in T\}$ 为连续参数随机过程，当 T 是离散集合，则称 $\{X(t), t \in T\}$ 为离散参数随机过程或随机序列.

2. 随机过程的分布函数族

给定随机过程 $\{X(t), t \in T\}$，对于每一个固定的 $t \in T$，称

$$F(x,t) \xlongequal{\text{def}} P\{X(t_1) \leqslant x_1\}, \quad x \in \mathbf{R}$$

为随机过程 $\{X(t), t \in T\}$ 的一维分布函数，而 $\{F(x,t), t \in T\}$ 称为一维分布函数族.

对任意 $n(n = 2,3,\cdots)$ 个不同时刻 $t_1, t_2, \cdots, t_n \in T$，$n$ 维随机变量 $(X(t_1), X(t_2), \cdots, X(t_n))$ 的联合分布函数

$$F(x_1, x_2, \cdots, x_n; t_1, t_2, \cdots, t_n) \xlongequal{\text{def}} P\{X(t_1) \leqslant x_1,$$
$$X(t_2) \leqslant x_2, \cdots, X(t_n) \leqslant x_n\}, \quad x_i \in R, i = 1, 2, \cdots, n$$

称为随机过程的 n 维分布函数，$\{F(x_1, \cdots, x_n; t_1, \cdots, t_n), t_i \in T\}$ 称为随机过程 $\{X(t): t \in T\}$ 的 n 维分布函数族，而 $\{F(x_1, x_2, \cdots, x_n; t_1, t_2, \cdots, t_n), n = 1, 2, \cdots, t_i \in T\}$ 称为随机过程 $\{X(t): t \in T\}$ 的有限维分布族.

3. 随机过程的数字特征

（1）均值函数 $$\mu_X(t) \xlongequal{\text{def}} E[X(t)]$$

（2）均方值函数 $$\psi_X^2(t) \xlongequal{\text{def}} E[X^2(t)]$$

（3）方差函数 $$\sigma_X^2(t) \xlongequal{\text{def}} \text{Var}[X(t)] = E\{[X(t) - \mu_X(t)]^2\}$$

（4）自相关函数 $$R_{xx}(t_1, t_2) \xlongequal{\text{def}} E[X(t_1)X(t_2)]$$

---

① 本章为教材第十二章.

(5) 自协方差函数

$$C_{XX}(t_1, t_2) \xlongequal{\text{def}} \text{COV}(X(t_1), X(t_2)) = E\{[X(t_1) - \mu_X(t_1)][X(t_2) - \mu_X(t_2)]\}$$

4. 二维随机过程

(1) 定义:设 $X(t), Y(t)$ 是定义在同一样本空间 S 和同一参数集 T 上的随机过程,对于不同的 $t \in T$,$(X(t), Y(t))$ 是不同的二维随机变量,我们称 $\{(X(t), Y(t)], t \in T\}$ 为二维随机过程.

(2) $n + m$ 维分布函数:给定二维随机过程 $\{(X(t), Y(t), t \in T\}$,$t_1, t_2, \cdots, t_n; t'_1, t'_2, \cdots, t'_m$ 是 T 中任意两组实数,称 $n + m$ 维随机变量 $(X(t_1), X(t_2), \cdots, X(t_n); Y(t'_1), Y(t'_2), \cdots, Y(t'_m))$ 的分布函数

$$F(x_1, x_2, \cdots, x_m; t_1, \cdots, t_n; y_1, \cdots, y_m; t'_1, t'_2, \cdots, t'_m)$$
$$x_i, y_i \in \mathbf{R}, \quad i = 1, 2, \cdots, n, \quad j = 1, 2, \cdots, m$$

为这个二维随机过程的 $n + m$ 维分布函数.

(3) 二维随机过程的数字特征:

(i) 互相关函数 $\qquad R_{XY}(t_1, t_2) \xlongequal{\text{def}} E[X(t_1), Y(t_2)], \quad t_1, t_2 \in T$

(ii) 互协方差函数

$$C_{XY}(t_1, t_2) = E\{[X(t_1) - \mu_X(t_1)][Y(t_2) - \mu_y(t_2)]\}, \quad t_1, t_2 \in T$$

如果二维随机过程 $\{(X(t), Y(t); t \in T\}$ 对任意的 $t_1, t_2 \in T$,恒有

$$C_{XY}(t_1, t_2) = 0$$

则称随机过程 $X(t)$ 和 $Y(t)$ 是不相关的.

5. 泊松过程

(1) 定义:设 $N(t), t \geqslant 0$ 表示在时间间隔 $[0, t]$ 内出现的质点数,记 $N(t_0, t) = N(t) - N(t_0), 0 < t_0 < t$,它表示时间间隔 $[t_0, t]$ 内出的质点数.

$P_K(t_0, t) = P\{N(t_0, t) = k\}$,$k = 0, 1, 2, \cdots$,设 $N(t)$ 满足如下条件:

(i) 在不相重叠的区间上的增量具有独立性.

(ii) 对于充分小的 Δt:

$$P_1(t, t + \Delta t) = P\{N(t, t + \Delta t) = 1\} = \lambda \Delta t + o(\Delta t)$$

其中常数 $\lambda > 0$ 称为过程 $N(t)$ 的强度,而 $o(\Delta t)$ 当 $\Delta t \to 0$ 时是关于 Δt 的高阶无穷小.

(iii) 对于充分小的 Δt:

$$\sum_{j=2}^{\infty} P_j(t, t + \Delta t) = \sum_{j=2}^{\infty} P\{N(t, t + \Delta t) = j\} = o(\Delta t)$$

亦即对于充分小的 Δt,在 $[t, t + \Delta t]$ 内出现 2 个或 2 个以上质点的概率与出现一个质点的概率相比可以忽略不计.

(iv) $N(0) = 0$.

把满足条件 (i) ~ (iv) 的计数过程 $\{N(t), t \geqslant 0\}$ 称作为强度为 λ 的泊松过程.

(2) 泊松过程的数字特征

(i) $\qquad\qquad\qquad E[N((t)] = \lambda t, D(N(t)) = \lambda t$

(ii) $\qquad\qquad\qquad C_N(s, t) = \lambda \min(s, t), s, t > 0$

(iii) $\qquad\qquad R_N(s, t) = E[N(s)N(t)] = \lambda^2 st + \lambda \min(s, t), \quad s, t > 0$

(iv) 设质点依次重复出现的时刻为 $t_0, t_1, \cdots, t_n$ 是一强度为 λ 的泊松流,$\{N(t)\}$ 为相应泊松过程,记 $W_0 = 0, W_n \xlongequal{\text{def}} t_n$,$n = 1, 2, \cdots$,表示 n 个质点出现的等待时间,则称 $T_i \xlongequal{\text{def}} W_i - W_{i-1}, i = 1, 2, \cdots$ 为相继出现的第 $i - 1$ 个质点和第 i 个质点的点间距,则 T_i 的密度函数与 i 无关,且服从参数为 λ 的指数分布. 即

$$f_{T_i}(t) = \begin{cases} \lambda e^{-\lambda t}, & t > 0 \\ 0, & t \leqslant 0 \end{cases}$$

定理 1 强度为 λ 的泊松过程的点间距离是相互独立的随机变量,且服从同一指数分布 $e(\lambda)$.

定理 2　如果任意相继出现的两个质点的点间距离是相互独立,且服从同一个指数分布 $e(\lambda)$,则质点流构成了强度为 λ 的泊松分布.

6. 维纳过程

(1) 定义:给定二阶矩过程 $\{W(t),\ t \geqslant 0\}$,如果它满足:

(i) 具有平稳的独立增量;

(ii) 对任意的 $t > s \geqslant 0$,$W(t) - W(s)$ 服从正态分布;

(iii) 对任意 $t \geqslant 0$,$E[W(t)] = 0$;

(iv) $W(0) = 0$.

则称此过程为维纳过程.

(2) 数字特征
$$E[W(t)] = 0,\quad D[W(t)] = E[W^2(t)] = \sigma^2 t$$
$$C_W(s,t) = R_W(s,t) = \sigma^2 \min(s,t)$$

三、常考题型范例精解

例 10-1　设随机过程 $X(t) = Y_1 + Y_2 t$,Y_1,Y_2 独立同服从 $N(0,1)$ 分布(1) 求 $X(t)$ 的一维与二维分布;(2) 求 $X(t)$ 的均值函数 $\mu_X(t)$,方差函数 $\sigma_X^2(t)$,自协方差函数 $C_{XX}(t_1,t_2)$.

解　(1) 因 Y_1,Y_2 独立同服从标准正态分布 $N(0,1)$,因此,对 $\forall t \in \boldsymbol{T}$,$Y_1 + Y_2 t \sim N(0, 1 + t^2)$,故 $X(t)$ 的一维分布函数为

$$F(x,t) = P\{Y_1 + Y_2 t \leqslant x\} = P\left\{\frac{Y_1 + Y_2 t}{\sqrt{1 + t^2}} \leqslant \frac{x}{\sqrt{1 + t^2}}\right\} = \Phi\left(\frac{x}{\sqrt{1 + t^2}}\right)$$

对任意的 $t_1,t_2 \in \boldsymbol{T}$,令 $\begin{cases} U = Y_1 + Y_2 t_1 \\ V = Y_1 + Y_2 t_2 \end{cases}$,则 (U,V) 的联合密度函数为

$$f_{(U,V)}(u,v;t_1,t_2) = f_{(Y_1,Y_2)}\left(\frac{t_2 u - t_1 v}{t_2 - t_1}, \frac{v - u}{t_2 - t_1}\right) |J| =$$

$$\frac{1}{2\pi} e^{-\frac{1}{2}\left[\left(\frac{t_2 u - t_1 v}{t_2 - t_1}\right)^2 + \left(\frac{v - u}{t_2 - t_1}\right)^2\right]} \cdot \frac{1}{t_2 - t_1} =$$

$$\frac{1}{2\pi(t_2 - t_1)} \exp\left\{-\frac{1}{2(t_2 - t_1)^2}\left[(1 + t_2)^2 u^2 - 2(1 + t_1 t_2) uv + (1 + t_1^2) v^2\right]\right\}$$

$(X(t_1),X(t_2))$ 服从二维正态分布

$$N\left(0, 1 + t_1^2, 0, 1 + t_2^2, \frac{1 + t_1 t_2}{\sqrt{(1 + t_1^2)(1 + t_2^2)}}\right)$$

(2) $E[X(t)] = E[Y_1 + Y_2 t] = 0$

$$\sigma_X^2(t) = E\{[X(t)]^2\} - (E[X(t)])^2 = E(Y_1 + Y_2 t)^2 = E(Y_1^2 + 2Y_1 Y_2 t + Y_2^2 t^2) =$$
$$E(Y_1^2) + 2t E(Y_1) E(Y_2) + t^2 E(Y_2^2) = 1 + t^2$$

$$C_{XX}(t_1,t_2) = E[(Y_1 + Y_2 t_1)(Y_1 + Y_2 t_2)] - E[(Y_1 + Y_2 t_1)] E[(Y_1 + Y_2 t_2)] =$$
$$E[Y_1^2 + (t_1 + t_2) Y_1 Y_2 + t_1 t_2 Y_2^2] = 1 + t_1 t_2$$

例 10-2　设随机过程 $X(t) = \sum_{k=-\infty}^{\infty} \xi_k e^{i\lambda_k t}$,其中 $i = \sqrt{-1}$,$\lambda_k > 0$ 为常数,ξ_k 为随机变量,且 $E(\xi_k) = 0$,$E(\xi_k \xi_l) = 0 (k \neq l)$,$E(\xi_k^2) = \sigma_k^2 > 0$,求 $\mu_X(t)$,$\sigma_X^2(t)$,$C_{XX}(t_1,t_2)$.

解　$\mu_X(t) = E[X(t)] = \sum_{k=-\infty}^{\infty} e^{i\lambda_k t} E(\xi_k) = 0$

$$\sigma_X^2(t) = E[X^2(t)] - [\mu_X(t)]^2 = E\left[\sum_{k=-\infty}^{\infty} \xi_k e^{i\lambda_k t}\right]^2 = E\left[\sum_{k=-\infty}^{\infty}\sum_{l=-\infty}^{\infty} \xi_k \xi_l e^{i\lambda_k t} e^{i\lambda_l t}\right] =$$

$$\left[\sum_{k=-\infty}^{\infty} E(\xi_k^2) e^{2i\lambda_k t}\right] = \sum_{k=-\infty}^{\infty} (\sigma_k e^{i\lambda_k t})^2$$

$$C_{XX}(t_1,t_2) = E[X(t_1) X(t_2)] - E[X(t_1)] E[X(t_2)] = E\left[\left(\sum_{k=-\infty}^{\infty} \xi_k e^{i\lambda_k t_1}\right)\left(\sum_{k=-\infty}^{\infty} \xi_k e^{i\lambda_k t_2}\right)\right] =$$

$$E\left[\sum_{k,l=-\infty}^{\infty}\xi_k\xi_l e^{i\lambda_k t_1}e^{i\lambda_l t_2}\right]=\sum_{k=-\infty}^{\infty}(E\xi_k^2)e^{i\lambda_k(t_1+t_2)}=\sum_{k=-\infty}^{\infty}\sigma_k^2 e^{i\lambda_k(t_1+t_2)}$$

例 10-3 设 $[0,t]$ 内进入某一计数器的质点数为 X_t，$\{X_t,t\geqslant 0\}$ 是一个强度为 λ 的泊松过程，再设到达计数器的每一个质点数记录下来的概率为 p，而 Y_t 是 $[0,t)$ 内被记录下来的质点数，试求 (1) $E(Y_t)$，$D(Y_t)$；(2) $P\{Y_t=0\}$，$P\{Y_t=k\}$。

解 (1) 令
$$\xi_n=\begin{cases}1,& \text{第 } n \text{ 个质点被记录}\\ 0,& \text{第 } n \text{ 个质点未被记录}\end{cases}$$

依题意，$\{\xi_n,n\geqslant 1\}$ 是独立同分布随机变量序列，$P\{\xi_n=1\}=p$，$P\{\xi_n=0\}=1-p$，且 $\{\xi_n\}$ 与 $\{X_t\}$ 亦相互独立，于是 $\{Y_t=\sum_{n=1}^{X_t}\xi_n,\ t\geqslant 0\}$ 是复合泊松过程。因此

$$E[Y_t]=\sum_{k=0}^{\infty}kP\{Y_t=k\}=\sum_{k=0}^{\infty}k\cdot\sum_{j=k}^{\infty}P\{X_t=j\}P\{Y_t=k\mid X_t=j\}=$$

$$\sum_{k=0}^{\infty}k\cdot\sum_{j=k}^{\infty}\frac{(\lambda t)^j}{j!}e^{-\lambda t}C_j^k p^k(1-p)^{j-k}=\sum_{k=0}^{\infty}k\frac{(\lambda t)^k}{k!}e^{-\lambda t}\sum_{j=k}^{\infty}\frac{[\lambda t(1-p)]^{j-k}}{(j-k)!}=$$

$$\sum_{k=0}^{\infty}k\cdot\frac{(\lambda tp)^k}{k!}e^{-\lambda t}\cdot e^{\lambda t(1-p)}=\lambda tp\sum_{k=1}^{\infty}\frac{(\lambda tp)^{k-1}}{(k-1)!}\cdot e^{-\lambda tp}=\lambda tp$$

同理
$$D[Y_t]=\lambda t E(\xi_1^2)=\lambda tp$$

(2)
$$P\{Y_t=0\}=P\{X_t=0\}+\sum_{n=1}^{\infty}P\{X_t=n,\ \sum_{i=1}^{n}\xi_i=0\}=$$

$$e^{-\lambda t}+\sum_{n=1}^{\infty}P\{X_t=n\}P\{\sum_{i=1}^{n}\xi_i=0\mid X_t=n\}=$$

$$e^{-\lambda t}+\sum_{n=1}^{\infty}\frac{(\lambda t)^n}{n!}e^{-\lambda t}(1-p)^n=e^{-\lambda t}+e^{-\lambda t}[e^{\lambda t(1-p)}-1]=e^{-\lambda tp}$$

$$P\{Y_t=k\}=\sum_{n=k}^{\infty}P\{X_t=n\}P\{y_t=k\mid X_t=n\}=$$

$$\sum_{n=k}^{\infty}P\{X_t=n\}P\{\sum_{i=1}^{n}\xi_i=k\}=\sum_{n=k}^{\infty}\frac{(\lambda t)^n}{n!}e^{-\lambda t}\cdot C_n^k p^k(1-p)^{n-k}=$$

$$\frac{(\lambda tp)^k}{k!}\sum_{n=k}^{\infty}\frac{[\lambda t(1-p)]^{n-k}}{(n-k)!}\cdot e^{-\lambda t}=\frac{(\lambda pt)^k}{k!}e^{-\lambda tp},\quad k=0,1,2\cdots$$

即 $\{Y_t,t>0\}$ 是强度为 λp 的泊松过程.

例 10-4 设 X_t 为 $[0,t]$ 内来到某一服务机构的顾客数，再设 $\{X_t,t\geqslant 0\}$ 是一个以 λ 为强度的泊松过程，令 $0<\tau_1<\tau_2<\cdots<\tau_n<\cdots$，$\tau_n$ 是第 n 个顾客到达时刻，再令 $T_1=\tau_1$，$T_2=\tau_2-\tau_1$，$\cdots$，即 T_n 是第 $n-1$ 个至第 n 个顾客到达时刻的间距. 试求：τ_n 的分布函数，数学期望与方差.

解 易见 $P\{X_t\leqslant n-1\}=P\{\tau_n\geqslant t\}$，所以 τ_n 的分布函数为

$$F_{\tau_n}(t)=P\{\tau_n<t\}=1-P\{X_t\leqslant n-1\}=1-e^{-\lambda t}\left[1+\lambda t+\cdots+\frac{(\lambda t)^{n-1}}{(n-1)!}\right]\quad(n\geqslant 1,t>0)$$

两端对 t 求导数得 τ_n 的分布密度为

$$f_{\tau_n}(t)=\begin{cases}\lambda e^{-\lambda t}\dfrac{(\lambda t)^{n-1}}{(n-1)!},& t>0\\ 0,& t\leqslant 0\end{cases}$$

即 $F_{\tau_n}(t)$ 是参数为 n 和 λ 的 Γ 分布，则

$$E(\tau_n)=\int_0^{+\infty}t\cdot\lambda e^{-\lambda t}\frac{(\lambda t)^{n-1}}{(n-1)!}dt=\frac{\Gamma(n+1)}{\Gamma(n)\lambda}=\frac{n}{\lambda}$$

$$E(\tau_n^2)=\int_0^{+\infty}t^2\lambda e^{-\lambda t}\frac{(\lambda t)^{n-1}}{(n-1)!}dt=\frac{\Gamma(n+2)}{\lambda^2\Gamma(n)}=\frac{n(n+1)}{\lambda^2}$$

故
$$D(\tau_n)=E(\tau_n^2)-[E(\tau_n)]^2=\frac{n(n+1)}{\lambda^2}-\frac{n^2}{\lambda^2}=\frac{n}{\lambda^2}$$

例 10-5 设 $\{X_t, t \geq 0\}$ 是一个强度为 λ 的泊松过程，试证对任何 $0 < s < t$，均有

$$P\{X_s = k \mid X_t = n\} = C_n^k (\frac{s}{t})^k (1 - \frac{s}{t})^{n-k}, \quad 0 \leq k \leq n$$

证 $P\{X_s = k \mid X_t = n\} = \dfrac{P\{X_t = n, X_s = k\}}{P\{X_t = n\}} = \dfrac{P\{X_t - X_s = n-k, X_s = k\}}{P\{X_t = n\}} =$

$$\frac{P\{X_s = k\}P\{X_t - X_s = n-k \mid X_s = k\}}{P\{X_t = n\}} =$$

$$e^{\lambda t} \frac{n!}{(\lambda t)^n} \cdot e^{-\lambda s} \frac{(\lambda s)^k}{k!} \cdot e^{-\lambda(t-s)} \frac{[\lambda(t-s)]^{n-k}}{(n-k)!} =$$

$$C_n^k (\frac{s}{t})^k (1 - \frac{s}{t})^{n-k}, \quad 0 \leq k \leq n$$

例 10-6 假定进入中国上空的流星的个数构成一泊松过程，且平均每年进入 10 000 个，每个流星在大气中未烧完而以殒石落于地面的概率为 0.000 1，设 W 是一个月内落入中国地面的殒石数，试求 $E(W)$，$D(W)$ 和 $P\{W \geq 2\}$.

解 设 X_t 是 t 年内进入中国上空的流星数，则

$$P\{X_t = k\} = e^{-10\,000t} \frac{(10\,000t)^k}{k!}, \quad k \geq 0$$

由二项分布

$$P\{W = j \mid X_{\frac{t}{12}} = k\} = C_k^j (0.000\,1)^j (0.999\,9)^{k-j}, \quad j = 0, 1, \cdots, k$$

从而

$$E(W) = \sum_{j=1}^{\infty} j \cdot P\{W = j\} = \sum_{j=1}^{\infty} j \cdot \sum_{k=j}^{\infty} P\{X_{\frac{t}{12}} = k\} P\{W = j \mid X_{\frac{t}{12}} = k\} =$$

$$\sum_{j=1}^{\infty} j \sum_{k=j}^{\infty} C_k^j \cdot (0.000\,1)^j (0.999\,9)^{k-j} \cdot \frac{(\frac{10^4}{12})^k}{k!} e^{-\frac{10^4}{12}} =$$

$$\sum_{j=1}^{\infty} j \cdot \frac{(0.000\,1)^j \times (\frac{10^4}{12})^j}{j!} \sum_{k=j}^{\infty} \frac{(\frac{0.999\,9}{12})^{k-j}}{(k-j)!} \cdot e^{-\frac{10^4}{12}} =$$

$$\sum_{j=1}^{\infty} \frac{(\frac{1}{12})^j}{(j-1)!} e^{\frac{9\,999}{12} \cdot \frac{10^4}{12}} = e^{-\frac{1}{12}} \cdot \frac{1}{12} \cdot \sum_{j=1}^{\infty} \frac{(\frac{1}{12})^{j-1}}{(j-1)!} = \frac{1}{12}$$

$$E(W^2) = \sum_{j=1}^{\infty} j^2 P\{W = j\} = \sum_{j=1}^{\infty} j(j-1) P\{W = j\} + E(W) =$$

$$\sum_{j=1}^{\infty} j(j-1) \sum_{k=j}^{\infty} C_k^j (0.000\,1)^j (0.999\,9)^{k-j} \frac{(\frac{10^4}{12})^k}{k!} e^{-\frac{10^4}{12}} + \frac{1}{12} =$$

$$\sum_{j=1}^{\infty} j(j-1) \cdot \frac{(\frac{1}{12})^j}{j!} e^{-\frac{1}{12}} + \frac{1}{12} = (\frac{1}{12})^2 + \frac{1}{12}$$

所以

$$D(W) = E(W^2) - [E(W)]^2 = \frac{1}{12}$$

$$P\{W \geq 2\} = \sum_{k=2}^{\infty} P\{W = k\} = \sum_{k=2}^{\infty} \sum_{j=k}^{\infty} P\{X_{\frac{t}{12}} = j\} P\{W = k \mid X_{\frac{t}{12}} = j\} =$$

$$\sum_{k=2}^{\infty} \sum_{j=k}^{\infty} \frac{(\frac{10^4}{12})^j}{j!} e^{-\frac{10^4}{12}} \cdot C_j^k \cdot (0.000\,1)^k (0.999\,9)^{j-k} =$$

$$e^{-\frac{1}{12}} \sum_{k=2}^{\infty} (\frac{1}{12})^k \frac{1}{k!} = e^{-\frac{1}{12}} [e^{\frac{1}{12}} - 1 - \frac{1}{12}] = 1 - e^{-\frac{1}{12}} - \frac{1}{12} e^{-\frac{1}{12}}$$

例 10-7 设 $\{W_t, t \in [0, \infty)\}$ 是以 σ^2 为参数的维纳过程. 令

(a) $X_t \xlongequal{\text{def}} (1-t)W_{\frac{t}{1-t}}, 0 < t < 1$;

(b) $X_t \xlongequal{\text{def}} e^{-\beta t}W_{e^{2\beta t}}, 0 < t < \infty(\beta > 0)$;

(c) $X_t \xlongequal{\text{def}} W_t^2, 0 \leqslant t \leqslant \infty$.

试求：$(1)\mu_X(t) = E(X_t);(2)C_{XX}(s,t) = \text{COV}(X_s,X_t)$.

解 (a) $\mu_X(t) = (1-t)E(W_{\frac{t}{1-t}}) = 0$

$$C_{XX}(s,t) = E[X_s,X_t] = (1-s)(1-t)\text{COV}[W_{\frac{t}{1-t}}, W_{\frac{s}{1-s}}] =$$

$$(1-t)(1-s) \cdot [\min(\frac{t}{1-t},\frac{s}{1-s})]\sigma^2 = \begin{cases} t(1-s)\sigma^2, & t \leqslant s \\ s(1-t)\sigma^2, & t > s \end{cases}$$

$\{X_t, t \geqslant 0\}$ 是正态过程.

(b) $\mu_X(t) = e^{-\beta t}E(W_{e^{2\beta t}}) = 0$

$$C_{XX}(s,t) = E[X_s,X_t] = e^{-\beta s} \cdot e^{-\beta t}\text{COV}(W_{e^{2\beta t}}, W_{e^{2\beta s}}) = e^{-\beta(s+t)}\min(e^{2\beta t}, e^{2\beta s})\sigma^2 = e^{-\beta|s-t|}\sigma^2$$

$\{X_t, t \geqslant 0\}$ 是正态过程.

(c) $\mu_X(t) = E(W_t^2) = D(W_t) = \sigma^2 t$

$$C_{XX}(s,t) = \text{COV}(W_s^2, W_t^2) = 2C_{XX}^2(s,t) = 2(\min(s,t)\sigma^2)^2$$

因 $X_t = W_t^2 \geqslant 0$, 故 $\{X_t\}$ 不是正态过程.

四、课后习题全解

1. 利用抛掷一枚硬币的试验定义一随机过程

$$X(t) = \begin{cases} \cos\pi t, & 出现 H \\ 2t, & 出现 T \end{cases}, \quad -\infty < t < +\infty$$

假设 $P(H) = P(T) = \frac{1}{2}$, 试确定 $X(t)$ 的(1)一维分布函数 $F(x;\frac{1}{2})$; $F(x;1)$; (2)二维分布函数 $F(x_1, x_2;\frac{1}{2},1)$.

解 (1) 当 $t = \frac{1}{2}$ 时, $X(\frac{1}{2}) = \begin{cases} 0, & 出现 H \\ 1, & 出现 T \end{cases}$, 由 $P(H) = P(T) = \frac{1}{2}$ 得

$$F(x;\frac{1}{2}) = P\{X(\frac{1}{2}) \leqslant x\} = \begin{cases} 0, & x < 0 \\ \frac{1}{2}, & 0 \leqslant x \leqslant 1 \\ 1, & x \geqslant 1 \end{cases}$$

(2) 当 $t = 1$ 时, $X(1) = \begin{cases} -1, & 出现 H \\ 2, & 出现 T \end{cases}$, 由 $P(H) = P(T) = \frac{1}{2}$ 得

$$F(x;1) = P\{X(1) \leqslant x\} = \begin{cases} 0, & x < -1 \\ \frac{1}{2}, & -1 \leqslant x < 2 \\ 1, & x \geqslant 2 \end{cases}$$

$$F(x_1, x_2;\frac{1}{2},1) = P\{X(\frac{1}{2}) \leqslant x_1, X(1) \leqslant x_2\} = \begin{cases} 0, & x_1 < 0, -\infty < x_2 < +\infty \\ 0, & x_1 \geqslant 0, x_2 > -1 \\ \frac{1}{2}, & 0 \leqslant x_1 < 1, x_2 \geqslant -1 \\ \frac{1}{2}, & x_1 \geqslant 1, -1 \leqslant x_2 < 2 \\ 1, & x_1 \geqslant 1, x_2 \geqslant 2 \end{cases}$$

2. 给定随机过程 $\{X(t), t \in \mathbf{T}\}$, x 是任一实数, 定义另一个随机过程

$$Y(t) = \begin{cases} 1, & X(t) \leqslant x \\ 0, & X(t) > x \end{cases}, \quad t \in \boldsymbol{T}$$

试将 $Y(t)$ 的均值函数和自相关函数用随机过程 $X(t)$ 的一维和二维分布函数来表示.

解　$\mu_Y(t) = E[Y(t)] = 1 \cdot P\{X(t) \leqslant x\} + 0 \cdot P\{X(t) > x\} = P\{X(t) \leqslant x\} = F(x;t)$

$R_{XX}(t_1, t_2) = E[Y(t_1) \cdot Y(t_2)] =$

$\qquad 1 \cdot P\{Y(t_1) = 1, Y(t_2) = 1\} + 0 \cdot P\{Y(t_1) = 0 \text{ 或 } Y(t_2) = 0\} =$

$\qquad P\{Y(t_1) = 1, Y(t_2) = 1\} = P\{X(t_1) \leqslant x_1, X(t_2) \leqslant x_2\} = F(x_1, x_2; t_1, t_2)$

3. 设随机过程 $X(t) = \mathrm{e}^{-At}, t > 0$, 其中 A 是在区间 $(0, a)$ 上服从均匀分布的随机变量, 求 $X(t)$ 的均值函数和自相关函数.

解
$$M_X(t) = E[X(t)] = E[\mathrm{e}^{-At}]$$

$$\int_0^a \frac{1}{a} \mathrm{e}^{-xt} \mathrm{d}x = \frac{1}{at}[1 - \mathrm{e}^{-at}] \quad (t > 0)$$

$$R_{XX}(t_1, t_2) = E[X(t_1)X(t_2)] = \int_0^a \frac{1}{a} \cdot \mathrm{e}^{-xt_1} \cdot \mathrm{e}^{-xt_2} \mathrm{d}x = \int_0^a \frac{1}{a} \mathrm{e}^{-x(t_1 + t_2)} \mathrm{d}x = \frac{1}{a(t_1 + t_2)}[1 - \mathrm{e}^{-a(t_1 + t_2)}]$$

4. 设随机过程 $X(t) \equiv X$(随机变量), $E(X) = a, D(X) = \sigma^2 (\sigma^2 > 0)$. 试求 $X(t)$ 的均值函数和协方差函数.

解
$$M_X(t) = E[X(t)] = E(X) = a$$

$$C_{XX}(t_1, t_2) = E[(X(t_1) - a)(X(t_2) - a)] = E[X - a]^2 = \sigma^2 > 0$$

5. 已知随机过程 $\{X(t), t \in \boldsymbol{T}\}$ 的均值函数 $\mu_X(t)$ 和协方差函数 $C_X(t_1, t_2)$, $\varphi(t)$ 是普通函数, 试求随机过程 $Y(t) = X(t) + \varphi(t)$ 的均值函数和协方差函数.

解　$\mu_Y(t) = E[Y(t)] = E[X(t) + \varphi(t)] = E[X(t)] + \varphi(t) = \mu_X(t) + \varphi(t)$

$C_Y(t_1, t_2) = \mathrm{COV}[Y(t_1), Y(t_2)] = E\{[X(t_1) + \varphi(t_1) - \mu_X(t_1) - \varphi(t_1)][X(t_2) + \varphi(t_2) - \mu_X(t_2) - \varphi(t_2)]\} =$

$\qquad E\{[X(t_1) - \mu_X(t_1)][X(t_2) - \mu_X(t_2)]\} = C_X(t_1, t_2)$

6. 给定一随机过程 $\{X(t), t \in \boldsymbol{T}\}$ 和常数 a, 试以 $X(t)$ 的自相关函数表出随机过程 $Y(t) = X(t+a) - X(t), t \in \boldsymbol{T}$ 的自相关函数.

解　$R_{YY}(t_1, t_2) = E[Y(t_1)Y(t_2)] = E\{[X(t_1 + a) - X(t_1)][X(t_2 + a) - X(t_2)]\} =$

$\qquad E[X_1(t_1 + a)X_2(t_2 + a)] + E[X(t_1)X(t_2)] -$

$\qquad E[X(t_1 + a)X(t_2)] - E[X(t_1)X(t_2 + a)] =$

$\qquad R_{XX}(t_1 + a, t_2 + a) + R_{XX}(t_1, t_2) - R_{XX}(t_1 + a, t_2) - R_{XX}(t_1, t_2 + a)$

7. 设 $Z(t) = X + Yt, -\infty < t < +\infty$, 若已知二维随机变量 (X, Y) 的协方差阵为

$$\begin{pmatrix} \sigma_1^2 & \rho\sigma_1\sigma_2 \\ \rho\sigma_1\sigma_2 & \sigma_2^2 \end{pmatrix}$$

试求 $Z(t)$ 的协方差函数.

解　$C_Z(t_1, t_2) = E[(X + Yt_1 - E(X) - t_1 E(Y))(X + Yt_2 - E(X) - t_2 E(Y))] =$

$\qquad E\{[(X - E(X)) + t_1(Y - E(Y))][(X - E(X)) + t_2(Y - E(Y))]\} =$

$\qquad E(X - E(X))^2 + t_1 E(X - E(X))(Y - E(Y)) +$

$\qquad t_2 E(X - E(X))(Y - E(Y)) + t_1 t_2 E(Y - E(Y))^2 = \sigma_1^2 + \rho\sigma_1\sigma_2(t_1 + t_2) + t_1 t_2 \sigma_2^2$

8. 设 $X(t) = At + B, -\infty < t < +\infty$, 式中 A, B 是相互独立, 且都服从正态 $N(0, \sigma^2)$ 分布的随机变量, 试说明 $X(t)$ 是一正态过程, 并求出它的相关函数(协方差函数).

解　因 A, B 是独立的同服从正态 $N(0, \sigma^2)$ 的随机变量, 因此对任意 $-\infty < t < +\infty$, $X(t) = At + B$ 是服从正态分布的随机变量, 且 $E(X(t)) = tE(A) + E(B) = 0$, $D(X(t)) = t^2 D(A) + D(B) = \sigma^2(1 + t^2)$, 即 $X(t) \sim N(0, (1 + t^2)\sigma^2)$.

$$C_X(t_1, t_2) = E[X(t_1)X(t_2)] - E[X(t_1)]E[X(t_2)] = E[(At_1 + B)(At_2 + B)] =$$

$$t_1 t_2 E(A^2) + t_1 E(AB) + t_2 E(AB) + E(B^2) = t_1 t_2 \sigma^2 + \sigma^2 = \sigma^2(1 + t_1 t_2)$$

9. 设随机过程 $X(t)$ 和 $Y(t), t \in \boldsymbol{T}$ 不相关, 试用它们的均值函数与均方差函数表示随机过程

$$Z(t) = a(t)X(t) + b(t)Y(t) + C(t), \quad t \in T$$

的均值函数和自协方差函数,其中 $a(t), b(t), c(t)$ 是普通的函数.

解 $\mu_Z(t) = E[Z(t)] = E[a(t)X(t) + b(t)Y(t) + C(t)] = a(t)\mu_X(t) + b(t)\mu_Y(t) + C(t), t \in T$

$C_{XX}(t_1, t_2) = E[Z(t_1)Z(t_2)] - E[Z(t_1)]E[Z(t_2)] =$

$E[a(t_1)X(t_1) + b(t_1)y(t_1) + c(t_1)][a(t_2)X(t_2) + b(t_2)Y(t_2) + C(t_2)] -$

$[a(t_1)\mu_X(t_1) + b(t_1)\mu_Y(t_1) + c(t_1)][a(t_2)\mu_X(t_2) + b(t_2)\mu_Y(t_2) + c(t_2)] =$

$a(t_1)a(t_2)E[X(t_1)X(t_2)] + b(t_1)a(t_2)E[Y(t_1)X(t_2)] +$

$C(t_1)a(t_2)E[X(t_2)] + a(t_1)b(t_2)E[X(t_1)Y(t_2)] + b(t_1)b(t_2)E[Y(t_1)Y(t_2)] +$

$C(t_1)b(t_2)E[Y(t_2)] + a(t_1)C(t_2)E[X(t_1)] + b(t_1)C(t_2)E[Y(t_1)] +$

$C(t_1)C(t_2) - [(a(t_1)a(t_2))\mu_X(t_1)\mu_X(t_2) + a(t_2)b(t_1)\mu_X(t_2)\mu_y(t_1) +$

$a(t_2)C(t_1)\mu_X(t_2) + a(t_1)b(t_2)\mu_X(t_1)\mu_Y(t_2) + b(t_1)b(t_2)\mu_Y(t)\mu_Y(t_2) +$

$C(t_1)b(t_2)\mu_Y(t_2) + a(t_1)C(t_2)\mu_X(t_1) + b(t_1)C(t_2)\mu_Y(t_1) + c(t_1)C(t_2)] =$

$a(t_1)a(t_2)C_{XX}(t_1, t_2) + a(t_2)b(t_1)C_{XY}(t_2, t_1) +$

$a(t_1)b(t_2)C_{XY}(t_1, t_2) + b(t_1)b(t_2)C_{YY}(t_1, t_2)$

10. 设 $X(t)$ 和 $Y(t)(t > 0)$ 是两个相互独立的、分别具有强度 λ 和 μ 的泊松过程,试证:

$$S(t) = X(t) + Y(t)$$

是具有强度 $\lambda + \mu$ 的泊松过程.

证 因 $X(t)$ 与 $Y(t)$ 相互独立且分别是具有强度 λ 和 μ 的泊松过程,故

$$P(X(t) = k) = \frac{(\lambda t)^k}{k!} e^{-\lambda t}, \quad k = 0, 1, 2, \cdots$$

$$P(Y(t) = l) = \frac{(\mu t)^l}{l!} e^{-\mu t}, \quad l = 0, 1, 2, \cdots$$

从而 $P(S(t) = n) = P(X(t) + Y(t) = n) = \sum_{k=0}^{n} P(X(t) = k, X(t) + Y(t) = n) =$

$$\sum_{k=0}^{n} P(X(t) = k)P(Y(t) = n-k) = \sum_{k=0}^{n} \frac{(\lambda t)^k}{k!} e^{-\lambda t} \cdot \frac{(\mu t)^{n-k}}{(n-k)!} e^{-\mu t} =$$

$$\frac{t^n e^{-(\lambda+\mu)t}}{n!} \cdot \sum_{k=0}^{n} C_n^k \lambda^k \mu^{n-k} = \frac{[(\lambda+\mu)t]^n}{n!} e^{-(\lambda+\mu)t}, \quad n = 0, 1, 2, \cdots$$

因此 $S(t)$ 是具有强度 $\lambda + \mu$ 的泊松过程.

11. 设 $\{W(t), t \geq 0\}$ 是以 σ^2 为参数的维纳过程,求下列过程的协方差函数:

(1) $W(t) + At$,(A 为常数);(2) $W(t) + Xt$,X 为与 $\{W(t), t \geq 0\}$ 相互独立的标准正态变量;(3) $aW(t/a^2)$,a 为正常数.

解 (1) 记 $Y(t) = W(t) + At$(A 为常数),则

$C_Y(t_1, t_2) = E[W(t_1) + At_1 - E(W(t_1) + At_1)][W(t_2) + At_2 - E(W(t_2) + At_2)] =$

$E[W(t_1)W(t_2)] = R_W(t_1, t_2) = \sigma^2 \min(t_1, t_2), \quad t_1, t_2 \geq 0$

(2) 记 $Z(t) = W(t) + Xt$,X 与 $W(t)$ 独立,且 $X \sim N(0, 1)$

$E[Z(t)] = E[W(t)] + tE(X) = 0, \quad \sigma_z^2(t) = \sigma^2 t + t^2$

$C_Z(t_1, t_2) = R_Z(t_1, t_2) = E[W(t_1) + Xt_1][W(t_2) + Xt_2] =$

$E[W(t_1)W(t_2)] + t_1 E(X) \cdot E[W(t_2)] + t_2 E(X) \cdot E[W(t_1)] + t_1 t_2 E(X^2) =$

$R_W(t_1, t_2) + t_1 t_2 = \sigma^2 \min(t_1, t_2) + t_1 t_2 \quad (t_1, t_2 \geq 0)$

(3) $E[aW(t/a^2)] = aE[W(\frac{t}{a^2})] = 0$,记 $V(t) = aW(\frac{t}{a^2})$,则

$$C_V(t_1, t_2) = R_V(t_1, t_2) = E[a^2 W(\frac{t_1}{a^2})W(\frac{t_2}{a^2})] =$$

$$a^2 R_W(\frac{t_2}{a^2}, \frac{t_2}{a^2}) = a^2 \sigma^2 \min(\frac{t_2}{a^2}, \frac{t_2}{a^2}) = \sigma^2 \min(t_1, t_2), \quad t_1, t_2 \geq 0$$

第十一章[①] 马尔可夫链

一、大纲要求及考点提示

(1) 理解马尔可夫过程、马尔可夫链及马尔可夫链的转移概率的概念,会求一步转移概率矩阵.

(2) 会利用切普曼-柯尔莫哥洛夫(Chapman－Kolmogorov)方程求各阶转移概率矩阵.

(3) 理解齐次马氏链遍历性的概念,会求其极限分布.

二、主要概念、重要定理与公式

1. 马尔可夫过程及其概率分布

设随机过程 $\{X(t), t \in T\}$ 的状态空间为 I. 如果对时间 t 的任意 n 个数值 $t_1 < t_2 < \cdots < t_n, n \geqslant 3$, $t_i \in T$, 在条件 $X(t_i) = x_i, x_i \in I, i = 1, 2, \cdots, n-1$ 下, $X(t_n)$ 的条件分布函数恰等于在条件 $X(t_{n-1}) = x_{n-1}$ 下 $X(t_n)$ 的条件分布函数, 即

$$P\{X(t_n)\} \leqslant x_n \mid X(t_1) = x_1, X(t_2) = x_2, \cdots, X(t_{n-1}) = x_{n-1}\} =$$
$$P\{X(t_n) \leqslant x_n \mid X(t_{n-1}) = x_{n-1}\}, \quad x_n \in \mathbf{R}$$

或 $$F_{t_n \mid t_1, \cdots, t_{n-1}}(x_n, t_n \mid x_1, x_2, \cdots, x_{n-1}; t_1, t_2, \cdots, t_{n-1}) = F_{t_n \mid t_{n-1}}(x_n, t_n \mid x_{n-1}, t_{n-1})$$

则称过程 $\{X(t), t \in T\}$ 为马尔可夫过程.

时间和状态都是离散的马尔可夫过程称为马尔夫链,简称马氏链,记为 $\{X_n = X(n), n = 0, 1, 2, \cdots\}$, 记链的状态空间为 $I = \{a_1, a_2, \cdots\}, a_j \in \mathbf{R}$. 称条件概率

$$P_{ij}(m, m+n) \xlongequal{\text{def}} P\{X_{m+n} = a_j \mid X_m = a_i\}$$

为马氏链在时刻 m 处于状态 a_i 条件下, 在时刻 $m+n$ 转移到状态 a_j 的转移概率. 矩阵

$$\mathbf{P}(m, m+n) \xlongequal{\text{def}} (P_{ij}(m, m+n))$$

称为马氏链的转移概率矩阵.

当转移概率 $P_{ij}(m, m+n)$ 只与 i, j 及时间间距 n 相关时, 即 $P_{ij}(m, m+n) \xlongequal{\text{def}} P_{ij}(n)$ 时, 称转移概率具有平稳性,同时称此链是齐次的或时齐的.

对齐次马氏链, 称 $$P_{ij}(n) = P\{X_{m+n} = a_j \mid X_m = a_i\}$$

为马氏链的 n 步转移概率, $\mathbf{P}(n) \xlongequal{\text{def}} (p_{ij}(n))$ 为 n 步转移概率矩阵. 称

$$p_{ij} \xlongequal{\text{def}} P_{ij}(1) = P\{X_{m+1} = a_j \mid X_m = a_j\}$$

为一步转移概率, 称 $\mathbf{P} \xlongequal{\text{def}} \mathbf{P}(1) = (p_{ij})$ 为一步转移概率矩阵.

2. 切普曼-柯莫哥洛夫(Chapman－Kolmogorov)方程

设 $\{X(n), n \in T_1\}$ 是一齐次马氏链,则对任意的 $u, v \in T_1$, 有如下 C－K 方程

$$P_{ij}(u+v) = \sum_{k=1}^{\infty} P_{ik}(u) P_{kj}(v), \quad i, j = 1, 2, \cdots$$

写为矩阵形式 $$\mathbf{P}(u+v) = \mathbf{P}(u) \mathbf{P}(v)$$
$$\mathbf{P}(n) = \mathbf{P}^n$$

---

① 本章为教材第十三章.

三导

3. 遍历性

设齐次马氏链的状态空间为 I，如果对于所有 a_i，$a_i \in I$，转移概率 $P_{ij}(n)$ 存在极限

$$\lim_{n \to \infty} P_{ij}(n) = \pi_j (\text{不依赖 } i)$$

或
$$\boldsymbol{P}(n) = \boldsymbol{P}^n \xrightarrow[(n \to \infty)]{} \begin{pmatrix} \pi_1 & \pi_2 & \cdots & \pi_j & \cdots \\ \pi_1 & \pi_2 & \cdots & \pi_j & \cdots \\ \vdots & \vdots & & \vdots & \\ \pi_1 & \pi_2 & \cdots & \pi_j & \cdots \\ \cdots & \cdots & \cdots & \cdots & \cdots \end{pmatrix}$$

则称此链具有遍历性，又若 $\sum_j \pi_j = 1$，则称 $\pi = (\pi_1, \pi_2, \cdots,)$ 为链的极限分布.

定理 设齐次马氏链 $\{X_n, n \geqslant 1\}$ 的状态空间 $I = \{a_1, a_2, \cdots, a_N\}$，$\boldsymbol{P}$ 是它的一步转移概率矩阵，如果存在正整数 m，使对任意的 a_i，$a_j \in I$，都有

$$P_{ij}(m) > 0, \quad i, j = 1, 2, \cdots, N$$

则此链具有遍历性；且有极限分布 $\pi = (\pi_1, \pi_2, \cdots, \pi_N)$，它是方程组 $\pi = \pi\boldsymbol{P}$ 或 $\pi_j = \sum_{i=1}^{N} \pi_i p_{ij}$，$j = 1, 2, \cdots,$ N 满足条件 $\pi_j > 0$，$\sum_{j=1}^{N} \pi_j = 1$ 的唯一解.

三、常考题型范例精解

例 11-1 设 $U_1, U_2, \cdots, U_n, \cdots$ 是相互独立的随机变量，试问下列的 $\{X_n, n \geqslant 1\}$ 是不是马尔可夫过程，并说明理由.

(1) $X_n = \sum_{i=1}^{n} U_i$；(2) $X_n = \left(\sum_{i=1}^{n} U_i\right)^2$；(3) $X_n = \rho X_{n-1} + U_n$，其 ρ 是一已知常数，$X_0 \equiv 0$.

解 (1) 对任意 s，$1 \leqslant l_1 < l_2 < \cdots < l_s < n$，因为
$$P\{X_n < y \mid X_{l_1} = x_1, \cdots, X_{l_s} = x_s\} =$$
$$P\{U_{l_s+1} + \cdots + U_n < y - x_s \mid U_1 + U_2 + \cdots + U_{l_1} = x_1, \cdots, U_1 + U_2 + \cdots + U_{l_s} = x_s\} =$$
$$P\{U_{l_s+1} + \cdots + U_n < y - x_s\} = P\{X_n - X_{l_s} < y - x_s\}$$
同理 $\qquad\qquad P\{X_n < y \mid X_{l_s} = x_s\} = P\{X_n - X_{l_s} < y - x_s\}$
所以 $\qquad\qquad P\{X_n < y \mid X_{l_1} = x_1, \cdots, X_{l_s} = x_s\} = P\{X_n < y \mid X_{l_s} = x_s\}$
成立. 即 $\{X_n, n \geqslant 1\}$ 具有马氏性，故它是马尔可夫过程.

(2) 对任意 s，$1 < l_1 < l_2 < \cdots < l_s < n$，因为
$$X_n = (U_1 + U_2 + \cdots + U_{l_s})^2 + 2(U_1 + \cdots + U_{l_s})(U_{l_s+1} + \cdots + U_n) + (U_{l_s+1} + \cdots U_n)^2$$
$$P\{X_n \leqslant y^2 \mid X_{l_1} = x_1^2, \cdots, X_{l_s} = x_s^2\} =$$
$$P\{(U_{l_s+1} + \cdots + U_n)^2 + 2\sqrt{x_s^2}(U_{l_s+1} + \cdots + U_n) \leqslant$$
$$y^2 - x_s^2 \mid X_{l_1} = x_1^2, \cdots, X_{l_s} = x_s^2\} =$$
$$P\{(U_{l_s+1} + \cdots + U_n)^2 + 2 \mid x_s \mid (U_{l_s+1} + \cdots + U_n) \leqslant y^2 - x_s^2\}$$
$$(\text{因 } U_{l_s+1} + \cdots + U_n \text{ 与 } X_{l_1}, \cdots, X_{l_s} \text{ 独立})$$
同理 $\quad P\{X_n \leqslant y^2 \mid X_{l_s} = x_s^2\} = P\{(U_{l_s+1} + \cdots + U_n)^2 + 2 \mid x_s \mid (U_{l_s+1} + \cdots + U_n) \leqslant y^2 - x_s^2\}$
所以 $\qquad\qquad P\{X_n \leqslant y^2 \mid X_{l_1} = x_1^2, \cdots, X_{l_s} = x_s^2\} = P\{X_n \leqslant y^2 \mid X_{l_s} = x_s^2\}$
成立. 所以 $\{X_n \mid n \geqslant 1\}$ 具有马氏性，故它是马氏过程.

(3) **解法 1** $P\{X_n < y \mid X_1 = x_1, \cdots, X_{n-1} = x_{n-1}\} =$
$$P\{\rho X_{n-1} + U_n < y \mid X_1 = x_1, \cdots, X_{n-1} = x_{n-1}\} =$$
$$P\{U_n < y - x_{n-1} \mid X_1 = x_1, \cdots, X_{n-1} = x_{n-1}\} \xrightarrow{\text{独立性}} P\{U_n < y - \rho x_{n-1}\}$$
同理 $\qquad\qquad P\{X_n < y \mid X_{n-1} = x_{n-1}\} = P\{U_n < y - \rho x_{n-1}\}$

所以
$$P\{X_n < y \mid X_1 = x_1, \cdots, X_{n-1} = x_{n-1}\} = P\{X_n < y \mid X_{n-1} = x_{n-1}\}$$
$\{X_n, n \geqslant 1\}$ 具有马氏性, 故为马氏链.

解法 2 因为 $\quad X_1 = U_1, \quad X_2 = \rho U_1 + U_2, \quad X_3 = \rho^2 U_1 + \rho U_2 + U_3$

一般地, $X_n = \rho^{n-1} U_1 + \rho^{n-2} U_2 + \cdots + \rho U_{n-1} + U_n$, 由于 $U_1, U_2, \cdots, U_n$ 独立知 $\rho^{n-1} U_1, \cdots, \rho U_{n-1}, U_n$ 相互独立, 再由 (1) 知 $\{X_n, n \geqslant 1\}$ 是马氏过程.

例 11-2 设 $\{X_n, n \geqslant 1\}$ 是一个齐次两个状态 $\{0,1\}$ 的马尔可夫链, 它的转移概率矩阵的形式是

$$\boldsymbol{P} = \begin{bmatrix} p_{00} & p_{01} \\ p_{10} & p_{11} \end{bmatrix}$$

其中
$$p_{ij} = P\{X_{n+1} = j \mid X_n = i\}, \quad i, j = 0, 1$$

试证: (1) 两步转移概率矩阵是

$$\boldsymbol{P} = \boldsymbol{P}^2 = \begin{bmatrix} p_{00}^2 + p_{01} p_{10} & p_{01}(p_{00} + p_{11}) \\ p_{10}(p_{00} + p_{11}) & p^2 + p_{01} p_{10} \end{bmatrix}$$

(2) 当 $\mid p_{00} + p_{11} - 1 \mid < 1$ 时, 试用数学归纳法证明 n 步转移概率矩阵是

$$\boldsymbol{P}(n) = \boldsymbol{P}^n = \frac{1}{2 - p_{00} - p_{11}} = \begin{bmatrix} 1 - p_{11} & 1 - p_{00} \\ 1 - p_{11} & 1 - p_{00} \end{bmatrix} + \frac{(p_{00} + p_{11} - 1)^n}{2 - p_{00} - p_{11}} \begin{bmatrix} 1 - p_{00} & -(1 - p_{00}) \\ -(1 - p_{11}) & 1 - p_{11} \end{bmatrix}$$

(3) 由 (2) 证明该马尔可夫链是遍历的, 即

$$\lim_{n \to \infty} p(n) = \lim_{n \to +\infty} p_{10}(n) = \frac{1 - p_{11}}{2 - p_{00} - p_{11}}$$

$$\lim_{n \to \infty} p_{01}(n) = \lim_{n \to +\infty} p_{11}(n) = \frac{1 - p_{00}}{2 - p_{00} - p_{11}}$$

(4) 特别地, 当 $p_{00} = p_{11} = p$, $p_{01} = p_{10} = q = 1 - p$ 时, 有

$$\boldsymbol{P}(n) = \begin{bmatrix} \dfrac{1}{2} + \dfrac{1}{2}(p - q)^n & \dfrac{1}{2} - \dfrac{1}{2}(p - q)^n \\ \dfrac{1}{2} - \dfrac{1}{2}(p - q)^n & \dfrac{1}{2} + \dfrac{1}{2}(p - q)^n \end{bmatrix}$$

这时可以有如下的一个概率解释. 考虑一个数据通讯系数, 它由 n 个中继站组成. 从这一点向另一个站传送信号 (0 或 1) 时, 在接受站以概率 p 正确接收, 而以概率 q 发生错误 (即 0 变 1, 或 1 变 0). 如用 X_0 表示初始站发生的数字, X_n 表示经 n 次传送后收到的数字, $\{X_n\}$ 即构成上述两状态马尔可夫链.

(5) 在 (4) 的条件下, 试证:

$$P\{X_0 = 1 \mid X_n = 1\} = \frac{\alpha + \alpha(p - q)^n}{1 + (\alpha - \beta)(p - q)^n}$$

其中 $\alpha = P\{X_0 = 1\}$, $\beta = 1 - \alpha$, 并进一步说明上述概率的意义.

证 (1) $\qquad\qquad \boldsymbol{P}(2) = (p_{ij}(2)), \quad i, j = 0, 1$

$$p_{ij}(2) = P\{X_{n+2} = j \mid X_n = i\} =$$

$$\sum_{k=0}^{1} P\{X_{n+1} = k \mid X_n = i\} P\{X_{n+2} = j \mid X_{n+1} = k\} = \sum_{k=0}^{1} p_{ik} p_{kj}$$

所以
$$p_{00}(2) = p_{00}^2 + p_{01} p_{10}, \quad p_{01}(2) = p_{01}(p_{00} + p_{11})$$
$$p_{10}(2) = p_{10}(p_{00} + p_{11}), \quad p_{11}(2) = p_{10} p_{01} + p_{11}^2$$

即
$$\boldsymbol{P}(2) = \boldsymbol{P}^2 = \begin{bmatrix} p_{00}^2 + p_{01} p_{10} & p_{01}(p_{00} + p_{11}) \\ p_{10}(p_{00} + p_{11}) & p_{11}^2 + p_{10} p_{11} \end{bmatrix}$$

(2) 当 $n = 1$ 时, 注意到 $p_{00} + p_{01} = 1$, $p_{10} + p_{11} = 1$, 则有

$$\frac{1 - p_{11}}{2 - p_{00} - p_{11}} + \frac{(p_{00} + p_{11} - 1)}{2 - p_{00} - p_{11}}(1 - p_{00}) = \frac{2 p_{00} - p_{00}^2 - p_{00} p_{11}}{2 - p_{00} - p_{11}} = p_{00}$$

$$\frac{1 - p_{00}}{2 - p_{00} - p_{11}} + \frac{(p_{00} + p_{11} - 1)(1 - p_{00})}{2 - p_{00} - p_{11}} = p_{01}$$

$$\frac{1 - p_{11}}{2 - p_{00} - p_{11}} + \frac{(p_{00} + p_{11} - 1)[-(1 - p_{11})]}{2 - p_{00} - p_{11}} = p_{10}$$

$$\frac{1 - p_{00}}{2 - p_{00} - p_{11}} + \frac{(p_{00} + p_{11} - 1)(1 - p_{11})}{2 - p_{00} - p_{11}} = p_{11}$$

所以当 $n=1$ 时,有

$$P = \frac{1}{2-p_{00}-p_{11}}\begin{bmatrix} 1-p_{11} & 1-p_{00} \\ 1-p_{11} & 1-p_{00} \end{bmatrix} + \frac{(p_{00}+p_{11}-1)}{2-p_{00}-p_{11}}\begin{bmatrix} 1-p_{00} & (-1-p_{00}) \\ -(1-p_{11}) & 1-p_{11} \end{bmatrix}$$

设 $n=k$ 成立,则当 $n=k+1$ 时,有

$$P(k+1) = P^{k+1} = P^k P = \frac{1}{2-p_{00}-p_{11}}\begin{pmatrix} 1-p_{11} & 1-p_{00} \\ 1-p_{11} & 1-p_{00} \end{pmatrix}P +$$

$$\frac{(p_{00}+p_{11}-1)k}{2-p_{00}-p_{11}}\begin{pmatrix} 1-p_{00} & -(1-p_{00}) \\ -(1-p_{11}) & 1-p_{11} \end{pmatrix}P$$

又

$$\begin{bmatrix} 1-p_{11} & 1-p_{00} \\ 1-p_{11} & 1-p_{00} \end{bmatrix}P = \begin{bmatrix} p_{10} & p_{01} \\ p_{10} & p_{01} \end{bmatrix}\begin{bmatrix} p_{10} & p_{01} \\ p_{10} & p_{11} \end{bmatrix} = \begin{bmatrix} p_{10}^2 + p_{01}p_{10} & p_{10}p_{01} + p_{01}p_{11} \\ p_{10}^2 + p_{01}p_{10} & p_{10}p_{01} + p_{01}p_{11} \end{bmatrix} =$$

$$\begin{bmatrix} p_{10}(p_{10}+p_{01}) & p_{01}(p_{10}+p_{11}) \\ p_{10}(p_{10}+p_{01}) & p_{01}(p_{10}+p_{11}) \end{bmatrix} = \begin{bmatrix} p_{10} & p_{01} \\ p_{10} & p_{01} \end{bmatrix}$$

而

$$\begin{bmatrix} (1-p_{00}) & -(1-p_{00}) \\ -(1-p_{11}) & 1-p_{11} \end{bmatrix}P = \begin{bmatrix} p_{01} & -p_{01} \\ -p_{10} & p_{10} \end{bmatrix}\begin{bmatrix} p_{00} & p_{01} \\ p_{10} & p_{11} \end{bmatrix} =$$

$$\begin{bmatrix} p_{01}(p_{00}-p_{10}) & -p_{01}(p_{11}-p_{01}) \\ -p_{01}(p_{00}-p_{10}) & p_{10}(p_{11}-p_{01}) \end{bmatrix} =$$

$$\begin{bmatrix} (1-p_{00})(p_{00}+p_{11}-1) & -(1-p_{00})(p_{00}+p_{11}-1) \\ -(1-p_{11})(p_{00}+p_{11}-1) & (1-p_{11})(p_{00}+p_{11}-1) \end{bmatrix}$$

所以

$$P^{(k+1)} = \frac{1}{2-p_{00}-p_{11}}\begin{bmatrix} 1-p_{11} & 1-p_{00} \\ 1-p_{11} & 1-p_{00} \end{bmatrix} + \frac{(p_{00}+p_{11}-1)^{k+1}}{2-p_{00}-P_{11}}\begin{bmatrix} 1-p_{00} & -(1-p_{00}) \\ -(1-p_{11}) & 1-p_{11} \end{bmatrix}$$

成立.

(3) 当 $p_{00}+p_{11} \leqslant 1$ 时,由(2)得 $C(p_{00}+p_{11}-1)^n \xrightarrow[n \to \infty]{} 0$,$C$ 为常数.

由(2)可得

$$\lim_{n \to \infty} p_{00}(n) = \lim_{n \to \infty} p_{10}(n) = \frac{1-p_{11}}{2-p_{00}-P_{11}}$$

$$\lim_{n \to \infty} p_{01}(n) = \lim_{n \to \infty} p_{11}(n) = \frac{1-p_{00}}{2-p_{00}-P_{11}}$$

所以该马尔可夫链是遍历的,且具有极限分布

$$\pi_1 = \frac{1-p_{11}}{2-p_{00}-p_{11}}, \quad \pi_2 = \frac{1-p_{00}}{2-p_{00}-p_{11}}$$

(4) 特别地,当 $p_{00}=p_{11}=p$,$p_{10}=p_{01}=q=1-p$ 时由(2)可得

$$P(n) = \frac{1}{2-2p}\begin{bmatrix} 1-p & 1-p \\ 1-p & 1-p \end{bmatrix} + \frac{(2p-1)^n}{2-2p}\begin{bmatrix} 1-p & p-1 \\ p-1 & 1-p \end{bmatrix} =$$

$$\frac{1}{2q}\begin{bmatrix} q & q \\ q & q \end{bmatrix} + \frac{(p-q)^n}{2q}\begin{bmatrix} q & -q \\ -q & q \end{bmatrix} = \begin{cases} \frac{1}{2}+\frac{1}{2}(p-q)^n & \frac{1}{2}-\frac{1}{2}(p-q)^n \\ \frac{1}{2}-\frac{1}{2}(p-q)^n & \frac{1}{2}+\frac{1}{2}(p-q)^n \end{cases}$$

(5) 在(4)的条件下

$$P\{X_0=1 \mid X_n=1\} = \frac{P\{X_0=1, X_n=1\}}{P(X_0=1)P(X_n=1) + P(X_0=0)P(X_n=1 \mid X_0=0)} =$$

$$\frac{\alpha p_{11}(n)}{\alpha p_{11}(n) + \beta p_{01}(n)} = \frac{\alpha\left[\frac{1}{2}+\frac{1}{2}(p-q)^n\right]}{\alpha\left[\frac{1}{2}+\frac{1}{2}(p-q)^n\right] + \beta\left[\frac{1}{2}-\frac{1}{2}(p-q)^n\right]} =$$

$$\frac{\alpha + \alpha(p-q)^n}{\alpha+\beta+(\alpha-\beta)(p-q)^n} = \frac{\alpha + \alpha(p-q)^n}{1+(\alpha-\beta)(p-q)^n}$$

此概率的实际意义是，经过 n 次传递后接到信号"1"它恰好是开始站发出的信号的概率.

例 11-3　将小白鼠放在如图 11-1 的迷宫中，假定小白鼠在其中作如下的随机移动，即当它处于某一格子中，而此格子又有 k 条路通入别的格子，则小白鼠以概率 $\dfrac{1}{k}$ 选择任一条路，如设小白鼠每次移动一个格子，并用 X_n 表示每次移动后它所在的格子.

(1) 说明 $\{X_n : n \geqslant 1\}$ 构成一个齐次有限马尔可夫链；

(2) 求出它的转移概率矩阵.

解　(1) 因为经过第 n 次移后小白鼠所在的格子 $i(X_n = i)$，而下一次到达格子 $j(X_{n+1} = j)$ 与第 n 次移动前的位置无关，即
$$P\{X_{n+1} = j \mid X_n = i, X_{n-1} = i_{n-1}, \cdots, X_1 = i_1\} = P\{X_{n+1} = j \mid X_n = i\}$$
所以 $\{X_n, n \geqslant 1\}$ 是马氏链 $I = \{1, 2, 3, 4, 5, 6, 7, 8, 9\}$. 又 $p_{12} = p_{47} = p_{58} = p_{63} = p_{98} = 1$，$p_{21} = p_{23} = p_{32} = p_{36} = p_{74} = p_{78} = \dfrac{1}{2}$，$p_{85} = p_{87} = p_{89} = \dfrac{1}{3}$，其余 $p_{ij} = 0$，所以每次移动的概率与起始时间无关，故链是齐次的.

(2) 一步转移概率矩阵为

$$\boldsymbol{P} = (p_{ij}) = \begin{pmatrix} 0 & 1 & 0 & 0 & 0 & 0 & 0 & 0 & 0 \\ \dfrac{1}{2} & 0 & \dfrac{1}{2} & 0 & 0 & 0 & 0 & 0 & 0 \\ 0 & \dfrac{1}{2} & 0 & 0 & 0 & \dfrac{1}{2} & 0 & 0 & 0 \\ 0 & 0 & 0 & 0 & 0 & 0 & 1 & 0 & 0 \\ 0 & 0 & 0 & 0 & 0 & 0 & 0 & 1 & 0 \\ 0 & 0 & 1 & 0 & 0 & 0 & 0 & 0 & 0 \\ 0 & 0 & 0 & \dfrac{1}{2} & 0 & 0 & 0 & \dfrac{1}{2} & 0 \\ 0 & 0 & 0 & 0 & \dfrac{1}{3} & 0 & \dfrac{1}{3} & 0 & \dfrac{1}{3} \\ 0 & 0 & 0 & 0 & 0 & 0 & 0 & 1 & 0 \end{pmatrix}$$

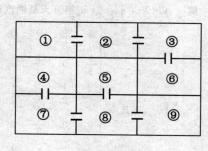

图　11-1

例 11-4　(广告效益的推算) 某种啤酒 A 的广告改变了广告方式，经调查发现 A 种啤酒及另外 3 种啤酒 B, C, D 的顾客每两个月的平均转移概率如下 (设市场中只有这 4 种啤酒)：

$$\begin{aligned} A &\to A(95\%) \quad B(2\%) \quad C(2\%) \quad D(1\%) \\ B &\to A(30\%) \quad B(60\%) \quad C(60\%) \quad D(4\%) \\ C &\to A(20\%) \quad B(10\%) \quad C(70\%) \quad D(0\%) \\ D &\to A(20\%) \quad B(20\%) \quad C(10\%) \quad D(50\%) \end{aligned}$$

假设目前购买 A, B, C, D 4 种啤酒的顾客的分布为 $(25\%, 30\%, 35\%, 10\%)$，试求半年后 A 啤酒的市场份额.

解　令 P 为转移概率矩阵，则显然有

$$\boldsymbol{P} = \begin{pmatrix} 0.95 & 0.02 & 0.02 & 0.01 \\ 0.30 & 0.60 & 0.06 & 0.04 \\ 0.20 & 0.10 & 0.70 & 0.00 \\ 0.20 & 0.20 & 0.10 & 0.50 \end{pmatrix}$$

令 $\mu = (\mu_1, \mu_2, \mu_3, \mu_4) = (0.25, 0.30, 0.35, 0.10)$ 经过半年后顾客在这四种啤酒的转移概率为 $\boldsymbol{P}^3$，计算得

$$\boldsymbol{P}^2 = \begin{pmatrix} 0.914\,5 & 0.03\,5 & 0.035\,2 & 0.015\,3 \\ 0.185 & 0.35 & 0.088 & 0.047 \\ 0.36 & 0.134 & 0.5 & 0.006 \\ 0.39 & 0.234 & 0.136 & 0.26 \end{pmatrix}$$

$$P^3 = \begin{pmatrix} 0.889\,4 & 0.889\,4 & 0.889\,4 & 0.889\,4 \\ 0.601\,75 & 0.601\,75 & 0.601\,75 & 0.601\,75 \\ 0.483\,4 & 0.483\,4 & 0.483\,4 & 0.483\,4 \\ 0.500\,9 & 0.500\,9 & 0.500\,9 & 0.500\,9 \end{pmatrix}$$

设半年后 A 种啤酒的市场占有率为 v，则

$$v = (0.25,\ 0.3,\ 0.35,\ 0.10) \begin{pmatrix} 0.889\,4 \\ 0.601\,75 \\ 0.483\,4 \\ 0.500\,9 \end{pmatrix} = 0.624$$

由此可见，A 种啤酒的市场份额由原来的 25% 增至 62%，新的广告方式很有效益.

例 11-5 设 6 个车站中间有公路连接，如图 11-2 所示. 汽车每天可以从一站驶向与之直接相邻的车站，并在夜晚到达该车站留宿，次日凌晨重复相同的活动. 设每天凌晨汽车开往临近的任何一个车站都是等可能的，试说明很长时间后，各站每晚留宿的汽车比例趋于稳定. 求出这个比例以便正确地设置各站的服务规模.

解 以 $\{X_n, n \geqslant 0\}$ 记第 n 天某辆汽车留宿的车站号，这是一个马尔可夫链，转移概率矩阵为

$$P = \begin{pmatrix} 0 & \frac{1}{2} & 0 & 0 & 0 & \frac{1}{2} \\ \frac{1}{3} & 0 & \frac{1}{3} & 0 & 0 & \frac{1}{3} \\ 0 & \frac{1}{2} & 0 & \frac{1}{2} & 0 & 0 \\ 0 & 0 & \frac{1}{3} & 0 & \frac{1}{3} & \frac{1}{3} \\ 0 & 0 & 0 & \frac{1}{2} & 0 & \frac{1}{2} \\ \frac{1}{4} & \frac{1}{4} & 0 & \frac{1}{4} & \frac{1}{4} & 0 \end{pmatrix}$$

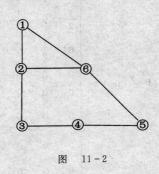

图 11-2

解方程 $\begin{cases} \boldsymbol{\pi}\boldsymbol{P} = \boldsymbol{\pi} \\ \sum_{i=1}^{6} \pi_i = 1 \end{cases}$ ，其中 $\boldsymbol{\pi} = (\pi_1, \pi_2, \pi_3, \pi_4, \pi_5, \pi_6)$ 可得 $\boldsymbol{\pi} = (\frac{1}{8}, \frac{3}{16}, \frac{1}{8}, \frac{3}{16}, \frac{1}{8}, \frac{1}{4})$，从而无论开始汽车从哪一个车站出发，在很长时间后它在任一个车站留宿的概率都是固定的，从而所有的汽车也将以一个稳定的比例在各车站留宿.

四、课后习题全解

1. 从数 $1, 2, \cdots, N$ 中任取一数，记为 X_1；再从 $1, 2, \cdots, X_1$ 中任取一数，记为 X_2；如此继续，从 $1, 2, \cdots, X_{n-1}$ 中任取一数，记为 X_n. 说明 $\{X_n, n \geqslant 1\}$ 构成一齐次马氏链，并写出它的状态空间和一步转移概率.

解 $\{X_n : n \geqslant 1\}$ 是一随机过程，状态空间 $I = \{1, 2, \cdots, N\}$，而且当 $X_n = i$, $i \in I$ 为已知时，$X_{n+1} = j$ 的概率只与 $X_n = i$ 有关，而与时刻 n 以前的取值 i 是完全无关的，所以 $\{X_n : n = 1, 2, \cdots, N\}$ 是一齐次马氏链，且

$$P(X_n = j \mid X_{n-1} = i) = \begin{cases} \frac{1}{i}, & 1 \leqslant j \leqslant i, i = 1, 2, \cdots, N \\ 0, & j > i \end{cases}$$

因此，一步转移概率矩阵为

$$P = \begin{pmatrix} 1 & 0 & 0 & 0 & \cdots & 0 & 0 & \cdots & 0 \\ \dfrac{1}{2} & \dfrac{1}{2} & 0 & 0 & \cdots & 0 & 0 & \cdots & 0 \\ \dfrac{1}{3} & \dfrac{1}{3} & \dfrac{1}{3} & 0 & \cdots & 0 & 0 & \cdots & 0 \\ \vdots & \vdots & \vdots & \vdots & & \vdots & \vdots & & \vdots \\ \dfrac{1}{i} & \dfrac{1}{i} & \dfrac{1}{i} & \dfrac{1}{i} & \cdots & \dfrac{1}{i} & 0 & \cdots & 0 \\ \vdots & \vdots & \vdots & \vdots & & \vdots & \vdots & & \vdots \\ \dfrac{1}{N} & \dfrac{1}{N} & \dfrac{1}{N} & \dfrac{1}{N} & \cdots & \dfrac{1}{N} & \dfrac{1}{N} & \cdots & \dfrac{1}{N} \end{pmatrix}$$

2. 说明第十二章 §1 例 5 的随机过程都是齐次马氏链,并写出它们的状态空间和一步转移概率矩阵.

解　(1)本例为抛掷一颗骰子的试验. X_n 是第 n 次($n \geqslant 1$)抛掷的点数,X_n 的可能取值为 $1,2,3,4,5,6$. 所以随机过程 $\{X_n : n \geqslant 1\}$ 的状态空间为 $I = \{1,2,3,4,5,6\}$,因为试验是独立的,所以

$$P\{X_n = j \mid X_{n-1} = i, X_{n-2} = k, \cdots X_1 = l\} = P\{X_n = j\} = \frac{1}{6}, \quad i,j,k,l \in I$$

所以 $\{X_n, n \geqslant 1\}$ 是齐次马氏链,一步转移概率矩阵为

$$P = \begin{pmatrix} \dfrac{1}{6} & \dfrac{1}{6} & \dfrac{1}{6} & \dfrac{1}{6} & \dfrac{1}{6} & \dfrac{1}{6} \\ \dfrac{1}{6} & \dfrac{1}{6} & \dfrac{1}{6} & \dfrac{1}{6} & \dfrac{1}{6} & \dfrac{1}{6} \\ \dfrac{1}{6} & \dfrac{1}{6} & \dfrac{1}{6} & \dfrac{1}{6} & \dfrac{1}{6} & \dfrac{1}{6} \\ \dfrac{1}{6} & \dfrac{1}{6} & \dfrac{1}{6} & \dfrac{1}{6} & \dfrac{1}{6} & \dfrac{1}{6} \\ \dfrac{1}{6} & \dfrac{1}{6} & \dfrac{1}{6} & \dfrac{1}{6} & \dfrac{1}{6} & \dfrac{1}{6} \\ \dfrac{1}{6} & \dfrac{1}{6} & \dfrac{1}{6} & \dfrac{1}{6} & \dfrac{1}{6} & \dfrac{1}{6} \end{pmatrix}$$

(2)令 $Y_n = \max\limits_{1 \leqslant i \leqslant n} X_i$ 表示前 n 次抛掷中出现的最大点数,显然状态空间 $I = \{1,2,3,4,5,6\}$,则

$$P\{Y_{n+1} = j \mid Y_1 = i_1, Y_2 = i_2, \cdots, Y_{n-1} = i_{n-1}, Y_n = i\} = P(Y_{n+1} = j \mid Y_n = i) =$$
$$P\{\max(X_1, X_2, \cdots, X_{n+1}) = j \mid \max(X_1, X_2, \cdots, X_n) = i\} =$$

$$\begin{cases} P\{X_{n+1} = j\} = \dfrac{1}{6}, & j > i \\ P(X_{n+1} \leqslant i) = \dfrac{j}{6}, & j = i \\ 0, & j < i \end{cases}$$

所以 $\{Y_n, n \geqslant 1\}$ 是齐次马氏链,且一步转移概率矩阵为

$$P = (p_{ij}) = \begin{pmatrix} \dfrac{1}{6} & \dfrac{1}{6} & \dfrac{1}{6} & \dfrac{1}{6} & \dfrac{1}{6} & \dfrac{1}{6} \\ 0 & 0 & \dfrac{1}{2} & \dfrac{1}{6} & \dfrac{1}{6} & \dfrac{1}{6} \\ 0 & 0 & 0 & \dfrac{2}{3} & \dfrac{1}{6} & \dfrac{1}{6} \\ 0 & 0 & 0 & 0 & \dfrac{5}{6} & \dfrac{1}{6} \\ 0 & 0 & 0 & 0 & 0 & \dfrac{5}{6} \\ 0 & 0 & 0 & 0 & 0 & 0 \end{pmatrix}$$

3. 设 $X_0 = 1$,$X_1, X_2, \cdots, X_n \cdots$ 是相互独立且都以概率 $p(0 < p < 1)$ 取值 1,以概率 $q = 1-p$ 取值 0

的随机变量序列. 令 $S_n = \sum_{k=0}^{n} X_k$, 证明 $\{S_n, n \geqslant 0\}$ 构成一马氏链, 并写出它的状态空间与一步转移概率矩阵.

证明 S_n 的状态空间 $I = \{1, 2, \cdots\}$ 对任意的 $n > 1$, $i_1, i_2, \cdots, i_n \in I$, 有

$$P\{S_n = i_n \mid S_{n-1} = i_{n-1}, \cdots, S_1 = i_1\} = P(X_n = i_n - i_{n-1}) = P(X_n = i_n \mid X_{n-1} = i_{n-1})$$

故 $\{S_n, n \geqslant 1\}$ 是一个马氏链, 且由 $P(X_n = 0) = q = 1 - p$, $P(X_n = 1) = p$ 得一步转移概率矩阵为

$$\boldsymbol{P} = \begin{pmatrix} q & p & 0 & 0 & 0 & \cdots \\ 0 & q & p & 0 & 0 & \cdots \\ 0 & 0 & q & p & 0 & \cdots \\ \vdots & \vdots & \vdots & \vdots & \vdots & \vdots \end{pmatrix}$$

4. (传染模型) 有 N 个人及某种传染病, 假设:

(1) 在每个单位时间内此 N 个人中恰有两人互相接触, 且一切成对接触是等可能的;

(2) 当健康者与患病者接触时, 被传染上的概率为 α;

(3) 患病者康复的概率是 0, 健康者如果不与患者接触, 得病的概率也为 0.

现以 X_n 表示第 n 个单位时间内患病人数, 试说明这种传染过程, 即 $\{X_n, n \geqslant 0\}$ 是一马氏链, 并写出它的状态空间及一步转移概率.

证 显然 $\{X_n, n \geqslant 0\}$ 的状态空间 $I = \{0, 1, 2, \cdots, N\}$, 且对 $i_n, i_{n-1}, \cdots, i_1 \in I$ 时, 令 ξ_n 表示仅在第 n 个单位时间之间被传染人数, 显然 $X_n = \sum_{k=1}^{n} \xi_k$. 由条件(2)知

$$P(X_n = i_n \mid X_1 = i_1, X_2 = i_2, \cdots, X_{n-1} = i_{n-1}) = P(\xi_n = i_n - i_{n-1}) = P(X_n = i_n \mid X_{n-1} = i_{n-1})$$

所以 $\{X_n, n \geqslant 0\}$ 是一马氏链, 且由条件(1)和(2)知

$$p_{00} = P(X_n = 0 \mid X_{n-1} = 0) = 1, \quad p_{NN} = P(X_n = N \mid X_{n-1} = N) = 1$$

当 $j < i$ 或 $j - i > 1$ 时, 有

$$p_{ij} = P(X_n = j \mid X_{n-1} = i) = 0$$

当 $j = i$ 时, 有

$$p_{ii} = P(X_n = i \mid X_{n-1} = i) = P(\xi_n = 0) = 1 - P(\xi_n = 1)$$

而 $\{\xi_n = 1\} = \{$第 n 个单位时间恰有一个健康者与一个患者接触且被感染$\}$, 则

$$P\{\xi_n = 1\} = \frac{C_i^1 C_{N-i}^1}{C_N^2} \cdot \alpha = \frac{2i(N-i)}{N(N-1)} \alpha, \quad i = 1, 2, \cdots, N-1$$

当 $j = i + 1$ 时, 有

$$p_{i+1,i} = P(X_n = i+1 \mid X_{n-1} = i) = P(\xi_n = 1) = \frac{2i(N-i)}{N(N-1)} \alpha, \quad i = 1, 2, \cdots, N-1$$

故一步转移概率矩阵为

$$\boldsymbol{P} = \begin{pmatrix} 1 & 0 & 0 & 0 & \cdots & \cdots & 0 & 0 & 0 \\ 0 & 1-a_1 & a_1 & 0 & \cdots & \cdots & 0 & 0 & 0 \\ 0 & 0 & 1-a_2 & a_2 & \cdots & \cdots & 0 & 0 & 0 \\ \vdots & \vdots & \vdots & \vdots & & & \vdots & \vdots & \vdots \\ 0 & 0 & 0 & 0 & \cdots & \cdots & 0 & 1-a_{N-1} & a_{N-1} \\ 0 & 0 & 0 & 0 & \cdots & \cdots & 0 & 0 & 1 \end{pmatrix}$$

其中 $a_i = \frac{2i(N-i)}{N(N-1)} \alpha$, $i = 1, 2, \cdots, N-1$.

5. 设马氏链 $\{X_n, n \geqslant 0\}$ 的状态空间为 $I = \{1, 2, 3\}$, 初始分布为 $p_1(0) = \frac{1}{4}$, $p_2(0) = \frac{1}{2}$, $p_3(0) = \frac{1}{4}$, 一步转移概率矩阵为

$$P = \begin{matrix} & 1 & 2 & 3 \\ 1 & \frac{1}{4} & \frac{3}{4} & 0 \\ 2 & \frac{1}{3} & \frac{1}{3} & \frac{1}{3} \\ 3 & 0 & \frac{1}{4} & \frac{3}{4} \end{matrix}$$

(1) 计算 $P\{X_0 = 1, X_1 = 2, X_2 = 2\}$；(2) 证明 $P\{X_1 = 2, X_2 = 2 \mid X_0 = 1\} = p_{12} \cdot p_{22}$；(3) 计算 $P_{12}(2) = P\{X_2 = 2 \mid X_0 = 1\}$；(4) 计算 $p_2(2) = P\{X_2 = 2\}$.

解 (1) $P\{X_0 = 1, X_1 = 2, X_2 = 2\} =$

$P\{X_0 = 1\}P\{X_1 = 2 \mid X_0 = 1\}P\{X_2 = 2 \mid X_0 = 1, X_1 = 2\} =$

$p_1(0) p_{12} p_{22} = \frac{1}{4} \times \frac{3}{4} \times \frac{1}{3} = \frac{1}{16}$

(2) $P\{X_1 = 2, X_2 = 2 \mid X_0 = 1\} = P\{X_1 = 2 \mid X_0 = 1\}P\{X_2 = 2 \mid X_0 = 1, X_1 = 2\} =$

$P\{X_1 = 2 \mid X_0 = 1\}P\{X_2 = 2 \mid X_2 = 2\} = p_{12} p_{22} = \frac{3}{4} \times \frac{1}{3} = \frac{1}{4}$

(3) 计算出两步转移概率矩阵为

$$P(2) = P^2 = \begin{matrix} & 1 & 2 & 3 \\ 1 & \frac{5}{16} & \frac{7}{16} & \frac{1}{4} \\ 2 & \frac{7}{36} & \frac{4}{9} & \frac{13}{36} \\ 3 & \frac{1}{12} & \frac{13}{48} & \frac{31}{48} \end{matrix}$$

由此得 $p_{12}(2) = \frac{7}{16}$

(4) $p_2(2) = P\{X_2 = 2\} = p_1(0) p_{12}(2) + p_1(0) p_{22}(2) + p_3(0) p_{32}(2) =$

$\frac{1}{4} \times \frac{7}{16} + \frac{1}{2} \times \frac{4}{9} + \frac{1}{4} \times \frac{13}{48} = \frac{115}{288} \doteq 0.399\,3$

6. 证明 §2 中公式(2.5).

证 对于只有两个状态马氏链，一步转移概率矩阵一般可表示为

$$P = \begin{bmatrix} 1-a & a \\ b & 1-b \end{bmatrix}, \quad 0 < a, b < 1$$

往证 n 步转移概率矩阵为

$$P(n) = P^n = \begin{bmatrix} p_{00}(n) & p_{01}(n) \\ p_{10}(n) & p_{11}(n) \end{bmatrix} = \frac{1}{a+b}\begin{bmatrix} b & a \\ b & a \end{bmatrix} + \frac{(1-a-b)^n}{a+b}\begin{bmatrix} a & -a \\ -b & b \end{bmatrix}, \quad n = 1, 2, \cdots$$

令 $|\lambda I - P| = \begin{vmatrix} \lambda - (1-a) & -a \\ -b & \lambda - (1-b) \end{vmatrix} =$

$[\lambda - (1-a)][\lambda - (1-b)] - ab = \lambda^2 - (2-a-b)\lambda + 1-a-b = 0$

得 P 的特征根 $\lambda_1 = 1$, $\lambda_2 = 1-a-b$, 设 e_1, e_2 分别为对应于 $\lambda_1 = 1$ 和 $\lambda_2 = 1-a-b$ 的特征向量，则由

$$Pe_1 = \lambda_1 e_1, \quad Pe_2 = \lambda_2 e_2$$

得 $e_1 = \begin{pmatrix} \frac{\sqrt{2}}{2} \\ \frac{\sqrt{2}}{2} \end{pmatrix}$, $e_2 = \begin{pmatrix} \frac{a}{\sqrt{a^2+b^2}} \\ -\frac{b}{\sqrt{a^2+b^2}} \end{pmatrix}$

令 $H = [e_1, e_2] = \begin{pmatrix} \frac{\sqrt{2}}{2} & \frac{a}{\sqrt{a^2+b^2}} \\ \frac{\sqrt{2}}{2} & -\frac{b}{\sqrt{a^2+b^2}} \end{pmatrix}$

则

$$H^{-1} = \begin{pmatrix} \dfrac{\sqrt{2}b}{a+b} & \dfrac{\sqrt{2}a}{a+b} \\ \dfrac{\sqrt{a^2+b^2}}{a+b} & -\dfrac{\sqrt{a^2+b^2}}{a+b} \end{pmatrix}$$

从而

$$P^n = H\lambda^n H^{-1} = \begin{pmatrix} \dfrac{1}{\sqrt{2}} & \dfrac{a}{\sqrt{a^2+b^2}} \\ \dfrac{1}{\sqrt{2}} & -\dfrac{b}{\sqrt{a^2+b^2}} \end{pmatrix} \begin{bmatrix} 1 & 0 \\ 0 & (1-a-b)^n \end{bmatrix} \cdot \begin{pmatrix} \dfrac{\sqrt{2}b}{a+b} & \dfrac{\sqrt{2}a}{a+b} \\ \dfrac{\sqrt{a^2+b^2}}{a+b} & -\dfrac{\sqrt{a^2+b^2}}{a+b} \end{pmatrix} =$$

$$\begin{pmatrix} \dfrac{b}{a+b}+\dfrac{a(1-a-b)^n}{a+b} & \dfrac{a}{a+b}-\dfrac{a(1-a-b)^n}{a+b} \\ \dfrac{b}{a+b}-\dfrac{b(1-a-b)^n}{a+b} & \dfrac{a}{a+b}+\dfrac{b(1-a-b)^n}{a+b} \end{pmatrix} =$$

$$\dfrac{1}{a+b}\begin{bmatrix} b & a \\ b & a \end{bmatrix} + \dfrac{(1-a-b)^n}{a+b}\begin{bmatrix} a & -a \\ -b & b \end{bmatrix}$$

7. 设任意相继的两天中,雨天转晴天的概率为 $\dfrac{1}{3}$,晴天转雨天的概率为 $\dfrac{1}{2}$,任一晴或雨是互为逆事件.以 0 表示晴天状态,以 1 表示雨天状态,X_n 表示第 n 天的状态(0 或 1),试写出马氏链 $\{X_n, n \geq 1\}$ 的一步转移概率矩阵,又若已知 5 月 1 日为晴天,问 5 月 3 日为晴天,5 月 5 日为雨天的概率各等于多少?

解　X_n 的状态空间 $I = \{0,1\}$,由题意知

$$p_{ij} = P\{X_n = j \mid X_{n-1} = i\} = \begin{cases} \dfrac{1}{2}, & i=0, j=0 \\ \dfrac{1}{2}, & i=0, j=1 \\ \dfrac{1}{3}, & i=1, j=0 \\ \dfrac{2}{3}, & i=1, j=1 \end{cases}$$

从而一步转移概率矩阵为

$$\begin{array}{cc} & \begin{array}{cc} 0 & 1 \end{array} \\ P = \begin{array}{c} 0 \\ 1 \end{array} & \begin{pmatrix} \dfrac{1}{2} & \dfrac{1}{2} \\ \dfrac{1}{3} & \dfrac{2}{3} \end{pmatrix} \end{array}$$

由第 6 题知

$$P^n = \dfrac{6}{5}\begin{pmatrix} \dfrac{1}{3} & \dfrac{1}{2} \\ \dfrac{1}{3} & \dfrac{1}{2} \end{pmatrix} + \dfrac{1}{5\times 6^{n-1}}\begin{pmatrix} \dfrac{1}{2} & -\dfrac{1}{2} \\ -\dfrac{1}{3} & \dfrac{1}{3} \end{pmatrix}$$

当 $n = 2$ 时,有

$$P^2 = \dfrac{6}{5}\begin{pmatrix} \dfrac{1}{3} & \dfrac{1}{2} \\ \dfrac{1}{3} & \dfrac{1}{2} \end{pmatrix} + \dfrac{1}{5\times 6}\begin{pmatrix} \dfrac{1}{2} & -\dfrac{1}{2} \\ -\dfrac{1}{3} & \dfrac{1}{3} \end{pmatrix} = \begin{pmatrix} \dfrac{5}{12} & -\dfrac{7}{12} \\ -\dfrac{7}{18} & \dfrac{11}{18} \end{pmatrix}$$

所以当 5 月 1 日为晴天的条件下,5 月 3 日为晴天的概率为 $p_{00}(2) = \dfrac{5}{12}$. 当 $n = 4$ 时,则

$$P^4 = \dfrac{6}{5}\begin{pmatrix} \dfrac{1}{3} & \dfrac{1}{2} \\ \dfrac{1}{3} & \dfrac{1}{2} \end{pmatrix} + \dfrac{1}{5\times 6^3}\begin{pmatrix} \dfrac{1}{2} & -\dfrac{1}{2} \\ -\dfrac{1}{3} & \dfrac{1}{3} \end{pmatrix} = \begin{pmatrix} \dfrac{173}{432} & \dfrac{259}{432} \\ \dfrac{259}{618} & \dfrac{389}{648} \end{pmatrix}$$

所以当 5 月 1 日为晴天的条件下,5 月 5 日为雨天的概率为

$$p_{01}(4) = \frac{259}{432}$$

8. 在一计算系统中,每一循环具有误差的概率取决于先前一个循环是否有误差. 以 0 表示误差状态,以 1 表示无误差状态,设状态的一步转移概率矩阵为

$$P = \begin{array}{c} 0 \\ 1 \end{array}\begin{array}{cc} 0 & 1 \\ \begin{bmatrix} 0.75 & 0.25 \\ 0.5 & 0.5 \end{bmatrix} \end{array}$$

试说明相应齐次马氏链是遍历的,并求其极限分布(平稳分布):(1)用定义解;(2)利用遍历性定理解.

证 (1)由习题 6 的结论知,$a = 0.25$,$b = 0.5$,则

$$P = \frac{1}{0.75}\begin{bmatrix} 0.5 & 0.25 \\ 0.5 & 0.25 \end{bmatrix} + \frac{(0.25)^n}{0.75}\begin{bmatrix} 0.25 & -0.5 \\ -0.5 & 0.5 \end{bmatrix} =$$

$$\frac{4}{3}\begin{bmatrix} \frac{1}{2} & \frac{1}{4} \\ \frac{1}{2} & \frac{1}{4} \end{bmatrix} + \frac{1}{3} \times \frac{1}{4^{n-1}}\begin{bmatrix} \frac{1}{4} & -\frac{1}{4} \\ -\frac{1}{2} & \frac{1}{4} \end{bmatrix} \xrightarrow{n \to \infty} \begin{bmatrix} \frac{2}{3} & \frac{1}{3} \\ \frac{2}{3} & \frac{1}{3} \end{bmatrix}$$

因此该齐次马氏链是遍历的,其极限分布为 $\pi = (\frac{2}{3}, \frac{1}{3})$.

(2)根据遍历性定理,对 $m = 1$,有

$$P_{ij}(1) > 0, \quad i,j = 0$$

因为此马氏链是遍历的,且有限分布 $\pi = (\pi_1, \pi_2)$,满足方程组 $\pi = \pi P$,即

$$\begin{cases} \frac{3}{4}\pi_1 + \frac{1}{2}\pi_2 = \pi_1 \\ \frac{1}{4}\pi_1 + \frac{1}{2}\pi_2 = \pi_2 \\ \pi_1 + \pi_2 = 1 \end{cases}$$

解之得 $\pi_2 = \frac{1}{3}$,$\pi_1 = \frac{2}{3}$.

9. 试证第 5 题中的马氏链具有遍历性,并求其极限分布.

证 由第 5 题的(3)已知两步转移概率矩阵

$$P(2) = P^2 = \begin{array}{c} 1 \\ 2 \\ 3 \end{array}\begin{array}{ccc} 1 & 2 & 3 \\ \begin{bmatrix} \frac{5}{16} & \frac{7}{16} & \frac{1}{4} \\ \frac{7}{36} & \frac{4}{9} & \frac{13}{36} \\ \frac{1}{12} & \frac{13}{48} & \frac{31}{48} \end{bmatrix} \end{array}$$

无零元,由 P368 定理知此马氏链具有遍历性,且有极限分布 $\pi = (\pi_1, \pi_2, \pi_3)$. 它是方程组 $\pi = \pi P$ 满足条件 $\pi_i > 0, \pi_1 + \pi_2 + \pi_3 = 1$ 的唯一解,故解方程组

$$\begin{cases} \pi_1 = \frac{1}{4}\pi_1 + \frac{1}{3}\pi_2 \\ \pi_2 = \frac{3}{4}\pi_1 + \frac{1}{3}\pi_2 + \frac{1}{4}\pi_3 \\ \pi_3 = \frac{1}{3}\pi_2 + \frac{3}{4}\pi_3 \\ \pi_1 + \pi_2 + \pi_3 = 1 \end{cases}$$

得 $\qquad \pi_1 = \frac{4}{25}, \quad \pi_2 = \frac{9}{25}, \quad \pi_3 = \frac{12}{25}$

即
$$\pi = \left(\frac{4}{25}, \frac{9}{25}, \frac{12}{25}\right)$$

10. 设齐次马氏链的一步转移矩阵为

$$P = \begin{pmatrix} q & p & 0 \\ q & 0 & p \\ 0 & q & p \end{pmatrix}, \quad q = 1 - p, \, 0 < p < 1$$

试证明此链具有遍历性，并求其平稳分布.

证 因为对 $m = 2$，有

$$P(2) = P^2 = \begin{pmatrix} q & p & 0 \\ q & 0 & p \\ 0 & q & p \end{pmatrix} \begin{pmatrix} q & p & 0 \\ q & 0 & p \\ 0 & q & p \end{pmatrix} = \begin{pmatrix} q^2 + pq & pq & p^2 \\ q^2 & pq & p^2 \\ q^2 & pq & pq + p^2 \end{pmatrix} \right\} p_{ij}(2) > 0, \quad i, j = 1, 2, 3$$

所以由遍历性定理知此马氏链是遍历的，且有极限分布 $\pi = (\pi_1, \pi_2, \pi_3)$，满足

$$\begin{cases} q\pi_1 + q\pi_2 = \pi_1 \\ p\pi_1 + q\pi_3 = \pi_2 \\ p\pi_2 + p\pi_3 = \pi_3 \\ \pi_1 + \pi_2 + \pi_3 = 1 \end{cases}$$

解之得
$$\pi_1 = \frac{q^2}{p^2 + q}, \quad \pi_2 = \frac{pq}{p^2 + q}, \quad \pi_3 = \frac{p^2}{p^2 + q}$$

11. 设马氏链的一步转移概率矩阵为

$$P = \begin{pmatrix} \frac{1}{2} & \frac{1}{2} & 0 \\ \frac{1}{2} & \frac{1}{2} & 0 \\ 0 & 0 & 1 \end{pmatrix}$$

试证此链是不遍历的.

证 因为
$$P(2) = P^2 = \begin{pmatrix} \frac{1}{2} & \frac{1}{2} & 0 \\ \frac{1}{2} & \frac{1}{2} & 0 \\ 0 & 0 & 1 \end{pmatrix} = P(1)$$

设 $P(n) = P^n = P$，则 $P(n+1) = P^{n+1} = P^n \cdot P = P^2 = P$，所以对任意正整数 n 都有 $P^n = P$.

$$\lim_{n \to \infty} p_{3i}(n) = 0 \neq \lim_{n \to \infty} p_{21}(n) = \lim_{n \to \infty} p_{11}(n) = \frac{1}{2}$$

$$\lim_{n \to \infty} p_{12}(n) = \lim_{n \to \infty} p_{22}(n) = \frac{1}{2} \neq \lim_{n \to \infty} p_{32}(n) = 0$$

$$\lim_{n \to \infty} p_{13}(n) = \lim_{n \to \infty} p_{23}(n) = 0 \neq \lim_{n \to \infty} p_{33}(n) = 1$$

所以此马氏链不是遍历的.

第十二章[①] 平稳随机过程

一、大纲要求及考点提示

(1) 理解平稳随机过程、宽平稳随机过程、严平稳随机过程的概念.
(2) 理解平稳过程的均值、自相关函数具有各态历经性的概念,掌握各态历经性的判别方法.
(3) 掌握自相关函数的性质.
(4) 了解平稳随机过程的功率谱密度的概念,知道谱密度的性质.

二、主要概念、重要定理与公式

1. 平稳随机过程的概念

(1) 设 $\{X(t), t \in T\}$ 是随机过程,如果对任意的 $n(=1,2,\cdots)$, $t_1, t_2, \cdots, t_n \in T$ 和任意实数 h, 当 $t_1 + h, t_2 + h, \cdots, t_n + h \in T$ 时, n 维随机向量 $(X(t_1), X(t_2), \cdots, X(t_n))$ 和 $(X(t_1 + h), X(t_2 + h), \cdots, X(t_n + h))$ 具有相同分布函数,则称此过程为平稳过程(或严平稳过程), T 一般为 $(-\infty, +\infty)$, $[0, +\infty)$, $\{0, \pm 1, \pm 2, \cdots\}$ 或 $\{0, 1, 2, \cdots\}$, 当 T 取离散参数集时,称为平稳随机序列或平稳时间序列.

(2) 给定二阶矩过程 $\{X(t), t \in T\}$, 如果对任意 $t, t + \tau \in T$.
$$E[X(t)] = \mu_X (\text{常数}), \quad E[X(t)X(t+\tau)] = R_X(\tau)$$
则称 $\{X(t), t \in T\}$ 为宽平稳过程或广义平稳过程.

2. 各态历经性

(1) 设 $X(t)$ 是一平稳过程.

(i) 如果 $\langle X(t) \rangle \stackrel{\text{def}}{=\!=\!=} \lim_{T \to +\infty} \frac{1}{2T} \int_{-T}^{T} X(t) \mathrm{d}t = E[X(t)] = \mu_X$ 以概率 1 成立,则称过程 $X(t)$ 的均值具有各态历经性.

(ii) 如果对任意实数 $\tau, \langle X(t)X(t+\tau) \rangle = E[X(t)X(t+\tau)] = R_X(\tau)$ 以概率 1 成立,则称过程 $X(t)$ 的自相关函数具有各态历经性.特别当 $\tau = 0$ 时,称均方值具有各态历经性.

(iii) 如果 $X(t)$ 的均值和自相关函数都具有各态历经性,则称 $X(t)$ 是(宽)各态历经过程.

(2) 各态历经性的判别定理.

定理一 (均值各态历经定理)平稳过程 $X(t)$ 的均值具有各态历经性的充要条件是
$$\lim_{T \to \infty} \frac{1}{T} \int_0^{2T} (1 - \frac{\tau}{2T})[R_X(\tau) - \mu_X^2] \mathrm{d}\tau = 0$$

定理二 (自相关函数各态历经定理)平程过程 $X(t)$ 的自相关函数 $R_X(\tau)$ 具有各态历经性的充要条件是
$$\lim_{T \to \infty} \frac{1}{T} \int_0^{2T} (1 - \frac{\tau_1}{2T})[B(\tau_1) - R_X^2(\tau_1)] \mathrm{d}\tau_1 = 0$$
其中
$$B(\tau_1) = E[X(t)X(t+\tau)X(t+\tau_1)X(t+\tau+\tau_1)]$$

定理三 设 $\{X(t), t \in T = [0, +\infty)\}$ 是平稳随机过程,则
$$\lim_{T \to \infty} \frac{1}{T} \int_0^T X(t) \mathrm{d}t = E[X(t)] = \mu_X$$

以概率 1 成立的充要条件是

---

① 本章为教材第十四章.

$$\lim_{T \to +\infty} \frac{1}{T} \int_0^T (1 - \frac{\tau}{T})[R_{XX}(\tau) - U_X^2] d\tau = 0$$

$$\lim_{T \to +\infty} \frac{1}{T} \int_0^T X(t)X(t+\tau) d\tau = E[X(t)X(t+\tau)] = R_X(\tau)$$

以概率 1 成立的充要条件是

$$\lim_{T \to +\infty} \frac{1}{T} \int_0^T (1 - \frac{\tau_1}{T})[B(\tau_1) - R_X^2(\tau)] d\tau_1 = 0$$

3. 自相关函数的性质

(1) $$R_X(0) = E[X^2(t)] = \psi_X^2 \geqslant 0$$

(2) $$R_X(-\tau) = R_X(\tau)$$

(3) $$|R_X(\tau)| \leqslant R_X(0), \quad |C_X(\tau)| \leqslant C_X(0) = \sigma_X^2$$

$$|R_{XY}(\tau)|^2 \leqslant R_X(0)R_Y(0), \quad |C_{XY}(\tau)^2 \leqslant C_X(0)C_Y(0)$$

(4) $R_X(\tau)$ 是非负定的，即对任意数组 $t_1, t_2, \cdots, t_n \in T$ 和任意实值函数 $g(t)$，都有

$$\sum_{i,j=1}^n R_X(t_i - t_j)g(t_i)g(t_j) \geqslant 0$$

(5) 如果平稳过程 $X(t)$ 满足条件 $P\{X(t+T_0) = X(t)\} = 1$，则称它为周期是 T_0 的平稳过程. 周期平稳过程的自相关函数是周期函数，且周期也是 T.

4. 平稳随机过程的功率谱密度

(1) 设 $\{X(t), t \in T\}$，$T = (-\infty, +\infty)$ 是平稳随机过程，则

$$F_X(\omega, T) = \int_{-T}^T X(t)e^{-j\omega t} dt$$

$$\frac{1}{2T} \int_{-T}^T X^2(t) dt = \frac{1}{4\pi T} \int_{-\infty}^{+\infty} |F_X(\omega, T)|^2 d\omega$$

称

$$\lim_{T \to +\infty} E[\frac{1}{2T} \int_{-T}^T X^2(t) dt]$$

为平稳过程 $X(t)$ 的平均功率，称

$$S_X(\omega) = \lim_{T \to +\infty} \frac{1}{2T} E[|F_X(\omega, T)|^2]$$

为平稳过程 $X(t)$ 的功率谱密度，称

$$\psi_X^2 = \frac{1}{2\pi} \int_{-\infty}^{+\infty} S_X(\omega) d\omega$$

为平稳过程 $X(t)$ 的平均功率的谱表示式.

(2) 谱密度的性质：

(i) $S_X(\omega)$ 是 ω 的实的、非负的偶函数.

(ii) $S_X(\omega)$ 和自相关函数 $R_X(\tau)$ 是一富里埃变换对，即

$$S_X(\omega) = \int_{-\infty}^{\infty} R_X(\tau)e^{-j\omega t} d\tau$$

$$R_X(\tau) = \frac{1}{2\pi} \int_{-\infty}^{+\infty} S_X(\omega)e^{j\omega \tau} d\tau$$

它们统称为维纳-辛钦(Wiener - Khintchine) 公式.

(3) 互谱密度及其性质：

(i) 设 $X(t)$ 和 $Y(t)$ 是两个平稳相关的随机过程，称

$$S_{XY}(\omega) = \lim_{T \to +\infty} \frac{1}{2T} E\{F_X(-\omega, T)F_Y(\omega, T)\}$$

为平稳过程 $X(t)$ 和 $Y(t)$ 的互谱密度.

(ii) 互谱密度的性质.

1° $S_{XY}(\omega) = S_{YX}^*(\omega)$，即 $S_{XY}(\omega)$ 和 $S_{YX}(\omega)$ 互为共轭函数.

2° 在互相关函数 $R_{XY}(\tau)$ 绝对可积的条件下，有

$$S_{XY}(\omega) = \int_{-\infty}^{\infty} R_{XY}(\tau)e^{-j\omega t}d\omega, \quad R_{XY}(\tau) = \frac{1}{2\pi}\int_{-\infty}^{\infty} S_{XY}(\omega)e^{j\omega t}d\omega$$

3° $\mathrm{Re}[S_{XY}(\omega)]$ 和 $\mathrm{Re}[S_{YX}(\omega)]$ 是 ω 的偶函数，$\mathrm{Im}[S_{XY}(\omega)]$ 和 $\mathrm{Im}[S_{YX}(\omega)]$ 是 ω 的奇函数.

4° $|S_{XY}(\omega)|^2 \leqslant S_X(\omega)S_Y(\omega)$.

三、常考题型范例精解

例 12-1 设 $\{X(t), -\infty < t < +\infty\}$ 为零均值的正交增量过程，$E|X(t_2) - X(t_1)|^2 = t_2 - t_1$. 试证

$$Y(t) = X(t) - X(t-1)$$

为宽平稳过程，并求出它的自协方差函数和谱密度函数.

证 因为 $\qquad E[Y(t)] = E[X(t)] - E[X(t-1)] = 0$

$$E[Y(t)\overline{Y(s)}] = E[X(t) - X(t-1)][\overline{X(s) - X(s-1)}] = \begin{cases} 0, & |t-s| \geqslant 1 \\ 1 - |t-s|, & |t-s| < 1 \end{cases}$$

所以，由定义知 $Y(t)$ 为宽平稳过程.

$Y(t)$ 的自协方差函数

$$R_Y(\tau) = \begin{cases} 0, & |\tau| \geqslant 1 \\ 1 - |\tau|, & |\tau| < 1 \end{cases}$$

由于 $\int_{-\infty}^{+\infty} |R_Y(\tau)|d\tau = \int_{-1}^{1}[1 - |\tau|]d\tau = 2\int_{0}^{1}(1-\tau)d\tau < \infty$，所以 $Y(t)$ 有连续的谱密度

$$S_Y(\omega) = \int_{-\infty}^{+\infty} R_Y(\tau)e^{-j\omega\tau}d\tau = \int_{-1}^{1} e^{-j\omega\tau}(1-|\tau|)d\tau = \int_{0}^{1}(1-\tau)\cos\omega\tau\,d\tau = \frac{1-\cos\omega}{\omega^2}, \quad \omega \neq 0$$

$$S_Y(\omega) = 0, \quad \omega = 0$$

例 12-2 设 $\{X(t), t \in T\}$，$\{Y(t), t \in T\}$ 是平稳相关的平稳过程，且其均值函数 μ_X，μ_Y 和自协方差函数 $R_X(\tau)$，$R_Y(\tau)$ 和互协方差函数 $R_{XY}(\tau)$ 满足 $E[X(t)] = E[Y(t)] = 0$，$R_X(\tau) = R_Y(\tau)$，$R_{XY}(\tau) = \overline{-B_{XY}(-\tau)}$，试证：$W(t) = X(t)\cos\omega_0 t + Y(t)\sin\omega_0 t$ 也是平稳过程. 又若 $X(t)$，$Y(t)$ 的谱密度存在，则 $W(t)$ 的谱密度存在，试用 XY 的谱密度与交互谱密度表示出 $W(t)$ 的谱密度.

证 因为 $\qquad E[W(t)] = 0$

$$E[W(t)\overline{W(s)}] = E[X(t)\cos\omega_0 t + Y(t)\sin\omega_0 t][\overline{X(s)}\cos\omega_0 s + \overline{Y(s)}\sin\omega_0 s] =$$
$$R_X(t-s)\cos\omega_0 t\cos\omega_0 s + R_Y(t-s)\sin\omega_0 s\sin\omega_0 t +$$
$$R_{XY}(t-s)\cos\omega_0 t\sin\omega_0 s + R_{XY}(t-s)\sin\omega_0 t\cos\omega_0 s$$

因为 $\qquad R_X(t-s) = R_Y(t-s)$，$R_{XY}(t-s) = \overline{R_{XY}(t-s)} = -R_{XY}(t-s)$

所以 $\qquad E[W(t)\overline{W(s)}] = R_X(t-s)\cos\omega_0(t-s) - R_{XY}(t-s)\sin\omega_0(t-s)$

由定义知 $W(t)$ 为平稳过程.

协方差函数 $\qquad R_W(\tau) = R_X(\tau)\cos\omega_0\tau - R_{XY}(\tau)\sin\omega_0\tau \qquad\qquad (1)$

若 $X(t)$，$Y(t)$ 的谱密度存在，我们证明交互谱密度也存在，即证明 $F_{XY}(\omega)$ 也绝对连续.

记 $\qquad W_1(t) = X(t) + iY(t), \quad W_2(t) = X(t) - iY(t)$

因 $X(t)Y(t)$ 平稳相关，所以 $W_1(t)$，$W_2(t)$ 均为宽平稳过程.

由于 $\qquad R_{W_1}(\tau) = 2R_X(\tau) - 2iR_{XY}(\tau), \quad R_{W_2}(\tau) = 2R_X(\tau) + 2iR_{XY}(\tau)$

相应地 $\qquad \Delta F_{W_1}(\omega) = 2\Delta F_X(\omega) - 2i\Delta F_{XY}(\omega), \quad \Delta F_{W_2}(\omega) = 2\Delta F_X(\omega) + 2i\Delta F_{XY}(\omega)$

注意到 $F_{W_1}(\omega)$，$F_{W_2}(\omega)$，$F_X(\omega)$ 均为单调非降实函数，所以 $\mathrm{Re}\Delta F_{XY}(\omega) = 0$，$-\Delta F_X(\omega) \leqslant \mathrm{Im}\Delta F_{XY}(\omega) \leqslant \Delta F_X(\omega)$，故有 $|\mathrm{Im}\Delta F_{XY}(\omega)| \leqslant \Delta F_X(\omega)$.

当 $X(t)$ 有谱密度时，$F_X(t)$ 绝对连续，因此 $\mathrm{Im}F_{XY}(\omega)$ 也绝对连续，所以 $F_{XY}(\omega)$ 绝对连续，即 $S_{XY}(\omega)$ 存在. 进一步证明，$W(t)$ 的谱密度存在，并求出表达式. 因为 $R_X(\tau) = R_Y(\tau)$，所以 $S_X(\omega) = S_Y(\omega)$，且

$$R_X(\tau) = \frac{1}{2\pi}\int_{-\infty}^{+\infty} e^{ir\omega}S_X(\omega)d\omega, \quad R_{XY}(\tau) = \frac{1}{2\pi}\int_{-\infty}^{+\infty} e^{ir\omega}S_{XY}(\omega)d\omega$$

由式(1)得

$$R_\omega(\tau) = R_X(\tau)\cos\omega_0\tau - R_{XY}(\tau)\sin\omega_0\tau =$$

$$\frac{1}{2\pi}\int_{-\infty}^{+\infty} e^{i\omega\tau} S_X(\omega)d\omega \cdot \frac{e^{i\omega_0\tau}+e^{-i\omega_0\tau}}{2} - \frac{1}{2\pi}\int_{-\infty}^{+\infty} e^{i\omega\tau} S_{XY}(\omega)d\omega \cdot \frac{e^{i\omega_0\tau}-e^{-i\omega_0\tau}}{2} =$$

$$\frac{1}{4\pi}\Big[\int_{-\infty}^{+\infty} e^{i(\omega+\omega_0)\tau} S_X(\omega)d\omega + \int_{-\infty}^{+\infty} e^{i(\omega-\omega_0)\tau} S_X(\omega)d\omega\Big] -$$

$$\frac{1}{4\pi i}\Big[\int_{-\infty}^{+\infty} e^{i(\omega+\omega_0)\tau} S_{XY}(\omega)d\omega - \int_{-\infty}^{+\infty} e^{i(\omega-\omega_0)\tau} S_{XY}(\omega)d\omega\Big] =$$

$$\frac{1}{2\pi}\int_{-\infty}^{+\infty} e^{iu\tau}\Big[\frac{1}{2}S_X(u-\omega_0) + \frac{1}{2}S_X(u+\omega_0) - \frac{1}{2i}S_{XY}(u-\omega_0) + \frac{1}{2i}S_{XY}(u+\omega_0)\Big]du$$

因为 $R_W(\tau) = \frac{1}{2\pi}\int_{-\infty}^{+\infty} e^{i\omega\tau}dF_W(\tau)$,由谱展式的唯一性,有

$$F_W(\omega) = \int_{-\infty}^{\omega}\Big[\frac{1}{2}S_X(u-\omega_0) + \frac{1}{2}S_X(u+\omega_0) - \frac{1}{2i}S_{XY}(u-\omega_0) + \frac{1}{2i}S_{XY}(u+\omega_0)\Big]du$$

所以 $S_W(\omega)$ 存在,且

$$S_W(\omega) = \frac{1}{2}S_X(\omega-\omega_0) + \frac{1}{2}S_X(\omega+\omega_0) - \frac{1}{2i}S_{XY}(\omega-\omega_0) + \frac{1}{2i}S_{XY}(\omega+\omega_0)$$

例 12-3 设 $\{X(n), n=0,\pm1,\pm2,\cdots\}$ 是实的互不相关的随机变量序列,且 $E[X(n)]=0$, $D(X(n)) = \sigma^2$, $\{C_n\}$ 为满足条件 $\sum_{n=-\infty}^{\infty}|C_n|^2 < \infty$ 的复数序列,设

$$Y(n) = \sum_{k=-\infty}^{\infty} C_k X(n-k)$$

(1) 证明 $\{Y(n), n=0,\pm1,\pm2,\cdots\}$ 是一平稳时间序列.

(2) 求 $\{Y(n), n=0,\pm1,\pm2,\cdots\}$ 的谱密度函数.

解 (1)首先来说明,对每个 n, $\{Y(n), n=0,\pm1,\pm2,\cdots\}$ 是均方收敛的.若记

$$Y^{(N)}(n) = \sum_{k=-N}^{N} C_k X(n-k)$$

则当 $N > M$ 时,有

$$E|Y^{(N)}(n) - Y^{(M)}(n)|^2 = E\Big|\sum_{M<|k|<N} C_k X(n-k)\Big|^2 = \sigma^2\sum_{M<|k|<N}|C_k|^2$$

因此由 $\sum_{n=-\infty}^{\infty}|C_n|^2 < \infty$,及随机变量存在定理,知必存在随机变量 $Y(n)$,使 $Y^{(N)}(n)$ 均方收敛于 $Y(n)$,即

级数 $Y(n) = \sum_{n=-\infty}^{\infty} C_k X(n-k)$ 是均方收敛的.因此

$$E(Y(n)) = \lim_{N\to\infty} E\{Y^{(N)}(n)\} = \lim_{N\to\infty}\sum_{|k|\leqslant N} C_k E\{X(n-k)\} = \sum_{k=-\infty}^{\infty} C_k E\{X(n-k)\} = 0$$

$$E\{Y(m)\overline{Y(m)}\} = E\Big(\sum_{k=-\infty}^{\infty} C_k X(n-k)\Big)\Big(\overline{\sum_{l=-\infty}^{\infty} C_l X(m-l)}\Big) = \sum_{k=-\infty}^{\infty}\sum_{l=-\infty}^{\infty} C_k \overline{C_l} EX(n-k)\overline{X(m-l)} =$$

$$\sum_{k=-\infty}^{\infty} C_k \overline{C}_{m-n+k}\sigma^2 = \sigma^2\Big(\sum_{k=-\infty}^{\infty} C_{m-n+k}\overline{C_k}\Big)\sigma^2 = R_Y(n-m)$$

即均值为常数零,协方差函数只与 $n-m$ 有关,所以 $\{Y(n), n=0,\pm1,\pm2,\cdots\}$ 为一平稳时间序列.

(2)将 $Y(n)$ 写为

$$Y(n) = \sum_{k=-\infty}^{\infty} C_{n-k} X(k)$$

则 $Y(n)$ 的协方差函数 $\qquad R_Y(n) = \sigma^2\Big(\sum_{k=-\infty}^{\infty} C_{n+k}\overline{C_k}\Big)$

由于 $\qquad \sum_{n=-\infty}^{\infty}|R_Y(n)| = \sigma^2\sum_{k=-\infty}^{\infty}\Big|\sum_{k=-\infty}^{\infty}|C_{n+k}\overline{C_k}|\Big| \leqslant \sigma^2\Big(\sum_{k=-\infty}^{\infty}|C_k|\Big)^2 < \infty$

所以 $Y(n)$ 有连续谱密度 $S(\omega)$，且

$$S_Y(\omega) = \sum_{n=-\infty}^{\infty} R_Y(n) \mathrm{e}^{-in\omega} = \sigma^2 \sum_{n=-\infty}^{\infty} \mathrm{e}^{-in\omega} \left(\sum_{k=0}^{\infty} C_{n+k} \overline{C}_k \right) = \sigma^2 \mid \sum_{k=0}^{\infty} C_k \mathrm{e}^{-ik\omega} \mid^2, \quad -\pi \leqslant \omega \leqslant \pi$$

例 12-4 随机电报信号，在电报信号传输中，信号是由不同的电流符号给出，电流的发送又有一任意的持续时间，若电路中的电流 $X(t)$ 的变化如图 12-1 所示，电流的变化特征是：

(1) 电流值只取 $+1$ 或 -1.

(2) 电流符号变化是随机的，在任一区间 $(t, t+h)$ 内发生变号这一事件流服从泊松分布，即

$$P(k) = \frac{(\mu h)^k}{k!} \mathrm{e}^{-\mu h}$$

则当在 $(t, t+h)$ 中出现偶数次变号，$X(t)$ 与 $X(t+h)$ 取同号，在 $(t, t+h)$ 中出现奇数次变号，$X(t)$ 与 $X(t+h)$ 取异号，设 ξ 是随机变量，且与 $X(t)$ 相互独立.

$$P\{\xi = +a\} = P\{\xi = -a\} = \frac{1}{2}$$

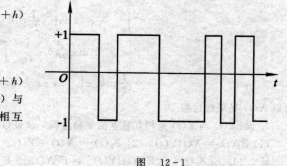

图 12-1

$E(\xi) = 0$，$E(\xi^2) = a^2$，令 $Y(t) = \xi X(t)$：

(1) 证明 $\{Y(t), t \in T\}$ 是宽平稳随机过程.

(2) 求 $\{Y(t), t \in T\}$ 的谱密度函数.

证 (1) 由于 ξ 与 $X(t)$ 独立，所以

$$E\{Y(t)\} = E(\xi)E\{X(t)\} = 0$$

$$E\{Y(t)Y(s)\} = E(\xi^2)E\{X(t)X(s)\} =$$

$$a^2 \left\{ \sum_{k=0}^{\infty} \frac{[\mu(t-s)]^{2k}}{(2k)!} \mathrm{e}^{-\mu(t-s)} - \sum_{k=0}^{\infty} \frac{[\mu(t-s)]^{2k+1}}{(2k+1)!} \mathrm{e}^{-\mu(t-s)} \right\} = a^2 \mathrm{e}^{-2\mu(t-s)}, \quad t > s$$

所以 $\{Y(t), -\infty < t < +\infty\}$ 是平稳过程，其协方差函数

$$R_Y(\tau) = a^2 \mathrm{e}^{-2\mu\tau}, \quad \mu > 0$$

由于 $\int_{-\infty}^{+\infty} \mid R_Y(\tau) \mid \mathrm{d}\tau < \infty$，所以 $\{Y(t), -\infty < t < +\infty\}$ 有连续谱密度 $S_Y(\omega)$，它可表示为

$$S_Y(\omega) = \int_{-\infty}^{+\infty} \mathrm{e}^{-i\omega\tau} R_Y(\tau) \mathrm{d}\tau = a^2 \left(\int_0^{+\infty} \mathrm{e}^{-(2\mu+i\omega)\tau} \mathrm{d}\tau + \int_{-\infty}^0 \mathrm{e}^{(2\mu-i\omega)\tau} \mathrm{d}\tau \right) = \frac{8a^2\mu}{4\mu^2 + \omega^2}$$

四、课后习题全解

1. 设有随机过程 $X(t) = A\cos(\omega t + \Theta)$，$-\infty < t < +\infty$，其中 A 是服从瑞利分布的随机变量，其概率密度为

$$f(a) = \begin{cases} \dfrac{a}{\sigma^2} \mathrm{e}^{-\frac{a^2}{2\sigma^2}}, & a > 0 \\ 0, & a \leqslant 0 \end{cases}$$

Θ 是在 $(0, 2\pi)$ 上服从均匀分布且与 A 相互独立的随机变量，ω 是一常数，问 $X(t)$ 是不是平稳过程？

解 由题意知 Θ 的密度函数为

$$f_\Theta(\theta) = \begin{cases} \dfrac{1}{2\pi}, & 0 \leqslant \theta \leqslant 2\pi \\ 0, & \text{其他} \end{cases}$$

(A, Θ) 的联合密度函数为

$$f(a, \theta) = f_A(a) f_\Theta(\theta) = \begin{cases} \dfrac{a}{\sigma^2 2\pi} \mathrm{e}^{-\frac{a^2}{2\sigma^2}}, & a > 0, 0 \leqslant \theta \leqslant 2\pi \\ 0, & \text{其他} \end{cases}$$

于是 $X(t)$ 的均值函数为

$$E[X(t)] = E[A\cos(\omega t + \Theta)] = E(A) \cdot E[\cos(\omega t + \Theta)] =$$

$$\int_0^{+\infty} \frac{1}{\sigma^2} a^2 e^{-\frac{a^2}{2\sigma^2}} da \int_0^{2\pi} \frac{1}{2\pi} \cos(\omega t + \theta) d\theta = 0$$

$$R_X(t, t+\tau) = E[X(t+\tau)X(t)] = E[A^2\cos[\omega(t+\tau) + \Theta]\cos(\omega t + \Theta)] =$$

$$E(A^2) \cdot E[\cos(\omega(t+\tau) + \Theta)\cos(\omega t + \Theta)] =$$

$$\int_0^{+\infty} \frac{a^3}{\sigma^2} e^{-\frac{a^2}{2\sigma^2}} da \int_0^{2\pi} \frac{1}{2\pi} \cos[\omega(t+\tau) + \theta]\cos(\omega t + \theta) d\theta =$$

$$-\int_0^{+\infty} a^2 d(e^{-\frac{a^2}{2\sigma^2}}) \cdot \frac{1}{4\pi} \cdot \int_0^{2\pi} [\cos[2\omega t + \omega\tau + 2\theta] + \cos\omega\tau] d\theta =$$

$$\frac{1}{2}\cos\omega\tau \int_0^{+\infty} 2a \cdot e^{-\frac{a^2}{2\sigma^2}} da = \sigma^2 \cos\omega\tau = R_X(\tau)$$

所以 $X(t)$ 是平稳过程.

2. 设 $\{X(t)$ 与 $Y(t)$ 是相互独立的平稳过程. 试证以下随机过程也是平稳过程:

(1) $Z_1(t) = X(t)Y(t)$. (2) $Z_2(t) = X(t) + Y(t)$.

证 (1) $E[Z_1(t)] = E[X(t)Y(t)] = E[X(t)] \cdot E[Y(t)] = \mu_X \cdot \mu_Y$

$$E[Z_1(t)Z_1(t+\tau)] = E[X(t)Y(t)X(t+\tau)Y(t+\tau)] =$$

$$E[X(t)X(t+\tau)]E[Y(t)Y(t+\tau)] = R_X(\tau)R_Y(\tau) \xrightarrow{\text{def}} R_{Z_1}(\tau)$$

故 $\{Z_1(t), t \in T\}$ 为宽平稳过程.

(2) $E[Z_2(t)] = E[X(t) + Y(t)] = E[X(t)] + E[Y(t)] = \mu_X + \mu_Y$

$$E[Z_2(t)Z_2(t+\tau)] = E[X(t) + Y(t)][X(t+\tau) + Y(t+\tau)] =$$

$$E[X(t)X(t+\tau)] + E[Y(t)X(t+\tau)] + E[X(t)Y(t+\tau)] + E[Y(t)Y(t+\tau)] =$$

$$R_X(\tau) + E[Y(t)]E[X(t+\tau)] + E[X(t)]E[Y(t+\tau)] + R_Y(\tau) =$$

$$R_X(\tau) + 2\mu_X\mu_Y + R_Y(\tau) = R_{Z_2}(\tau)$$

所以 $Z_2(t)$ 是平稳过程.

3. 设 $\{X(t), -\infty < t < +\infty\}$ 是平稳过程, $R_X(\tau)$ 是其自相关函数, a 是常数, 试问随机过程

$$Y(t) = X(t+a) - X(t)$$

是不是平稳过程? 为什么?

解 因 $\quad E[Y(t)] = E[X(t+a) - X(t)] = \mu_X - \mu_X = 0$

$$R_Y(t, t+\tau) = E[Y(t)Y(t+\tau)] = E[X(t+a) - X(t)][X(t+a+\tau) - X(t+\tau)] =$$

$$E[X(t+a)X(t+a+\tau)] - E[X(t)X(t+a+\tau)] -$$

$$E[X(t+a)X(t+\tau)] + E[X(t)X(t+\tau)] =$$

$$R_X(\tau) - R_X(a+\tau) + R_X(\tau) - E[X(t+a)X(t+\tau)] =$$

$$2R_X(\tau) - R_X(a+\tau) - E[X(t+a)X(t+a+(\tau-a))] =$$

$$2R_X(\tau) - R_X(a+\tau) - R_X(\tau-a) = R_Y(\tau)$$

故 $Y(t)$ 是平稳过程.

4. 设 $\{N(t), t \geq 0\}$ 是强度为 λ 的泊松过程, 定义随机过程 $Y(t) = N(t+L) - N(t)$, 其中常数 $L > 0$, 试求 $Y(t)$ 的均值函数和自相关函数, 并问 $Y(t)$ 是否是平稳过程?

解 因 $\{N(t), t \geq 0\}$ 是强度为 λ 的泊松过程, 所以

$$E[N(t)] = \lambda t$$

$$R_N(s, t) = \lambda^2 st + \lambda \min(s, t), s, t > 0$$

从而

$$E[Y(t)] = E[N(t+L) - N(t)] = \lambda(t+L) - \lambda t = \lambda L$$

$$R_Y(t, s) = E[Y(t)Y(s)] = E[(N(t+L) - N(t))(N(s+L) - N(s))] =$$

$$E[N(t+L)N(s+L)] - E[N(t)N(s+L)] - E[N(s)N(t+L)] + E[N(t)N(s)]$$

$$\lambda^2(t+L)(s+L)+\lambda\min(t+L,s+L)-\lambda^2 t(s+L)-\lambda\min(t,s+L)-$$

$$\lambda^2 s(t+L)-\lambda\min(s,t+L)+\lambda^2 ts+\lambda\min(s,t)=$$

$$\lambda^2[(t+L)(s+L)-t(s+L)-s(t+L)+ts]+$$

$$\lambda[\min(t+L,s+L)-\min(t,s+L)-\min(s,t+L)+\min(s,t)]=$$

$$\begin{cases}\lambda^2 L^2+\lambda(L-|\tau|), & |\tau|\leqslant L,\tau=t-s,s,t>0\\ \lambda^2 L^2, & |\tau|>L\end{cases}$$

由以上可知 $Y(t)$ 是平稳随机过程.

5. 设平稳过程 $\{X(t),-\infty<t<+\infty\}$ 的自相关函数为 $R_X(\tau)=e^{-a(\tau)}(1+a|\tau|)$,其中常数 $a>0$,而 $E[X(t)]=0$. 试问 $X(t)$ 的均值是否具有各态历经性?为什么?

解法 1　因为

$$\lim_{T\to+\infty}\frac{1}{T}\int_0^{2T}\left(1-\frac{\tau}{2T}\right)e^{-a|\tau|}(1+a|\tau|)d\tau=\lim_{T\to+\infty}\frac{1}{T}\int_0^{2T}\left(1-\frac{\tau}{2T}+a\tau-\frac{a\tau^2}{2T}\right)e^{-a\tau}d\tau=$$

$$\lim_{T\to+\infty}\frac{1}{T}\left[\int_0^{2T}e^{-a\tau}d\tau-\frac{1}{2T}\int_0^{2T}\tau e^{-a\tau}d\tau+a\int_0^{2T}\tau e^{-a\tau}d\tau-\frac{a}{2T}\int_0^{2T}\tau^2 e^{-a\tau}d\tau\right]=$$

$$\lim_{T\to+\infty}\frac{1}{T}\left[\frac{1}{a}(t-e^{-2aT})+\frac{1}{2a^2 T}(1-e^{-2aT})+\frac{1}{a}(1-e^{-2aT})+\frac{1}{2T}\int_0^{2T}\tau^2 de^{-a\tau}\right]=$$

$$\lim_{T\to+\infty}\frac{1}{2T}\left[\tau^2 e^{-a\tau}\Big|_0^{2T}-\int_0^{2T}2\tau e^{-a\tau}d\tau\right]=\lim_{T\to+\infty}\frac{1}{2T}\left[4T^2 e^{-2aT}+\frac{2}{a}e^{-a\tau}\Big|_0^{2T}-\frac{2}{a^2}(1-e^{-2aT})\right]=$$

$$\lim_{T\to+\infty}\frac{1}{2T}\left[4T^2 e^{-2aT}+\frac{4T}{a}e^{-2aT}-\frac{2}{a^2}(1-e^{-2aT})\right]=0$$

所以由定理知 $X(t)$ 的均值具有各态历经性.

解法 2　因

$$\lim_{T\to+\infty}R_X(\tau)=\lim_{T\to+\infty}e^{-a|\tau|}(1+a|\tau|)=0=\mu_X^2$$

故 $X(t)$ 的均值具有各态历经性.

6. 第 1 题中的随机过程 $X(t)=A\cos(\omega t+\Theta)$ 是否是各态历经过程?为什么?

解　由第 1 题的解答知

$$\mu_X=E[X(t)]=0,\quad R_X(\tau)=E[X(t)X(t+\tau)]=\sigma^2\cos\omega\tau$$

因为

$$\lim_{T\to+\infty}\frac{1}{T}\int_0^{2T}\left(1-\frac{\tau}{2T}\right)\sigma^2\cos\omega\tau d\tau=\lim_{T\to+\infty}\frac{\sigma^2}{T}\left[\int_0^{2T}\cos\omega\tau d\tau-\frac{1}{2T}\int_0^{2T}\tau\cos\omega\tau d\tau\right]=$$

$$\lim_{T\to+\infty}\left[\frac{\sigma^2}{T\omega}\sin 2T\omega-\frac{\sigma^2}{2T^2\omega}2T\sin 2\omega T+\frac{\sigma^2}{2T^2\omega^2}(1-\cos 2T\omega)\right]=0$$

故由定理知 $X(t)$ 的均值具有各态历经性. 又

$$B(\tau_1)=E[X(t)X(t+\tau)X(t+\tau_1)X(t+\tau+\tau_1)]=$$

$$E[A^4\cos(\omega t+\Theta)\cos(\omega(t+\tau)+\Theta)\cos(\omega(t+\tau_1)+\Theta)\cos(\omega(t+\tau+\tau_1)+\Theta)]=$$

$$E[A^4]E[\cos(\omega t+\Theta)\cos(\omega(t+\tau)+\Theta)\cos(\omega(t+\tau_1)+\Theta)\cos(\omega(t+\tau+\tau_1)+\Theta)]=$$

$$\int_0^{+\infty}\frac{a^5}{\sigma^2}e^{-\frac{a^2}{2\sigma^2}}da\int_0^{2\pi}\frac{1}{2\pi}\cos(\omega t+\theta)\cos(\omega(t+\tau)+\theta)\cos(\omega(t+\tau_1)+\theta)\cdot\cos(\omega(t+\tau+\tau_1)+\theta)d\theta=$$

$$\frac{8\sigma^4}{8\pi}\int_0^{2\pi}[\cos(2\omega t+\omega\tau+2\theta)+\cos\omega\tau][\cos(2\omega t+2\omega\tau_1+\omega\tau+2\theta)+\cos\omega\tau]d\theta=$$

$$\frac{\sigma^4}{\pi}\left[\int_0^{2\pi}\cos(2\omega t+\omega\tau+2\theta)\cos(2\omega t+2\omega\tau_1+\omega\tau+2\theta)d\theta+\right.$$

$$\cos\omega\tau\int_0^{2\pi}\cos[(2\omega t+2\omega\tau_1+\omega\tau+2\theta)d\theta+\cos\omega\tau\int_0^{2\pi}\cos(2\omega t+\omega\tau+2\theta)d\theta+\cos^2\omega\tau\cdot 2\pi]=$$

$$2\sigma^4\cos^2\omega\tau+\frac{\sigma^4}{2\pi}\int_0^{2\pi}[\cos(4\omega t+2\omega\tau+2\omega\tau_1+4\theta)+\cos 2\omega\tau_1]d\theta=$$

$$2\sigma^4\cos\omega t+_4\cos 2\omega\tau_1$$

因

$$\lim_{T\to+\infty}\frac{1}{T}\int_0^{2T}\left(1-\frac{\tau_1}{2T}\right)(B(\tau_1)-R_X^2(\tau))d\tau_1=$$

$$\lim_{T\to+\infty}\frac{1}{T}\int_0^{2T}\left(1-\frac{\tau_1}{2T}\right)\left[2\sigma^4\cos^2\omega\tau+\sigma^4\cos2\omega\tau_1-\sigma^4\cos^2\omega\tau\right]d\tau_1=$$

$$\lim_{T\to+\infty}\frac{\sigma^4}{T}\int_0^{2T}\left(1-\frac{\tau_1}{2T}\right)(\cos^2\omega\tau+\cos2\omega\tau_1)d\tau_1=$$

$$\lim_{T\to+\infty}\left[\frac{\sigma^4}{T}\int_0^{2T}\left(1-\frac{\tau_1}{2T}\right)\cos^2\omega\tau d\tau_1+\frac{\sigma^4}{T}\int_0^{2T}\left(1-\frac{\tau_1}{2T}\right)\cos2\omega\tau_1 d\tau_1\right]=0$$

所以由定理知 $X(t)$ 的自相关函数具有各态历经性,所以 $X(t)$ 是各态历经过程.

7.(1) 设 $C_X(\tau)$ 是平稳过程 $X(t)$ 的协方差函数,试证:若 $C_X(\tau)$ 绝对可积,即

$$\int_{-\infty}^{+\infty}|C_X(\tau)|d\tau<+\infty$$

则 $X(t)$ 的均值具有各态历经性.

(2) 证明第十四章 §1 例 2 中的随机相位周期过程 $X(t)=s(t+\Theta)$ 是各态历经过程.

证 (1) $E\{\langle X(t)\rangle\}=E\left[\lim_{T\to\infty}\frac{1}{2T}\int_{-T}^T X(t)dt\right]=\lim_{T\to\infty}\frac{1}{2T}\int_{-T}^T E[X(t)]dt=\mu_X$

$$D[\langle X(t)\rangle]=E\{[\langle X(t)\rangle-\mu_X]^2\}=\lim_{T\to+\infty}\frac{1}{4T^2}\int_{-T}^T\int_{-T}^T E[X(t_1)X(t_2)]dt_1dt_2-\mu_X^2=$$

$$\lim_{T\to+\infty}\frac{1}{4T^2}\int_{-T}^T\int_{-T}^T R_X(t_2-t_1)dt_1dt_2-\mu_X^2\xrightarrow{\tau'=t_1+t_2}$$

$$\lim_{T\to+\infty}\frac{1}{T}\int_0^{2T}\left(1-\frac{\tau}{2T}\right)R_X(\tau)d\tau-\mu_X^2=\lim_{T\to+\infty}\frac{1}{T}\int_0^{2T}\left(1-\frac{\tau}{2T}\right)[R_X(\tau)-\mu_X^2]d\tau=$$

$$\lim_{T\to+\infty}\frac{1}{T}\int_0^{2T}\left(1-\frac{\tau}{2T}\right)C_X(\tau)d\tau$$

由于 $C_X(\tau)$ 绝对可积,因此

$$\left|\int_0^{2T}\left(1-\frac{\tau}{2T}\right)C_X(\tau)d\tau\right|<\int_0^{2T}|C_X(\tau)|d\tau<+\infty$$

故有

$$D\{\langle X(t)\rangle\}=\lim_{T\to\infty}\frac{1}{T}\int_0^{2T}\left(1-\frac{\tau}{2T}\right)C_X(\tau)d\tau=0$$

所以

$$P\{\langle X(t)\rangle=\mu_X\}=1$$

所以 $X(t)$ 的均值具有各态历经性.

(2) $$\langle X(t)\rangle=\lim_{G\to+\infty}\frac{1}{2G}\int_{-G}^G X(t)dt=\lim_{G\to+\infty}\frac{1}{2G}\int_{-G}^G s(t+\Theta)dt$$

对任意正数 G,总存在正整数 n,使 $nT\leqslant G<(n+1)T$,故

$$\langle X(t)\rangle=\lim_{G\to+\infty}\frac{1}{2G}\int_{-G}^G s(t+\Theta)dt=\lim_{n\to+\infty}\frac{1}{2nT}\frac{nT}{G}\left[\int_{-nT}^{nT}s(t+\Theta)dt+\int_{-G}^{-nT}s(t+\Theta)dt+\int_{nT}^G s(t+\Theta)dt\right]$$

注意到

$$\lim_{n\to\infty}\frac{nT}{G}=1,\quad \lim_{n\to\infty}\frac{1}{2nT}\int_{-G}^{nT}s(t+\Theta)dt=0$$

$$\lim_{n\to\infty}\frac{1}{2nT}\int_{nT}^G s(t+\Theta)dt=0$$

则

$$\langle X(t)\rangle=\lim_{n\to+\infty}\frac{1}{2nT}\int_{-nT}^{nT}s(t+\Theta)dt=\lim_{n\to+\infty}\frac{1}{2nT}\sum_{i=-n}^{n-1}\int_{iT}^{(i+1)T}s(t+\Theta)dt=$$

$$\frac{1}{T}\int_0^T s(t+\Theta)dt=\frac{1}{T}\int_\Theta^{\Theta+T}s(u)du=\frac{1}{T}\int_0^T s(u)du$$

由 §1 例 2 知 $$\langle X(t)\rangle=E[X(t)]$$

同样可证 $$\langle X(t)X(t+\tau)\rangle=R_X(\tau)$$

因此 $X(t)$ 的均值和自相关函数均具有各态历经性,从而 $X(t)$ 是各态历经过程

8.设 $X(t)$ 是一随机相位周期过程,图 12-2 表示它的一个样本函数 $x(t)$,其中周期 T 和振幅 A 都是常数,而相位 t_0 是在 $(0,T)$ 上服从均匀分布的随机变量.

(1) 求 μ_X,ψ_X^2;(2) 求 $\langle X(t)\rangle$ 和 $\langle X^2(t)\rangle$.

解 (1) 由图知当 $0\leqslant t\leqslant T$ 时,有

$$x(t) = \begin{cases} 0, & 0 < t < t_0 \\ \dfrac{8A}{T}(t-t_0), & t_0 \leqslant t \leqslant t_0 + \dfrac{T}{8} \\ -\dfrac{8A}{T}\left(t-t_0-\dfrac{T}{4}\right), & t_0 + \dfrac{T}{8} \leqslant t \leqslant t_0 + \dfrac{T}{4} \\ 0, & t \geqslant t_0 + \dfrac{T}{4} \end{cases}$$

且 $X(t+T) = X(t)$，$t_0 \sim U(0,T)$，故

$$\mu_x = E[X(t)] = \frac{8A}{T^2}\int_{t-\frac{T}{8}}^{t}(t-t_0)\mathrm{d}t_0 + \left(-\frac{8A}{T^2}\right)\int_{t-\frac{T}{4}}^{t-\frac{T}{8}}\left(t-t_0-\frac{T}{4}\right)\mathrm{d}t_0 = \frac{A}{8}$$

而

$$E[X^2(t)] = \frac{64A^2}{T^3}\int_{t-\frac{T}{8}}^{t}(t-t_0)^2\mathrm{d}t_0 + \frac{64A^2}{T^3}\int_{t-\frac{T}{4}}^{t-\frac{T}{8}}\left(t-t_0-\frac{T}{4}\right)^2\mathrm{d}t_0 = \frac{A^2}{12}$$

则

$$\psi_X^2 = \lim_{T\to+\infty}\frac{1}{2T}\int_{-T}^{T}E[X^2(t)]\mathrm{d}t = \frac{A^2}{12}$$

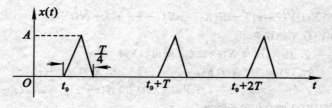

图 12-2

(2)
$$\langle X(t)\rangle = \lim_{T\to+\infty}\frac{1}{2T}\int_{-T}^{T}X(t)\mathrm{d}t =$$

$$\lim_{T\to+\infty}\frac{1}{T}\left[\int_{t_0}^{t_0+\frac{T}{8}}\frac{8A}{T}(t-t_0)\mathrm{d}t + \int_{t_0+\frac{T}{8}}^{t_0+\frac{T}{4}}-\frac{8A}{T}\left(t-t_0-\frac{T}{4}\right)\mathrm{d}t\right] =$$

$$\lim_{T\to+\infty}\frac{1}{T}\left[\left(\frac{4A}{T}(t-t_0)^2\,\Big|_{t_0}^{t_0+\frac{T}{8}}-\frac{4A}{T}\left(t-t_0-\frac{T}{4}\right)^2\,\Big|_{t_0+\frac{T}{8}}^{t_0+\frac{T}{4}}\right)\right] =$$

$$\lim_{T\to\infty}\frac{1}{T}\left[\frac{4A}{T}\cdot\frac{T^2}{64} + \frac{4A}{T}\cdot\frac{T^2}{64}\right] = \frac{A}{8}$$

$$\langle X^2(t)\rangle = \lim_{T\to+\infty}\frac{1}{2T}\int_{-T}^{T}X^2(t)\mathrm{d}t =$$

$$\lim_{T\to+\infty}\frac{1}{T}\left[\int_{t_0}^{t_0+\frac{T}{8}}\frac{64A^2}{T^2}(t-t_0)^2\mathrm{d}t + \int_{t_0+\frac{T}{8}}^{t_0+\frac{T}{4}}\frac{64A^2}{T^2}\left(t-t_0-\frac{T}{4}\right)\mathrm{d}t\right] =$$

$$\lim_{T\to+\infty}\frac{1}{T}\left[\frac{64A^2}{3T^2}\times\left(\frac{T}{8}\right)^3 + \frac{64A^2}{3T^2}x\left(\frac{T}{8}\right)^3\right] = \frac{A^2}{12}$$

9. 设平稳过程 $X(t)$ 的自相关函数为 $R_X(\tau)$，证明

$$P\{|X(t+\tau)-X(t)| \geqslant a\} \leqslant 2[R_X(0)-R_X(\tau)]/a^2$$

证
$$P\{|X(t+\tau)-X(t)| \geqslant a\} \leqslant \frac{E[X(t+\tau)-X(t)]^2}{a^2} =$$

$$\frac{E[X^2(t+\tau)+X^2(t)-2X(t)X(t+\tau)]}{a^2} =$$

$$2[R_X(0)-R_X(\tau)]/a^2$$

10. 设 $X(t)$ 为平稳过程，其自相关函数 $R_X(\tau)$ 是以 T_0 为周期的函数，证明：$X(t)$ 是周期为 T_0 的平稳过程.

证 设 $R_X(\tau)$ 是以 T_0 为周期的函数，即

$$R_X(\tau+T_0) = R_X(\tau)$$

考虑到
$$E[X(t+t_0)] = E[X(t)] = \mu_X = \text{const}$$
$$E[X(t+T_0) - X(t)]^2 = E[X^2(t+T_0) - 2X(t+T_0)X(t) + X^2(t)] =$$
$$2[R_X(0) - R_X(T_0)] = 2[R_X(0) - R_X(0)] = 0$$

因此由 $D[X(t+T_0) - X(t_0)] = 0$,得
$$P\{X(t+T_0) = X(t)\} = 1$$

所以 $X(t)$ 是周期为 T_0 的平稳过程.

11. 设 $X(t)$ 是雷达的发射信号,遇目标后返回接收机的微弱信号是 $aX(t-\tau_1)$,$a \ll 1$,τ_1 是信号返回时间,由于接收到的信号总是伴有噪声的,记噪声为 $N(t)$,于是接收到的全信号为
$$Y(t) = aX(t-\tau_1) + N(t)$$

(1) 若 $X(t)$ 和 $N(t)$ 是平稳相关,证明 $X(t)$ 和 $Y(t)$ 也平稳相关.

(2) 在(1)的条件下,假设 $N(t)$ 的均值为零且与 $X(t)$ 是相互独立的,求 $R_{XY}(\tau)$(这是利用互相关函数从全信号中检测小信号的相关接收法).

解 (1) 由于
$$R_{XY}(t, t+\tau) = E[X(t)Y(t+\tau)] = E\{X(t)[aX(t+\tau-\tau_1) + N(t+\tau)]\} = aR_X(\tau-\tau_1) + R_{XN}(\tau)$$
与 t 无关,故 $X(t)$ 和 $Y(t)$ 平稳相关.

(2) 设 $E[N(t)] = 0$,且 $X(t)$ 与 $N(t)$ 独立,则由(1)得
$$R_{XY}(\tau) = aE[X(t)X(t+\tau-\tau_1)] + aE[X(t)N(t+\tau)] =$$
$$aR_X(\tau-\tau_1) + aE[X(t)]E[N(t+\tau)] = aR_X(\tau-\tau_1)$$

12. 已知平稳过程 $X(t)$ 的自相关函数为
$$R_X(\tau) = 4e^{-|\tau|}\cos\pi\tau + \cos3\pi\tau$$

求:(1) $X(t)$ 的均方值;(2) $X(t)$ 的谱密度.

解
$$\psi_X^2(t) = E[X^2(t)] = R_X(0) = 4 + 1 = 5$$
$$S_X(\omega) = 2\int_0^{+\infty} R_X(\tau)\cos\omega\tau \, d\tau = 8\int_0^{+\infty} e^{-\tau}\cos\pi\tau\cos\omega\tau \, d\tau + 2\int_0^{+\infty}\cos3\pi\tau\cos\omega\tau \, d\tau =$$
$$4\int_0^{+\infty} e^{-\tau}[\cos(\omega+\pi)\tau + \cos(\omega-\pi)\tau] \, d\tau + \int_0^{+\infty}[\cos(\omega+3\pi)\tau + \cos(\omega-3\pi)\tau] \, d\tau =$$
$$4\int_0^{+\infty} e^{-\tau}\cos(\omega+\pi)\tau \, d\tau + 4\int_0^{+\infty} e^{-\tau}\cos(\omega-\pi)\tau \, d\tau +$$
$$\int_0^{+\infty}\cos(\omega+3\pi)\tau \, d\tau + \int_0^{+\infty}\cos(\omega-3\pi)\tau \, d\tau =$$
$$4\left[\frac{1}{(\omega+\pi)^2+1} + \frac{1}{(\omega-\pi)^2+1}\right] + \pi[\delta(\omega+3\pi) + \delta(\omega-3\pi)]$$

13. 已知平稳过程 $X(t)$ 的谱密度为
$$S_X(\omega) = \frac{\omega^2}{\omega^4 + 3\omega^2 + 2}$$

求 $X(t)$ 的均方值.

解
$$R_X(\tau) = \frac{1}{2\pi}\int_{-\infty}^{+\infty}\frac{\omega^2}{\omega^4 + 3\omega^2 + 2} \cdot e^{j\omega\tau} \, d\omega = \frac{1}{2\pi}\int_{-\infty}^{+\infty}\frac{\omega^2}{(\omega^2+2)(\omega^2+1)}e^{j\omega\tau} \, d\omega$$

然后利用留数定理,可以算得
$$R_X(\tau) = \frac{1}{2\pi} \cdot 2\pi j\left\{\frac{z^2}{(z^2+2)(z^2+1)}e^{j|\tau|z}, \text{ 在 } Z = j, \sqrt{2}j \text{ 处的留数和}\right\} =$$
$$\frac{1}{2}(-e^{-|\tau|} + \sqrt{2}e^{-\sqrt{2}|\tau|})$$

所以 $X(t)$ 的均方值为
$$\psi_X^2 = R_X(0) = \frac{1}{2}(\sqrt{2} - 1)$$

14. 已知平稳过程 $X(t)$ 的自相关函数为

$$R_X(\tau) = \begin{cases} 1 - \dfrac{|\tau|}{T}, & |\tau| \leqslant T \\ 0, & |\tau| > T \end{cases}$$

求谱密度 $S_X(\omega)$.

解　$S_X(\omega) = \displaystyle\int_{-\infty}^{+\infty} R_X(\tau)\mathrm{e}^{-\mathrm{i}\omega\tau}\mathrm{d}\tau = \int_{-T}^{T}\left(1 - \frac{|\tau|}{T}\right)\mathrm{e}^{-\mathrm{i}\omega\tau}\mathrm{d}\tau =$

$\displaystyle\int_{0}^{T}\left(1 - \frac{\tau}{T}\right)\mathrm{e}^{-\mathrm{i}\omega\tau}\mathrm{d}\tau + \int_{-T}^{0}\left(1 + \frac{\tau}{T}\right)\mathrm{e}^{-\mathrm{i}\omega\tau}\mathrm{d}\tau =$

$\displaystyle -\frac{1}{\mathrm{i}\omega}\mathrm{e}^{-\mathrm{i}\omega\tau}\Big|_{0}^{T} - \frac{1}{T}\int_{0}^{T}\tau\mathrm{e}^{-\mathrm{i}\omega\tau}\mathrm{d}\tau - \frac{1}{\mathrm{i}\omega}\mathrm{e}^{-\mathrm{i}\omega\tau}\Big|_{-T}^{0} + \frac{1}{T}\int_{-T}^{0}\tau\mathrm{e}^{-\mathrm{i}\omega\tau}\mathrm{d}\tau =$

$\displaystyle \frac{1}{\mathrm{i}\omega}(1 - \mathrm{e}^{-\mathrm{i}\omega T}) - \frac{1}{\mathrm{i}\omega}(1 - \mathrm{e}^{\mathrm{i}\omega T}) + \frac{1}{T\mathrm{i}\omega}\tau\mathrm{e}^{-\mathrm{i}\omega\tau}\Big|_{0}^{T} -$

$\displaystyle \frac{1}{T\mathrm{i}\omega}\int_{0}^{T}\mathrm{e}^{\mathrm{i}\omega\tau}\mathrm{d}\tau - \frac{1}{T\mathrm{i}\omega}\tau\mathrm{e}^{-\mathrm{i}\omega\tau}\Big|_{-T}^{0} + \frac{1}{T\mathrm{i}\omega}\int_{-T}^{0}\mathrm{e}^{\mathrm{i}\omega\tau}\mathrm{d}\tau =$

$\displaystyle \frac{1}{\mathrm{i}\omega}(\mathrm{e}^{\mathrm{i}\omega T} - \mathrm{e}^{-\mathrm{i}\omega T}) + \frac{1}{\mathrm{i}\omega}(\mathrm{e}^{-\mathrm{i}\omega T} - \mathrm{e}^{\mathrm{i}\omega T}) + \frac{1}{T(\mathrm{i}\omega)^2}(\mathrm{e}^{-\mathrm{i}T\omega} - 1) - \frac{1}{T(\mathrm{i}\omega)^2}(1 - \mathrm{e}^{\mathrm{i}\omega T}) =$

$\displaystyle \frac{-1}{T\omega^2}[\mathrm{e}^{-\mathrm{i}T\omega} + \mathrm{e}^{\mathrm{i}T\omega} - 2] = \frac{2}{T\omega^2}[1 - \cos T\omega] = \frac{4}{T\omega^2}\sin^2\frac{T\omega}{2}$

15. 已知平衡过程 $X(t)$ 的谱密度为

$$S_X(\omega) = \begin{cases} 8\delta(\omega) + 20\left(1 - \dfrac{|\omega|}{10}\right), & |\omega| < 10 \\ 0, & \text{其他} \end{cases}$$

求 $X(t)$ 的自相关函数.

解　由维纳-辛钦公式

$R_X(\tau) = \displaystyle\frac{1}{2\pi}\int_{-\infty}^{+\infty} S_X(\omega)\mathrm{e}^{\mathrm{j}\omega\tau}\mathrm{d}\omega = \frac{1}{2\pi}\int_{-\infty}^{+\infty}\left[8\delta(\omega) + 20\left(1 - \frac{|\omega|}{10}\right)\right]\mathrm{e}^{\mathrm{j}\omega\tau}\mathrm{d}\omega =$

$\displaystyle \frac{4}{\pi} + \frac{1}{\pi}\int_{0}^{10} 20\left(1 - \frac{\omega}{10}\right)\cos\omega\tau\,\mathrm{d}\omega = \frac{4}{\pi} + \frac{20}{\pi}\int_{0}^{10}\cos\omega\tau\,\mathrm{d}\omega - \frac{2}{\pi}\int_{0}^{10}\omega\cos\omega\tau\,\mathrm{d}\omega =$

$\displaystyle \frac{4}{\pi} + \frac{20}{\pi}\cdot\frac{1}{\tau}\sin10\tau - \frac{20}{\pi\tau}\sin10\tau + \frac{2}{\pi\tau}\int_{0}^{10}\sin\omega\tau\,\mathrm{d}\omega =$

$\displaystyle \frac{4}{\pi} - \frac{2}{\pi\tau^2}\cos10\tau + \frac{2}{\pi\tau^2} = \frac{4}{\pi}\left[1 + \frac{1}{\tau^2}\sin^2 5\tau\right]$

16. 记随机过程　　$Y(t) = X(t)\cos(\omega_0 + \Theta), \quad -\infty < t + \infty$

其中 $X(t)$ 是平稳过程,Θ 为在区间 $(0, 2\pi)$ 上均匀分布的随机变量,ω_0 为常数,且 $X(t)$ 与 Θ 相互独立. 记 $X(t)$ 的自相关函数为 $R_X(\tau)$,功率谱密度为 $S_X(t)$,试证:

(1) $Y(t)$ 是平稳过程,且它的自相关函数

$$R_Y(\tau) = \frac{1}{2}R_X(\tau)\cos\omega_0\tau$$

(2) $Y(t)$ 的功率谱密度为

$$S_Y(\omega) = \frac{1}{4}[S_X(\omega - \omega_0) + S_X(\omega + \omega_0)]$$

证　(1) 因 $X(t)$ 是平稳过程,且与 Θ 相互独立,故

$E[Y(t)] = E[X(t)\cos(\omega_0 t + \Theta)] = E[X(t)]E[\cos(\omega_0 t + \Theta)] =$

$\displaystyle \mu_X\int_{0}^{2\pi}\frac{1}{2\pi}\cos(\omega_0 t + \theta)\mathrm{d}\theta = \frac{1}{2\pi}\mu_X\sin(\omega_0 t + \theta)\Big|_{0}^{2\pi} = 0$

$R_Y(t, t+\tau) = E[Y(t)Y(t+\tau)] =$

$E[X(t)\cos(\omega_0 t + \Theta)X(t+\tau)\cos(\omega_0(t+\tau) + \Theta)] =$

$E[X(t)X(t+\tau)]E[\cos(\omega_0 t + \Theta)\cos(\omega_0(t+\tau) + \Theta)] =$

$$R_X(\tau)\int_0^{2\pi}\frac{1}{2\pi}\cos(\omega_0+\theta)\cos(\omega_0(t+\tau)+\theta)d\theta=$$

$$R_X(\tau)\cdot\frac{1}{4\pi}\int_0^{2\pi}\left[\cos(2\omega_0 t+\omega\tau+2\theta)+\cos\omega_0\tau\right]d\theta=\frac{1}{2}R_X(\tau)\cos\omega_0\tau=R_Y(\tau)$$

所以 $Y(t)$ 是平稳过程, 且 $R_Y(\tau)=\frac{1}{2}R_X(\tau)\cos\omega_0\tau$.

(2) $\quad S_Y(\omega)=\int_{-\infty}^{+\infty}R_Y(\tau)e^{-i\omega\tau}d\tau=\frac{1}{2}\int_{-\infty}^{+\infty}R_X(\tau)\cos\omega_0\tau e^{-i\omega\tau}d\tau=$

$$\frac{1}{2}\int_{-\infty}^{+\infty}R_X(\tau)\left(\frac{e^{i\omega_0\tau}+e^{-i\omega_0\tau}}{2}\right)e^{-i\omega\tau}d\tau=$$

$$\frac{1}{4}\left[\int_{-\infty}^{+\infty}R_X(\tau)e^{-i(\omega-\omega_0)\tau}d\tau+\int_{\infty}^{+\infty}R_X(\tau)e^{-i(\omega+\omega_0)}\right]\tau d\tau$$

$$=\frac{1}{4}\left[S_X(\omega-\omega_0)+S_X(\omega+\omega_0)\right]$$

17. 设平稳过程 $X(t)$ 的谱密为 $S_X(\omega)$, 证明: $Y(t)=X(t)+X(t-T)$ 的谱密度是

$$S_Y(\omega)=2S_X(\omega)(1+\cos\omega T)$$

证 因 $X(t)$ 是平稳过程, $E[X(t)]=\mu_X$.

$$R_X(t,t+\tau)=E[X(t)X(t+\tau)]=R_X(\tau)$$

$$E[Y(t)]=E[X(t)]+E[X(t-T)]=2\mu_X$$

$$R_Y(t,t+\tau)=E[(X(t)+X(t-T))(X(t+\tau)+X(t+\tau-T))]=$$

$$E[X(t)X(t+\tau)]+E[X(t-T)X(t+\tau)]+$$

$$E[X(t)X(t+\tau-T)]+E[X(t-T)X(t+\tau-T)]=$$

$$R_X(\tau)+R_X(T+\tau)+R_X(\tau-T)+R_X(\tau)=$$

$$2R_X(\tau)+R_X(T+\tau)+R_X(\tau-T)$$

$Y(t)$ 的谱密度为

$$S_Y(\omega)=\int_{-\infty}^{+\infty}R_Y(\tau)e^{-i\omega\tau}d\tau=$$

$$\int_{-\infty}^{+\infty}2R_X(\tau)e^{-i\omega\tau}d\tau+\int_{-\infty}^{+\infty}R_X(T+\tau)e^{-i\omega\tau}d\tau+\int_{-\infty}^{+\infty}R_X(\tau-T)e^{-i\omega\tau}d\tau=$$

$$2S_X(\omega)+\int_{-\infty}^{+\infty}R_X(u)e^{-i\omega(u-T)}du+\int_{-\infty}^{+\infty}R_X(u)e^{-i\omega(T+u)}du=$$

$$2S_X(\omega)+e^{i\omega T}S_X(\omega)+e^{-i\omega T}S_X(\omega)=$$

$$2S_X(\omega)+2\cos\omega TS_X(\omega)=2S_X(\omega)(1+\cos\omega T)$$

18. 设 $X(t)$ 和 $Y(t)$ 是两个平稳相关的过程, 证明

$$\mathrm{Re}S_{YX}(\omega)=\mathrm{Re}S_{YX}(\omega),\quad \mathrm{Im}S_{YX}(\omega)=-\mathrm{Im}S_{XY}(\omega)$$

证 由维纳-辛钦公式

$$S_{YX}(\omega)=\int_{-\infty}^{+\infty}R_{YX}(\tau)e^{-j\omega\tau}d\tau=\int_{-\infty}^{+\infty}R_{YX}(\tau)\cos\omega\tau d\tau-j\int_{-\infty}^{+\infty}R_{YX}(\tau)\sin\omega\tau d\tau \qquad (1)$$

$$S_{XY}(\omega)=\int_{-\infty}^{+\infty}R_{XY}(\tau)e^{-j\omega\tau}d\tau=\int_{-\infty}^{+\infty}R_{XY}(\tau)\cos\omega\tau d\tau-j\int_{-\infty}^{+\infty}R_{XY}(\tau)\sin\omega\tau d\tau$$

根据 $R_{XY}(-\tau)=R_{XY}(\tau)$ 得

$$S_{XY}(\omega)=\int_{-\infty}^{+\infty}R_{XY}(-\tau)\cos\omega\tau d\tau-j\int_{-\infty}^{+\infty}R_{XY}(-\tau)\sin\omega\tau d\tau \qquad (2)$$

比较式(1)和式(2)得

$$\mathrm{Re}S_{YX}(\omega)=\mathrm{Re}S_{XY}(\omega)=\int_{-\infty}^{+\infty}R_{XY}(\tau)\cos\omega\tau d\tau$$

$$\mathrm{Im}S_{YX}(\omega)=\int_{-\infty}^{+\infty}R_{XY}(\tau)\sin\omega\tau d\tau=-\mathrm{Im}S_{XY}(\omega)$$

19. 设两个平稳过程

$$X(t) = a\cos(\omega_0 t + \Theta), \quad Y(t) = b\sin(\omega_0 t + \Theta), \quad -\infty < t < +\infty$$

其中 a, b, ω_0 均为常数,而 Θ 是 $(0, 2\pi)$ 上均匀分布的随机变量,试求互相关函数 $R_{XY}(\tau), R_{YX}(\tau)$ 和互谱密度 $S_{XY}(\omega), S_{YX}(\omega)$.

解 $R_{XY}(\tau) = E[X(t)Y(t+\tau)] = E[a\cos(\omega_0 t + \Theta)b\sin(\omega_0(t+\tau) + \Theta)] =$

$$ab\int_0^{2\pi} \frac{1}{2\pi}\sin(\omega_0(t+\tau) + \theta)\cos(\omega_0 t + \theta)\mathrm{d}\theta =$$

$$\frac{ab}{4\pi}\int_0^{2\pi}[\sin(2\omega_0 t + \omega_0\tau + 2\theta) + \sin\omega_0\tau]\mathrm{d}\theta = \frac{1}{2}ab\sin\omega_0\tau$$

$R_{YX}(t) = E[X(t+\tau)Y(t)] = E[a\cos(\omega_0(t+\tau) + \Theta)b\sin(\omega_0 t + \Theta)] =$

$$abE[\cos(\omega_0(t+\tau) + \Theta)\sin(\omega_0 t + \Theta)] =$$

$$\frac{ab}{2\pi}\int_0^{2\pi}[\cos(\omega_0(t+\tau) + \theta)\sin(\omega_0 t + \theta)]\mathrm{d}\theta =$$

$$\frac{ab}{4\pi}\int_0^{2\pi}[\sin(2\omega_0 t + \omega_0\tau + 2\theta) - \sin(\omega_0\tau)]\mathrm{d}\theta = -\frac{ab}{2}\sin(\omega_0\tau)$$

$S_{XY}(\omega) = \int_{-\infty}^{+\infty} R_{XY}(\tau)\mathrm{e}^{-i\omega\tau}\mathrm{d}\tau = \int_{-\infty}^{+\infty}\frac{ab}{2}\sin(\omega_0\tau)\mathrm{e}^{-i\omega\tau}\mathrm{d}\tau =$

$$\frac{ab}{4i}\int_{-\infty}^{+\infty}(\mathrm{e}^{-i\omega_0\tau} - \mathrm{e}^{i\omega_0\tau})\mathrm{e}^{-i\omega\tau}\mathrm{d}\tau = \frac{ab}{4i}\left[\int_{-\infty}^{+\infty}(\mathrm{e}^{-i(\omega-\omega_0)\tau} - \mathrm{e}^{-i(\omega+\omega_0)\tau})\mathrm{d}\tau\right] =$$

$$\frac{\pi ab}{2}i[\delta(\omega + \omega_0) - \delta(\omega - \omega_0)]$$

$S_{YX}(\omega) = \int_{-\infty}^{+\infty} R_{YX}(\tau)\mathrm{e}^{-i\omega\tau}\mathrm{d}\tau = -\frac{ab}{2}\int_{-\infty}^{+\infty}\sin(\omega_0\tau)\mathrm{e}^{-i\omega\tau}\mathrm{d}\tau = \frac{-\pi ab i}{2}[\delta(\omega + \omega_0) - \sigma(\omega - \omega_0)]$

20. 设 $X(t)$ 和 $Y(t)$ 是两个相互独立的平稳过程,均值 μ_X 和 μ_Y 都不为零,定义

$$Z(t) = X(t) + Y(t)$$

试计算 $S_{XY}(\omega)$ 和 $S_{XZ}(\omega)$.

解 因为 $X(t)$ 与 $Y(t)$ 独立,且 $E[X(t)] = \mu_X \neq 0$, $E[Y(t)] = \mu_Y \neq 0$.

$$R_{XY}(\tau) = E[X(t)Y(t+\tau)] = E[X(t)]E[Y(t+\tau)] = \mu_X\mu_Y$$

则

$$S_{XY}(\omega) = \int_{-\infty}^{+\infty}\mu_X\mu_Y\mathrm{e}^{-j\omega\tau}\mathrm{d}\tau = 2\pi\mu_X\mu_Y\delta(\omega)$$

$$R_{XZ}(\tau) = E[X(t)(X(t+\tau) + Y(t+\tau))] = E[X(t)X(t+\tau)] + E[X(t)Y(t+\tau)] =$$

$$R_X(\tau) + \mu_X\mu_Y$$

故由维纳-辛钦公式得

$$S_{XZ}(\omega) = \int_{-\infty}^{+\infty} R_{XZ}(\tau)\mathrm{e}^{-j\omega\tau}\mathrm{d}\tau = \int_{-\infty}^{+\infty} R_X(\tau)\mathrm{e}^{-j\omega\tau}\mathrm{d}\tau + \int_{-\infty}^{+\infty}\mu_X\mu_Y\mathrm{e}^{-j\omega\tau}\mathrm{d}\tau = S_X(\omega) + 2\pi\mu_X\mu_Y\delta(\omega)$$

选做习题及解答

概率论部分

1. 一打靶场备有 5 支某种型号的枪,其中 3 支已经校正,2 支未经校正,某人使用已校正的枪击中目标的概率为 p_1,使用未校正的枪击中目标的概率为 p_2. 他随机地取一支枪进行射击,已知他射击了 5 次,都未击中,求他使用的是已经校正的枪的概率(设各次射击的结果相互独立).

解 设 A_1 表示"取一支枪为校正过"的事件,A_2 表示"取一支枪为未校正过"的事件,则 A_1,A_2 为完备事件组. 用 B 表示射击 5 次都未击中目标的事件;已知 $P(A_1) = \frac{3}{5}$,$P(A_2) = \frac{2}{5}$. $P(B \mid A_1) = (1-p_1)^5$,$P(B \mid A_2) = (1-p_2)^5$,求 $P(A_1 \mid B)$. 由贝叶斯公式得

$$P(A_1 \mid B) = \frac{P(A_1)P(B \mid A_1)}{P(A_1)P(B \mid A_1) + P(A_2)P(B \mid A_2)} =$$

$$\frac{\frac{3}{5}(1-P_1)^5}{\frac{3}{5}(1-p_1)^5 + \frac{2}{5}(1-p_2)^5} = \frac{3(1-p_1)^5}{3(1-p_1)^5 + 2(1-p_2)^5}$$

2. 某人共买了 11 个水果,其中 3 个是二级品,8 个是一级品,随机地将水果分给 A,B,C 3 人,各人分别得到 4 个、6 个、1 个.

(1) 求 C 未拿到二级品的概率.

(2) 已知 C 未拿到二级品,求 A,B 均拿到二级品的概率.

(3) 求 A、B 均拿到二级品而 C 未拿到二级品的概率.

解 令 A_i,B_i,C_i 分别表示 A,B,C 三人分到 i 级品的苹果($i = 1,2$).

(1) 由抽签与顺序无关原理知

$$P(C_1) = \frac{8}{11}$$

(2)
$$P(A_2 B_2 \mid C) = \frac{P(A_2 B_2 C_2)}{P(C_2)} =$$

$$\frac{(C_3^2 C_8^2 \cdot C_1^1 \cdot C_6^5 \cdot C_1^1 + C_3^1 C_3^3 \cdot C_2^2 \cdot C_5^4 C_1^1)/C_{11}^4 \cdot C_7^6 \cdot C_1^1}{\frac{8}{11}} =$$

$$\frac{\left(\frac{3 \times 8 \times 7 \times 6}{2!} + \frac{3 \times 8 \times 7 \times 6}{3!} \times 5\right) / \frac{11 \times 10 \times 9 \times 8}{4!} \times 7}{8/11} =$$

$$\frac{8 \times 3(3+5) \times 24 \times 11}{11 \times 10 \times 9 \times 8^2} = \frac{4}{5}$$

(3)
$$P(A_2 B_2 C_1) = P(C_1)P(A_2 B_2 \mid C_1) = \frac{8}{11} \times \frac{4}{5} = \frac{32}{55}$$

3. 一系统 L 由两个只能传输字符 0 和 1 的子系统 L_1 和 L_2 串联而成(见下图),每个子系统输入为 0 输出为 0 的概率为 $p(0 < p < 1)$;而输入为 1 输出为 1 的概率也是 p,今在图中 a 端输入字符 1,求系统 L 的 b 端输出字符 0 的概率.

$$a \longrightarrow \boxed{L_1} \longrightarrow \boxed{L_2} \longrightarrow b$$

解 设 A_i 表示第 i 个子系统输入信号 1. 输出也为 1 的事件,$\overline{A}_i$ 表示第 i 个子系统输入信号 1 而输

出为 0 的事件,B_i 表示在第 i 个系统输入字符 0 输出也为 0 的事件,C 表示在 a 端输入字符 1 而在 b 端输出字符 0,则

$$C = A_1\bar{A}_2 \cup \bar{A}_1 B_2$$

则

$$P(C) = P(A_1\bar{A}_2) + P(\bar{A}_1 B_2) = P(A_1)P(\bar{A}_2 \mid A_1) + P(\bar{A}_1)P(B_2 \mid \bar{A}_1) =$$
$$p(1-p) + (1-p)p = 2p(1-p)$$

4. 甲乙二人轮流掷一颗骰子,每轮掷一次,谁先掷得 6 点谁得胜,从甲开始掷,问甲,乙得胜的概率各为多少?(提示:以 A_i 表示事件"甲在第 i 次($i=1,2,\cdots$)掷出 6 点",先求出 $P(A_i)$).

解 设 A_i 表示事件"甲在第 i 次($i=1,2,\cdots$)掷出 6 点",$i=1,2,3,\cdots,P(A_i)=\dfrac{1}{6}$.

B_i 表示"乙在第 i 次掷出 6 点"的事件,A 表示"甲获胜"的事件.B 表示"乙获胜的事件",则

$$A = A_1 + \bar{A}_1\bar{B}_1 A_2 + \bar{A}_1\bar{B}_1\bar{A}_2\bar{B}_2 A_3 + \cdots + \bar{A}_1\bar{B}_1\cdots\bar{A}_{i-1}\bar{B}_{i-1} A_i + \cdots$$
$$P(A) = P(A_1) + P(\bar{A}_1\bar{B}_1 A_2) + P(\bar{A}_1\bar{B}_1\bar{A}_2\bar{B}_2 A_3) + \cdots + P(\bar{A}_1\bar{B}_1\cdots\bar{A}_{i-1}\bar{B}_{i-1}A_i) + \cdots =$$
$$\frac{1}{6} + \left(\frac{5}{6}\right)^2\frac{1}{6} + \left(\frac{5}{6}\right)^4\frac{1}{6} + \cdots + \left(\frac{5}{6}\right)^{2i}\frac{1}{6} + \cdots =$$
$$\frac{1}{6}\times\left[1 + \left(\frac{5}{6}\right)^2 + \left(\frac{5}{6}\right)^4 + \cdots + \left(\frac{5}{6}\right)^{2i} + \cdots\right] = \frac{1}{6}\times\frac{1}{1-\frac{25}{36}} = \frac{1}{6}\times\frac{36}{11} = \frac{6}{11}$$

$$B = \bar{A}_1 B_1 + \bar{A}_1\bar{B}_1\bar{A}_2 B_2 + \bar{A}_1\bar{B}_1\bar{A}_2\bar{B}_2\bar{A}_3 B_3 + \cdots + \bar{A}_1\bar{B}_1\bar{A}_2\bar{B}_2\cdots\bar{A}_{i-1}\bar{B}_i\bar{A}_i B_i + \cdots$$
$$P(B) = P(\bar{A}_1 B_1) + P(\bar{A}_1\bar{B}_1\bar{A}_2 B_2) + P(\bar{A}_1\bar{B}_1\bar{A}_2\bar{B}_2\bar{A}_3 B_3) + \cdots +$$
$$P(\bar{A}_1\bar{B}_1\bar{A}_2\bar{B}_2\cdots\bar{A}_{i-1}\bar{B}_{i-1}\bar{A}_i B_i) + \cdots =$$
$$\left(\frac{5}{6}\right)\times\frac{1}{6} + \left(\frac{5}{6}\right)^3\cdot\frac{1}{6} + \left(\frac{5}{6}\right)^5\frac{1}{6} + \cdots + \left(\frac{5}{6}\right)^{2i-1}\frac{1}{6} + \cdots =$$
$$\frac{1}{6}\times\frac{5}{6}\times\sum_{i=0}^{\infty}\left(\frac{5}{6}\right)^{2i} = \frac{5}{36}\times\frac{1}{1-\frac{25}{35}} = \frac{5}{11}$$

5. 将一颗骰子掷两次,考虑事件:A = "第一次掷得点数 2 或 5",B = "两点数之和至少为 7",求 $P(A)$,$P(B)$,并问事件 A,B 是否相互独立.

解 设 A_i 表示第 1 次掷得数字"i"的事件.B_i 表示第 2 次掷出数字 i 的事件,则

$$A = A_2 + A_5$$

$$P(A) = P(A_2) + P(A_5) = \frac{1}{6} + \frac{1}{6} = \frac{1}{3}$$

$$P(B) = 1 - P(\bar{B}) = 1 - P(A_1 B_1 + A_1 B_2 + A_2 B_1 + A_1 B_3 + A_2 B_2 + A_3 B_1 +$$
$$A_4 B_1 + A_3 B_2 + A_2 B_3 + A_1 B_4 + A_1 B_5 + A_2 B_4 + A_3 B_3 + A_4 B_2 + A_5 B_1) =$$
$$1 - \frac{15}{36} = \frac{21}{36} = \frac{7}{12}$$

$$P(AB) = P(A_2 B_5 + A_2 B_6 + A_5 B_2 + A_5 B_3 + A_5 B_4 + A_5 B_5 + A_5 B_6) =$$
$$\frac{7}{36} = \frac{1}{3}\times\frac{7}{12} = P(A)P(B)$$

故 A 与 B 相互独立.

6. A,B 两人轮流射击,每次各人射击一枪,射击的次序为 $A,B,A,B,\cdots$,射击直至击中两枪为止.设各人击中的概率均为 p,且各次击中与否相互独立.求击中的两枪是由同一人射击的概率.

解 设 A_i 表示 A 第 i 次射击击中目标的事件,B_i 表示 B 第 i 次射击击中目标的事件,$i=1,2,\cdots,A_i$ 与 B_i 相互独立.设 C_1 表示击中的两枪是由 A 中的,C_2 表示击中的两枪是由 B 击中的,要求概率 $P(C_1 + C_2)$ 而

$$C_1 = A_1\bar{B}_1 A_2 + A_1\bar{B}_1\bar{A}_2\bar{B}_2 A_3 + A_1\bar{B}_1\bar{A}_2\bar{B}_2\bar{A}_3\bar{B}_3 A_4 + \cdots +$$
$$\bar{A}_1\bar{B}_1 A_2\bar{B}_2 A_3 + \bar{A}_1\bar{B}_1 A_2\bar{B}_2\bar{A}_3\bar{B}_3 A_4 + \bar{A}_1\bar{B}_1\bar{A}_2 B_2 A_3\bar{B}_3 A_4$$

故

$$P(C_1) = (1-p)p^2 + 2(1-p)^3 p^2 + 3(1-p)^5 p^2 + \cdots =$$
$$(1-p)p^2\left[1 + 2(1-p)^2 + 3(1-p)^4 + \cdots\right]$$

$$C_2 = \overline{A_1}B_1\overline{A_2}B_2 + \overline{A_1}B_1\overline{A_2}\overline{B_2}\overline{A_3}B_3 + \overline{A_1}B_1\overline{A_2}B_2\overline{A_3}\overline{B_3} +$$
$$\overline{A_1}B_1\overline{A_2}\overline{B_2}\overline{A_3}\overline{B_3}\overline{A_4}B_4 + \overline{A_1}B_1\overline{A_2}B_2\overline{A_3}\overline{B_3}\overline{A_4}B_4 + \overline{A_1}B_1\overline{A_2}B_2\overline{A_3}B_3\overline{A_4}B_4 + \cdots$$
$$P(C_2) = p^2(1-p)^2 + 2p^2(1-p)^4 + 3p^2(1-p)^6 + \cdots$$

故有
$$P(C_1 + C_2) = (1-p)p^2 + p^2(1-p)^2 + 2p^2(1-p)^3 + 2p^2(1-p)^4 +$$
$$3p^2(1-p)^5 + 3p^2(1-p)^6 + \cdots =$$
$$(1-p)p^2(2-p) + 2p^2(1-p)^3(1-p)^3(2-p) + 3p^2(1-p)^5(2-p) + \cdots =$$
$$p^2(2-p)[1-p+2(1-p)^3 + 3(1-p)^3 + 4(1-p)^7 + \cdots] =$$
$$p^2(2-p)[q + 2q^3 + 3q^5 + 4q^7 + \cdots] \quad (q = 1-p)$$

设
$$S_n = q + 2q^3 + 3q^5 + 4q^7 + \cdots$$
$$q^2 S_n = q^3 + 2q^5 + 3q^7 + 4q^9 + \cdots$$

所以
$$(1-q^2)S_n = q + q^3 + q^5 + q^7 + \cdots = \frac{q}{(1-q^2)}$$

所以
$$S_n = \frac{q}{(1-q^2)^2} = \frac{q}{(1+q)^2(1-q)^2} = \frac{1-p}{(2-p)^2 p^2}$$

因此
$$P(C_1 + C_2) = p^2(2-p) \cdot \frac{1-p}{(2-p)^2 p^2} = \frac{1-p}{2-p}$$

7. 有3个独立工作的元件1,元件2,元件3,它们的可靠性分别为 p_1,p_2,p_3. 设由它们组成一个"3个元件取2个元件的表决系统",记为2/3$[G]$. 这一系统的运行方式是当且仅当3个元件中至少有2个正常工作时这一系统正常工作. 求这一 2/3$[G]$ 系统的可靠性.

解
$$B = \{系统 2/3[G] 可靠\}$$
$$A_i = \{元件\ i\ 可靠\},\ i = 1,2,3,A_1,A_2,A_3\ 独立$$

则
$$B = A_1 A_2 \overline{A_3} + A_1 \overline{A_2} A_3 + \overline{A_1} A_2 A_3 + A_1 A_2 A_3$$
$$P(B) = P(A_1 A_2 \overline{A_3} + A_1 \overline{A_2} A_3 + \overline{A_1} A_2 A_3 + A_1 A_2 A_3) =$$
$$p_1 p_2(1-p_3) + p_1(1-p_2)p_3 + (1-p_1)p_2 p_3 + p_1 p_2 p_3$$

8. 在如题8图所示的桥式结构的电路中,第 i 个继电器触点闭合的概率为 $p_i, i = 1,2,3,4,5$. 各继电器工作相互独立. 求:

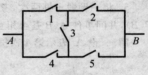

题8图

(1) 以继电器触点1是否闭合为条件,求 A 到 B 之间为通路的概率.

(2) 已知 A 到 B 为通路的条件下,继电器触点3是闭合的概率.

解 设 $F = $ "A 到 B 之间为通路",以 C_i 表示事件"继电器触点 i 闭合", $i = 1,2,3,4,5$,各继电器工作相互独立.

(1)
$$P(F) = P(F \mid C_1)P(C_1) + P(F \mid \overline{C_1})P(\overline{C_1})$$

而
$$P(F \mid C_1) = P(C_2 \bigcup C_3 C_5 \bigcup C_4 C_5) = P(C_2) + P(C_3 C_5) + P(C_4 C_5) - P(C_2 C_3 C_5) -$$
$$P(C_2 C_4 C_5) - P(C_3 C_4 C_5) + P(C_2 C_3 C_4 C_5) =$$
$$p_2 + p_3 p_5 + p_4 p_5 - p_2 p_3 p_5 - p_2 p_4 p_5 - p_3 p_4 p_5 + p_2 p_3 p_4 p_5$$
$$P(F \mid \overline{C_1}) = P(C_4 C_5 \bigcup C_2 C_3 C_4) = p_4 p_5 + p_2 p_3 p_4 - p_2 p_3 p_4 p_5$$

故
$$P(F) = P(F \mid C_1)p_1 + P(F \mid \overline{C_1})(1-p_1)$$

其中
$$P(F \mid C_1) = p_2 + p_3 p_5 + p_4 p_5 - p_2 p_3 p_5 - p_2 p_4 p_5 - p_3 p_4 p_5 + p_2 p_3 p_4 p_5$$
$$P(F \mid \overline{C_1}) = p_4 p_5 + p_2 p_3 p_4 - p_2 p_3 p_4 p_5$$

(2) 令 $q_i = 1 - p_i$,则
$$P(C_3 \mid F) = \frac{P(F \mid C_3)P(C_3)}{P(F)} = \frac{[1 - P(\overline{C_1}\,\overline{C_4} \bigcup \overline{C_2}\,\overline{C_5})]P(C_3)}{P(F)} = \frac{[1 - q_1 q_4 - q_2 q_5 + q_1 q_2 q_4 q_5]p_3}{P(F)}$$

$P(F)$ 的表达式由(1)决定.

9. 进行非学历考试,规定考甲、乙两门课程,每门课程考一次,如未通过都允许考第2次. 考生仅在课程甲通过后才能考课程乙. 如两门课都通过可获得一张资格证书. 设对一次考试而言考生能通过课程甲、乙的概率分别为 p_1,p_2,各次考试的结果相互独立. 设考生参加考试直至获得资格证书或者不准予再考为止,以

X 表示考生参加考试的次数,求 X 的分布律.

解 X 的可能取值为 $2,3,4$,令 A_i 表示第一门课程第 i 次考生考试通过的事件,B_i 表示第 2 门课程第 i 次考生考试通过的事件.

$$P(X=2) = P(A_1B_2 + \overline{A}_1\overline{A}_2) = p_1p_2 + (1-p_1)^2$$
$$P(X=3) = P(A_1\overline{B}_2B_3 + \overline{A}_1A_2B_3) = p_1(1-p_2)p_2 + (1-p_1)p_1p_2$$
$$P(X=4) = P(\overline{A}_1A_2\overline{B}_3B_4) = (1-p_1)p_1(1-p_2)p_2$$

故 X 的分布律为

X	2	3	4
P	$p_1p_2+(1-p_1)^2$	$p_1(1-p_2)p_2+(1-p_1)p_1p_2$	$(1-p_1)p_1(1-p_2)p_2$

10. (1) 5 只电池,其中有 2 只是次品,每次取一只测试,直到将 2 只次品都找到,设第 2 只次品在第 X($X = 2,3,4,5$) 次找到,求 X 的分布律.

(2) 5 只电池,其中 2 只是次品,每次取一只,直到找出 2 只次品或 3 只正品为止,写出需要测试的次数的分布律.

解 (1) 设 $A_i = \{$第 i 次测试时测到次品$\}$,$i = 1,2,3,4,5$,则

$$P(X=2) = P(A_1A_2) = P(A_1)P(A_2 \mid A_1) = \frac{2}{5} \times \frac{1}{4} = \frac{1}{10}$$

$$P(X=3) = P(A_1\overline{A}_2A_3 + \overline{A}_1A_2A_3) =$$
$$P(A_1)P(\overline{A}_2 \mid A_1)P(A_3 \mid A_1\overline{A}_2) + P(\overline{A}_1)P(A_2 \mid \overline{A}_1)P(A_3 \mid \overline{A}_1A_2) =$$
$$\frac{2}{5} \times \frac{3}{4} \times \frac{1}{3} + \frac{3}{5} \times \frac{2}{4} \times \frac{1}{3} = \frac{1}{5}$$

$$P(X=4) = P(A_1\overline{A}_2\overline{A}_3A_4 + \overline{A}_1A_2\overline{A}_3A_4 + \overline{A}_1\overline{A}_2A_3A_4) =$$
$$\frac{2}{5} \times \frac{3}{4} \times \frac{2}{3} \times \frac{1}{2} + \frac{3}{5} \times \frac{2}{4} \times \frac{2}{3} \times \frac{1}{2} + \frac{3}{5} \times \frac{2}{4} \times \frac{2}{3} \times \frac{1}{2} = \frac{6}{20} = \frac{3}{10}$$

$$P(X=5) = 1 - P(X=2) - P(X=3) - P(X=4) = 1 - \frac{1}{10} - \frac{1}{5} - \frac{3}{10} = \frac{2}{5}$$

故 X 的分布律为

X	2	3	4	5
P	$\frac{1}{10}$	$\frac{1}{5}$	$\frac{3}{10}$	$\frac{2}{5}$

(2) 令 X 表示直到找出 2 只次品或 3 只正品为止需要测试的次数,X 的可能取值为 $2,3,4$.

$$P(X=2) = P(A_1A_2) = \frac{2}{5} \times \frac{1}{4} = \frac{1}{10}$$

$$P(X=3) = P(A_1\overline{A}_2A_3 + \overline{A}_1A_2A_3 + \overline{A}_1\overline{A}_2\overline{A}_3) = \frac{3}{10}$$

$$P(X=4) = 1 - P(X=2) - P(X=3) = 1 - \frac{1}{10} - \frac{3}{10} = \frac{3}{5}$$

故 X 的分布律为

X	2	3	4
P	$\frac{1}{10}$	$\frac{3}{10}$	$\frac{3}{5}$

11. 向某一目标发射炮弹,设炮弹离目标的距离为 R(单位:10 m). R 服从瑞利分布,其概率密度为

$$f_R(r) = \begin{cases} \dfrac{2r}{25}\mathrm{e}^{-r^2/25}, & r > 0 \\ 0, & r < 0 \end{cases}$$

若弹着点离目标不超过 5 个单位时,目标被摧毁.

(1) 求发射一枚炮弹能摧毁目标的概率;

(2) 为使至少有一枚炮弹能摧毁目标的概率不小于 0.94,问最少需要独立发射多少枚炮弹?

解 (1)
$$P(R \leqslant 5) = \int_0^5 \frac{2r}{25} e^{-\frac{r^2}{25}} dr = \int_0^5 d(-e^{-\frac{r^2}{25}}) = 1 - e^{-1} = 0.632$$

(2) 设最少需要发射 n 枚炮弹,令 Y 表示 n 发炮弹中能摧毁目标的炮弹个数,则 $Y \sim b(n, 0.632)$ 求使 $P\{Y \geqslant 1\} \geqslant 0.94$ 的 n.

$$P\{Y \geqslant 1\} = 1 - P\{Y = 0\} = 1 - (1-p)^n \geqslant 0.94, \quad p = 0.632$$
$$(1-p)^n \leqslant 0.06$$

即
$$e^{-n} \leqslant 0.06$$
$$n \geqslant -\ln 0.06 = 2.81$$

故最少要独立发射 3 枚炮弹.

12. 设一枚深水炸弹击沉一潜水艇的概率为 1/3,击伤的概率为 1/2,击不中的概率为 1/6.并设击伤两次也会导致潜水艇下沉.求施放 4 枚深水炸弹能击沉潜水艇的概率.(提示:先求击不沉的概率.)

解 "击沉"的逆事件为事件"击不沉",击不沉潜艇仅出现于下述两种不相容的情况:(1)4 枚深水炸弹全击不中潜艇(这一事件记为 A),(2)一枚击伤潜艇而另三枚击不中潜艇(这一事件记为 B).各枚炸弹袭击效果被认为是相互独立的.故有

$$P(A) = \left(\frac{1}{6}\right)^4, \quad P(B) = \binom{4}{1} \frac{1}{2} \times \left(\frac{1}{6}\right)^3$$

(因击伤潜艇的炸弹可以是 4 枚的任一枚),又 A, B 是互不相容的,于是,击不沉潜艇的概率为

$$P(A \bigcup B) = P(A) + P(B) = \frac{13}{6^4}$$

因此,击沉艇的概率为

$$p = 1 - P(A \bigcup B) = 1 - \frac{13}{6^4} = 0.98997$$

13. 一盒中装有 4 只白球,8 只黑球,从中取 3 只球,每次一只,作不放回抽样.

(1) 求第 1 次和第 3 次都取到白球的概率.(提示:考虑第二次的抽取.)

(2) 求在第 1 次取到白球的条件下,前 3 次都取到白球的概率.

解 (1)设 $A = $"第一次和第三次取到白球",$B_1 = $"第一次取到白球",$B_2 = $"第二次取到白球",$B_3 = $"第三次取到白球",则

$$P(A) = P(B_1 B_3) = P(B_1) \times P(B_3 \mid B_1) = P(B_1) \times [P(B_2 \mid B_1) \times P(B_3 \mid B_1 B_2) +$$
$$P(\overline{B_2} \mid B_1) \times P(B_3 \mid B_1 \overline{B_2})] = \frac{4}{12} \times \left[\frac{3}{11} \times \frac{2}{10} + \frac{8}{11} \times \frac{3}{10}\right] = \frac{1}{11}$$

(2)
$$P(B_1 B_2 B_3 \mid B_1) = \frac{P(B_1 B_2 B_3)}{P(B_1)} = \frac{P(B_1) \times P(B_2 \mid B_1) \times P(B_3 \mid B_1 B_2)}{P(B_1)} = \frac{\frac{4}{12} \times \frac{3}{11} \times \frac{2}{10}}{\frac{4}{12}} = \frac{3}{55}$$

14. 设元件的寿命 T(以 h 计)服从指数分布,分布函数为

$$F(t) = \begin{cases} 1 - e^{-0.03t}, & t > 0 \\ 0, & t \leqslant 0 \end{cases}$$

(1) 已知元件至少工作了 30 h,求它能再至少工作 20 h 的概率;

(2) 由 3 个独立工作的此种元件组成一个 2/3[G] 系统(参见第 7 题).求这一系统的寿命 $X > 20$ 的概率

解 (1) 要求概率
$$P\{T \geqslant 50 \mid T \geqslant 30\} = \frac{P\{T \geqslant 50\}}{P\{T \geqslant 30\}}$$
$$P\{T \geqslant 30\} = 1 - P\{T < 30\} = 1 - F(30) = e^{-0.9}$$
$$P\{T \geqslant 50\} = 1 - P\{T < 50\} = 1 - F(50) = e^{-1.5}$$

所以
$$P\{T \geqslant 50 \mid T \geqslant 30\} = \frac{e^{-1.5}}{e^{-0.9}} = e^{-0.6} = 0.548\ 8$$

（2）每一个元件的寿命 $T > 20$ 的概率为
$$p = p\{T > 20\} = 1 - P\{T \leqslant 20\} = 1 - F(20) = e^{-0.6} = 0.548\ 8$$

系统的寿命
$$P\{X > 20\} = C_3^2 p^2 (1-p)^1 + p^3 = 3 \times 0.548\ 8^2 \times (1 - 0.548\ 8) + 0.548\ 8^3 = 0.573\ 0$$

15. （1）已知随机变量 X 的概率密度为 $f_X(x) = \frac{1}{2} e^{-|x|}$，$-\infty < x < +\infty$，求 X 的分布函数.

（2）已知随机变量的分布函数为 $F_X(x)$，另有随机变量
$$Y = \begin{cases} 1, & X > 0 \\ -1, & X \leqslant 0 \end{cases}$$

试求 Y 的分布律及分布函数.

解 （1）
$$f_X(x) = \begin{cases} \dfrac{1}{2} e^x, & x < 0 \\ \dfrac{1}{2} e^{-x}, & x \geqslant 0 \end{cases}$$

当 $x < 0$ 时，有
$$F_X(x) = \int_{-\infty}^x \frac{1}{2} e^x \, dx = \frac{1}{2} e^x$$

当 $x \geqslant 0$ 时，有
$$F_X(x) = \int_{-\infty}^0 \frac{1}{2} e^x \, dx + \int_0^x \frac{1}{2} e^{-x} \, dx = \frac{1}{2} + \frac{1}{2} - \frac{1}{2} e^{-x} = 1 - \frac{1}{2} e^{-x}$$

故
$$F_X(x) = \begin{cases} \dfrac{1}{2} e^x, & x \leqslant 0 \\ 1 - \dfrac{1}{2} e^{-x}, & x \geqslant 0 \end{cases}$$

（2）
$$P\{Y = 1\} = P\{X > 0\} = 1 - P\{X \leqslant 0\} = 1 - F_X(0) = 1 - \frac{1}{2} = \frac{1}{2}$$

$$P\{Y = -1\} = P(X \leqslant 0) = F_X(0) = \frac{1}{2}$$

因此 Y 的分布律为

Y	-1	1
P	$\dfrac{1}{2}$	$\dfrac{1}{2}$

分布函数为
$$F_Y(y) = \begin{cases} 0, & y < -1 \\ \dfrac{1}{2}, & -1 \leqslant y < 1 \\ 1, & y \geqslant 1 \end{cases}$$

16. （1）X 服从泊松分布，其分布律为
$$P\{X = K\} = \frac{X^k}{k!} e^{-\lambda}, \quad k = 0, 1, 2, \cdots$$

问当 k 取何值时 $P\{X = k\}$ 为最大；

（2）X 服从二项分布，其分布律为
$$P\{X = k\} = \binom{n}{k} p^k (1-p)^{n-k}, \quad k = 0, 1, 2, \cdots, n$$

问当 k 取何值时 $P\{X = k\}$ 为最大？

解 （1）由题意
$$\frac{P\{X = k+1\}}{P\{X = k\}} = \frac{\dfrac{\lambda^{k+1} e^{-\lambda}}{(k+1)!}}{\dfrac{\lambda^k e^{-\lambda}}{k!}} = \frac{\lambda}{k+1}$$

因为当 $\dfrac{\lambda}{k+1} > 1$ 时 $\qquad\qquad P\{X=k+1\} > P\{X=k\}$

当 $\dfrac{\lambda}{k+1} < 1$ 时 $\qquad\qquad P\{X=k+1\} < P\{X=k\}$

所以, $P_\lambda(k)$ 先是随着 k 的增大而增大, 达到最大值后, 再随着 k 的增大而减小. 从而当 λ 是整数时, $k = \lambda-1$ 时, $P_\lambda(k)$ 取得最大值; 当 λ 不是整数时, $k = [\lambda]$ 时, $P_\lambda(k)$ 取得最大值. 故当 $k = \begin{cases} \lambda-1, & \lambda \text{ 是整数} \\ [\lambda], & \lambda \text{ 不是整数} \end{cases}$ 时, $P(X=k)$ 取得最大值.

（2）由题意

$$\frac{b(k,n,p)}{b(k-1,n,p)} = \frac{C_n^k p^k (1-p)^{n-k}}{C_n^{k-1} p^{k-1} (1-p)^{n-k-1}} = \frac{n-k+1}{k} \cdot \frac{p}{1-p} = 1 + \frac{1}{k(1-p)}[(n+1)p - k]$$

因为当 $k < (n+1)p$ 时, $b(k;n,p) > b(k-1;n,p)$, 当 $k > (n+1)p$ 时, $b(k;n,p) < b(k-1;n,p)$, 所以, $P(X=k)$ 选随着 k 的增大而增大, 达到最大值后再随着 k 的增大而减小. 因此, 若 $(n+1)p$ 不是整数时, 当 $k = [(n+1)p]$ 时 $P(X=k)$ 达到最大值; 若 $(n+1)p$ 不是整数时, 当 $k = (n+1)p$ 或 $k = (n+1)p-1$ 时达到最大值. 故当 $k = \begin{cases} (n+1)p \text{ 或 } (n+1)p-1, & (n+1)p \text{ 是整数} \\ [(n+1)p], & (n+1)p \text{ 不是整数} \end{cases}$ 时, $P(X=k)$ 取到最大值.

17. 若离散型随机变量 X 具有分布律

X	1	2	$\cdots$	n
p_k	$\dfrac{1}{n}$	$\dfrac{1}{n}$	$\cdots$	$\dfrac{1}{n}$

称 X 服从取值为 $1,2,\cdots,n$ 的离散型均匀分布. 对于任意非负实数 x, 记 $[x]$ 为不超过 x 的最大整数. 设 $U \sim U(0,1)$, 证明 $X = [nU]+1$ 服从取值为 $1,2,\cdots,n$ 的离散型均匀分布.

解 对于 $i = 1,2,\cdots,n$, 则

$$P(X=i) = P([nU]+1=i) = P([nU]=i-1) = P(i-1 \leqslant nU < i) =$$

$$P\left(\frac{i-1}{n} \leqslant U < \frac{i}{n}\right) = \int_{\frac{i-1}{n}}^{\frac{i}{n}} \mathrm{d}u = \frac{1}{n}$$

则 X 服从离散型均匀分布律.

18. 设 $X \sim U(-1,2)$, 求 $Y = |X|$ 的概率密度.

解 X 的密度函数为 $\qquad f_X(x) = \begin{cases} \dfrac{1}{3}, & -1 < x < 2 \\ 0, & \text{其他} \end{cases}$

Y 的分布函数为

$$F_Y(y) = P\{|X| \leqslant y\} = \begin{cases} 0 & y < 0 \\ \int_{-y}^{y} \dfrac{1}{3}\mathrm{d}x & 0 < y < 1 \\ \int_{-1}^{y} \dfrac{1}{3}\mathrm{d}x & 1 \leqslant y < 2 \\ \int_{-1}^{2} \dfrac{1}{3}\mathrm{d}x & y \geqslant 2 \end{cases} = \begin{cases} 0 & y < 0 \\ \dfrac{2y}{3}, & \leqslant y < 1 \\ \dfrac{y+1}{3}, & 1 \leqslant y < 2 \\ 1, & y \geqslant 2 \end{cases}$$

所以 Y 的密度函数为 $\qquad f_Y(y) = \begin{cases} \dfrac{2}{3}, & 0 < y < 1 \\ \dfrac{1}{3}, & 1 < y < 2 \\ 0, & \text{其他} \end{cases}$

19. 设 X 的概率密度为 $\qquad f_X(x) = \begin{cases} 0, & x < 0 \\ \dfrac{1}{2}, & 0 \leqslant x < 1 \\ \dfrac{1}{2x^2}, & 1 \leqslant x < \infty \end{cases}$

求 $Y = \dfrac{1}{X}$ 的概率密度.

解 先求 Y 的分布函数

当 $y < 0$ 时 $\qquad\qquad\qquad\qquad F_Y(y) = P(Y \leqslant y) = 0$

当 $0 \leqslant y < 1$ 时 $\quad F_Y(y) = P\left\{\dfrac{1}{X} \leqslant y\right\} = P\left\{X \geqslant \dfrac{1}{y}\right\} = \displaystyle\int_{\frac{1}{y}}^{+\infty} \dfrac{1}{2x^2}\,\mathrm{d}x = \dfrac{y}{2}$

当 $1 \leqslant y < +\infty$ 时

$$F_Y(y) = P\left\{\dfrac{1}{X} \leqslant y\right\} = p\left\{X \geqslant \dfrac{1}{y}\right\} = \int_{\frac{1}{y}}^{1} \dfrac{1}{2}\,\mathrm{d}x = \dfrac{1}{2}\left(1 - \dfrac{1}{y}\right)$$

从而得 Y 的概率密度为 $\qquad f_Y(y) = \begin{cases} \dfrac{1}{2}, & 0 \leqslant y < 1 \\[2mm] \dfrac{1}{2y^2}, & y > 1 \\[2mm] 0, & 其他 \end{cases}$

即 Y 与 X 的概率密度相同.

20. 设随机变量 X 服从以均值为 $1/\lambda$ 的指数分布. 验证随机变量 $Y = [X]$ 服从以参数为 $1 - \mathrm{e}^{-\lambda}$ 的几何分布. 这一事实表明连续型随机变量的函数可以是离散型随机变量.

解 由题意 X 的概率密度为

$$f_X(x) = \begin{cases} \lambda \mathrm{e}^{-\lambda}, & x > 0 \\ 0, & 其他 \end{cases}$$

$Y = [X]$ 的所有可能取值为 $\{0, 1, 2, \cdots\}$, 显然 Y 是离散型随机变量. 对于任意的非负整数 k, 有

$$P(Y = k) = P([X] = k) = P(k \leqslant X < k+1) = \int_k^{k+1} \lambda \mathrm{e}^{-\lambda}\,\mathrm{d}x =$$

$$(1 - \mathrm{e}^{-\lambda})(\mathrm{e}^{-\lambda})^k = (1 - \mathrm{e}^{-\lambda})(1 - (1 - \mathrm{e}^{-\lambda}))^k$$

令 $p = (1 - \mathrm{e}^{-\lambda})$, 则 $P(Y = k) = p(1-p)^k, k = 0, 1, 2, \cdots$, 即 Y 服从以参数 $p = (1 - \mathrm{e}^{-\lambda})$ 的几何分布.

21. 投掷一硬币直至正面出现为止, 引入随机变量

$$X = 投掷总次数, \quad Y = \begin{cases} 1, & 若首次投掷得到正面 \\ 0, & 若首次投掷得到反面 \end{cases}$$

(1) 求 X 和 Y 的联合分布律及边缘分布律; (2) 求条件概率 $P\{X = 1 \mid Y = 1\}, P\{Y = 2 \mid X = 1\}$.

解 (1) (X, Y) 的可能取值为 $(1, 0), (2, 0), \cdots (2, 0), \cdots, (i, 0), \cdots, (1, 1), (2, 1), \cdots, (i, 1), \cdots$, 则

$$P(X = i, Y = 0) = \left(\dfrac{1}{2}\right)^{i-1} \dfrac{1}{2} = \left(\dfrac{1}{2}\right)^i, \quad i \geqslant 2, \quad P\{X = 1, Y = 0\} = 0$$

$$P\{X = i, Y = 1\} = \begin{cases} \dfrac{1}{2}, & i = 1 \\[2mm] 0, & i > 1 \end{cases}$$

或 (X, Y) 的联合分布律为

X \ Y	1	2	3	$\cdots$	i	$\cdots$	$p._j$
0	0	$\left(\dfrac{1}{2}\right)^2$	$\left(\dfrac{1}{2}\right)^3$	$\cdots$	$\left(\dfrac{1}{2}\right)^i$	$\cdots$	$\dfrac{1}{2}$
1	$\dfrac{1}{2}$	0	0	$\cdots$	0	$\cdots$	$\dfrac{1}{2}$
$p_i.$	$\dfrac{1}{2}$	$\left(\dfrac{1}{2}\right)^2$	$\left(\dfrac{1}{2}\right)^3$	$\cdots$	$\left(\dfrac{1}{2}\right)^i$	$\cdots$	1

(X, Y) 关于 X 的边缘分布律为

X	1	2	3	$\cdots$	i	$\cdots$
P	$\dfrac{1}{2}$	$\left(\dfrac{1}{2}\right)^2$	$\left(\dfrac{1}{2}\right)^3$	$\cdots$	$\left(\dfrac{1}{2}\right)^i$	$\cdots$

(X,Y) 关于 Y 的边缘分布律为

Y	0	1
P	$\dfrac{1}{2}$	$\dfrac{1}{2}$

(2)
$$P\{X=1 \mid Y=1\} = \frac{P\{X=1, Y=1\}}{P\{Y=1\}} = \frac{\frac{1}{2}}{\frac{1}{2}} = 1$$

$$P\{Y=2 \mid X=1\} = \frac{P\{X=1, Y=2\}}{P\{X=1\}} = 0$$

22. 设随机变量 $X \sim \pi(\lambda)$，随机变量 $Y = \max(X,2)$，试求 X 和 Y 的联合分布律及边缘分布律.

解 X 的可能取值为 $0,1,2,\cdots$，Y 的可能取值为 $Y = 2,3,4,\cdots$，则

$$P\{X=0, Y=2\} = P\{X=0\}P\{Y=2 \mid X=0\} = e^{-\lambda}P\{\max(X,2)=2 \mid X=0\} = e^{-\lambda}$$

$$P\{X=0, Y=i\} = P\{X=0\}P\{Y=i \mid X=0\} = 0, \quad i > 2$$

$$P\{X=1, Y=2\} = P\{X=1\}P\{Y=2 \mid X=1\} = \frac{\lambda}{1!}e^{-\lambda}$$

$$P\{X=2, Y=2\} = P\{X=2\}P\{Y=2 \mid X=2\} = \frac{\lambda^2}{2!}e^{-\lambda}$$

$$P\{X=i, Y=i\} = P\{X=i\}P$$

$$P\{X=i, Y=i\} = P\{X=i\}P\{Y=i \mid X=i\} = \frac{\lambda^i}{i!}e^{-\lambda}, \quad i = 3,4,5,\cdots$$

$P\{X=i, Y=j\} = P\{X=i\}P\{Y=j \mid X=i\} = 0, 0 < i < j$ 或 $j < i$，因此 (X,Y) 的联合分布律为

Y \ X	0	1	2	3	4	$\cdots$	i	$\cdots$	$P\{Y=j\}$
2	$e^{-\lambda}$	$\dfrac{\lambda}{1!}e^{-\lambda}$	$\dfrac{\lambda^2}{2!}e^{-\lambda}$	0	$\cdots$		0	$\cdots$	$\sum\limits_{i=0}^{2}\dfrac{\lambda^i}{i!}e^{-\lambda}$
3	0	0	0	$\dfrac{\lambda^3}{3!}e^{-\lambda}$					$\dfrac{\lambda^3}{3!}e^{-\lambda}$
4	0	0	0	0	$\dfrac{\lambda^4}{4!}e^{-x}$	$\cdots$	0		$\dfrac{\lambda^4}{4!}e^{-\lambda}$
$\vdots$	$\vdots$	$\vdots$	$\vdots$	$\vdots$			$\vdots$		
i	0	0	0	0			$\dfrac{\lambda^i}{i!}e^{-\lambda}$		$\dfrac{\lambda^i}{i!}e^{-\lambda}$
$\vdots$									$\vdots$
$P\{X=i\}$	$e^{-\lambda}$	$\dfrac{\lambda}{1!}e^{-\lambda}$	$\dfrac{\lambda^2}{2!}e^{-\lambda}$	$\dfrac{\lambda^3}{3!}e^{-\lambda}$	$\cdots$		$\dfrac{\lambda^i}{i!}e^{-\lambda}$	$\cdots$	

(X,Y) 关于 Y 的边缘分布律为

$$P\{Y=2\} = \sum_{i=0}^{2}\frac{\lambda^i}{i!}e^{-\lambda}, \quad P\{Y=j\} = \frac{\lambda^j}{j!}e^{-\lambda}, \quad j > 2$$

(X,Y) 关于 X 的边缘分布律为

$$P\{X=i\} = \frac{\lambda^i}{i!}e^{-\lambda}, \quad i = 0,1,2,\cdots$$

即
$$X \sim \pi(\lambda)$$

23. 设 X,Y 是相互独立的泊松随机变量，参数分别为 λ_1, λ_2，求给定 $X+Y=n$ 的条件下 X 的条件分布.

解 由题意
$$P(X=k) = \frac{(\lambda_1)^k}{k!}e^{-\lambda_1}, \quad k = 0,1,2,\cdots$$

三导

$$P(Y = k) = \frac{(\lambda_2)^k}{k!}e^{-\lambda_2}, \quad k = 0,1,2,\cdots,$$

$$P(X + Y = n) = P(Y = n - X) = \sum_{i=0}^{n} P(X = i)P(Y = n - X \mid X = i) =$$

$$\sum_{i=0}^{n} P(X = i)P(Y = n - i \mid X = i) = \sum_{i=0}^{n} P(X = i)P(Y = n - i) =$$

$$\sum_{i=0}^{n} \frac{(\lambda_1)^i}{i!}e^{-\lambda_1} \cdot \frac{(\lambda_2)^{n-i}}{(n-i)!}e^{-\lambda_2} = \frac{(\lambda_1 + \lambda_2)^n}{n!}e^{-(\lambda_1+\lambda_2)}$$

$$P(X = k \mid X + Y = n) = \frac{P(X = k, X + Y = n)}{P(X + Y = n)} = \frac{P(X = k, Y = n - k)}{P(X + Y = n)} =$$

$$\frac{P(X = k)P(Y = n - k)}{P(X + Y = n)} = \frac{\dfrac{(\lambda_1)^k}{k!}e^{-\lambda_1} \cdot \dfrac{(\lambda_2)^{(n-k)}}{(n-k)!}e^{-\lambda_2}}{\dfrac{(\lambda_1 + \lambda_2)^n}{n!}e^{-(\lambda_1+\lambda_2)}} =$$

$$\frac{n!}{k!(n-k)!} \cdot \frac{(\lambda_1)^k}{(\lambda_1 + \lambda_2)^k} \cdot \frac{(\lambda_2)^{(n-k)}}{(\lambda_1 + \lambda_2)^{(n-k)}} =$$

$$C_n^k \cdot \left(\frac{\lambda_1}{\lambda_1 + \lambda_2}\right)^k \cdot \left(\frac{\lambda_2}{\lambda_1 + \lambda_2}\right)^{n-k}$$

即给定条件 $X + Y = n$ 下，X 的条件分布为以 $n, \dfrac{\lambda_1}{\lambda_1 + \lambda_2}$ 为参数的二项分布．

24．一教授将两篇论文分别交给两个打字员打印．以 X, Y 分别表示第一篇和第二篇论文的印刷错误．设 $X \sim \pi(\lambda)$，$Y \sim \pi(\mu)$，X, Y 相互独立．

（1）求 X, Y 的联合分布律．（2）求两篇论文总共至多 1 个错误的概率．

解 （1）由于 X, Y 相互独立，所以 X, Y 的联合分布律为

$$P(X = x, Y = y) = P(X = x)P(Y = y) = \frac{\lambda^x}{x!}e^{-\lambda} \cdot \frac{\mu^y}{y!}e^{-\mu} = \frac{\lambda^x \mu^y}{x!\,y!}e^{-(\lambda+\mu)}, \quad x, y = 0,1,2,\cdots$$

（2）两篇论文总共至多 1 个错误的概率为

$$P(X + Y \leqslant 1) = P(X = 0, Y = 0) + P(X = 0, Y = 1) + P(X = 1, Y = 0) =$$

$$\frac{\lambda^0 \mu^0}{0!\,0!}e^{-(\lambda+\mu)} + \frac{\lambda^0 \mu^1}{0!\,1!}e^{-(\lambda+\mu)} + \frac{\lambda^1 \mu^0}{1!\,0!}e^{-(\lambda+\mu)} = (1 + \lambda + \mu)e^{-(\lambda+\mu)}$$

25．一等边三角形 ROT 的边长为 1，在三角形内随机地取点 $Q(X,Y)$（意指随机点 (X,Y) 在 $\triangle ROT$ 内均匀分布）．（1）写出随机变量 (X,Y) 的概率密度．（2）求点 Q 到底边 OT 的距离的分布函数.

解 （1）(X,Y) 在等边三角形 $\triangle ORT$ 内服从均匀分布，(X,Y) 的联合概率密度为

$$f(x,y) = \begin{cases} \dfrac{4\sqrt{3}}{3}, & \dfrac{\sqrt{3}}{3}y < x < -\dfrac{\sqrt{3}}{3}y + 1, \ 0 < y < \dfrac{\sqrt{3}}{2} \\ 0, & \text{其他} \end{cases}$$

（2）点 $Q(X,Y)$ 到底边 OT 的距离为 $Y(y > 0)$，而 Y 的边缘概率密度为

$$f_Y(y) = \begin{cases} \displaystyle\int_{\frac{\sqrt{3}}{3}y}^{-\frac{\sqrt{3}}{3}y+1} \dfrac{4\sqrt{3}}{3}\,\mathrm{d}x = -\dfrac{8}{3}y + \dfrac{4}{\sqrt{3}}, & 0 < y < \dfrac{\sqrt{3}}{2} \\ 0, & \text{其他} \end{cases}$$

故 Y 的分布函数为

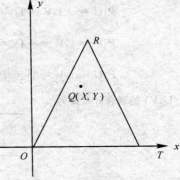

题 25 图

三导

$$F_Y(y) = \begin{cases} 0, & y < 0 \\ \dfrac{4}{\sqrt{3}}y - \dfrac{4}{3}y^2, & 0 \leqslant y < \dfrac{\sqrt{3}}{2} \\ 1, & y \geqslant \dfrac{\sqrt{3}}{2} \end{cases}$$

26. 设随机变量(X,Y)具有概率密度

$$f(x,y) = \begin{cases} x\mathrm{e}^{-x(y+1)}, & x > 0, y > 0 \\ 0, & 其他 \end{cases}$$

(1) 求边缘概率密度$f_X(x)$, $f_Y(y)$. (2) 求条件概率密度$f_{X|Y}(x \mid y)$, $f_{Y|X}(y \mid x)$.

解 (1)
$$f_X(x) = \begin{cases} \displaystyle\int_0^{+\infty} x\mathrm{e}^{-x(y+1)}\mathrm{d}y, & x > 0 \\ 0, & x < 0 \end{cases} = \begin{cases} \mathrm{e}^{-x}, & x > 0 \\ 0, & x < 0 \end{cases}$$

$$f_Y(y) = \begin{cases} \displaystyle\int_0^{+\infty} x\mathrm{e}^{-x(y+1)}\mathrm{d}x, & y > 0 \\ 0, & y \leqslant 0 \end{cases} = \begin{cases} \dfrac{1}{(y+1)^2}, & y > 0 \\ 0, & y \leqslant 0 \end{cases}$$

(2)
$$f_{X|Y}(x \mid y) = \frac{f(x,y)}{f_Y(y)} = \begin{cases} x(y+1)^2\mathrm{e}^{-x(y+1)}, & x > 0, y > 0 \\ 0, & 其他 \end{cases}$$

$$f_{Y|X}(y \mid x) = \frac{f(x,y)}{f_Y(y)} = \begin{cases} x\mathrm{e}^{-xy}, & x > 0, y > 0 \\ 0, & 其他 \end{cases}$$

27. 设有随机变量U和V, 它们都仅取$1, -1$两个值, 已知$P\{U=1\} = \dfrac{1}{2}$, $P\{V=1 \mid U=1\} = \dfrac{1}{3} = P\{V=-1 \mid U=-1\}$.

(1) 求U和V的联合分布律.

(2) 求x的方程$x^2 + Ux + V = 0$至少有一个实根的概率.

(3) 求x的方程$x^2 + (U+V)x + U + V = 0$至少有一个实根的概率.

解 (1) (U,V)的可能取值为$(1,1), (1,-1), (-1,1), (-1,-1)$, 则

$$P\{U=-1, V=-1\} = P\{U=-1\}P\{V=-1 \mid U=-1\} = \frac{1}{2} \times \frac{1}{3} = \frac{1}{6}$$

$$P\{U=-1, V=1\} = P\{U=-1\}P\{V=1 \mid U=-1\} = \frac{1}{2} \times \frac{2}{3} = \frac{1}{3}$$

$$P\{U=1, V=-1\} = P\{U=1\}P\{V=-1 \mid U=1\} = \frac{1}{2} \times \frac{2}{3} = \frac{1}{3}$$

$$P\{U=1, V=1\} = P\{U=1\}P\{V=1 \mid U=1\} = \frac{1}{2} \times \frac{1}{3} = \frac{1}{6}$$

故(U,V)的联合分布律为

U\V	-1	1
-1	$\dfrac{1}{6}$	$\dfrac{1}{3}$
1	$\dfrac{1}{3}$	$\dfrac{1}{6}$

(2) 方程$x^2 + Ux + V = 0$至少有一个实根的充要条件是

$$U^2 - 4V \geqslant 0$$

$$P\{U^2 \geqslant 4V\} = P\{U=1, V=-1\} + P\{U=-1, V=-1\} = \frac{1}{3} + \frac{1}{6} = \frac{1}{2}$$

(3) 方程 $x^2 + (U+V)x + U + V = 0$ 至少有一个实根的充要条件是 $(U+V)^2 - 4(U+V) \geqslant 0$, 而

$$P\{(U+V)^2 \geqslant 4(U+V)\} = P\{(U+V+2)^2 \geqslant 4\} =$$

$$P\{U = 1, V = -1\} + P\{U = -1, V = 1\} + P\{U = 1, V = 1\} =$$

$$\frac{1}{3} + \frac{1}{3} + \frac{1}{6} = \frac{5}{6}$$

28. 某图书馆一天的读者人数 $X \sim \pi(\lambda)$, 一读者借书的概率为 p, 各读者借书与否相互独立, 记一天读者借书的人数为 Y, 求 X 和 Y 的联合分布律.

解 由 $X \sim \pi(\lambda)$ 知

$$P\{X = n\} = \frac{\lambda^k}{n!}e^{-\lambda}, \quad n = 0, 1, 2, \cdots$$

$$P\{Y = m \mid X = n\} = C_n^m p^m (1-p)^{n-m}, \quad m = 0, 1, 2, \cdots, n, n = 0, 1, 2, \cdots$$

因此 (X, Y) 的联合分布律为

$$P(X = n, Y = m) = P\{X = n\} \cdot P\{Y = m \mid X = n\} = \frac{\lambda^n}{n!}e^{-\lambda}C_n^m p^m (1-p)^{n-m},$$

$$m = 0, 1, \cdots, n, \quad n = 0, 1, 2, \cdots$$

29. 设随机变量 X, Y 相互独立, 且都服从 $U(0,1)$, 求两个变量之一至少为另一变量之值之两倍的概率.

解 (X, Y) 的联合概率密度为

$$f(x, y) = \begin{cases} 1, & 0 < x < 1, 0 < y < 1 \\ 0, & \text{其他} \end{cases}$$

概率 $\quad P\{X > 2Y \text{ 或 } Y \geqslant 2X\} = P\{X \leqslant \frac{1}{2}Y\} + P\{X > 2Y\} =$

$$\int_0^1 dy \int_0^{\frac{1}{2}y} dx + \int_0^1 dx \int_0^{\frac{x}{2}} dy = \int_0^1 \frac{1}{2}y dy + \int_0^1 \frac{x}{2} dx = \frac{1}{4} + \frac{1}{4} = \frac{1}{2}$$

30. 一家公司有一份保单招标, 两家保险公司竞标. 规定标书的保险费必须在 20 万元至 22 万元之间. 若两份标书保险费相差 2 千元或 2 千元以上, 招标公司将选择报价低者, 否则就重新招标. 设两家保险公司的报价是相互独立的, 且都在 20 万元至 22 万元之间均匀分布. 试求招标公司需重新招标的概率.

解 设 X, Y 分别表示两家保险公司提出的保费, 由题意, X, Y 的概率密度函数均为

$$f(x) = \begin{cases} \frac{1}{2}, & 20 < x < 22 \\ 0, & \text{其他} \end{cases}$$

由于 X, Y 独立, XY 的联合概率密度函数为

$$f(x, y) = \begin{cases} \frac{1}{4}, & 20 < x < 22, 20 < y < 22 \\ 0, & \text{其他} \end{cases}$$

根据题意 $\quad P(|X - Y| < 0.2) = 1 - \frac{1.8 \times 1.8}{4} = 0.19$

31. 设 $X \sim N(0, \sigma_1^2)$, $Y \sim N(0, \sigma_2^2)$, 且 X, Y 相互独立, 求概率 $P\{0 < \sigma_2 X - \sigma_1 Y < 2\sigma_1 \sigma_2\}$.

解 由于 $X \sim N(0, \sigma_1^2)$, $Y \sim N(0, \sigma_2^2)$, 且 X 与 Y 独立, 从而 $\dfrac{X}{\sigma_1} - \dfrac{Y}{\sigma_2} \sim N(0, 2)$, 因此

$$P\{0 < \sigma_2 X - \sigma_1 Y < 2\sigma_1 \sigma_2\} = P\left\{0 < \left(\frac{X}{\sigma_1} - \frac{Y}{\sigma_2}\right) / \sqrt{2} < \sqrt{2}\right\} =$$

$$\Phi(\sqrt{2}) - \Phi(0) = 0.7207 - 0.5 = 0.4207$$

32. NBA 篮球赛中有这样的规律, 两支实力相当的球队比赛时, 每节主队得分与客队得分之差为正态随机变量, 均值为 1.5, 方差为 6, 并且假设四节的比分差是相互独立的. 问:

(1) 主队胜的概率有多大?

(2) 在前半场主队落后 5 分的情况下, 主队得胜的概率有多大?

(3) 在第一节主队赢 5 分的情况下,主队得胜的概率有多大?

解 设第 i 节的主客队得分差为 $X_i, i = 1, 2, 3, 4$,则 $X_i, i = 1, 2, 3, 4$,独立同分布于 $N(1.5, 6)$.

(1)
$$\sum_{i=1}^{4} X_i \sim N(4 \times 1.5, 4 \times 6)$$

$$P\left(\sum_{i=1}^{4} X_i > 0\right) = P\left[\frac{\sum_{i=1}^{4} X_i - 6}{\sqrt{24}} > \frac{-6}{\sqrt{24}}\right] = 1 - \Phi\left(\frac{-6}{\sqrt{24}}\right) = 0.889\ 7$$

(2)
$$P\left(\sum_{i=1}^{4} X_i > 0 / X_1 + X_2 = -5\right) = P(X_3 + X_4 > 5) = P\left(\frac{X_3 + X_4 - 3}{\sqrt{12}} > \frac{5-3}{\sqrt{12}}\right) =$$
$$1 - \Phi\left(\frac{2}{\sqrt{12}}\right) = 0.281\ 8$$

(3)
$$P\left(\sum_{i=1}^{4} X_i > 0 / X_1 = 5\right) = P(X_2 + X_3 + X_4 > -5) = P\left(\frac{X_2 + X_3 + X_4 - 4.5}{\sqrt{18}} > \frac{-5-4.5}{\sqrt{18}}\right) =$$
$$1 - \Phi\left(\frac{-9.5}{\sqrt{18}}\right) = \Phi\left(\frac{9.5}{\sqrt{18}}\right) = 0.987\ 4$$

33. 产品的某种性能指标的测量值 X 是随机变量,设 X 的概率密度为

$$f_X(x) = \begin{cases} x e^{-\frac{1}{2}x^2}, & x > 0 \\ 0, & \text{其他} \end{cases}$$

测量误差 $Y \sim U(-\varepsilon, \varepsilon)$,$X, Y$ 相互独立,求 $Z = X + Y$ 的概率密度 $f_Z(z)$,并验证 $P\{Z \geq \varepsilon\} = \frac{1}{2\varepsilon} \int_0^{2\varepsilon} e^{-\frac{1}{2}u^2} du$.

解 (X, Y) 的联合概率密度为

$$f(x, y) = \begin{cases} \frac{1}{2\varepsilon} x e^{-\frac{1}{2}x^2}, & x > 0, -\varepsilon < y < \varepsilon \\ 0, & \text{其他} \end{cases}$$

$$f_Z(z) = \int_{-\infty}^{+\infty} f(x, z-x) dx$$

要使 $f_Z(z) \neq 0$. 只要 $x > 0, -\varepsilon < z - x < \varepsilon$,即 $x > 0, z - \varepsilon < x < z + \varepsilon$,因此,当 $-\varepsilon < z < \varepsilon$ 时

$$f_Z(z) = \int_0^{z+\varepsilon} \frac{1}{2\varepsilon} x e^{-\frac{1}{2}x^2} dx = \frac{1}{2\varepsilon}\left(1 - e^{-\frac{1}{2}(z+\varepsilon)^2}\right)$$

当 $z \geq \varepsilon$ 时
$$f_Z(z) = \int_{z-\varepsilon}^{z+\varepsilon} \frac{1}{2\varepsilon} x e^{-\frac{1}{2}x^2} dx = \frac{1}{2\varepsilon}\left[e^{-\frac{1}{2}(z-\varepsilon)^2} - e^{-\frac{1}{2}(z+\varepsilon)^2}\right]$$

所以
$$f_Z(z) = \begin{cases} \frac{1}{2\varepsilon}\left(1 - e^{-\frac{1}{2}(z+\varepsilon)^2}\right), & -\varepsilon < z < \varepsilon \\ \frac{1}{2\varepsilon}\left[e^{-\frac{1}{2}(z-\varepsilon)^2} - e^{-\frac{1}{2}(z+\varepsilon)^2}\right], & z \geq \varepsilon \\ 0, & \text{其他} \end{cases}$$

$$P\{Z \geq \varepsilon\} = \int_\varepsilon^{+\infty} \frac{1}{2\varepsilon}\left[e^{-\frac{1}{2}(z-\varepsilon)^2} - e^{-\frac{1}{2}(z+\varepsilon)^2}\right] dz = \int_\varepsilon^{+\infty} \frac{1}{2\varepsilon} e^{-\frac{1}{2}(z-\varepsilon)^2} dz - \int_\varepsilon^{+\infty} \frac{1}{2\varepsilon} e^{-\frac{1}{2}(z+\varepsilon)^2} dz =$$
$$\int_0^{+\infty} \frac{1}{2\varepsilon} e^{-\frac{1}{2}u^2} du - \int_{2\varepsilon}^{+\infty} \frac{1}{2\varepsilon} e^{-\frac{1}{2}u^2} du = \frac{1}{2\varepsilon} \int_0^{2\varepsilon} e^{-\frac{1}{2}u^2} du$$

34. 在一化学过程中,产品中有份额 X 为杂质,而在杂质中有份额 Y 是有害的,而其余部分不影响产品的质量. 设 $X \sim U(0, 0.1)$,$Y \sim U(0, 0.5)$,且 X 和 Y 相互独立. 求产品中有害杂质份额 Z 的概率密度.

解 X 的概率密度函数为
$$f_X(x) = \begin{cases} 10, & 0 < x < 0.1 \\ 0, & \text{其他} \end{cases}$$

Y 的概率密度函数为
$$f_Y(y) = \begin{cases} 2, & 0 < x < 0.5 \\ 0, & \text{其他} \end{cases}$$

由于 X,Y 相互独立, $Z = XY$ 的概率密度为

$$f_Z(z) = \int_{-\infty}^{+\infty} \frac{1}{|x|} f_X(x) f_Y\left(\frac{z}{x}\right) \mathrm{d}x$$

当条件 $0 < x < 0.1, 0 < \frac{z}{x} < 0.5$,即 $0 < x < 0.1, x > 2z$ 同时满足时,上述被积函数不为零,于是

$$f_Z(z) = \begin{cases} \int_{2z}^{0.1} \frac{1}{x} \cdot 2 \cdot 10 \mathrm{d}x & 0 < z < 0.05 \\ 0, & \text{其他} \end{cases} = \begin{cases} -20\ln(20z), & 0 < z < 0.05 \\ 0, & \text{其他} \end{cases}$$

35.设随机变量 (X,Y) 的概率密度为

$$f(x,y) = \begin{cases} \mathrm{e}^{-y}, & 0 < x < y \\ 0, & \text{其他} \end{cases}$$

(1) 求 (X,Y) 的边缘概率密度.(2) 问 X,Y 是否相互独立.(3) 求 $X+Y$ 的概率密度 $f_{X+Y}(z)$.(4) 求条件概率密度 $f_{X|Y}(x\mid y)$.(5) 求条件概率 $P\{X > 3\mid Y < 5\}$.(6) 求条件概率 $P\{X > 3\mid Y = 5\}$.

解 (1)
$$f_X(x) = \int_{-\infty}^{+\infty} f(x,y)\mathrm{d}y = \begin{cases} \int_x^{+\infty} \mathrm{e}^{-y}\mathrm{d}y = \mathrm{e}^{-x}, & x > 0 \\ 0, & \text{其他} \end{cases}$$

$$f_Y(y) = \int_{-\infty}^{+\infty} f(x,y)\mathrm{d}x = \begin{cases} \int_0^y \mathrm{e}^{-y}\mathrm{d}x = y\mathrm{e}^{-y}, & y > 0 \\ 0, & \text{其他} \end{cases}$$

(2) 由于 $f_X(x)f_Y(y) \neq f(x,y)$,故 X,Y 不相互独立.

(3) 设 $Z = X+Y$,由题意,当 $z \leqslant 0$ 时, $f_Z(z) = 0$.

当 $z > 0$ 时, $f_Z(z) = \int_{-\infty}^{+\infty} f(x,z-x)\mathrm{d}x$.

当条件 $0 < x < z-x$ 满足时,被积函数 $f(x,z-x)$ 不为零,于是

$$f_Z(z) = \int_{-\infty}^{+\infty} f(x,z-x)\mathrm{d}x = \int_0^{z/2} \mathrm{e}^{-(z-x)}\mathrm{d}x = \mathrm{e}^{-z/2} - \mathrm{e}^{-z}$$

综上所得
$$f_Z(z) = \begin{cases} \mathrm{e}^{-z/2} - \mathrm{e}^{-z}, & z > 0 \\ 0, & \text{其他} \end{cases}$$

(4) 对于 $y > 0$,有

$$f_{X|Y}(x\mid y) = \frac{f(x,y)}{f_Y(y)} = \begin{cases} \dfrac{\mathrm{e}^{-y}}{y\mathrm{e}^{-y}} = \dfrac{1}{y}, & 0 < x < y \\ 0, & \text{其他} \end{cases}$$

(5)
$$P(X > 3\mid Y < 5) = \frac{P(X > 3, Y < 5)}{P(Y < 5)} = \frac{\displaystyle\int_3^5\int_x^5 \mathrm{e}^{-y}\mathrm{d}y\mathrm{d}x}{\displaystyle\int_0^5 f_Y(y)\mathrm{d}y} =$$

$$\frac{\displaystyle\int_3^5\int_x^5 \mathrm{e}^{-y}\mathrm{d}y\mathrm{d}x}{\displaystyle\int_0^5 y\mathrm{e}^{-y}\mathrm{d}y} = \frac{\displaystyle\int_3^5 (-\mathrm{e}^{-y})\Big|_x^5 \mathrm{d}x}{-6\mathrm{e}^{-5}+1} = \frac{-3\mathrm{e}^{-5} + \mathrm{e}^{-3}}{-6\mathrm{e}^{-5}+1}$$

(6)
$$f_{X|Y}(x\mid 5) = \begin{cases} \dfrac{1}{5}, & 0 < x < 5 \\ 0, & \text{其他} \end{cases}$$

$$P(X > 3\mid Y = 5) = \int_3^\infty f_{X|Y}(x\mid 5)\mathrm{d}x = \int_3^5 \frac{1}{5}\mathrm{d}x = \frac{2}{5}$$

36. 设某图书馆的读者借阅甲种图书的概率为 p,借阅乙种图书的概率为 a,设每人借阅甲、乙图书的行动相互独立,读者之间的行动也相互独立.

(1) 某天恰有 n 个读者,求借阅甲种图书的人数的数学期望.(2) 某天恰有 n 个读者,求甲、乙两种图书至

三导

少借阅一种的人数的数学期望.

解 (1) 设 $X_i = \begin{cases} 1, \text{若第 } i \text{ 个读者借阅甲种图书} \\ 0, \text{若第 } i \text{ 个读者不借阅甲种图书} \end{cases}, i = 1, 2, \cdots, n, X$ 表示借阅甲种图书的人数,则

$$X = \sum_{i=1}^{n} X_i, E(X) = \sum_{i=1}^{n} E(X_i) = \sum_{i=1}^{n} P(X_i = 1) = np$$

(2) 设 $Y_i = \begin{cases} 1, \text{若第 } i \text{ 个读者至少借阅甲、乙两种图书之一} \\ 0, \text{第 } i \text{ 个读者不借阅甲、乙两种图书} \end{cases}, i = 1, 2, \cdots, n,$ 令 Y 表示甲、乙两种图书至少

借阅一种的人数,则 $Y = \sum_{i=1}^{n} Y_i.$

$$E[Y] = E\left[\sum_{i=1}^{n} Y_i\right] = \sum_{i=1}^{n} E[Y_i] = \sum_{i=1}^{n} P\{Y_i = 1\} =$$

$$\sum_{i=1}^{n} [P\{\text{借阅甲种图书}\} + P\{\text{借阅乙种图书}\} - P\{\text{借阅甲、乙两种图书}\}] =$$

$$\sum_{i=1}^{n} [p + a - ap] = n[p + a - ap]$$

37. 某种鸟在某时间区间 $(0, t_0)$ 下蛋数为 $1 \sim 5$ 只,下 r 只蛋的概率与 r 成正比,一个拾鸟蛋的人在 t_0 时去收集鸟蛋,但他仅当鸟窝中多于 3 只蛋时他从中取走一只蛋. 在某处有这种鸟的鸟窝 6 个(每个鸟窝保存完好,各鸟窝中蛋的个数相互独立).

(1) 写出一个鸟窝中鸟蛋只数 X 的分布律.

(2) 对于指定的一只鸟窝,求拾蛋人在该鸟窝中拾到一只蛋的概率.

(3) 求拾蛋人在 6 只鸟窝中拾到蛋的总数 Y 的分布律及数学期望.

(4) 求 $P\{Y < 4\}, P\{Y > 4\}.$

(5) 当一个拾蛋人在这 6 只鸟窝中拾过蛋后,紧接着又有一个拾蛋人到这些窝中拾蛋,也仅当鸟窝中多于 3 只蛋时,拾取一只蛋,求第二个拾蛋人拾到蛋数 Z 的数学期望.

解 (1) 一个鸟窝中鸟蛋只数 X 的可能取值为 $1, 2, 3, 4, 5,$ 且由题意知 $P\{X = r\} = kr, r = 1, 2, 3, 4, 5,$ 又

$$\sum_{r=1}^{5} kr = k \sum_{r=1}^{5} r = 15k = 1$$

故

$$k = \frac{1}{15}$$

从而得 X 的分布律为

X	1	2	3	4	5
$P(X = k)$	$\frac{1}{15}$	$\frac{2}{15}$	$\frac{3}{15}$	$\frac{4}{15}$	$\frac{5}{15}$

(2) 拾蛋人在某指定的一个鸟窝中拾到一只蛋当且仅当该窝中蛋的只数大于 3.

$$P(X > 3) = P\{X = 4\} + P\{X = 5\} = \frac{4}{15} + \frac{5}{15} = \frac{9}{15} = \frac{3}{5}$$

(3) $Y \sim b(6, \frac{3}{5}), P\{Y = k\} = C_6^k (\frac{3}{5})^k (\frac{2}{5})^{6-k}, k = 0, 1, 2, \cdots, 6,$ 则

$$EY = 6 \times \frac{3}{5} = 3.6$$

(4) $$P\{Y < 4\} = 1 - P\{Y = 4\} - P\{Y = 5\} - P\{Y = 6\} =$$

$$1 - C_6^4 (\frac{3}{5})^4 (\frac{2}{5})^2 - C_6^5 (\frac{3}{5})^5 (\frac{2}{5}) - (\frac{3}{5})^6 = 0.455\ 7$$

$$P\{Y > 4\} = P\{Y = 5\} + P\{Y = 6\} = C_6^5 (\frac{3}{5})^5 (\frac{2}{5}) + (\frac{3}{5})^6 = 0.233\ 3$$

（5）第二个拾蛋人拾到一只蛋当且仅当鸟窝中蛋的只数大于 4. 即 $P\{X > 4\} = P\{X = 5\} = \dfrac{5}{15} = \dfrac{1}{3}$，

第二个拾蛋人拾得蛋的只数 $Z \sim b(6, \dfrac{1}{3})$，$E(Z) = 6 \times \dfrac{1}{3} = 2$.

38. 设袋中有 r 只白球，$N - r$ 只黑球. 在袋中取球 $n(n \leqslant r)$ 次，每次任取一只作不放回抽样，以 Y 表示取到的白球的个数，求 $E(Y)$.

解 Y 服从超几何分布，其分布律为

$$P\{Y = k\} = \frac{C_r^k C_{N-r}^{n-k}}{C_N^n}, \quad k = 0, 1, \cdots, n$$

本题是求超几何分布的数学期望. 为此令

$$X_i = \begin{cases} 1, & \text{第 } i \text{ 次取到白球} \\ 0, & \text{第 } i \text{ 次取到黑球} \end{cases}, \quad i = 1, 2, \cdots, n$$

则

$$Y = \sum_{i=1}^{n} X_i$$

$$E(Y) = \sum_{i=1}^{n} E(X_i) = \sum_{i=1}^{n} P\{X_i = 1\} = \sum_{i=1}^{n} \frac{r}{N} = \frac{nr}{N}$$

39. 掷一颗骰子直到所有点数全部出现为止，求所需投掷次数 Y 的数学期望.

解 设 $X_1 = 1$，$X_2 = $ 第一个点得到后，等待第二个不同点所需的等待次数，$X_3 = $ 第一、第二点得到后等待第三个不同点所需的等待次数，X_4, X_5, X_6 类似，则 $Y = X_1 + X_2 + \cdots + X_6$，又 X_i 服从几何分布. $P\{X_i = k\} = (1 - p)^{k-1} p$，$k = 1, 2, \cdots$. 而

$$P\{X_2 = k\} = \left(\frac{1}{6}\right)^{k-1} \frac{5}{6}, \quad k = 1, 2, \cdots, E(X_2) = \frac{6}{5} = 1.2$$

$$P\{X_3 = k\} = \left(\frac{2}{6}\right)^{k-1} \frac{4}{6}, \quad k = 1, 2, \cdots, E(X_3) = \frac{6}{4} = 1.5$$

$$P\{X_4 = k\} = \left(\frac{3}{6}\right)^{k-1} \frac{3}{6}, \quad k = 1, 2, \cdots, E(X_4) = \frac{6}{3} = 2$$

$$P\{X_5 = k\} = \left(\frac{4}{6}\right)^{k-1} \frac{2}{6}, \quad k = 1, 2, \cdots, E(X_5) = \frac{6}{2} = 3$$

$$P\{X_6 = k\} = \left(\frac{5}{6}\right)^{k-1} \frac{1}{6}, \quad k = 1, 2, \cdots, E(X_6) = 6$$

由此

$$E(Y) = \sum_{i=1}^{6} E(X_i) = 1 + 1.2 + 1.5 + 2 + 3 + 6 = 14.7$$

40. 设随机变量 X, Y 相互独立. 且 X, Y 分别服从 $1/\alpha, 1/\beta$ 为均值的指数分布. 求 $E(X^2 + Y e^{-X})$.

解 $E(X^2 + Y e^{-X}) = E(X^2) + E(Y e^{-X}) = D(X) + [E(X)]^2 + E(Y) E(e^{-X}) =$

$$\frac{1}{\alpha^2} + \frac{1}{\alpha^2} + \frac{1}{\beta} \cdot \int_{-\infty}^{+\infty} e^{-x} \cdot \frac{1}{\alpha} \cdot e^{-\frac{x}{\alpha}} dx = \frac{2}{\alpha^2} + \frac{1}{\beta} \int_{-\infty}^{+\infty} \frac{1}{\alpha} \cdot e^{-\frac{(\alpha+1)x}{\alpha}} dx =$$

$$\frac{2}{\alpha^2} + \frac{1}{\beta} \cdot \frac{1}{\alpha + 1} \int_{-\infty}^{+\infty} \frac{\alpha + 1}{\alpha} \cdot e^{-\frac{(\alpha+1)x}{\alpha}} dx = \frac{2}{\alpha^2} + \frac{1}{\beta(\alpha + 1)}$$

41. 一酒吧间柜台前有 6 张凳子，服务员预测，若两个陌生人进来就坐的话，他们之间至少相隔两张凳子.

（1）若真有两个陌生人入内，他们随机地就坐，问服务员预言为真的概率是多少？

（2）设两位顾客是随机就座的，求顾客之间凳子数的数字期望.

解 （1）令 X 表示两陌生人就座相隔的凳子数，X 的可能取值为 $0, 1, 2, 3, 4$，X 的分布律为

X	0	1	2	3	4
P	$\dfrac{1}{3}$	$\dfrac{8}{30}$	$\dfrac{6}{30}$	$\dfrac{4}{30}$	$\dfrac{5}{30}$

（2）设 $A = \{$服务员预言为真$\}$，则

$$P(A) = P(X \geqslant 2) = \frac{6}{30} + \frac{4}{30} + \frac{2}{30} = \frac{12}{30} = \frac{2}{5}$$

$$E(X) = 0 \times \frac{1}{3} + \frac{8}{30} \times 1 + \frac{6}{30} \times 2 + 3 \times \frac{4}{30} + 4 \times \frac{2}{30} = \frac{4}{3}$$

42. 设随机变量 $X_1, X_2, \cdots, X_{100}$ 相互独立,且都服从 $U(0,1)$,又设 $Y = X_1 \cdot X_2 \cdots X_{100}$,求概率 $P\{Y < 10^{-40}\}$ 的近似值.

解 $\ln Y = \sum_{i=1}^{100} \ln X_i$,因 $X_1, X_2, \cdots, X_{100}$ 独立同服从 $U(0,1)$ 分布,所以 $\ln X_1, \ln X_2, \cdots, \ln X_{100}$ 独立同分布,且

$$E[\ln X_i] = \int_0^1 \ln x \, dx = -1, \quad E[\ln X_i]^2 = \int_0^1 (\ln x)^2 dx = 2, \quad D[\ln X_i] = 2 - 1^2 = 1$$

由林德贝格-列维中心极限定理得

$$P\{Y < 10^{-40}\} = P\{\ln Y < -40\ln 10\} = P\left\{\sum_{i=1}^{100} \ln X_i < -40\ln 10\right\} =$$

$$P\left\{\frac{\sum_{i=1}^{100} \ln X_i + 100}{\sqrt{100}} < \frac{-40\ln 10 + 100}{\sqrt{100}}\right\} = P\left\{\frac{\sum_{i=1}^{100} \ln X_i + 100}{\sqrt{100}} < 0.7897\right\} \approx$$

$$\Phi(0.7879) = 0.785\,2$$

43. 来自某个城市的长途电话呼唤的持续时间 X(以 min 计) 是一个随机变量,它的分布函数是

$$F(x) = \begin{cases} 1 - \frac{1}{2}e^{-\frac{x}{3}} - \frac{1}{2}e^{-\left[\frac{x}{3}\right]}, & x \geqslant 0 \\ 0, & x < 0 \end{cases}$$

(其中 $\left[\frac{x}{3}\right]$) 是不大于 $\frac{x}{3}$ 的最大整数).

(1) 画出 $F(x)$ 的图形.

(2) 说明 X 是什么类型的随机变量.

(3) 求 $P\{X = 4\}, P\{X = 3\}, P\{X < 4\}, P\{X > 6\}$.(提示:
$P\{X - a\} = F(a) - F(a - 0)$)

解 (1) 如题 44 图所示.

(2) $F(x)$ 的所有不连续点为 $3k(k = 1, 2, \cdots)$,X 取这些值的
概率总和为

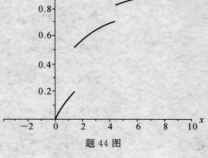

题 44 图

$$\sum_{k=1}^{\infty} P(X = 3k) = \sum_{k=1}^{\infty} [F(3k) - F(3k - 0)] =$$

$$\sum_{k=1}^{\infty} \left[1 - \frac{1}{2}e^{-\frac{3k}{3}} - \frac{1}{2}e^{-\left[\frac{3k}{3}\right]} - \left(1 - \frac{1}{2}e^{-\frac{3k}{3}} - \frac{1}{2}e^{-\left(\frac{3k}{3} - 1\right)}\right)\right] =$$

$$\sum_{k=1}^{\infty} \left[\frac{1}{2}e^{1-k} - \frac{1}{2}e^{-k}\right] = \frac{1}{2}(e - 1)\sum_{k=1}^{\infty} e^{-k} = \frac{1}{2} \neq 1$$

故 X 不是离散型随机变量. 又由于 $F(x)$ 不是连续函数,所以 X 也不是连续性随机变量.

(3) $$P(X = 4) = F(4) - F(4 - 0) = 0$$

$$P(X = 3) = F(3) - F(3 - 0) = 1 - \frac{1}{2}e^{-1} - \frac{1}{2}e^{-1} - \left(1 - \frac{1}{2}e^{-1} - \frac{1}{2}e^{-(1-1)}\right) = -\frac{1}{2}e^{-1} + \frac{1}{2} = 0.316$$

$$P(X < 4) = F(4) - P(X = 4) = 1 - \frac{1}{2}e^{-\frac{4}{3}} - \frac{1}{2}e^{-\left[\frac{4}{3}\right]} - 0 = 1 - \frac{1}{2}e^{-\frac{4}{3}} - \frac{1}{2}e^{-1} = 0.684$$

$$P(X > 6) = 1 - P(X \leqslant 6) = 1 - F(6) = 1 - \left(1 - \frac{1}{2}e^{-2} - \frac{1}{2}e^{-2}\right) = e^{-2} = 0.135$$

44. 一汽车保险公司分析一组(250 人) 签约的客户中的赔付情况.据历史数据分析,在未来的一周中一组客户至少提出一项索赔的客户数 X 占 10%. 写出 X 的分布,并求 $X > 250 \times 0.12$(即 $X > 30$) 的概率. 设各客

户是否提出索赔相互独立.

解 依题意,$X \sim B(250, 0.1)$,则

$$P(X > 30) = \sum_{i=31}^{250} \binom{250}{i} \times 0.1^i \times 0.9^{250-i} = 1 - \sum_{i=0}^{30} \binom{250}{i} \times 0.1^i \times 0.9^{250-i}$$

由拉普拉斯中心极限定理得

$$P(X > 30) = P\left(\frac{X - 250 \times 0.1}{\sqrt{250 \times 0.1 \times 0.9}} > \frac{30 - 250 \times 0.1}{\sqrt{250 \times 0.1 \times 0.9}}\right) \approx$$

$$1 - \Phi\left(\frac{30 - 250 \times 0.1}{\sqrt{250 \times 0.1 \times 0.9}}\right) = 1 - \Phi\left(\frac{5}{1.5\sqrt{10}}\right) = 0.146\ 9$$

45. 在区间$(0,1)$随机地取一点X.定义$Y = \min\{X, 0.75\}$.(1) 求随机变量Y的值域.(2) 求Y的分布函数,并画出它的图形.(3) 说明Y不是连续型的随机变量,Y也不是离散型的随机变量.

解 (1) 由题意 $\quad Y = \min\{X, 0.75\} = \begin{cases} 0.75, & 0.75 \leqslant X \leqslant 1 \\ X, & 0 < X < 0.75 \end{cases}$

则Y的值域为$(0, 0.75]$.

(2) 对于任意的实数y,则

$$F_Y(y) = P(Y \leqslant y) = \begin{cases} 0, & y < 0 \\ \int_0^y 1 \mathrm{d}y = y, & 0 \leqslant y < 0.75 \\ 1 & y \geqslant 0.75 \end{cases}$$

(3) 由于$P(X = 0.75) = F(0.75) - F(0.75 - 0) = 1 - 0.75 = 0.25$.

这说明分布函数$F_Y(y)$有一个不连续点,从而Y不是连续型随机变量.又因为$F_Y(y)$只有一个不连续点,故不可能取到可列多个值$y_1, y_2, \cdots$,使得$\sum_{i=1}^{\infty} P(Y = y_i) = 1$,所以$Y$也不是离散型随机变量.

数理统计部分

46. 设X_1, X_2是数学期望为θ的指数分布总体X的容量为2的样本,设$Y = \sqrt{X_1 X_2}$,试证明$E\left[\frac{4Y}{\pi}\right] = \theta$.

证 总体X的密度函数为

$$f_X(x) = \begin{cases} \frac{1}{\theta} \mathrm{e}^{-x/\theta}, & x > 0 \\ 0, & x \leqslant 0 \end{cases}$$

$$E\left[\frac{4Y}{\pi}\right] = \frac{4}{\pi} E\left[\sqrt{X_1 X_2}\right] = \frac{4}{\pi} E(\sqrt{X_1}) E(\sqrt{X_2}) = \frac{4}{\pi} \left[E(X_1)\right]^2 =$$

$$\frac{4}{\pi} \left[\int_0^{+\infty} \frac{\sqrt{x}}{\theta} \mathrm{e}^{-\frac{x}{\theta}} \mathrm{d}x\right]^2 = \frac{4}{\pi} \left[\sqrt{\theta} \int_0^{+\infty} t^{\frac{3}{2}-1} \mathrm{e}^{-t} \mathrm{d}t\right]^2 = \frac{4}{\pi} \left[\sqrt{\theta} \Gamma\left(\frac{3}{2}\right)\right]^2 =$$

$$\frac{4}{\pi} \left[\frac{\sqrt{\theta}}{2} \cdot \Gamma\left(\frac{1}{2}\right)\right]^2 = \frac{4}{\pi} \left[\frac{\sqrt{\theta}}{2} \sqrt{\pi}\right]^2 = \theta$$

47. 设总体$X \sim N(\mu, \sigma^2)$,$X_1, X_2, \cdots, X_n$是一个样本,$\bar{X}, S^2$分别为样本均值和样本方差,试证

$$E[(\bar{X} S^2)^2] = \left(\frac{\sigma^2}{n} + \mu^2\right)\left(\frac{2\sigma^4}{n-1} + \sigma^4\right)$$

证 根据$X \sim N(\mu, \sigma^2)$,所以$\bar{X} \sim N\left(\mu, \frac{\sigma^2}{n}\right)$,$\frac{(n-1)S^2}{\sigma^2} \sim \chi^2(n-1)$,且$\bar{X}$与$S^2$独立,有

$$E[(\bar{X} S^2)^2] = E(\bar{X}^2) E[S^4] = [D\bar{X} + (E\bar{X})^2][D(S^2) + (ES^2)^2] =$$

$$\left(\frac{\sigma^2}{n} + \mu^2\right)\left[\frac{\sigma^4}{(n-1)^2} D\left(\frac{(n-1)S^2}{\sigma^2}\right) + \sigma^4\right] = \left(\frac{\sigma^2}{n} + \mu^2\right)\left[\frac{2\sigma^4(n-1)}{(n-1)^2} + \sigma^4\right] =$$

$$\left(\frac{\sigma^2}{n} + \mu^2\right)\left(\frac{2\sigma^4}{n-1} + \sigma^4\right) = \left(\frac{\sigma^2}{n} + \mu^2\right)\left(\frac{2\sigma^4}{n-1} + \sigma^4\right)$$

48. 设总体 X 具有概率密度:

$$f(x) = \begin{cases} \dfrac{1}{\theta^2} x e^{-\frac{x}{\theta}}, & x > 0 \\ 0, & x \leqslant 0 \end{cases}$$

其中 $\theta > 0$ 为未知参数,$X_1, X_2, \cdots, X_n$ 是来自 X 的样本,$x_1, \cdots, x_n$ 是相应的样本观察值.

(1) 求 θ 的最大似然估计量;(2) 求 θ 的矩估计量;(3) 问求得的估计量是否是无偏估计量.

解 (1) 似然函数

$$L(\theta) = \prod_{i=1}^{n} \frac{1}{\theta^2} x_i e^{-\frac{x_i}{\theta}} = \frac{1}{\theta^{2n}} x_1 \cdots x_n e^{-\frac{1}{\theta} \sum\limits_{i=1}^{n} x_i}, \quad x_i > 0, \, i = 1, \cdots, n$$

$$\ln L(\theta) = -2n \ln \theta + \sum_{i=1}^{n} \ln x_i - \frac{1}{\theta} \sum_{i=1}^{n} x_i$$

令 $\dfrac{\partial \ln L(\theta)}{\partial \theta} = -\dfrac{2n}{\theta} + \dfrac{1}{\theta^2} \sum\limits_{i=1}^{n} x_i$,得

$$\hat{\theta}_{ML} = \frac{1}{2} \overline{X}$$

(2)
$$E(X) = \int_0^{+\infty} \frac{x^2}{\theta^2} e^{-\frac{x}{\theta}} \, dx = \theta \Gamma(3) = 2\theta$$

令 $2\hat{\theta} = \overline{X}$. 得 θ 的矩估计量为

$$\hat{\theta} = \frac{1}{2} \overline{X}$$

(3)
$$E(\hat{\theta}_{ML}) = E\left(\frac{1}{2} \overline{X}\right) = \frac{1}{2} E(\overline{X}) = \frac{1}{2} E(X) = \frac{1}{2} \cdot 2\theta = \theta$$

即 $\hat{\theta}_{ML}$ 是 θ 的无偏估计量.

49. 设 $X_1, X_2, \cdots, X_{n_1}$ 以及 $Y_1, Y_2, \cdots, Y_{n_2}$ 为分别来自总体 $N(\mu_1, \sigma^2)$ 与 $N(\mu_2, \sigma^2)$ 的样本,且它们相互独立,μ_1, μ_2, σ^2 均未知,试求 μ_1, μ_2, σ^2 的最大似然估计量.

解 联合样本 $(X_1, X_2, \cdots, X_{n_1}, Y_1, Y_2, \cdots, Y_{n_2})$ 的联合概率密度为

$$L(\mu_1, \mu_2, \sigma^2) = \prod_{i=1}^{n_1} \frac{1}{\sqrt{2\pi}\sigma} e^{-\frac{(x_i - \mu_1)^2}{2\sigma^2}} \prod_{i=1}^{n_2} \frac{1}{\sqrt{2n}\sigma} e^{-\frac{(y_i - \mu_2)^2}{2\sigma^2}} =$$

$$\left(\frac{1}{\sqrt{2\pi}\sigma}\right)^{n_1 + n_2} e^{-\frac{1}{2\sigma^2} \left[\sum\limits_{i=1}^{n_1} (x_i - \mu_1)^2 + \sum\limits_{i=1}^{n_2} (y_2 - \mu_2)^2\right]}$$

令

$$\begin{cases} \dfrac{\partial \ln L}{\partial \mu_1} = +\dfrac{2}{2\sigma^2} \sum\limits_{i=1}^{n_1} (x_i - \mu_1) = 0 \\[2mm] \dfrac{\partial \ln L}{\partial \mu_2} = \dfrac{2}{2\sigma^2} \sum\limits_{i=1}^{n_2} (y_i - \mu_2) = 0 \\[2mm] \dfrac{\partial \ln L}{\partial \sigma^2} = -\dfrac{n_1 + n_2}{2\sigma^2} + \dfrac{1}{2\sigma^4} \\[2mm] \left[\sum\limits_{i=1}^{n_1} (x_i - \mu_1)^2 + \sum\limits_{i=1}^{n_2} (y_i - \mu_i)^2\right] = 0 \end{cases}$$

解方程组得 μ_1, μ_2, σ^2 的最大似然估计量为

$$\hat{\mu}_1 = \overline{X} = \frac{1}{n_1} \sum_{i=1}^{n_1} X_i, \quad \hat{\mu}_2 = \overline{Y} = \frac{1}{n_2} \sum_{i=1}^{n_2} Y_i$$

$$\hat{\sigma}^2 = \frac{1}{n_1 + n_2} \left[\sum_{i=1}^{n_1} (X_i - \overline{X})^2 + \sum_{i=1}^{n_2} (Y_i - \overline{Y})^2\right]$$

50. 为了研究一批储存着的产品的可靠性,在产品投入储存时,即在时刻 $t_0 = 0$ 时,随机地选定 n 只产品,然后在预先规定的时刻 $t_1, t_2, \cdots, t_k$ 取出来进行检验(检测时确定已失效的去掉,将未失效的继续投入储存),

今得到以下寿命数据:

检测时刻／月	t_1	t_2	$\cdots$	t_k	
区间 $(t_{i-1}, t_i]$	$(0, t_1]$	$(t_1, t_2]$	$\cdots$	$(t_{k-1}, t_k]$	$(t_k + \infty)$
在 $(t_{i-1}, t_i]$ 的失效数	d_1	d_2	$\cdots$	d_k	S

其中 $\sum_{i=1}^{k} d_i + S = n$. 这种数据称为区间数据. 设产品寿命 t 服从指数分布,其概率密度为

$$f(t) = \begin{cases} \lambda e^{-\lambda t}, & t > 0 \\ 0, & t < 0 \end{cases}, \quad \lambda > 0 \text{ 未知}$$

(1) 试基于上述数据写出 λ 的对数似然方程;

(2) 设 $d_1 < n, s < n$,我们可以用数值解法求得 λ 的最大似然估计值,在计算机上计算是容易的,特别地,检测时间是等间隔的,即取 $t_i = it_1, i = 1, 2, \cdots, k$,验证,此时可得 λ 的最大似然估计为

$$\hat{\lambda} = \frac{1}{t_1} \ln\left[1 + \frac{n-1}{\sum_{i=2}^{k}(i-1)d_i + sk}\right]$$

解 记

$$p_1 = p\{T \leqslant t_1\} = \int_0^{t_1} \lambda e^{-\lambda t} dt = 1 - e^{-\lambda t_1}$$

$$p_i = p\{t_{i-1} < T \leqslant t_i\} = \int_{t_{i-1}}^{t_i} \lambda e^{-\lambda t} dt = e^{-\lambda t_{i-1}} - e^{-\lambda t_i}, \quad i = 2, \cdots, k$$

$$p_{k+1} = P\{T > t_k\} = \int_{t_k}^{+\infty} \lambda e^{-\lambda t} dt = e^{-\lambda t_k}$$

则 n 只样品中分别在区间 $(0, t_1], (t_1, t_2], \cdots, (t_{k-1}, t_k]$ 失效 $d_1, d_2, \cdots, d_k$ 只,而直至 t_k 还有 s 只未失效的概率为

$$L(\lambda) = P\{D_1 = d_1, D_2 = d_2, \cdots, D_k = d_k, D_{k+1} = s\} = \frac{n!}{d_1! \, d_2! \, \cdots d_k!} p_1^{d_1} p_2^{d_2} \cdots p_k^{d_k} p_{k+1}^{s} =$$

$$\frac{n!}{d_1! \, d_2! \, \cdots d_k! \, s!} (1 - e^{-\lambda t_1})^{d_1} (e^{-\lambda t_1} - e^{-\lambda t_2})^{d_2} \cdots (e^{-\lambda t_{k-1}} - e^{-\lambda t_k})^{d_k} e^{-s\lambda t_k}$$

$$\ln L(\lambda) = \ln(n!) - \sum_{i=1}^{k} \ln(d_i!) - \ln(s!) + d_1 \ln(1 - e^{-\lambda t_1}) + \sum_{i=2}^{k} d_i \ln(e^{-\lambda t_{i-1}} - e^{-\lambda t_i}) - s\lambda t_k =$$

$$\ln(n!) - \sum_{i=1}^{k} \ln(d_i!) - \ln(s!) + d_1 \ln(1 - e^{-\lambda t_1}) - \sum_{i=2}^{k} d_i \lambda t_i + \sum_{i=2}^{k} d_i \ln(e^{\lambda(t_i - t_{i-1})} - 1) - s\lambda t_k$$

令 $\dfrac{\partial \ln L(\lambda)}{\partial \lambda} = 0$,得

$$\frac{d_1 t_1 e^{-\lambda t_1}}{1 - e^{-\lambda t_1}} - \sum_{i=2}^{k} d_i t_i + \sum_{i=2}^{k} d_i \frac{e^{\lambda(t_i - t_{i-1})}(t_i - t_{i-1})}{e^{\lambda(t_i - t_{i-1})} - 1} - s t_k = 0$$

即

$$\sum_{i=1}^{k} \frac{d(t_i - t_{i-1})}{e^{\lambda(t_i - t_{i-1})} - 1} - \sum_{i=2}^{k} d_i t_{i-1} - s t_k = 0$$

(2) 若取 $t_i = it_1, i = 1, 2, \cdots, k$,则函数似然方程为

$$\sum_{i=1}^{k} \frac{dt_1}{e^{\lambda t_1} - 1} - \sum_{i=2}^{k} d_i (i-1) t_1 - s k t_1 = 0$$

即

$$\frac{k dt_1}{e^{\lambda t_1} - 1} - \sum_{i=2}^{k} d_i (i-1) - s k t_1 = 0$$

解之得 λ 的最大似然估计为

$$\hat{\lambda} = \frac{1}{t_1} \ln\left[1 + \frac{n-s}{\sum_{i=2}^{n}(i-1)d_i + sk}\right]$$

51. 设某种电子器件的寿命(以 h 计) T 服从指数分布,概率密度为

$$f(t) = \begin{cases} \lambda e^{-\lambda t}, & t > 0 \\ 0, & \text{其他} \end{cases}$$

其中 $\lambda > 0$ 未知. 从这批器件中任取 n 只在时刻 $t=0$ 投入寿命试验, 试验进行到预定时间 T_0 时结束. 此时有 $k(0 < k < n)$ 只失效. 试求 λ 的最大似然估计.

解 记
$$p = P\{T \leqslant T_0\} = \int_0^{T_0} \lambda e^{-\lambda t}\,dt = 1 - e^{-\lambda T_0}$$

令 Y 表示 n 上器件中直至时刻 T_0 为止失效的器件数. 则 $Y \sim b(n,p)$, 则似然函数为
$$L(\lambda) = P(Y = k) = C_n^k p^k (1-p)^{n-k} = C_n^k (1 - e^{-\lambda T_0})^k e^{-\lambda T_0 (n-k)}$$
$$\ln L(\lambda) = \ln C_n^k + k\ln(1 - e^{-\lambda T_0}) - \lambda T_0 (n-k)$$

令
$$\frac{\partial \ln L(\lambda)}{\partial \lambda} = \frac{T_0 k e^{-\lambda T_0}}{1 - e^{-\lambda T_0}} - T_0(n-k) = 0$$

即
$$\frac{T_0 k}{e^{\lambda T_0} - 1} = T_0(n-k)$$

故 λ 的最大似然估计为
$$\hat{\lambda} = \frac{1}{T_0}\ln\left(1 + \frac{k}{n-k}\right) = \frac{1}{T_0}\ln\frac{n}{n-k}$$

52. 设系统由两个独立工作的成败型元件串联而成(成败型元件只有两种状态:正常或失效),元件 1、元件 2 的可靠性分别为 p_1, p_2, 它们均未知, 随机地取 N 个系统投入试验, 当系统中至少有一个元件失效时系统失效, 现得到如下试验数据: n_1 —— 仅元件 1 失效的系统数; n_2 —— 仅元件 2 失效的系统数, n_{12} —— 元件 1、元件 2 至少有一个失效的系统数; s —— 未失效的系统数. $n_1 + n_2 + n_{12} + s = N$. 这里 n_{12} 为隐蔽数据, 也就是系统失效, 但不能知道是由元件 1 还是元件 2 失效引起的, 还是由元件 1,2 均失效引起的, 设隐蔽与系统失效的真正原因独立.

(1) 试写出 p_1, p_2 的似然函数;

(2) 设有系统寿命数据 $N = 20, n_1 = 5, n_2 = 3, n_{12} = 1, s = 11$, 试求 p_1, p_2 的最大似然估计.

解 (1) 设 $A_1 = \{$元件 1 可靠$\}$. $A_2 = \{$元件 2 可靠$\}$; A_1 与 A_2 独立, 则
$$P(A_1) = p_1, \quad P(A_2) = p_2, \quad P(A_1 \cup A_2) \xlongequal{\text{def}} p_3 = p_1 + p_2 - p_1 p_2) p_4 = P(A_1 A_2) = p_1 p_2$$

用 N_1 表示元件 1 失效的系统数, N_2 表示仅元件 2 失效的系统数, N_{12} 表示元件 1、元件 2 至少有一个失效的系统数, N_3 表示未失效的系统数, 则似然函数为
$$L(p_1, p_2) = P(N_1 = n_1, N_2 = n_2, N_{12} = n_{12}, N_3 = s) =$$
$$\frac{N!}{n_1!\, n_2!\, n_{12}!\, s!}\left[p_2(1-p_1)\right]^{n_1}\left[p_1(1-p_2)^{n_2}\right](1-p_1 p_2)^{n_{12}}(p_1 p_2)^s$$
$$\ln L(p_1, p_2) = \ln(N!) - \ln(n_1!) - \ln(n_2!) - \ln(n_{12}!) - \ln(s!) +$$
$$n_1 \ln p_2(1-p_2) + n_1 n p_1(1-p_2) + n_{12}\ln(1-p_1 p_2) + s\ln p_1 + s\ln p_2$$

令
$$\begin{cases} \dfrac{\partial \ln L(p_1, p_2)}{\partial p_1} = \dfrac{-n_1}{1-p_1} - \dfrac{n_{12} p_2}{1-p_1 p_2} + \dfrac{n_i + s}{p_1} = 0 \\[3mm] \dfrac{\partial \ln L(p_1, p_2)}{\partial p_2} = -\dfrac{n_2}{1-p_2} - \dfrac{n_{12} p_1}{1-p_1 p_2} + \dfrac{n_1 + s}{p_2} = 0 \end{cases}$$

p_1, p_2 的最大似然估计为上述方程组的解.

(2) 当 $N = 20, n_1 = 5, n_2 = 3, n_{12} = 1, s = 11$ 时, 似然方程组为
$$\begin{cases} -\dfrac{5}{1-p_1} - \dfrac{p_2}{1-p_1 p_2} + \dfrac{14}{p_1} = 0 \\[3mm] -\dfrac{3}{1-p_2} - \dfrac{p_1}{1-p_1 p_2} + \dfrac{16}{p_2} = 0 \end{cases}$$

即
$$\begin{cases} -5p_1(1-p_1 p_2) - p_2(1-p_1)p_1 + 14(1-p_1)(1-p_1 p_2) = 0 & (1) \\ -3p_2(1-p_1 p_2) - p_1 p_2(1-p_2) + 16(1-p_2)(1-p_1 p_2) = 0 & (2) \end{cases}$$

$[(1) \times (1-p_2) - (2) \times (1-p_1)] \div (1-p_1 p_2)$ 得
$$3p_1 - 5p_2 = -2 \quad 即 \quad p_2 = \frac{3}{5}p_1 + \frac{2}{5} \qquad (3)$$

将式 (3) 代入式 (1) 并化简得
$$12p_1^3 - p_1^2 - 25p_1 + 14 = 0$$

即
$$(p_1 - 1)(12p_1^2 + 11p_1 - 14) = 0$$

因为 $0 < p_1 < 1$，所以 $12p_1^2 + 11p_1 - 14 = 0$.

$$\hat{p}_1 = \frac{-11 \pm \sqrt{121 + 4 \times 12 \times 14}}{24} = \frac{-11 \pm \sqrt{793}}{24}$$

从而得 p_1, p_2 的最大似然估计量为

$$\hat{p}_1 \doteq 0.7150, \quad \hat{p}_2 = \frac{3}{5} \times 0.7150 + \frac{2}{5} = 0.8290$$

53.（1）设总体 X 具有分布律

X	1	2	3
p_k	θ	θ	$1-2\theta$

$\theta > 0$ 未知，今有样本 1,1,1,3,2,1,3,2,2,1,2,2,3,1,1,2，试求 θ 的最大似然估计和矩估计.

（2）设总体 X 服从 Γ 分布，其概率密度为

$$f(x) = \begin{cases} \dfrac{1}{\beta^\alpha \Gamma(\alpha)} x^{\alpha-1} \mathrm{e}^{-x/\beta}, & x > 0 \\ 0, & \text{其他} \end{cases}$$

其形状参数 $\alpha > 0$ 为已知，尺度参数 $\beta > 0$ 未知，今有样本值 $x_1, x_2, \cdots, x_n$，求 β 的最大似然估计值.

解 （1）似然函数为
$$L(\theta) = \frac{16!}{7! \ 6! \ 3!} \theta^7 \cdot \theta^6 (1-2\theta)^3$$

$$\ln L(\theta) = \ln(16!) - \ln(7!) - \ln(6!) - \ln6 + 13\ln\theta + 3\ln(1-2\theta)$$

令
$$\frac{\partial \ln L(\theta)}{\partial \theta} = \frac{13}{\theta} - \frac{6}{1-2\theta} = 0$$

得 θ 的最大似然估计值为 $\hat{\theta}_{ML} = \dfrac{13}{32}$

$$E(X) = 1 \times \theta + 2 \times \theta + 3(1-2\theta) = 3 - 3\theta = 3(1-\theta)$$

而
$$\bar{x} = \frac{1}{16} \times (7 + 6 \times 2 + 3 \times 3) = \frac{7}{4}$$

令 $3(1-\hat{\theta}) = \dfrac{7}{4}$ 得 θ 的矩估计值为
$$\hat{\theta} = \frac{5}{12}$$

（2）似然函数为

$$L(\beta) = \begin{cases} \dfrac{1}{\beta^{n\alpha}[\Gamma(\alpha)]^n} x_1^{\alpha-1} x_x^{\alpha-1} \cdots x_n^{\alpha-1} \mathrm{e}^{-\frac{1}{\beta}\sum\limits_{i=1}^{n} x_i}, & x_i > 0, \ i = 1, 2, \cdots, n \\ 0, & \text{其他} \end{cases}$$

$$\ln L(\beta) = -n\alpha\ln\beta - n\ln\Gamma(\alpha) + (\alpha-1)\sum_{i=1}^{n}\ln x_i - \frac{1}{\beta}\sum_{i=1}^{n} x_i$$

令
$$\frac{\partial \ln L(\beta)}{\partial \beta} = -\frac{n\alpha}{\beta} + \frac{1}{\beta^2}\sum_{i=1}^{n} x_i = 0$$

得 β 的最大似然估计量为
$$\hat{\beta}_{ML} = \frac{1}{n\alpha}\sum_{i=1}^{n} X_i = \frac{\bar{X}}{\alpha}$$

54.（1）设 $Z = \ln X \sim N(\mu, \sigma^2)$，即 X 服从对数正态分布，验证 $E(X) = \exp\{\mu + \frac{1}{2}\sigma^2\}$.

（2）设自（1）中的总体 X 中取一容量为 n 的样本 $X_1, X_2, \cdots, X_n$，求 $E(X)$ 的最大似然估计，此处设 μ，σ^2 均为未知.

（3）已知在文学家肖伯纳的 *An Intelligent Woman's Guide To Socialism* 一书中，一个句子的单词数近似地服从对数正态分布，设 μ 及 σ^2 为未知. 今自该书中随机地取 20 个句子，这些句子中的单词数分别为

52　24　15　67　15　22　63　26　16　32　7　33　28　14　7　29　10　6　59　30

问这本书中,一个句子单词数均值的最大似然估计值等于多少?

解 (1) 因为 Z 服从正态分布 $N(\mu,\sigma^2)$,所以 Z 的分布密度为

$$f(z,\mu,\sigma^2) = \frac{1}{\sqrt{2\pi}\sigma}\exp\left\{-\frac{(z-\mu)^2}{2\sigma^2}\right\}, \quad z>0$$

由 $Z=\ln X$,得 $X=e^Z$,则

$$E(X) = \int_0^\infty e^z \frac{1}{\sqrt{2\pi}\sigma} e^{-\frac{(x-\mu)^2}{2\sigma^2}} dz = \int_0^\infty \frac{1}{\sqrt{2\pi}\sigma} e^{-\frac{z^2-(2\mu+2\sigma^2)z+\mu^2}{2\sigma^2}} dz =$$

$$\int_0^\infty \frac{1}{\sqrt{2\pi}\sigma} e^{-\frac{z^2-2(\mu+\sigma^2)z+(\mu+\sigma^2)^2-\sigma^4-2\mu\sigma^2}{2\sigma^2}} dz = \int_0^\infty \frac{1}{\sqrt{2\pi}\sigma} e^{-\frac{(z-\mu-\sigma^2)^2}{2\sigma^2}} \cdot e^{\frac{\sigma^4+2\mu\sigma^2}{2\sigma^2}} dz = e^{\frac{\sigma^2}{2}+\mu}$$

(2) 因为样本 $X_1,\cdots,X_n$ 对应 $Z_1,\cdots,Z_n$,正态分布的参数 μ,σ^2 的极大似然估计为

$$\hat\mu = \bar Z = \frac{1}{n}\sum_{i=1}^n Z_i, \qquad \hat\sigma^2 = \frac{1}{n}\sum_{i=1}^n (Z_i-\bar Z)^2$$

所以 $\hat E(X) = \exp\left\{\frac{\hat\sigma^2}{2}+\hat\mu\right\}$,其中 $\hat\mu = \frac{1}{n}\sum_{i=1}^n \ln X_i$,$\hat\sigma^2 = \frac{1}{n}\sum_{i=1}^n (\ln X_i - \hat\mu)^2$.

(3)

$$\hat\mu = \frac{1}{n}\sum_{i=1}^n \ln x_i = \frac{1}{20}(\ln 52 + \cdots + \ln 30) = 3.089$$

$$\hat\sigma^2 = \frac{1}{n}\sum_{i=1}^n (\ln x_i - \hat\mu)^2 = \frac{1}{20}\left[(\ln 52-\hat\mu)^2 + \cdots + (\ln 30-\hat\mu)^2\right] \approx 0.508$$

则

$$\hat E(X) = \exp\left\{\frac{0.508}{2}+3.089\right\} = 28.3067$$

55. 考虑进行定数截尾寿命试验,假设将随机抽取的 n 件产品在时间 $t=0$ 时同时投入试验. 试验进行到 m 件($m<n$)产品失效停止,m 件失效产品的失效时间分别为

$$0 \leqslant t_1 \leqslant t_2 \leqslant \cdots \leqslant t_m$$

t_m 是第 m 件产品的失效时间. 设产品的寿命分布为韦布尔分布,其概率密度为

$$f(x) = \begin{cases} \frac{\beta}{\eta^\beta} x^{\beta-1} e^{-\left(\frac{x}{\eta}\right)^\beta}, & x>0 \\ 0, & \text{其他} \end{cases}$$

其中参数 β 已知,求参数 η 的最大似然估计.

解 使用定数截尾数据,截尾数为 m,似然方程为

$$L(\eta) = \binom{n}{m} \cdot \prod_{i=1}^m \frac{\beta}{\eta^\beta} x_i^{\beta-1} e^{-\left(\frac{x_i}{\eta}\right)^\beta} \cdot e^{-\left(\frac{x_m}{\eta}\right)^\beta (n-m)} =$$

$$\binom{n}{m} \cdot \left(\frac{\beta}{\eta^\beta}\right)^m \cdot \prod_{i=1}^m x_i^{\beta-1} \cdot e^{-\sum_{i=1}^m \left(\frac{x_i}{\eta}\right)^\beta - \left(\frac{x_m}{\eta}\right)^\beta (n-m)}$$

$$\ln L(\eta) = \ln\left[\binom{n}{m}\beta^m \prod_{i=1}^m x_i^{\beta-1}\right] - m\beta\ln\eta - \frac{1}{\eta^\beta}\left[\sum_{i=1}^m (x_i)^\beta + (x_m)^\beta(n-m)\right]$$

$$\frac{d\ln L(\eta)}{d\eta} = -\frac{m\beta}{\eta} - \frac{\beta}{\eta^{\beta+1}}\left[\sum_{i=1}^m (x_i)^\beta + (x_m)^\beta(n-m)\right] = 0$$

解之得

$$\eta = \left[\frac{\sum_{i=1}^m (x_i)^\beta + (x_m)^\beta(n-m)}{m}\right]^{1/\beta}$$

56. 设某大城市郊区的一条林荫道两旁开设了许多小商店,这些商店的开设延续时间(以月计)是一个随机变量,现随机地取 30 家商店,将它们的延续时间按自小到大排序,选其中前 8 家商店,它们的延续时间分别是

$$3.2 \quad 3.9 \quad 5.9 \quad 6.5 \quad 16.5 \quad 20.3 \quad 40.4 \quad 50.9$$

假设商店开设延续时间的长度是韦布尔随机变量. 其概率密度为

$$f(x) = \begin{cases} \dfrac{\beta}{\eta^\beta} x^{\beta-1} \mathrm{e}^{-\left(\frac{x}{\eta}\right)^\beta}, & x > 0 \\ 0, & \text{其他} \end{cases}$$

其中,$\beta = 0.8$.(1)试用上题结果,写出 η 的最大似然估计.(2)按(1)的结果求商店开设延续时间至少为 2 年的概率的估计.

解 (1)$n = 30, m = 8, \beta = 0.8, x_m = 50.9$,则

$$\sum_{i=1}^{m} (x_i)^\beta + (x_m)^\beta (n-m) = \sum_{i=1}^{8} (x_i)^{0.8} + 50.9^{0.8} \times (30 - 8) =$$

$$3.2^{0.8} + 3.9^{0.8} + 5.9^{0.8} + \cdots + 50.9^{0.8} + 50.9^{0.8} \times 22 = 587.392$$

$$\hat{\eta} = \left(\frac{587.392}{8}\right)^{1/0.8} = 214.930$$

(2)2 年为 24 个月,韦布尔分布的分布函数为

$$F(x) = \begin{cases} 1 - \mathrm{e}^{-(x/\eta)^\beta}, & x > 0 \\ 0, & \text{其他} \end{cases}$$

商店开设延续时间至少为 24 个月的概率为

$$P(X > 24) = 1 - F(24) = \mathrm{e}^{-(24/214.930)^{0.8}} = 0.841$$

57. 设分别自总体 $N(\mu_1, \sigma^2)$ 和 $N(\mu_2, \sigma^2)$ 中抽取容量为 n_1, n_2 的两独立样本,其样本方差分别为 S_1^2, S_2^2. 试证,对于任意常数 $a, b(a+b=1)$,$Z = aS_1^2 + bS_2^2$ 都是 σ^2 的无偏估计,并确定常数 a, b 使 $D(Z)$ 达到最小.

解 因为对于正态分布来说,样本方差为其总体方差的无偏估计,即

$$E(S_1^2) = \sigma^2, \quad E(S_2^2) = \sigma^2$$

$$E(Z) = E(aS_1^2 + bS_2^2) = aE(S_1^2) + bE(S_3^2) = a\sigma^2 + b\sigma^2 = \sigma^2(a+b) = \sigma^2$$

所以,$Z = aS_1^2 + bS_2^2$ 是 σ^2 的无偏估计.

又因为

$$\frac{(n_1-1)S_1^2}{\sigma^2} \sim \chi^2(n_1-1), \quad \frac{(n_2-1)S_2^2}{\sigma^2} \sim \chi^2(n_2-1)$$

所以

$$D\left[\frac{(n_1-1)S_1^2}{\sigma^2}\right] = 2(n_1-1), \quad D\left[\frac{(n_2-1)S_2^2}{\sigma^2}\right] = 2(n_2-1)$$

$$D(S_1^2) = \frac{2}{n_1-1}, \quad D(S_2^2) = \frac{2}{n_2-1}$$

所以

$$D(Z) = D(aS_1^2 + bS_2^2) = a^2 D(S_1^2) + b^2 D(S_2^2) = \frac{2a^2\sigma^4}{n_1-1} + \frac{2b^2\sigma^4}{n_2-1}$$

问题化为求函数 $g(a,b) = \dfrac{2a^2}{n_1-1} + \dfrac{2b^2}{n_2-1}$ 满足条件 $a+b=1$ 的极小值点. 为此,由拉哥朗日乘子法,作函数

$$G(a,b,\lambda) = \frac{2a^2}{n_1-1} + \frac{2b^2}{n_2-1} + \lambda(a+b-1)$$

令

$$\begin{cases} \dfrac{\partial G(a,b,\lambda)}{\partial a} = \dfrac{4a}{n_1-1} + \lambda = 0 \\[2mm] \dfrac{\partial G(a,b,\lambda)}{\partial b} = \dfrac{4b}{n_2-1} + \lambda = 0 \\[2mm] \dfrac{\partial G(a,b,\lambda)}{\partial \lambda} = a+b-1 = 0 \end{cases}$$

解之得 $a = \dfrac{n_1-1}{n_1+n_2-2}, b = \dfrac{n_2-1}{n_1+n_2-2}$.

58. 设总体 $X \sim N(\mu, \sigma^2)$,$X_1, X_2, \cdots, X_n$ 是来自 X 的样本,已知样本方差 $S^2 = \dfrac{1}{n-1} \sum_{i=1}^{n} (X_i - \overline{X})^2$ 是 σ^2 的无偏估计,验证样本标准差 S 不是标准差 σ 的无偏估计.

证 由于 $E(S^2) = \sigma^2$,且 $Y = \dfrac{(n-1)S^2}{\sigma^2} \sim \chi^2(n-1)$,$Y$ 的密度函数为

$$f_Y(y) = \begin{cases} \dfrac{1}{2^{\frac{n-1}{2}}\Gamma\left(\dfrac{n-1}{2}\right)} y^{\frac{n-1}{2}-1}\mathrm{e}^{-\frac{y}{2}}, & y > 0 \\ 0, & y \leqslant 0 \end{cases}$$

而

$$S = \sqrt{\frac{\sigma^2 Y}{n-1}} = \frac{\sigma}{\sqrt{n-1}}\sqrt{Y}$$

$$E(S) = E\left[\frac{\sigma}{\sqrt{n-1}}\sqrt{Y}\right] = \int_0^{+\infty} \frac{1}{\sqrt{\dfrac{n-1}{2}}\Gamma\left(\dfrac{n-1}{2}\right)} \frac{\sigma}{\sqrt{n-1}} y^{\frac{n}{2}-1}\mathrm{e}^{-\frac{y}{2}}\mathrm{d}y =$$

$$\frac{2^{\frac{n}{2}}\Gamma\left(\dfrac{n}{2}\right)}{2^{\frac{n-1}{2}}\Gamma\left(\dfrac{n-1}{2}\right)} \frac{\sigma}{\sqrt{n-1}} \int_0^{+\infty} \frac{1}{2^{\frac{n}{2}}\Gamma\left(\dfrac{n}{2}\right)} y^{\frac{n}{2}-1}\mathrm{e}^{-\frac{y}{2}}\mathrm{d}y = \sqrt{\frac{2}{n-1}}\frac{\Gamma\left(\dfrac{n}{2}\right)}{\Gamma\left(\dfrac{n-1}{2}\right)}\sigma \neq \sigma$$

所以 S 不是 σ 的无偏估计.

59. 设总体 X 服从指数分布,其概率密度为

$$f(x) = \begin{cases} \dfrac{1}{\theta}\mathrm{e}^{-x/\theta}, & x > 0, \theta > 0\text{(未知)} \\ 0, & \text{其他} \end{cases}$$

从总体中抽取一容量为 n 的样本 $X_1, X_2, \cdots, X_n$.

(1) 证明 $\dfrac{2n\overline{X}}{\theta} \sim \chi^2(2n)$;

(2) 求 θ 的置信度为 $1-\alpha$ 的单侧置信下限;

(3) 某种元件的寿命(以 h 计),服从上述指数分布,现从中抽得一容量 $n = 16$ 的样本.
测得样本均值为 5 010(h),试求元件的平均寿命的置信度为 0.90 的单侧置信下限.

解 (1) 指数分布 $f(x) = \dfrac{1}{\theta}\mathrm{e}^{-x/\theta}$ 是 Γ 分布的特殊形式,即 $X \sim \Gamma\left(1, \dfrac{1}{\theta}\right)$,根据伽玛分布的再生性知 Y

$= \sum_{i=1}^n X_i \sim \Gamma\left(n, \dfrac{1}{\theta}\right)$,$Y$ 的密度函数为

$$f_Y(y) = \begin{cases} \dfrac{1}{\Gamma(n)\theta^n} y^{n-1}\mathrm{e}^{-y/\theta}, & y > 0 \\ 0, & \text{其他} \end{cases}$$

而 $Z = \dfrac{2n\overline{X}}{\theta} = \dfrac{2}{\theta}\sum_{i=1}^n X_i = \dfrac{2Y}{\theta}$ 的密度函数为

$$f_Z(z) = f_Y\left(\frac{\theta}{2}z\right)\left(\frac{\theta}{2}z\right)' = \begin{cases} \dfrac{1}{2^n\Gamma(n)} z^{n-1}\mathrm{e}^{-\frac{z}{2}}, & z > 0 \\ 0, & \text{其他} \end{cases}$$

这正是 $\chi^2(2n)$ 的密度函数,故 $\dfrac{2n\overline{X}}{\theta} \sim \chi^2(2n)$.

(2) 由 $P\left\{\dfrac{2n\overline{X}}{\theta} < \chi_\alpha^2(2n)\right\} = P\left\{\dfrac{2n\overline{X}}{\chi_\alpha^2(2n)} < \theta\right\} = 1-\alpha$ 得 θ 的置信度为 $1-\alpha$ 的单侧置信下限 $\dfrac{2n\overline{X}}{\chi_\alpha^2(2n)}$.

(3) $\bar{x} = 5010, n = 16, \alpha = 0.10$. 查表得 $\chi_{0.10}^2(32) = 42.585$,得 θ 的 0.90 的置信下限 $\dfrac{2n\overline{X}}{\chi_n^2(2n)} = 3\,764.7$.

60. 设总体 $X \sim U(0, \theta)$,$X_1, X_2, \cdots, X_n$ 是来自 X 的样本:

(1) 验证 $Y = \max(X_1, X_2, \cdots, X_n)$ 的分布函数为

$$F_Y(y) = \begin{cases} 0, & y < 0 \\ \left(\dfrac{y}{\theta}\right)^n, & 0 \leqslant y < \theta \\ 1, & y \geqslant \theta \end{cases}$$

(2) 验证 $U = \dfrac{Y}{\theta}$ 的概率密度为

$$f_U(u) = \begin{cases} nu^{n-1}, & 0 \leqslant u \leqslant 1 \\ 0, & \text{其他} \end{cases}$$

(3) 给定正数 $\alpha, 0 < \alpha < 1$, 求 U 的分布的上 $\dfrac{\alpha}{2}$ 分位点 $h_{\frac{\alpha}{2}}$ 以及上 $1 - \dfrac{\alpha}{2}$ 分位点 $h_{1-\frac{\alpha}{2}}$.

(4) 利用 (2), (3) 求参数 θ 的置信水平为 $1 - \alpha$ 的置信区间.

(5) 设某人上班的等车时间 $X \sim U(0, \theta)$, θ 未知, 现在有样本 $x_1 = 4.2, x_2 = 3.5, x_3 = 1.7, x_4 = 1.2, x_5 = 2.4$, 求 θ 的置信水平为 0.95 的置信区间.

解 (1) 当 $y < 0$ 时, 有 $\qquad F_Y(y) = P\{\max(X_1, \cdots, X_n) \leqslant y\} = 0$

当 $0 \leqslant y < 1$ 时, 有

$$F_Y(y) = P\{\max(X_1, X_2, \cdots, X_n) \leqslant y\} = P\{X_1 \leqslant y, X_2 \leqslant y, \cdots, X_n \leqslant y\} =$$

$$P\{X_1 \leqslant y\} P\{X_2 \leqslant y\} \cdots P\{X_n \leqslant y\} = \left(\dfrac{y}{\theta}\right)^n$$

当 $y \geqslant 1$ 时, 有 $\qquad F_Y(y) = P\{\max(X_1, X_2, \cdots, X_n) \leqslant y\} = P(S) = 1$

故

$$F_Y(y) = \begin{cases} 0, & y \leqslant 0 \\ \left(\dfrac{y}{\theta}\right)^n, & 0 \leqslant y \leqslant 1 \\ 1, & y \geqslant 1 \end{cases}$$

(2) Y 的密度函数为

$$f_Y(y) = \begin{cases} \dfrac{n}{\theta^n} y^{n-1}, & 0 < y < \theta \\ 0, & \text{其他} \end{cases}$$

令 $U = \dfrac{Y}{\theta}$, 则 U 的概率密度为

$$f_U(u) = f_Y(\theta u)(\theta u)' = \begin{cases} nu^{n-1}, & 0 < u < 1 \\ 0, & \text{其他} \end{cases}$$

(3)

$$P\{U > h_{\frac{\alpha}{2}}\} = \int_{h_{\frac{\alpha}{2}}}^1 nu^{n-1}\,\mathrm{d}u = 1 - (h_{\frac{\alpha}{2}})^n = \dfrac{\alpha}{2}$$

故

$$h_{\frac{\alpha}{2}} = \left(1 - \dfrac{\alpha}{2}\right)^{\frac{1}{n}} = \sqrt[n]{1 - \dfrac{\alpha}{2}}$$

$$P\{U > h_{1-\frac{\alpha}{2}}\} = \int_{h_{1-\frac{\alpha}{2}}}^1 nu^{n-1}\,\mathrm{d}u = 1 - (h_{1-\frac{\alpha}{2}})^n = 1 - \dfrac{\alpha}{2}$$

故

$$h_{1-\frac{\alpha}{2}} = \sqrt[n]{\dfrac{\alpha}{2}}$$

(4) 由

$$P\{h_{1-\frac{\alpha}{2}} \leqslant U \leqslant h_{\frac{\alpha}{2}}\} = P\left\{\sqrt[n]{\dfrac{\alpha}{2}} \leqslant U \leqslant \sqrt[n]{1 - \dfrac{\alpha}{2}}\right\}$$

$$P\left\{\sqrt[n]{\dfrac{\alpha}{2}} \leqslant \dfrac{\max(X_1, X_2, \cdots, X_n)}{\theta} \leqslant \sqrt[n]{1 - \dfrac{\alpha}{2}}\right\} =$$

$$P\left\{\dfrac{\max(X_1, X_2, \cdots, X_n)}{\sqrt[n]{1 - \dfrac{\alpha}{2}}} \leqslant \theta \leqslant \dfrac{\max(X_1, X_2, \cdots, X_n)}{\sqrt[n]{\dfrac{\alpha}{2}}}\right\} = 1 - \alpha$$

得 θ 的置信度为 $1 - \alpha$ 的置信区间为

$$\left(\dfrac{\max(X_1, X_2, \cdots, X_n)}{\sqrt[n]{1 - \dfrac{\alpha}{2}}}, \dfrac{\max(X_1, X_2, \cdots, X_n)}{\sqrt[n]{\dfrac{\alpha}{2}}}\right)$$

(5) 将 $\max(x_1, x_2, \cdots, x_5) = 4.2, \alpha = 0.05, n = 5$ 代入 (4) 得 θ 的置信度为 0.95 的置信区间为

$$\left(\frac{4.2}{\sqrt[5]{0.975}}, \frac{4.2}{\sqrt[5]{0.025}}\right) = (4.22, 8.78)$$

61. 设总体 X 服从指数分布,概率密度为

$$f(x) = \begin{cases} \dfrac{1}{\theta} e^{-\frac{x}{\theta}}, & x > 0 \\ 0, & 其他 \end{cases}$$

设 $X_1, X_2, \cdots, X_n$ 是来自 X 的一个样本。试取 42 题中的统计量 $\chi^2 = \dfrac{2n\overline{X}}{\theta}$ 作为检验统计量,检验假设 $H_0: \theta = \theta_0, H_1: \theta \neq \theta_0$,取水平为 α(注意:$E(\overline{X}) = \theta$).

设某种电子元件的寿命(以 h 计)服从均值为 θ 的指数分布,随机取 12 只元件测得它们的寿命为 340,430, 560,920,1 380,1 520,1 660,1 770,2 100,2 320,2 350,2 650,试取水平 $\alpha = 0.05$,检验假设 $H_0: \theta = 1 450, H_1: \theta \neq 1 450$.

解 对于检验 $H_0: \theta = \theta_0, H_1: \theta \neq \theta_0$。如果 H_0 成立,则 $\chi^2 = \dfrac{2n\overline{X}}{\theta_0} \sim \chi^2(2n)$ 且 $E(\overline{X}) = \theta$,对检验水平 α.

$$P\{\chi^2 \geqslant \chi^2_{\frac{\alpha}{2}}(2n)\} + P\{\chi^2 \leqslant \chi^2_{1-\frac{\alpha}{2}}(2n)\} = \alpha$$

故检验的拒绝域为

$$W = \left\{(x_1, \cdots, x_n); \frac{2n\overline{X}}{\theta_0} \geqslant \chi^2_{\frac{\alpha}{2}}(2n) \ 或 \ \frac{2n\overline{X}}{\theta_0} \leqslant \chi^2_{1-\frac{\alpha}{2}}(2n)\right\}$$

现在 $\theta_0 = 1 450, n = 12, \alpha = 0.05, \overline{x} = \dfrac{1}{12}\sum_{i=1}^{12} x_i = 1 500$

$$\chi^2 = \frac{2 \times 12 \times 1 500}{1 450} = 24.83$$

查 χ^2 分布表得 $\chi^2_{0.025}(24) = 39.364, \chi^2_{0.975}(24) = 12.401$. 因 $12.401 \leqslant \chi^2 < 39.364$,故接受假设 H_0. 即认为此种电子元件的平均寿命为 1 450 h.

62. 经过 11 年的试验,达尔文于 1876 年得到 15 对玉米样品的数据如下:

授粉方式	1	2	3	4	5	6	7	8	9	10	11	12	13	14	15
异株授粉的作物高度(x_i)	$23\frac{1}{8}$	12	$20\frac{3}{8}$	22	$19\frac{1}{8}$	$21\frac{4}{8}$	$22\frac{1}{8}$	$20\frac{3}{8}$	$18\frac{2}{8}$	$21\frac{5}{8}$	$23\frac{2}{8}$	21	$22\frac{1}{8}$	23	12
同株授粉的作物高度(y_i)	$27\frac{3}{8}$	21	20	20	$19\frac{3}{8}$	$18\frac{5}{8}$	$18\frac{5}{8}$	$15\frac{2}{8}$	$16\frac{4}{8}$	18	$16\frac{2}{8}$	18	$12\frac{6}{8}$	$15\frac{4}{8}$	18

每对作物除授粉方式不同外,其他条件都是相同的。试用逐对比较法检验不同授粉方式对玉米高度是否有显著影响($\alpha = 0.05$)。问应增设什么条件才能用逐对比较法进行检验?

解 设 $Z = X - Y \sim N(\mu_Z, \sigma_Z^2)$. 检验假设 $H_0: \mu_Z = \mu_X - \mu_Y = 0, H_1: \mu_Z = \mu_X - \mu_Y \neq 0$.

关于 Z 的样本值为:$-4.25, -9, 0.375, 2, -0.25, 2.875, 3.5, 5.125, 1.75, 3.625, 7, 3, 9.375, 7.5, -6$, 计算得

$$\overline{z} = 1.773, \quad s_z^2 = \frac{1}{14}\sum_{i=1}^{15}(z_i - \overline{z})^2 = 25.52$$

$$t = \frac{\overline{z} - 0}{s_z / \sqrt{15}} = \frac{1.773}{\sqrt{25.52}} \times \sqrt{15} = 1.359 3$$

对 $\alpha = 0.05$,查 $t_{0.025}(14) = 2.144 8$. 因为 $|t| = 1.359 3 < 2.144 8$,故接受假设 H_0,即认为两种不同授粉方式对玉米高度无显著影响。应增设条件 $Z_i(i = 1, 2, \cdots, 15)$ 服从正态 $N(\mu_Z, \sigma_Z^2)$ 分布.

63. 一内科医生声称,如果病人每天傍晚耳听一种特殊的轻音乐会降低血压(舒张压,以 mm $-$ Hg 计)。今选取了 10 个病人在试验之前和试验之后分别测量了血压,得到以下数据:

	1	2	3	4	5	6	7	8	9	10
试验之前(x_i)	86	92	95	84	80	78	98	95	94	86
试验之后(y_i)	84	83	81	78	82	74	86	85	80	82

试 $D_i = X_i - Y_i (i=1,2,\cdots,10)$ 为来自正态总体 $N(\mu_D, \sigma_D^2)$ 的样本，μ_D, σ_D^2 均未知. 试检验是否可以认为医生的意见是对的(取 $\alpha = 0.05$).

解 检验假设 $H_0: \mu_D \leqslant 0, H_0: \mu_D > 0. d_i$ 为 $2,9,14,6,-2,4,12,10,14,4$，计算得

$$\bar{d} = \frac{1}{10}(2+9+14+\cdots+4) = 7.3$$

$$s_D^2 = \frac{1}{9}\sum_{i=1}^{10}(d_i - \bar{d})^2 = \frac{1}{9}\left(\sum_{i=1}^{10}d_i^2 - 10\times\bar{d}^2\right) = \frac{1}{9}[793 - 532.9] = 28.9$$

检验的拒绝域
$$W(x_1,\cdots,x_n) = \left\{(x_1,\cdots,x_n): T = \frac{\bar{D}}{S_D^*/\sqrt{n}} \geqslant t_\alpha(n-1)\right\}$$

而
$$t = \frac{7.3}{\sqrt{\frac{28.9}{10}}} \approx 4.294\,1$$

对 $\alpha = 0.05$，查表得 $t_{0.05}(9) = 1.833\,1$. 因 $t = 4.294\,1 > 1.833\,1$，故拒绝假设 H_0，即认为医生的意见是对的，就是说听轻音乐可以降低血压.

64. 以下是各种颜色的汽车的销售情况：

颜色	红	黄	蓝	绿	棕
车辆数	40	64	46	36	14

试检验顾客对这些颜色是否有偏爱，即检验销售情况是否是均匀的(取 $\alpha = 0.05$).

解 检验假设 $H_0: p_1 = p_2 = p_3 = p_4 = p_5 = \frac{1}{5}$，根据 χ^2 拟合优度检验，计算

$$\chi_n^2 = \sum_{i=1}^n \frac{(n_i - np_i)^2}{np_i} = \frac{(40 - 200\times\frac{1}{5})^2}{200\times\frac{1}{5}} + \frac{(64 - 200\times\frac{1}{5})^2}{200\times\frac{1}{5}} +$$

$$\frac{(46 - 200\times\frac{1}{5})^2}{200\times\frac{1}{5}} + \frac{(36 - 200\times\frac{1}{5})^2}{200\times\frac{1}{5}} + \frac{(14 - 200\times\frac{1}{5})^2}{200\times\frac{1}{5}} =$$

$$\frac{1}{40}[576 + 36 + 16 + 676] = 32.6$$

对 $\alpha = 0.05$，查 χ^2 分布表得 $\chi_{0.05}^2(4) = 9.488$. 因为 $\chi_n^2 = 32.6 > 9.488$，故拒绝假设 H_0，即认为顾客对这些颜色有偏爱.

65. 某种闪光灯，每盏灯含 4 个电池，随机地取 150 盏灯，经检测得到以下的数据：

一盏灯损坏的电池数 x	0	1	2	3	4
灯的盏数	26	51	47	16	10

试取 $\alpha = 0.05$，检验一盏灯损坏的电池数 $X \sim b(4, \theta)(\theta$ 未知).

解 检验假设 $H_0: X \sim b(4, \theta), H_0: X$ 不服从 $b(4, \theta)$.

θ 的最大似然估计为
$$\hat{\theta} = \frac{1}{4}\bar{X} = \frac{1}{4}\left(\frac{0\times26 + 1\times51 + 2\times47 + 3\times16 + 4\times10}{150}\right) = \frac{1}{600}\times233 = 0.388\,3$$

$$\hat{p}_0 = (1 - \hat{\theta})^4 = (1 - 0.388\,3)^4 = 0.140\,0$$

$$\hat{p}_1 = C_4^1 (0.388\,3) \times (0.611\,7)^3 = 0.355\,5$$

$$\hat{p}_2 = C_4^2 (0.388\,3)^2 \times (0.611\,7)^2 = 0.338\,5$$

$$\hat{p}_3 = C_4^3 (0.388\,3)^3 \times 0.611\,7 = 0.143\,3$$

$$\hat{p}_4 = (0.388\,3)^4 = 0.022\,73$$

计算

$$\hat{\chi}_n^2 = \left[\frac{(26 - 150 \times 0.140\,0)^2}{150 \times 0.140\,0} + \frac{(51 - 150 \times 0.355\,5)^2}{150 \times 0.355\,5} + \right.$$

$$\left. \frac{(47 - 150 \times 0.338\,5)^2}{150 \times 0.338\,5} + \frac{(16 - 150 \times 0.143\,3)^2}{150 \times 0.143\,3} + \frac{(10 - 150 \times 0.022\,73)^3}{150 \times 0.022\,73} \right] =$$

$$[1.190\,5 + 0.101\,4 + 0.280\,7 + 1.404\,7 + 12.739\,3] = 15.716\,6$$

对 $\alpha = 0.05$，$\chi_{0.05}^2 (5-1-1) = \chi_{0.05}^2 (3) = 7.815$. 因为 $\hat{\chi}_n^2 = 15.716\,6 > 7.815 = \chi_{0.05}^2 (3)$，故拒绝假设 H_0，即不能认为总体 X 服从 $b(4, 0.388\,3)$.

66. 下面分别给出了某城市在春季(9周)和秋季(10周)发生案件数.

春季	51	42	57	53	43	37	45	49	46	
秋季	40	35	30	44	33	50	41	39	36	38

试取 $\alpha = 0.03$，用秩和检验法检验春季发生的案件数的均值是否较秋季的为多.

解 分别以 μ_1, μ_2 表示该城市春，秋季发案件数的均值,检验假设：$H_0 : \mu_1 = \mu_2$，$H_1 : \mu_1 \neq \mu_2$.

先将数据按自小到大次序排列为

30 33 35 36 <u>37</u> 38 39 40 41 <u>42</u> <u>43</u> 44 <u>45</u> <u>46</u> <u>49</u> 50 <u>51</u> <u>53</u> <u>57</u>

得对应于 $n_1 = 9$ 的样本的秩和为

$$r_1 = 5 + 10 + 11 + 13 + 14 + 15 + 17 + 18 + 19 = 122$$

又当 H_0 为真时,有

$$E(R_1) = \frac{1}{2} n_1 (n_1 + n_2 + 1) = \frac{1}{2} \times 9 \times 20 = 90$$

$$D(R_1) = \frac{1}{12} n_1 n_2 (n_1 + n_2 + 1) = \frac{1}{12} \times 9 \times 10 \times 20 = 150$$

故知当 H_0 为真时近似地有 $R_1 \sim N(90, 150)$，拒绝域为

$$\frac{|r_1 - 90|}{\sqrt{150}} \geqslant z_{0.025} = 1.96$$

现在 $r_1 = 122$，计算得

$$\frac{|122 - 90|}{\sqrt{150}} = \frac{32}{\sqrt{150}} = 2.612\,8 > 1.96$$

故拒绝假设 H_0，即认为春季发生案件数的均值比秋季大.

67. 临界闪烁频率(cff)是人眼对于闪烁光源能够分辨出它在闪烁的最高频率(以 Hz 计),超过 cff 的频率,即光源实际上是在闪烁的,而人看起来是连续的(不闪烁的),一项研究旨在判定 cff 的均值是否与人眼的虹膜颜色有关,所得数据如下：

临界闪烁频率(cff)

虹膜颜色	棕色		绿色		蓝色	
	26.8	26.3	26.4	29.1	25.7	29.4
	27.9	24.8	24.2		27.2	28.3
	23.7	25.7	28.0		29.9	
	25.0	24.5	26.9		28.5	

试在显著水平 0.05 下,检验各种虹膜颜色相应的 cff 的均值有无显著的差异. 设各个总体服从正态分布,且方差相等,样本之间相互独立.

解 这是单因素的方差问题,检验假设 $H_0: \mu_1 = \mu_2 = \mu_3$,$H_1: \mu_1, \mu_2, \mu_3$ 不全相等.

现在 $s = 3$,$n_1 = 8$,$n_2 = 5$,$n_3 = 6$,$n = 19$,则

$$T_1 = 204.7, \quad T_2 = 134.6, \quad T_3 = 169, \quad T = 508.3$$

$$S_T^2 = \sum_{i=1}^{3} \sum_{j=1}^{n_i} X_{ij}^2 - \frac{T^2}{19} = 13659.67 - 13598.36 = 61.31$$

$$S_A = \sum_{i=1}^{3} \frac{T_i^2}{n_i} - \frac{T^2}{n} = \frac{204.7^2}{8} + \frac{134.6^2}{5} + \frac{169^2}{6} - \frac{508.3^2}{19} = 23.00$$

$$S_E = S_T - S_A = 61.31 - 23.00 = 38.31$$

S_T, S_A, S_E 的自由度依次为 $n - 1 = 18$,$s - 1 = 2$,$n - s = 17$ 得方差分析表如下.

方差来源	平方和	自由度	均方	F 值	显著性
因素	23.00	2	11.5	4.8029	
误差	38.31	16	2.3943		
总和	61.31	18			

因 $F_{0.05}(2, 16) = 3.63 < 4.8029$,故在水平 0.05 下拒绝假设 H_0,即认为各种虹膜颜色相应的 cff 的均值有显著差异.

68. 下面列出了挪威人自 1938—1947 年间人均脂肪消耗量与患动脉硬化症而死亡的死亡率之间相关的一组数据:

年 份	1938	1939	1940	1941	1942	1943	1944	1945	1946	1947
脂脉消耗量 x $\text{kg} \cdot (\text{人} \cdot \text{年})^{-1}$	14.4	16.0	11.6	11.0	10.0	9.6	9.2	10.4	11.4	12.5
死亡率 y $1 \cdot (10^5 \text{人年})^{-1}$	29.1	29.7	29.2	26.0	24.0	23.1	23.0	23.1	25.2	26.1

试对于给定的 x,Y 为正态变量,且方差与 x 无关:

(1) 求回归直线方程 $y = a + bx$.

(2) 检验假设 $H_0: b = 0$,$H_1: b \neq 0$.

(3) 求 $\hat{y} \big|_{x=13}$.

(4) 求 $x = 13$ 处 $\mu(x)$ 置信水平为 0.95 的置信区间.

(5) 求 $x = 13$ 处 Y 的新观察值 Y_0 的置信水平为 0.95 的预测区间.

解 (1) 计算列表如下:

	x	y	x^2	y^2	xy
	14.4	29.1	207.36	846.81	419.04
	16.0	29.7	256	882.09	475.2
	11.6	29.2	134.56	852.64	338.72
	11.0	26.0	121	676	286
	10.0	24.0	100	576	240
	9.6	23.1	92.16	533.61	221.76
	9.2	23.0	84.64	529	211.6
	10.4	23.1	108.16	533.61	240.24
	11.4	25.2	129.96	635.04	287.28
	12.5	26.1	156.25	681.21	326.25
$\sum$	116.1	258.5	1 390.09	6 746.01	3 046.09

$$S_{xx} = 1\,390.09 - \frac{1}{10} \times 116.1^2 = 42.169, \quad S_{xy} = 3\,046.09 - \frac{1}{10} \times 116.1 \times 258.5 = 44.905$$

$$\hat{b} = S_{xy}/S_{xx} = 1.065, \quad \hat{a} = \frac{1}{10} \times 258.5 - \frac{1}{10} \times 116.1 \times 1.065 = 13.485$$

于是得回归直线方程为 $\hat{y} = 13.485 + 1.065x$

(2) 检验假设 $H_0 : b = 0, H_1 : b \neq 0.$

$$S_{yy} = \sum_{i=1}^{n} y_i^2 - \frac{1}{n} \left(\sum_{i=1}^{n} y_i \right)^2 = 6746.01 - \frac{1}{10} \times 258.5^2 = 63.785$$

$$Q_e = S_{yy} - \hat{b} S_{xy} = 63.785 - 1.065 \times 44.905 = 15.96$$

$$\hat{\sigma}^2 = Q_e / (n-2) = \frac{15.96}{8} = 1.995$$

当 H_0 为真时 $b = 0$, 此时

$$t = \frac{\hat{b}}{\hat{\sigma}} \sqrt{S_{xx}} \sim t(n-2)$$

拒绝域为

$$W = \left\{ |T| \geqslant \frac{|\hat{b}|}{\hat{\sigma}} \sqrt{S_{xx}} > t_{\frac{\alpha}{2}}(n-2) \right\}$$

$$t = \frac{1.065}{\sqrt{1.995}} \times \sqrt{42.169} = 4.896$$

查表得 $t_{0.025}(n-2) = t_{0.025}(8) = 2.3060.$ 因为 $|t| = 4.896 > 2.3060$, 故拒绝假设 $H_0 : b = 0$, 认为回归方程显著.

(3) $$\hat{y} \Big|_{x=13} = 13.485 + 1.065 \times 13 = 27.33$$

(4) $$t_{\alpha/2}(n-2)\hat{\sigma} \sqrt{\frac{1}{n} + \frac{(x_0 - \bar{x})^2}{S_{xx}}} = 2.3060 \times \sqrt{1.995} \times \sqrt{\frac{1}{10} + \frac{(13 - 11.61)^2}{42.169}} = 1.244$$

$\mu(x)$ 在 $x = 13$ 处的值 $\mu(13)$ 的置信水平为 0.95 的置信区间为

$$(27.33 - 1.244, 27.33 + 1.244) = (26.09, 28.57)$$

(5) $$t_{\frac{\alpha}{2}}(n-2)\hat{\sigma} \sqrt{1 + \frac{1}{n} + \frac{(x_0 - \bar{x})^2}{S_{xx}}} = 2.3060 \times \sqrt{1.995} \times \sqrt{1 + \frac{1}{10} + \frac{(13 - 11.61)^2}{42.169}} = 3.486$$

$x_0 = 13$ 处率 Y_0 的置信水平为 0.95 的置信区间为 $(27.33 - 3.486, 27.33 + 3.486) = (23.84, 30.82).$

69. 下面给出 1924—1992 年奥林匹克运动会女子 100 米仰泳的最佳成绩 (以 s 计), (其中 1940 年及 1994 年未举行奥运会)

年份	1924	1928	1932	1936	1948	1952	1956	1960	1964	1968	1972	1976	1980	1984	1988	1992
成绩	83.2	82.2	79.4	78.9	74.4	74.3	72.9	69.3	67.7	66.2	65.8	61.8	60.9	62.6	60.9	60.7

(1) 画出散点图. (2) 求成绩关于年份的线性回归方程. (3) 检验回归效果是否显著 (取 $\alpha = 0.05$).

解 $$\sum x_i = 31350, \quad \sum y_i = 1121.2, \quad n = 16, \quad S_{xx} = 7168$$
$$S_{xy} = -2574.4, \quad S_{yy} = 948.79$$

回归方程为 $$\hat{y} = 774.0125 - 0.35915x$$

$|t| = 23.13 > t_{0.025}(14) = 2.1448$, 拒绝 H_0, 回归效果是非常显著的.

C 随机过程部分

70. 设在时间 $[0, t]$ 内来到某商店的顾客数 $N(t)$ 是强度为 λ 的泊松过程, 每个来到商店的顾客购买某些货物的概率是 p, 不买东西就离去的概率是 $1-p$, 且每个顾客是否购买货物是相互独立的. 令 $Y(t)$ 为 $[0, t]$ 内购买货物的顾客数, 试证 $\{Y(t), t \geqslant 0\}$ 是强度为 λp 的泊松过程.

证 由题意知 $$P\{N(t) = n\} = \frac{(\lambda t)^n}{n!} e^{-\lambda t}, \quad n = 0, 1, 2, \cdots, (t \geqslant 0)$$

$$P\{Y(t) = k \mid N(t) = n\} = \begin{cases} C_n^k p^k (1-p)^{n-k}, & n \geqslant k \\ 0, & n < k \end{cases}$$

故由全概率公式得

$$P\{Y(t)=k\}=\sum_{n=1}^{\infty}P\{N(t)=n\}P\{Y(t)=k\mid N(t)=n\}=$$

$$\sum_{n=k}^{\infty}\frac{(\lambda t)^{n}}{n!}e^{-\lambda t}C_{n}^{k}p^{k}(1-p)^{n-k}=\sum_{n=k}^{\infty}\frac{(\lambda t)^{n}}{k!(n-k)!}e^{-\lambda t}p^{k}(1-p)^{n-k}=$$

$$\frac{(\lambda pt)^{k}}{k!}e^{-\lambda t}\sum_{n=k}^{\infty}\frac{(\lambda t(1-p))^{n-k}}{(n-k)!}=\frac{(\lambda pt)^{k}}{k!}e^{-\lambda t}\sum_{j=0}^{\infty}\frac{[\lambda t(1-p)]^{j}}{j!}=$$

$$\frac{(\lambda pt)^{k}}{k!}e^{-\lambda t+\lambda t(1-p)}=\frac{(\lambda pt)^{k}}{k!}e^{-\lambda pt}\quad k=0,1,2,\cdots;(t\geqslant 0)$$

因此 $\{Y(t),t\geqslant 0\}$ 是强度为 λp 的泊松过程.

71. 设随机过程

$$X(t)=a\cos(\Omega t+\Theta),\quad -\infty<t<+\infty$$

其中 a 是常数,随机变量 $\Theta\sim U(0,2\pi)$,随机变量 Ω 具有概率密度 $f(x)$,设 $f(x)$ 连续且为偶函数,Θ 与 Ω 相互得立.试证 $X(t)$ 是平稳过程,且其谱密度为 $S_X(\omega)=a^2\pi f(\omega)$.(提示:要运用 δ 函数的筛选性.)

证 Θ 的概率密度为

$$f_{\Theta}(\theta)=\begin{cases}\dfrac{1}{2\pi},&0<\theta<2\pi\\0,&\text{其他}\end{cases}$$

因 Ω 与 Θ 相互独立,故 Ω 与 Θ 的联合概率密度为

$$f_{\Omega\Theta}(u,\theta)=\begin{cases}\dfrac{1}{2\pi}f(u),&0<\theta<2\pi,-\infty<u<+\infty\\0,&\text{其他}\end{cases}$$

于是

$$E[X(t)]=\int_{-\infty}^{+\infty}\int_0^{2\pi}a\cos(ut+\theta)f_{\Omega\Theta}(u,\theta)\mathrm{d}\theta\mathrm{d}u=\int_{-\infty}^{+\infty}\int_0^{2\pi}f(u)\frac{1}{2\pi}a\cos(ut+\theta)\mathrm{d}\theta\mathrm{d}u=$$

$$\frac{a}{2\pi}\int_{-\infty}^{+\infty}f(u)\left[\int_0^{2\pi}\cos(ut+\theta)\mathrm{d}\theta\right]\mathrm{d}u=\frac{a}{2\pi}\int_{-\infty}^{+\infty}f(u)\cdot 0\mathrm{d}u=0$$

$$E[X(t)X(t+\tau)]=\int_{-\infty}^{+\infty}\int_0^{2\pi}f(u)\frac{1}{2\pi}a^2\cos(ut+\theta)\cos(ut+u\tau+\theta)\mathrm{d}\theta\mathrm{d}u=$$

$$\frac{a^2}{4\pi}\int_{-\infty}^{+\infty}f(u)\left\{\int_0^{2\pi}[\cos u\tau+\cos[u(2t+\tau)+2\theta]]\mathrm{d}\theta\right\}\mathrm{d}u=$$

$$\frac{a^2}{4\pi}\int_{-\infty}^{+\infty}f(u)[(\cos u\tau)2\pi+0]\mathrm{d}u=\frac{a^2}{2}\int_{-\infty}^{+\infty}(\cos u\tau)f(u)\mathrm{d}u$$

知 $E[X(t)X(t+\tau)]$ 是 τ 的函数.所以 $X(t)$ 是平稳的.

$$S_X(\omega)=\int_{-\infty}^{+\infty}R_X(\tau)e^{-i\omega\tau}\mathrm{d}\tau=\frac{a^2}{2}\int_{-\infty}^{+\infty}f(u)\int_{-\infty}^{+\infty}(\cos u\tau)e^{-i\omega\tau}\mathrm{d}\tau\mathrm{d}u=$$

$$\frac{a^2}{4}\int_{-\infty}^{+\infty}f(u)\int_{-\infty}^{+\infty}[e^{-i(u+\omega)\tau}+e^{i(u-\omega)\tau}]\mathrm{d}\tau\mathrm{d}u=\frac{a^2}{4}\int_{-\infty}^{+\infty}2\pi[\delta(u+\omega)+\delta(u-\omega)]f(u)\mathrm{d}u=$$

$$\frac{\pi a^2}{2}[f(-\omega)+f(\omega)]=\pi a^2 f(\omega)\text{ (因 }f\text{ 是偶函数)}$$

课程考试真题及解答

一、填空题.(每小题 3 分，共 15 分)

1. 设 A,B,C 是随机事件，$P(A)=P(B)=P(C)=\dfrac{1}{4}$，$P(AB)=P(BC)=0$，$P(AC)=\dfrac{1}{8}$，则 A,B，C 三个事件恰好出现一个的概率为_____.

2. 设 X,Y 是两个相互独立同服从正态分布 $N(0,(\dfrac{1}{\sqrt{2}})^2)$ 的随机变量，则 $E(\mid X-Y\mid)=$ _____.

3. 设总体 X 服从正态分布 $N(0,2^2)$，而 $X_1,X_2,\cdots,X_{15}$ 是来自总体 X 的简单随机样本，则随机变量

$$Y=\frac{X_1^2+\cdots+X_{10}^2}{2(X_{11}^2+\cdots+x_{15}^2)}$$

服从_____分布，参数为_____.

4. 设随机变量 X 的密度函数 $f(x)=\begin{cases}3x^2, & 0<x<1 \\ 0, & \text{其他}\end{cases}$，$Y$ 表示对 X 的 5 次独立观察中事件 $\{X\leqslant\dfrac{1}{2}\}$ 出现的次数，则 $D(Y)=$ _____.

5. 设总体 X 的密度函数为 $f(x)=\begin{cases}e^{-(x-\theta)}, & x>\theta \\ 0, & x\leqslant\theta\end{cases}$，$X_1,X_2,\cdots,X_n$ 是来自 X 的简单随机样本，则最大似然估计量 $\hat{\theta}=$ _____.

二、选择题.(每小题 3 分，共 15 分)

1. 设 $0<P(A)<1$，$0<P(B)<1$，$P(A\mid B)+P(\overline{A}\mid\overline{B})=1$，则下列结论成立的是(　　).

(A) 事件 A 和 B 互不相容　　　　　　　(B) 事件 A 和 B 互相对立

(C) 事件 A 和 B 互不独立　　　　　　　(D) 事件 A 和 B 相互独立

2. 将一枚硬币重复掷 n 次，以 X 和 Y 分别表示正面向上和反面向上的次数，则 X 与 Y 的相关系数等于(　　).

(A) -1　　　　　(B) 0　　　　　(C) $\dfrac{1}{2}$　　　　　(D) 1

3. 设 $F_1(x)$ 和 $F_2(x)$ 分别为随机变量 X_1 和 X_2 的分布函数，为使 $F(x)=aF_1(x)-bF_2(x)$ 是某一随机变量的分布函数，在下列给定的各组值中应取(　　).

(A) $a=\dfrac{3}{5},b=-\dfrac{2}{5}$　　　　　　　　(B) $a=\dfrac{2}{3},b=\dfrac{2}{3}$

(C) $a=\dfrac{1}{2},b=\dfrac{3}{2}$　　　　　　　　(D) $a=\dfrac{1}{2},b=-\dfrac{3}{2}$

4. 设 $X_1,X_2,\cdots,X_n$ 是来自正态总体 $N(\mu,\sigma^2)$ 的简单随机样本，$\overline{X}$ 是样本均值，记

$$S_1^2=\frac{1}{n}\sum_{i=1}^{n}(X_i-\mu)^2, \quad S_2^2=\frac{1}{n}\sum_{i=1}^{n}(X_i-\overline{X})^2$$

$$S_3^2=\frac{1}{n-1}\sum_{i=1}^{n}(X_i-\mu)^2, \quad S_4^2=\frac{1}{n-1}\sum_{i=1}^{n}(X_i-\overline{X})^2$$

则服从自由度为 $n-1$ 的 t 分布随机变量为(　　).

(A) $t=\dfrac{\overline{X}-\mu}{S_1/\sqrt{n-1}}$　　　　　　　　(B) $t=\dfrac{\overline{X}-\mu}{S_2/\sqrt{n-1}}$

$(C)\, t = \dfrac{\overline{X} - \mu}{S_3 / \sqrt{n-1}}$ $\qquad\qquad\qquad$ $(D)\, t = \dfrac{\overline{X} - \mu}{S_4 / \sqrt{n-1}}$

5. 设二维随机变量 (X,Y) 服从二维正态分布，则随机变量 $\xi = X + Y$ 与 $\eta = X - Y$ 不相关的充分必要条件为（　　）.

$(A)\, E(X) = E(Y)$ $\qquad\qquad$ $(B)\, E(X^2) - [E(X)]^2 = E(Y^2) - [E(Y)]^2$

$(C)\, E(X^2) = E(Y^2)$ $\qquad\qquad$ $(D)\, E(X^2) + [E(X)]^2 = E(Y^2) + [E(Y)]^2$

三、(本题满分 10 分) 假设有两箱同种零件，第一箱内装 50 件，其中 10 件一等品，第二箱内装 30 件，其中 18 件一等品. 现从两箱中随意挑出一箱，然后从该箱中先后随机取两个零件(取出的零件均不放回)，试求：

(1) 先取出的零件是一等品的概率；

(2) 在先取出的零件是一等品的条件下，第二次取出的零件仍然是一等品的概率.

四、(本题满分 10 分) 假设在单位时间内分子运动速度 X 的分布密度为

$$f(x) = \begin{cases} 6x(1-x), & 0 < x < 1 \\ 0, & \text{其他} \end{cases}$$

求该单位时间内分子运动的动能 $Y = \dfrac{1}{2}mX^2$ 的分布密度，平均动能和方差.

五、(本题满分 10 分) 设随机变量 X 与 Y 独立，同服从 $[0,1]$ 上的均匀分布. 试求：

(1) $Z = |X - Y|$ 的分布函数与密度函数；(2) $P\{|Z - E(Z)| < 2\sqrt{D(Z)}\}$.

六、(本题满分 10 分) 某箱装有 100 件产品，其中一、二和三等品分别为 80 件，10 件，10 件，现从中随机抽取 1 件，记

$$X_i = \begin{cases} 1, & \text{若抽到 } i \text{ 等品}(i = 1,2,3) \\ 0, & \text{其他} \end{cases}$$

试求：(1) 随机变量 X_1 与 X_2 的联合分布；(2) 随机变量 X_1 与 X_2 的相关系数.

七、(本题满分 10 分) 设总体 X 的密度函数为 $f(x,\theta) = \dfrac{1}{2\theta}e^{-\frac{|x|}{\theta}}$，$-\infty < x < +\infty$，$x_1, x_2, \cdots, x_n$ 是来自 X 的简单随机样本，试求：(1) θ 的最大似然估计量 $\hat{\theta}$；(2) 设 $\hat{\theta}$ 是否 θ 的有效估计量，为什么？(3) 问 $\hat{\theta}$ 是否是 θ 的相合估计量，为什么？

八、(本题满分 10 分) 某化工厂为了提高某种化学药品的得率，提出了两种工艺方案，为了研究哪一种方案好，分别对两种工艺各进行了 10 次试验，计算得 $\overline{x}_甲 = 65.96$，$s_甲^2 = 3.3516$，$\overline{x}_乙 = 69.43$，$s_乙^2 = 2.2246$，假设得率均服从正态分布，问方案乙是否能比方案甲显著提高得率($\alpha = 0.01$)？

附：$F_{0.005}(9,9) = 6.54$，$F_{0.01}(9,9) = 5.35$，$t_{0.005}(18) = 2.8784$，$t_{0.01}(18) = 2.5524$，$t_{0.005}(19) = 2.8609$，$t_{0.01}(19) = 2.5395$.

九、(本题满分 10 分) 设有随机过程

$$X(t) = A\sin t + B\cos t, \quad -\infty < t < +\infty$$

其中，A, B 是均值为 0 且不相关的随机变量，且 $E(A^2) = E(B^2)$，问 $X(t)$ 是否是平稳过程？$X(t)$ 的均值是否是具有各态历经性？

考试题 B

一、填空题. (每小题 3 分，共 15 分)

1. 甲、乙二人独立地向同一目标射击一次，其命中率分别为 0.6 和 0.5，现已知目标被命中，则它是甲命中的概率是_____.

2. 设 X 和 Y 为两个随机变量，且 $P(X \geqslant 0, Y \geqslant 0) = \dfrac{3}{7}$，$P(X \geqslant 0) = P(Y \geqslant 0) = \dfrac{4}{7}$，则 $P\{\max(X, Y) < 0\} = $_____.

3. 设随机变量 X 与 Y 独立，$X \sim b(2, p)$，$Y \sim b(3, p)$，且 $P(X \geqslant 1) = \dfrac{5}{9}$，则 $P(X + Y = 1) = $_____.

4. 设 $X_1, X_2, \cdots, X_m, \cdots, X_n$ 是来自正态总体 $N(0,1)$ 的简单随机样本,令

$$Y_n = a(X_1 + X_2 + \cdots + X_m)^2 + b(X_{m+1} + \cdots + X_n)^2 \quad (m < n)$$

为使 Y_n 服从 χ^2 分布,则 $a = \underline{\hspace{2cm}}, b = \underline{\hspace{2cm}}$.

5. 设由来自正态总体 $X \sim N(\mu, 0.81)$ 的一个容量为 9 的简单随机样本计算得样本均值为 5,则未知参数 μ 的置信水平为 0.95 的置信区间为 $\underline{\hspace{2cm}}$.

二、选择题.(每小题 3 分,共 15 分)

1. 当事件 A 与事件 B 同时发生时,事件 C 必发生,则( ).

(A) $P(C) \leqslant P(A) + P(B) - 1$ (B) $P(C) \geqslant P(A) + P(B) - 1$

(C) $P(C) = P(AB)$ (D) $P(C) = P(A \cup B)$

2. 设随机变量 X 服从指数分布,则随机变量 $Y = \min(X, 2)$ 的分布函数( ).

(A) 是连续函数   (B) 至少有两个间断点

(C) 是阶梯函数   (D) 恰好有一个间断点

3. 设随机变量 X 和 Y 独立同分布,记 $U = X - Y, V = X + Y$,则随机变量 U 与 V 也( ).

(A) 不独立   (B) 独立

(C) 相关系数不为零   (D) 相关系数为零

4. 设总体 X 服从正态 $N(\mu, \sigma^2)$ 分布,$(X_1, X_2, \cdots, X_n)$ 是来自 X 的简单随机样本,为使 $\hat{\sigma} = A \sum\limits_{i=1}^{n} | X_i - \overline{X} |$ 是 σ 的无偏估计量,则 A 的值为( ).

(A) $\dfrac{1}{\sqrt{n}}$ (B) $\dfrac{1}{n}$ (C) $\dfrac{1}{\sqrt{n-1}}$ (D) $\sqrt{\dfrac{\pi}{2n(n-1)}}$

5. 对正态总体的数学期望进行假设检验,如果在显著水平 $\alpha = 0.05$ 下,接受假设 $H_0 : \mu = \mu_0$,则在显著水平 $\alpha = 0.01$ 下,下列结论中正确的是( ).

(A) 必接受 H_0 (B) 可能接受,也可能有拒绝 H_0

(C) 必拒绝 H_0 (D) 不接受,也不拒绝 H_0

三、(本题满分 10 分)三架飞机:一架长机两架僚机,一同飞往某目的地进行轰炸.但要到达目的地,一定要有无线电导航.而只有长机有此设备.一旦到达目的地,各机将独立进行轰炸,且每架机炸毁目标的概率均为 0.3.在到达目的地之前,必须经过高射炮阵地上空.此时任一飞机被击落的概率为 0.2,求目标被炸毁的概率.

四、(本题满分 10 分)使用了 t h 的电子管在以后的 Δt h 内损坏的概率等于 $\lambda \Delta t + o(\Delta t)$,其中 λ 是不依赖于 t 的数,求电子管在 T h 内损坏的概率.

五、(本题满分 10 分)设随机变量 X 与 Y 独立同服从参数为 1 的指数分布,证明 $X + Y$ 与 $\dfrac{X}{Y}$ 相互独立.

六、(本题满分 10 分)设二维随机变量 (X, Y) 的联合密度函数为

$$f(x, y) = \begin{cases} 1, & |y| < x, 0 < x < 1 \\ 0, & \text{其他} \end{cases}$$

(1) 计算 $P\left(X > \dfrac{1}{2} \mid Y > 0\right)$;(2) 求 X 与 Y 的相关系数;(3) 求 $Z = X + Y$ 的密度函数.

七、(本题满分 10 分)设总体 X 服从正态 $N(0, \sigma^2)$ 分布,$X_1, X_2, \cdots, X_n$ 是来自 X 的一个样本,$\sigma^2 > 0$ 是未知参数.(1) 求 σ^2 的最大似然估计量 $\hat{\sigma}^2$;(2) $\hat{\sigma}^2$ 是否是 σ^2 的有效估计?为什么?

八、(本题满分 10 分)设有线性模型

$$\begin{cases} Y_1 = a + \varepsilon_1 \\ Y_2 = 2b + \varepsilon_2 \\ Y_3 = 2a - b + \varepsilon_3 \\ Y_4 = a + 2b + \varepsilon_4 \\ Y_5 = a + b + \varepsilon_5 \\ Y_6 = a - b + \varepsilon_6 \end{cases}$$

其中 $\varepsilon_1,\varepsilon_2,\varepsilon_3,\varepsilon_4,\varepsilon_5,\varepsilon_6$ 相互独立,同服从正态 $N(0,\sigma^2)$ 分布.

(1) 试求系数 a,b 的最小二乘估计;(2) 求 σ^2 的无偏估计量;(3) 试构造检验假设 $H_0:a=b;H_1:a\neq b$ 的统计量.

九、(本题满分 10 分)设有 $1,2,\cdots,6$ 共 6 个数字,从其中随机地取一个,取中之数字用 X_1 表之,对 $n>1$,令 X_n 是从 $1,2,\cdots,X_{n-1}$ 这 $n-1$ 个数字中取 k 之数字.试证 $\{X_n:n=1,2,\cdots\}$ 是一个马氏链,并求出其状态空间 I 及一步、二步转移矩阵.

考试题 A 解答

一、(1) $\dfrac{1}{2}$ (2) $\sqrt{\dfrac{2}{\pi}}$ (3) $F,(10,5)$ (4) $D(Y)=\dfrac{35}{64}$ (5) $\min\limits_{1\leqslant i\leqslant n} X_i$

二、(1) D (2) A (3) A (4) B (5) B

三、设 $H_i=\{$被挑出的是第 i 箱$\}$,$i=1,2$,$A_j=\{$第 j 次取出的零件是一等品$\}$,$j=1,2$,那么由题设知

$$P(H_1)=P(H_2)=\dfrac{1}{2},\quad P(A_1\mid H_1)=\dfrac{1}{5},\quad P(A_1\mid H_2)=\dfrac{3}{5}$$

(1) 由全概率公式得

$$P(A_1)=P(H_1)P(A_1\mid H_1)+P(H_2)P(A_2\mid H_2)=\dfrac{1}{2}\times\dfrac{1}{5}+\dfrac{1}{2}\times\dfrac{3}{5}=\dfrac{2}{5}$$

(2) $P(A_2\mid A_1)=\dfrac{P(A_1A_2)}{P(A_1)}=\dfrac{P(H_1)P(A_1A_2\mid H_1)+P(H_2)P(A_1A_2\mid H_2)}{P(A_2)}=$

$$\dfrac{1}{2}\times(\dfrac{10}{50}\times\dfrac{9}{49}+\dfrac{18}{30}\times\dfrac{17}{29})\times\dfrac{5}{2}=0.485\,57$$

四、$f_Y(y)=f_X(\dfrac{2y}{m})(\dfrac{2y}{m})'=6\sqrt{\dfrac{2y}{m}}(1-\sqrt{\dfrac{2y}{m}})\dfrac{1}{2}(\dfrac{2y}{m})^{-\frac{1}{2}}\cdot\dfrac{2}{m}=\dfrac{6}{m}(1-\sqrt{\dfrac{2y}{m}}),\quad 0\leqslant y\leqslant\dfrac{m}{2}$

$$E(Y)=\dfrac{1}{2}m\int_0^1 x^2\cdot 6x(1-x)\mathrm{d}x=3m\int_0^1 x^3(1-x)\mathrm{d}x=\dfrac{3m}{20}$$

$$D(Y)=E(Y^2)-\infty[E(Y)]^2=\dfrac{m^2}{4}\int_0^1 6x^5(1-x)\mathrm{d}x-(\dfrac{3m}{20})^2=$$

$$\dfrac{3m^2}{2}\times(\dfrac{1}{6}-\dfrac{1}{7})-\dfrac{9m^2}{400}=\dfrac{3m^2}{84}-\dfrac{9m^2}{400}=\dfrac{37m^2}{2\,800}$$

五、(1) $f_Z(z)=\begin{cases}0,& z<0\\2z-z^2,& 0\leqslant z\leqslant 1\\1,& z\geqslant 1\end{cases}$ $F_Z(z)=\begin{cases}2(1-z),& 0<z<1\\0,&\text{其他}\end{cases}$

(2) $$E(Z)=\dfrac{1}{3},\quad D(Z)=\dfrac{1}{18}$$

$$P\{|Z-E(Z)|<2\sqrt{D(Z)}\}=\int_0^{\frac{1+\sqrt{2}}{3}}2(1-z)\mathrm{d}z=\dfrac{3+4\sqrt{2}}{9}$$

六、(1) 设事件 $A_i=\{$抽到 i 等品$\}(i=1,2,3)$,由题意知 A_1,A_2,A_3 两两互不相容,$P(A_1)=0.8$,$P(A_2)=P(A_3)=0.1$,则 (X_1,X_2) 的联合分布律为

$$P(X_1=0,X_2=0)=P(A_3)=0.1,\quad P(X_1=0,X_2=1)=P(A_2)=0.1$$

$$P(X_1=1,X_2=0)=P(A_1)=0.8,\quad P(X_1=1,X_2=1)=P(\phi)=0$$

(2) $$E(X_1)=0.8,\quad E(X_2)=0.1$$

$$D(X_1)=0.8\times 0.2=0.16,\quad D(X_2)=0.1\times 0.9=0.09$$

$$E(X_1X_2)=0\times 0\times 0.1+0\times 1\times 0.1+1\times 0\times 0.8+1\times 1\times 0=0$$

$$\mathrm{COV}(X_1,X_2)=E(X_1X_2)-E(X_1)E(X_2)=-0.8\times 0.1=-0.08$$

$$\rho=\dfrac{\mathrm{COV}(X_1,X_2)}{\sqrt{D(X_1)}\,\sqrt{D(X_2)}}=\dfrac{-0.08}{\sqrt{0.16\times 0.09}}=-\dfrac{2}{3}$$

七、(1) 似然函数为

$$L(\theta) = (\frac{1}{2\theta})^n e^{-\frac{1}{\theta}\sum\limits_{i=1}^{n}|x_i|}, \quad \ln L(\theta) = -n\ln 2 - n\ln\theta - \frac{1}{\theta}\sum\limits_{i=1}^{n}|x_i|$$

令 $\dfrac{\partial \ln(\theta)}{\partial \theta} = -\dfrac{n}{\theta} + \dfrac{1}{\theta^2}\sum\limits_{i=1}^{n}|x_i| = 0$，得 θ 的最大似然估计 $\hat{\theta} = \dfrac{1}{n}\sum\limits_{i=1}^{n}|x_i|$.

(2) $$E(\hat{\theta}) = E|X| = \frac{1}{2\theta}\int_{-\infty}^{+\infty}|x|e^{-\frac{|x|}{\theta}}dx = \frac{1}{\theta}\int_{0}^{+\infty}xe^{-\frac{x}{\theta}}dx = \theta$$

即 $\hat{\theta}$ 是 θ 的无偏估计

$$E(X^2) = \frac{1}{2\theta}\int_{-\infty}^{+\infty}x^2 e^{-\frac{|x|}{\theta}}dx = \int_{0}^{+\infty}x^2 d(-e^{-\frac{x}{\theta}}) = -x^2 e^{-\frac{x}{\theta}}\Big|_0^{+\infty} + \int_0^{+\infty}2xe^{-\frac{x}{\theta}}dx = 2\theta^2$$

$D(|X|) = 2\theta^2 - \theta^2 = \theta^2$，则

$$D(\hat{\theta}) = \frac{1}{n}\sum_{i=1}^{n}D(|X_i|) = \frac{\theta^2}{n}$$

$$I(\theta) = E[\frac{\partial \ln f(X,\theta)}{\partial \theta}]^2 = E[-\frac{1}{\theta^2} + \frac{X}{\theta^2}]^2 = \frac{1}{\theta^4}E(X-\theta)^2 = \frac{1}{\theta^2}$$

因为

$$\frac{1}{nI(\theta)} = \frac{\theta^2}{n} = D(\hat{\theta})$$

所以 $\hat{\theta}$ 是 θ 的有效估计.

(3) 因 $E(\hat{\theta}) = \theta$，$D(\hat{\theta}) = \dfrac{\theta^2}{n} \xrightarrow[n\to\infty]{} 0$，所以 $\hat{\theta}$ 是 θ 的相合估计.

八、(1) 检验假设 $H_0 : \sigma_1^2 = \sigma_2^2$，$H_1 : \sigma_1^2 \neq \sigma_2^2$，因为

$$\frac{1}{6.54} < F = \frac{s_甲^2}{s_乙^2} = \frac{3.351\,6}{2.224\,6} = 1.51 < F_{0.005}(9.9) = 6.54$$

所以接受假设 $H_0 : \sigma_1^2 = \sigma_2^2$.

(2) 检验假设 $H_0' : \mu_甲 \geq \mu_乙$，$H_1' : \mu_甲 < \mu_乙$，则

$$t = \frac{\overline{x}_甲 - \overline{x}_乙}{\sqrt{(n_1-1)s_甲^2 + (n_2-1)s_乙^2}}\sqrt{\frac{n_1 n_2(n_1+n_2-2)}{n_1+n_2}} = -4.646\,9$$

查 t 分布表得 $t_{0.01}(18) = 2.552\,4$. 因 $t < -2.552\,4$，故拒绝原假设 $H_0 : \mu_甲 \geq \mu_乙$，即认为方案乙比方案甲显著提高得率.

九、$$E[X(t)] = E[A\sin t + B\cos t] = \sin t(EA) + \cos t(EB) = 0$$
$$R_X(t,t+\tau) = E[X(t)X(t+\tau)] = E[(A\sin t + B\cos t)(A\sin(t+\tau) + B\cos(t+\tau))] =$$
$$\sin t\sin(t+\tau)E(A^2) + \cos t\sin(t+\tau)E(AB) +$$
$$\sin t\cos(t+\tau)E(AB) + \cos t\cos(t+\tau)E(B^2) =$$
$$E(A^2)[\sin t\cos(t+\tau) + \cos t\cos(t+\tau)] = E(A^2)\cos\tau = R_X(\tau)$$

所以 $X(t)$ 是平稳过程. 又

$$\langle X(t)\rangle = \lim_{T\to\infty}\frac{1}{2T}\int_{-T}^{T}(A\sin t + B\cos t)dt = \lim_{T\to\infty}\frac{1}{T}\int_0^T B\cos t\,dt = \lim_{T\to\infty}\frac{B\sin T}{T} = 0 = E(X(t))$$

所以 $X(t)$ 的均值具有各态历经性.

考试题 B 解答

一、(1) 0.75　　(2) $\dfrac{5}{7}$　　(3) $\dfrac{80}{243}$　　(4) $a = \dfrac{1}{m}$, $b = \dfrac{1}{n-m}$　　(5) $[4.412, 5.588]$

二、(1) B　　(2) D　　(3) D　　(4) D　　(5) B

三、设 $B_0 = \{没有飞机到目的地\}$，$B_1 = \{只有长机到达目的地\}$，$B_2 = \{长机与一架僚机飞到目的地\}$，$B_3 = \{三架飞机到达目的地\}$，$A = \{目标被炸毁\}$. 则 $P(B_0) = 0.2$，$P(B_1) = 0.8 \times 0.2 \times 0.2 = 0.032$，$P(B_2) = 2 \times (0.8 \times 0.8 \times 0.2) = 0.256$，$P(B_3) = 0.8^3 = 0.512$，$B_0 \bigcup B_1 \bigcup B_2 \bigcup B_3 = S$，$B_i B_j = 0$，$i \neq j = 0,1,2,3$ 且 $P(A|B_0) = 0$，$P(A|B_1) = 0.3$，$P(A|B_2) = 0.3 + 0.3 - (0.3)^2 = 0.51$，$P(A|B_3)$

$= 0.3 + 0.3 + 0.3 - 3 \times (0.3)^2 + (0.3)^3 = 0.657$,故由全概率公式得

$$P(A) = \sum_{i=0}^{3} P(B_i) P(A \mid B_i) = 0.2 \times 0 + 0.032 \times 0.3 + 0.256 \times 0.51 + 0.512 \times 0.657 = 0.48$$

四、设随机变量 X 表电子管损坏前已使用的时数(即寿命),并设 $F(t)$ 为 X 的分布函数,根据题给条件得

$$P\{t < X \leqslant t + \Delta t \mid X < t\} = \lambda \Delta t + o(\Delta t)$$

但由条件概率公式有

$$P\{t < X \leqslant t + \Delta t \mid X > t\} = \frac{P\{t < X \leqslant t + \Delta t, X > t\}}{P\{X > t\}} = \frac{P(t < X \leqslant t + \Delta t)}{P(X > t)} =$$

$$\frac{F(t + \Delta t) - F(t)}{1 - F(t)} = \lambda \Delta t + o(\Delta t)$$

$$F(t + \Delta t) - F(t) = \lambda [1 - F(t)] \Delta t + o(\Delta t)$$

$$\lim_{\Delta t \to 0} \frac{F(t + \Delta t) - F(t)}{\Delta t} = \lambda [1 - F(t)]$$

即

$$\frac{\mathrm{d}(1 - F(t))}{1 - F(t)} = -\lambda \mathrm{d}t$$

注意到初始条件 $F(0) = 0$,于是积分后得

$$\ln[1 - F(t)] \mid_0^t = -\lambda t \mid_0^t, \quad \ln[1 - F(t)] = -\lambda t, \quad F(t) = 1 - \mathrm{e}^{-\lambda t}, \quad t > 0$$

于是 X 的分布函数为

$$F(t) = \begin{cases} 1 - \mathrm{e}^{-\lambda t}, & t > 0 \\ 0, & t \leqslant 0 \end{cases}$$

因而所求概率为

$$F(T) = 1 - \mathrm{e}^{-\lambda T}$$

X 的密度函数

$$p(t) = \begin{cases} \lambda \mathrm{e}^{-\lambda t}, & t > 0 \\ 0, & t \leqslant 0 \end{cases}$$

即 X 服从指数分布.

五、(X, Y) 的联合密度函数为

$$p_{X,Y}(x,y) = p_X(x) p_Y(y) = \begin{cases} \mathrm{e}^{-(x+y)}, & x > 0, y > 0 \\ 0, & \text{其他} \end{cases}$$

由于函数 $u = x + y$,$v = \dfrac{x}{y}$,$x > 0, y > 0$ 满足条件:

(1) 存在唯一反函数

$$x = \frac{uv}{1+v}, \quad y = \frac{u}{1+v}, \quad u > 0, v > 0$$

(2) 有一阶连续偏导数

$$\frac{\partial x}{\partial x} = \frac{v}{1+v}, \quad \frac{\partial v}{\partial v} = \frac{u}{(1+v)^2}$$

$$\frac{\partial y}{\partial u} = \frac{1}{1+v}, \quad \frac{\partial y}{\partial v} = -\frac{u}{(1+v)^2}$$

故

$$J = \begin{vmatrix} \dfrac{\partial v}{\partial u} & \dfrac{\partial v}{\partial v} \\ \dfrac{\partial u}{\partial u} & \dfrac{\partial v}{\partial v} \end{vmatrix} = \begin{vmatrix} \dfrac{v}{1+v} & \dfrac{u}{(1+v)^2} \\ \dfrac{1}{1+v} & -\dfrac{u}{(1+v)^2} \end{vmatrix} = -\frac{u}{(1+v)^2}$$

所以 $|J| = \dfrac{u}{(1+v)^2}$,从而 (U, V) 的联合密度函数为

$$p_{(U,V)}(u,v) = p_{(X,Y)}\left(\frac{uv}{1+v}, \frac{u}{1+v} \right) |J| = \begin{cases} u\mathrm{e}^{-u} \dfrac{1}{(1+v)^2}, & u > 0, v > 0 \\ 0, & \text{其他} \end{cases}$$

故 (U, V) 关于 $U = X + Y$ 的密度函数为

$$p_U(u) = \begin{cases} u\mathrm{e}^{-u}, & u > 0 \\ 0, & u < 0 \end{cases}$$

关于 $V = \dfrac{X}{Y}$ 的密度函数为

$$p_V(v) = \begin{cases} \dfrac{1}{(1+v)^2}, & v > 0 \\ 0, & v \leqslant 0 \end{cases}$$

从而

$$p_{(U,V)}(u,v) = p_U(u) \cdot p_V(v)$$

因此随机变量 $U = X+Y$ 与 $V = \dfrac{X}{Y}$ 独立.

六、(1) 关于 Y 的边缘密度函数为

$$f_Y(y) = \int_{-\infty}^{+\infty} f(x,y)\mathrm{d}x = \int_{|y|}^{1}\mathrm{d}x = 1 - |y| = \begin{cases} 1-y, & 0 < y < 1 \\ 1+y, & -1 < y < 0 \\ 0, & \text{其他} \end{cases}$$

$$P\left(X > \frac{1}{2} \mid y > 0\right) = \frac{P\left(X > \frac{1}{2}, y > 0\right)}{P(Y>0)} = \frac{\int_{\frac{1}{2}}^{1}\mathrm{d}x\int_0^x\mathrm{d}y}{\int_0^1(1-y)\mathrm{d}y} = \frac{\int_{\frac{1}{2}}^{1}x\,\mathrm{d}x}{\frac{1}{2}} = \frac{\frac{3}{8}}{\frac{1}{2}} = \frac{3}{4}$$

(2) X 的边缘密度函数

$$f_X(x) = \int_{-\infty}^{+\infty} f(x,y)\mathrm{d}y = \begin{cases} \int_{-x}^{x}\mathrm{d}y, & 0 < x < 1 \\ 0, & \text{其他} \end{cases} = \begin{cases} 2x, & 0 < x < 1 \\ 0, & \text{其他} \end{cases}$$

$$E(X) = \int_0^1 2x^2\mathrm{d}x = \frac{2}{3}, \quad E(X^2) = \int_0^1 2x^3\mathrm{d}x = \frac{1}{2}, \quad D(X) = \frac{1}{2} - \frac{4}{9} = \frac{1}{18}$$

$$E(Y) = \int_0^1 (y-y^2)\mathrm{d}y + \int_{-1}^0 y(1+y)\mathrm{d}y = \frac{1}{6} - \frac{1}{6} = 0$$

$$E(Y^2) = \int_0^1 2y^2(1-y)\mathrm{d}y + \int_{-1}^0 y^2(1+y)\mathrm{d}y = \frac{1}{12} + \frac{1}{12} = \frac{1}{6}$$

$$E(XY) = \int_0^1 \mathrm{d}x\int_{-x}^{x} xy\,\mathrm{d}y = 0$$

则

$$\mathrm{COV}(X,Y) = E(XY) - E(X)\cdot E(Y) = 0$$

故 $\rho_{XY} = 0$, 即 X 与 Y 不相关.

(3)

$$f_Z(Z) = \int_{-\infty}^{+\infty} f(x, z-x)\mathrm{d}x = \begin{cases} \int_{\frac{z}{2}}^{1}\mathrm{d}x, & 0 < z < 2 \\ 0, & \text{其他} \end{cases} = \begin{cases} 1 - \dfrac{z}{2}, & 0 < z < 2 \\ 0, & \text{其他} \end{cases}$$

七、(1) 似然函数为

$$L(\sigma^2) = \left(\frac{1}{\sqrt{2\pi}\sigma}\right)^n e^{-\frac{1}{2\sigma^2}\sum\limits_{i=1}^n X_i^2}$$

$$\ln L(\sigma^2) = -\frac{n}{2}\ln 2\pi - \frac{n}{2}\ln\sigma^2 - \frac{1}{\sigma^2}\sum_{i=1}^n X_i^2$$

令 $\dfrac{\partial \ln L(\sigma^2)}{\partial \sigma^2} = -\dfrac{n}{2\sigma^2} + \dfrac{1}{2\sigma^4}\sum\limits_{i=1}^n X_i^2 = 0$, 得 σ^2 的最大似然估计量为 $\hat{\sigma}^2 = \dfrac{1}{n}\sum\limits_{i=1}^n X_i^2$.

(2) $$E(\hat{\sigma}^2) = \frac{\sigma^2}{n}\sum_{i=1}^n E\left(\frac{X_i}{\sigma}\right)^2 = \frac{\sigma^2}{n}\cdot n = \sigma^2$$

则 $\hat{\sigma}^2$ 是 σ^2 的无偏估计量

$$D(\hat{\sigma}^2) = \frac{\sigma^4}{n^2}D\left(\sum_{i=1}^n \left(\frac{X_i}{\sigma}\right)^2\right) = \frac{2\sigma^4}{n}$$

$$I(\sigma^2) = -E\left[\frac{\partial^2}{\partial(\sigma^2)^2}\left(-\frac{1}{2}\ln\sigma^2 - \frac{1}{2}\ln 2\pi - \frac{X^2}{2\sigma^2}\right)\right] = -E\left[\frac{1}{2\sigma^4} - \frac{X^2}{\sigma^6}\right] = \frac{1}{2\sigma^4}$$

而

$$\frac{1}{nI(\sigma^2)} = \frac{2\sigma^4}{n} = D(\hat{\sigma}^2)$$

所以 $\hat{\sigma}^2$ 是 σ^2 的有效估计.

八、(1) 设计矩阵为

$$\boldsymbol{X} = \begin{pmatrix} 1 & 0 \\ 0 & 2 \\ 2 & -1 \\ 1 & 2 \\ 1 & 1 \\ 1 & -1 \end{pmatrix}, \quad \boldsymbol{\beta} = \begin{bmatrix} a \\ b \end{bmatrix}, \quad \boldsymbol{Y} = \begin{pmatrix} Y_1 \\ Y_2 \\ Y_3 \\ Y_4 \\ Y_5 \\ Y_6 \end{pmatrix}$$

$$\boldsymbol{X}'\boldsymbol{X} = \begin{bmatrix} 8 & 0 \\ 0 & 11 \end{bmatrix}, \quad (\boldsymbol{X}'\boldsymbol{X})^{-1} = \begin{bmatrix} \dfrac{1}{8} & 0 \\ 0 & \dfrac{1}{11} \end{bmatrix}$$

因此 $\boldsymbol{\beta}$ 的最小二乘估计为

$$\hat{\boldsymbol{\beta}} = (\boldsymbol{X}'\boldsymbol{X})^{-1}\boldsymbol{X}'\boldsymbol{Y} = \begin{bmatrix} \dfrac{1}{8}(y_1 + 2y_3 + y_4 + y_5 + y_6) \\ \dfrac{1}{11}(2y_2 - y_3 + 2y_4 + y_5 - y_6) \end{bmatrix}$$

(2) $$\hat{\sigma}^2 = \frac{1}{4}\sum_{i=1}^{6}(Y_i - \hat{Y}_i)^2$$

(3) $$\hat{a} \sim N\left(a, \frac{\sigma^2}{8}\right), \quad \hat{b} \sim N\left(b, \frac{\sigma^2}{11}\right)$$

则 $\dfrac{\hat{a}-\hat{b}}{\sqrt{\dfrac{1}{8}+\dfrac{1}{11}}\,\sigma} \sim N(0,1)$（当 $H_0:a=b$ 成立时）有 $\dfrac{4\hat{\sigma}^2}{\sigma^2} \sim \chi^2(4)$. 故当 $H_0:a=b$ 成立时 $T = \dfrac{\hat{a}-\hat{b}}{\sqrt{\dfrac{19}{88}}\,\hat{\sigma}} \sim t(4)$.

T 即为检验假设的统计量.

九、$I = \{1,2,3,4,5,6\}$，任取 $n \geq 1$，$i_1, \cdots, i_n \in I$，欲使 $P\{X_n = i_n, \cdots, X_1 = i_1\} > 0$，必须有 $i_1 \geq i_2, \cdots \geq i_n$，而当此点成立时，

$$P\{X_n = i_n \mid X_{n-1} = i_{n-1}, \cdots, X_1 = i_1\} = \frac{1}{i_{n-1}} = P(X_n = i_n \mid X_{n-1} = i_{n-1})$$

故 $\{X_n, n \geq 1\}$ 是一个马氏链

$$\boldsymbol{P} = \begin{pmatrix} 1 & 0 & 0 & 0 & 0 & 0 \\ \dfrac{1}{2} & \dfrac{1}{2} & 0 & 0 & 0 & 0 \\ \dfrac{1}{3} & \dfrac{1}{3} & \dfrac{1}{3} & 0 & 0 & 0 \\ \vdots & \vdots & \vdots & \vdots & \vdots & \vdots \\ \dfrac{1}{6} & \dfrac{1}{6} & \dfrac{1}{6} & \dfrac{1}{6} & \dfrac{1}{6} & \dfrac{1}{6} \end{pmatrix}, \quad \boldsymbol{P}^2 = \begin{pmatrix} 1 & 0 & 0 & 0 & 0 & 0 \\ \dfrac{3}{4} & \dfrac{1}{4} & 0 & 0 & 0 & 0 \\ \dfrac{11}{18} & \dfrac{5}{18} & \dfrac{1}{9} & 0 & 0 & 0 \\ \vdots & \vdots & \vdots & \vdots & \vdots & \vdots \\ \dfrac{49}{120} & \dfrac{29}{120} & \dfrac{19}{120} & \dfrac{37}{360} & \dfrac{11}{180} & \dfrac{1}{36} \end{pmatrix}$$

参考文献

［1］ 盛骤,谢式千,潘承毅. 概率论与数理统计.4 版. 北京:高等教育出版社,2008.

［2］ 朱燕堂,赵选民,徐伟. 应用概率统计方法.2 版. 西安:西北工业大学出版社,1997.

［3］ 赵选民,徐伟,师义民,等. 数理统计.2 版. 北京:科学出版社,2002.

［4］ 赵选民,师义民. 概率论与数理统计典型题分析解集.3 版. 西安:西北工业大学出版社,2002.

［5］ 王寿生,李云珠,符丽珍,等. 考研数学常见题型分析及模拟试题.4 版. 西安:西北工业大学出版社,2002.

［6］ 王寿生,赵选民,符丽珍. 考研数学真题详解及考点分析(理工类). 西安:西北工业大学出版社,2002.

［7］ 茆诗松,王静龙,濮晓龙. 高等数理统计. 北京:高等教育出版社,(德)施普林格出版社,1998.

［8］ Rohatgi V K. An introduction to probability theory and mathematical statistics. New York:JOHN WILEY SONS,1976.

［9］ Прохоров，А. В.，Ушаков，В. Г,Ушаков，Н. Г. Задачи по Теории Вероятностей. Москва:Наука,1986.

［10］ Чибисов，Д. М ，Пагурова，В. И. Задачи по Математической Статистике. Издательство Московского Университета,1990.

［11］ Ивченко,Г. И. ，Медведев,Ю. И. Математическая Статистика. Москва：Высшая Школа,1992.

［12］ 华东师范大学. 概率论与数理统计习题集. 北京:人民教育出版社,1982.

［13］ Sheldon Ross. 概率论基础教程.6 版. 赵选民,等,译. 北京:机械工业出版社,2006.